从新手到高手

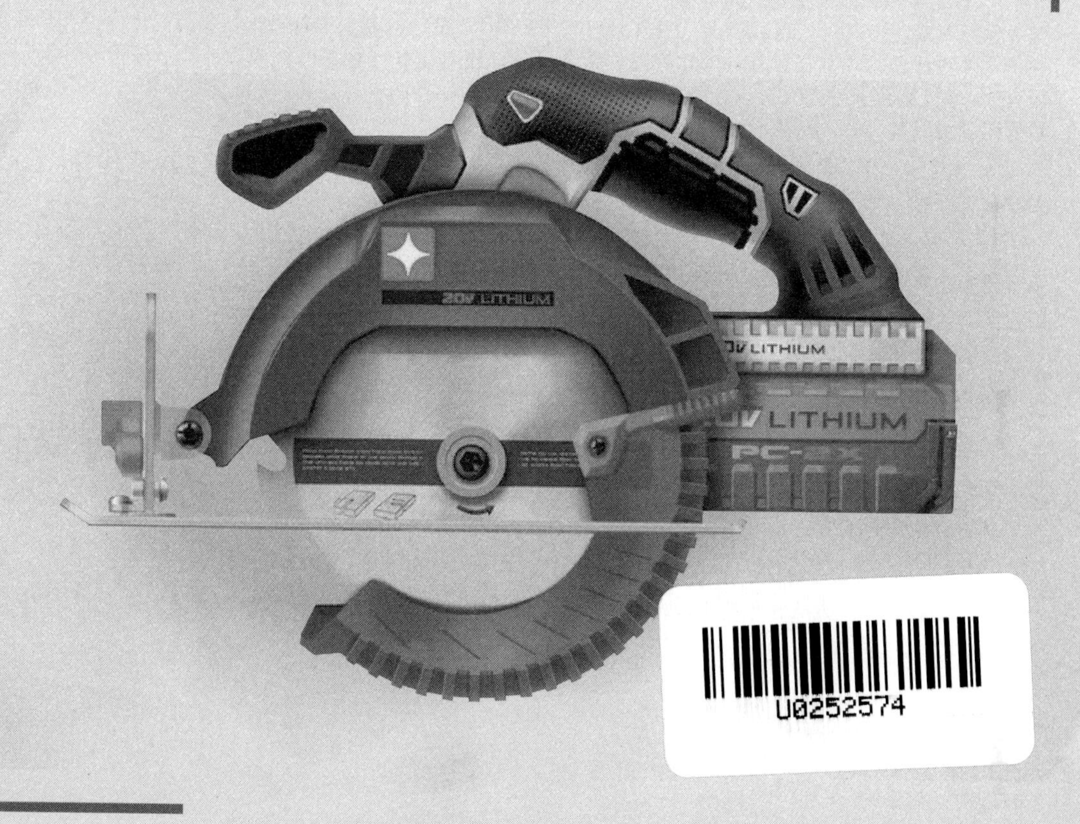

詹建新 张日红/编著

UG NX 12.0

产品设计、模具设计与数控编程从新手到高手

清华大学出版社
北京

内 容 简 介

本书综合考虑模具企业一线工作岗位中UG软件常用的知识点，精心安排了15章内容进行详细讲解，其中包括NX设计入门、UG装配、工程图设计、简单零件设计、复杂零件设计、参数式零件设计、从上往下零件设计、常用曲面设计、PMI标注、钣金设计、模具设计（包括两板模设计和三板模设计）、电极设计、数控编程和逆向工程设计等。书中内容既能引起初学者的学习兴趣，又符合实际工作的具体要求，希望读者阅读本书后，能基本达到一线工程师的要求。

本书既可以作为普通高校的教材，也可以作为本科、硕士毕业生创作毕业论文的参考书，还可以作为普通爱好者的自学读物。

图书在版编目（CIP）数据

UG NX 12.0 产品设计、模具设计与数控编程从新手到高手 / 詹建新、张日红编著 . -- 北京：清华大学出版社，2021.1

（从新手到高手）

ISBN 978-7-302-56240-5

Ⅰ. ①U… Ⅱ. ①詹… ②张… Ⅲ. ①计算机辅助设计—应用软件—高等数学—教材 Ⅳ. ① TP391.72

中国版本图书馆 CIP 数据核字 (2020) 第 151615 号

责任编辑： 陈绿春
封面设计： 潘国文
责任校对： 胡伟民
责任印制： 宋　林

出版发行： 清华大学出版社

网　　址： http://www.tup.com.cn，　http://www.wqbook.com
地　　址： 北京清华大学学研大厦A座　　**邮　　编：** 100084
社 总 机： 010-62770175　　**邮　　购：** 010-83470236
投稿与读者服务： 010-62776969，c-service@tup.tsinghua.edu.cn
质量反馈： 010-62772015，zhiliang@tup.tsinghua.edu.cn

印 装 者： 天津鑫丰华印务有限公司
经　　销： 全国新华书店
开　　本： 188mm×260mm　　**印　　张：** 20.25　　**字　　数：** 575千字
版　　次： 2021年2月第1版　　**印　　次：** 2021年2月第1次印刷
定　　价： 79.00元

产品编号：087137-01

前言

PRAFACE

本书综合考虑了模具企业一线工作岗位中UG软件常用的知识点，以及模具企业新入职员工的实际情况，构想出来了一些典型案例，其中许多知识点是其他书籍中没有涉及的内容，非常实用，也非常具有针对性，能解决很多实际问题，这些案例在多年的教学实践中得到学生及一线工作者的认可。

本书内容全面，讲解详细，所有案例的建模步骤都经过作者反复验证，通俗易懂，能最大限度地提高初学者的学习兴趣。

本书不但能满足培训学校、职业院校、本科院校学生的学习需求，也可以作为模具、机械制造、产品设计人员的培训教材，还可以作为本科毕业生、硕士毕业生创作毕业论文的参考书，更能够作为普通爱好者的参考读物。

本书的第1~10章由仲恺农业工程学院张日红老师编写；第11~15章由广东省华立技师学院詹建新老师编写，全书由詹建新老师统稿，由张日红老师审稿。

在开始学习本书第12章“塑料模具设计”前，需要将UG NX 12.0模具设计插件中（UG_NX12.0_MoldWizard）的文件复制到NX12.0\MOLDWIZARD目录下；在开始学习第13章“电极设计”前，需要安装UG NX 12.0版本的星空插件V6.933。

本书的建模图请扫描下面的二维码进行下载。

本书的相关视频教学文件请扫描下面的二维码进行下载。

由于作者水平有限，书中疏漏、欠妥之处在所难免，恳请广大读者批评指正，并提出宝贵意见，联系相关人员请扫描下面的二维码。

建模图

视频教学

技术支持

编者

2021年1月

目录
CONTENTS

第 1 章　UG NX 12.0 设计入门

本章主要介绍 UG NX 12.0（简称 UG 12.0）的基本知识和工作环境，详细介绍草绘的基本命令和简单零件的造型方法，通过对本章的学习可以对该软件有一个初步的认识。

1.1 UG 12.0 工作界面

UG 12.0 的工作界面包括主菜单、横向菜单、当前文件名、辅助工具栏、标题栏、工具栏、资源条、提示栏、工作区等，如图 1-1 所示。

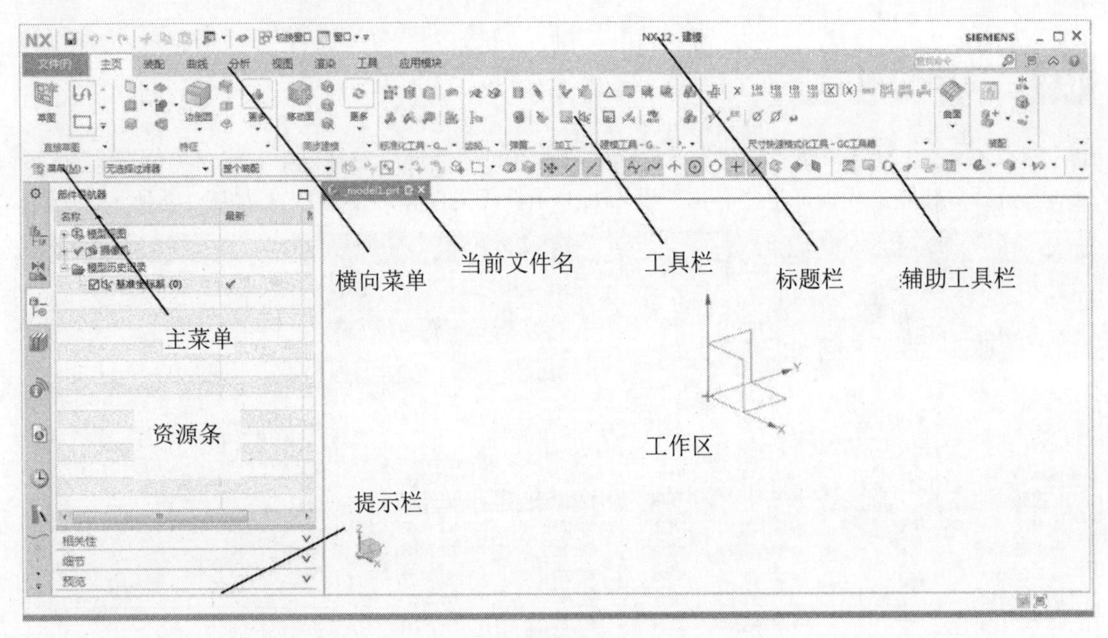

图 1-1

（1）主菜单：也称为“纵向菜单”，UG 所有基本命令和设置功能都在该菜单中。

（2）横向菜单：由页、装配、曲线、分析、视图、渲染、工具、应用模块等组成。

（3）当前文件名：显示当前所绘图形的文件名。

（4）辅助工具栏：用于选择过滤图素的类型和图形捕捉方式。

（5）标题栏：显示当前软件的名称及版本号，以及当前正在操作的零件名称，如果对部件做了修改，但没有保存，在文件名的后面还会有“（修改的）”字样。

（6）工具栏：对于 UG 的常用命令，以工具按钮的形式排布在屏幕的上方，方便用户调用。

（7）资源条：包括“部件导航器”“约束导航器”“装配导航器”“数控加工导向”等。

（8）提示栏：主要用来提示用户必须执行的下一步操作，对于不熟悉的命令，可以按照提示栏的信息，逐步完成整个命令的操作。

（9）工作区：主要用于绘制零件图、草绘图等。

1.2 三键鼠标在 UG 中的使用方法

在 UG 建模过程中，合理使用三键鼠标可以实现平移、缩放、旋转，以及弹出快捷菜单等操作，操作起来十分方便，三键鼠标的常用功能见表 1-1。

表 1-1　三键鼠标常用功能

鼠标按键	操作说明	功能
左键	单击鼠标左键	选择命令、实体、曲线、曲面等
中键	按 <Ctrl 键 + 中键 > 或 < 左键 + 中键 >	放大或缩小
	按 <Shift 键 + 中键 > 或 < 中键 + 右键 >	平移
	按住中键不放，即可旋转视图	旋转
右键	在空白处右击	弹出快捷菜单

1.3 简单的草绘

01 启动 UG NX 12.0，单击“新建”按钮，在弹出的“新建”对话框中，将“单位”设为“毫米”，选择“模型”模板，将“名称”设为 ex1.prt、“文件夹”设为 D:\，如图 1-2 所示。

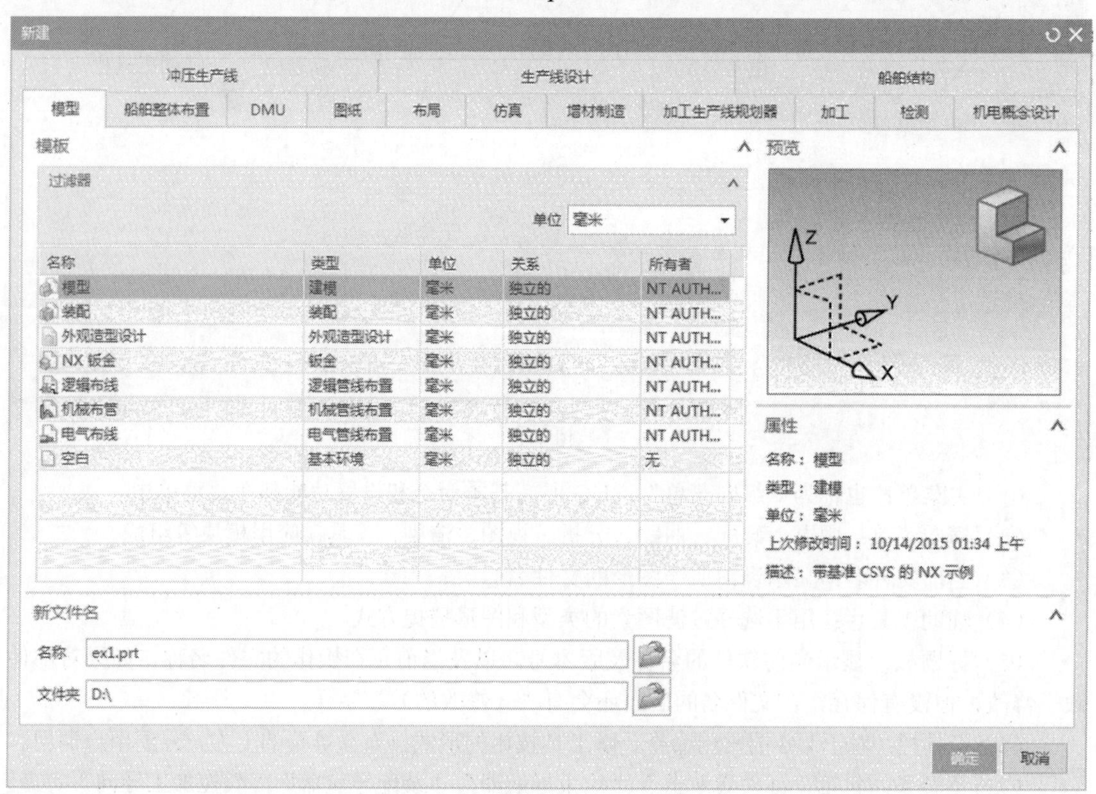

图 1-2

02 单击“确定”按钮进入建模环境。

03 执行“菜单”|“插入”|“草图”命令，在弹出的“创建草图”对话框中，将“草图类型”

设为“在平面上”，“平面方法”设为“新平面”，在“指定平面”栏中单击按钮，将“参考”设为“水平”，在“指定矢量”栏中单击按钮。在“原点方法”下拉列表中选择“指定点”选项，单击“指定点”按钮，如图 1-3 所示。

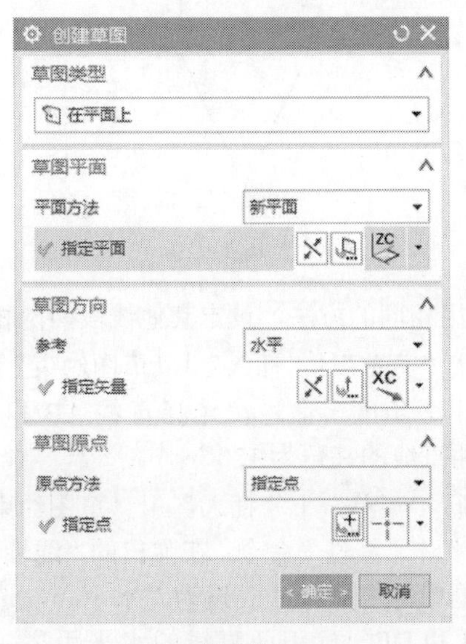

图 1-3

04 在弹出的“点”对话框中，将“类型”设为“光标位置”，在 X、Y、Z 文本框中均输入 0，将“单位”设为 mm，如图 1-4 所示。

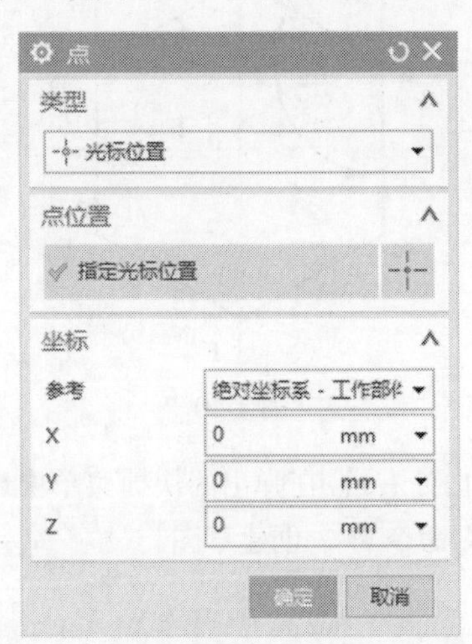

图 1-4

05 单击“确定”按钮回到“创建草图”对话框中，再单击“确定”按钮进入草绘模式，并且视图切换至草绘方向。

06 执行“菜单”|“插入”|“草图曲线”|“直线”命令，任意绘制一个六边形（注意：6 条边之间不能有垂直、平行、水平、垂直等约束），如图 1-5 所示。

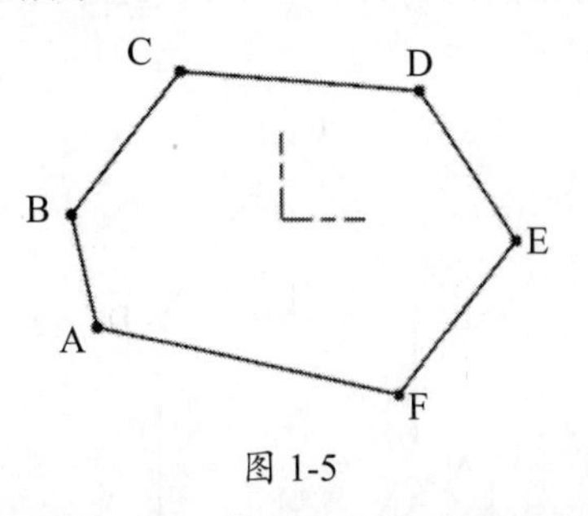

图 1-5

07 执行“菜单”|“插入”|“草图约束”|“几何约束”命令，在弹出的“几何约束”对话框中单击“竖直”按钮，如图 1-6 所示。

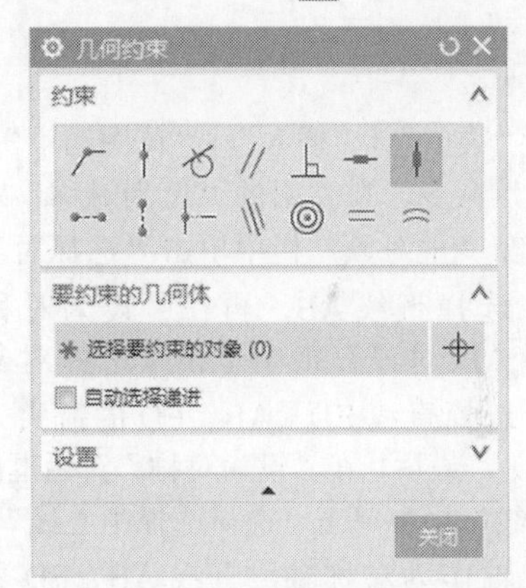

图 1-6

08 选择 AB 和 DE 线段，线段 AB 和 DE 自动变成竖直线，如图 1-7 所示。

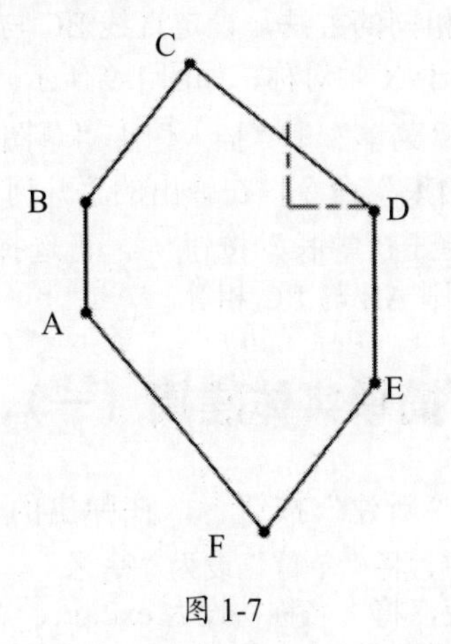

图 1-7

09 在“几何约束”对话框中单击“点在曲线上”

按钮，选择C点为“要约束的对象”，选择Y轴为“要约束到的对象”，C点移至Y轴上。

10 采用相同的方法，将F点移至Y轴上，如图1-8所示。

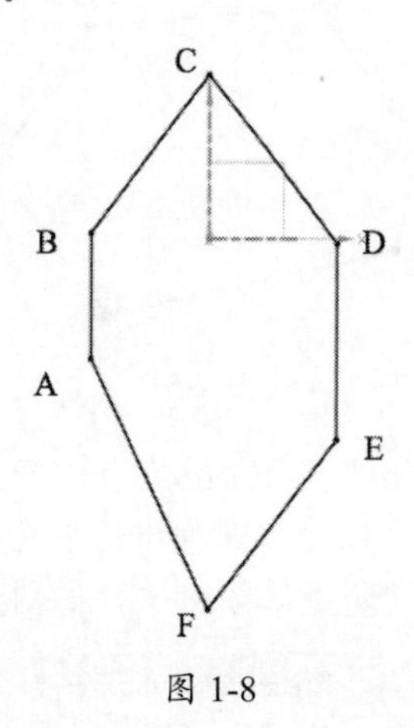

图 1-8

11 执行“菜单”|“插入”|“草图约束”|“设为对称”命令，在弹出的“设为对称”对话框中，先在“主对象”栏中单击“选择对象”按钮，选择直线AB，再在“设为对称”对话框的“次对象”栏中单击“选择对象”按钮，选择直线ED（AB、ED的箭头方向必须相同）。最后，在“设为对称”对话框的“对称中心线”栏中单击“选择选择中心线”按钮，选择Y轴作为对称轴，直线AB、ED关于Y轴对称（如果有的标注变成红色，这是因为存在多余的尺寸标注，直接按Delete键删除不需要的红色标注）。

12 采用相同的方法，设定直线BC与AF、CD与FE关于X轴对称，如图1-9所示。

13 执行“菜单”|“插入”|“草图约束”|“几何约束”命令，在弹出的“几何约束”对话框中单击“等长”按钮，再选择直线AB和BC，则AB与BC相等。

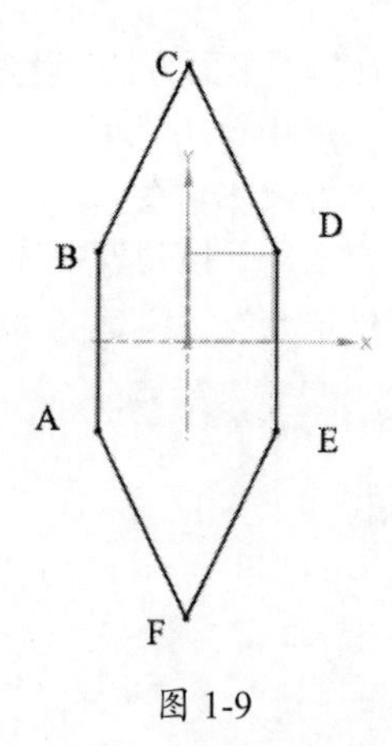

图 1-9

14 采用相同的方法，设定其他线段两两相等。

15 执行“菜单”|“插入”|“草图约束”|“尺寸”|“角度”命令，选择直线AB和BC，标识两直线的夹角为120°。

16 执行“菜单”|“插入”|“草图约束”|“尺寸”|“线性”命令，在弹出的“线性尺寸”对话框中，将“方法”设为“水平”，选择直线AB和DE，标识两直线的水平距离，并将标注的数值修改为60mm，如图1-10所示。

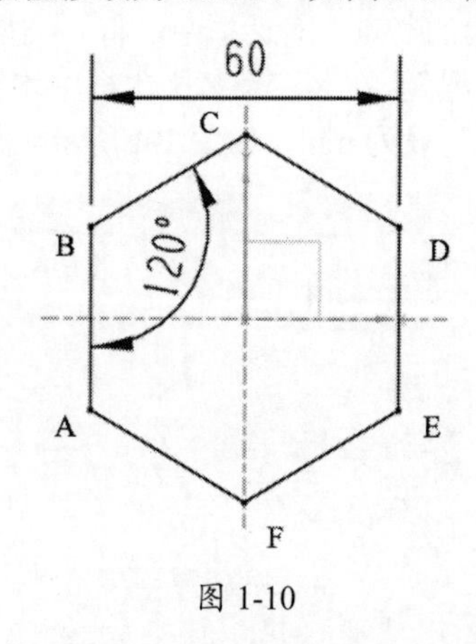

图 1-10

17 在空白处右击，在弹出的快捷菜单中选择“完成草图”命令，创建草图。

1.4 简单实体建模（一）

01 单击“新建”按钮，在弹出的“新建”对话框中，将“单位”设为“毫米”，选择“模型”模板，将“名称”设为ex2.prt、“文件夹”设为D:\。

02 单击“确定”按钮进入建模环境，此时工作区的背景是灰色的，这是UG默认的颜色。

03 执行“菜单”|“首选项”|“背景”命令，在弹出的“编辑背景”对话框的“着色视图”

栏中选择“纯色”单选按钮，在“线框视图”栏中选择“纯色”单选按钮，将“普通颜色”设为白色，如图 1-11 所示。

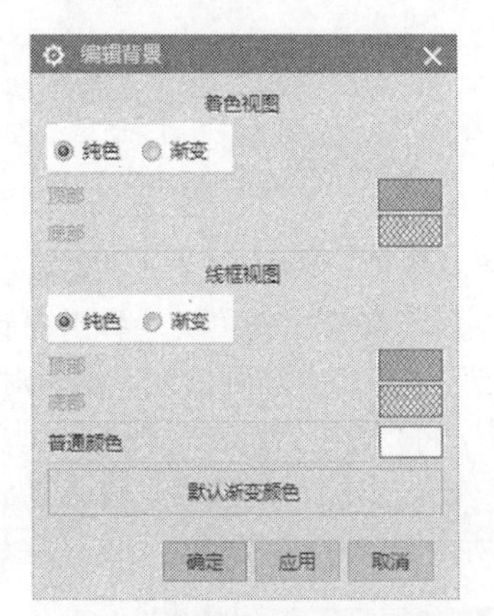

图 1-11

04 单击“确定”按钮，工作区的背景变成白色。

05 单击“拉伸”按钮，在弹出的“拉伸”对话框中单击“绘制截面”按钮，如图 1-12 所示。

图 1-12

06 在弹出的“创建草图”对话框中，将“草图类型”设为“在平面上”，“平面方法”设为“新平面”，在“指定平面”栏中单击按钮，将“参考”设为“水平”，在“指定矢量”栏中单击按钮，在“原点方法”栏中选择“指定点”选项，单击“指定点”按钮。

07 在弹出的“点”对话框中，将“类型”设为“光标位置”，在 X、Y、Z 文本框中均输入 0。

08 依次单击两个对话框中的“确定”按钮，进入草绘模式。此时工作区中出现动态坐标系，动态坐标系与基准坐标系重合，如图 1-13 所示。

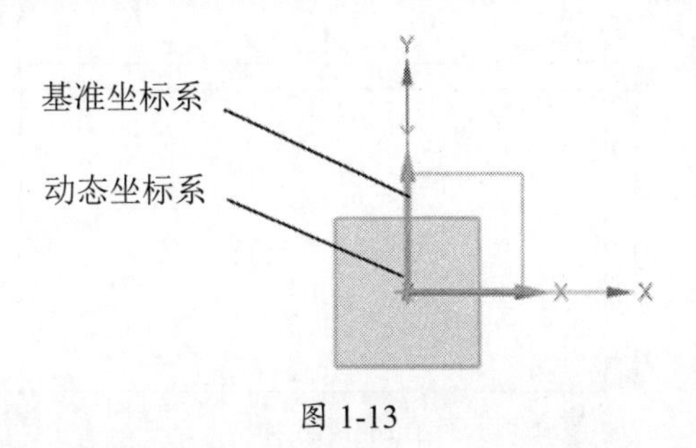

图 1-13

09 执行“菜单”|“插入”|“曲线”|“矩形”命令，任意绘制一个矩形，如图 1-14 所示。

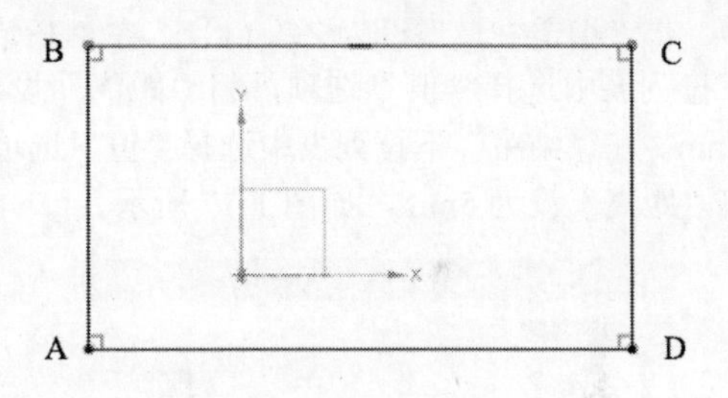

图 1-14

10 单击“设为对称”按钮，先选择直线 AB，再选择直线 CD，最后选择 Y 轴作为对称轴，直线 AB 与 CD 关于 Y 轴对称（此时水平方向的标注可能变成红色，这是因为在水平方向存在多余的尺寸标注，选择其中一个不需要的红色标注，再按 Delete 键删除，红色的标注即可恢复成蓝色）。

11 在“设为对称”对话框中先单击“选择中心线”按钮，先选择 X 轴作为对称轴，再选择直线 AD，最后选择直线 BC，直线 AD 与 BC 关于 X 轴对称，如图 1-15 所示。

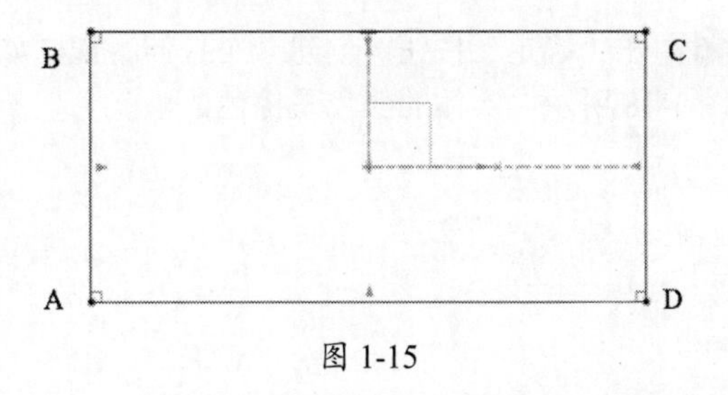

图 1-15

12 单击“显示草绘约束”按钮，可以显示或隐藏草图中的约束符号。

13 双击尺寸标注，将尺寸标注设为120和60，如图1-16所示。

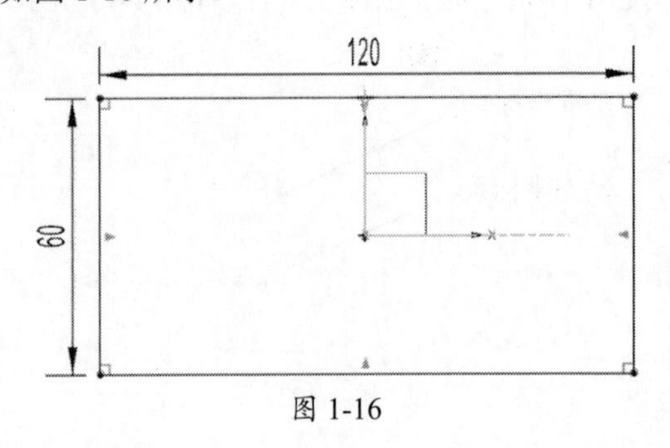

图 1-16

14 在空白处右击，在弹出的快捷菜单中选择“完成草图”命令，在弹出的“拉伸”对话框中，将“指定矢量”设为ZC↑。在“开始”下拉列表中选择“值”选项，将“距离”设为0mm。在“结束”下拉列表中选择“值”选项，将“距离”设为5mm，如图1-17所示。

图 1-17

15 单击“确定”按钮，创建一个拉伸特征，如图1-18所示，实体的颜色是棕色。

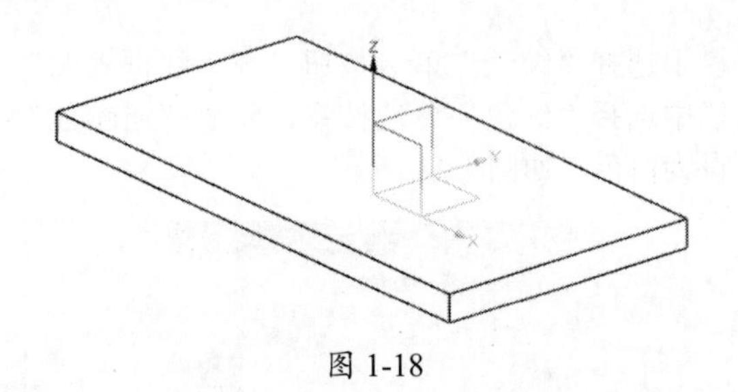
图 1-18

16 执行“菜单”|“编辑”|“对象显示”命令，选择零件后，在弹出的“类选择”对话框中单击“确定”按钮，并在弹出的“编辑对象显示”对话框中，将“图层”设为5，“颜色”设为黑色，“线型”设为实线，“宽度”设为0.5mm，如图1-19所示。

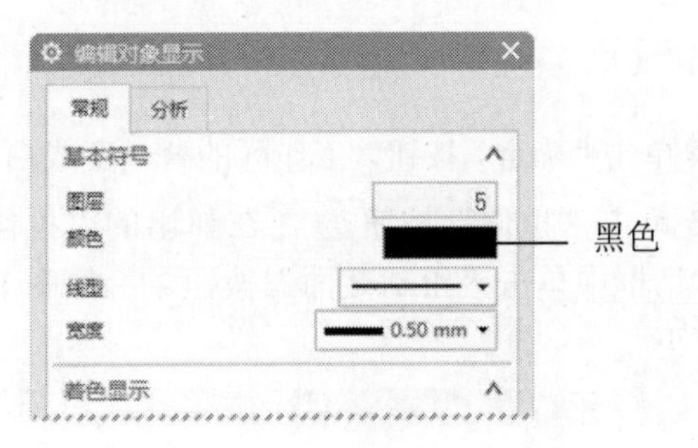

图 1-19

17 单击“确定”按钮，实体变成黑色，并移至第5层。

18 执行“菜单”|“格式”|“图层设置”命令，在弹出的“图层设置”对话框中取消选中5复选框，隐藏第5层的图素，如图1-20所示。

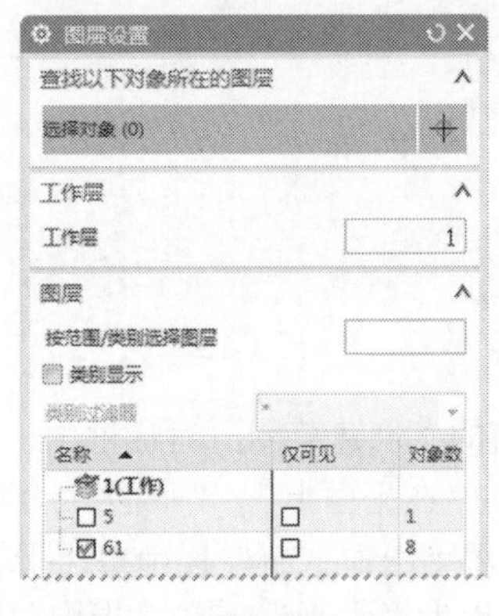

图 1-20

19 执行“菜单”|“格式”|“图层设置”命令，在弹出的“图层设置”对话框中选中5复选框，

显示第 5 层的实体。

20 在工作区上方的工具栏中单击“带有隐藏边的线框”按钮，如图 1-21 所示，此时实体以线框（线条为实线，线宽为 0.5mm）的形式显示。

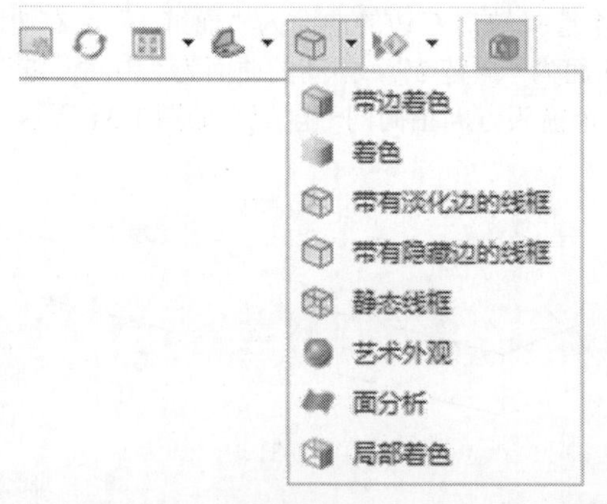

图 1-21

21 单击“拉伸”按钮，在弹出的“拉伸”对话框中单击“绘制截面”按钮，选择 XC—YC 平面作为草绘平面，X 轴作为水平参考，单击“确定”按钮，视图切换至草绘方向。

22 单击“矩形”按钮任意绘制一个矩形，如图 1-22 所示中的小矩形。

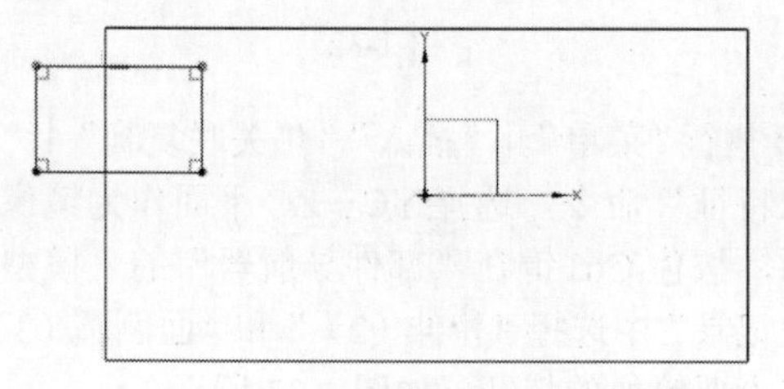

图 1-22

23 单击“设为对称”按钮，设定矩形的两条水平线关于 X 轴对称，如图 1-23 所示。

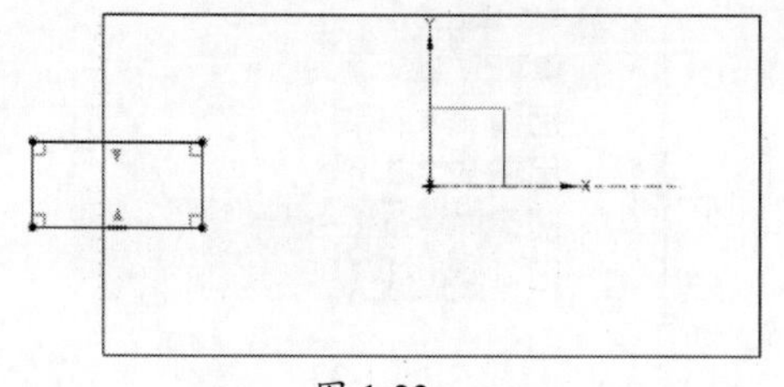

图 1-23

24 单击“几何约束”按钮，在弹出的“几何约束”对话框中单击“共线”按钮，并按如下步骤进行操作：①单击“选择要约束的对象”按钮，②选择草绘左边的竖直线为“要约束的对象”，③在对话框中单击“选择要约束的对象”按钮，④选择实体左边的边线为“要约束到的对象”，如图 1-24 所示。

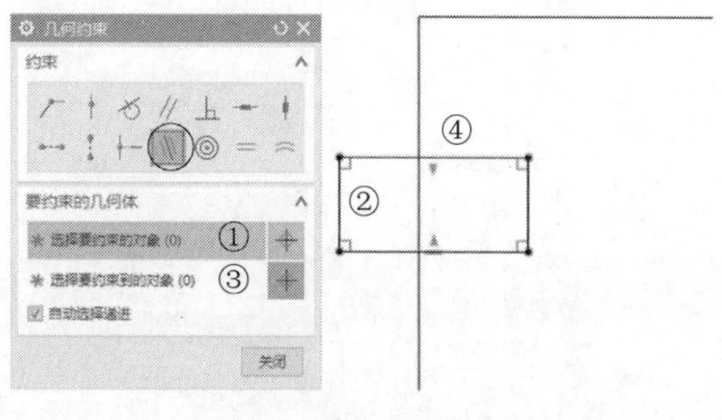

图 1-24

25 草绘的竖直线与实体左边的边线重合，如图 1-25 所示（如果此时水平方向的标注变成红色，按 Delete 键删除即可）。

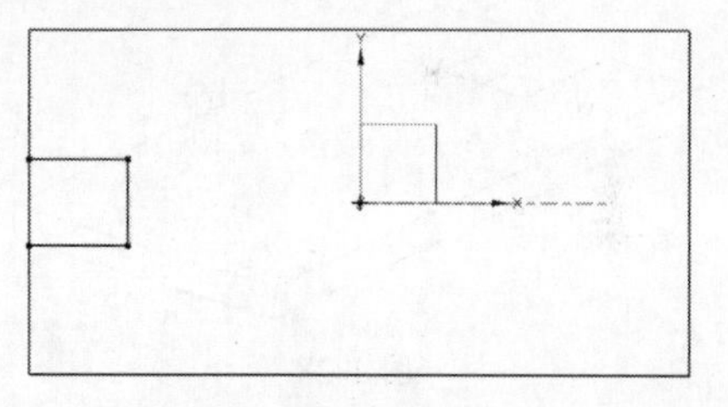

图 1-25

26 双击尺寸标注，将尺寸标注的数值设为 25 和 20，如图 1-26 所示。

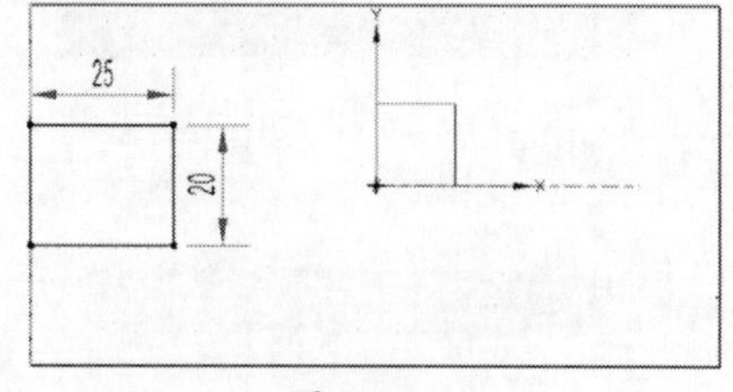

图 1-26

27 单击“完成草图”按钮，在弹出的“拉伸”对话框中，将“指定矢量”设为 ZC ↑，在“开始”下拉列表中选择“值”选项，将“距离”设为0mm。在“结束”下拉列表中选择“贯通”选项，把“布尔”设为“减去”，如图 1-27 所示。

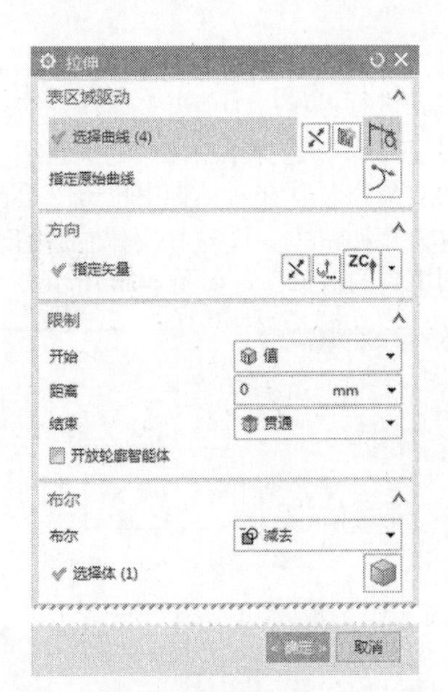

图 1-27

28 单击“确定”按钮，在实体上创建一个缺口，如图 1-28 所示。

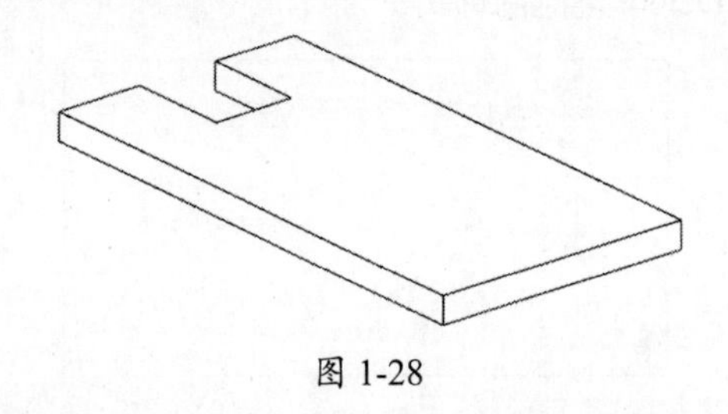

图 1-28

29 执行“菜单” | “插入” | “细节特征” | “面倒圆”命令，在弹出的“面倒圆”对话框中，将“类型”设为“三面”选项，如图 1-29 所示。

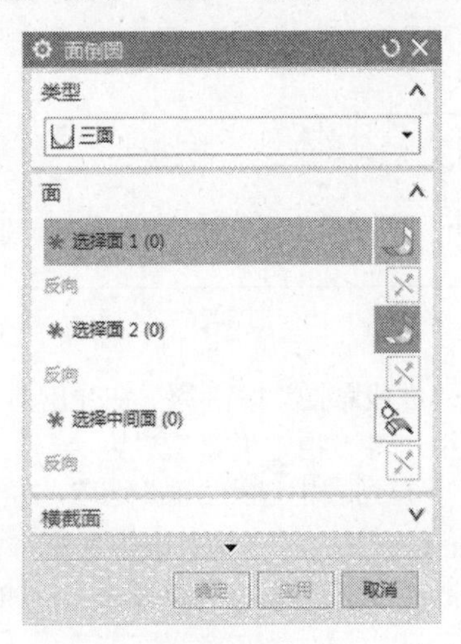

图 1-29

30 在工作区上方的工具栏中选择“单个面”选项，如图 1-30 所示。

图 1-30

31 选择缺口左边的曲面为“面链 1”，右边的曲面为“面链 2”，中间的曲面为“中间面链”，3 个箭头方向指向同一区域，如图 1-31 所示。

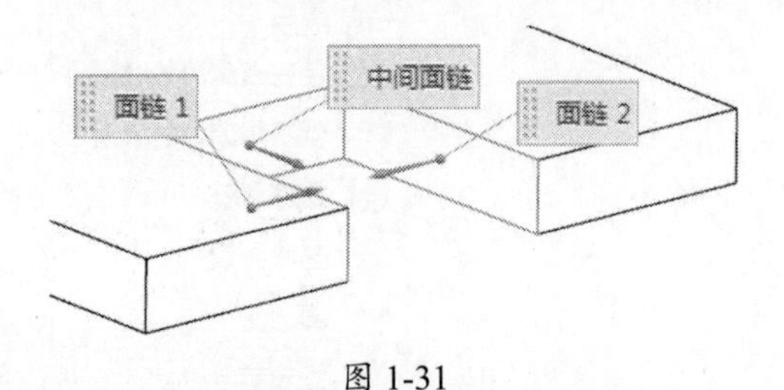

图 1-31

32 单击“确定”按钮，创建面倒圆特征，如图 1-32 所示。

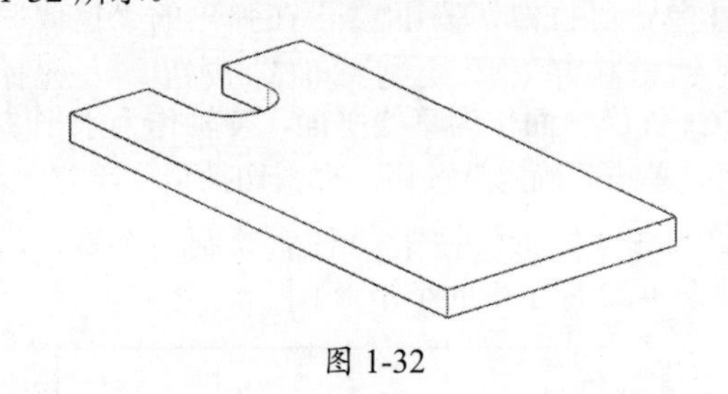

图 1-32

33 执行“菜单” | “插入” | “关联复制” | “镜像特征”命令，选择 YC—ZC 平面作为镜像平面，按住 Ctrl 键在“部件导航器”的“模型历史记录”中选择“拉伸（2）”和“面倒圆（3）”作为要镜像的特征，如图 1-33 所示。

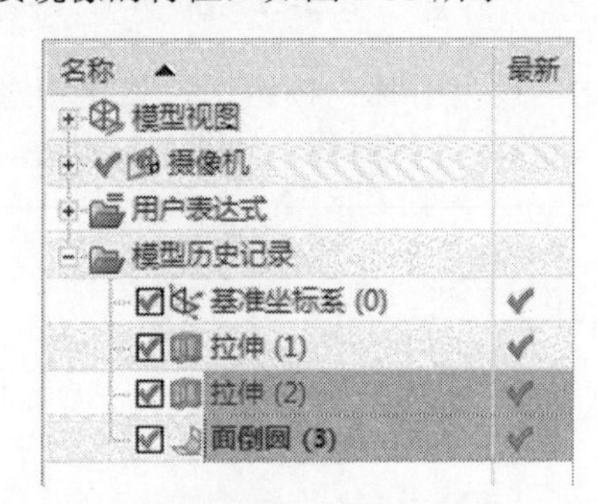

图 1-33

34 单击“确定”按钮创建镜像特征，如图 1-34 所示。

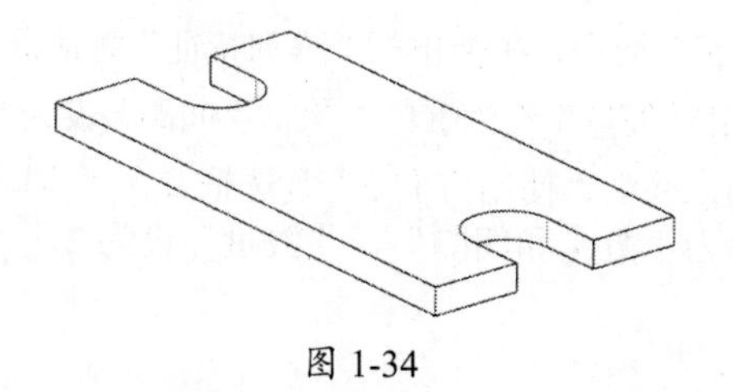

图 1-34

35 执行“菜单”|“插入”|“细节特征”|“倒斜角”命令，在弹出的“倒斜角”对话框中，把“横截面”设为“对称”，“距离”设为 5mm，如图 1-35 所示。

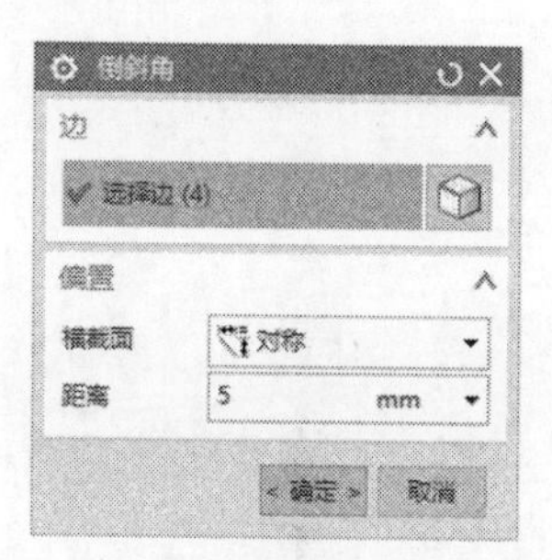

图 1-35

36 选择零件 4 个角的棱线，单击“确定”按钮创建斜角特征，如图 1-36 所示。

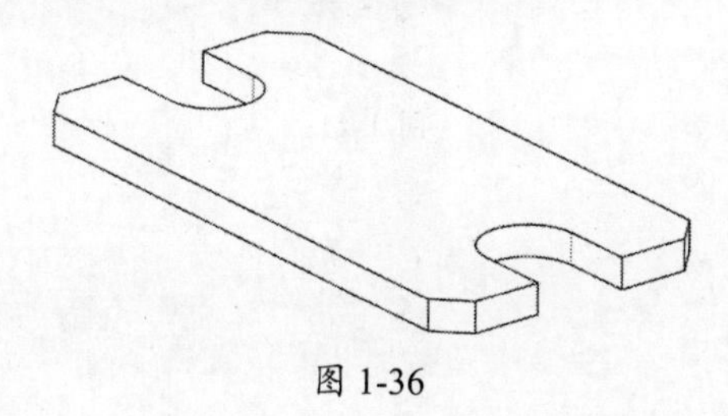

图 1-36

37 执行“菜单”|“插入”|“设计特征”|“孔”命令，在弹出的“孔”对话框中单击“绘制截面”按钮，选择实体上表面作为草绘平面，X 轴作为水平参考，单击“指定点”按钮，在弹出的“点”对话框中输入（0,0,0）。

38 绘制一个点，修改尺寸后，如图 1-37 所示。

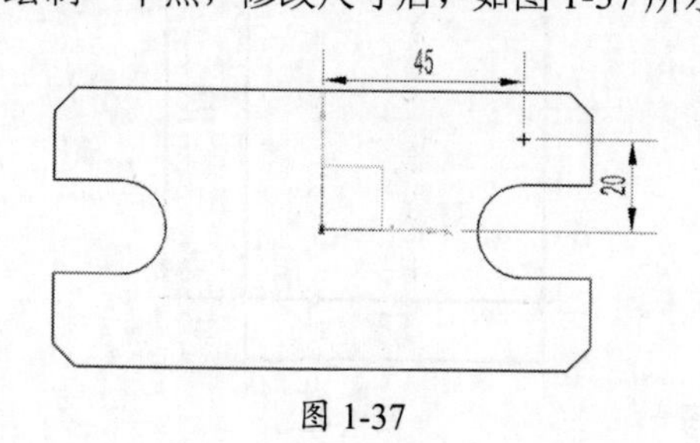

图 1-37

39 单击“完成草图”按钮，在弹出的“孔”对话框中，将“类型”设为“常规孔”，“孔方向”设为“垂直于面”，“成形”设为“沉头”，“沉头直径”设为 8mm，“沉头深度”设为 2mm，“直径”设为 6mm，“深度限制”设为“贯通体”，“布尔”设为“减去”，如图 1-38 所示。

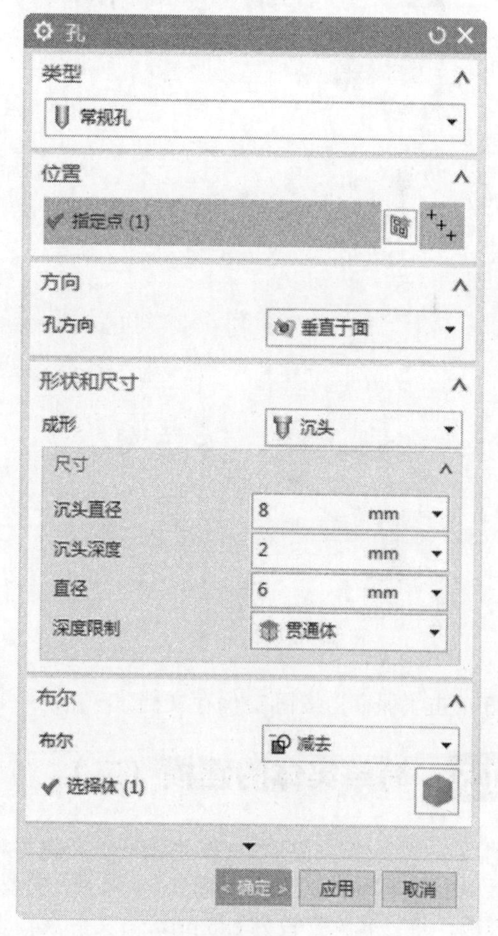

图 1-38

40 单击“确定”按钮创建孔特征，如图 1-39 所示。

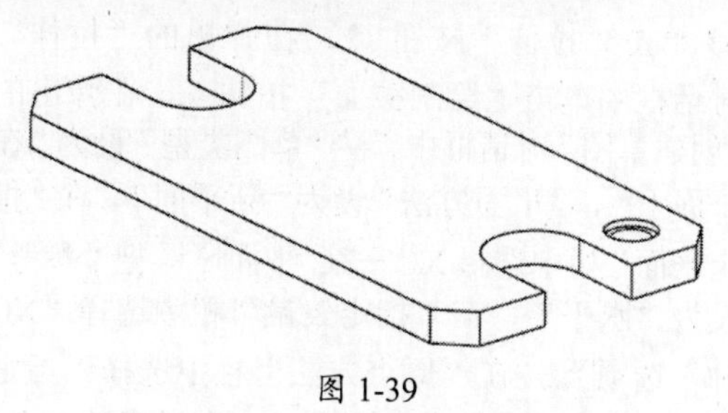

图 1-39

41 执行“菜单”|“插入”|“关联复制”|“阵列特征”命令，在弹出的“阵列特征”对话框中，将“布局”设为“线性”，在“方向 1”区域中将“指定矢量”设为 XC ↑，“间距”设为“数量和间隔”，“数量”设为 2，“节距”设为－90mm，选中“使用方向 2”复选框。在“方向 2”区域中，将“指定矢量”设为 YC ↑，“间距”设为“数量和间隔”，“数量”设为 2，“节距”设为－40mm，如图 1-40 所示。

42 单击“确定”按钮创建阵列特征，如图 1-41 所示。

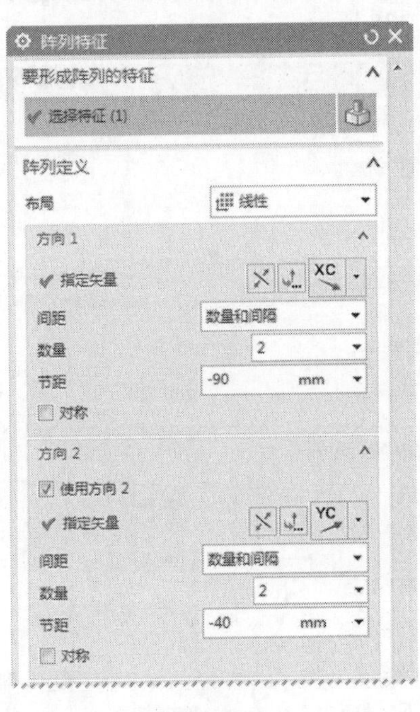

图 1-40

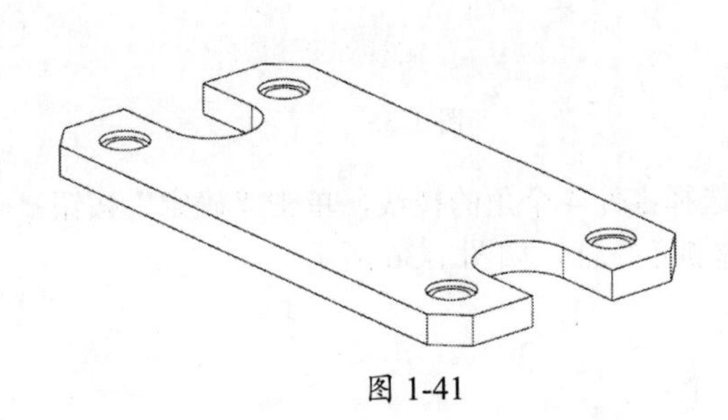

图 1-41

43 单击“保存”按钮保存文档。

1.5 简单实体的建模（二）

01 单击“新建”按钮，在弹出的“新建”对话框中，将“单位”设为“毫米”，选择“模型”模板，将“名称”设为 ex3.prt，“文件夹”设为 D:\。

02 单击“确定”按钮进入建模环境。

03 单击“拉伸”按钮，在弹出的“拉伸”对话框中单击“绘制截面”按钮，在弹出的“创建草图”对话框中，将“草图类型”设为“在平面上”，“平面方法”设为“新平面”，在“指定平面”栏中选择 XC—ZC 平面，把“参考”设为“水平”，在“指定矢量”栏中选择“XC 轴”选项，在“原点方法”栏中选择“指定点”。单击“指定点”按钮，在弹出的“点”对话框中，将“类型”设为“光标位置”，在 X、Y、Z 文本框中均输入 0。

04 单击“矩形”按钮，绘制一个矩形（80mm×100mm），如图 1-42 所示。

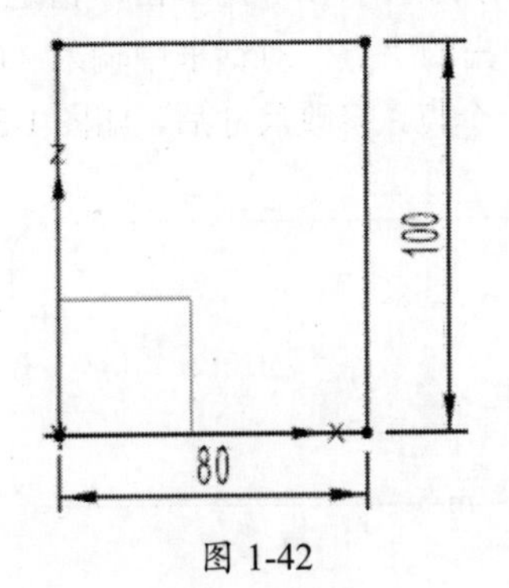

图 1-42

技巧与提示

如果视图的方向与示图不符合，在“拉伸”对话框的“指定矢量”栏中单击“反向”按钮，使XC—ZC平面的法向指向Y轴的负方向，可以改变视图方向。

05 单击“完成草图”按钮，在弹出的“拉伸”对话框中，将“指定矢量”设为 YC ↑，在“开始”下拉列表中选择“值”选项，将“距离”设为 0mm，在“结束”下拉列表中选择“值”，将“距离”设为150mm，将“布尔”设为“无”。

06 单击“确定”按钮，创建拉伸特征，如图 1-43 所示。

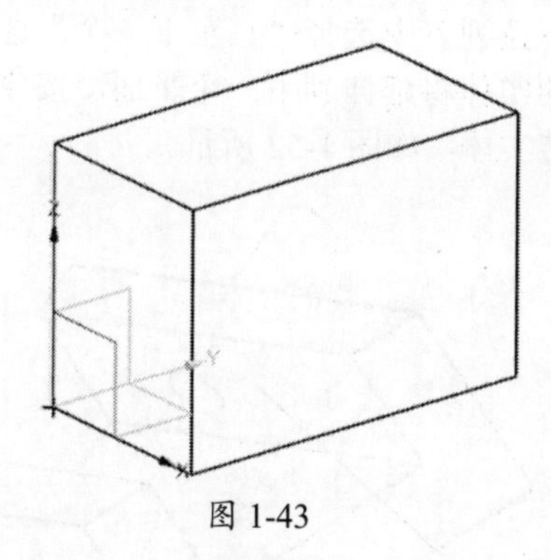

图 1-43

07 单击“拉伸”按钮，在弹出的“拉伸”对话框中单击“绘制截面”按钮，选择 XC—ZC 平面为草绘平面，X 轴为水平参考，单击“矩形”按钮，绘制两个矩形截面，如图 1-44 所示。

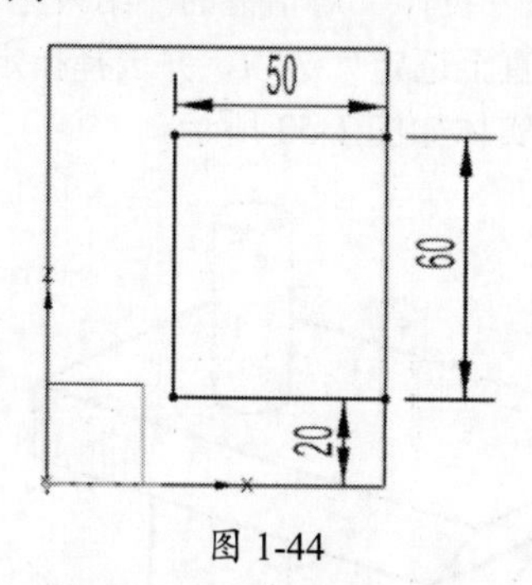

图 1-44

08 单击“完成草图”按钮，在弹出的“拉伸”对话框中，将“指定矢量”设为 YC ↑，在“开始”下拉列表中选择“值”选项，将“距离”设为 0mm，在“结束”下拉列表中选择“贯通”，“布尔”设为“减去”。

09 单击“确定”按钮，创建拉伸特征，如图 1-45 所示。

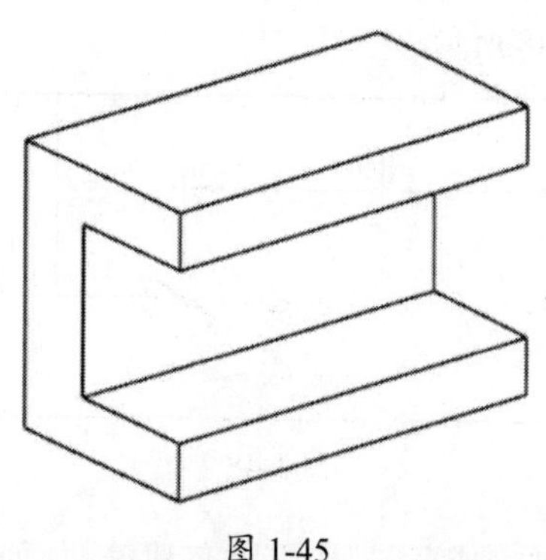

图 1-45

10 单击“拉伸”按钮，在弹出的“拉伸”对话框中单击“绘制截面”按钮，选择 YC—ZC 平面为草绘平面，Y 轴为水平参考，进入草绘环境。

11 单击“直线”按钮，以实体的两个端点和一个中点绘制三角形截面，如图 1-46 中粗线条所示。

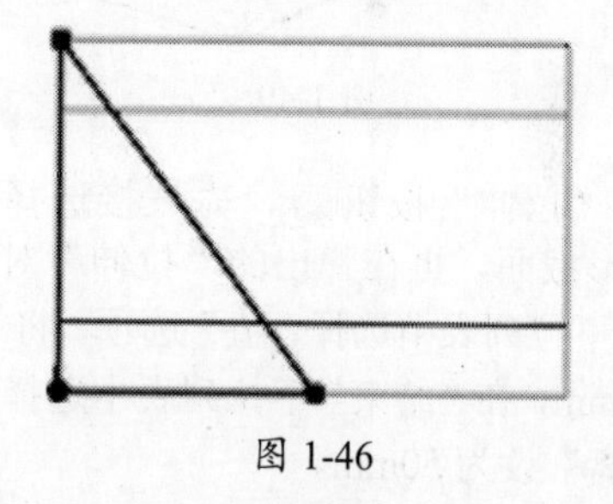

图 1-46

12 单击“完成草图”按钮，在弹出的“拉伸”对话框中，将“指定矢量”设为 XC ↑，在“开始”下拉列表中选择“值”选项，将“距离”设为 0mm，在“结束”下拉列表中选择“贯通”，“布尔”设为“减去”。

13 单击“确定”按钮，创建切除特征，如图 1-47 所示。

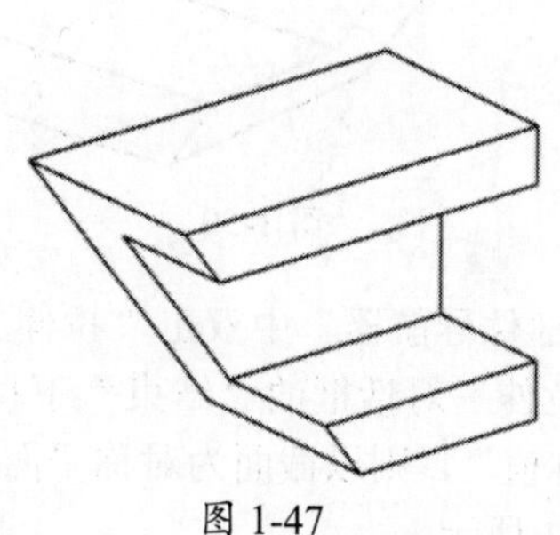

图 1-47

14 单击“草图”按钮，选择实体上表面为草绘平面，Y轴为水平参考，绘制一个圆形截面，如图1-48所示。

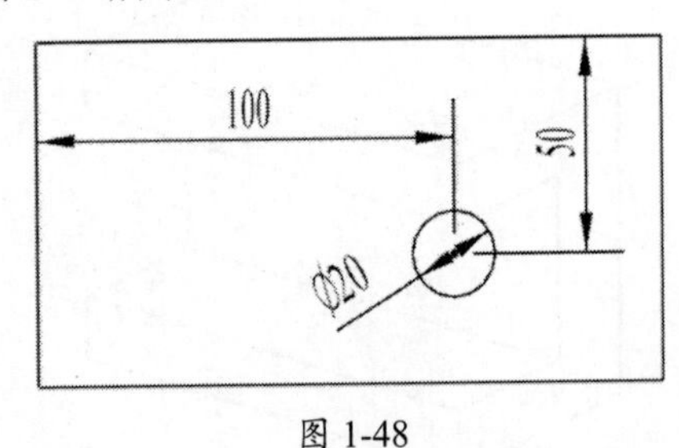

图 1-48

15 单击“完成草图”按钮创建截面，如图1-49所示。

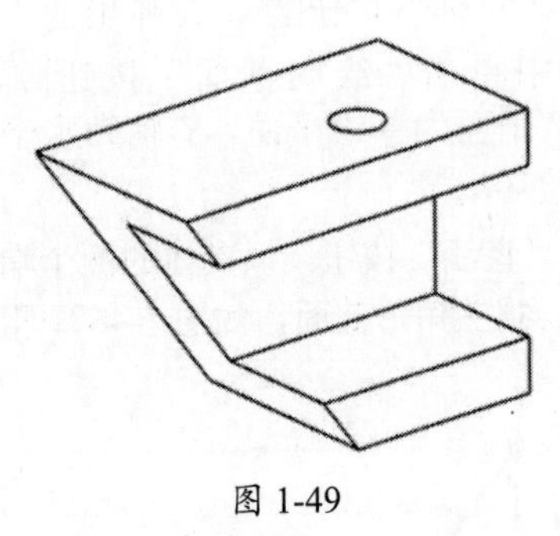

图 1-49

16 单击“拉伸”按钮，先直接选择图1-49中的圆形截面，再在弹出的“拉伸”对话框的“开始”下拉列表中选择“值”选项，将“距离”设为10mm，在“结束”下拉列表中选择“值”，将“距离”设为50mm。

17 单击“确定”按钮创建的实体，如图1-50所示。

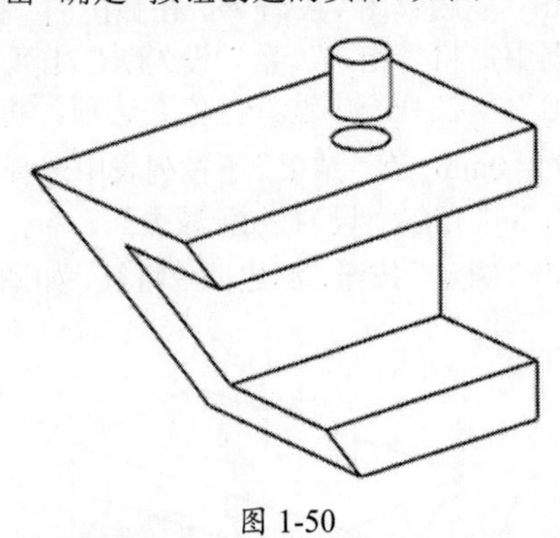

图 1-50

18 在“部件导航器”中双击“拉伸5”，在弹出的“拉伸”对话框的“结束”下拉列表中选择“对称值”，则以截面为对称平面创建实体，如图1-51所示。

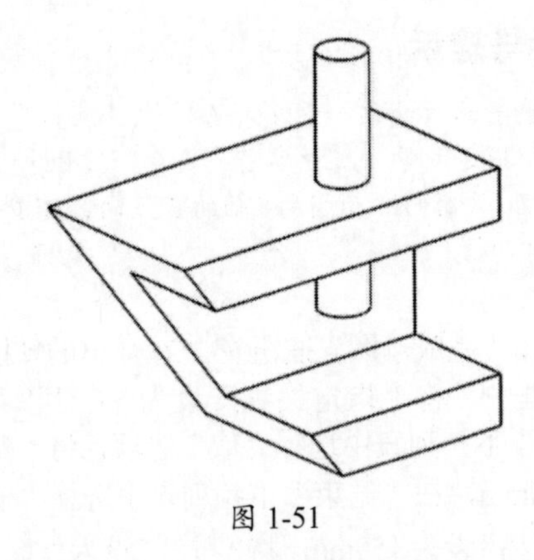

图 1-51

19 如果在“拉伸”对话框的“开始”下拉列表中选择“值”选项，将“距离”设为10mm，在“结束”下拉列表中选择“直至下一个”选项，则生成的实体将延伸到下一个平面，按住鼠标中键翻转实体，如图1-52所示。

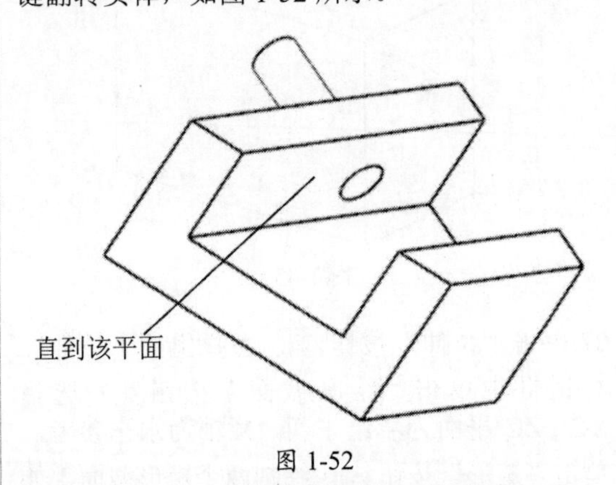

图 1-52

20 如果在“拉伸”对话框的“结束”下拉列表中选择“直至选定”选项，并选择指定的平面，则生成的实体如图1-53所示。

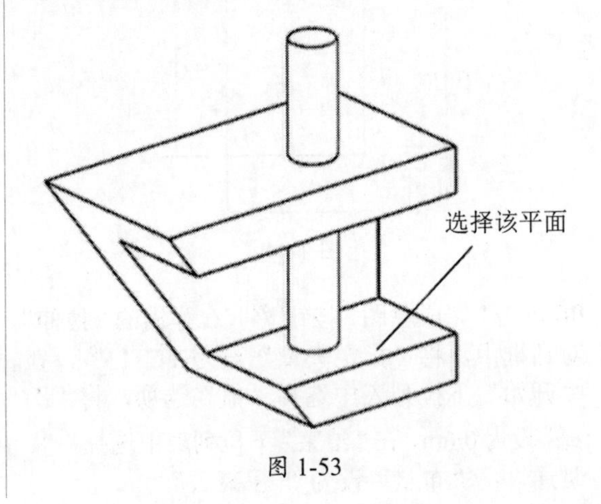

图 1-53

21 如果在“拉伸”对话框的“结束”下拉列表中选择“直至延伸部分”选项，然后选择实体的斜面，则生成的实体如图 1-54 所示。

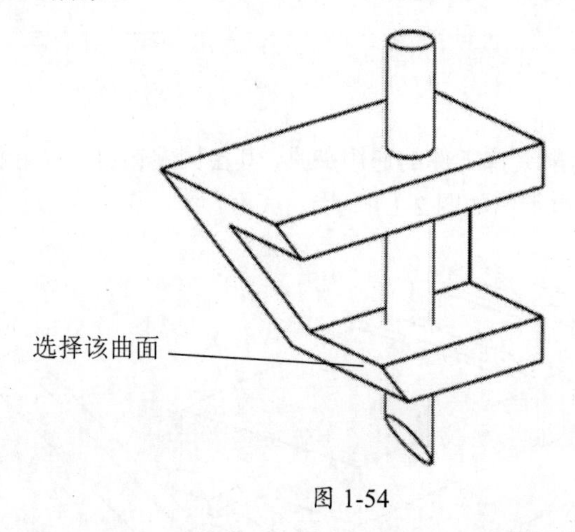

图 1-54

作业

创建如图 1-55 所示的零件实体。

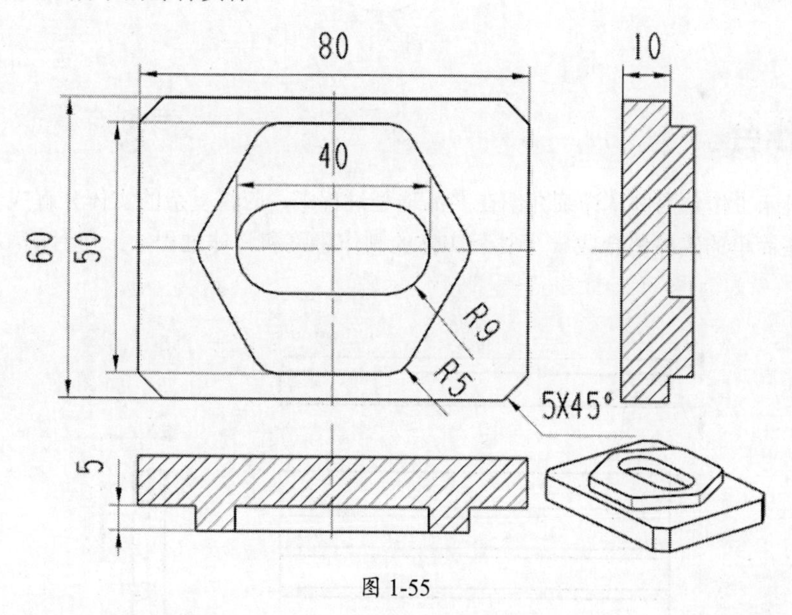

图 1-55

第 2 章　机床工作台与虎钳结构

虎钳又称“台虎钳”，是用来夹持工件的通用夹具，其由固定钳身、六角螺母、丝杠、钳口板、活动钳身、垫铁等组成，台虎钳示例如图 2-1 所示。

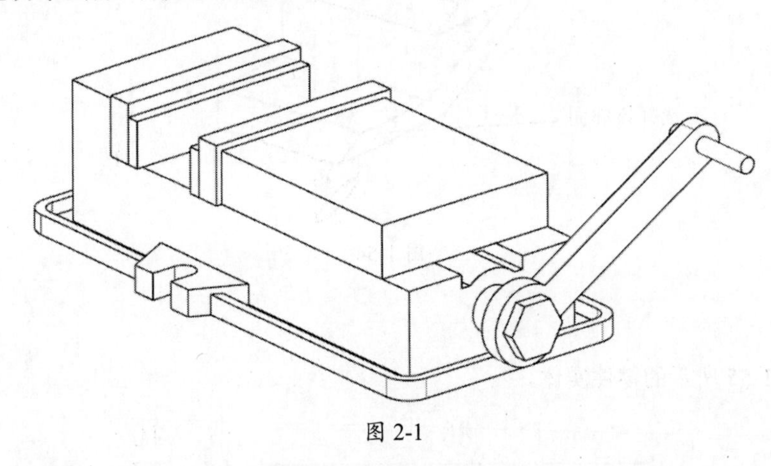

图 2-1

2.1　工作台

本节以机床工作台为例，详细介绍在产品造型过程中，应将复杂的实体分解成若干简单的实体，并把这些简单的实体整合成一个复杂实体的制作思路和具体过程，工作台的结构图如图 2-2 所示。

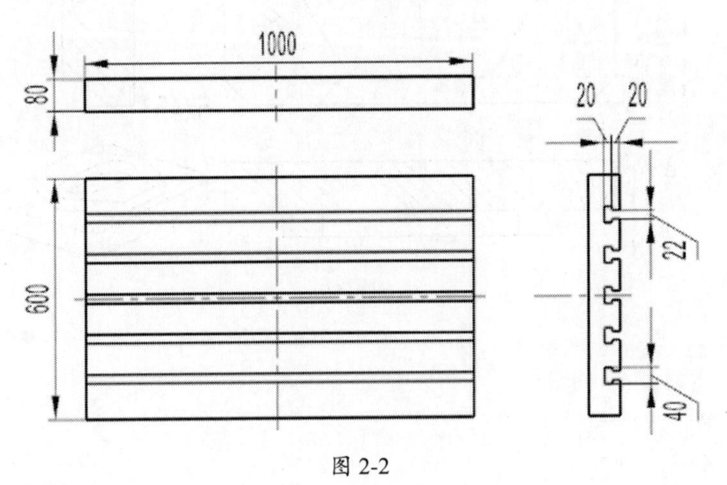

图 2-2

01 单击“新建”按钮，在弹出的“新建”对话框中，将“单位”设为“毫米”，选择“模型”模板，将“名称”设为“工作台”，“文件夹”设为 D:\。

02 单击“确定”按钮进入建模环境。

03 单击“拉伸”按钮，在弹出的“拉伸”对话框中单击“绘制截面”按钮，选择 XC—YC

平面为草绘平面、X 轴为水平参考。单击“确定”按钮进入草绘环境。

04 执行“菜单”|“插入”|“曲线”|“矩形”命令，以原点为中心，绘制一个矩形截面（1000mm×600mm），如图 2-3 所示。

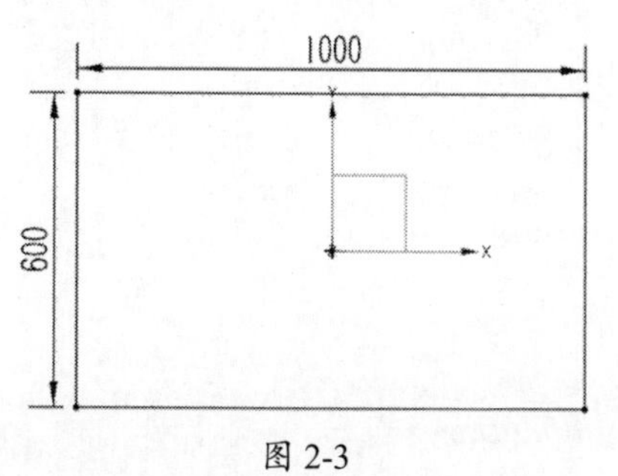

图 2-3

05 单击“完成草图”按钮，在弹出的“拉伸”对话框中，将“指定矢量”设为“-ZC ↓”，在“开始”下拉列表中选择“值”选项，将“距离”设为 0mm，在“结束”下拉列表中选择“值”，将“距离”设为 80mm，“布尔”设为“无”。

06 单击“确定”按钮，创建拉伸特征，坐标系位于实体上表面，如图 2-4 所示。

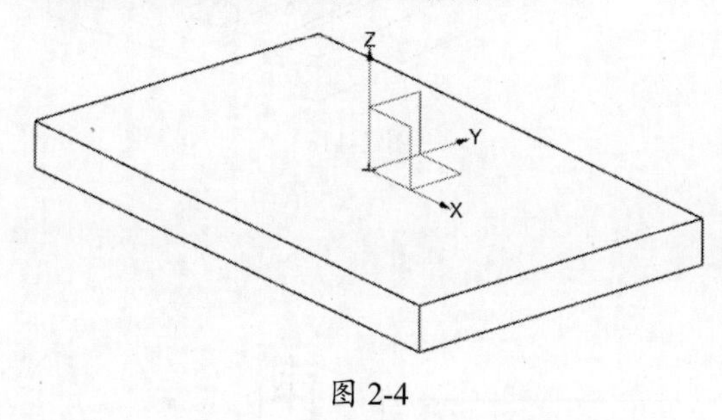

图 2-4

07 单击“拉伸”按钮，在弹出的“拉伸”对话框中单击“绘制截面”按钮，选择 YC—ZC 平面为草绘平面，Y 轴为水平参考，绘制一个矩形截面（22mm×20mm），并设定矩形的两条竖直边关于 Z 轴对称，一条水平边与 Y 轴共线，如图 2-5 所示。

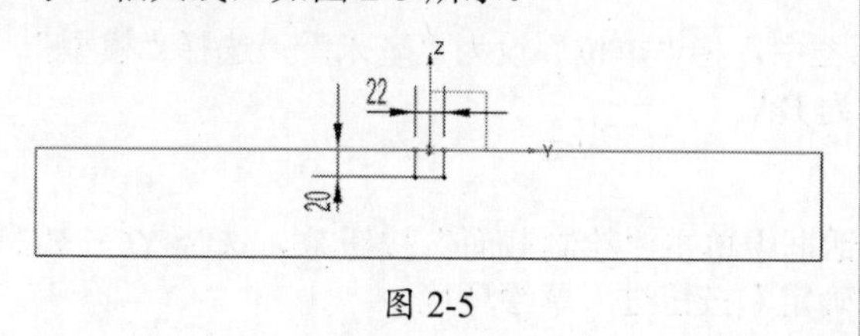

图 2-5

08 单击“完成草图”按钮，在弹出的“拉伸”对话框中，将“指定矢量”设为 XC ↑，在“开始”栏中选择“贯通”，在“结束”下拉列表中选择“贯通”，把“布尔”设为“减去”。

09 单击“确定”按钮，在实体上创建一条槽，如图 2-6 所示。

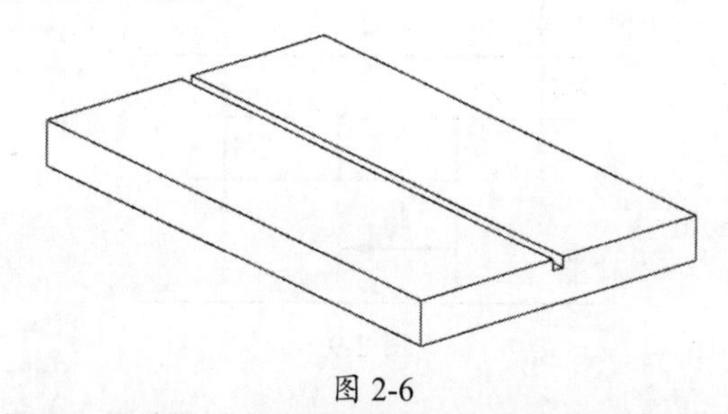

图 2-6

10 单击“拉伸”按钮，在弹出的“拉伸”对话框中单击“绘制截面”按钮，选择 YC—ZC 平面为草绘平面，Y 轴为水平参考，绘制一个矩形截面（20mm×40mm），并设定矩形的两条竖直边关于 Z 轴对称，一条水平边与切除特征的边线共线，如图 2-7 所示。

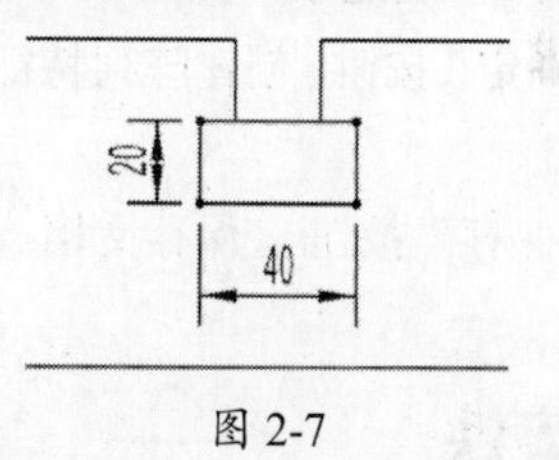

图 2-7

11 单击“完成草图”按钮，在弹出的“拉伸”对话框中，将“指定矢量”设为 XC ↑，在“开始”下拉列表中选择“贯通”，在“结束”下拉列表中选择“贯通”，“布尔”设为“减去”。

12 单击“确定”按钮，创建切除特征，如图 2-8 所示。

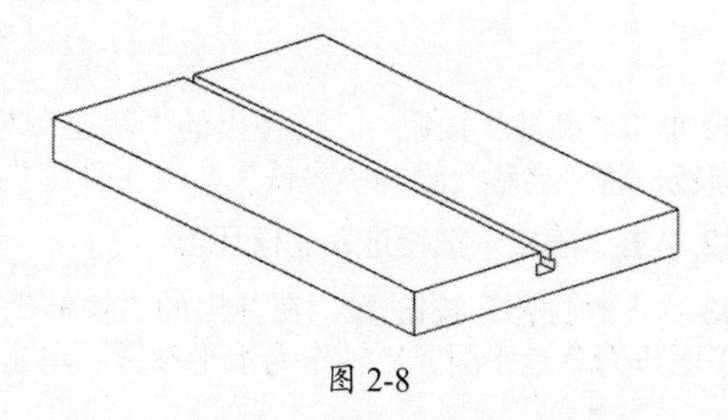

图 2-8

前面是把T形槽的建模过程分成了两步，有兴趣的读者可以尝试将两个步骤合并成一个步骤，即先绘制T形截面，如图2-9所示，再创建T形槽，比较一下哪种方法更简单（应该是分两步的方法更简单）。

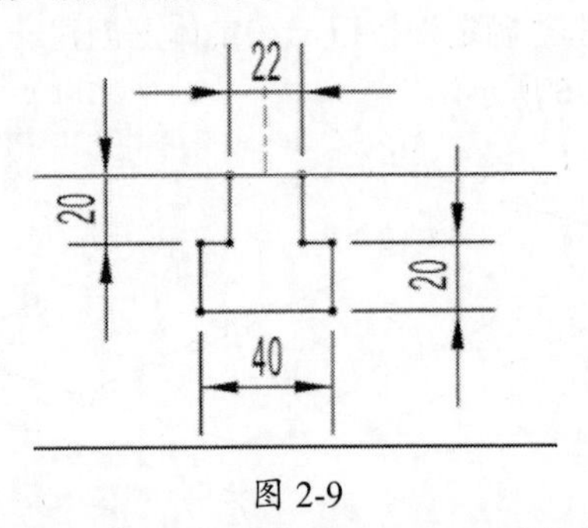

图 2-9

13 执行“菜单”|“插入”|“关联复制”|“阵列特征”命令，在弹出的“阵列特征”对话框中，把“布局”设为“线性”，在“方向1”区域中，将“指定矢量”设为YC↑，“间距”设为“数量和间隔”，“数量”设为3，“节距”设为100mm，选中“对称”复选框，取消选中“使用方向2”复选框，如图2-10所示。

图 2-10

14 单击“确定”按钮，创建阵列特征，如图2-11所示。

15 单击“保存”按钮保存文档。

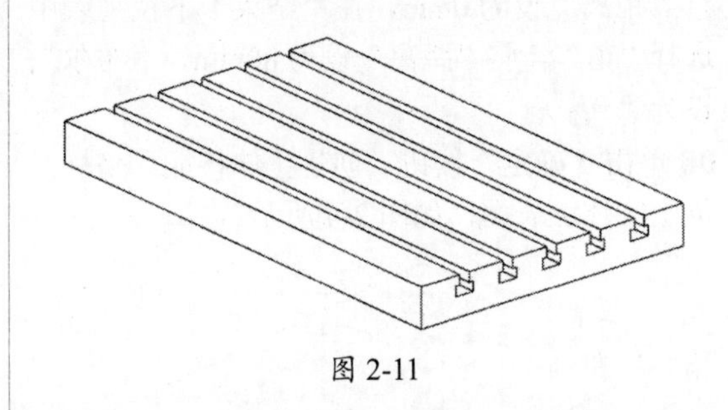

图 2-11

2.2 垫铁

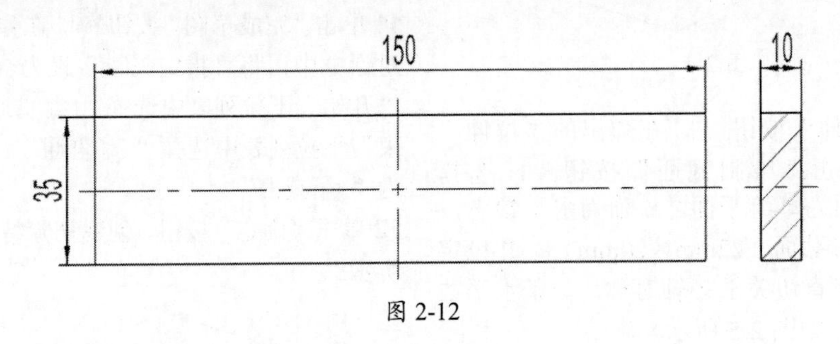

图 2-12

01 单击“新建”按钮，在弹出的“新建”对话框中，将“单位”设为“毫米”，选择“模型”模板，将“名称”设为“垫铁”，“文件夹”设为D:\。

02 单击“确定”按钮进入建模环境。

03 单击“拉伸”按钮，在弹出的“拉伸”对话框中单击“绘制截面”按钮，选择YC—ZC平面作为草绘平面、Y轴作为水平参考。单击“确定”按钮进入草绘环境。

04 执行“菜单”|“插入”|“曲线”|“矩形”命令，绘制一个矩形截面（160mm×35mm），其中两条竖直边关于 Y 轴对称，一条水平边与 X 轴对齐，如图 2-13 所示。

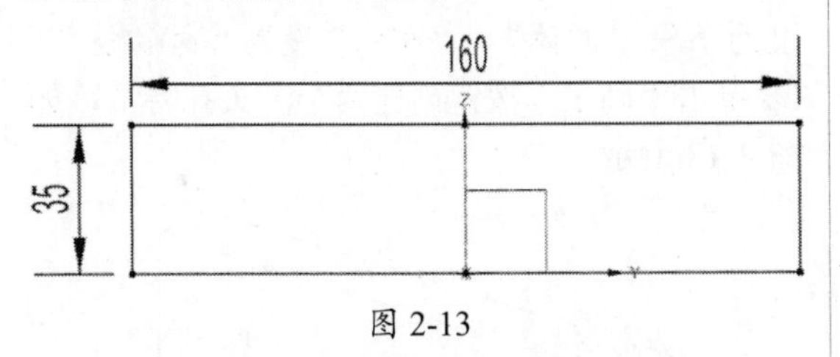

图 2-13

05 单击“完成草图”按钮，在弹出的“拉伸”对话框中，将“指定矢量”设为 YC↑，在“开始”下拉列表中选择“值”选项，将“距离”设为 0mm，在“结束”下拉列表中选择“值”，将“距离”设为 10mm，“布尔”设为“无”。

06 单击“确定”按钮创建拉伸特征，如图 2-14 所示。

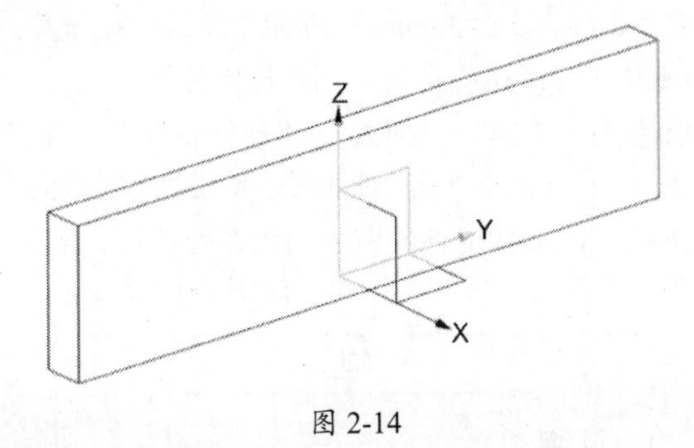

图 2-14

07 单击“保存”按钮保存文档。

2.3 钳口板

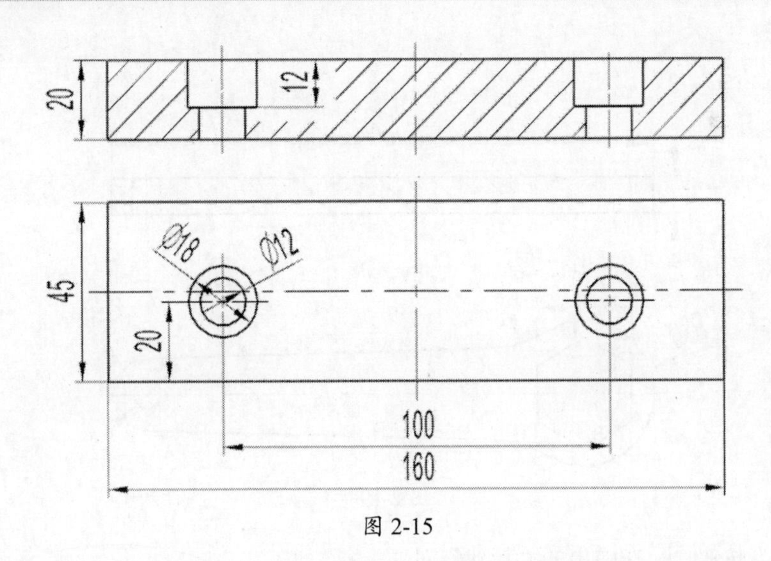

图 2-15

01 单击“新建”按钮，在弹出的“新建”对话框中，将“单位”设为“毫米”，选择“模型”模板，将“名称”设为“钳口板”，单击“确定”按钮进入建模环境。

02 单击“拉伸”按钮，在弹出的“拉伸”对话框中单击“绘制截面”按钮，选择 YC—ZC 平面作为草绘平面、Y 轴作为水平参考，单击“确定”按钮进入草绘环境。

03 执行“菜单”|“插入”|“曲线”|“矩形”命令，绘制一个矩形截面（160mm×45mm），其中两条竖直边关于 Y 轴对称，一条水平边与 X 轴对齐，如图 2-16 所示。

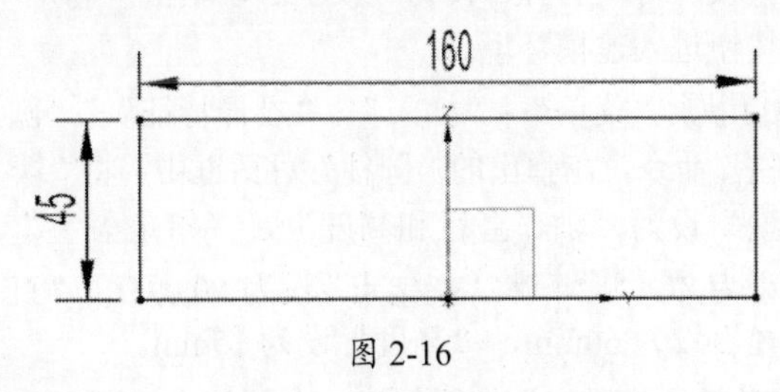

图 2-16

04 单击“完成草图”按钮，在弹出的“拉伸”

对话框中将“指定矢量”设为YC ↑，在“开始”下拉列表中选择“值”选项，将“距离”设为0mm，在“结束”下拉列表中选择“值”，将“距离”设为20mm，“布尔”设为“无”。

05 单击“确定”按钮，创建拉伸特征。

06 执行“菜单”|“插入”|“设计特征”|“孔”命令，在弹出的“孔”对话框中单击“绘制截面”按钮，选择工件的前表面为草绘平面，Y轴为水平参考，绘制两个点，如图2-17所示。

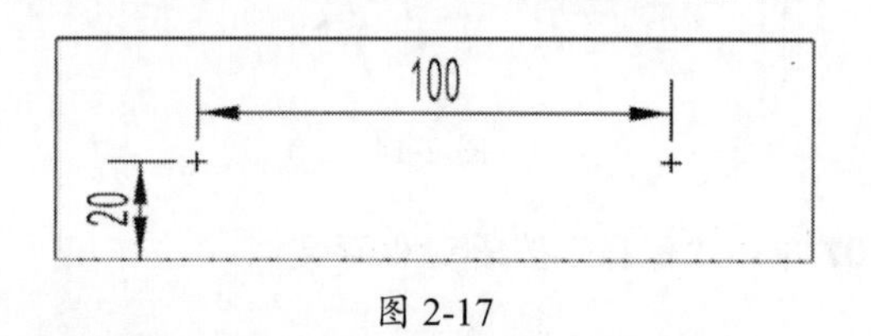

图 2-17

07 单击“完成草图”按钮，在弹出的“孔”对话框中，将“类型”设为“常规孔”，“孔方向”设为“垂直于面”，“成形”设为“沉头”，“沉头直径”设为18mm，“沉头深度”设为12mm，“直径”设为12mm，“深度限制”设为“贯通体”，“布尔”设为“减去”。

08 单击“确定”按钮创建两个沉头孔特征，如图2-18所示。

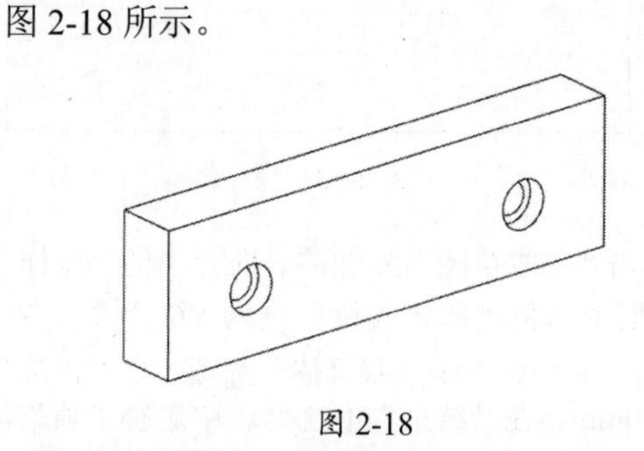

图 2-18

09 单击“保存”按钮保存文档。

2.4 扳手

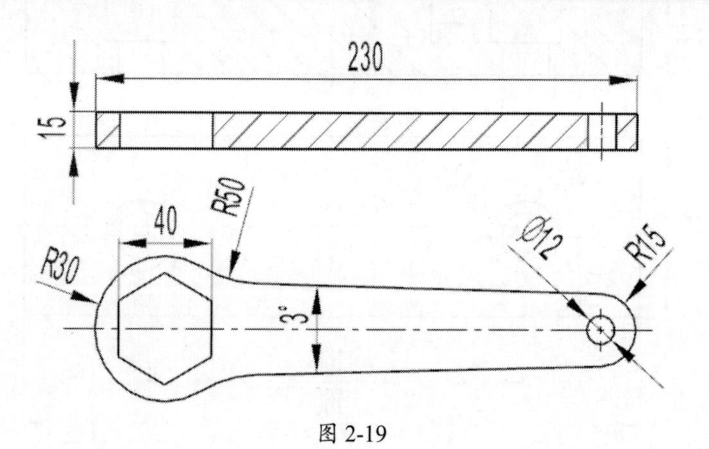

图 2-19

01 单击“新建”按钮，在弹出的“新建”对话框中，将“单位”设为“毫米”，选择“模型”模板，将“名称”设为“扳手”，单击“确定”按钮进入建模环境。

02 执行“菜单”|“插入”|“设计特征”|“圆柱”命令，在弹出的“圆柱”对话框中，将“类型”设为“轴、直径和高度”，“指定矢量”设为ZC ↑，将“指定点”设为(0,0,0)，“直径”设为60mm，“高度”设为15mm。

03 单击“确定”按钮创建一个圆柱，如图2-20所示。

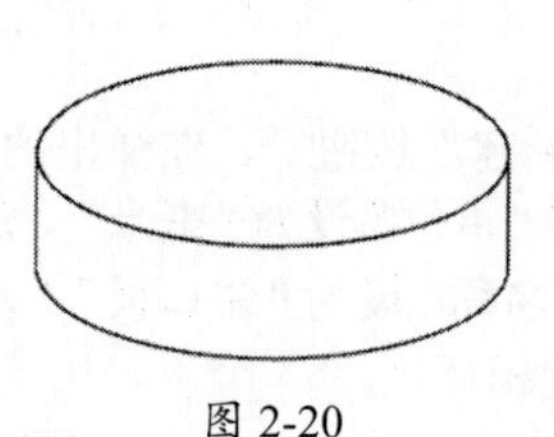

图 2-20

04 单击“拉伸”按钮，在弹出的“拉伸”对话框中单击“绘制截面”按钮，选择XC—YC平面为草绘平面，X轴为水平参考，单击“确定”按钮进入草绘环境。

05 执行“菜单”|“插入”|“曲线”|“直线”

命令，以原点为中心绘制一个截面，其中两条斜线关于 X 轴对称，左边的竖直线与 Y 轴对齐，R15 的圆心在 X 轴上，如图 2-21 所示。

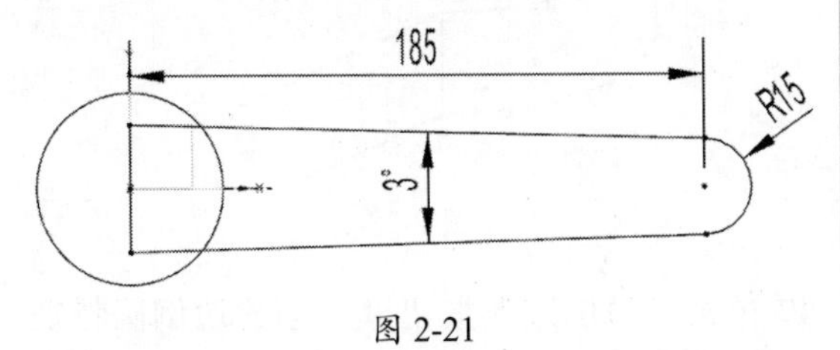

图 2-21

06 单击“完成草图”按钮，在弹出的“拉伸”对话框中将“指定矢量”设为 ZC ↑，在“开始”下拉列表中选择“值”选项，将“距离”设为 0mm，在“结束”下拉列表中选择“值”，将“距离”设为 15mm，“布尔”设为“合并”。

07 单击“确定”按钮创建实体，如图 2-22 所示。

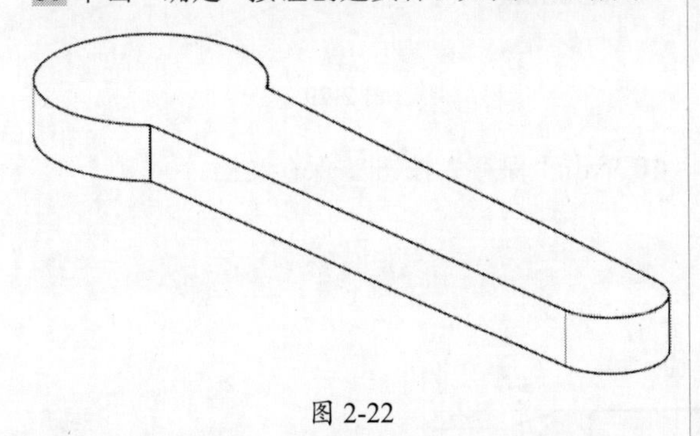

图 2-22

08 执行“菜单”｜“插入”｜“设计特征”｜“孔”命令，在弹出的“孔”对话框中单击“绘制截面”按钮，选择实体的上表面为草绘平面，X 轴为水平参考，任意绘制一个点，其中标注尺寸为任意值，如图 2-23 所示。

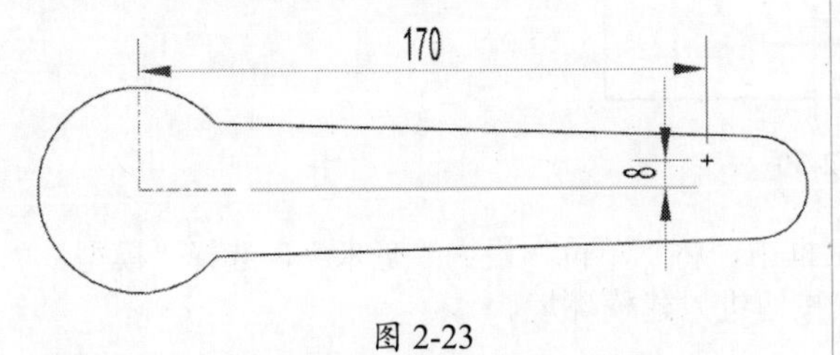

图 2-23

09 单击“几何约束”按钮，在弹出的“几何约束”对话框中单击“重合”按钮，如图 2-24 所示。

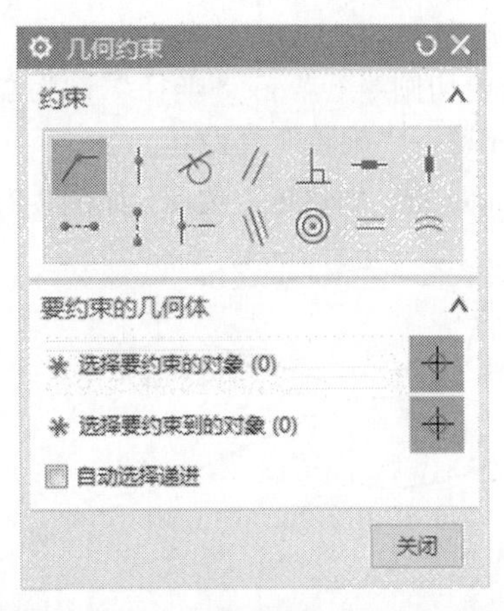

图 2-24

10 先选择圆弧的圆心为“要约束的对象”，再选择所绘制的点为“要约束到的对象”，如果标注出现红色直接删除，所绘制的点与圆心重合，如图 2-25 所示。

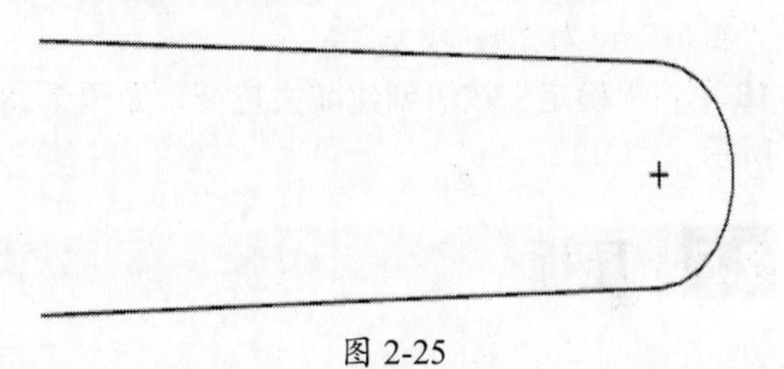

图 2-25

11 单击“完成草图”按钮，在弹出的“孔”对话框中将“类型”设为“常规孔”，“孔方向”设为“垂直于面”，“成形”设为“简单孔”，“直径”设为 12mm，“深度限制”设为“贯通体”，“布尔”设为“减去”。

12 单击“确定”按钮创建一个孔特征，如图 2-26 所示。

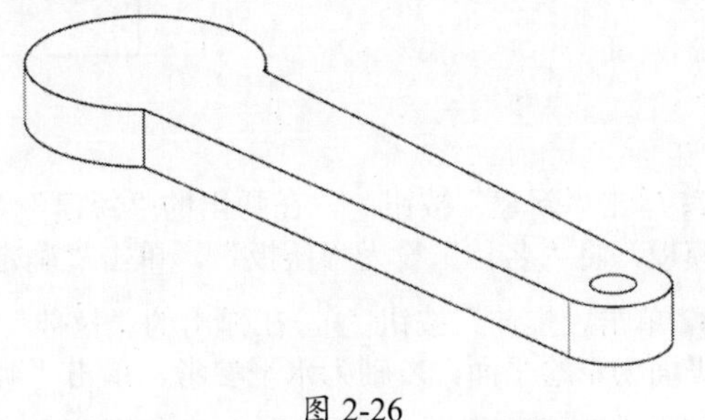

图 2-26

13 执行“菜单”｜“插入”｜“曲线”｜“多边形”命令，在弹出的“多边形”对话框中将“中心点”设为（0,0,0），“边数”设为 6，“大小”设为“内切圆半径”，“半径”设为 20mm。按 Enter 键，“旋转”设为 0。

14 按 Enter 键，创建正六边形，如图 2-27 所示。

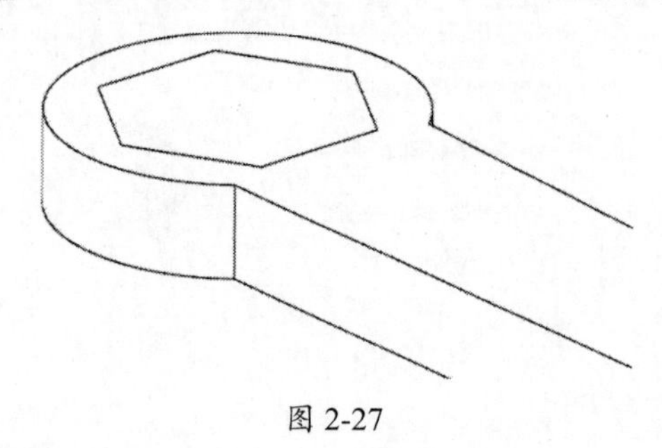

图 2-27

15 单击“完成草图”按钮，在弹出的“拉伸”对话框中将“指定矢量”设为 ZC ↑，在“开始”下拉列表中选择“值”选项，将“距离”设为 0mm，在“结束”下拉列表中选择“贯通”，“布尔”设为“减去”。

16 单击“确定”按钮创建减去特征，如图 2-28 所示。

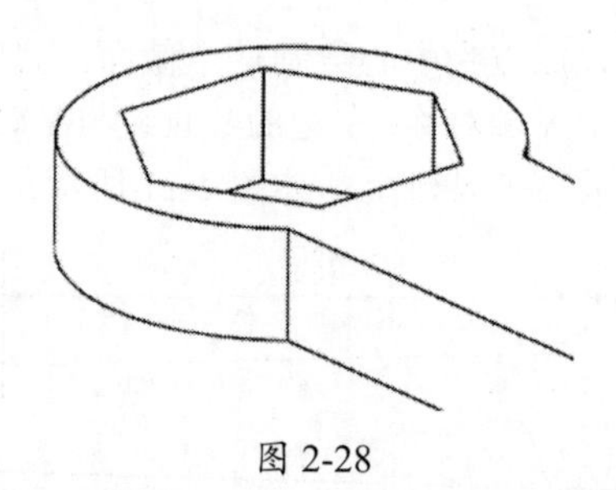

图 2-28

17 单击“边倒圆”按钮，创建边倒圆特征（2×R50mm），如图 2-29 所示。

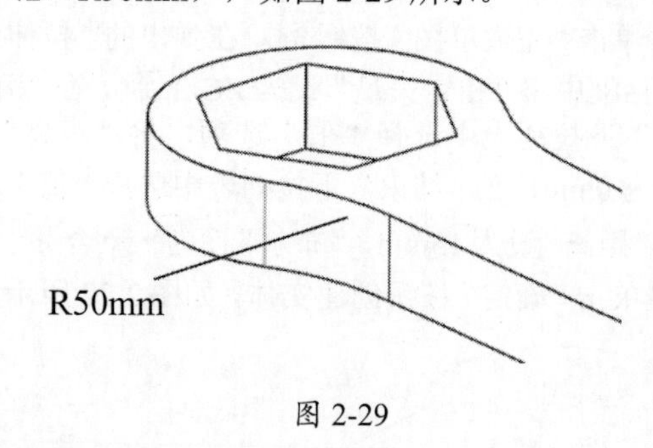

图 2-29

18 单击“保存”按钮保存文档。

2.5 压板

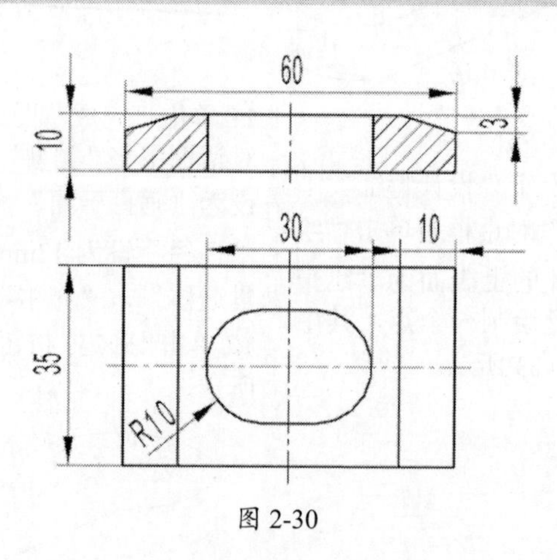

图 2-30

01 单击“新建”按钮，在弹出的“新建”对话框中，将“单位”设为“毫米”，选择“模型”模板，将“名称”设为“压板”，单击“确定”按钮进入建模环境。

02 单击“拉伸”按钮，在弹出的“拉伸”对话框中单击“绘制截面”按钮，选择 XC—YC 平面为草绘平面，X 轴为水平参考，单击“确定”按钮进入草绘环境。

03 执行“菜单”｜“插入”｜“曲线”｜“矩形”命令，以原点为中心，绘制一个矩形截面（60mm×35mm），如图 2-31 所示。

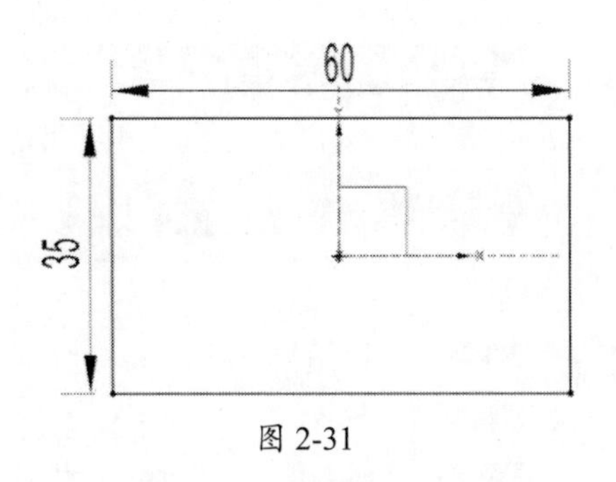

图 2-31

04 单击"完成草图"按钮，在弹出的"拉伸"对话框中将"指定矢量"设为 ZC ↑，在"开始"下拉列表中选择"值"选项，将"距离"设为 0mm，在"结束"下拉列表中选择"值"，将"距离"设为 10mm，"布尔"设为"无"。

05 单击"确定"按钮，创建拉伸特征，坐标系在下表面，如图 2-32 所示。

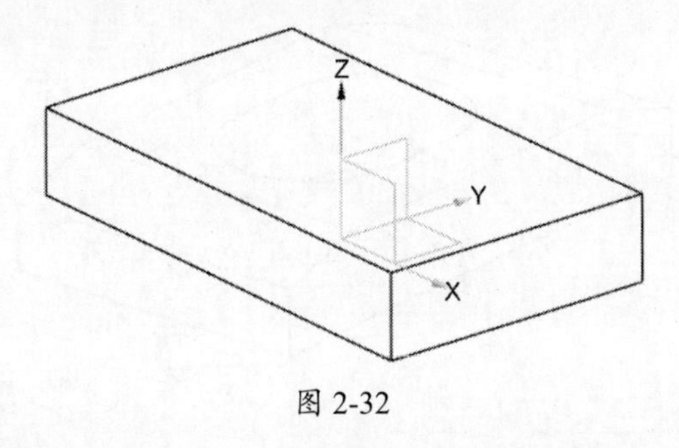

图 2-32

06 单击"拉伸"按钮，在弹出的"拉伸"对话框中单击"绘制截面"按钮，选择 XC—YC 平面为草绘平面，X 轴为水平参考，单击"确定"按钮进入草绘环境。

07 执行"菜单"｜"插入"｜"曲线"｜"矩形"命令，以原点为中心绘制一个矩形截面（30mm×22mm），如图 2-33 所示。

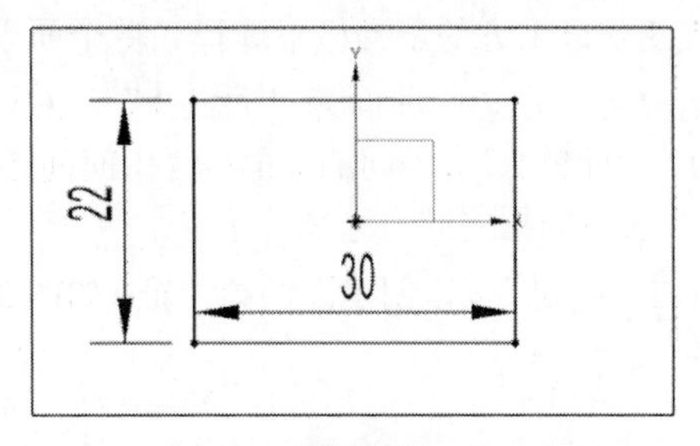

图 2-33

08 单击"完成草图"按钮，在弹出的"拉伸"对话框中将"指定矢量"设为 ZC ↑，在"开始"下拉列表中选择"值"选项，将"距离"设为 0mm，在"结束"下拉列表中选择"值"，将"距离"设为"贯通"，"布尔"设为"减去"。

09 单击"确定"按钮创建减去特征，如图 2-34 所示。

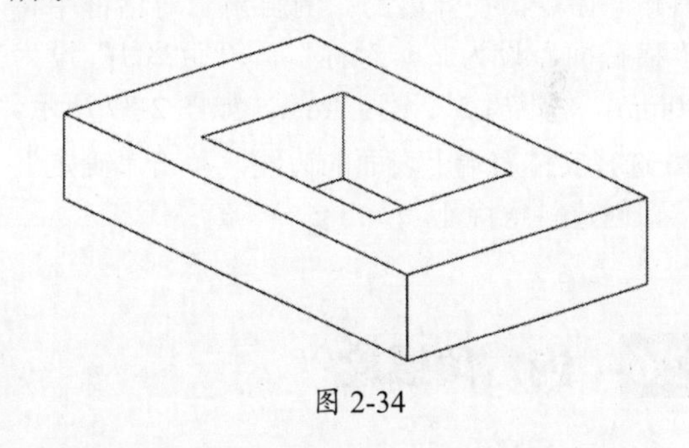

图 2-34

提示

上述两个步骤可以合并为一个步骤，即同时绘制两个矩形截面，再一次拉伸成形，如图2-35所示。但这种方法所绘制的截面较复杂，不建议使用这种方法造型。

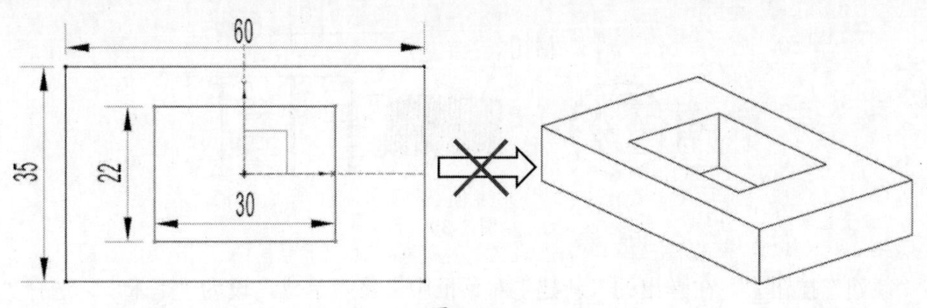

图 2-35

10 执行“菜单”|“插入”|“细节特征”|“面倒圆”命令，在弹出的“面倒圆”对话框中将“类型”设为“三面”。

11 在工作区上方的工具栏中选择“单个面”。

12 选择方孔左边的曲面为“面链1”，右边的曲面为“面链2”，中间的曲面为“中间面链”，3个箭头方向指向同一区域。

13 单击“确定”按钮创建面倒圆特征，如图2-36所示。

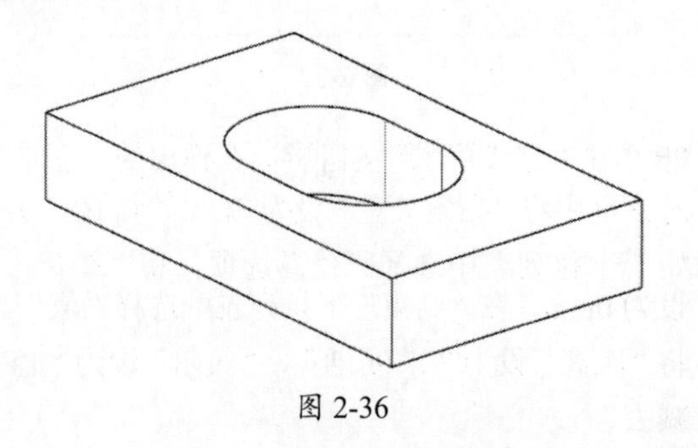

图 2-36

14 执行“菜单”|“插入”|“细节特征”|“倒斜角”命令，在弹出的“倒斜角”对话框中将“横截面”设为“非对称”，“距离1”设为10mm，“距离2”设为3mm，如图2-37所示。

15 选择实体右端上表面的边线，单击“确定”按钮创建斜角特征。

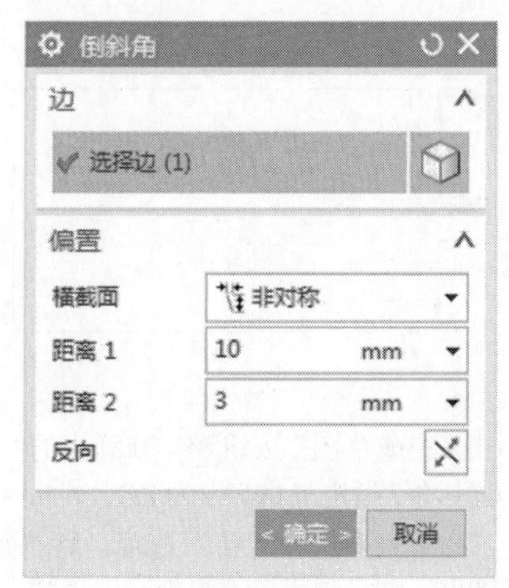

图 2-37

16 采用相同的方法，创建另一个斜角特征，如图2-38所示。

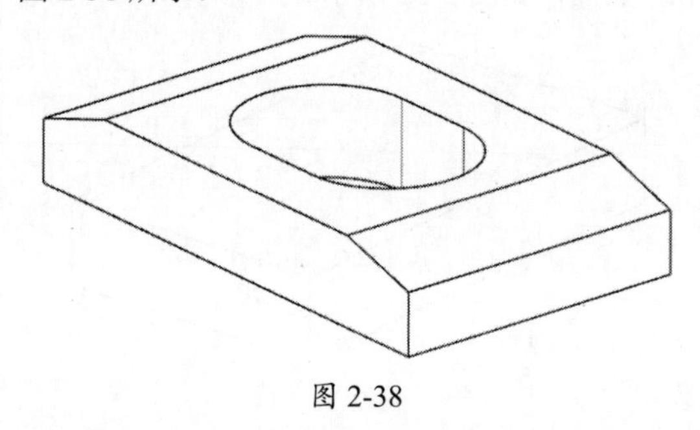

图 2-38

17 单击“保存”按钮保存文档。

2.6 内六角螺栓

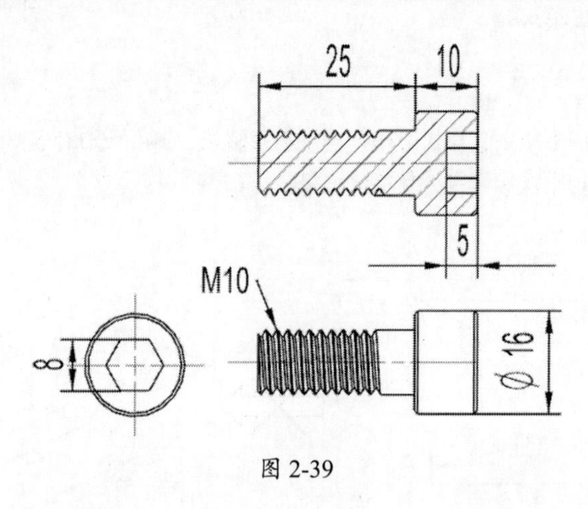

图 2-39

01 单击“新建”按钮，在弹出的“新建”对话框中，将“单位”设为“毫米”，选择“模型”模板，将“名称”设为“内六角螺栓”。

02 单击“确定”按钮进入建模环境。

03 执行“菜单”|“插入”|“设计特征”|“圆柱”命令，在弹出的“圆柱”对话框中将“类型”设为“轴、直径和高度”，“指定矢量”为 XC ↑，“指定点”设为（0,0,0），“直径”设为 10mm，“高度”设为 25mm，如图 2-40 所示。

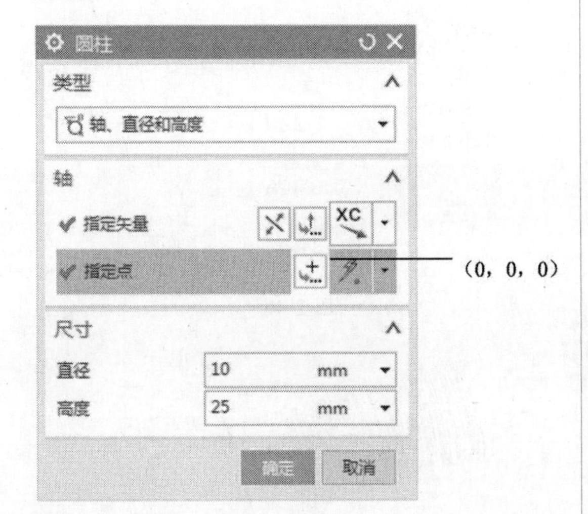

图 2-40

04 单击“确定”按钮创建第 1 个圆柱，如图 2-41 所示。

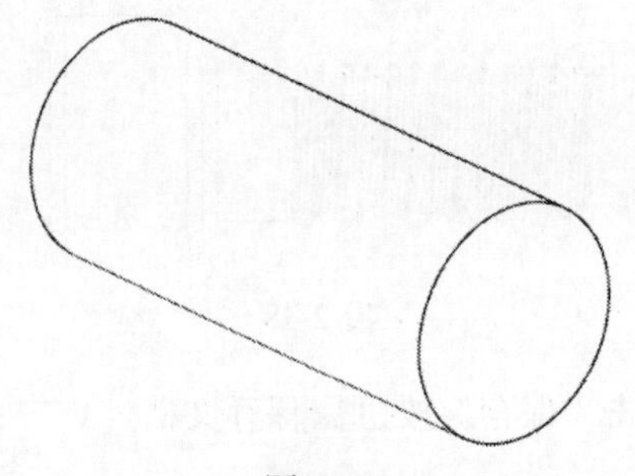

图 2-41

05 执行“菜单”|“插入”|“设计特征”|“圆柱”命令，在弹出的“圆柱”对话框中将“类型”设为“轴、直径和高度”选项，“指定矢量”为 XC ↑，在“指定点”中单击“圆弧中心 / 椭圆中心 / 球心”按钮，并选择圆柱右端面的圆心。将“直径”设为 16mm、“高度”设为 10mm，“布尔”设为“合并”。

06 单击“确定”按钮创建第 2 个圆柱，如图 2-42 所示。

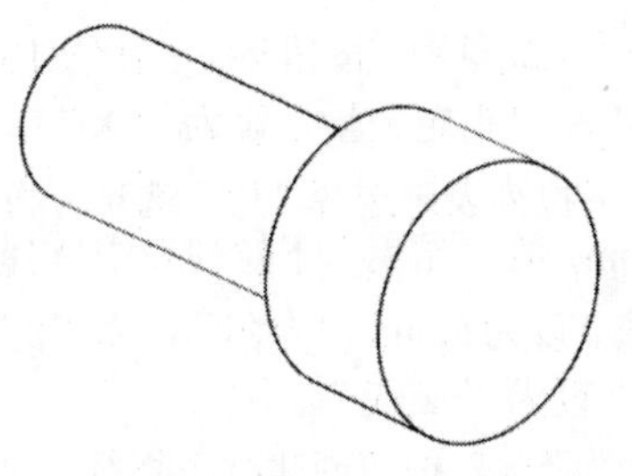

图 2-42

07 执行“菜单”|“插入”|“设计特征”|“拉伸”命令，选择右端面为草绘平面，Y 轴为水平参考，单击“确定”按钮进入草绘模式。

08 执行“菜单”|“插入”|“曲线”|“多边形”命令，在弹出的“多边形”对话框中将“中心点”设为（0,0,0），“边数”设为 6，“大小”设为“内切圆半径”，“半径”设为 4mm，按 Enter 键，“旋转”设为 0°，如图 2-43 所示。

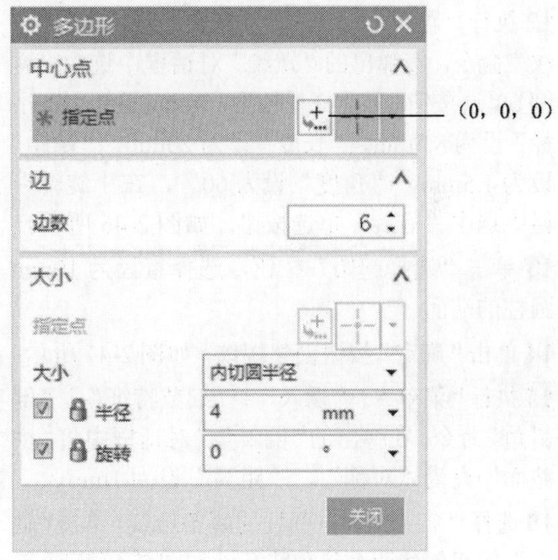

图 2-43

09 按“关闭”按钮，在实体右端面上创建正六边形，如图 2-44 所示。

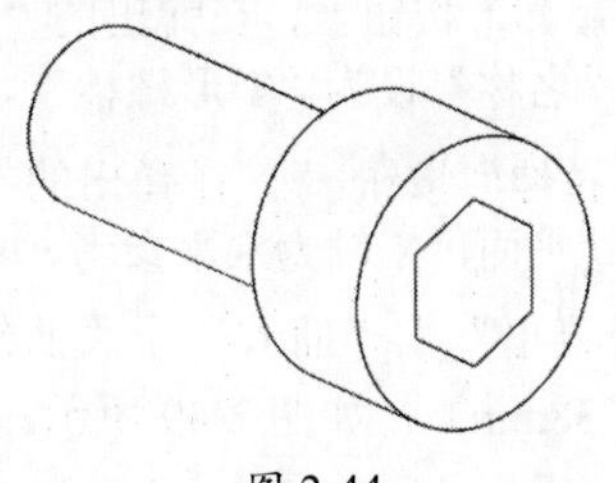

图 2-44

10 单击“完成草图”按钮，在弹出的“拉伸”对话框中将“指定矢量”设为－XC↓，在“开始”下拉列表中选择“值”选项，将“距离”设为0mm，在“结束”下拉列表中选择“值”，将“距离”设为5mm，“布尔”设为“减去”，“拔模”设为“无”。

11 单击“确定”按钮创建减去特征，如图2-45所示。

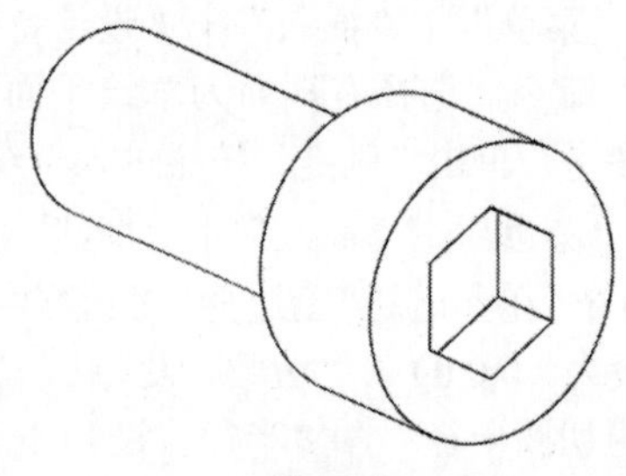

图 2-45

12 执行“菜单”|“插入”|“设计特征”|“螺纹”命令，在弹出的“螺纹”对话框中选中“详细”单选按钮，再选择直径为10mm圆柱。将“小径”设为8.5mm，“长度”设为20mm，“螺距”设为1.5mm，“角度”设为60°，在“旋转”栏中选中“右旋”单选按钮，如图2-46所示。

13 单击“选择起始”按钮，选择直径为10mm圆柱的端面。

14 单击“确定”按钮创建螺纹，如图2-47所示。

15 执行“菜单”|“插入”|“细节特征”|“倒斜角”命令，在弹出的“倒斜角”对话框中将“横截面”设为“对称”，“距离”设为1mm。

16 选择直径为16mm圆柱的两条边线，单击“确定”按钮创建两个斜角特征，如图2-48所示。

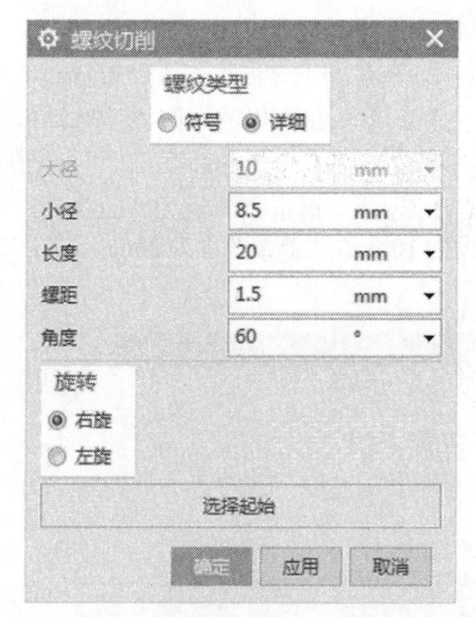

图 2-46

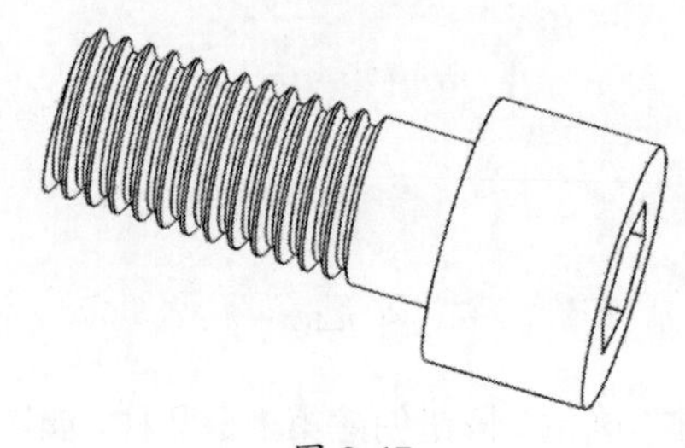

图 2-47

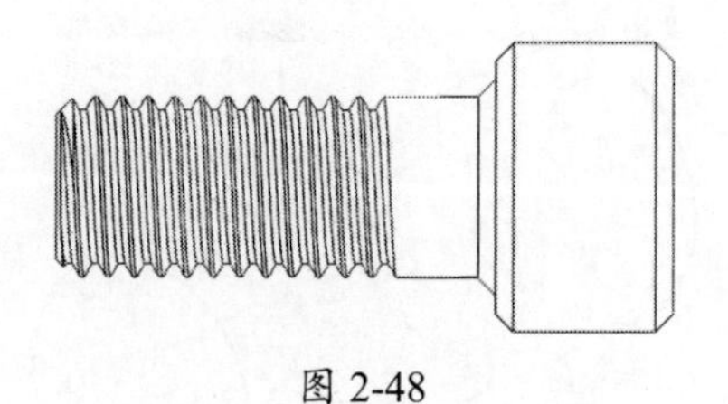

图 2-48

17 单击“保存”按钮保存文档。

2.7 T形螺栓

01 单击“新建”按钮，在弹出的“新建”对话框中，将“单位”设为“毫米”，选择“模型”模板，将“名称”设为“T形螺栓”，单击“确定”按钮进入建模环境。

02 单击“拉伸”按钮，在弹出的“拉伸”对话框中单击“绘制截面”按钮，选择XC—YC平面为草绘平面，X轴为水平参考，单击“确定”按钮进入草绘环境。

03 执行“菜单”|“插入”|“曲线”|“矩形”命令，以原点为中心，绘制一个矩形截面（60mm×38mm），如图2-49所示。

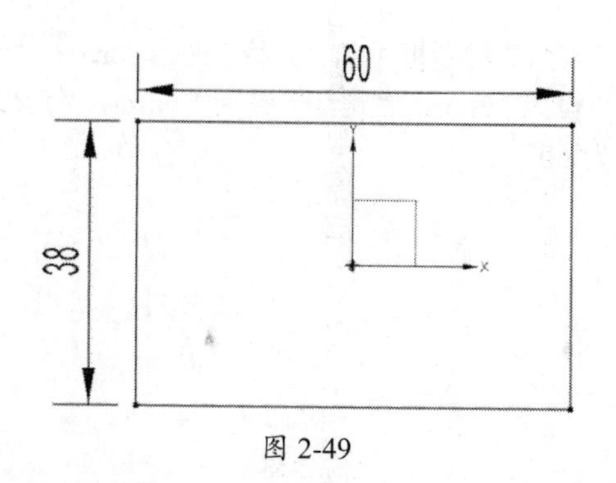

图 2-49

04 单击“完成草图”按钮，在弹出的“拉伸”对话框中将“指定矢量”设为 ZC ↑，在“开始”下拉列表中选择“值”选项，将“距离”设为 0mm，在“结束”下拉列表中选择“值”，将“距离”设为 15mm，“布尔”设为“无”。

05 单击“确定”按钮创建拉伸特征，坐标系位于实体的下表面，如图 2-50 所示。

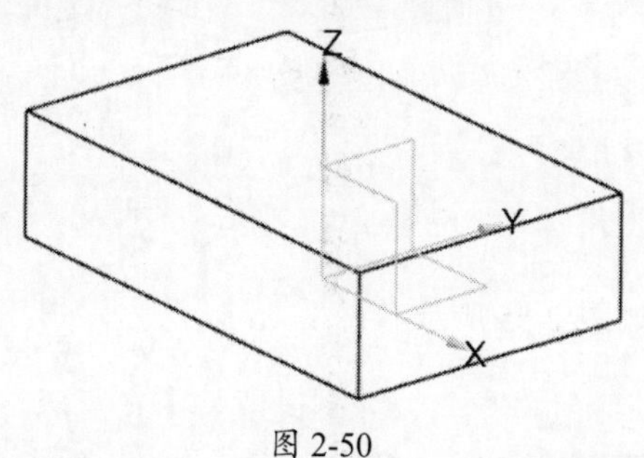

图 2-50

06 执行“菜单”｜“插入”｜“设计特征”｜“圆柱”命令，在弹出的“圆柱”对话框中将“类型”设为“轴、直径和高度”选项，“指定矢量”设为 ZC ↑，“指定点”设为（0,0,0），“直径”设为 20mm，“高度”设为 85mm，“布尔”设为“合并”。

07 单击“确定”按钮创建圆柱，如图 2-51 所示。

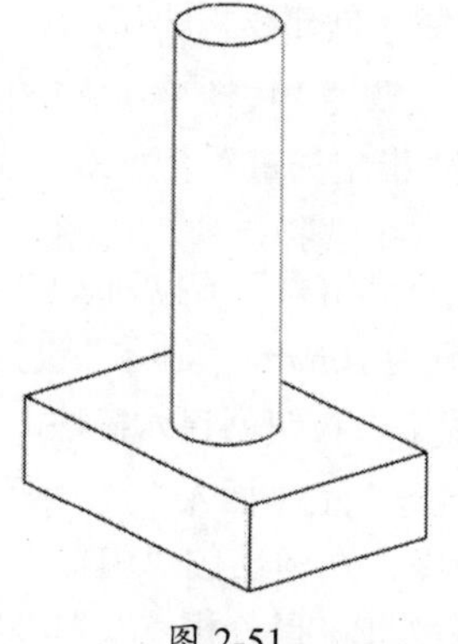

图 2-51

08 执行“菜单”｜“插入”｜“设计特征”｜“螺纹”命令，在弹出的“螺纹”对话框中选中“详细”和“右旋”单选按钮，再选择直径为 20mm 圆柱。在弹出的“螺纹”对话框中将“小径”设为 17.5mm，“长度”设为 30mm，“螺距”设为 2.5mm，“角度”设为 60°。

09 单击“选择起始”按钮，选择直径为 20mm 圆柱的端面。

10 单击“确定”按钮创建螺纹，如图 2-52 所示。

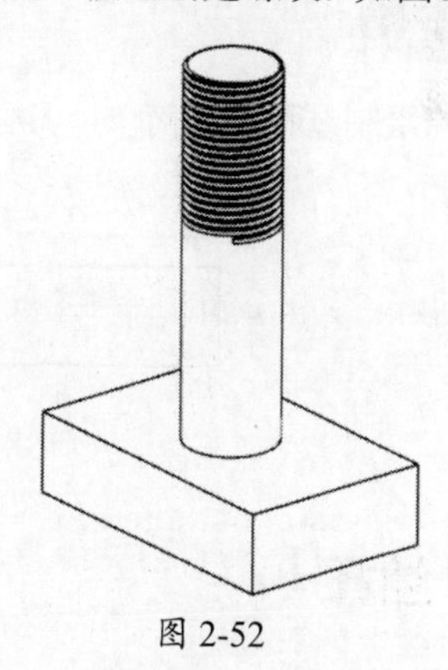

图 2-52

11 单击“保存”按钮保存文档。

2.8　六角螺母

01 单击“新建”按钮，在弹出的“新建”对话框中，将“单位”设为“毫米”，选择“模型”模板，将“名称”设为“六角螺母”，单击“确定”按钮进入建模环境。

02 单击“拉伸”按钮，在弹出的“拉伸”对话框中单击“绘制截面”按钮，选择 XC—YC 平面为草绘平面，X 轴为水平参考，单击“确定”按钮进入草绘环境。

03 执行“菜单”｜“插入”｜“曲线”｜“多边形”命令，在弹出的“多边形”对话框中将“中心点”设为（0,0,0），“边数”设为 6，“大小”设为“内切圆半径”，“半径”设为 15mm，按 Enter 键，“旋转”设为 0。

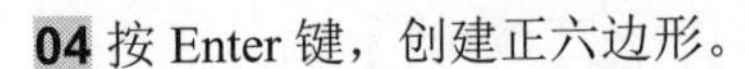

04 按 Enter 键，创建正六边形。

05 单击“完成草图”按钮，在弹出的“拉伸”对话框中将“指定矢量”设为 ZC ↑，在“开始”下拉列表中选择“值”选项，将“距离”设为 0mm，在“结束”下拉列表中选择“值”，将“距离”设为 10mm，“布尔”设为“无”。

06 单击“确定”按钮创建六棱柱。

07 执行“菜单” | “插入” | “设计特征” | “圆柱”命令，在弹出的“圆柱”对话框中将“类型”设为“轴、直径和高度”，“指定矢量”设为 ZC ↑，“指定点”设为（0,0,0），“直径”设为 17.5mm，“高度”设为 15mm，“布尔”设为“减去”。

08 单击“确定”按钮在六棱柱中创建圆孔，如图 2-53 所示。

09 执行“菜单” | “插入” | “设计特征” | “螺纹”命令，在弹出的“螺纹”对话框中选中“详细”和“右旋”单选按钮。再选择圆柱面，在弹出的“螺纹”对话框中将“大径”设为 20mm，“长度”设为 12mm，“螺距”设为 1.5mm，“角度”设为 60°。

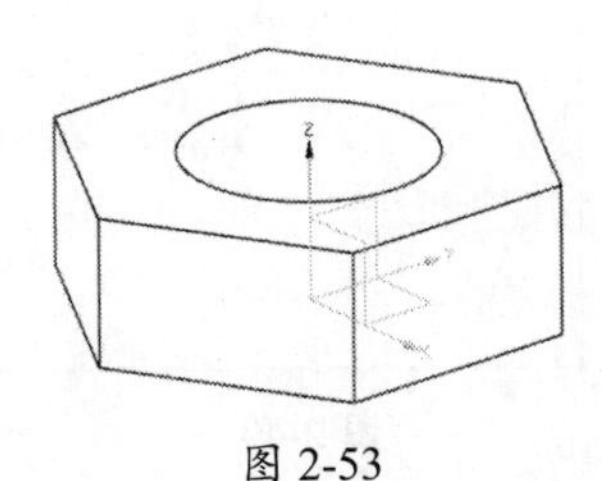

图 2-53

10 单击“确定”按钮创建螺纹，如图 2-54 所示。

11 单击“保存”按钮保存文档。

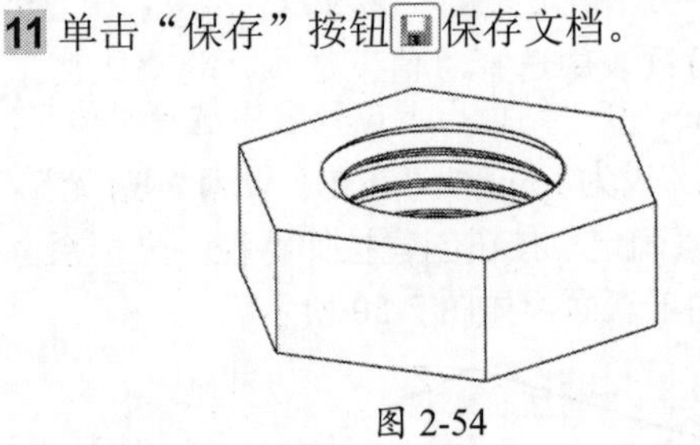

图 2-54

2.9 手柄

手柄的绘制过程非常简单，具体过程不再赘述，如图 2-55 所示。

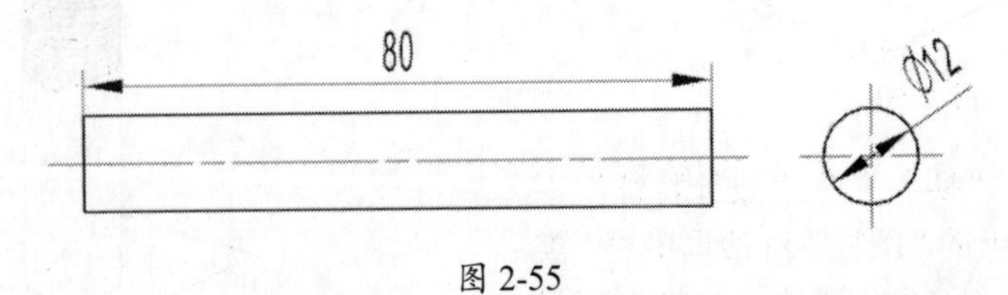

图 2-55

2.10 丝杆

丝杆的产品图及参数如图 2-56 所示。

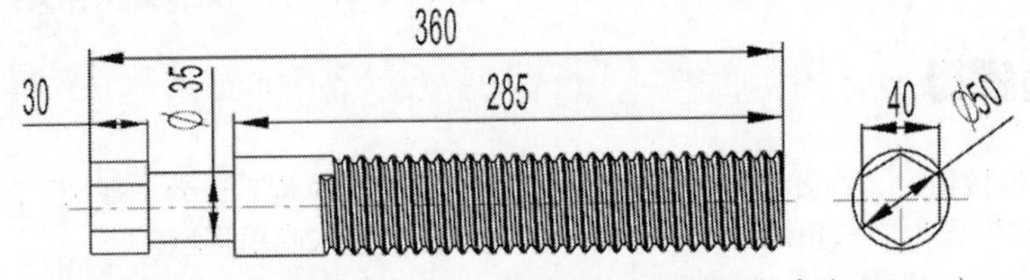

丝杆产品图（螺纹部分：M50，螺距为 8mm，螺纹长度为 240mm）

图 2-56

01 单击“新建”按钮，在弹出的“新建”对话框中将“单位”设为“毫米”，选择“模型”模板，将“名称”设为“丝杆”，单击“确定”按钮进入建模环境。

02 执行“菜单”|“插入”|“设计特征”|“圆柱”命令，在弹出的“圆柱”对话框中将“类型”设为“轴、直径和高度”，“指定矢量”设为 XC ↑，“指定点”设为（0,0,0），“直径”设为 40mm，“高度”设为 285mm。

03 单击“确定”按钮创建第 1 个圆柱，如图 2-57 中大圆柱所示。

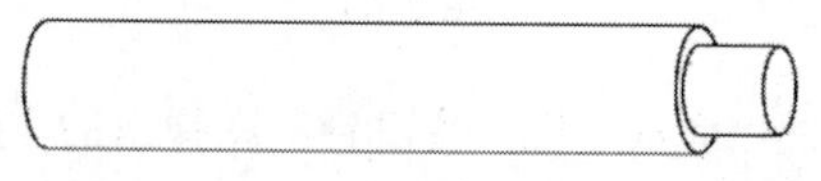

图 2-57

04 执行“菜单”|“插入”|“设计特征”|“圆柱”命令，在弹出的“圆柱”对话框中将“类型”设为“轴、直径和高度”，“指定矢量”设为 XC ↑，“指定点”设为“圆弧中心 / 椭圆中心 / 球心”按钮，选择实体右端面的圆心，将“直径”设为 30mm，“高度”设为 45mm。

05 单击“确定”按钮创建第 2 个圆柱，如图 2-57 中小圆柱所示。

06 单击“拉伸”按钮，在弹出的“拉伸”对话框中单击“绘制截面”按钮，选择“直径”为 35mm 的端面为草绘平面，X 轴为水平参考，单击“确定”按钮进入草绘环境。

07 执行“菜单”|“插入”|“曲线”|“多边形”命令，在弹出的“多边形”对话框中将“中心点”设为（0,0,0），“边数”设为 6，“大小”设为“内切圆半径”，“半径”设为 20mm。按 Enter 键，“旋转”设为 0，按 Enter 键，创建正六边形。

08 单击“完成草图”按钮，在弹出的“拉伸”对话框中将“指定矢量”设为 XC ↑，在“开始”下拉列表中选择“值”选项，将“距离”设为 0mm，在“结束”下拉列表中选择“值”，将“距离”设为 30mm，“布尔”设为“合并”。

09 单击“确定”按钮创建实体，如图 2-58 中六棱柱所示。

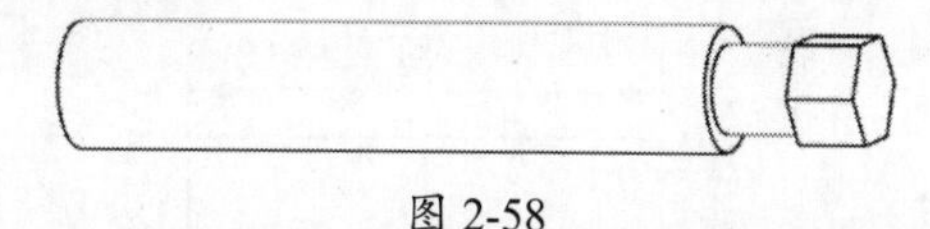

图 2-58

10 执行“菜单”|“插入”|“设计特征”|“螺纹”命令，在弹出的“螺纹”对话框中选中“详细”和“右旋”单选按钮，再选择直径为 50mm 圆柱。在弹出的“螺纹”对话框中将“小径”设为 42mm，“长度”设为 240mm，“螺距”设为 8mm，“角度”设为 60°。

11 单击“确定”按钮创建螺纹，如图 2-59 所示。

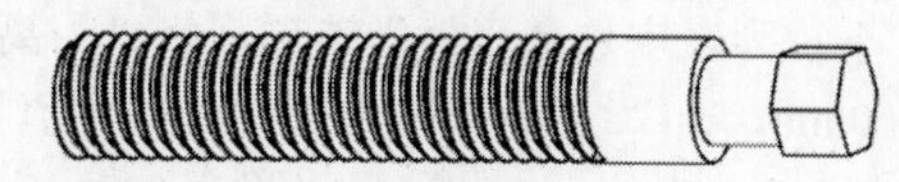

图 2-59

12 单击“保存”按钮保存文档。

2.11　活动钳身

活动钳身如图 2-60 所示。

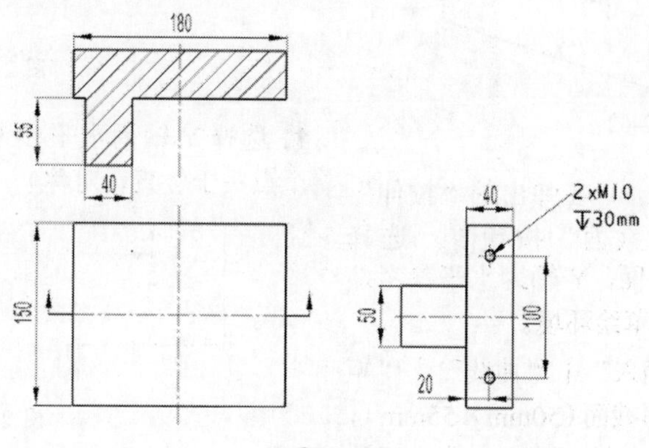

图 2-60

01 单击“新建”按钮，在弹出的“新建”对话框中，将“单位”设为“毫米”，选择“模型”模板，将“名称”设为“活动钳身”，单击“确定”按钮进入建模环境。

02 单击“拉伸”按钮，在弹出的“拉伸”对话框中单击“绘制截面”按钮，选择XC—YC平面为草绘平面，X轴为水平参考，单击“确定”按钮进入草绘环境。

03 执行“菜单”|“插入”|“曲线”|“矩形”命令，以原点为中心绘制一个矩形截面（180mm×150mm），如图2-61所示。

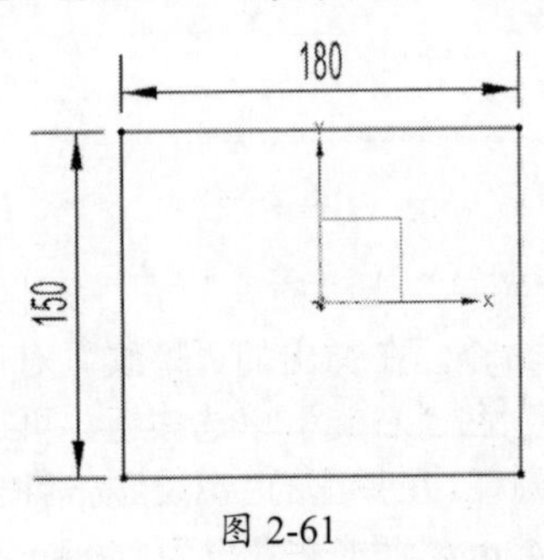

图 2-61

04 单击“完成草图”按钮，在弹出的“拉伸”对话框中将“指定矢量”设为ZC↑，在“开始”下拉列表中选择“值”选项，将“距离”设为0mm，在“结束”下拉列表中选择“值”，将“距离”设为40mm，“布尔”设为“无”。

05 单击“确定”按钮创建拉伸特征，坐标系在下表面，如图2-62所示。

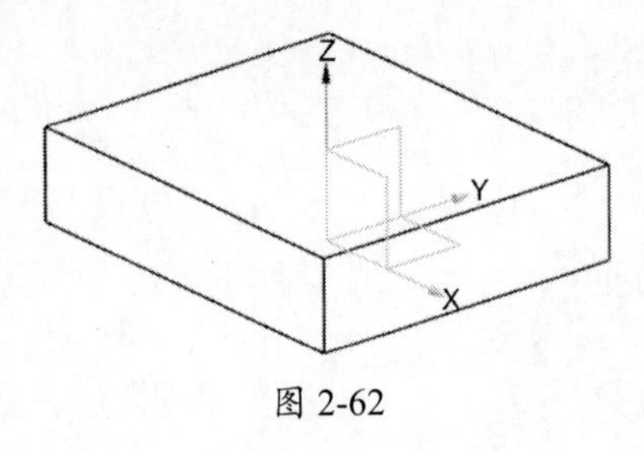

图 2-62

06 单击“拉伸”按钮，在弹出的“拉伸”对话框中单击“绘制截面”按钮，选择YC—ZC平面为草绘平面，Y轴为水平参考，单击“确定”按钮进入草绘环境。

07 执行“菜单”|“插入”|“曲线”|“矩形”命令，绘制一个矩形截面（50mm×55mm），其中两条竖直边关于竖直轴对称，一条水平边与Y轴对齐，如图2-63所示。

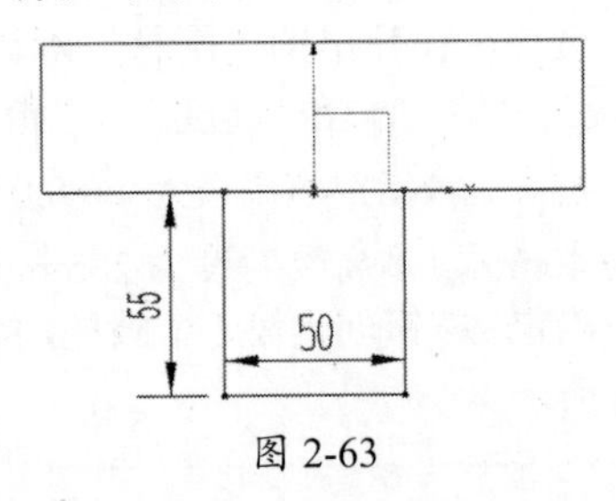

图 2-63

08 单击“完成草图”按钮，在弹出的“拉伸”对话框中将“指定矢量”设为XC↑，在“开始”下拉列表中选择“值”选项，将“距离”设为-80mm，在“结束”下拉列表中选择“值”，将“距离”设为-40mm，“布尔”设为“合并”。

09 单击“确定”按钮创建拉伸特征，如图2-64所示。

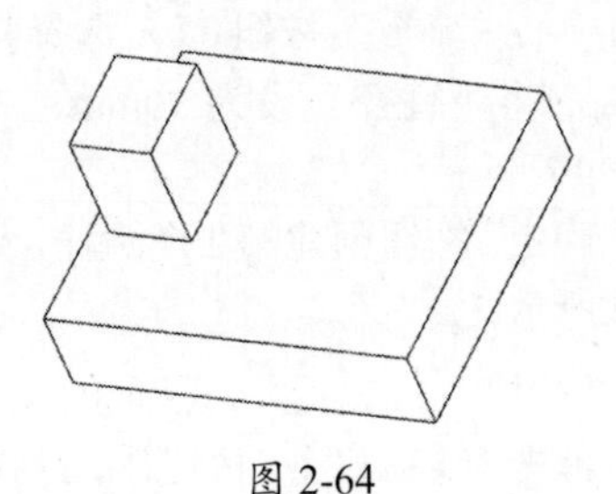

图 2-64

10 执行“菜单”|“插入”|“设计特征”|“孔”命令，在弹出的“孔”对话框中单击“绘制截面”按钮，选择工件的前表面为草绘平面，如图2-65中的粗线所示。

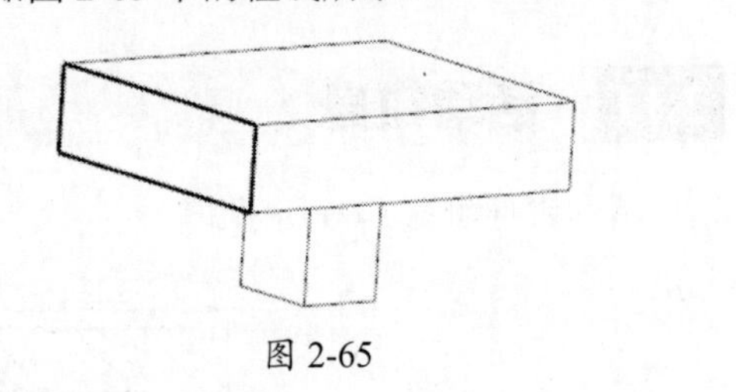

图 2-65

11 选择Y轴为水平参考，绘制两个点（这两个点关于竖直轴对称），如图2-66所示。

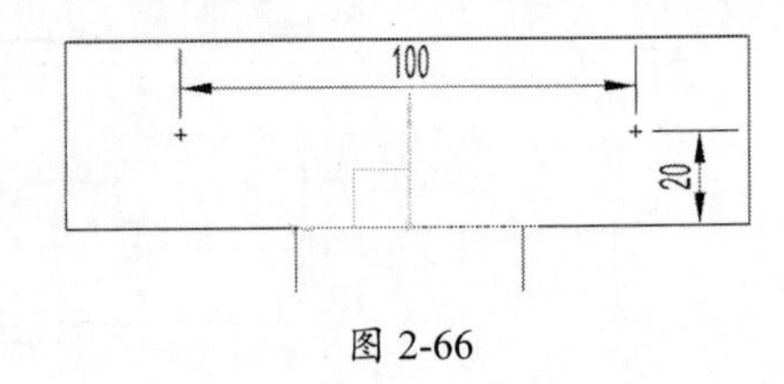

图 2-66

12 单击“完成草图”按钮，在弹出的“孔”对话框中将“类型”设为“常规孔”，“孔方向”设为“垂直于面”，“成形”设为“简单孔”，“直径”设为8.5mm，“深度限制”设为“值”，“深度”设为30mm，“深度直至”设为“圆柱底”，“布尔”设为“减去”，“顶锥角”设为 118°。

13 单击“确定”按钮创建两个孔特征，如图 2-67 所示。

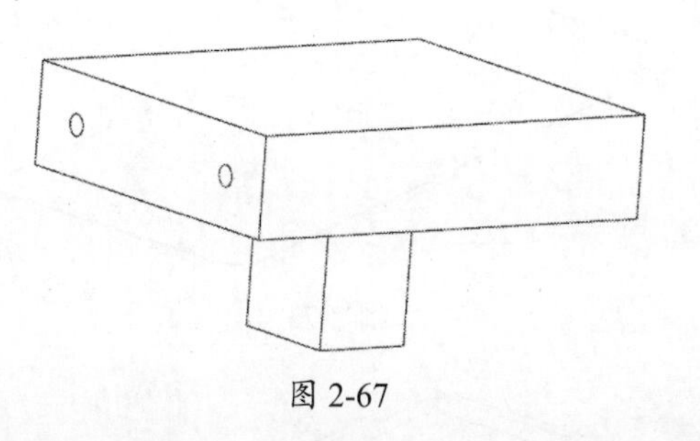

图 2-67

14 执行“菜单”｜“插入”｜“设计特征”｜“螺纹”命令，在弹出的“螺纹”对话框中选中“详细”和“右旋”单选按钮，再选择直径为 8.5mm 圆柱。在弹出的“螺纹”对话框中将“大径”设为 10mm，“长度”设为 20mm，“螺距”设为 1.5mm，“角度”设为 60°。

15 单击“确定”按钮创建螺纹，如图 2-68 所示。

16 采用相同的方法，创建另一个螺纹，如图 2-68 所示。

17 单击“保存”按钮保存文档。

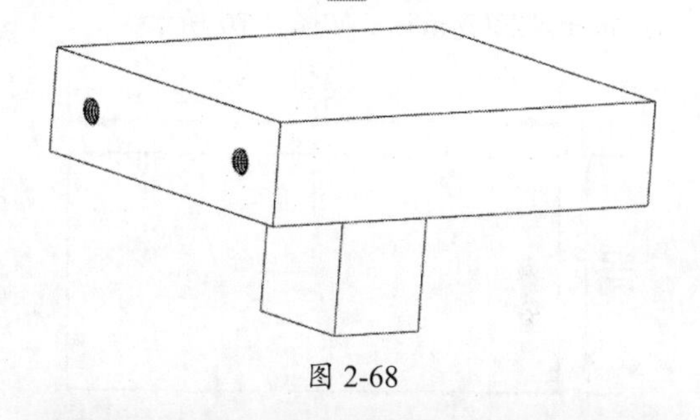

图 2-68

> **备注：**
>
> 在活动钳身的实体中，暂时不创建与丝杆相匹配的螺纹孔，该螺纹孔的创建过程最好是将活动钳身与丝杆装配完成之后，再用减去的方法创建螺纹孔，效果会更好，具体原因在零件装配过程部分讲述。

2.12　固定钳身

固定钳身如图 2-69 所示。

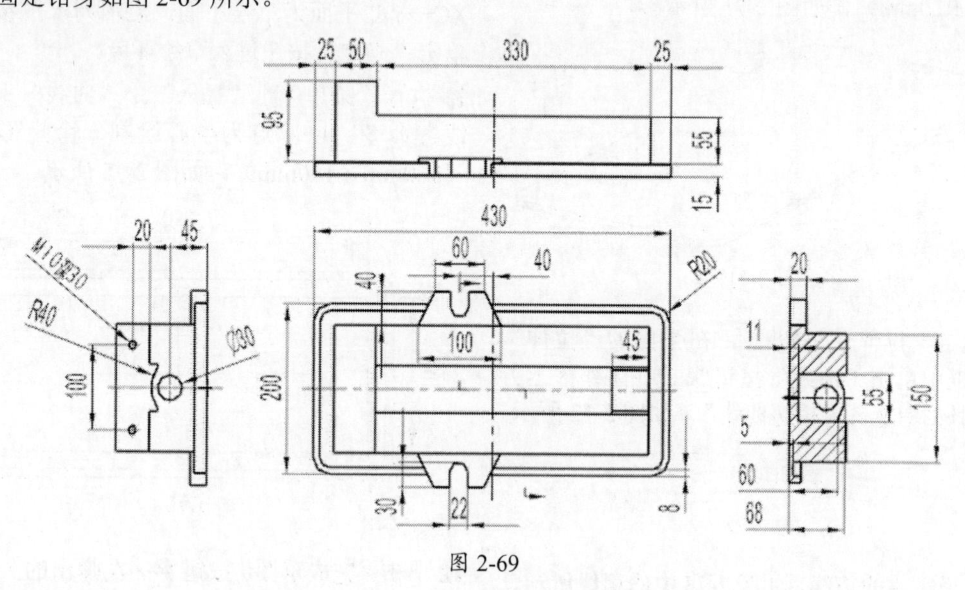

图 2-69

01 单击“新建”按钮，在弹出的“新建”对话框中，将“单位”设为“毫米”，选择“模型”模板，将“名称”设为“固定钳身”，单击“确定”按钮进入建模环境。

02 单击“拉伸”按钮，在弹出的“拉伸”对话框中单击“绘制截面”按钮，选择XC—YC平面为草绘平面，X轴为水平参考，单击“确定”按钮进入草绘环境。

03 执行“菜单”|“插入”|“曲线”|“矩形”命令，以原点为中心，绘制一个矩形截面（430mm×200mm），如图2-70所示。

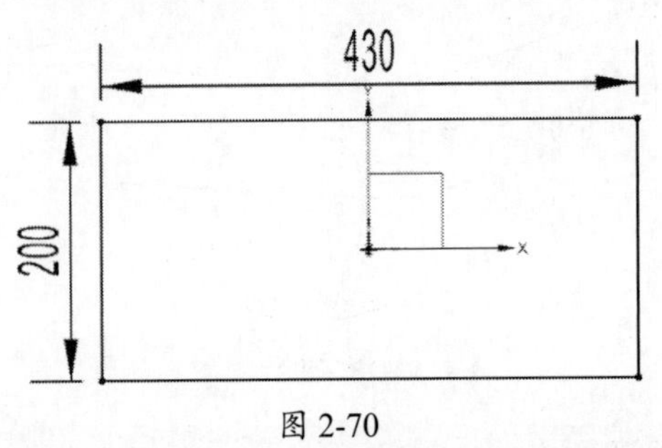

图 2-70

04 单击“完成草图”按钮，在弹出的“拉伸”对话框中将“指定矢量”设为ZC↑，在“开始”下拉列表中选择“值”选项，将“距离”设为0mm，在“结束”下拉列表中选择“值”，将“距离”设为5mm，“布尔”设为“无”。

05 单击“确定”按钮创建拉伸特征，坐标系在零件的下表面。

06 单击“边倒圆”按钮，创建边倒圆特征（4×R20mm），如图2-71所示。

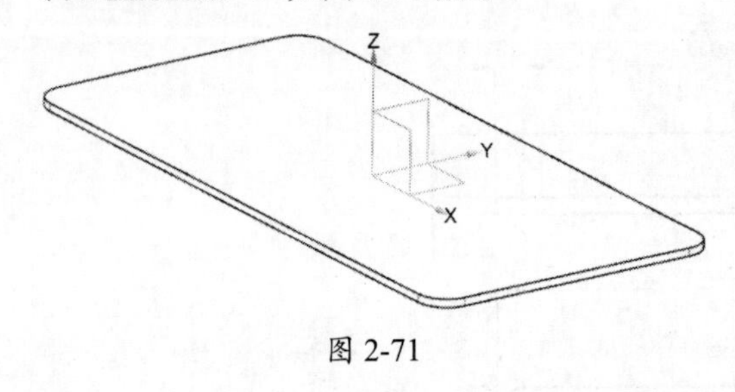

图 2-71

07 单击“拉伸”按钮，在弹出的“拉伸”对话框中单击“曲线”按钮，在工作区上方的工具栏中选择“相切曲线”，如图2-72所示。

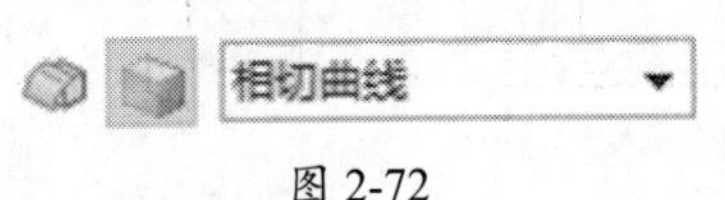

图 2-72

08 选择实体的边线，如图2-73中的粗线所示。

09 单击“完成草图”按钮，在弹出的“拉伸”对话框中将“指定矢量”设为ZC↑，在“开始”下拉列表中选择“值”选项，将“距离”设为0mm，在“结束”下拉列表中选择“值”，将“距离”设为10mm，“布尔”设为“合并”，“偏置”设为“两侧”，在“开始”栏中选择0mm，在“结束”下拉列表中选择-8mm，单击“确定”按钮创建拉伸特征，如图2-74所示。

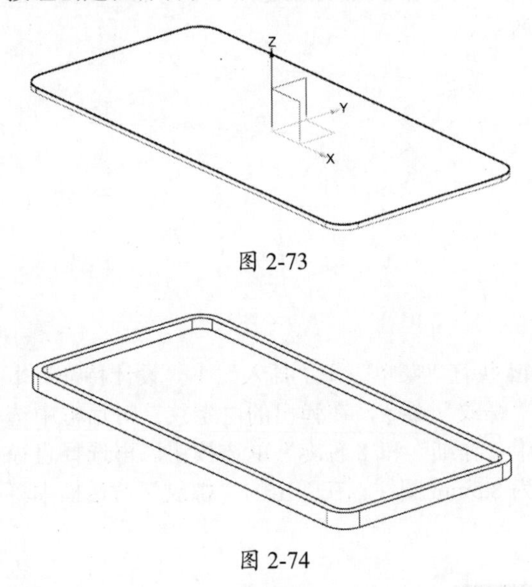

图 2-73

图 2-74

10 单击“拉伸”按钮，在弹出的“拉伸”对话框中单击“绘制截面”按钮，选择XC—YC平面为草绘平面，X轴为水平参考，单击“确定”按钮进入草绘环境。

11 执行“菜单”|“插入”|“曲线”|“直线”命令，以原点为中心绘制一个矩形截面（380mm×150mm），如图2-75所示。

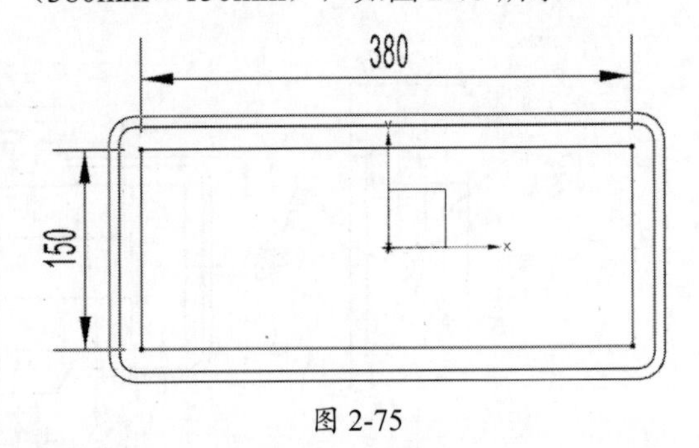

图 2-75

12 单击“完成草图”按钮，在弹出的“拉伸”对话框中将“指定矢量”设为ZC↑，在“开始”下拉列表中选择“值”选项，将“距离”设为

0mm，在“结束”下拉列表中选择“值”，将“距离”设为 110mm，“布尔”设为“合并”。

13 单击“确定”按钮创建实体，如图 2-76 所示。

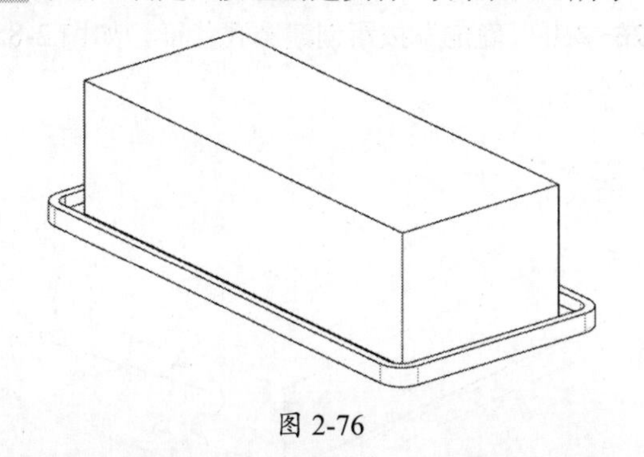

图 2-76

14 单击“拉伸”按钮，在弹出的“拉伸”对话框中单击“绘制截面”按钮，选择上表面为草绘平面，X 轴为水平参考，绘制一个截面，如图 2-77 中粗实线所示。

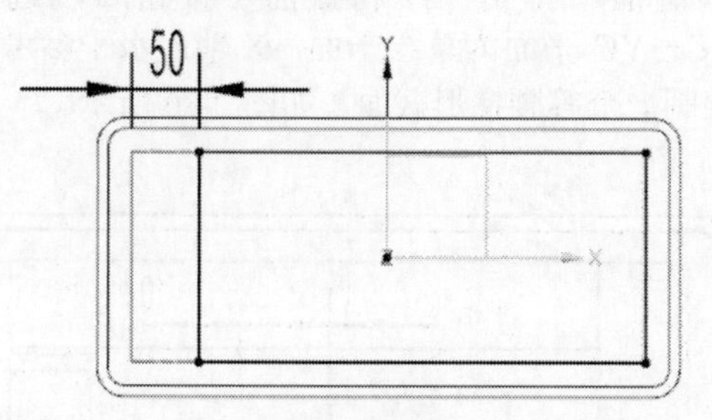

图 2-77

15 单击“完成草图”按钮，在弹出的“拉伸”对话框中将“指定矢量”设为“-ZC ↓”，在“开始”下拉列表中选择“值”选项，将“距离”设为 0mm，在“结束”下拉列表中选择“值”，将“距离”设为 40mm，“布尔”设为“减去”。

16 单击“确定”按钮创建切除实体，如图 2-78 所示。

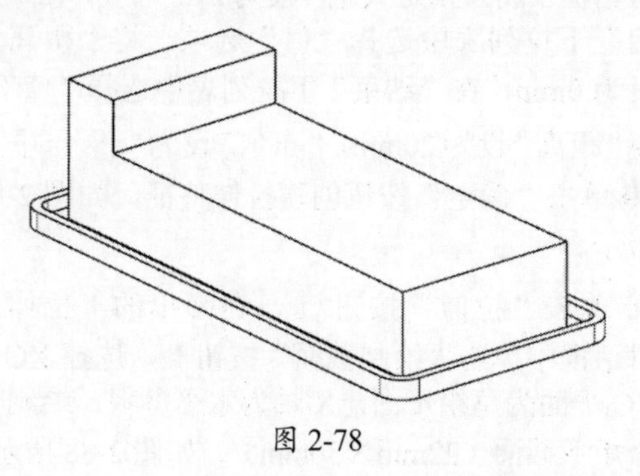

图 2-78

17 单击“拉伸”按钮，在弹出的“拉伸”对话框中单击“绘制截面”按钮，选择 XC—YC 平面为草绘平面，X 轴为水平参考，绘制一个矩形截面，其中两条竖直边与实体的边线共线，两条水平边关于 X 轴对称，且两水平边的距离为 55，如图 2-79 中粗实线所示。

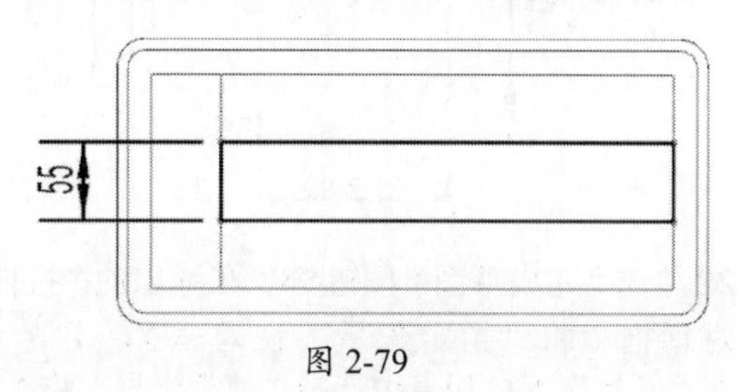

图 2-79

18 单击“完成草图”按钮，在弹出的“拉伸”对话框中将“指定矢量”设为 ZC ↑，在“开始”下拉列表中选择“值”选项，将“距离”设为 5mm，在“结束”下拉列表中选择“贯通”，“布尔”设为“减去”。

19 单击“确定”按钮创建减去特征，如图 2-80 所示。

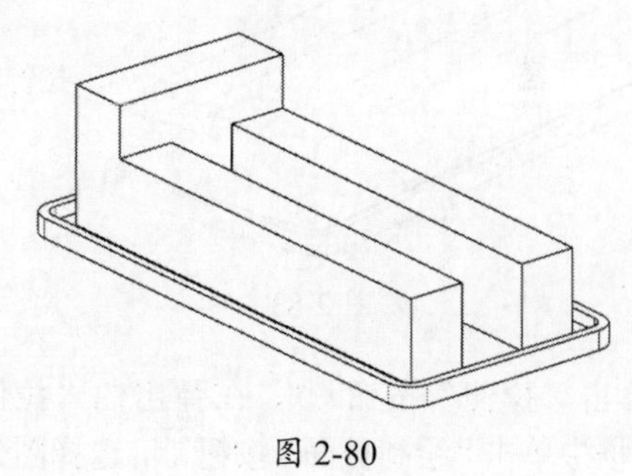

图 2-80

20 单击“拉伸”按钮，在弹出的“拉伸”对话框中单击“绘制截面”按钮，选择零件的端面为草绘平面，Y 轴为水平参考，如图 2-81 中的粗线所示。

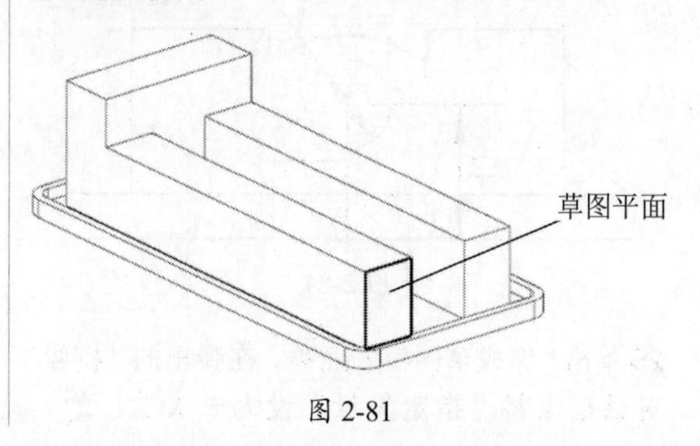

图 2-81

21 绘制一个截面，如图 2-82 中粗实线所示。

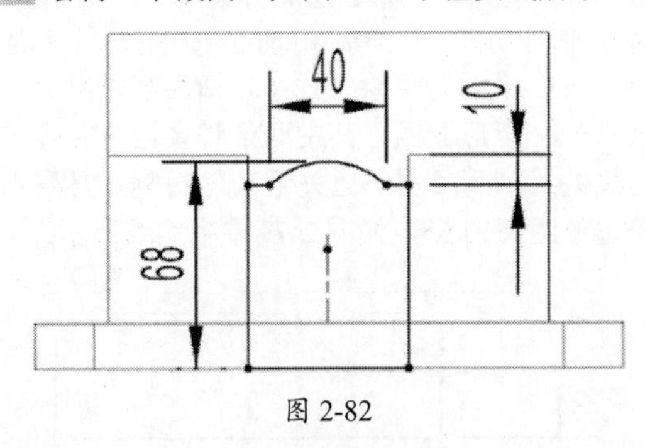

图 2-82

22 单击“完成草图”按钮，在弹出的“拉伸”对话框中将“指定矢量”设为－XC↓，在“开始”下拉列表中选择“值”选项，将“距离”设为 0mm，在“结束”下拉列表中选择 45mm，“布尔”设为“合并”。

23 单击“确定”按钮创建拉伸特征，如图 2-83 所示。

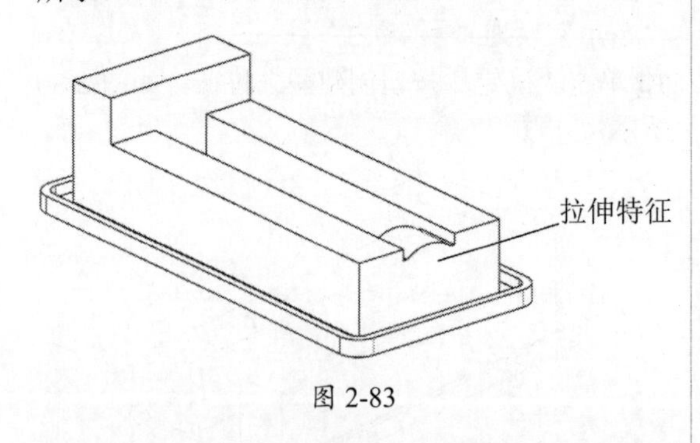

图 2-83

24 单击“拉伸”按钮，在弹出的“拉伸”对话框中单击“绘制截面”按钮，选择图 2-81 所示的端面为草绘平面，Y 轴为水平参考，绘制圆形截面（ϕ30mm），如图 2-84 所示。

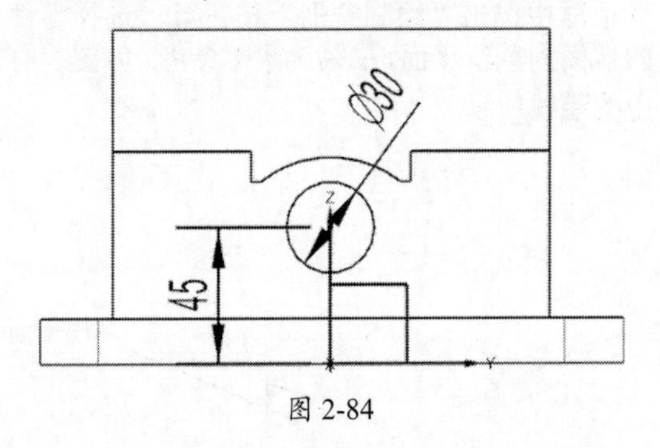

图 2-84

25 单击“完成草图”按钮，在弹出的“拉伸”对话框中将“指定矢量”设为－XC↓，在“开始”下拉列表中选择“值”选项，将“距离”设为 0mm，在“结束”下拉列表中选择 45mm，“布尔”设为“减去”。

26 单击“确定”按钮创建圆孔特征，如图 2-85 所示。

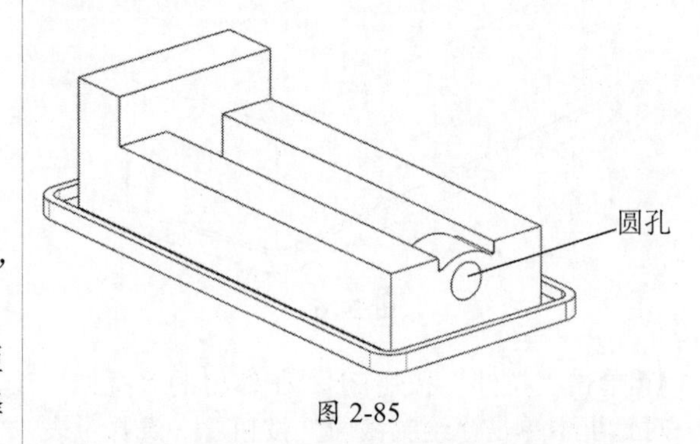

图 2-85

27 单击“拉伸”按钮，在弹出的“拉伸”对话框中单击“绘制截面”按钮，选择 XC—YC 平面为草绘平面，X 轴为水平参考，绘制一个等腰梯形截面，如图 2-86 所示。

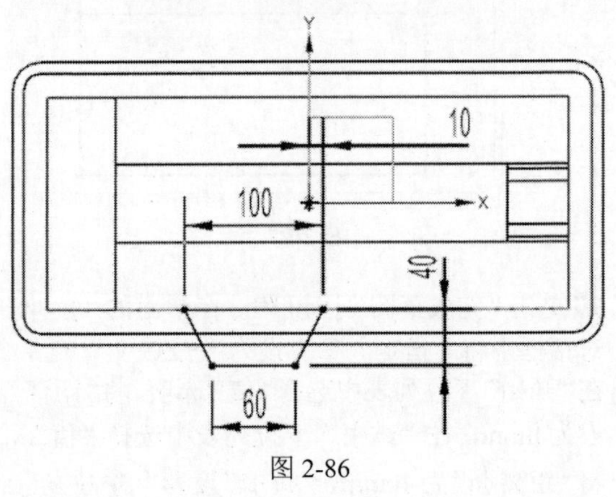

图 2-86

28 单击“完成草图”按钮，在弹出的“拉伸”对话框中将“指定矢量”设为 ZC↑，在“开始”下拉列表中选择“值”选项，将“距离”设为 0mm，在“结束”下拉列表中选择“值”，将“距离”设为 20mm，“布尔”设为“合并”。

29 单击“确定”按钮创建拉伸特征，如图 2-87 所示。

30 单击“拉伸”按钮，在弹出的“拉伸”对话框中单击“绘制截面”按钮，选择 XC—YC 平面为草绘平面，X 轴为水平参考，绘制一个矩形截面（22mm×30mm），如图 2-88 所示。

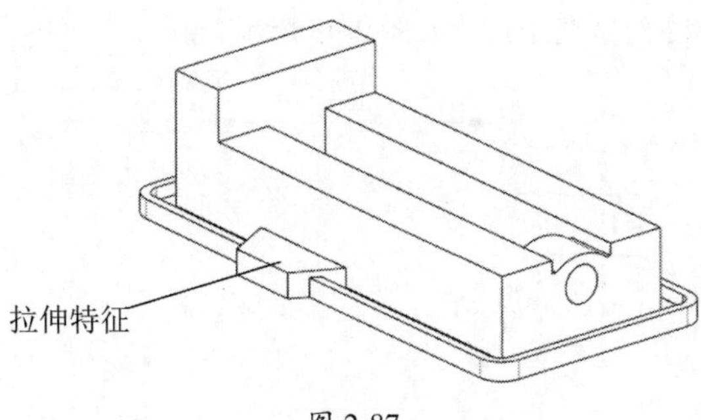

图 2-87

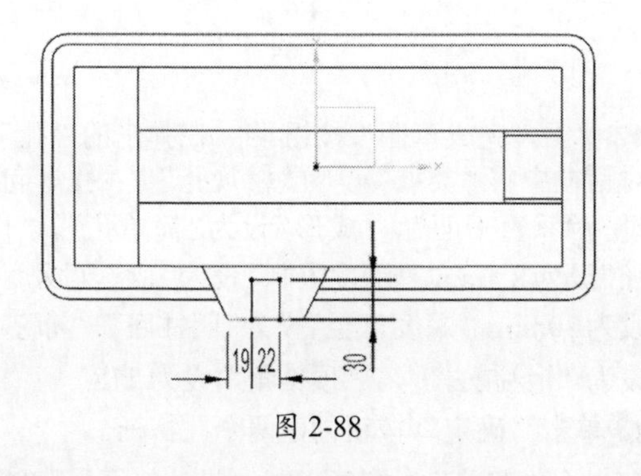

图 2-88

31 单击“完成草图”按钮，在弹出的“拉伸”对话框中将“指定矢量”设为ZC↑，在“开始”下拉列表中选择“值”选项，将“距离”设为0mm，在“结束”下拉列表中选择“贯通”，“布尔”设为“减去”。

32 单击“确定”按钮创建减去特征，如图 2-89 所示。

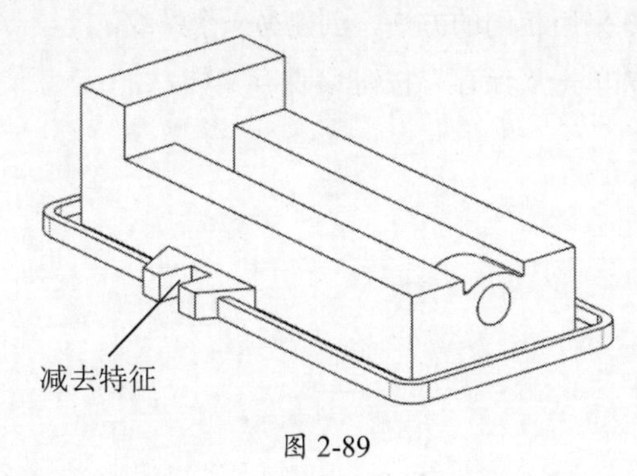

图 2-89

33 执行“菜单”|“插入”|“细节特征”|“面倒圆”命令，在弹出的“面倒圆”对话框中将“类型”设为“三面”选项。

34 在工作区上方的工具栏中选择“单个面”。

35 按照前面所学的方法为创建的缺口创建面倒圆特征，如图 2-90 所示。

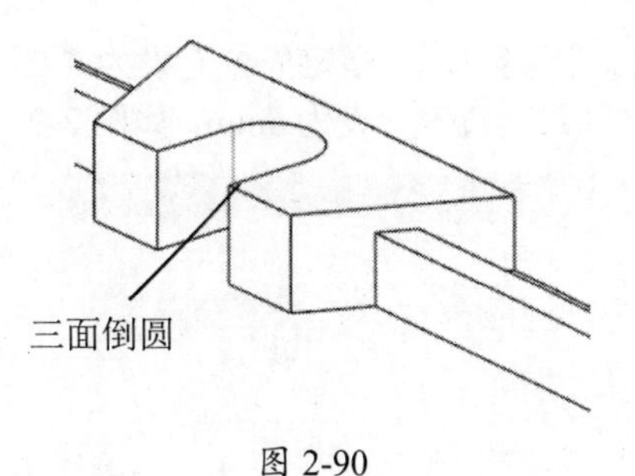

图 2-90

36 执行“菜单”|“插入”|“关联复制”|“镜像特征”命令，按住 Ctrl 键，在“模型历史记录”中选择“拉伸（9）”，“拉伸（10）”和“面倒圆（11）”作为要镜像的特征，如图 2-91 所示。

模型历史记录
基准坐标系 (0)
拉伸 (1)
边倒圆 (2)
拉伸 (3)
拉伸 (4)
拉伸 (5)
拉伸 (6)
拉伸 (7)
拉伸 (8)
拉伸 (9)
拉伸 (10)
面倒圆 (11)

图 2-91

37 选择 YC—ZC 平面作为镜像平面，单击“确定”按钮创建镜像特征，如图 2-92 所示。

38 执行“菜单”|“插入”|“同步建模”|“拉出面”命令，选择零件中间的平面，如图 2-92 中的粗线所示。

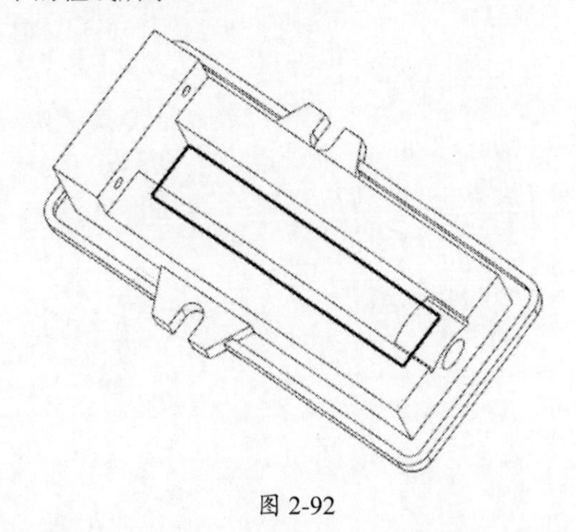

图 2-92

39 在弹出的“拉出面”对话框中将“运动”设

为“距离”，“指定矢量”设为“面 / 平面法向”，“距离”设为6mm，如图2-93所示。

图 2-93

40 执行“菜单”|“插入”|“设计特征”|“孔”命令，在弹出的“孔”对话框中单击“绘制截面”按钮，选择工件的前表面为草绘平面，Y轴为水平参考，如图2-94中的粗线所示。

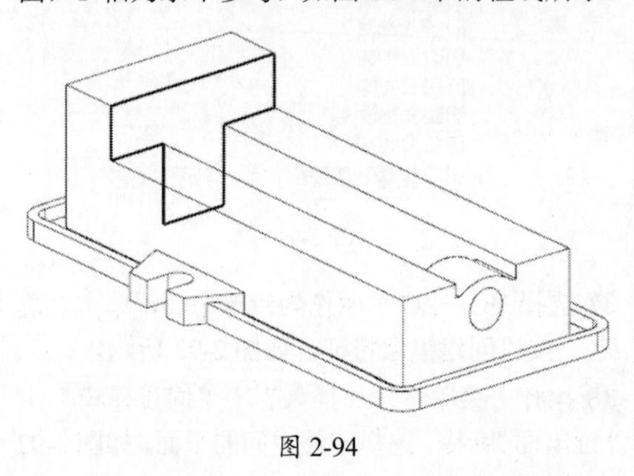

图 2-94

41 绘制两个点，如图2-95所示。

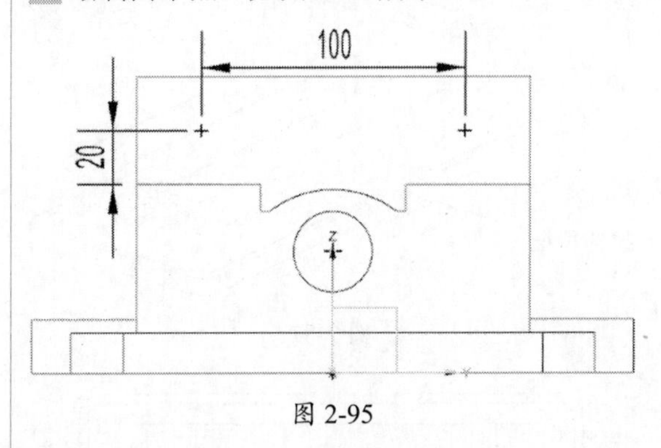

图 2-95

42 单击“完成草图”按钮，在弹出的“孔”对话框中将“类型”设为“常规孔”，“孔方向”设为“垂直于面”，“成形”设为“简单孔”，“直径”设为8.5mm，“深度限制”设为“值”，“深度”设为30mm，“深度直至”设为“圆柱底”，“布尔”设为“减去”，“顶锥角”设为118°。

43 单击“确定”按钮创建两个孔特征。

44 执行“菜单”|“插入”|“设计特征”|“螺纹”命令，在弹出的“螺纹”对话框中选中“详细”和“右旋”单选按钮，再选择直径为8.5mm的圆柱。在“螺纹”对话框中将“大径”设为10mm，“长度”设为20mm，“螺距”设为1.5mm，“角度”设为60°。

45 单击“确定”按钮创建螺纹。

46 采用相同的方法，创建另一个螺纹。

47 单击“保存”按钮保存文档。

第3章　UG装配设计基础

本章通过对两板模模架的主要模架零件进行装配，详细讲解UG装配设计、装配组件的编辑、装配爆炸图设计的主要操作过程。

3.1　UG装配设计

3.1.1　装配前模

1. 装配面板

01 单击“新建”按钮，在弹出的“新建”对话框中，将“单位”设为“毫米”，选择“装配”模板，将“名称”设为“前模.prt”，如图3-1所示。

图3-1

02 单击“确定”按钮进入装配环境。

03 在弹出的“添加组件”对话框中单击“打开”按钮，选择“面板”零件图，将“组件锚点”设为“绝对坐标系”，“装配位置”设为“绝对坐标系－工作部件”，在“放置”栏中选中“约束”单选按钮，在“约束类型”栏中单击“固定”按钮，如图3-2所示。

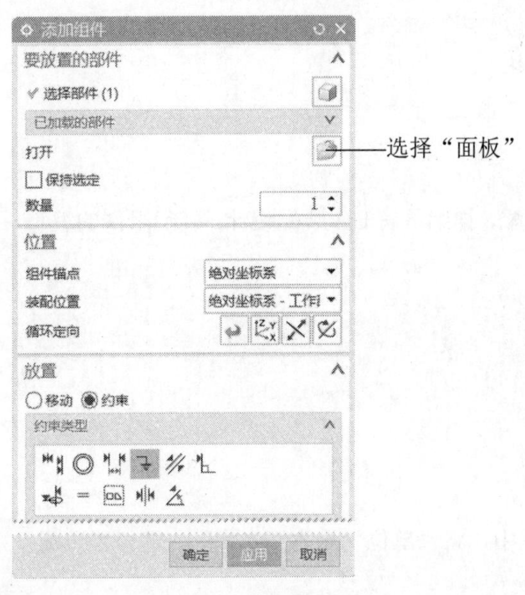

图 3-2

04 单击“确定”按钮，装配第 1 个零件，实体上有一个“固定”符号，如图 3-3 所示。

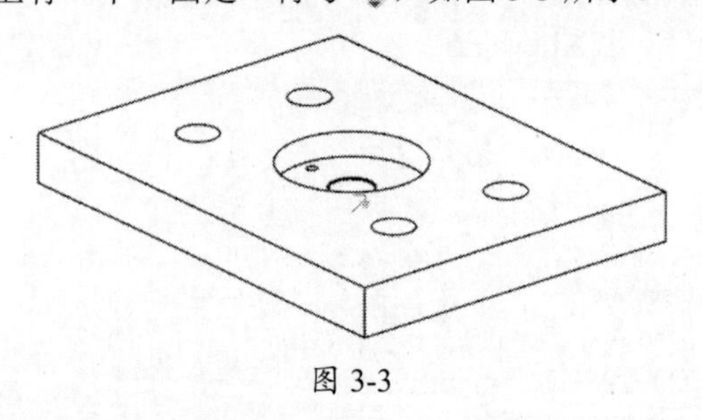

图 3-3

2. 装配唧嘴零件

01 执行“菜单”|“装配”|“组件”|“添加组件”命令，在弹出的“添加组件”对话框中单击“打开”按钮，选择“唧嘴”图形。

02 在“添加组件”对话框的“放置”栏中选中“约束”单选按钮，在“约束类型”栏中单击“接触对齐”按钮，在“方位”栏中选择“接触”，选中“启用预览窗口”复选框，如图 3-4 所示。

03 先在“添加组件”对话框中单击“选择两个对象”按钮，再单击“组件预览”窗口，按住鼠标中键调整“组件预览”窗口中零件的方位后，选择零件的装配面，然后在主窗口中选择零件的装配面，如图 3-5 所示。

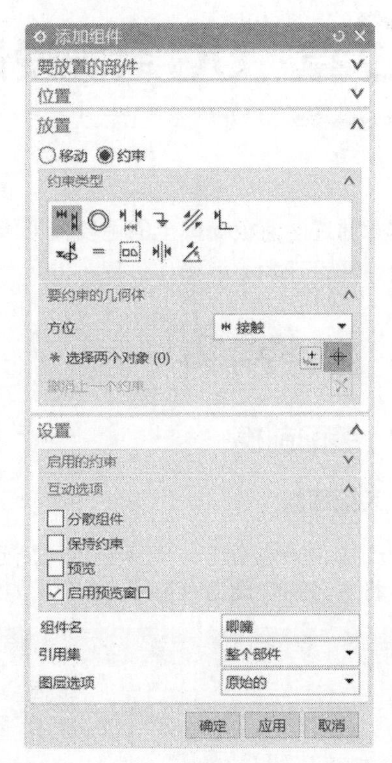

图 3-4

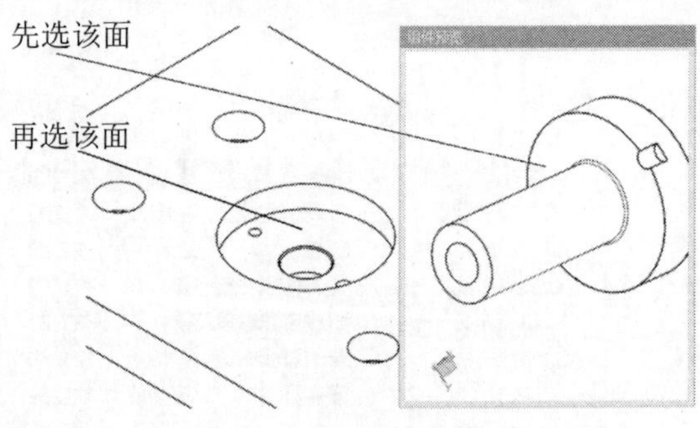

图 3-5

04 在“添加组件”对话框的“放置”栏中，将“方位”设为“对齐”，如图 3-6 所示。

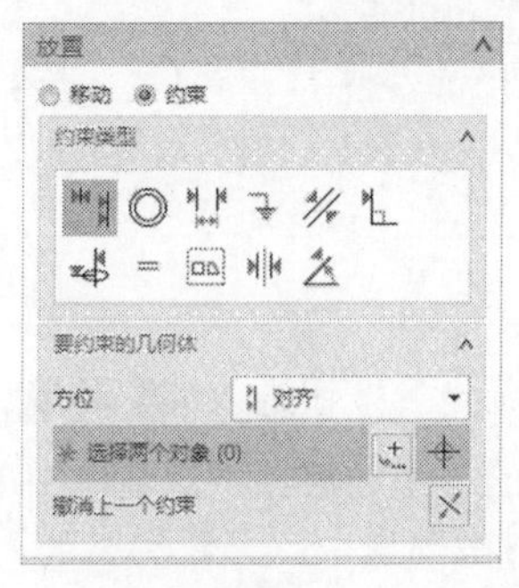

图 3-6

05 先在“添加组件”对话框中单击“选择两个对象”按钮，然后在“组件预览”窗口中依次选择中心轴①、中心轴②、中心轴③、中心轴④，如图 3-7 所示。

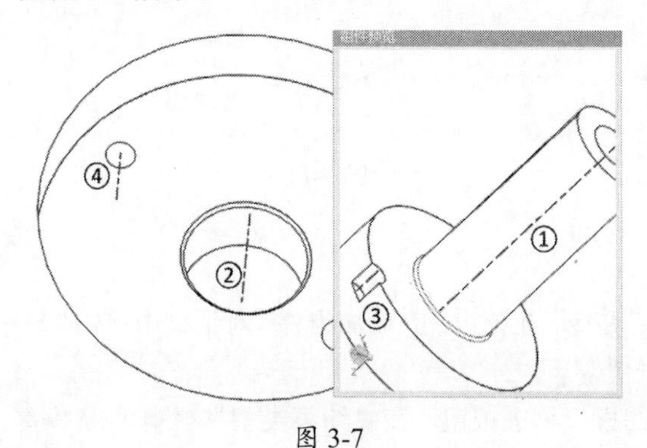

图 3-7

06 选中的两个孔的中心线自动对齐。

07 采用相同的方法，将另外两个小孔的中心线对齐（如果出现红色的约束符号，可以在“添加组件”对话框中单击“取消上一个约束”按钮，约束符号可转为正常颜色）。

08 单击“确定”按钮，在面板零件图上的唧嘴零件，如图 3-8 所示。

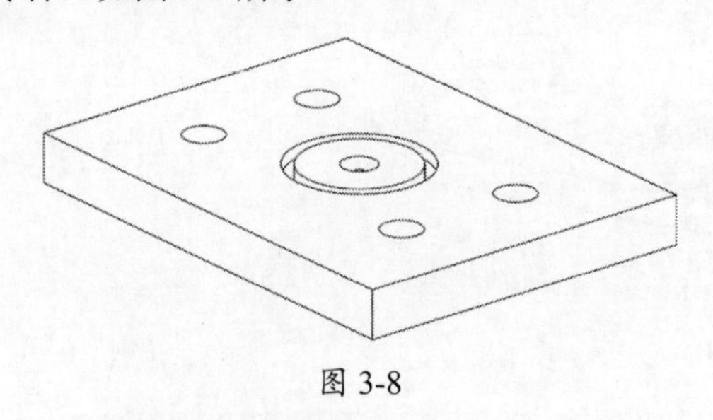
图 3-8

3. 装配定位销零件

01 先在“描述性部件名”栏中取消选中“面板”复选框，如图 3-9 所示，只显示唧嘴图形。

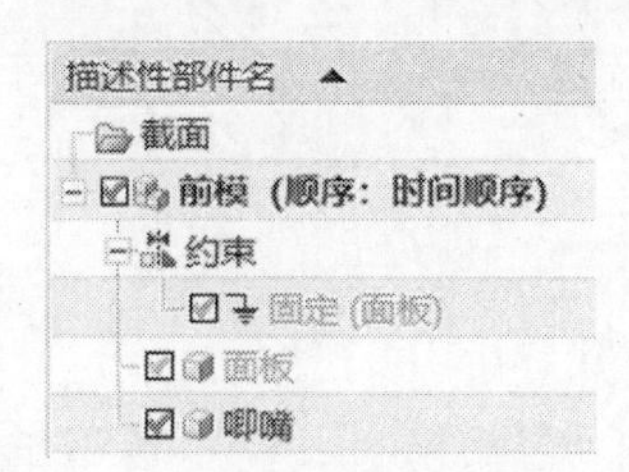

图 3-9

02 执行“菜单”｜“装配”｜“组件”｜“添加组件”命令，在弹出的“添加组件”对话框中单击“打开”按钮，选择“定位销”图形。

03 在“添加组件”对话框的“放置”栏中选中“约束”单选按钮，在“约束类型”栏中单击“接触对齐”按钮，并将“方位”设为“接触”。

04 先单击“选择两个对象”按钮，再单击“组件预览”窗口，按住鼠标中键调整“组件预览”窗口中零件的方位后，选择定位销的装配面，最后在主窗口中选择小孔的装配面，如图 3-10 所示。

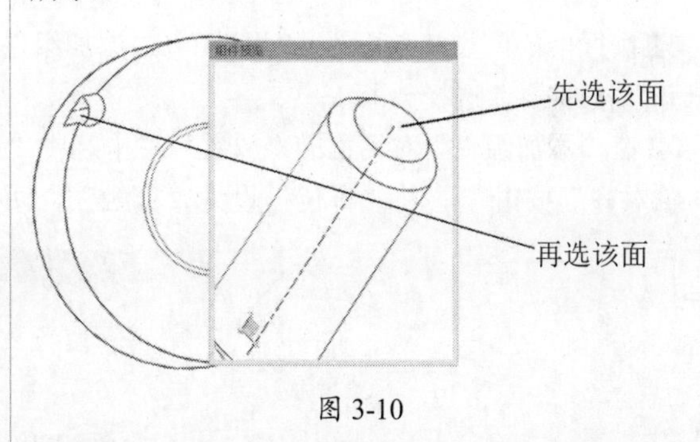

图 3-10

05 在“添加组件”对话框的“放置”栏中，将“方位”设为“对齐”。

06 先选择定位销的中心线，再选小孔的中心线（如果出现红色的约束符号，可以在“添加组件”对话框中单击“取消上一个约束”按钮）。

07 单击“确定”按钮，在唧嘴零件图上装配定位销，如图 3-11 所示。

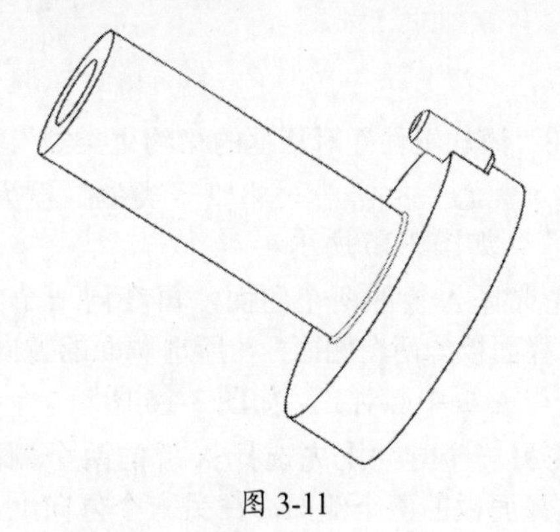
图 3-11

4. 装配定位圈零件

01 先在“描述性部件名”栏中取消选中“唧嘴”复选框，选中“面板”复选框，如图 3-12 所示，显示面板图形。

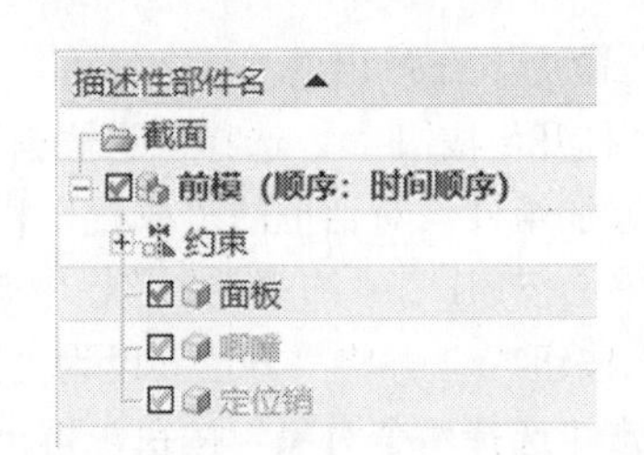

图 3-12

02 按照前面的方法，装配定位圈，如图 3-13 所示。

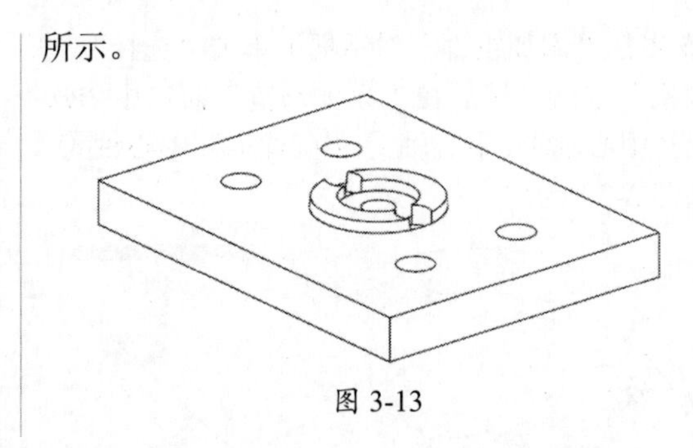

图 3-13

5. 装配 A 板零件

01 执行“菜单”|“装配”|“组件”|“添加组件”命令，在弹出的“添加组件”对话框中单击“打开”按钮，选择 A 板。

02 在“添加组件”对话框的“放置”栏中选中“约束”单选按钮，在“约束类型”栏中单击“接触对齐”按钮，将“方位”设为“接触”，两个零件的装配方式如图 3-14 所示。

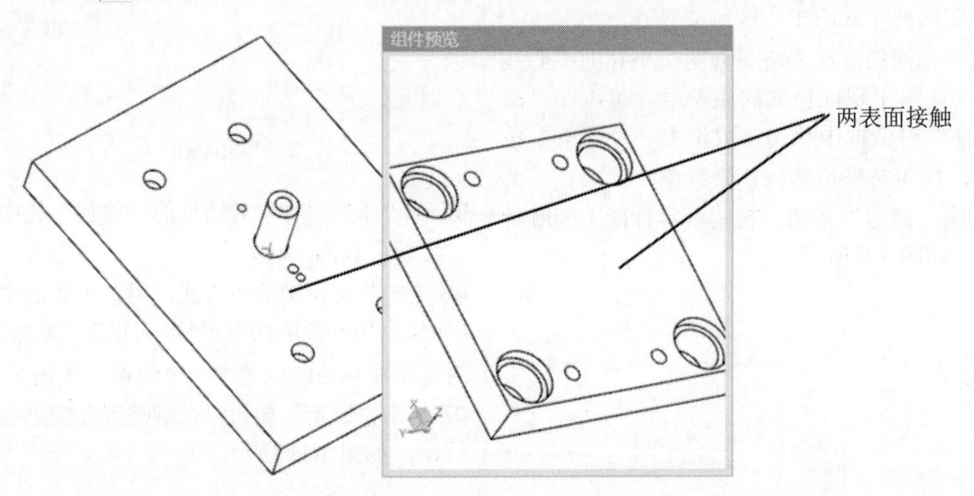

图 3-14

03 在“添加组件”对话框的“约束类型”栏中单击“中心”按钮，将“子类型”设为“2对 2”，如图 3-15 所示。

04 先选择 A 板的两个侧面，再在同一个方向上选择面板的两个侧面，在所选侧面的方向上，面板与 A 板中心对齐，如图 3-16 所示。

05 在另一个方向上先选择 A 板的两个侧面，再选择面板的两个侧面，在另一个方向上，面板与 A 板中心对齐，如图 3-16 所示。

图 3-15

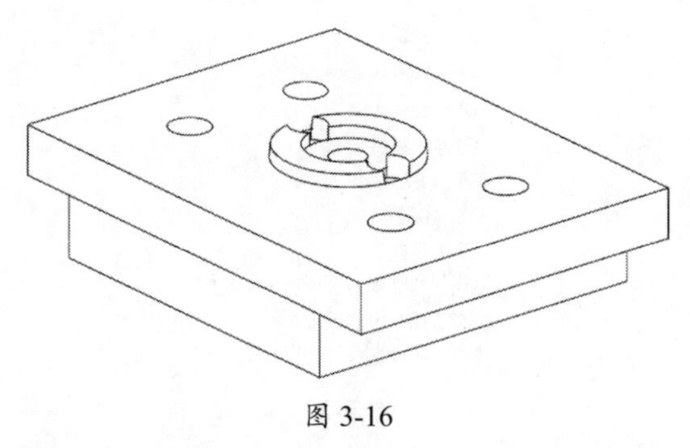
图 3-16

6. 装配导套零件

01 先在“描述性部件名”栏中取消选中“面板”“唧嘴”“定位圈”“定位销”复选框，只显示 A 板。

02 执行“菜单”|“装配”|“组件”|“添加组件”命令，在弹出的“添加组件”对话框中单击“打开”按钮，选择“导套”。

03 在“添加组件”对话框的“放置”栏中选中“约束”单选按钮，在“约束类型”栏中单击“接触对齐”按钮，将“方位”设为“接触”，两个零件的装配方式为两表面接触，且两中心线对齐，如图 3-17 所示。

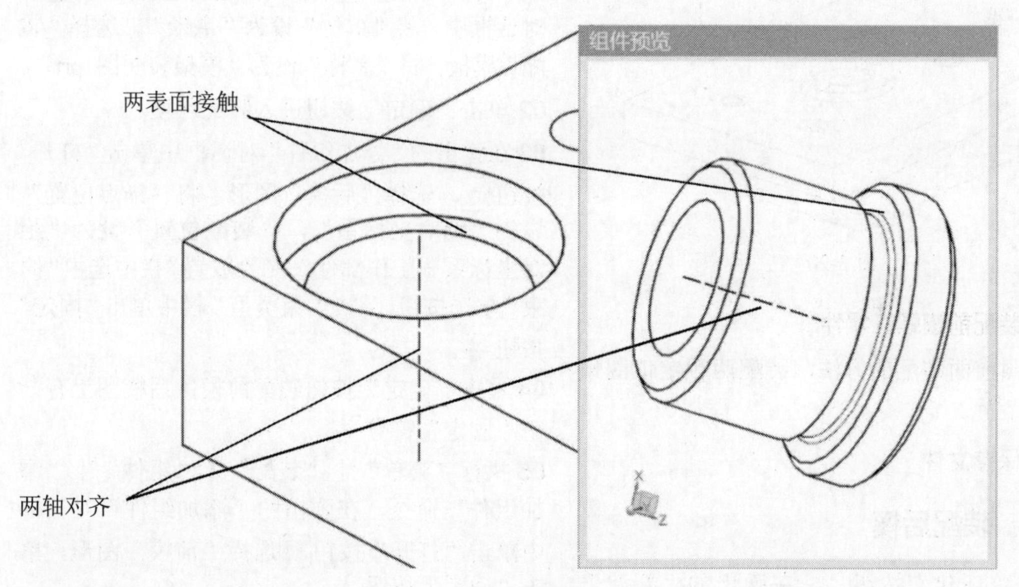

图 3-17

04 按照相同的方法，装配另外 3 个导套，如图 3-18 所示。

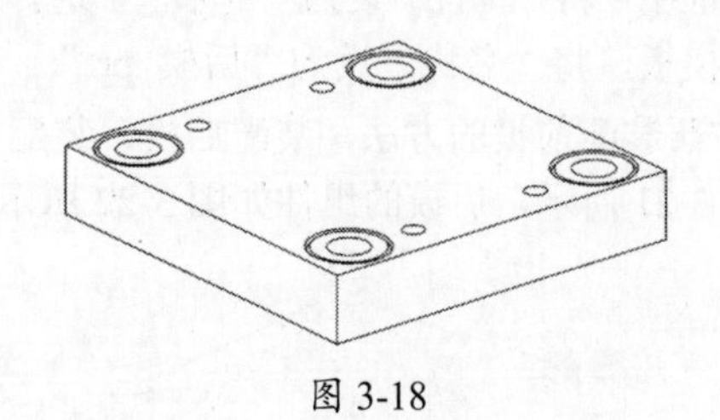
图 3-18

提示：

4个导套的中心距不同，因此，不能以阵列方式装配其余的导套。

7. 装配前模螺钉零件

01 先在“描述性部件名”栏中选择“面板”“唧嘴”等全部复选框。

02 按照前面的方法，装配一颗前模螺钉，如图 3-19 所示。

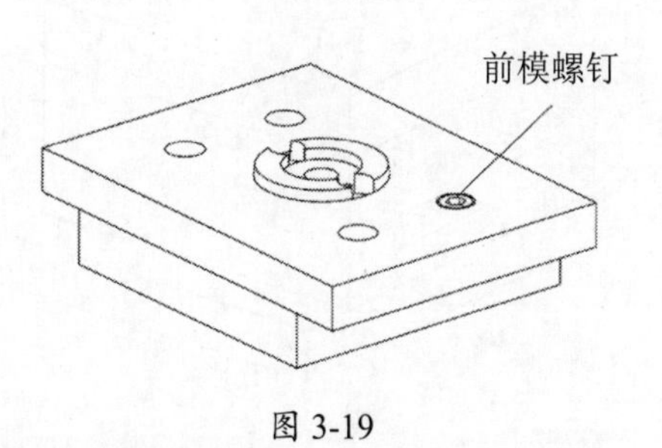

图 3-19

03 执行“菜单”｜“装配”｜“组件”｜“阵列组件”命令，在弹出的“阵列特征”对话框中将“布局”设为“线性”，在“方向 1”区域中将“指定矢量”设为-XC↑，“间距”设为“数量和间隔”，“数量”设为 2，“节距”设为 120mm，选中“使用方向 2”复选框，在“方向 2”区域中，将“指定矢量”设为 YC↑，“间距”设为“数量和间隔”，“数量”设为 2，“节距”设为-56mm。

04 单击“确定”按钮创建阵列特征，装配 4 颗前模螺钉，如图 3-20 所示。

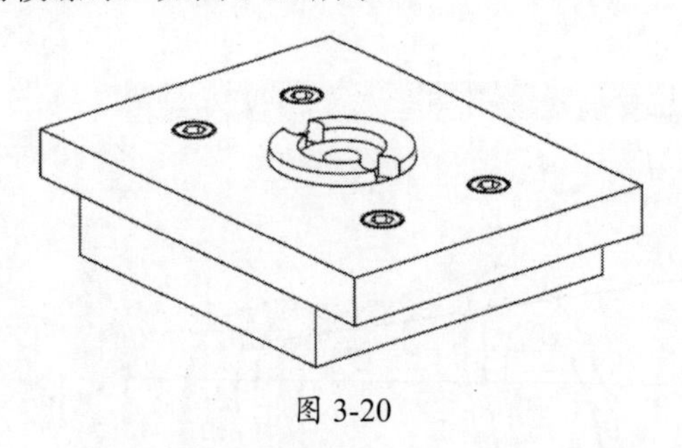

图 3-20

8. 装配前模螺钉零件

按照前面装配的方法，装配两颗定位圈螺钉。

9. 保存文件

3.1.2 装配后模

01 单击“新建”按钮，在弹出的“新建”对话框中，将“单位”设为“毫米”，选择“装配”模板，将“名称”设为“后模 .prt”。

02 按照装配前模的方法，装配后模，装配效果如图 3-21 所示，后模的组件如图 3-22 所示。

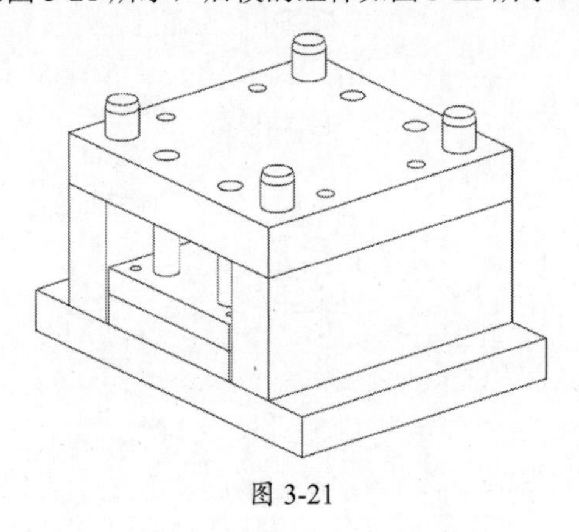

图 3-21

底板
顶针B板
顶针A板
限位杆 x 4
方铁 x 2
B板
导柱 x 4
方铁螺钉（长） x 4
顶针板螺钉 x 4
方铁螺钉（短） x 4

图 3-22

3.1.3 装配模架装配图

01 单击“新建”按钮，在弹出的“新建”对话框中，将“单位”设为“毫米”，选择“装配”模板，将“名称”设为“模架装配图 .prt”。

02 单击“确定”按钮进入装配环境。

03 在弹出的“添加组件”对话框中单击“打开”按钮，选择“后模”图形，将“锚点位置”设为“绝对坐标系”，“装配位置”设为“绝对坐标系一工作部件”，在“放置”栏中选中“约束”单选按钮，在“约束类型”栏中单击“固定”按钮。

04 单击“确定”按钮装配前模，后模图上有一个“固定”符号。

05 执行“菜单”｜“装配”｜“组件”｜“添加组件”命令，在弹出的“添加组件”对话框中单击“打开”按钮选择“前模”图形，单击“确定”按钮。

06 在“添加组件”对话框的“约束类型”栏中单击“中心”按钮，将“子类型”设为“2 对 2”。

07 先在小窗口中选择前模的两个侧面，然后在主窗口中选择同一个方向上后模的两个侧面，在所选侧面的方向上将前模与后模中心对齐。

08 在另一个方向上先选择前模的两个侧面，再选择后模的两个侧面，前模与后模中心对齐。

09 在“添加组件”对话框的“放置”栏中选中“约束”单选按钮，在“约束类型”栏中单击“距离”按钮。

10 先在“添加组件”对话框中单击“选择两个对象”按钮，再单击“组件预览”窗口。按住鼠标中键调整“组件预览”窗口中前模的方位后选择 A 板的表面，最后在主窗口中选择 B 板的表面，在“距离”文本框中输入 80mm，如图 3-23 所示。

图 3-23

11 在“添加组件”对话框中多次单击“循环上一个约束”按钮，直到前模和后模的位置如图 3-24 所示。

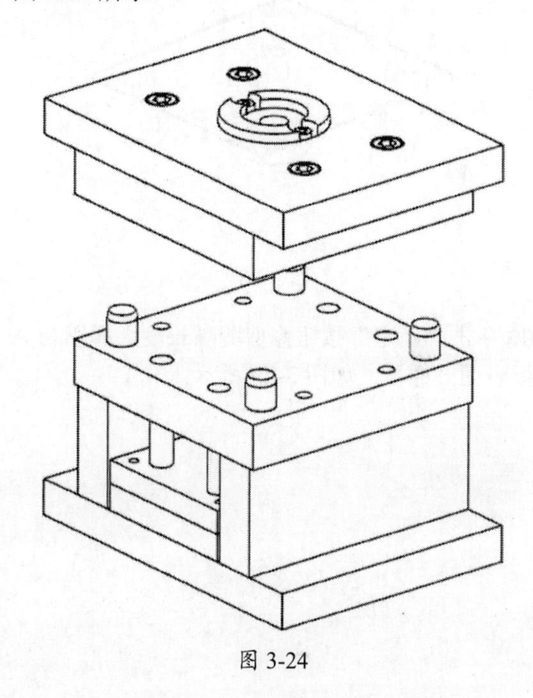

图 3-24

3.2 编辑装配零件

1. 修剪唧嘴长度

01 单击“打开”按钮，打开前模装配图，按住鼠标中键翻转实体后，可以看出唧嘴高于 A 板表面，如图 3-25 所示。

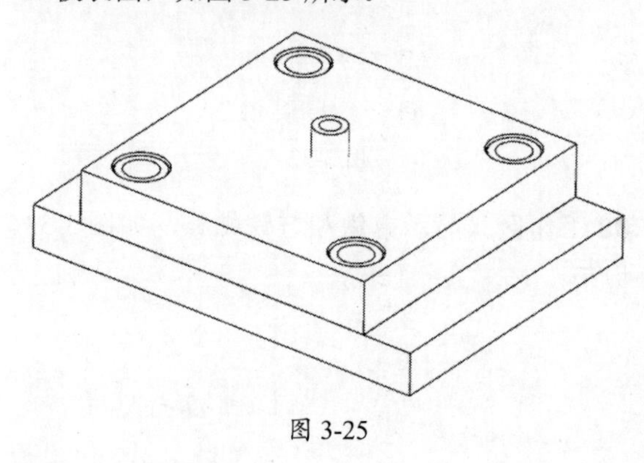

图 3-25

02 在“描述性部件名”栏中选择“唧嘴”，右击，在弹出的快捷菜单中选择“设为工作部件”命令，如图 3-26 所示。

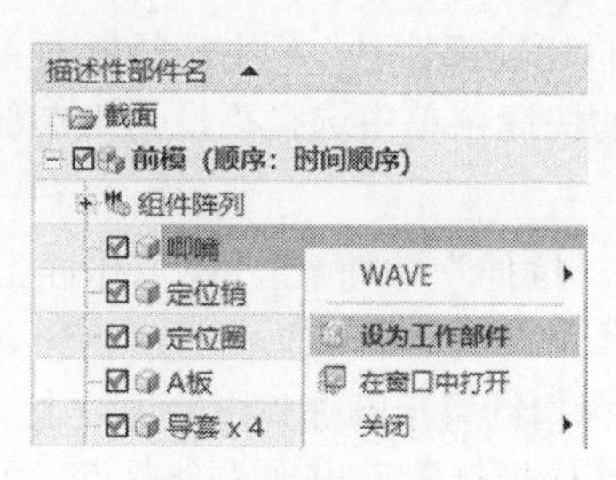

图 3-26

03 单击“拉伸”按钮，在工作区上方的工具栏中选择“整个装配”，如图 3-27 所示。

图 3-27

04 选择 A 板表面的 4 条边线，如图 3-28 粗线所示。

05 在“拉伸”对话框中将“指定矢量”设为 -ZC ↓。在“开始”下拉列表中选择“值”选项，并将“距离”设为 0mm。在“结束”下拉列表中选择“贯通”，“布尔”设为“减去”。

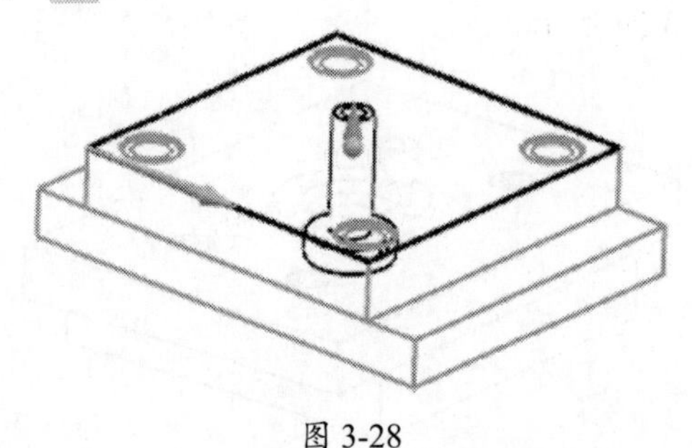

图 3-28

06 单击“确定”按钮修剪唧嘴长度，唧嘴与A板表面一样平，如图 3-29 所示。

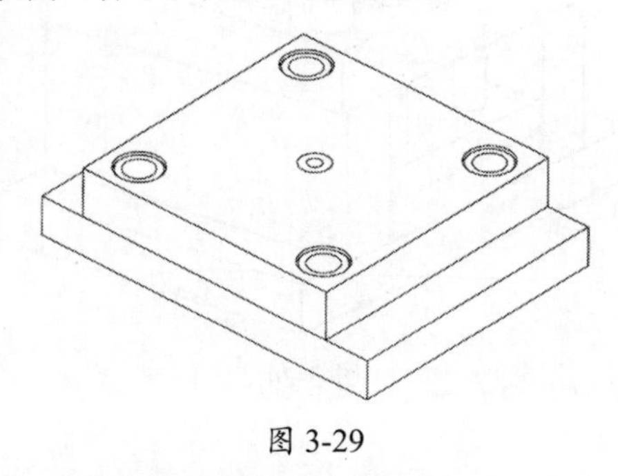

图 3-29

2. 在A板上创建唧嘴装配孔

01 在“描述性部件名”栏中选择A板，右击，在弹出的快捷菜单中选择“设为工作部件”命令。

02 单击“拉伸”按钮，在工作区上方的工具栏中选择“整个装配”。

03 将鼠标指针置于唧嘴外围的边线上，稍微停顿后，鼠标指针附近出现3个白点，单击，在弹出的“快速选择”窗口中选择唧嘴外围的边线，如图 3-30 粗线所示。

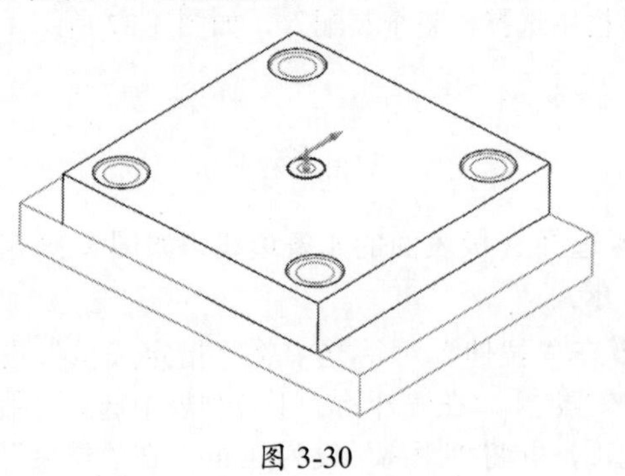

图 3-30

04 在“拉伸”对话框中将“指定矢量”设为ZC↑，在“开始”下拉列表中选择“值”选项，将“距离”设为0mm，在“结束”下拉列表中选择“贯通”，“布尔”设为“减去”。

05 单击“确定”按钮在A板中创建唧嘴装配孔。

06 在“描述性部件名”栏中选择A板，右击，在弹出的快捷菜单中选择“在窗口中打开”命令。打开A板后，可以看到在A板的中心位置有一个孔，如图 3-31 所示。

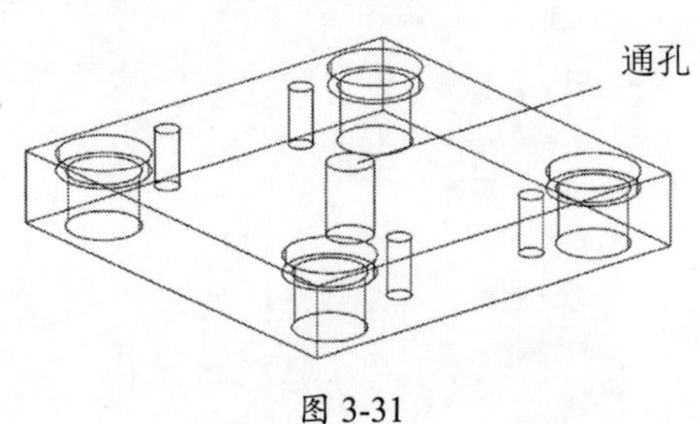

图 3-31

3. 在方铁上创建装配孔

01 单击“打开”按钮，打开后模装配图，在“描述性部件名”栏中只保留“方铁×2”和“方铁螺钉（长）×4”为黄色，其余部件颜色为灰色，如图 3-32 所示。

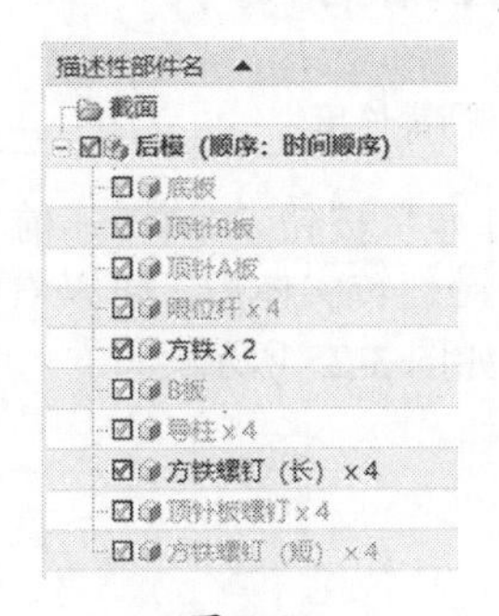

图 3-32

02 工作区只显示方铁和方铁螺钉，如图 3-33 所示。

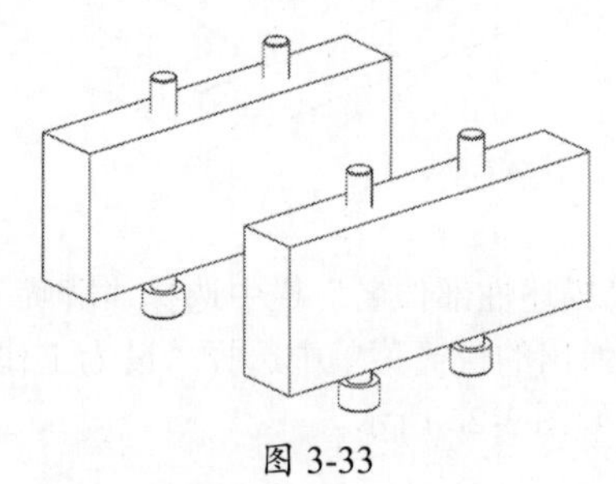

图 3-33

03 在“描述性部件名”栏中右击，在弹出的快捷菜单中选择“设为工作部件”命令。

04 执行“菜单”｜“插入”｜“组合”｜“减去”命令，选择方铁的实体为目标体，并在工作区上方的工具栏中选择“整个装配”和“单个体”，如图 3-34 所示。

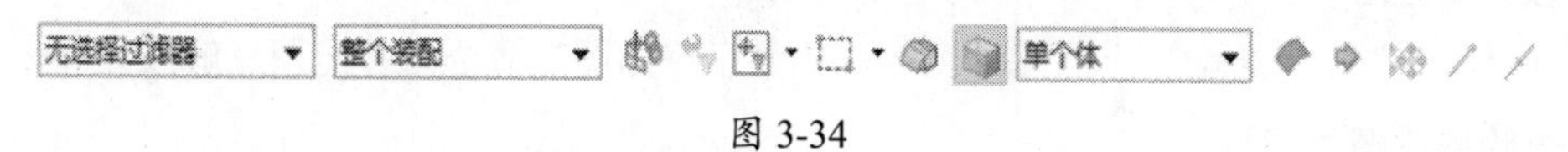

图 3-34

05 选择方铁螺钉实体，单击“确定”按钮，在方铁的实体上创建螺杆装配孔。

06 在“装配导航器”中选择方铁 x 2，右击，在弹出的快捷菜单中选择“在窗口中打开”命令，可以看到方铁的实体上已创建了螺杆装配孔，如图 3-35 所示。

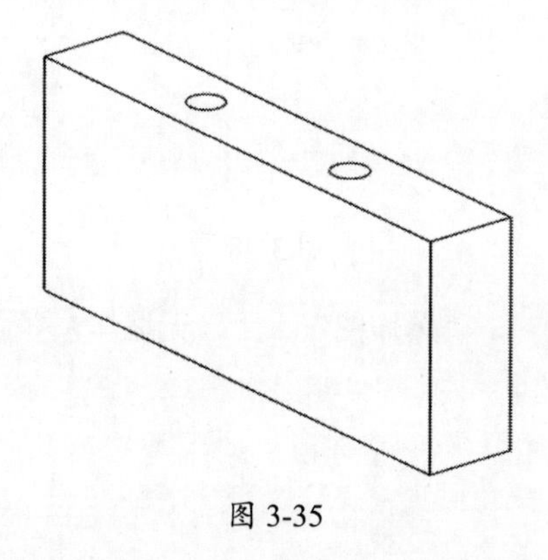

图 3-35

3.3 爆炸图

1. 创建爆炸图

01 单击“打开”按钮，打开“模架装配图.prt”。

02 执行“菜单”｜“装配”｜“爆炸图”｜“新建爆炸图”命令，在弹出的“新建爆炸”对话框中将“名称”设为“爆炸图 1”，如图 3-36 所示。

图 3-36

03 单击“确定”按钮创建“爆炸图 1”爆炸图。

2. 编辑爆炸图

01 执行“菜单”｜“装配”｜“爆炸图”｜“编辑爆炸图”命令，在弹出的“编辑爆炸图”对话框中选中“选择对象”单选按钮，并选择面板的实体。在“编辑爆炸图”对话框中选中“移动对象”单选按钮，并选择坐标系 Z 轴的箭头。在“编辑爆炸图”对话框中将“偏移距离”设为 100mm。

02 单击“确定”按钮移动面板实体。

03 采用同样的方法移动其他零件，如图 3-37 所示。

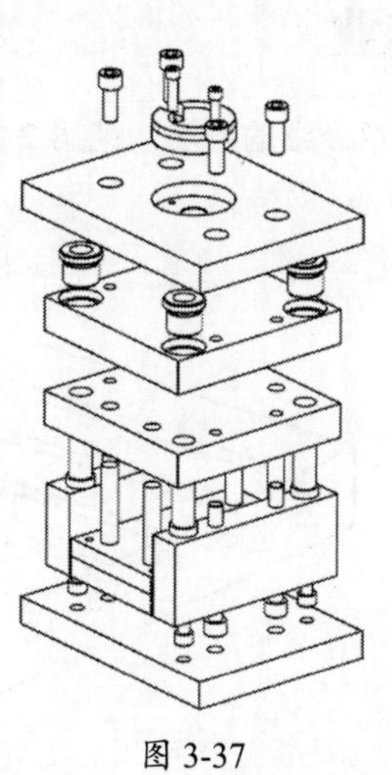

图 3-37

3. 隐藏爆炸图

执行“菜单”|“装配”|“爆炸图”|“隐藏爆炸图”命令，爆炸图恢复原状。

4. 显示爆炸图

执行“菜单”|“装配”|“爆炸图”|“显示爆炸图”命令，装配图分解成爆炸形式。

5. 删除爆炸图

01 在横向菜单栏的空白处右击，在弹出的快捷菜单中选择“装配”命令，如图3-38所示。

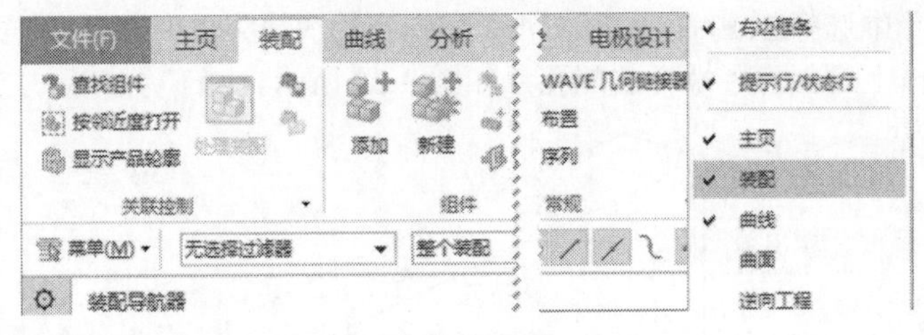

图 3-38

02 在横向菜单栏中执行“装配”|“爆炸图”|“（无爆炸）”命令，如图3-39所示。

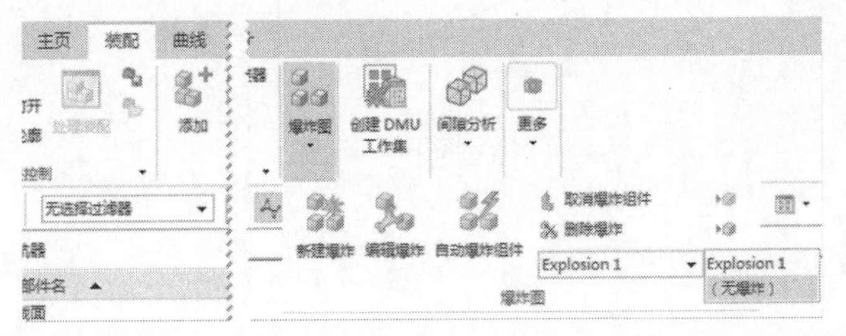

图 3-39

03 执行“菜单”|“装配”|“爆炸图”|“删除爆炸图”命令，在弹出的对话框中单击“确定”按钮，即可删除选中的爆炸图。

6. 保存文件

3.4 作业

按照本章介绍的方法，把第2章创建的实体装配成一个图形，如图3-40所示。

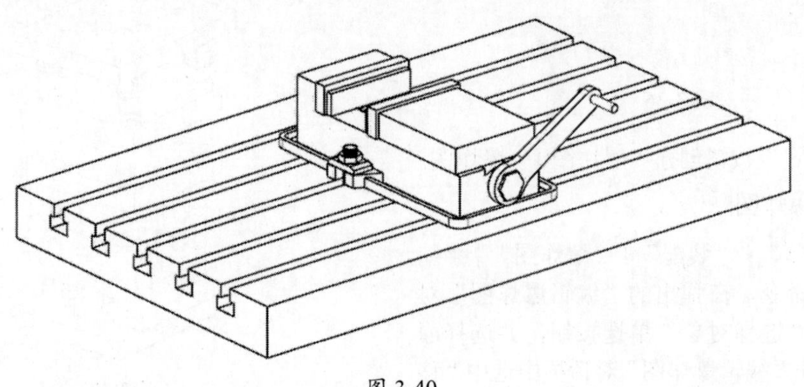

图 3-40

第 4 章　工程图设计

本章以第 3 章创建的模架装配图为例，详细讲述 UG 工程图设计的一般流程。

4.1 创建基本视图

01 单击“新建”按钮，在弹出的“新建”对话框中选择“图纸”选项卡，把“关系”设为“引用现有部件”，“单位”设为“毫米”，选择“A0++ - 无视图”模板，新文件“名称”设为“模架装配图工程图 .prt”，在“要创建图纸的部件”栏中，选择前面创建的“模架装配图”，如图 4-1 所示。

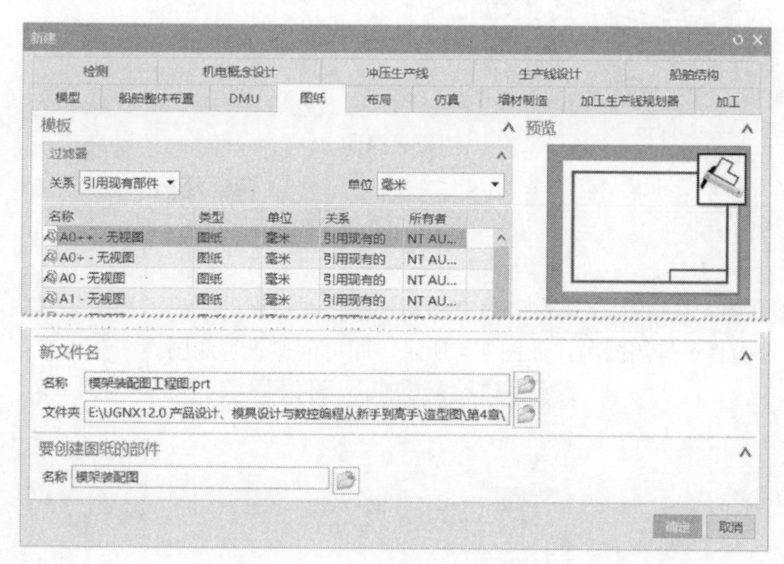

图 4-1

02 单击“确定”按钮，在弹出的“视图创建向导”对话框中选择“模具装配图”。

03 单击“下一步”按钮，在“选项”选项卡中，将“视图边界”设为“手动”，取消选中“自动缩放至适合窗口”复选框，“比例”设为“1:1”，选中“处理隐藏线”“显示中心线”“显示轮廓线”复选框，在“预览样式”下拉列表中选择“着色”，如图 4-2 所示。

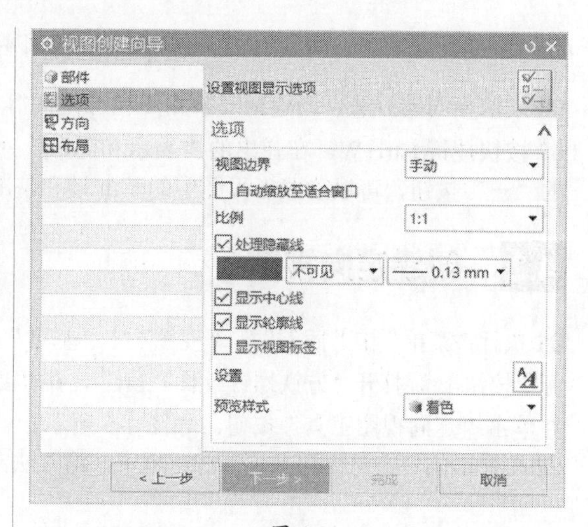

图 4-2

04 单击“下一步”按钮，在“方向”选项卡上选择“俯视图”。

05 单击“下一步”按钮，在“布局”选项卡中将“放置选项”设为“手动”，选择图框的右上角放置视图，即可创建主视图，如图 4-3 所示。

06 执行“菜单”|“插入”|“视图”|“投影视图”命令，以主视图为父视图创建右视图和仰视图，如图 4-3 所示。

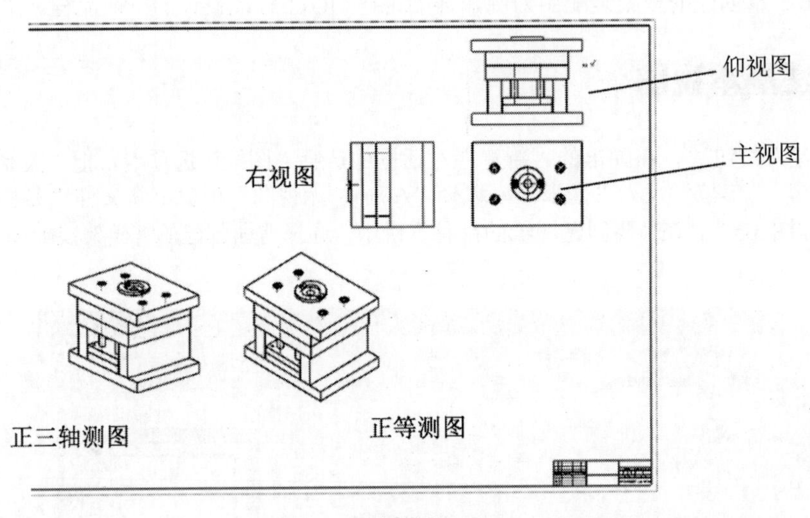

图 4-3

07 单击“基本视图”按钮，在弹出的“基本视图”对话框的“模型视图”栏中，将“要使用的模型视图”设为“正等测图”，如图 4-4 所示，即可创建正等测图。

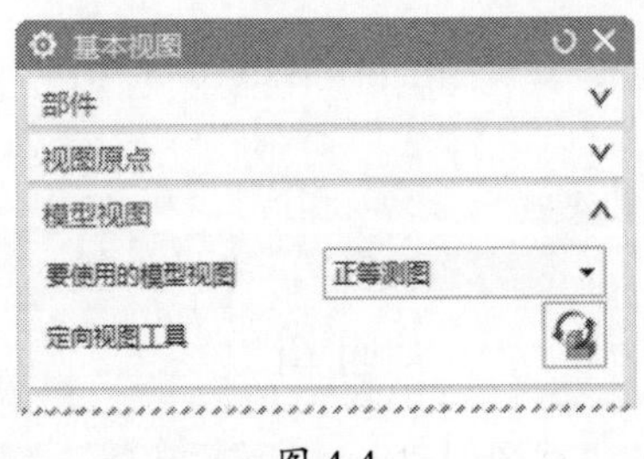

图 4-4

08 采用相同的方法，创建正三轴测图和仰视图等。

09 按快捷键 Ctrl+W，在弹出的“显示和隐藏”对话框中单击“基准平面”和“图纸对象”对应的“－”按钮，可以隐藏工程图中的基准轴和基准平面。

4.2 创建定向视图

01 执行“菜单”|“插入”|“视图”|“基本”命令，在弹出的“基本视图”对话框中单击“打开”按钮，打开“方铁螺钉（长）.prt”，在“要使用的模型视图”下拉列表中选择“前视图”，并单击“定向视图工具”按钮，如图 4-5 所示。

02 在弹出的“定向视图工具”对话框中，将“法向”设为 YC，“X 向”设为 ZC，如图 4-6 所示。

图 4-5

图 4-6

03 单击“确定”按钮创建方铁螺钉（长）的定向视图。

4.3 创建断开视图

01 执行“菜单”｜“插入”｜“视图”｜“断开视图”命令，在弹出的“断开视图”对话框中，将“类型”设为“常规”，把丝杆的视图设为“主模型视图”，“方位”设为“矢量”，“指定矢量”设为 XC ↑，“间隙”设为 10mm，“样式”设为，“幅值”设为 6mm，在方铁螺钉（长）的定向视图选择“锚点 1”和“锚点 2”，如图 4-7 所示。

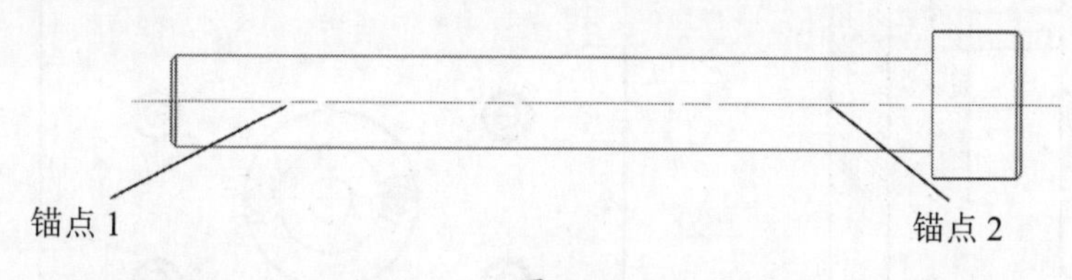

图 4-7

02 单击“确定”按钮，创建断开剖视图，如图 4-8 所示。

4.4 创建全剖视图

01 执行“菜单”｜“插入”｜“视图”｜“剖视图”命令，在弹出的“剖视图”对话框中，把“定义”设为“动态”，“方法”设为“简单剖 / 阶梯剖”，如图 4-9 所示。

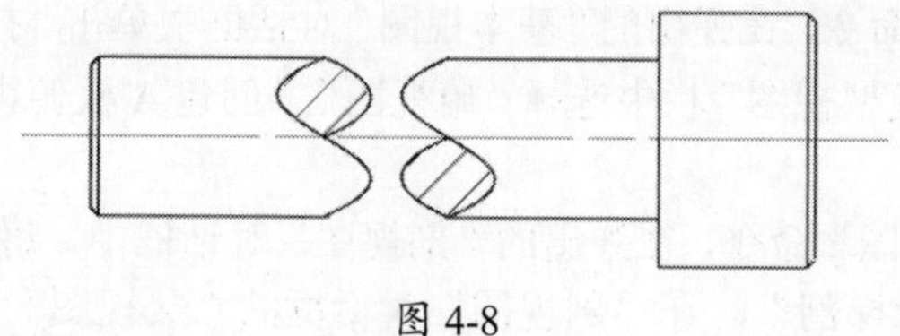

图 4-8

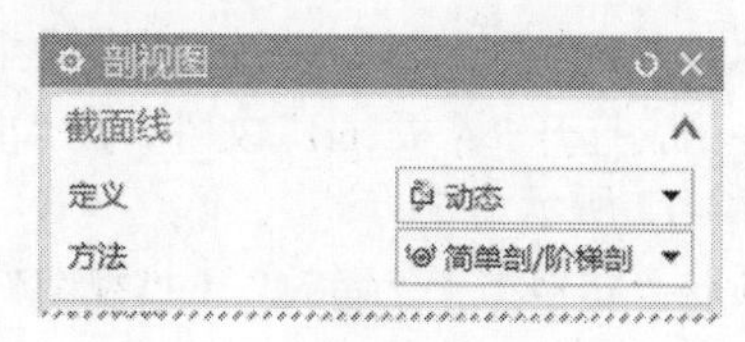

图 4-9

02 在“剖视图”对话框的“父视图”栏中单击“选择视图”按钮，选定主视图作为剖视图的父视图，选择唧嘴圆心位置为剖面线位置。

03 在主视图的右侧选择摆放位置，即可创建全剖视图，如图 4-10 所示。

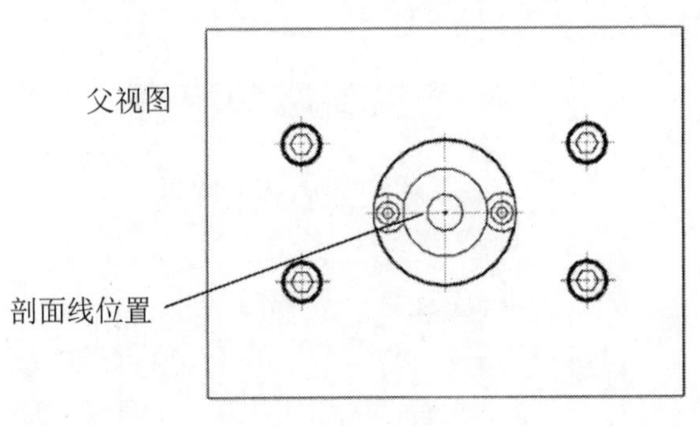

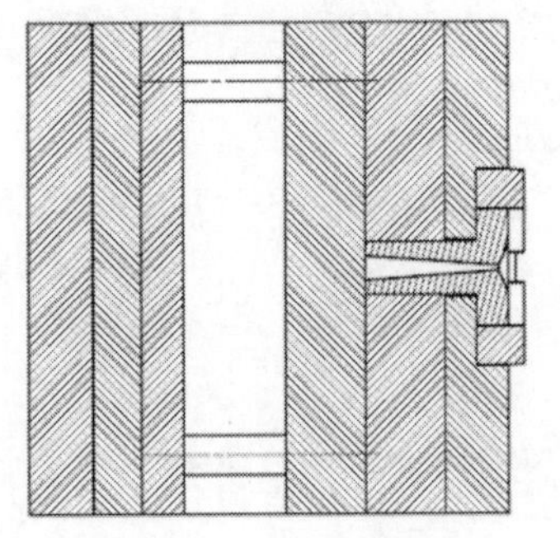

图 4-10

4.5 创建半剖视图

01 执行“菜单”|“插入”|“视图”|“剖视图”命令，在弹出的“剖视图”对话框中，将“定义”设为“动态”、“方法”设为“半剖”。

02 选定主视图为父视图，指定“位置 1”和“位置 2”。

03 在图框中选择存放剖视图的位置，即可创建半剖视图，其中有剖面线的一侧位于“位置 1”所在的一侧，如图 4-11 所示。

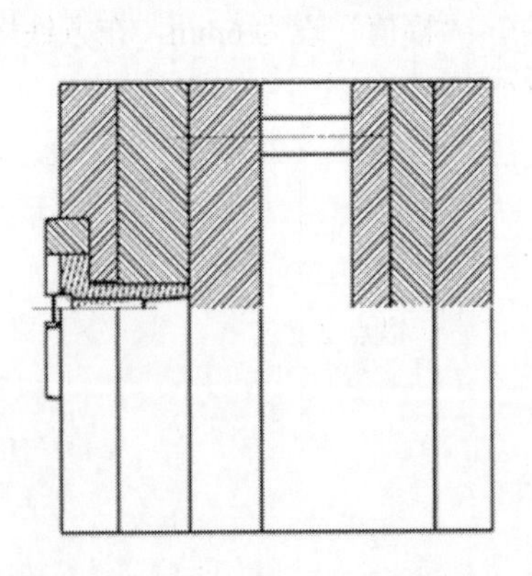

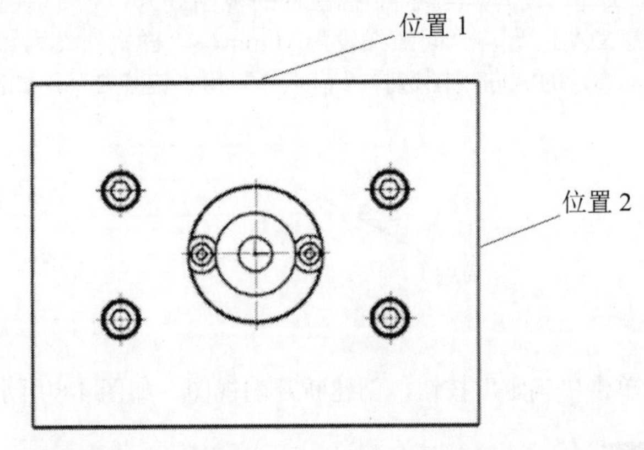

图 4-11

4.6 创建阶梯剖视图

01 执行“菜单”|“插入”|“视图”|“基本”命令，在弹出的“基本视图”对话框中单击“打开”按钮，打开“A 板 .prt”文件，在“要使用的模型视图”栏中选择“俯视图”，创建 A 板俯视图，如图 4-12 所示。

02 执行“菜单”|“插入”|“视图”|“剖视图”命令，在弹出的“剖视图”对话框中，将“定义”设为“动态”，“方法”设为“简单剖 / 阶梯剖”。在“剖视图”对话框的“父视图”栏中单击“选择视图”按钮，选定 A 板俯视图。

03 在“剖视图”对话框的“截面线段”栏中单击“指定位置”按钮，选择“位置 A”，在弹出的“点”对话框中单击“确定”按钮。单击“指定位置”按钮，选择“位置 B”，然后单击“指定位置”按钮，选择“位置 C”。

04 在“剖视图”对话框的“视图原点”栏中单击“指定位置”按钮，然后选择 A 板视图的右侧，即可创建 A 板的阶梯剖视图，如图 4-13 所示（可以按住 B 点与 C 点之间的横线并拖曳，调整 B 点与 C 点之间折线的位置）。

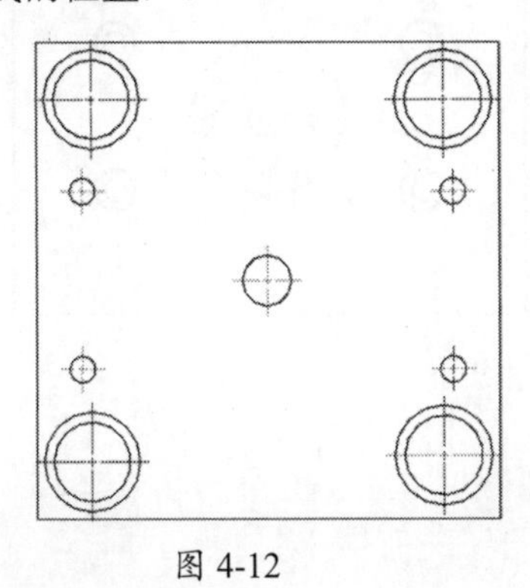

图 4-12

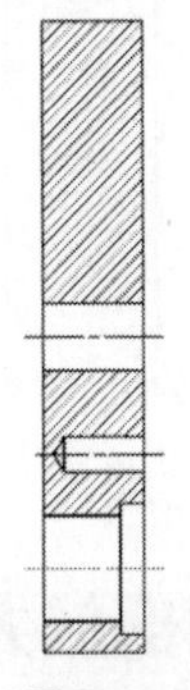

图 4-13

4.7　创建对齐视图

拖动半剖视图出现水平虚线后，即与主视图对齐。

4.8　创建局部剖视图

01 选择右投影视图（选择方法为：将鼠标指针放在右投影视图附近，出现一个棕色的方框），右击，在弹出的快捷菜单中选择“活动草图视图”命令。

02 执行“菜单”｜“插入”｜“草图曲线”｜“艺术样条”命令，在弹出的“艺术样条”对话框中将“类型”设为“通过点”，选中“封闭”复选框和“视图”单选按钮，如图 4-14 所示。

03 在右视图上绘制一条封闭的曲线，如图 4-15 所示，单击“完成草图”按钮。

图 4-14

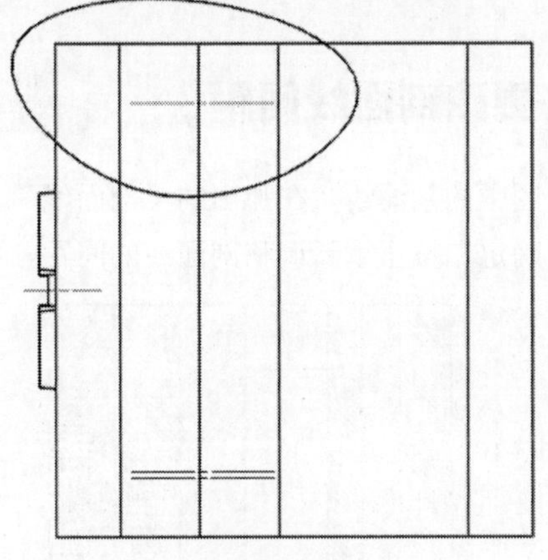

图 4-15

04 执行“菜单”｜“插入”｜“视图”｜“局部剖”命令，在弹出的“局部剖”对话框中选中“创建”单选按钮，单击“选择视图”按钮，选择右视图，单击“指出基准点”按钮，在主视图上选择基准点，单击“选择曲线”按钮，选择上一步绘制的曲线，单击“应用”按钮创建局部剖视图，如图 4-16 所示。

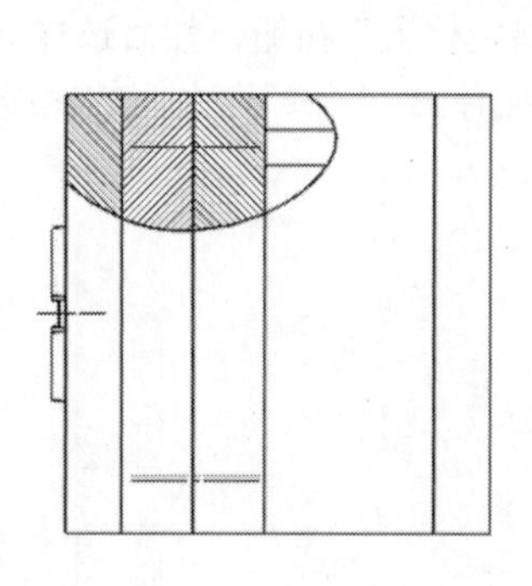
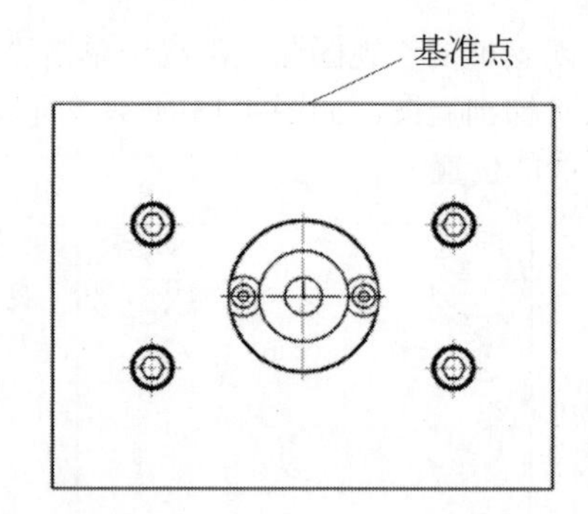

图 4-16

4.9 创建局部放大图

01 执行“菜单”|“插入”|“视图”|“局部放大图”命令，在弹出的“局部放大图”对话框中将“类型”设为“圆形”。

02 在要放大的视图上绘制一个虚线圆，在“局部放大图”对话框中将“比例”设为3:1，即可创建局部放大图，如图 4-17 所示。

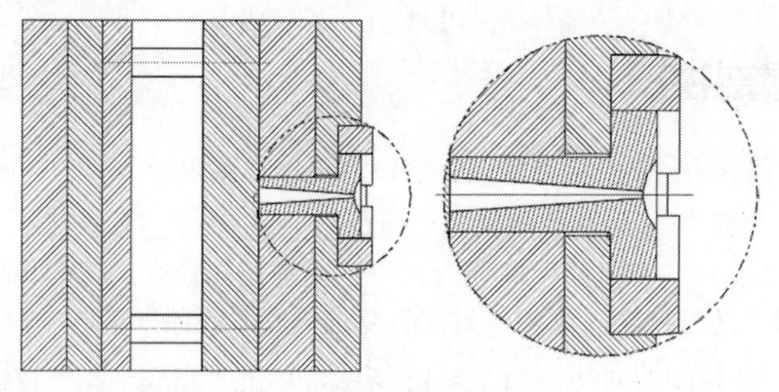

图 4-17

4.10 更改剖面线间距

01 双击视图中的剖面线，在弹出的“剖面线”对话框中将“距离”设为8mm。

02 单击“确定”按钮重新调整剖面线的间距，如图 4-18 所示。

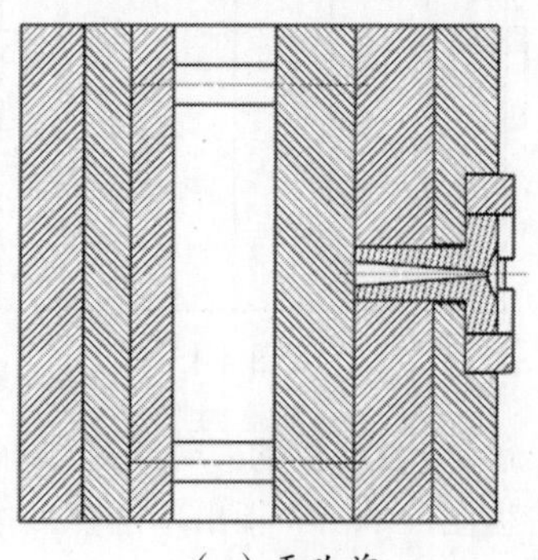

（a）更改前

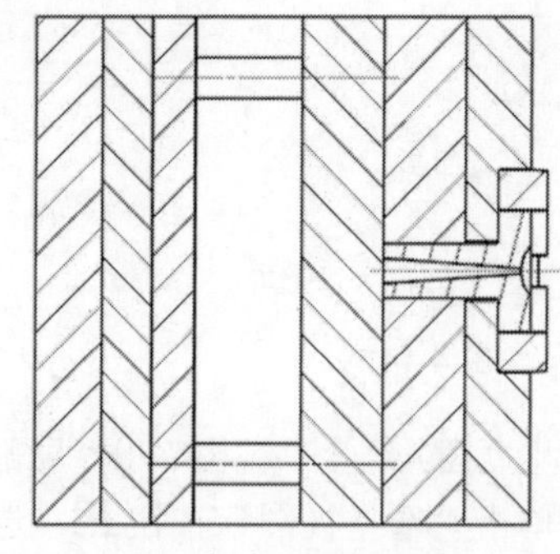

（b）更改后

图 4-18

4.11 创建 2D 中心线

01 执行“菜单”|“插入”|“中心线”|“2D 中心线”命令。

02 先选中第一条边，再选中第二条边，单击“确定”按钮创建中心线，如图 4-19 所示。

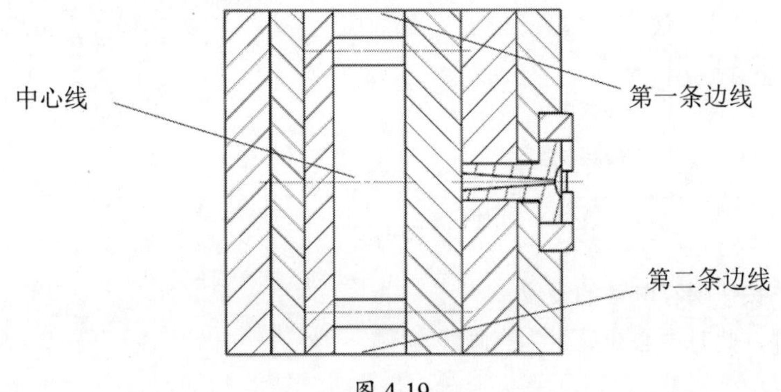

图 4-19

03 双击上一步创建的中心线，在弹出的“2D 中心线”对话框中，将“缝隙”设为 5mm，选中“单侧设置延伸”复选框，拖动中心线两端的箭头，调整中心线的长度，如图 4-20 所示。

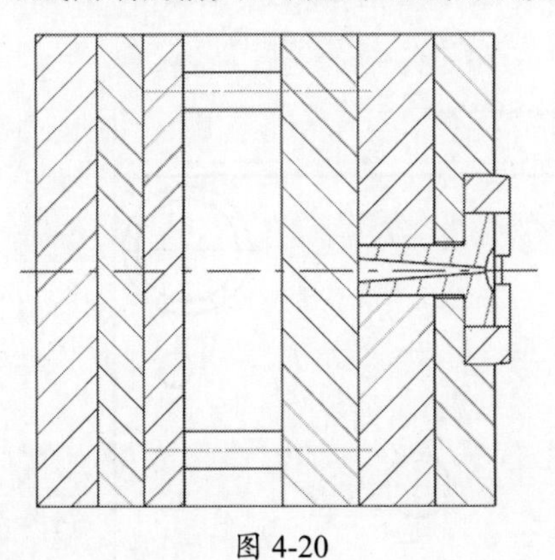

图 4-20

04 如果中心线延长部分是实线，则需要选择“文件”|“实用工具”|“用户默认设值”命令，在弹出的“用户默认设置”对话框中单击“制图”|“常规 / 设置”|“ISO”|“定制标准”按钮，如图 4-21 所示。

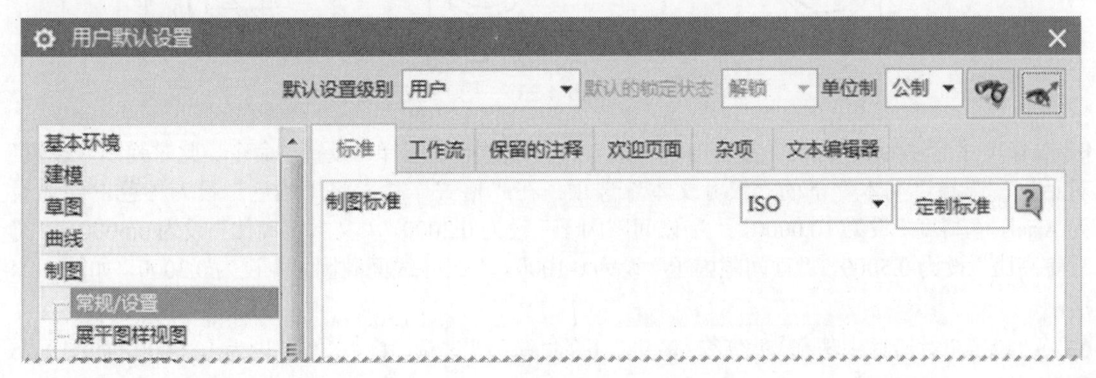

图 4-21

05 在弹出的“定制制图标准”对话框中，将“中心线显示”设为“正常”，如图 4-22 所示。

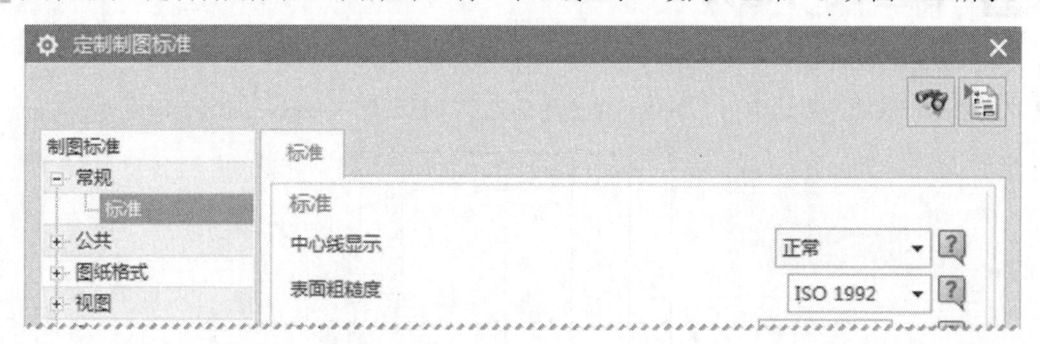

图 4-22

06 单击“确定”按钮保存刚才的设置。

07 重新启动软件，此时中心线显示为点画线。

4.12 添加标注

01 执行“菜单”|“插入”|“尺寸”|“快速”命令，可对 A 板的主视图进行标注，但标注符号较小，如图 4-23 所示。

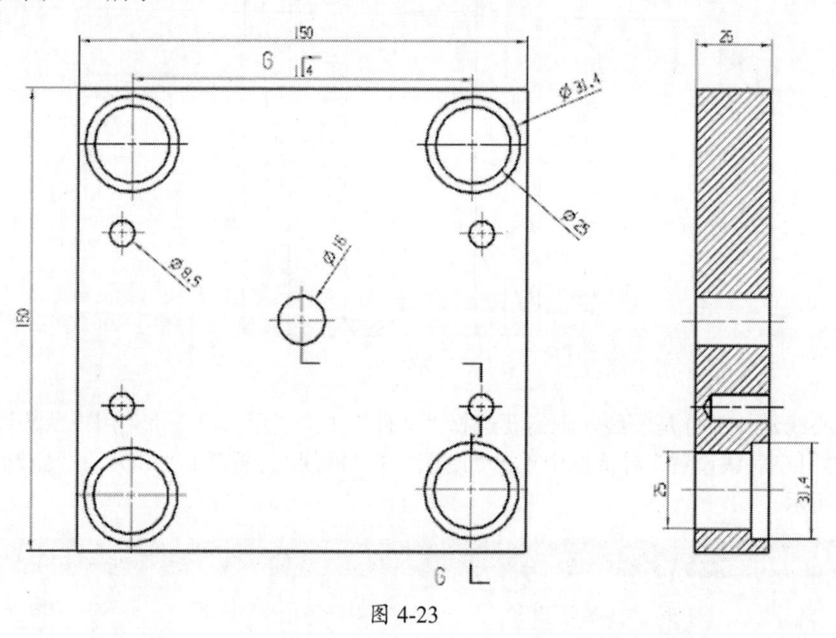

图 4-23

02 选择尺寸标注为 25 的数字并右击，在弹出的快捷菜单中选择“设置”命令。此时弹出“设置”对话框，选择“文本”下的“尺寸文本”选项，在“格式”栏中将“颜色”设为黑色，字体设为 Arial，“高度”设为 10.0000，“字体间隙因子”设为 0.2000，“文本宽高比”设为 0.6000，“符号宽高比”设为 0.5000，“行间隙因子”设为 0.1000，“尺寸线间隙因子”设为 0.3000，如图 4-24 所示。

03 在“设置”对话框中选择“+ 直线 / 箭头”下的“箭头”选项，将“长度”设为 10.0000，如图 4-25 所示。

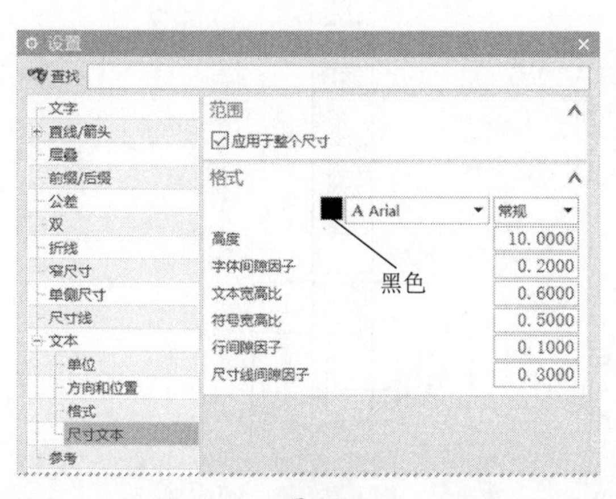

图 4-24

图 4-25

04 按 Enter 键即可修改标注数字的字体、大小、箭头大小等，如图 4-26 所示。

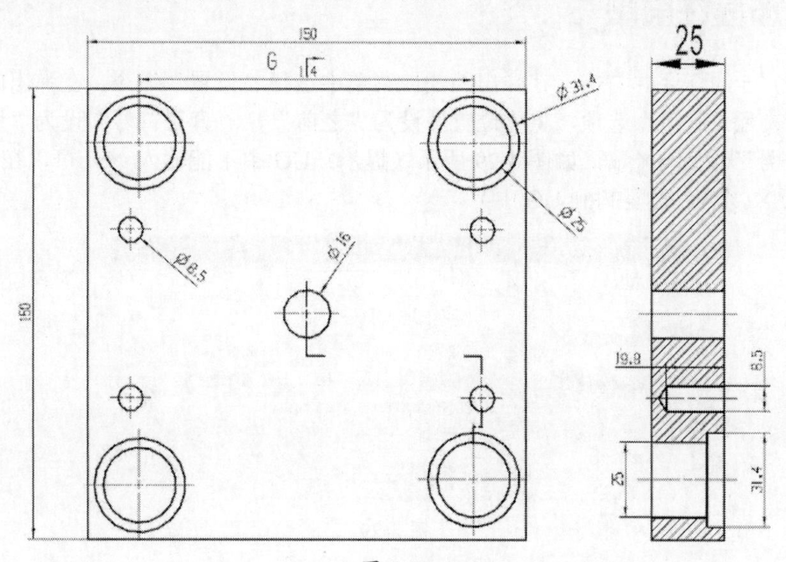

图 4-26

05 选择其他标注数字并右击，在弹出的快捷菜单中选择“设置”命令，在弹出的“设置”对话框中，选中“继承”，在“设置源”下拉列表中选择“选定的对象”，如图 4-27 所示。

06 选择尺寸标注为 25 的数字，按 Enter 键，选中的标注格式设为与标注为 25 的格式相同，如图 4-28 所示。

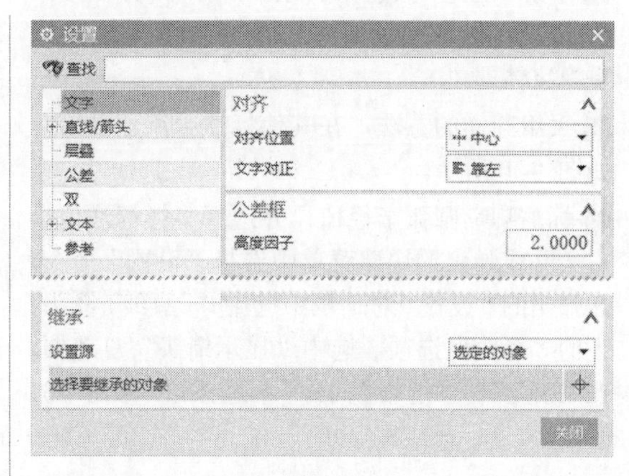

图 4-27

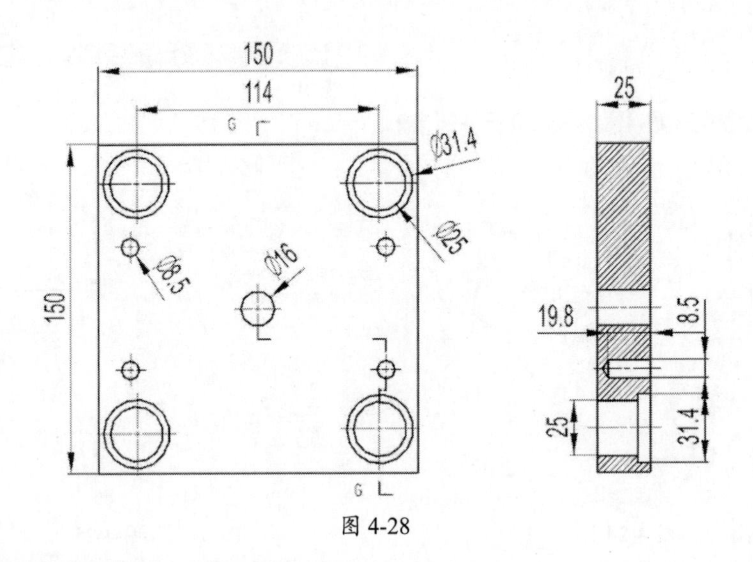

图 4-28

4.13 添加标注前缀

01 选择数字为25的标注并右击，在弹出的快捷菜单中选择“设置”命令，在弹出的“设置”对话框中选择“前缀 / 后缀”选项，将“位置”设为“之前”，“直径符号”设为“用户定义”，“要使用的符号”设为4× φ，如图4-29所示（提示：UG中不能输入 ×，可以在Word或记事本软件中输入 ×，然后再复制到UG中）。

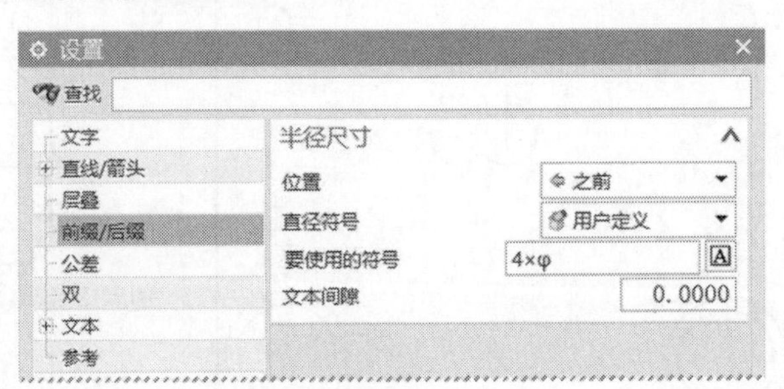

图 4-29

02 单击“确定”按钮，即可添加前缀，如图4-30所示（如果 × 以□显示，需要按图4-24所示更换字体即可）。

03 采用同样的方法，在其他标注中添加前缀，如图4-30所示。

04 标注唧嘴圆弧半径值，并选择半径标注值，右击并在弹出的快捷菜单中选择“设置”命令，在弹出的“设置”对话框中选中“+ 直线 / 箭头”下的“箭头”选项，选中“显示箭头”复选框，在“方位”栏中选中“向外”单选按钮，如图4-31所示。

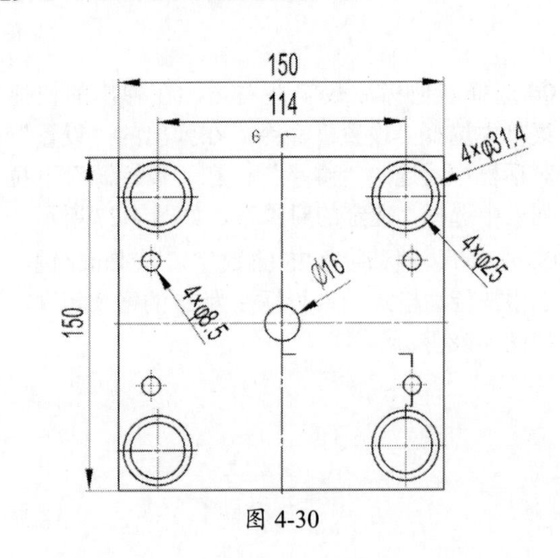

图 4-30

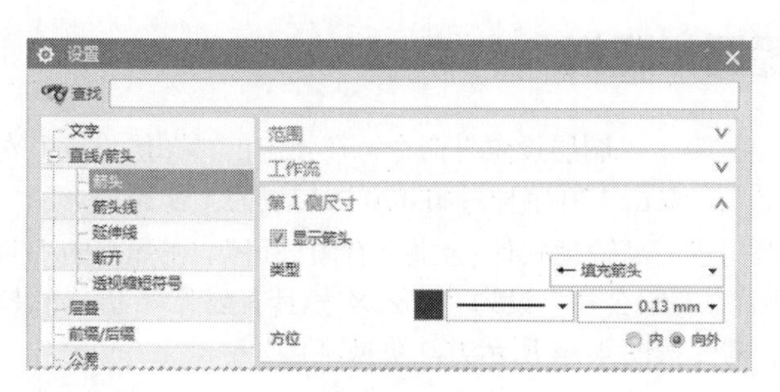

图 4-31

05 按 Enter 键即可改变标注箭头的方向，如图 4-32 所示。

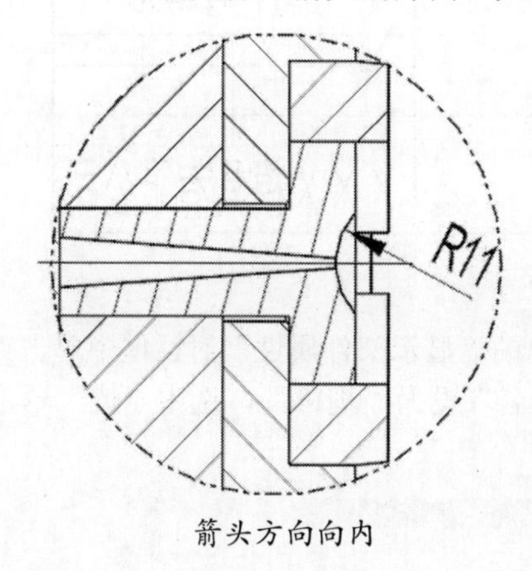

箭头方向向内　　　　箭头方向向外

图 4-32

4.14 创建注释文本

01 执行“菜单”｜“插入”｜“注释”｜“注释”命令，在弹出的“注释”对话框中输入文本，如图 4-33 所示。

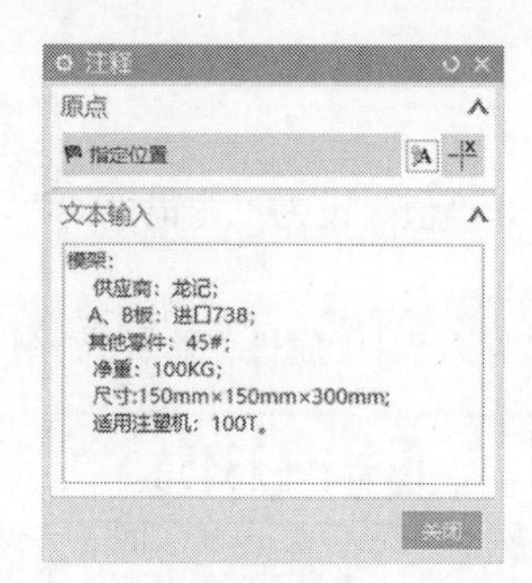

图 4-33

02 在图框中选择适当位置后，即可添加注释文本。

03 选择刚才创建的文本并右击，在弹出的快捷菜单中选择“设置”命令，弹出“设置”对话框，将“颜色”设为黑色，“字体”设为 chinesef_kt，“高度”设为 25.0000，“字体间隙因子”设为 1.0000，“行间隙因子”设为 2.0000，如图 4-34 所示。

04 按 Enter 键即可更改文本。

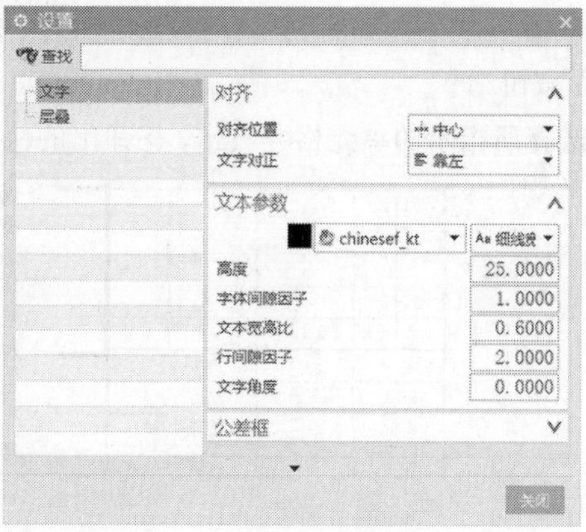

图 4-34

4.15 修改工程图标题栏

01 执行“菜单” | “格式” | “图层设置”命令，在弹出的“图层设置”对话框中，将“显示”设为“含有对象的图层”，双击 170 字样，将 170 图层设为工作图层。

02 双击标题栏中的“西门子产品管理软件 (上海) 有限公司”，在弹出的“注释”对话框中，将“西门子产品管理软件 (上海) 有限公司”设为“××× 模具有限公司”（如果输入的字符以□表示，是因为没有这个字体，需要按图 4-34 所示方法更换字体）。

03 在其他单元格中输入文本，并修改文字大小，如图 4-35 所示。

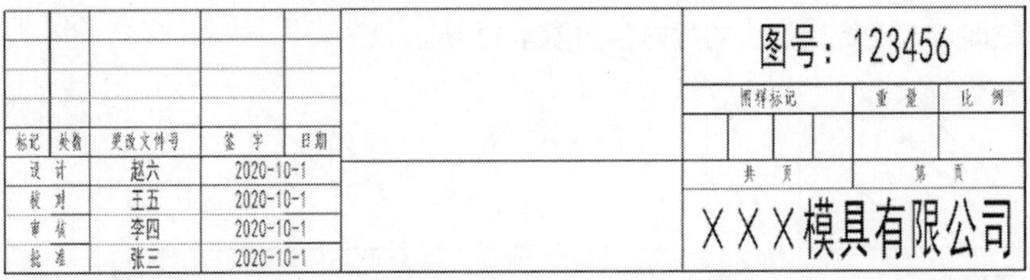

标记	处数	更改文件号	签字	日期		图号：123456		
设计		赵六	2020-10-1			图样标记	重量	比例
校对		王五	2020-10-1			共 页	第 页	
审核		李四	2020-10-1			XXX模具有限公司		
批准		张三	2020-10-1					

图 4-35

04 执行“菜单” | “文件” | “属性”命令，在弹出的“显示部件属性”对话框中单击“属性”选项卡，将“交互方法”设为“传统”，“标题 / 别名”设为“规格”，选中“值”单选按钮并设为“两板模模架”，如图 4-36 所示。

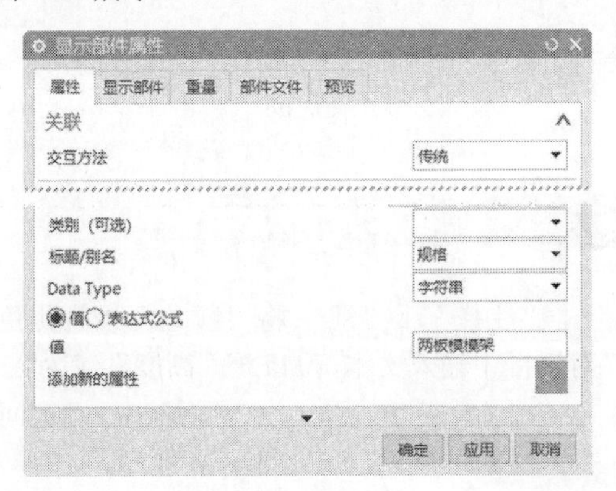

图 4-36

05 单击“应用”按钮重新将“标题 / 别名”设为“供应商”，“值”设为“龙记模架”，单击“确定”按钮。

06 选择所指示的单元格并右击，在弹出的快捷菜单中选择“导入” | “属性”命令，如图 4-37 所示。

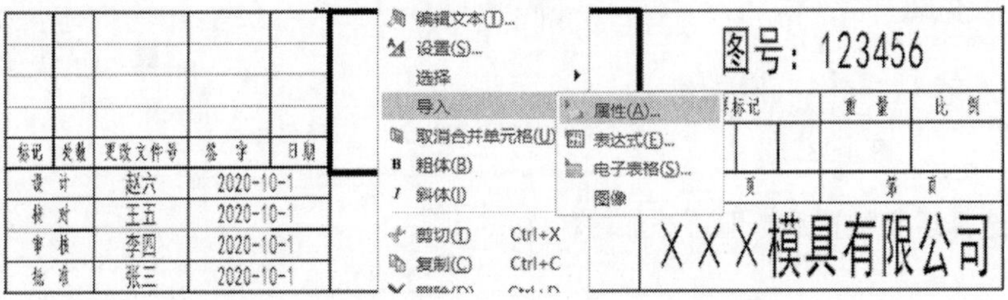

图 4-37

07 在弹出的“导入属性”对话框中选择“工作部件属性”和“规格”选项，如图 4-38 所示。

08 选中的单元格中填加了“两板模模架”。

09 采用相同的方法，在另一个单元格中填加“龙记模架”，按图 4-24 所示的方法调整字体及大小，如图 4-39 所示。

图 4-38

					两板模模架	图号：123456		
						图样标记	重量	比例
标记	处数	更改文件号	签字	日期				
设计		赵六	2020-10-1		龙记模架	共　页		第　页
校对		王五	2020-10-1			XXX模具有限公司		
审核		李四	2020-10-1					
批准		张三	2020-10-1					

图 4-39

4.16 创建明细表

01 执行“菜单”|“插入”|“表”|“零件明细表”命令，如果是首次创建明细表会出现如图 4-40 所示的错误提示对话框，可以按下列步骤解决：

在桌面上右击“我的电脑”图标，在弹出的快捷菜单中选择“属性”|“系统属性”|“高级”|“环境变量”|“新建”命令，弹出“新建系统变量”对话框，将“变量名（N）”设为 UGII_UPDATE_ALL_ID_SYMBOLS_WITH_PLIST，“变量值”设为 0，单击“确定”按钮，如图 4-41 所示，重新启动 UG 软件。

图 4-40

图 4-41

02 明细表有多种不同的形式，所创建的明细表可能如表 4-1 所示。

表 4-1　明细表

1	模架装配图	1
PC NO	PART NAME	QTY

03 将鼠标指针放在明细表的左上角，明细表全部变成棕色后右击，在弹出的快捷菜单中选择“编辑级别”命令。

04 在弹出的“编辑级别”对话框中，单击第 2 个按钮和第 3 个按钮，如图 4-42 所示，展开第 1 级明细表，如表 4-2 所示。

图 4-42

表 4-2　展开第 1 级明细表

1	后模	1
1	前模	1
PC NO	PART NAME	QTY

05 在“编辑级别”对话框中，单击按下第1个按钮和第3个按钮，展开全部零件的明细表，如表4-3所示。

表4-3　全部零件的明细表

PC NO	PART NAME	QTY
18	底板	1
17	顶针B板	1
16	顶针A板	1
15	限位杆	4
14	B板	1
13	导柱	4
12	方铁螺钉（长）	4
11	顶针板螺钉	4
10	方铁螺钉（短）	4
9	方铁	2
8	面板	1
7	唧嘴	1
6	定位销	1
5	定位圈	1
4	A板	1
3	导套	4
2	前模螺钉	4
1	定位圈螺钉	2

4.17 在装配图上生成序号

01 将鼠标指针放在明细表的左上角，明细表全部变成黄色后右击，在弹出的快捷菜单中选择“自动符号标注”命令，如图4-43所示。

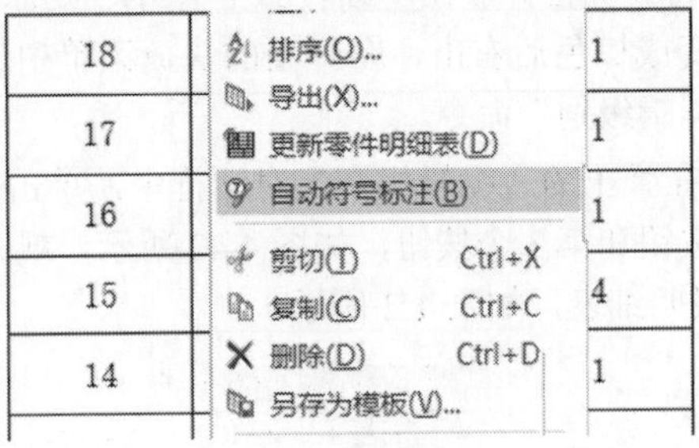

18　17　16　15　14

排序(O)...
导出(X)...
更新零件明细表(D)
自动符号标注(B)
剪切(T)　Ctrl+X
复制(C)　Ctrl+C
删除(D)　Ctrl+D
另存为模板(V)...

图4-43

02 选择正三轴测视图，在弹出的对话框中单击“确定”按钮，在该视图上添加序号，序号的符号较小，有的零件没有用数字符号标识，如图4-44所示。

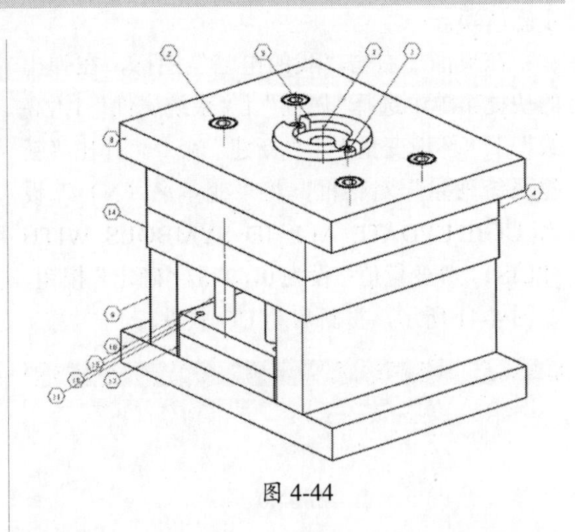

图4-44

03 选择序号并右击，在弹出的快捷菜单中选择“设置”命令，在弹出的“设置”对话框中选择“符号标注”选项卡，将“颜色”设为黑色，“线型”设为—，线宽设为0.25mm，“直径”设为20.0000，如图4-45所示。

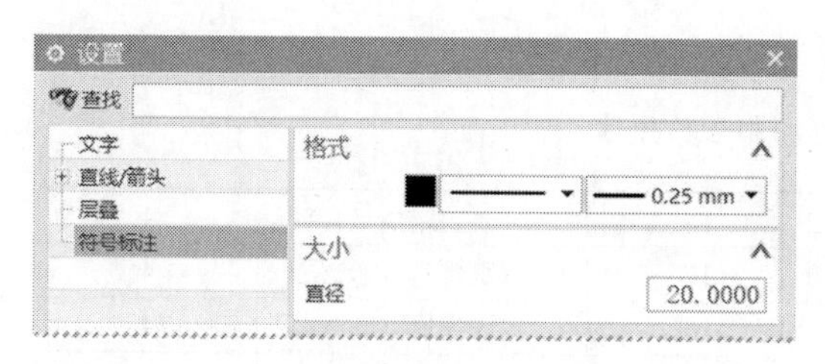

图 4-45

04 选择“文字”选项卡，在字体栏中选择 SimHei，将“高度”设为 15mm。

05 按 Enter 键，标识符号的大小发生变化，如图 4-46 所示。

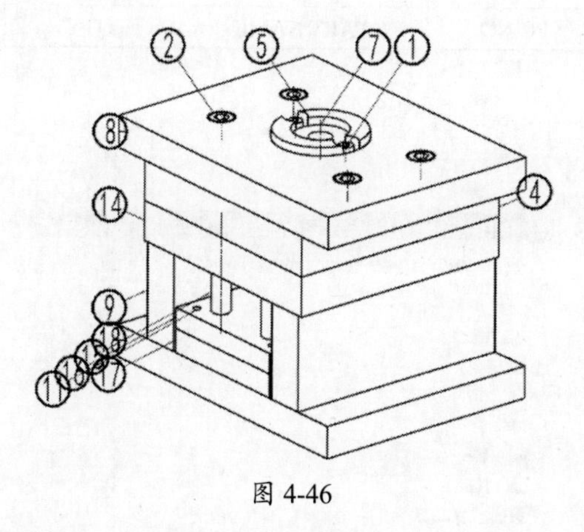

图 4-46

06 拖动标识符号，将符号排列整齐（可以不按序号排列），如图 4-47 所示。

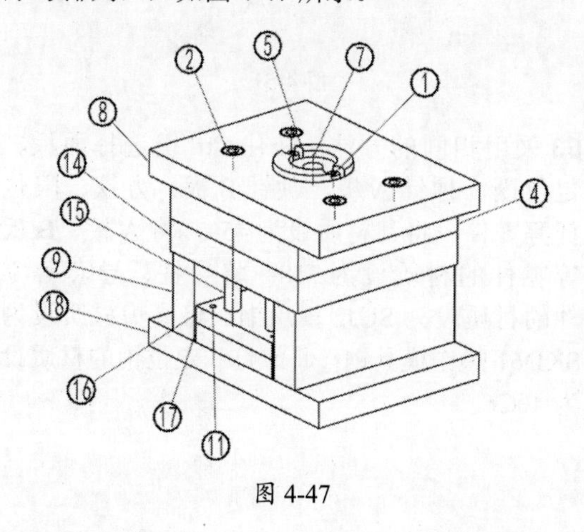

图 4-47

07 执行“菜单”|“GC 工具箱”|“制图工具”|“编辑明细表”命令，在图框中选择明细表，在弹出的“编辑零件明细表”对话框中选择 A 板，单击“上移”按钮，移至第 1 位后，再单击“更新件号”按钮，将 A 板排在第 1 位，如图 4-48 所示。

图 4-48

08 采用同样的方法，将定位圈螺丝、唧嘴、定位圈、前模螺钉、面板、B 板、限位杆、方铁、底板、顶针 A 板、顶针 B 板和顶针板螺钉依次排在第 2 ～ 13 位，选中“对齐件号”复选框，将“距离”设为 20.0000（其他零件没有在装配图上显示出来，这些零件的序号可以任意排列）。

09 单击“确定”按钮，正三轴测视图上的序号重新按顺序排列，如图 4-49 所示。

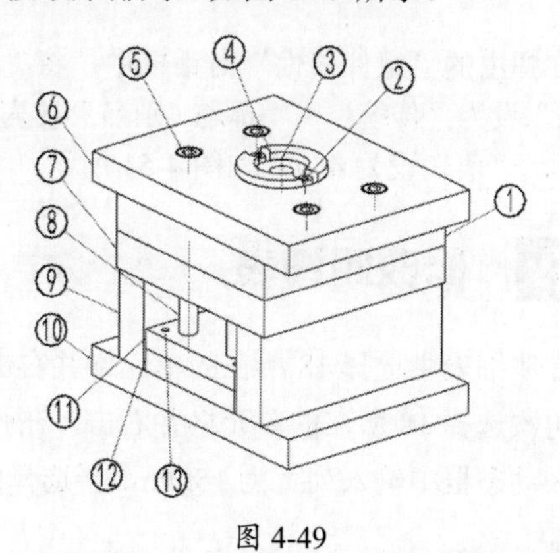

图 4-49

10 重新排列明细表的序号，如表4-4所示。

表4-4　重新排列明细表的序号

<table>
<tr><td>9</td><td>方铁</td><td>2</td><td>18</td><td>导柱</td><td>4</td></tr>
<tr><td>8</td><td>限位杆</td><td>4</td><td>17</td><td>方铁螺钉（长）</td><td>4</td></tr>
<tr><td>7</td><td>B板</td><td>1</td><td>16</td><td>方铁螺钉（短）</td><td>4</td></tr>
<tr><td>6</td><td>面板</td><td>1</td><td>15</td><td>定位销</td><td>1</td></tr>
<tr><td>5</td><td>前模螺钉</td><td>4</td><td>14</td><td>导套</td><td>4</td></tr>
<tr><td>4</td><td>定位圈</td><td>1</td><td>13</td><td>顶针板螺钉</td><td>4</td></tr>
<tr><td>3</td><td>唧嘴</td><td>1</td><td>12</td><td>顶针B板</td><td>1</td></tr>
<tr><td>2</td><td>定位圈螺钉</td><td>2</td><td>11</td><td>顶针A板</td><td>1</td></tr>
<tr><td>1</td><td>A板</td><td>1</td><td>10</td><td>底板</td><td>1</td></tr>
<tr><td>PC NO</td><td>PART NAME</td><td>QTY</td><td>PC NO</td><td>PART NAME</td><td>QTY</td></tr>
</table>

4.18 添加零件属性

01 在“描述性部件名”中选择“底板”并右击，在弹出的快捷菜单中选择“属性”命令，如图4-50所示。

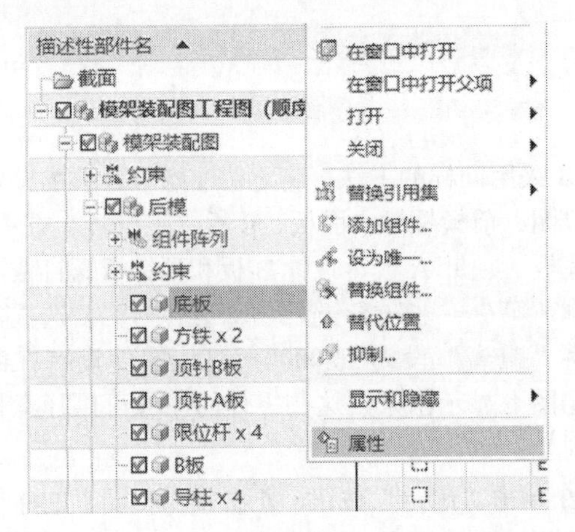

图4-50

02 在弹出的“组件属性”对话框中，将“交互方法”设为“传统”，“标题/别名”设为“材质”，“值”设为45#，如图4-51所示。

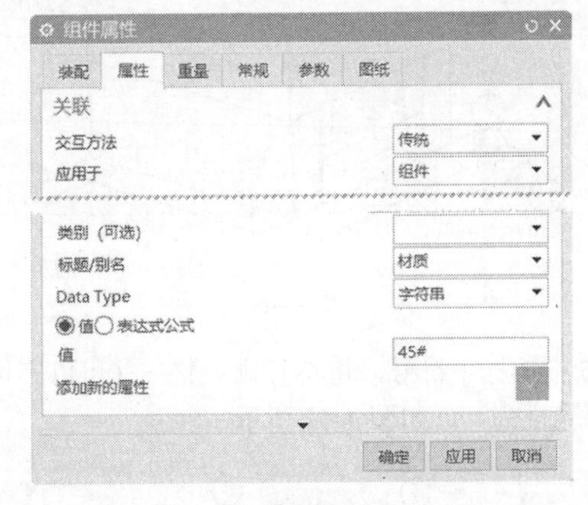

图4-51

03 采用相同的方法，按住Ctrl键选择面板、定位圈、顶针A板、顶针B板、方铁、限位杆等零件，将其材质设为45#；将A板、B板等零件的材质设为718；将导柱、导套等零件的材质设为SUJ2轴承钢；将唧嘴材质设为SKD61热作模具钢；将螺钉和定位销的材质设为40Cr。

4.19 修改明细表

01 在明细表中选择18所在的单元格并右击，在弹出的快捷菜单中选择“选择”|“列”命令。

02 再次选择18所在的单元格并右击，在弹出的快捷菜单中选择“调整大小”命令。

03 在动态框中输入列宽为15mm，所选择的列宽调整为15mm。

04 采用相同的方法，调整第二列的宽度为 30mm，第三列的宽度为 15mm，将所有行的行高调整为 8mm。

05 双击底部的英文字符，将 PC NO 设为“序号”，PART NAME 设为“零件名称”，QTY 设为“数量”。

06 选择明细表最右侧的单元格并右击，在弹出的快捷菜单中选择“选择”｜“列”命令。

07 再次选择该列并右击，在弹出的快捷菜单中选择“插入”｜“在右侧插入列”命令，在明细表的右侧添加一个空白列，如表 4-5 所示。

表 4-5　在明细表的右侧添加一个空白列

9	方铁	2		18	导柱	4	
8	限位杆	4		17	方铁螺钉（长）	4	
7	B 板	1		16	方铁螺钉（短）	4	
6	面板	1		15	定位销	1	
5	前模螺钉	4		14	导套	4	
4	定位圈	1		13	顶针板螺钉	4	
3	唧嘴	1		12	顶针 B 板	1	
2	定位圈螺钉	2		11	顶针 A 板	1	
1	A 板	1		10	底板	1	
序号	零件名称	数量		序号	零件名称	数量	

08 在明细表上选择右侧的空白列并右击，在弹出的快捷菜单中选择“选择”｜“列”命令。

09 再次选择该列并右击，在弹出的快捷菜单中选择“设置”命令，在弹出的“设置”对话框中选择“列”选项卡，单击“属性名称”栏后面的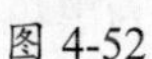按钮，如图 4-52 所示。

10 在弹出的“属性名称”对话框中选择“材质”选项，如图 4-53 所示。

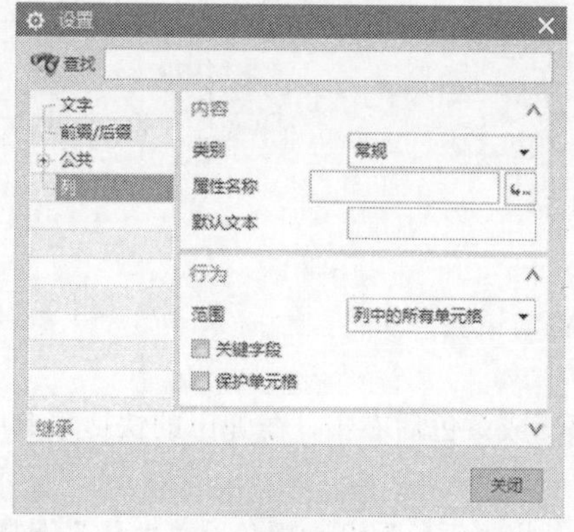

图 4-52

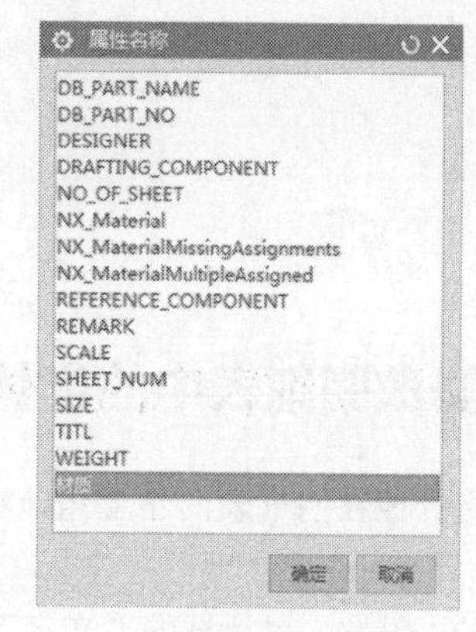

图 4-53

11 单击“确定”按钮，在明细表空白列中添加零件的材质，如表 4-6 所示。

如果此时表格中显示的不是文字，而是 ####，这是因为文字较大，适当减小文字的大小即可显示文字内容。

表 4-6　在明细表空白列中添加零件的材质

9	方铁	2	45#	18	导柱	4	SUJ2
8	限位杆	4	45#	17	方铁螺钉（长）	4	40Cr
7	B 板	1	718	16	方铁螺钉（短）	4	40Cr
6	面板	1	45#	15	定位销	1	40Cr
5	前模螺钉	4	40Cr	14	导套	4	SUJ2
4	定位圈	1	45#	13	顶针板螺钉	4	40Cr
3	唧嘴	1	SKD61	12	顶针 B 板	1	45#
2	定位圈螺钉	2	40Cr	11	顶针 A 板	1	45#
1	A 板	1	718	10	底板	1	45#
序号	零件名称	数量	材质	序号	零件名称	数量	材质

12 在部分计算机上，最右侧的列没有方框，可以按以下方法操作，使其显示方框。

① 选择最右侧的列并右击，在弹出的快捷菜单中选择“选择”｜“列”命令。

② 再次选择最右侧的列并右击，在弹出的快捷菜单中选择“设置”命令，在弹出的“设置”对话框中选中“单元格”选项，在“边界”栏中选择实体线，如图 4-54 所示，即可为右侧的列添加边框。

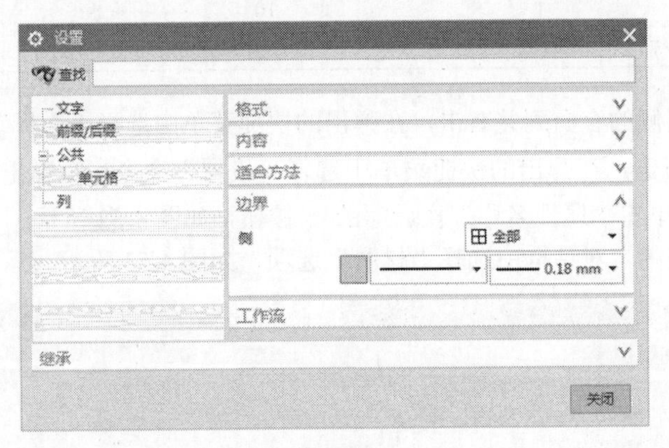

图 4-54

4.20　修改明细表中的字体与大小

01 将鼠标指针放在明细表的左上角，明细表全部变成黄色后右击，在弹出的快捷菜单中选择“单元格设置”命令。

02 在弹出的“设置”对话框的“文字”选项卡中，将“颜色”设为黑色，“字体”选择“黑体”，“高度”设为 5mm。

03 按 Enter 键，修改明细表中的文字字体和大小。

04 单击“保存”按钮，保存文档。

4.21　创建自定义工程图模板

01 单击“新建”按钮，在弹出的“新建”对话框中，将“单位”设为“毫米”，选择“模型”

模板，将“名称”设为 my_muban.prt，单击“确定”按钮进入建模环境。

02 在横向菜单中选择“应用模块”选项卡，并在工具栏中单击“制图”按钮，在弹出的“图纸页”对话框的“大小”栏中选中“定制尺寸”单选按钮，将“高度”设为 420.0000，“长度”设为 549.0000，“比例”设为 1:1，在“单位”栏中选中“毫米”单选按钮，在“投影”栏中单击“第一角投影”按钮，如图 4-55 所示。

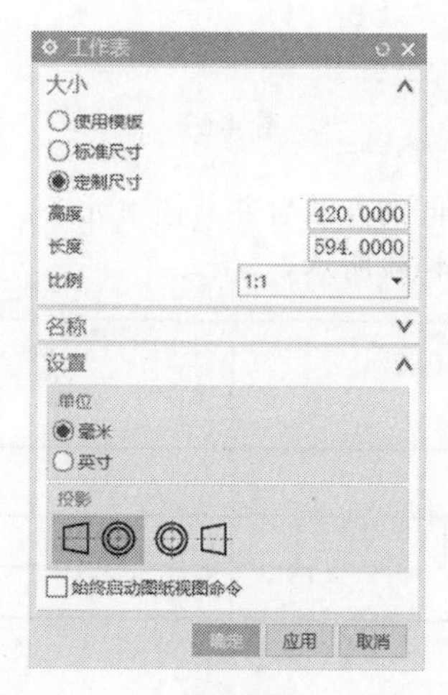

图 4-55

03 单击“确定”按钮进入制图环境。

04 执行“菜单”｜“首选项”｜“可视化”命令，在弹出的“可视化首选项”对话框中选择“颜色/字体”选项卡，把“背景”设为白色，如图 4-56 所示。

图 4-56

05 单击“确定”按钮将工作区的背景设为白色。

06 执行“菜单”｜“插入”｜“草图曲线”｜“矩形”命令，在弹出的“矩形”对话框中单击“按 2 点”及“坐标式”XY按钮，如图 4-57 所示。

图 4-57

07 输入第一点坐标（0 和 0），按 Enter 键后，再输入矩形的宽度和高度（594 和 420），如图 4-58 所示。

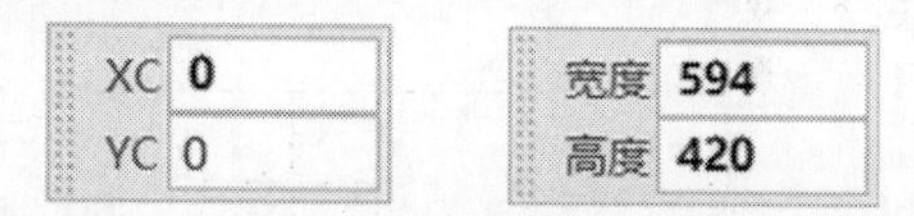

图 4-58

08 单击后再右击，在弹出的快捷菜单中选择“完成草图”命令，创建一个矩形，如果出现尺寸标注，可以直接按 Delete 键删除。

09 执行“菜单”｜“插入”｜“表”｜“表格注释”命令，在弹出的“表格注释”对话框中将“锚点”设为“右下”，“列数”设为 6，“行数”设为 5，“列宽”设为 20.0000，如图 4-59 所示。

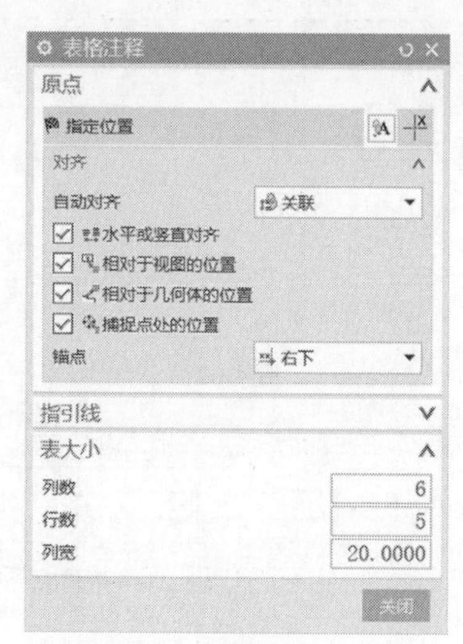

图 4-59

10 在工作区中单击图框的右下角，创建一个 6 列 5 行的表格，如图 4-60 所示。

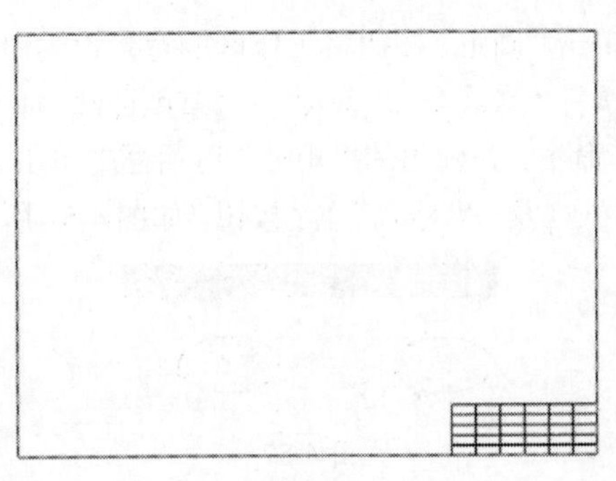

图 4-60

11 选择左上角的单元格并右击，在弹出的快捷菜单中选择“选择”|“列”命令，如图 4-61 所示。

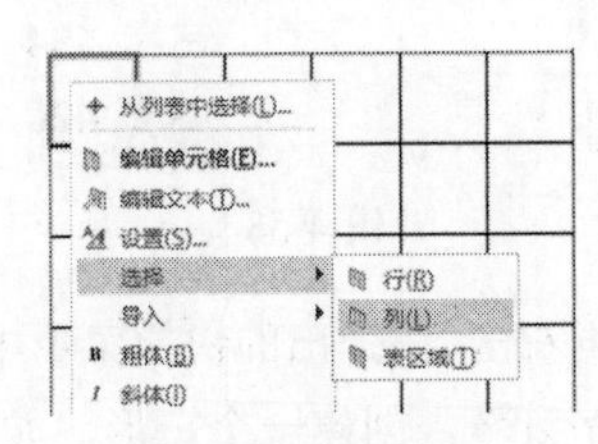

图 4-61

12 再次右击该列，在弹出的快捷菜单中选择“调整大小”命令，将“列宽”设为 10mm。

13 采用相同的方法，调整其他列宽和行高，如图 4-62 所示。

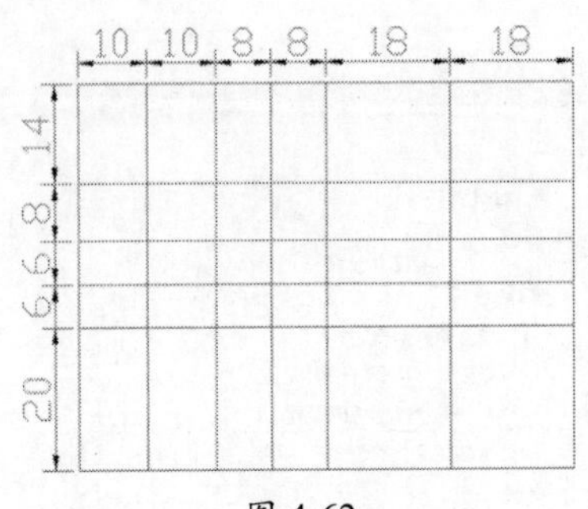

图 4-62

14 选择左下角的单元格，单击并向右移动至右下角的单元格，选择最下面一行。

15 右击并在弹出的快捷菜单中选择“合并单元格”命令，最下面一行的单元格合并为一个单元格，如图 4-63 所示。

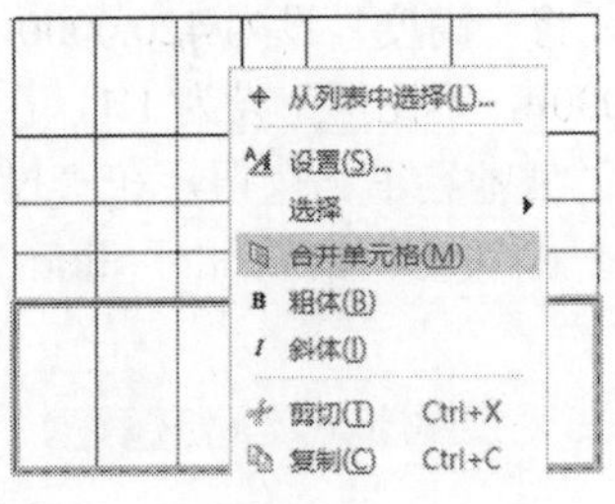

图 4-63

16 采用相同的方法合并其他单元格，合并后的效果如图 4-64 所示。

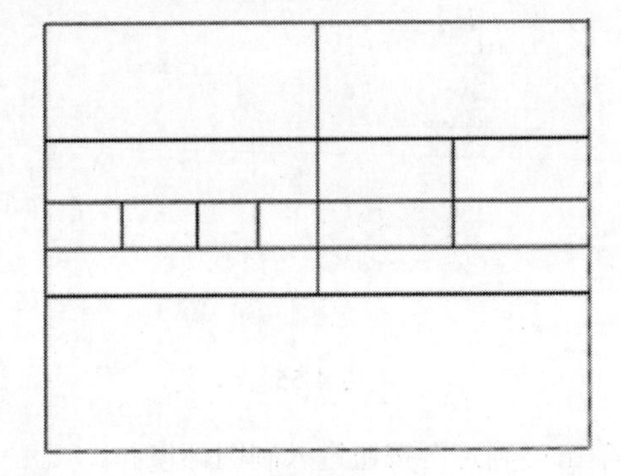

图 4-64

17 采用相同的方法，创建表格（二）（1 列 2 行）和表格（三）（5 列 9 行），如图 4-65 所示。

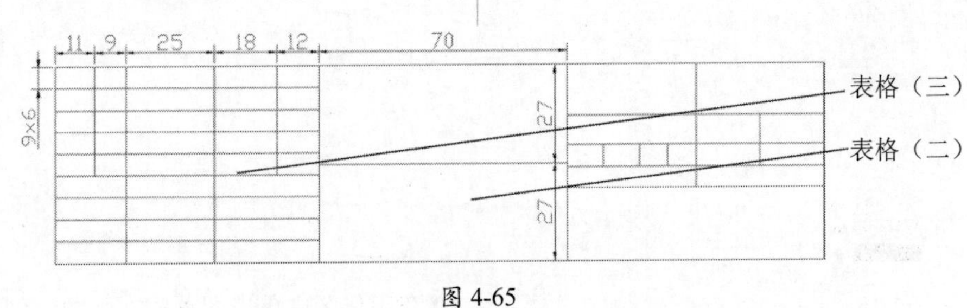

图 4-65

18 双击右下角的表格，在文本框中输入“金太阳有限公司”，如图 4-66 所示。

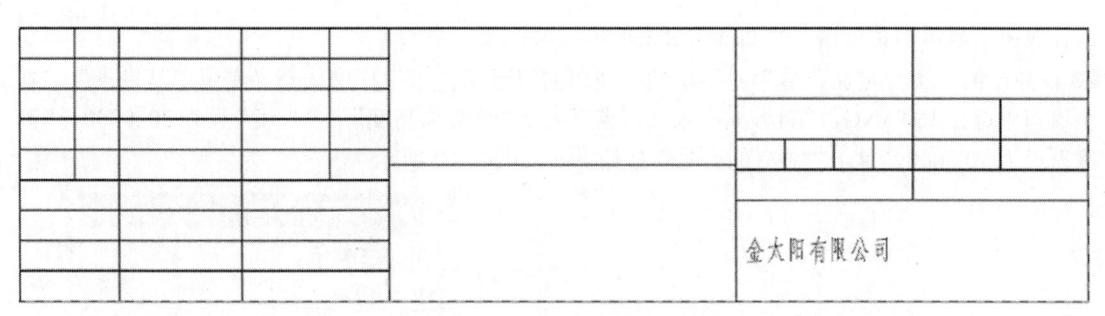

图 4-66

19 选择输入的文本并右击，在弹出的快捷菜单中选择“设置”命令，弹出“设置”对话框，选择“文字”选项卡，设置“颜色”为黑色，“字体”选择 SimHei，“高度”设为 6.0000，如图 4-67 所示，在“单元格”选项卡的“文本对齐”下拉列表中选择“中心”选项，如图 4-68 所示。

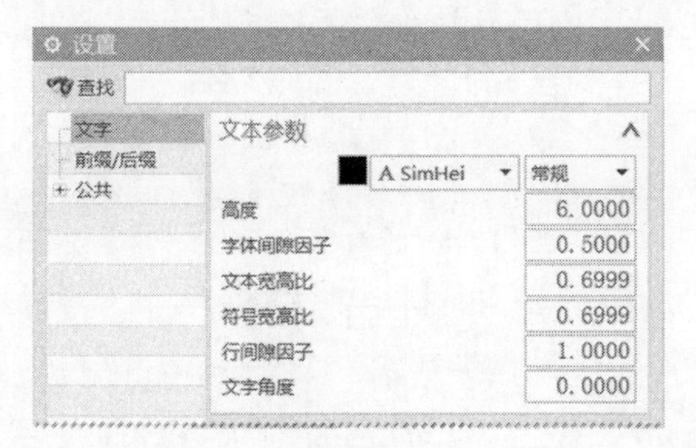

图 4-67

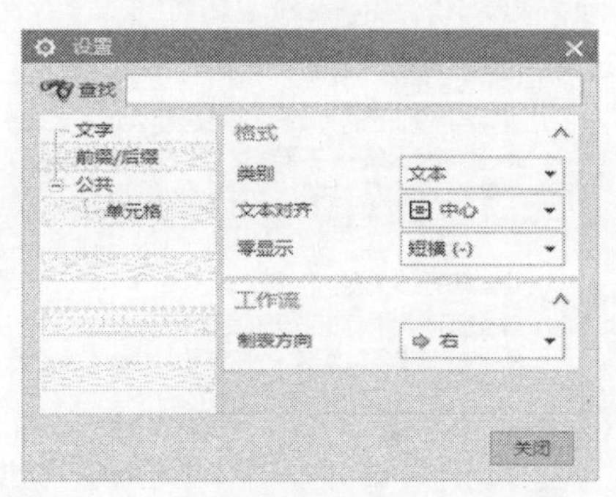

图 4-68

20 采用同样的方法，创建其他表格的文本，如图 4-69 所示。

提示：

如果单元格中的文字以#######表示，这是因为文字太高，将文本的高度调小即可正常显示。

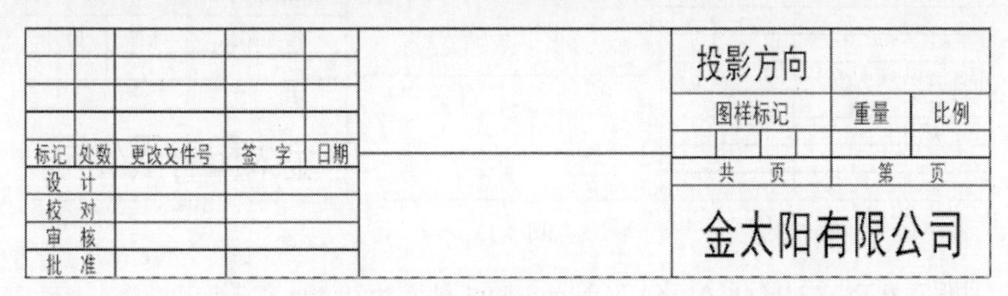

图 4-69

21 执行“菜单”|“插入”|“符号”|“用户定义”命令（如果在菜单中找不到“用户定义”命令，需要在横向菜单右侧的命令查找器中输入“用户定义”，如图 4-70 所示）。

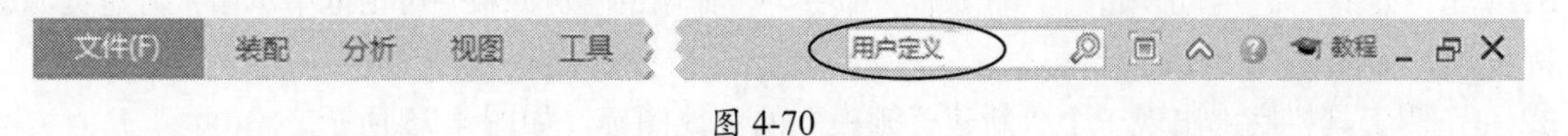

图 4-70

22 按 Enter 键确认，在弹出的“命令查找器”对话框中选择“用户定义符号”，如图 4-71 所示（有的计算机上显示的是英语名称 User Defined Symbol）。

23 在弹出的“用户定义符号”对话框的“使用的符号来自于”栏中选择“实用工具目录”，在小窗口中选择 1STANG，“符号大小定义依据”选择“长度和高度”，“长度”设为 20 .0000，“高度”设为 10.0000，单击“独立的符号”按钮，如图 4-72 所示。

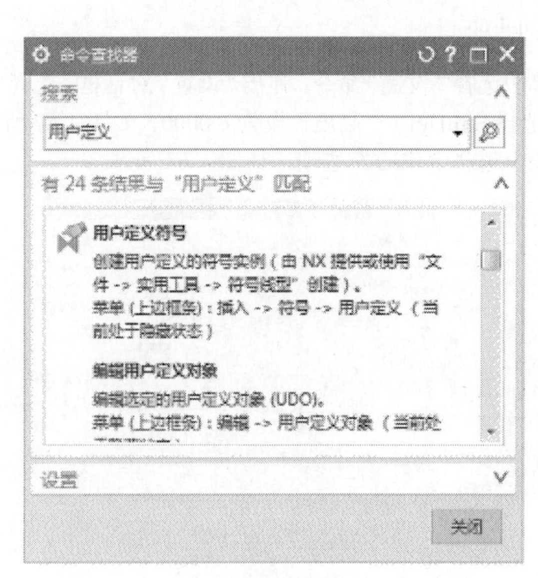

图 4-71

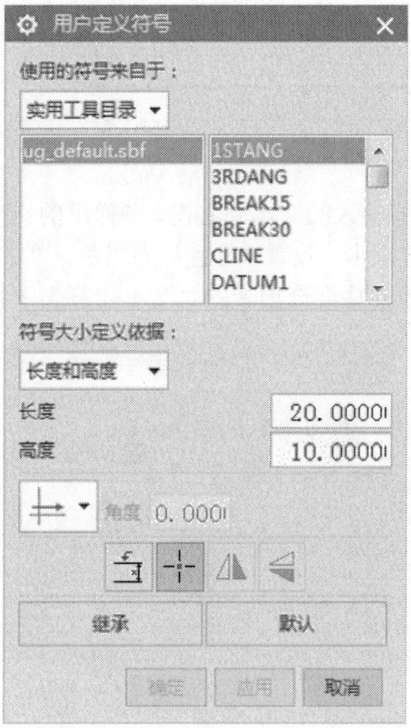

图 4-72

24 将投影符号放到右上角的单元格中，如图 4-73 所示。

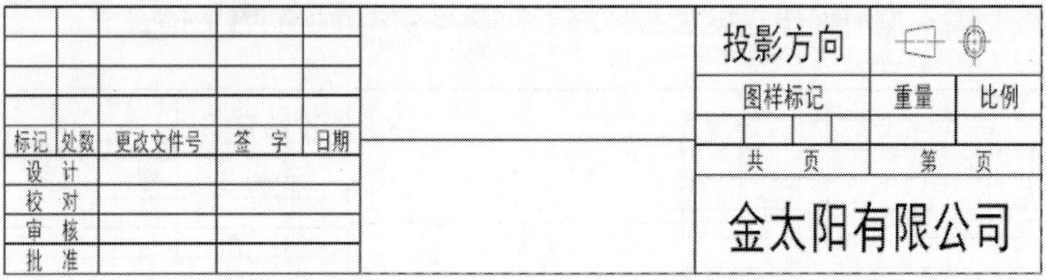

图 4-73

25 将文件保存到 \NX12.0\LOCALIZATION\prc\simpl_chinese\startup 文件夹中。

4.22 创建自定义模板的快捷方式

01 单击“菜单” | “首选项” | “资源板”命令，在弹出的“资源板”对话框中单击“新建资源板”按钮，如图 4-74 所示。

02 在左侧工具栏底部出现一个“新建资源板”的快捷图标，如图 4-75 所示。

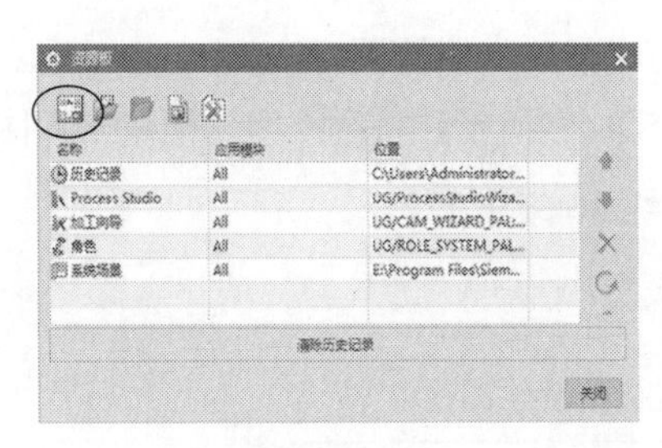

图 4-74

03 在屏幕左侧的空白处右击，在快捷菜单中选择“新建条目”|“图纸页模板”命令，如图 4-75 所示。

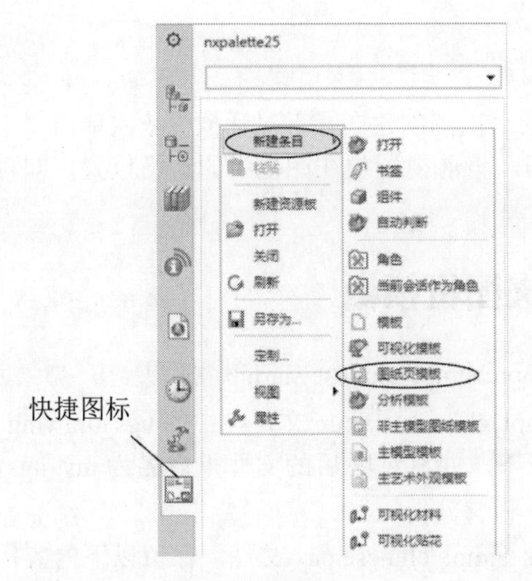

图 4-75

04 选择上一步创建的 my_muban.prt，该文件作为模板图标置于绘图区左侧，如图 4-76 所示。

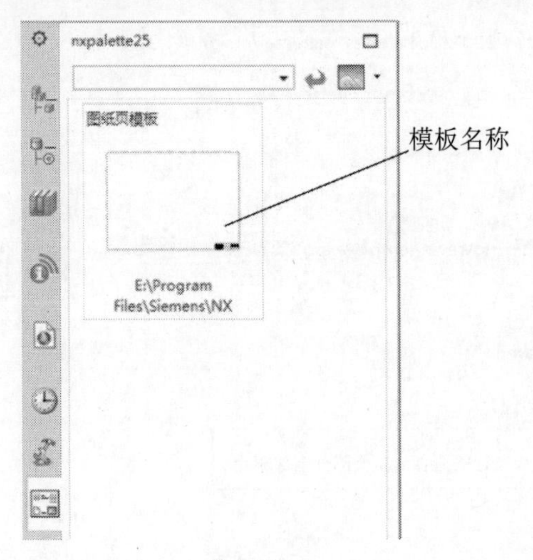

图 4-76

05 选择“文件”|“首选项”|“资源板”命令，在弹出的“资源板”对话框中选择刚才创建的资源板，再单击“属性”按钮，如图 4-77 所示。

图 4-77

06 在弹出的“资源板属性”对话框的“名称”栏中输入“金太阳有限公司”，如图 4-78 所示。

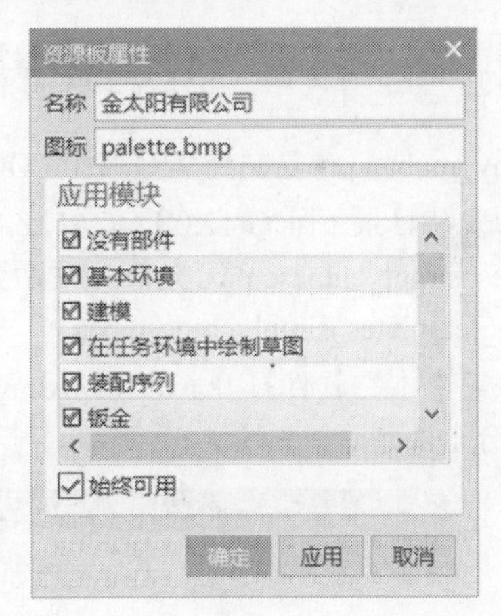

图 4-78

07 单击“确定”按钮，为置于屏幕左侧的快捷模板添加模板名称，如图 4-79 所示。

图 4-79

08 先打开“底座 .prt”实体图，并在屏幕左侧工具栏的底部单击快捷图标。

09 将屏幕左侧的工程图模板图标直接拖至绘图区，如图 4-80 所示，系统立即切换成工程图模式。

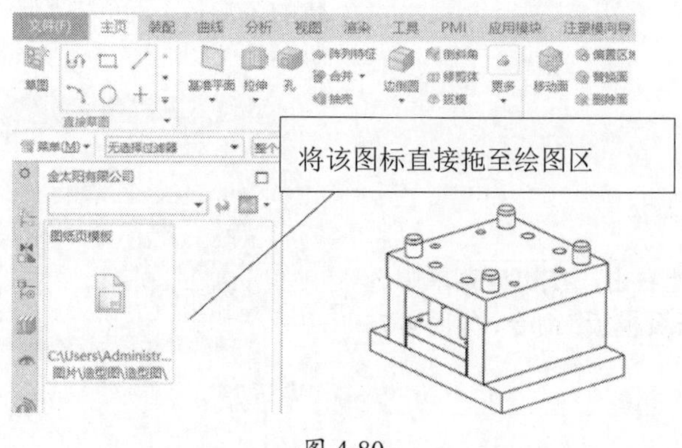

图 4-80

10 在工具栏中单击“视图创建向导”按钮，在弹出的“视图创建向导”对话框中依次单击“下一步”→“下一步”→“前视图”→“下一步”按钮，将前视图放在图框中的适当位置，即可开始创建工程图。

4.23 在“新建”对话框中加载自定义图框模板

01 将 my_muban.prt 复制到 \UG 12.0\LOCALIZATION\prc\simpl_chinese\startup 文件夹。

02 复制安装目录下 \UG 12.0\LOCALIZATION\prc\simpl_chinese\startup 文件夹中的 ugs_drawing_templates_simpl_chinese.pax 文件，粘贴到同一个目录下，并将粘贴后的文件重命名为 my_ugs_drawing_templates_simpl_chinese.pax。

03 用“记事本”软件打开 my_ ugs_drawing_templates_simpl_chinese.pax 文件，保留以下内容，其余部分全部删除，如图 4-81 所示。

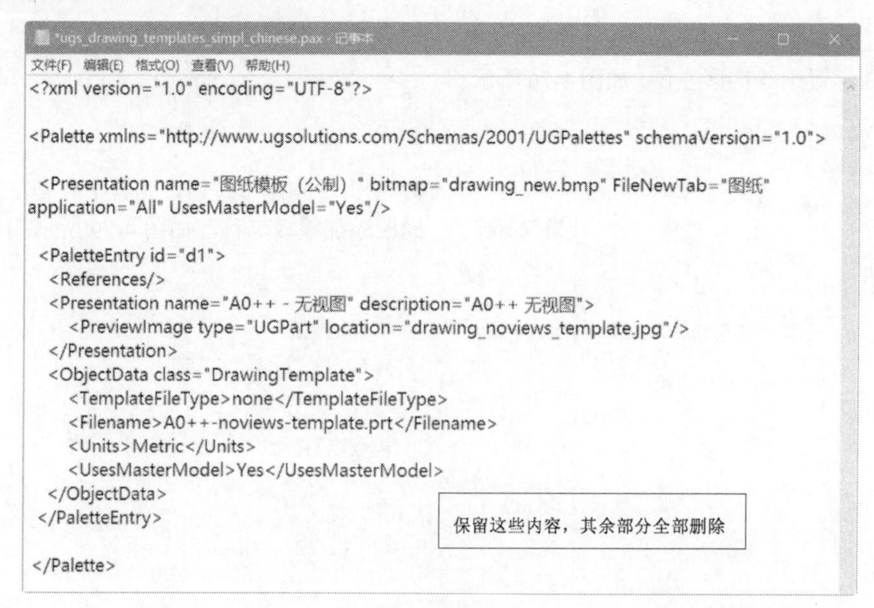
*ugs_drawing_templates_simpl_chinese.pax - 记事本

文件(F) 编辑(E) 格式(O) 查看(V) 帮助(H)

```
<?xml version="1.0" encoding="UTF-8"?>

<Palette xmlns="http://www.ugsolutions.com/Schemas/2001/UGPalettes" schemaVersion="1.0">

  <Presentation name="图纸模板（公制）" bitmap="drawing_new.bmp" FileNewTab="图纸"
application="All" UsesMasterModel="Yes"/>

  <PaletteEntry id="d1">
    <References/>
    <Presentation name="A0++ - 无视图" description="A0++ 无视图">
      <PreviewImage type="UGPart" location="drawing_noviews_template.jpg"/>
    </Presentation>
    <ObjectData class="DrawingTemplate">
      <TemplateFileType>none</TemplateFileType>
      <Filename>A0++-noviews-template.prt</Filename>
      <Units>Metric</Units>
      <UsesMasterModel>Yes</UsesMasterModel>
    </ObjectData>
  </PaletteEntry>

</Palette>
```


图 4-81

04 修改文本中标示的部分内容，如图 4-82 所示。

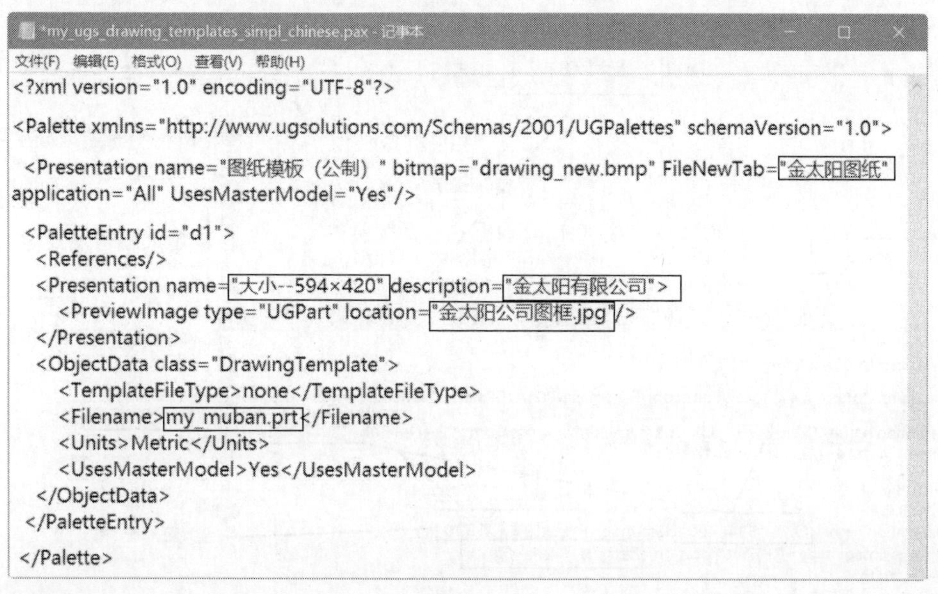

图 4-82

05 保存并退出，注意保存后的扩展名是 .pax。

06 用 Windows 自带的“画图”软件打开 drawing_noviews_template.jpg 文件，在图片中添加一行文本“金太阳有限公司”，如图 4-83 所示。

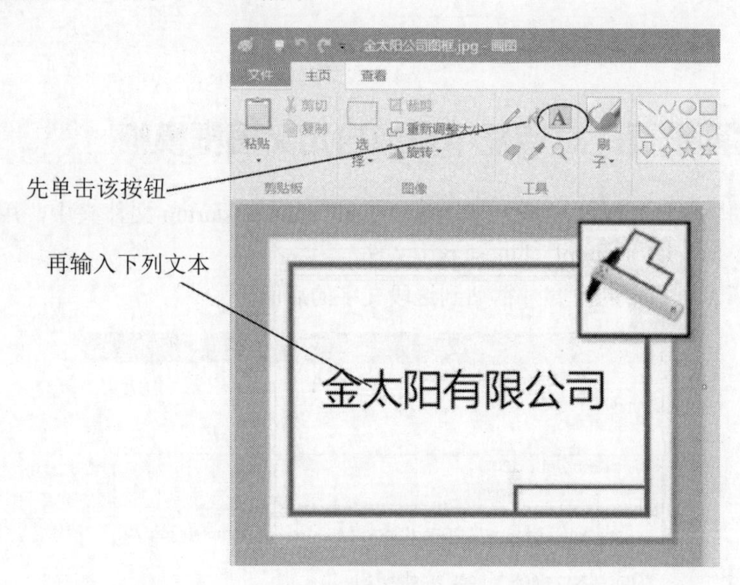

图 4-83

07 将该图片文件另存为“金太阳公司图框 .jpg”。

08 重新启动 UG 软件并单击“新建”按钮，在弹出的“新建”对话框中出现“金太阳图纸”选项卡，该选项卡与 my_ugs_drawing_templates_simpl_chinese.pax 文件的对应关系如图 4-84 所示。

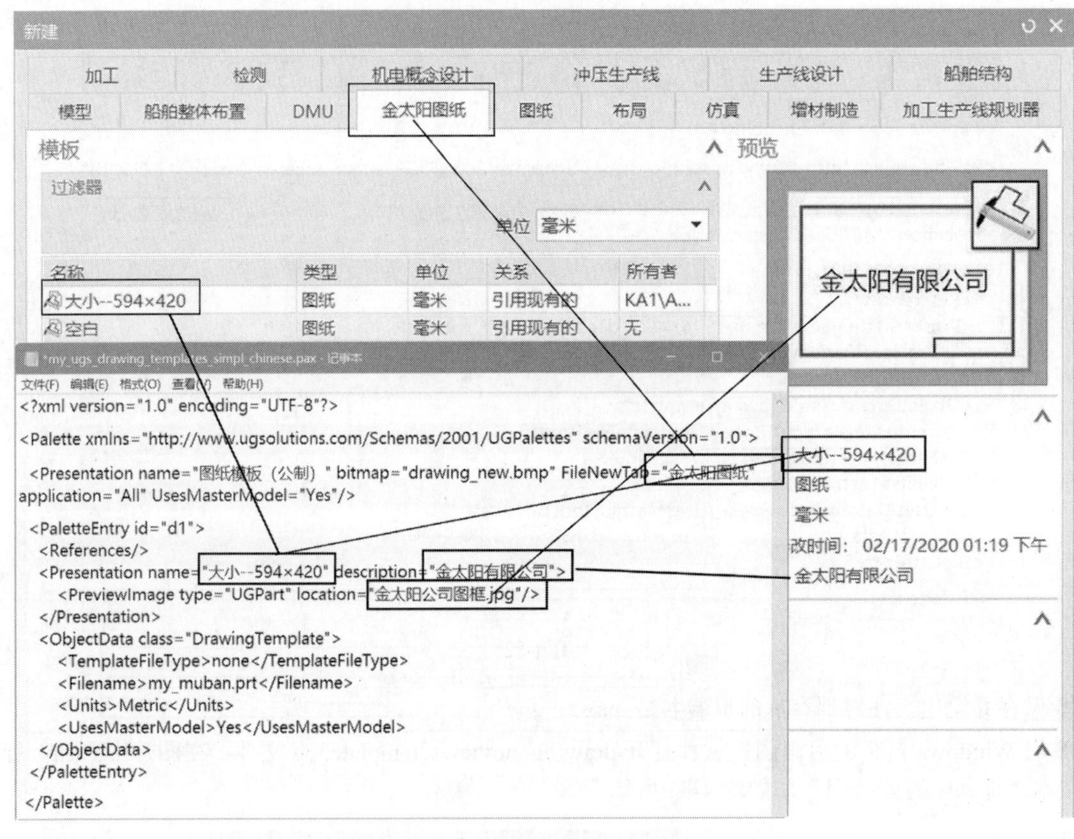

图 4-84

4.24 在“图纸页”对话框中增加自定义图框模板

01 在安装目录的 \NX12.0\LOCALIZATION\prc\simpl_chinese\startup 文件夹中，用“记事本”软件打开 ugs_sheet_templates_simpl_chinese.pax 文件。

02 复制图 4-85 所示方框中的内容，粘贴到这段文字的后面。

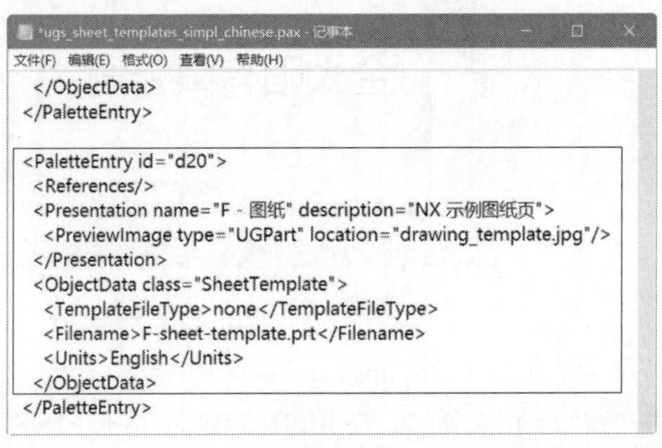

图 4-85

03 对复制并粘贴后的内容做如下修改（注意字母的大小写），如图 4-86 所示。

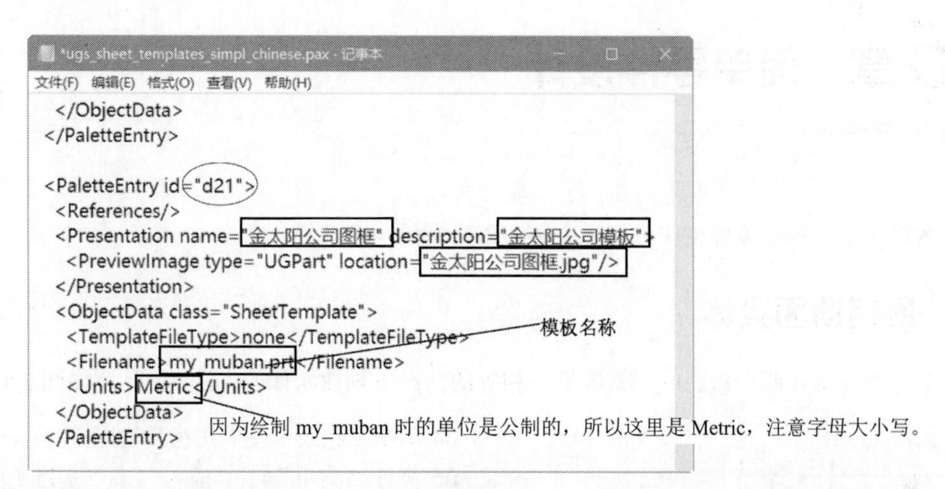

图 4-86

04 单击“保存”按钮保存该文件。

05 重新启动 NX12.0，打开“后模 .prt”文件，在横向菜单中选择“应用模块”选项卡，单击“制图”按钮，再单击“新建图纸页”按钮。

06 在“工作表”对话框选中“使用模板”单选按钮，出现“金太阳公司图框”选项，如图 4-87 所示。

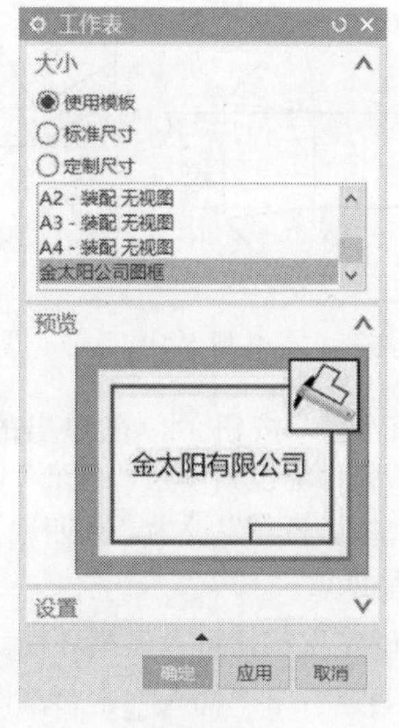

图 4-87

第 5 章　简单零件设计

本章以 6 个简单的零件制作为例，介绍 UG 建模的一般过程。

5.1 网格曲面实体

本节详细介绍在两个截面中图素数量不相等的情况下创建实体的方法，产品图如图 5-1 所示。

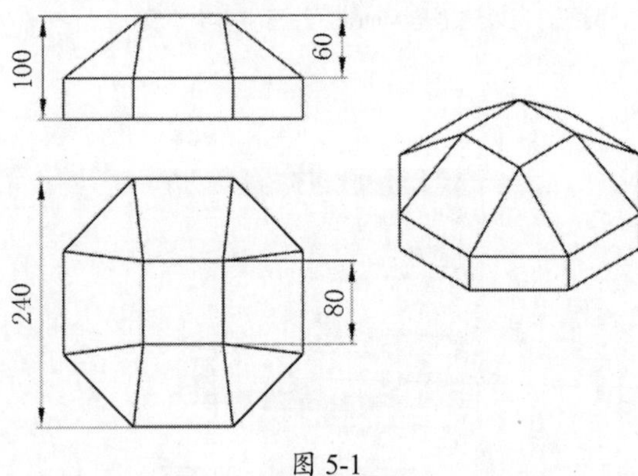

图 5-1

01 单击“新建”按钮，在弹出的“新建”对话框中，将“单位”设为“毫米”，选择“模型”模板，将“名称”设为“天四地八”，“文件夹”设为 D:\。

02 单击“确定”按钮进入建模环境。

03 执行“菜单”｜“插入”｜“草图”命令，选择 XC—YC 平面为草绘平面，X 轴作为水平参考，以原点为中心绘制一个正方形截面（80mm×80mm），如图 5-2 所示。

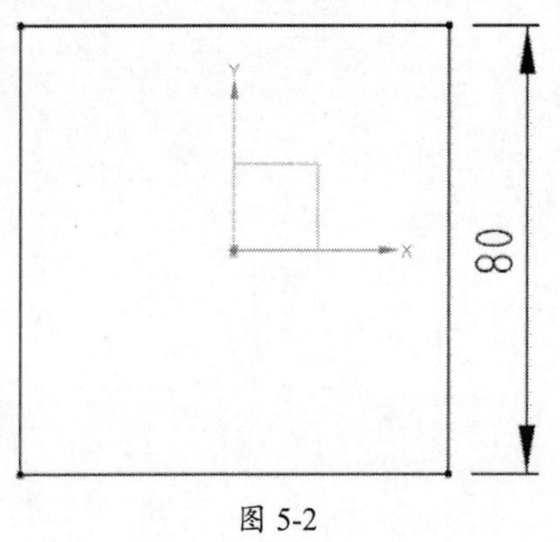

图 5-2

04 单击“完成草图”按钮创建截面（一）。

05 执行“菜单”｜“插入”｜“基准 / 点”｜“基准平面”命令，在弹出的“基准平面”对话框的“类型”下拉列表中选择“按某一距离”选项，将“距离”设为 60mm，如图 5-3 所示。

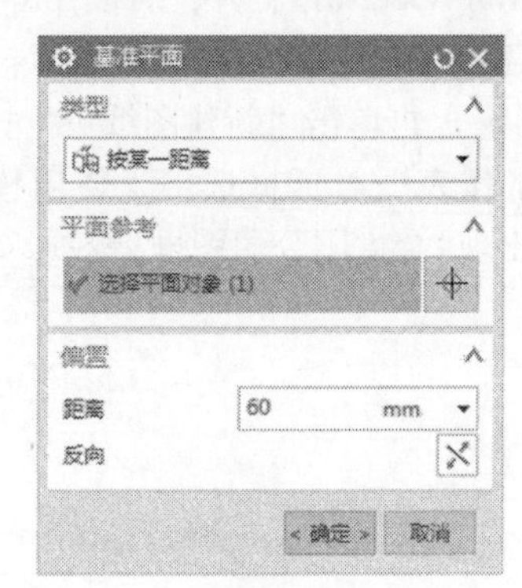

图 5-3

06 选择 XC—YC 平面作为参考平面，单击“反向”按钮，使基准平面在 ZC 的负方向，如图 5-4 所示。

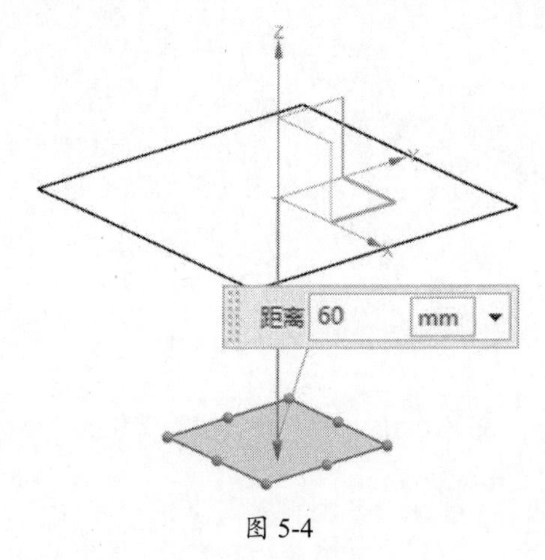

图 5-4

07 执行“菜单”|“插入”|“草图”命令，选择上一步创建的基准平面为草绘平面，X 轴为水平参考，单击“确定”按钮进入草绘模式。

08 执行“菜单”|“插入”|“草图曲线”|“多边形”命令，在弹出的“多边形”对话框中将“边数”设为 8，“大小”设为“内切圆半径”，“半径”设为 120mm 并按 Enter 键，自动选中“半径”复选框，在“旋转”文本框中输入 0deg 并按 Enter 键，自动选中“旋转”复选框，如图 5-5 所示。

图 5-5

09 在“多边形”对话框中单击“中心点”栏中的“指定点”按钮，在弹出的“点”对话框中输入（0,0,0），单击 2 次“确定”按钮，创建一个正八边形截面，如图 5-6 所示。

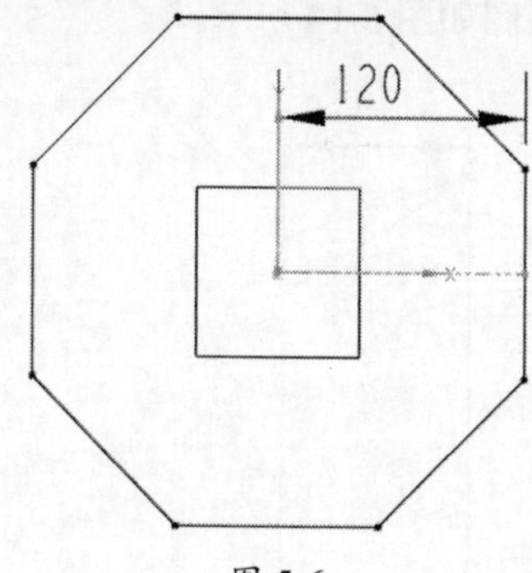

图 5-6

10 执行“菜单”|“插入”|“网格曲面”|“通过曲线组”命令，在工作区上方的工具栏中单击“相连曲线”按钮，如图 5-7 所示。

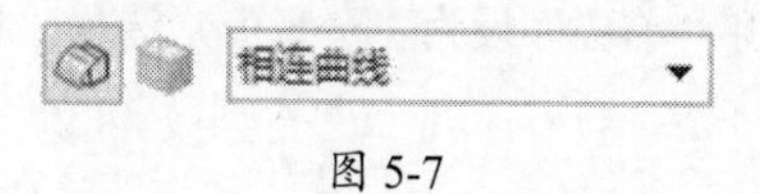

图 5-7

11 先选择正方形并在弹出的“通过曲线组”对话框中单击“添加新集”按钮，然后选择正八边形（注意：两个箭头的位置应一致），创建一个暂时曲面，如图 5-8 所示。

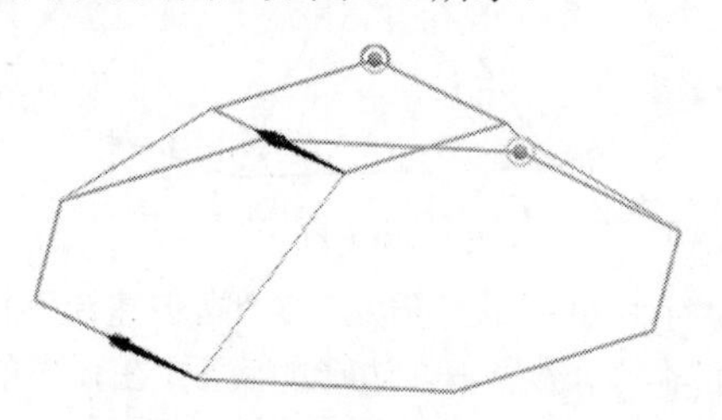

图 5-8

12 在弹出的“通过曲线组”对话框中选中“保留形状”复选框并将“对齐”设为“根据点”，如图 5-9 所示。

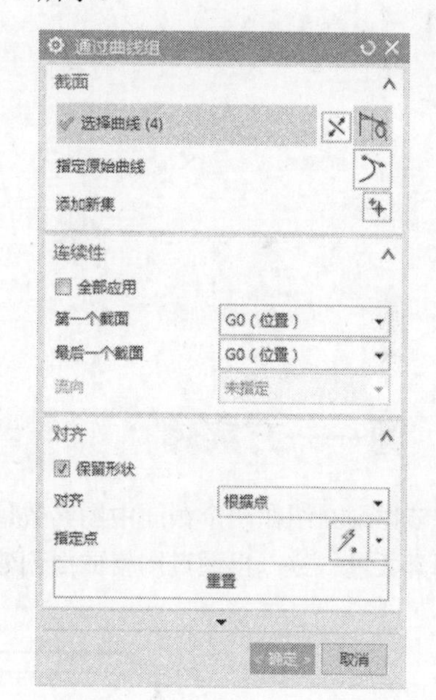

图 5-9

13 将正四边形边线中点位置的控制点拖至 4 个角位处，如图 5-10 所示。

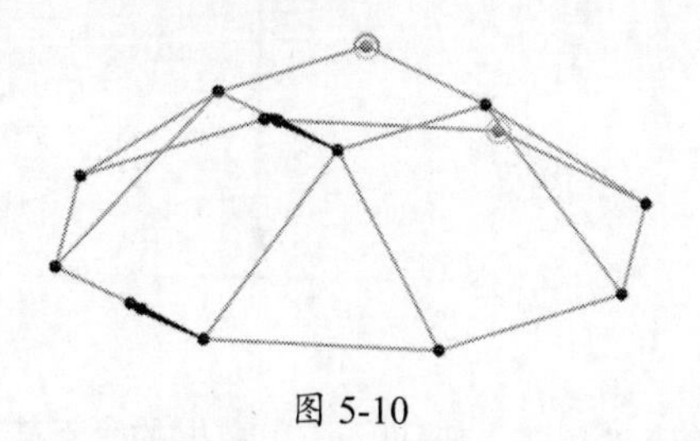

图 5-10

14 单击“确定”按钮创建曲线网格实体，如图 5-11 所示。

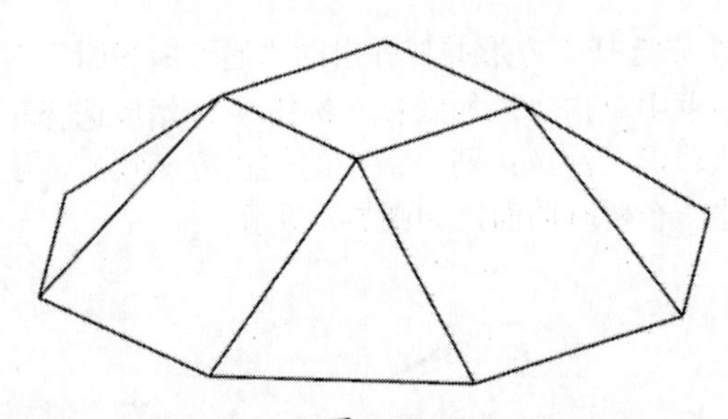

图 5-11

15 执行"菜单"|"插入"|"同步建模"|"拉出面"命令，选择正八边形的底面，在弹出的"拉出面"对话框中将"运动"设为"距离"，"距离"设为40mm，如图 5-12 所示。

图 5-12

16 单击"确定"按钮创建拉出面实体，如图 5-13 所示。

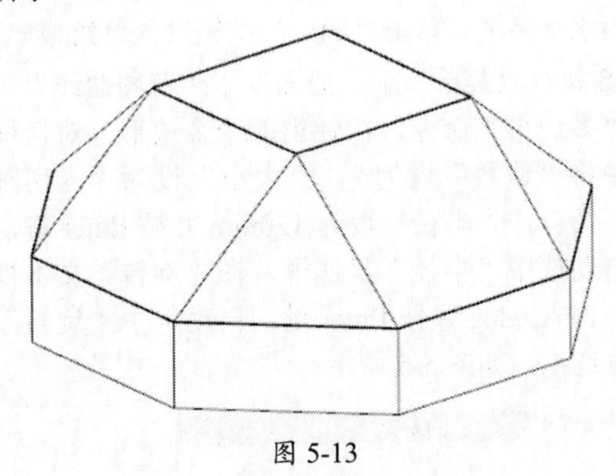

图 5-13

17 单击"保存"按钮保存文档。

5.2 圆——方实体

本节详细介绍在两个截面中图素数量不相等的情况下，打断其中一个截面的图素，使两个截面的图素数量一致，再通过网格曲面创建实体的方法，产品图如图 5-14 所示。

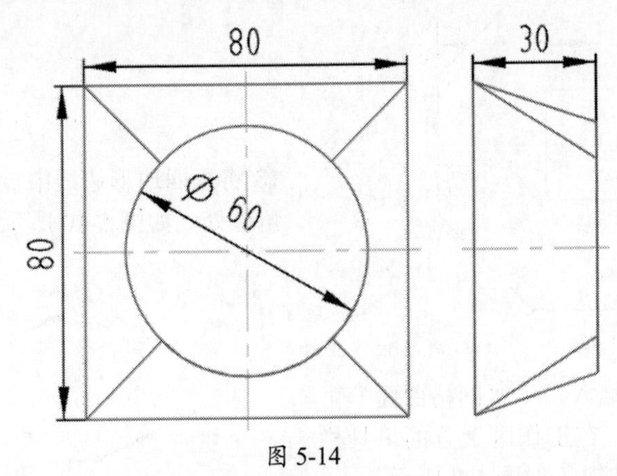

图 5-14

01 单击"新建"按钮，在弹出的"新建"对话框中，将"单位"设为"毫米"，选择"模型"模板，将"名称"设为"天圆地方"，"文件夹"设为D:\。

02 单击“确定”按钮进入建模环境。

03 执行“菜单”|“插入”|“草图”命令，选择 XC—YC 平面作为草绘平面，X 轴作为水平参考，以原点为中心绘制一个正方形截面（80mm×80mm），如图 5-2 所示。

04 单击“完成草图”按钮创建截面（一）。

05 执行“菜单”|“插入”|“基准 / 点”|“基准平面”命令，在弹出的“基准平面”对话框中将“类型”设为“按某一距离”，选择 XC—YC 平面，单击“反向”按钮，使基准平面在 ZC 的正方向，在“基准平面”对话框中将“距离”设为 30mm。

06 单击“确定”按钮创建基准平面，如图 5-15 所示。

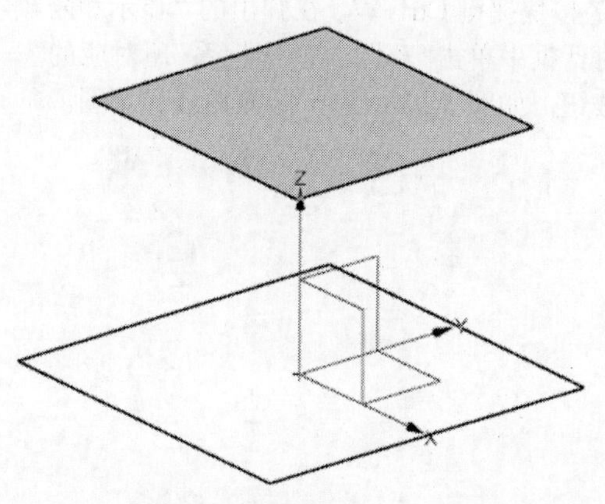

图 5-15

07 执行“菜单”|“插入”|“草图”命令，选择刚才创建的基准平面作为草绘平面，X 轴作为水平参考，以原点为中心绘制一个圆形截面（ϕ60mm），如图 5-16 所示。

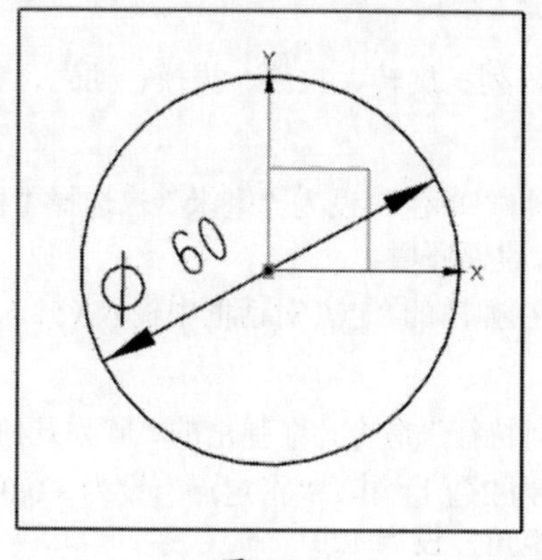

图 5-16

08 执行“菜单”|“插入”|“草图曲线”|“直线”命令，经过矩形的顶点绘制两条直线，如图 5-17 所示。

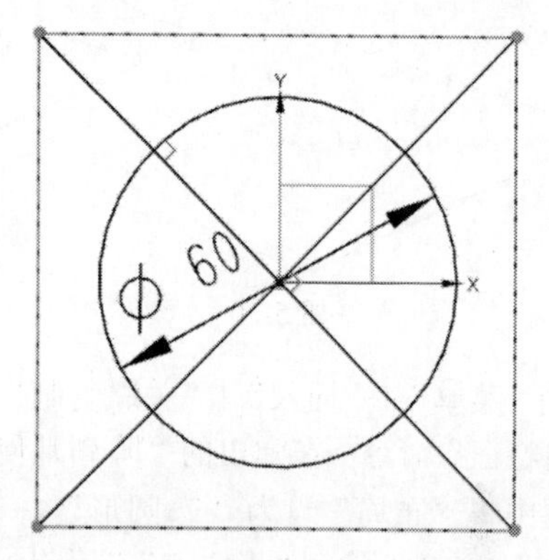

图 5-17

09 先选择两条直线并右击，在弹出的快捷菜单中选择“转化为参考”命令，将两条直线转化为参考线，如图 5-18 所示。

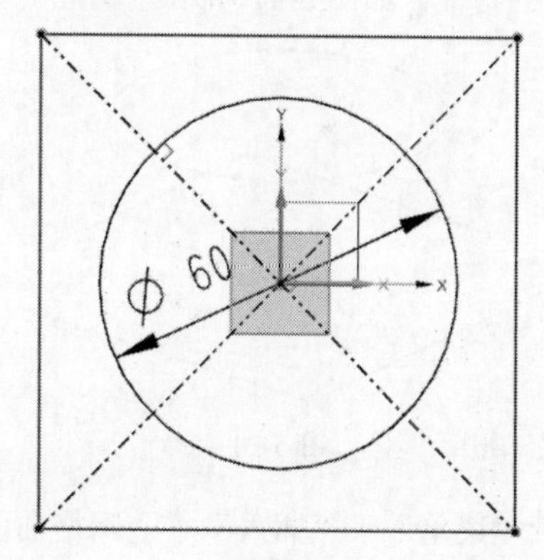

图 5-18

10 执行“菜单”|“编辑”|“草图曲线”|“快速修剪”命令，修剪圆形截面，如图 5-19 所示。

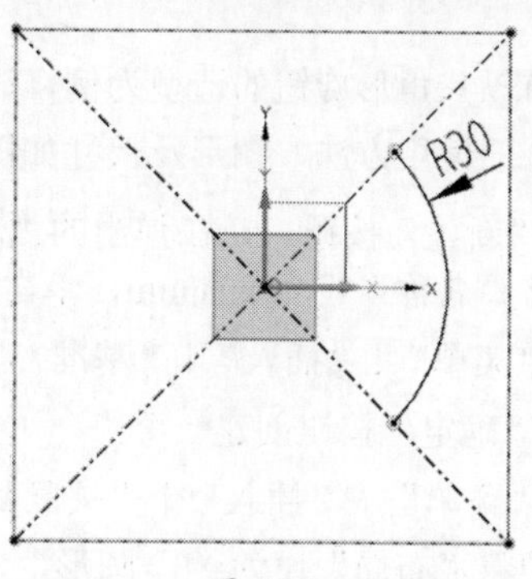

图 5-19

11 单击“完成草图”按钮创建截面（二），如图 5-20 所示。

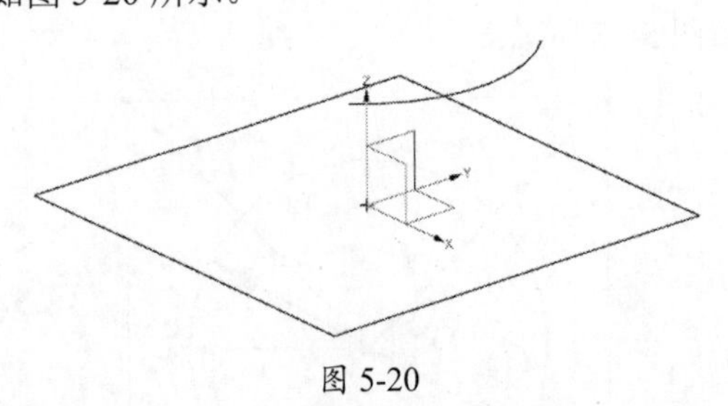

图 5-20

12 执行“菜单”|“插入”|“关联复制”|“阵列几何特征”命令，在弹出的“阵列几何特征”对话框中将“布局”设为“圆形”，“指定矢量”设为 ZC ↑，“指定点”设为（0,0,0），“间距”设为“数量和间隔”，“数量”设为 4，“节距角”设为 90°。

13 只选择图 5-20 中的圆弧，单击“确定”按钮，创建阵列特征，如图 5-21 所示。

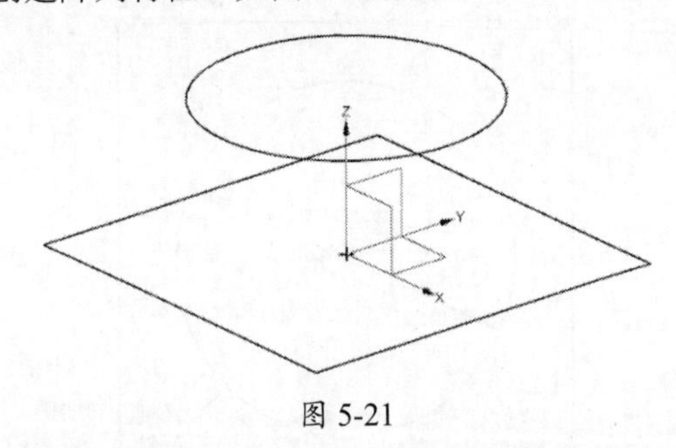

图 5-21

14 执行“菜单”|“插入”|“网格曲面”|“通过曲线组”命令，在工作区上方的工具栏中单击“相连曲线”按钮。

15 先选择圆形截面，在弹出的“通过曲线组”对话框中单击“添加新集”按钮，然后选择正方形截面（两个箭头应一致）。

16 单击“确定”按钮创建曲线网格实体，如图 5-22 所示。

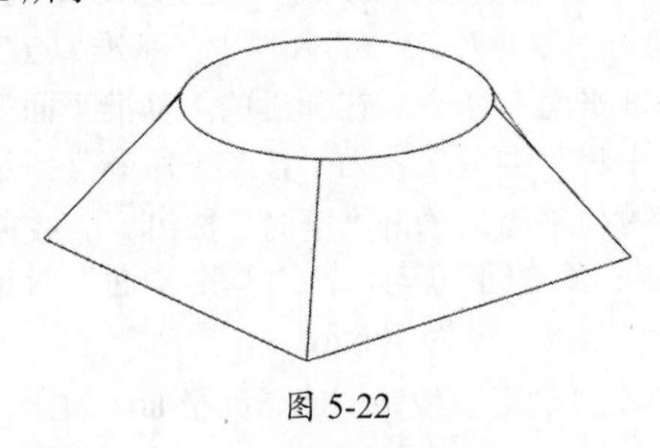

图 5-22

17 按快捷键 Ctrl+W，在弹出的“显示和隐藏”对话框中单击“草图”和“坐标系”所对应的“－”按钮，如图 5-23 所示，隐藏曲线和草图。

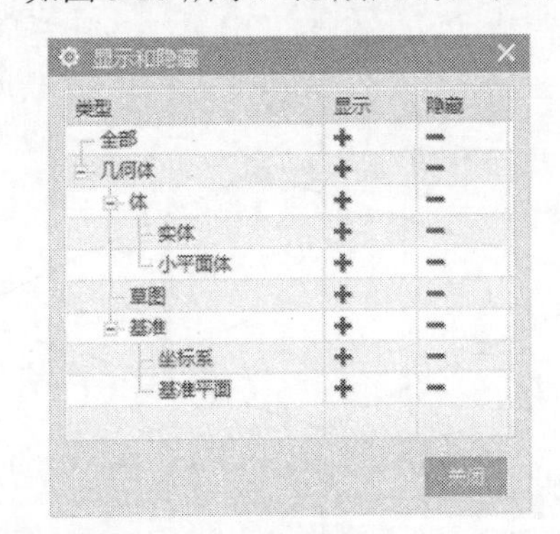

图 5-23

18 单击“保存”按钮保存文档。

5.3 三角形旋钮

本节以三角形旋钮的造型为例，详细介绍基准点、阵列、旋转、拉伸、拔模、抽壳、参考曲线等命令的使用方法，图形及尺寸如图 5-24 所示。

01 单击“新建”按钮，在弹出的“新建”对话框中，将“单位”设为“毫米”，选择“模型”模板，将“名称”设为 xuanniu，单击“确定”按钮进入建模环境。

02 执行“菜单”|“插入”|“基准/点”|“点”命令，在弹出的“点”对话框中输入（52.5,0,0）。

03 单击“确定”按钮创建一个点。

04 执行“菜单”|“插入”|“关联复制”|“阵列几何特征”命令，在弹出的“阵列几何特征”对话框中将“布局”设为“圆形”，“指定矢量”设为 ZC ↑，“指定点”设为（0,0,0），“间距”设为“数量和间隔”，“数量”设为 3，“节距角”设为 120°。

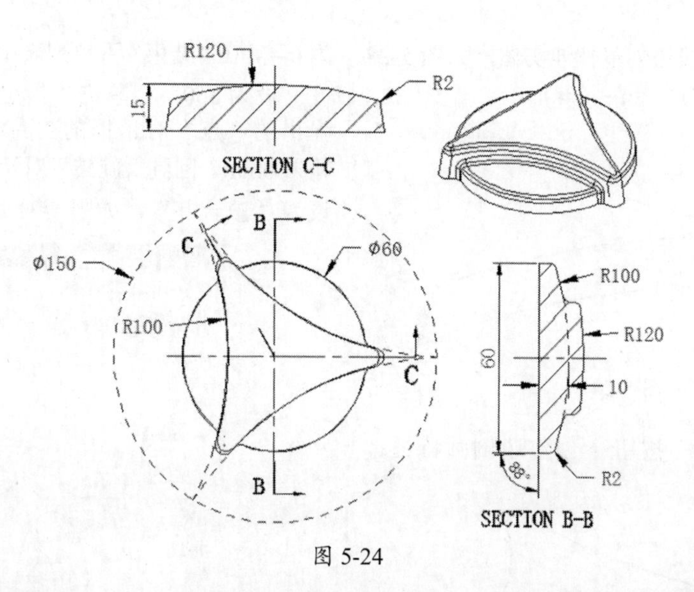

图 5-24

05 选择上一步创建的点，单击“确定”按钮共创建 3 个点，如图 5-25 所示。

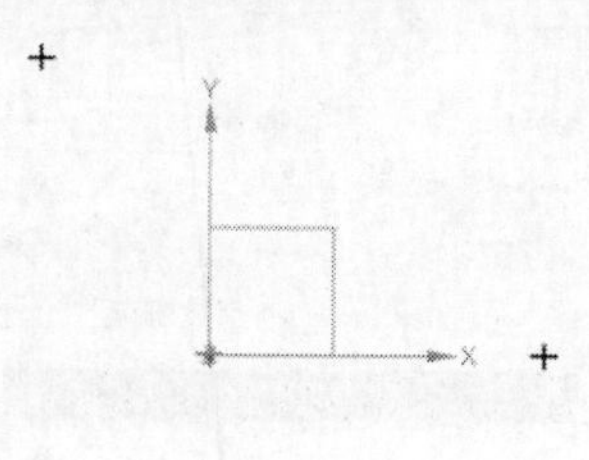

图 5-25

06 单击“拉伸”按钮，在弹出的“拉伸”对话框中单击“绘制截面”按钮，选择 XC—YC 平面为草绘平面，X 轴作为水平参考，以上述 3 个点为端点绘制 3 条圆弧曲线（R100mm），如图 5-26 所示。

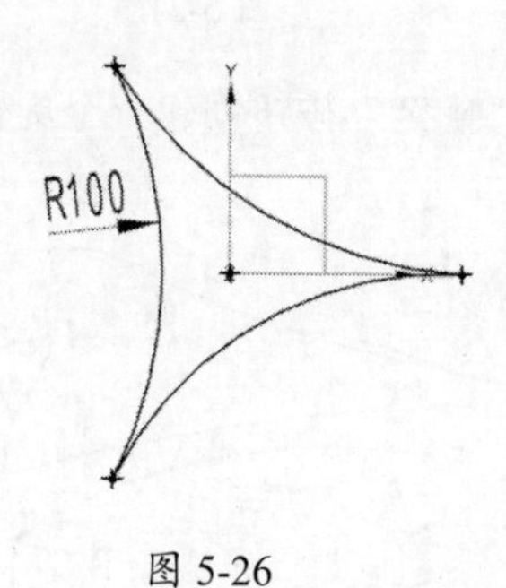

图 5-26

07 在空白处右击，在弹出的快捷菜单中选择“完成草图”命令，在弹出的“拉伸”对话框中将“指定矢量”设为 ZC ↑，在“开始”下拉列表中选择“值”选项，“距离”设为 0mm。在“结束”下拉列表中选择“值”，“距离”设为 12mm，“布尔”设为“无”，把“拔模”设为“从起始限制”，“角度”设为 2°，如图 5-27 所示。

图 5-27

08 单击“确定”按钮创建拉伸实体，如图 5-28 所示。

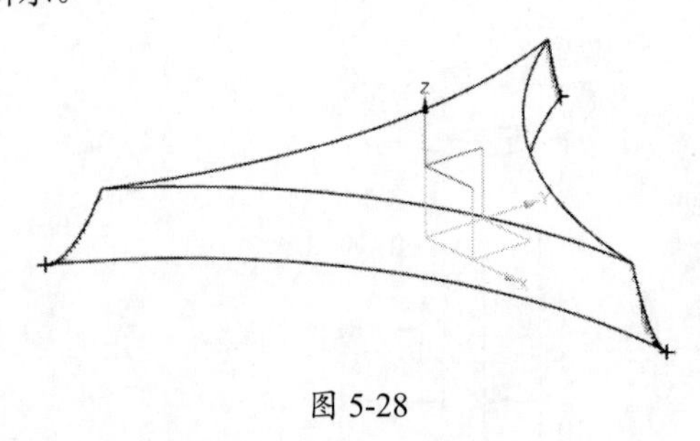

图 5-28

09 单击“边倒圆”按钮创建边倒圆特征，如图 5-29 所示。

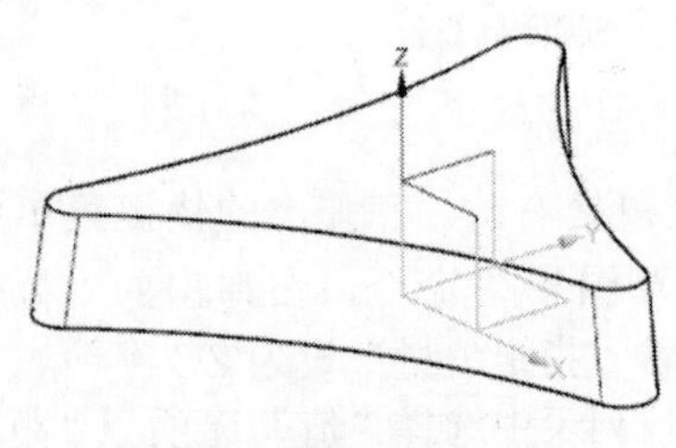

图 5-29

10 执行“菜单”|“插入”|“设计特征”|“旋转”命令，在弹出的“旋转”对话框中单击“绘制截面”按钮，选择 XC—ZC 平面为草绘平面，X 轴为水平参考，绘制一个截面，其中圆弧的圆心在 Y 轴上，如图 5-30 所示。

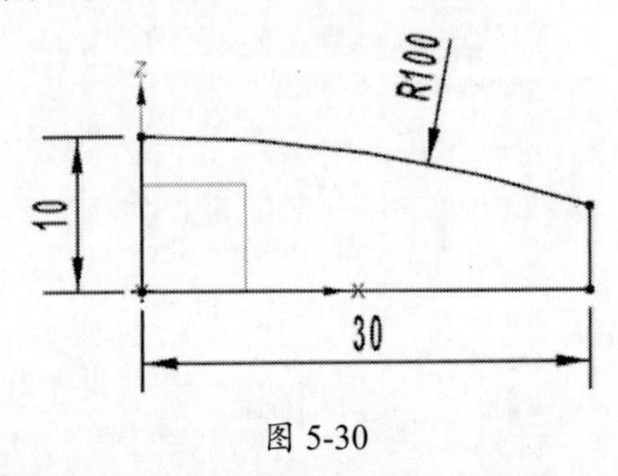

图 5-30

提示：

如果视图的方向与图不符，可以在“拉伸”对话框的“指定矢量”栏中单击“反向”按钮，使 XC—ZC平面的法向指向Y轴的负方向，这样可以改变视图方向，本书下同。

11 单击“完成草图”按钮，在弹出的“旋转”对话框中将“指定矢量”设为 ZC ↑，在“开始”下拉列表中选择“值”选项，“角度”设为 0°，在“结束”下拉列表中选择“值”，“角度”设为 360°。单击“指定点”按钮，在弹出的“点”对话框的 X、Y、Z 文本框中均输入 0mm，回到“旋转”对话框中，将“布尔”设为“合并”，如图 5-31 所示。

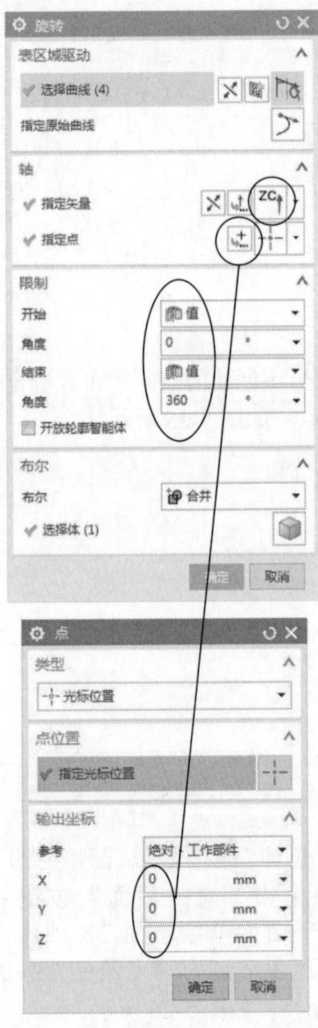

图 5-31

12 单击“确定”按钮创建一个旋转实体，如图 5-32 所示。

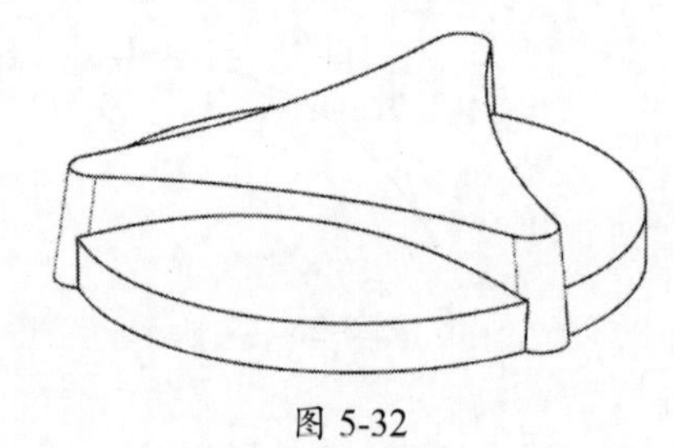

图 5-32

13 执行“菜单”|“插入”|“细节特征”|“拔模”命令，在弹出的“拔模”对话框中将“类型”设为“面”，“脱模方向”设为 ZC↑。在“拔模方法”栏中选择“固定面”，把实体底面设为“固定面”，侧面设为“要拔模的面”，“角度 1”设为 5°，如图 5-33 所示。

图 5-33

14 单击“确定”按钮，旋转体的侧面创建斜面，切换为前视图，如图 5-34 所示。

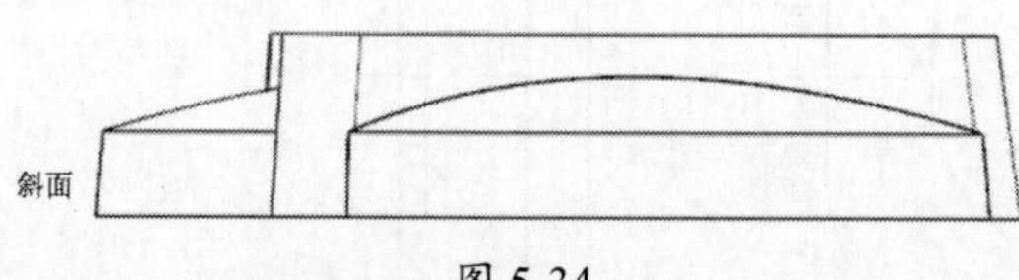

图 5-34

15 单击“旋转”按钮，在弹出的“旋转”对话框中单击“绘制截面”按钮，选择 XC—ZC 平面为草绘平面，X 轴为水平参考，绘制一条圆弧曲线，其中圆弧的圆心在 Y 轴上，圆弧的一个端点也在 Y 轴上，如图 5-35 所示。

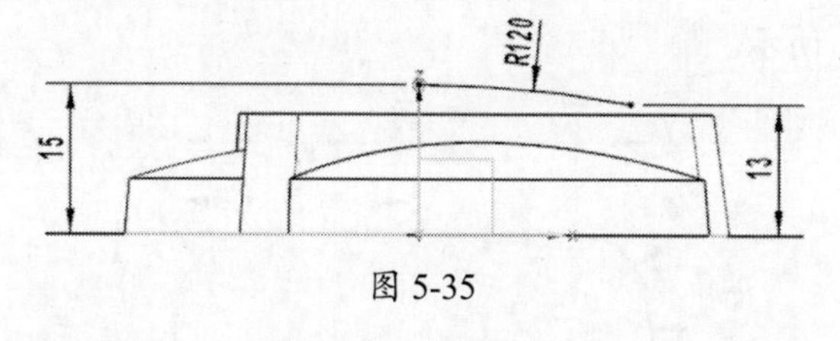

图 5-35

16 单击“完成草图”按钮，在弹出的“旋转”对话框中将“指定矢量”设为 ZC↑，在“开始”下拉列表中选择“值”选项，“角度”设为 0°。在“结束”下拉列表中选择“值”，“角度”设为 360°。单击“指定点”按钮，在弹出的“点”对话框中的 X、Y、Z 文本框中均输入 0mm，将“布尔”设为“无”。

17 单击“确定”按钮创建一个旋转曲面，如图 5-36 所示。

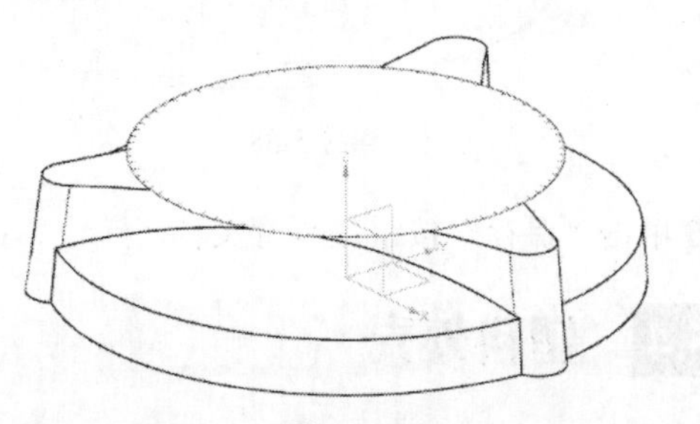

图 5-36

18 执行“菜单”|“插入”|“同步建模”|“替换面”命令，将拉伸实体的上表面设为“原始面”，旋转曲面设为“替换面”。

19 单击“确定”按钮，拉伸实体的上表面由平面替换为圆弧面，如图 5-37 所示。

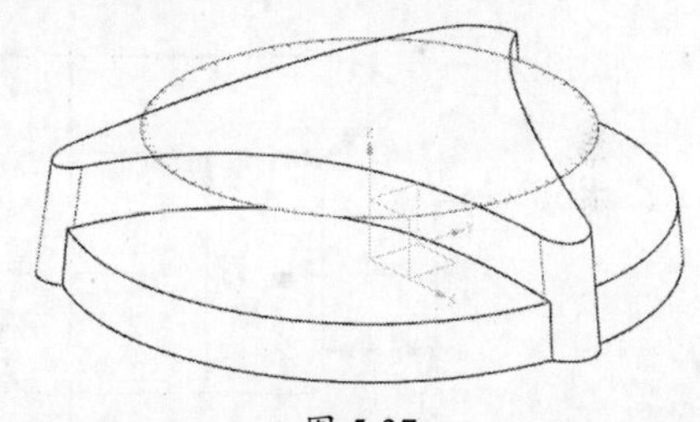

图 5-37

20 执行“菜单”|“格式”|“移动至图层”命令，在工作区中选择曲面，在弹出的“图层移动”对话框的“目标图层或类别”文本框中输入 10。

21 单击“确定”按钮，将旋转曲面移至图层 10（旋转曲面会从屏幕中消失）。

22 单击“边倒圆”按钮，创建边倒圆特征 R1mm 和 R3mm，如图 5-38 所示。

23 执行“菜单”|“插入”|“偏置 / 缩放”|“抽壳”命令，在弹出的“抽壳”对话框中将“类型”设为“移除面，然后抽壳”，“厚度”设为 1mm。

24 按住鼠标中键翻转实体，选择零件底面为“要穿透的面”，单击“确定”按钮创建抽壳特征，如图 5-39 所示。

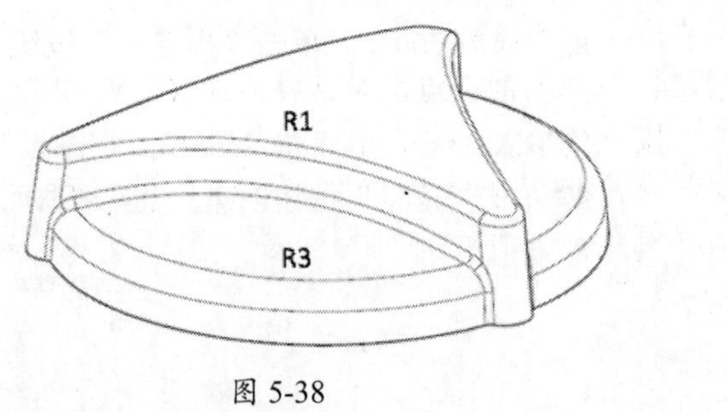

图 5-38

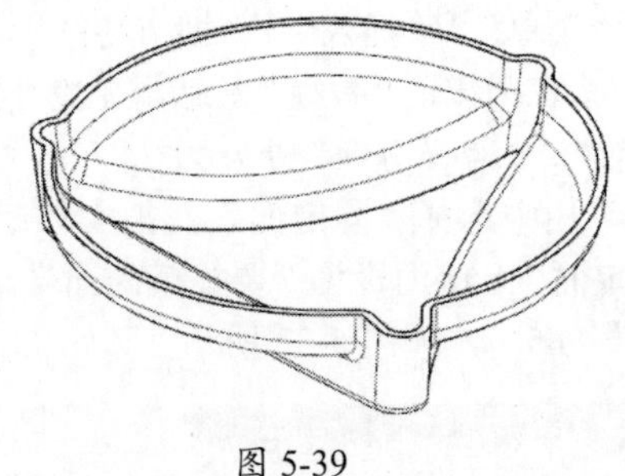

图 5-39

25 单击“保存”按钮保存文档。

5.4 塑料外壳

本节以一个简单的造型制作为例，详细介绍 UG 的扫描和椭圆曲线命令，以及将一个复杂轮廓分解成若干简单轮廓，轮廓上的圆角特征在实体上实现的方法，如图 5-40 所示。

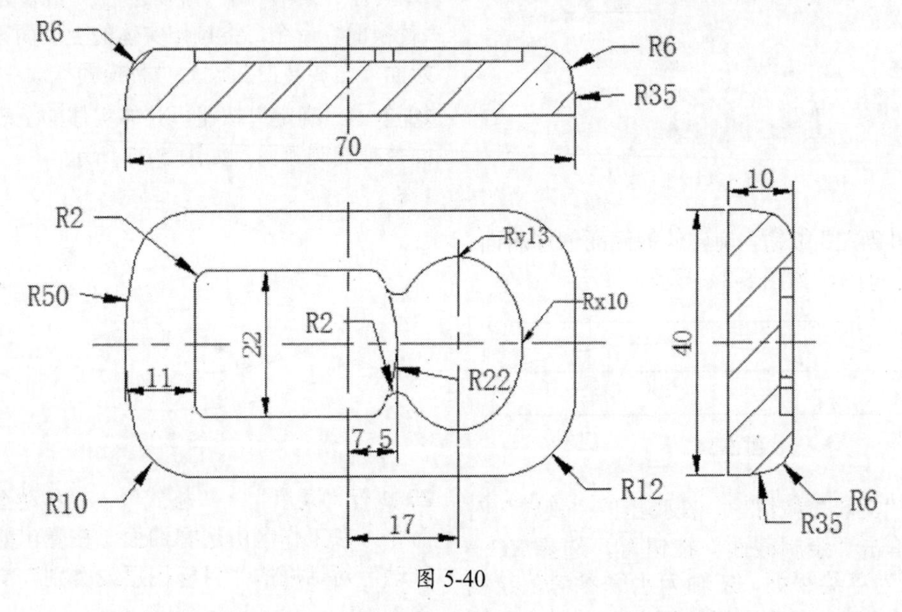

图 5-40

01 单击“新建”按钮，在弹出的“新建”对话框中，将“单位”设为“毫米”，选择“模型”模板，“名称”设为 waike，单击“确定”按钮进入建模环境。

02 单击“草图”按钮，选择 XC—YC 平面为草绘平面，X 轴为水平参考，以原点为中心绘制第一个截面，如图 5-41 所示。

03 右击并在弹出的快捷菜单中选择“完成草图”命令，创建第一个截面。

04 单击“草图”按钮，选择 XC—YC 平面为草绘平面，X 轴为水平参考，绘制一条圆弧曲线，半径设为 R35mm，其中圆弧的中心在 X 轴上，一个端点在第一个截面上，如图 5-42 所示。

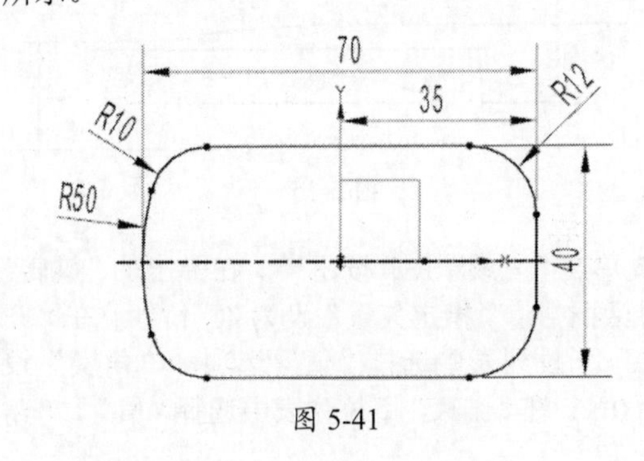

图 5-41

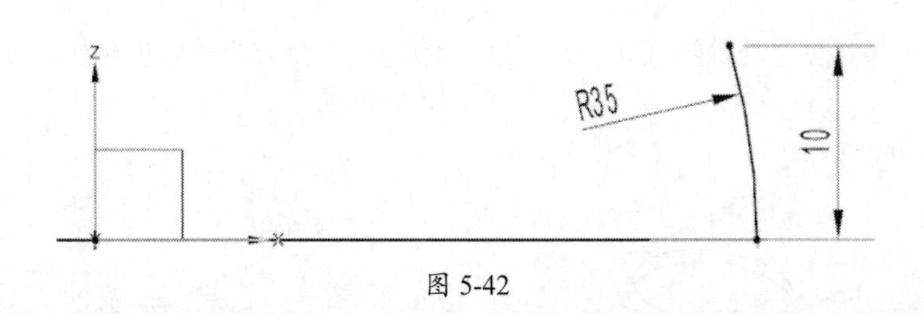

图 5-42

提示：

该零件的侧面由R35mm和R6mm两段圆弧组成，在这里只绘制R35mm的圆弧，R6mm的圆弧在实体上由倒圆角特征实现，这种建模方式所创建的特征将会更灵活。

05 在工具栏中单击“完成草图”按钮，创建第二个截面，如图 5-43 所示。

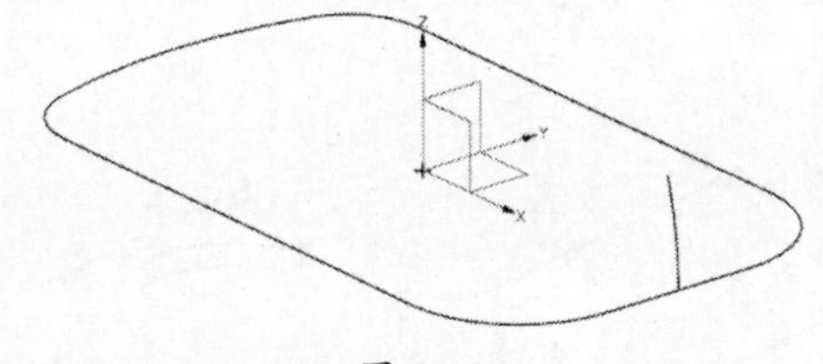
图 5-43

06 执行“菜单”|“插入”|“扫掠”|“扫掠”命令，选择第 2 条曲线为截面曲线，第 1 条曲线为引导曲线，在“扫掠”对话框中，将“截面位置”设为“沿引导线任何位置”。

07 单击“确定”按钮创建扫掠实体特征，如图 5-44 所示。

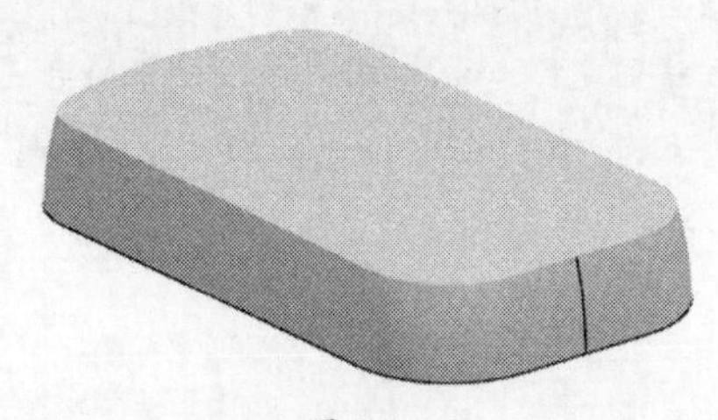
图 5-44

08 单击“边倒圆”按钮创建边倒圆特征（R6mm），如图 5-45 所示。

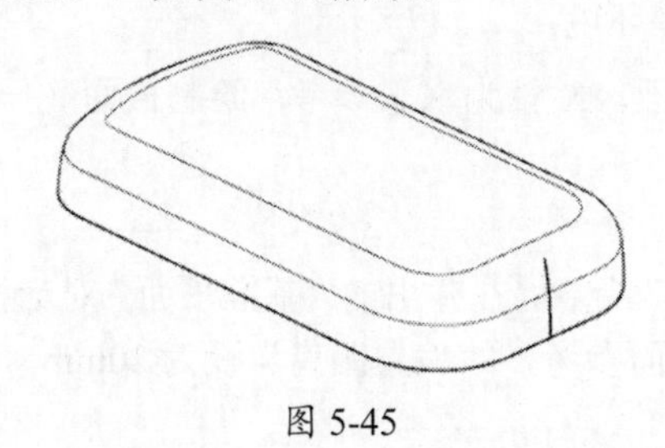
图 5-45

提示：

用这种方法实现R6的侧面轮廓，特征将会更灵活。

09 单击“拉伸”按钮，在弹出的“拉伸”对话框中单击“绘制截面”按钮，选择 XC—YC 平面为草绘平面，X 轴为水平参考，单击“确定”按钮进入草绘环境。

10 执行“菜单”|“插入”|“草图曲线”|“椭圆”命令，以（17,0）为椭圆中心，将“大半径”设为 10mm，“小半径”设为 13mm，绘制一个椭圆形，如图 5-46 所示。

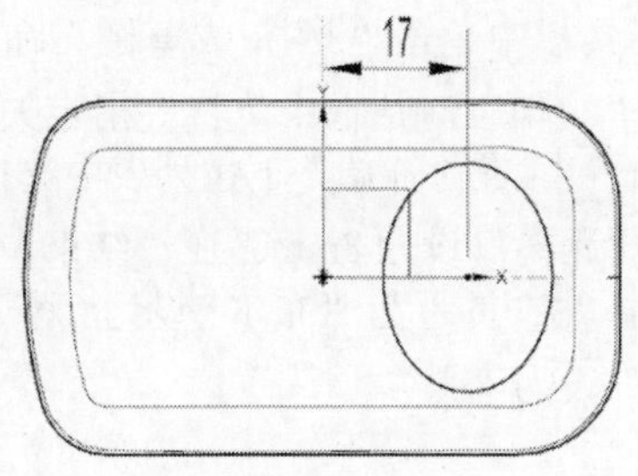

图 5-46

提示：

将上表面的凹坑轮廓分成两个简单轮廓，所创建的特征会更灵活。

11 在空白处右击，在弹出的快捷菜单中选择“完成草图”命令，在弹出的“拉伸”对话框中，将“指定矢量”设为 ZC↑，在“开始”下拉列表中选择“值”选项，“距离”设为 8mm。在“结束”下拉列表中选择“贯通”，“布尔”设为“减去”，“拔模”设为“无”。

12 单击“确定”按钮创建切除特征（一），如图 5-47 所示。

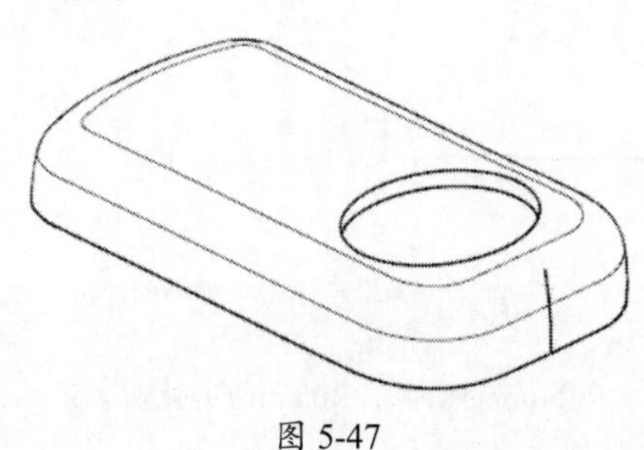

图 5-47

13 单击“拉伸”按钮，在弹出的“拉伸”对话框中单击“绘制截面”按钮，选择 XC—YC 平面为草绘平面，X 轴为水平参考，绘制截面（二），如图 5-48 所示。

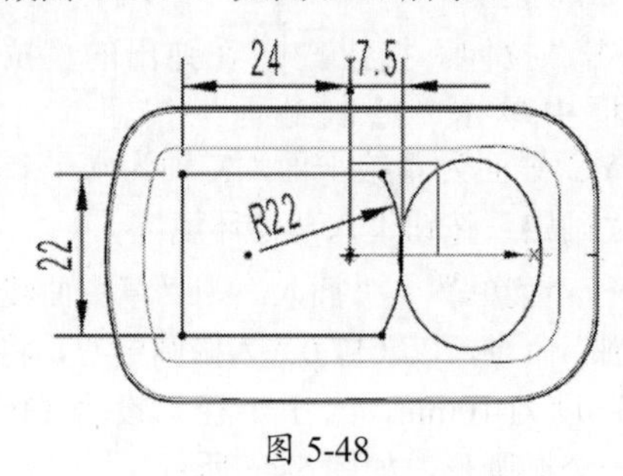

图 5-48

14 在工具栏中单击“完成草图”命令，在弹出的“拉伸”对话框中，将“指定矢量”设为 ZC ↑。在“开始”下拉列表中选择“值”选项，“距离”设为 8mm。在“结束”下拉列表中选择“贯通”，“布尔”设为“减去”，“拔模”设为“无”。

15 单击“确定”按钮创建切除特征（二），如图 5-49 所示。

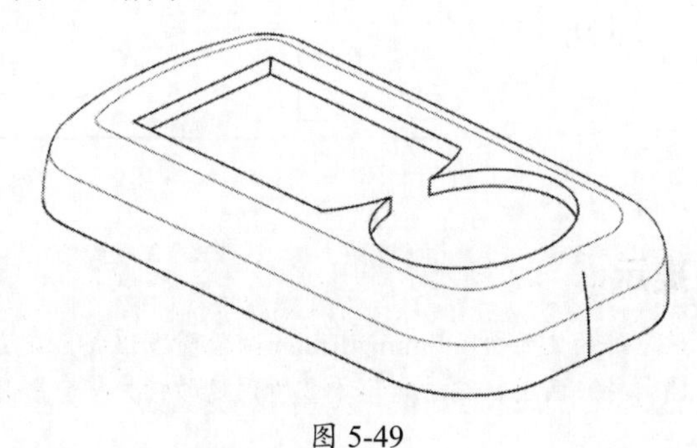

图 5-49

16 单击“边倒圆”按钮，创建边倒圆特征（R2mm），如图 5-50 所示。

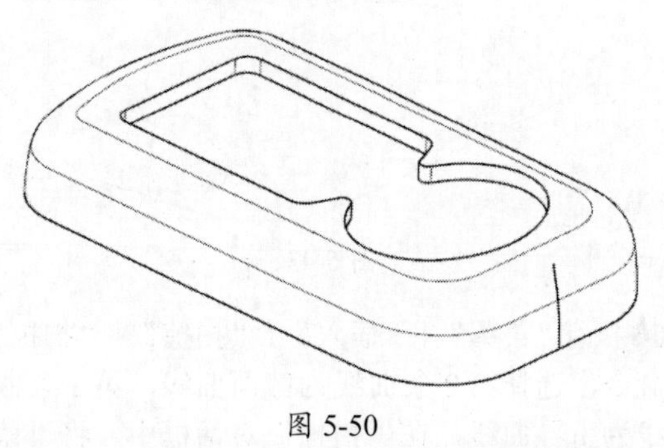

图 5-50

提示：

将上表面的凹坑特征分3步实现，首先创建椭圆轮廓，然后创建矩形轮廓，最后创建倒圆角特征。用这种方法创建特征时，所绘制的草图很简单，也更灵活。

5.5 肥皂盒盖

本节以塑料外壳的造型为例，详细介绍创建网状曲面的方法，图形及尺寸如图 5-51 所示。

01 单击“新建”按钮，在弹出的“新建”对话框中，将“单位”设为“毫米”，选择“模型”模板，将“名称”设为 gai，单击“确定”按钮进入建模环境。

02 单击“草图”按钮，选择 XC—YC 平面为草绘平面，X 轴为水平参考，绘制截面（一），如图 5-52 所示。

03 在工具栏中单击“完成草图”按钮，创建草图曲线。

04 执行“菜单”|“插入”|“基准 / 点”|“基准平面”命令，在弹出的“基准平面”对话框中，将“类型”设为“按某一距离”，XC—YC 平面设为平面参考，“偏置距离”设为 20mm。

05 单击“确定”按钮创建新基准平面，如图 5-53 所示。

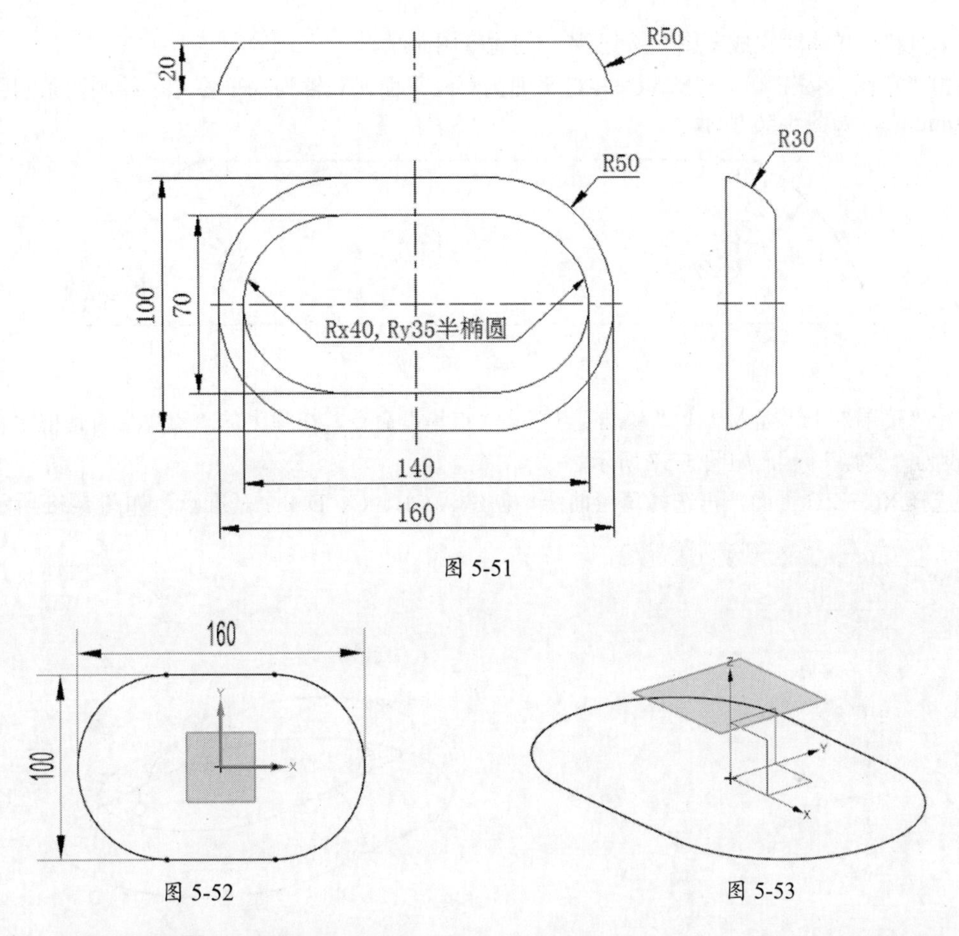

图 5-51

图 5-52　　　　图 5-53

06 单击“草图”按钮，在弹出的对话框中以图 5-53 的平面为草绘平面，X 轴为水平参考，单击“确定”按钮，进入草绘模式。

07 执行“菜单”｜“插入”｜“草图曲线”｜“椭圆”命令，以（30,0）为椭圆中心，将“大半径”设为 40mm，“小半径”设为 35mm，绘制一个椭圆，如图 5-54 右侧椭圆所示。

08 执行“菜单”｜“插入”｜“草图曲线”｜“椭圆”命令，以（−30,0）为椭圆中心，将“大半径”设为 40mm，“小半径”设为 35mm，绘制一个椭圆，如图 5-54 左侧椭圆所示。

09 执行“菜单”｜“插入”｜“草图曲线”｜“直线”命令，绘制两条水平线并与椭圆相切，如图 5-54 中的直线所示。

10 执行“菜单”｜“编辑”｜“草图曲线”｜“快速修剪”命令，修剪后的曲线如图 5-55 所示。

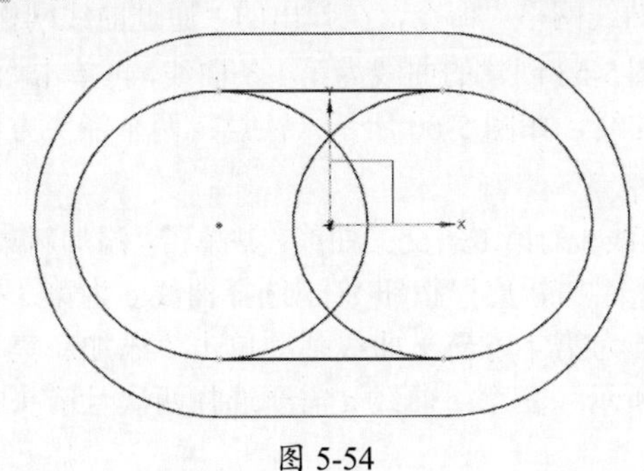

图 5-54

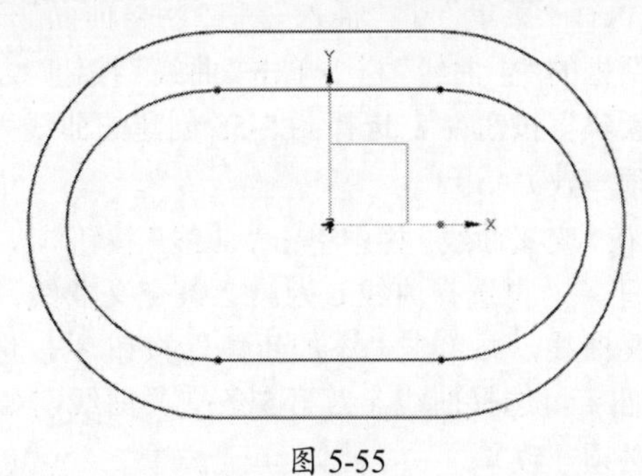

图 5-55

11 在工具栏中单击“完成草图”按钮，创建草图曲线。

12 单击“草图”按钮，选择 YC—ZC 平面为草绘平面，Y 轴为水平参考，绘制两条圆弧曲线（R30mm），如图 5-56 所示。

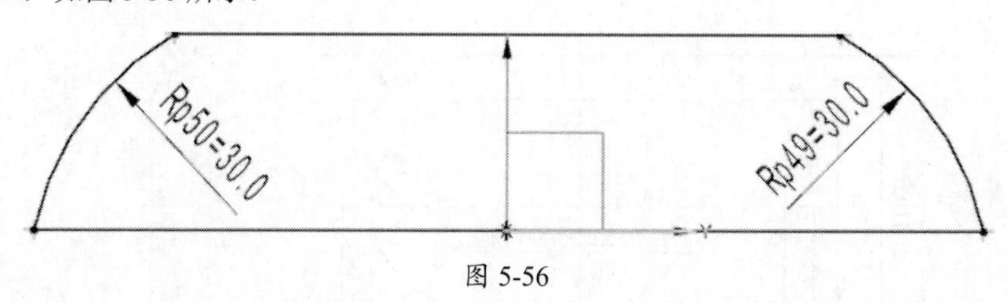

图 5-56

13 执行“菜单”|“插入”|“基准 / 点”|“点集”命令，在弹出的“点集”对话框中将“类型”设为“交点”，如图 5-57 所示。

14 先选择 XC—ZC 平面，再选择草绘曲线，创建 A、B、C、D 4 个基准点，如图 5-58 所示。

图 5-57

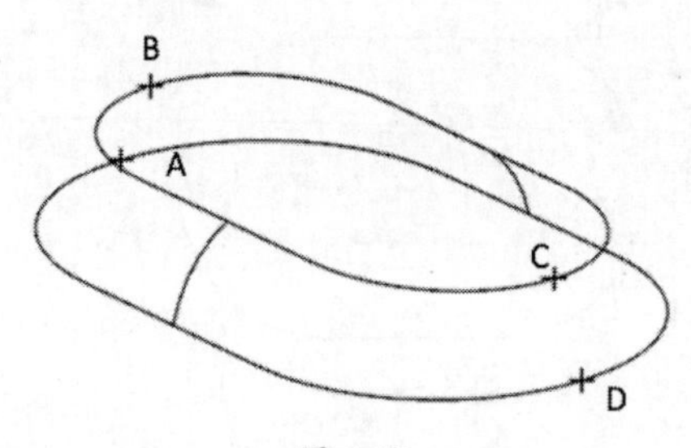

图 5-58

15 单击“草图”按钮，选择 XC—ZC 平面为草绘平面，X 轴为水平参考，以图 5-58 的基准点为端点，绘制 2 条圆弧曲线（R50mm），如图 5-59 所示。

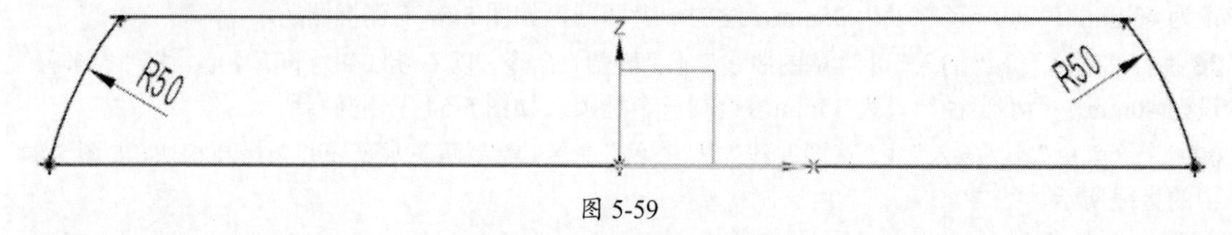

图 5-59

16 执行“菜单”|“插入”|“网格曲面”|“通过曲线网格”命令，在弹出的“通过曲线网格”对话框的“主曲线”栏中单击“曲线”按钮，先选择图 5-53 创建的曲线为第 1 条曲线，再单击“添加新集”按钮，选择图 5-55 创建的曲线为第 2 条曲线，如图 5-60 所示（注意：两个箭头方向必须一致）。

17 在“交叉曲线”栏中单击“曲线”按钮，先选择曲线 a 为第 1 条交叉曲线，并单击“添加新集”按钮，再选择曲线 b 为第 2 条交叉曲线，并单击“添加新集”按钮，选择曲线 c 为第 3 条交叉曲线，并单击“添加新集”按钮，选择曲线 d 为第 4 条交叉曲线，并单击“添加新集”按钮，选择曲线 a 为第 5 条交叉曲线，如图 5-61 所示（注意：曲线 a 需要选择两次且箭头方向必须一致）。

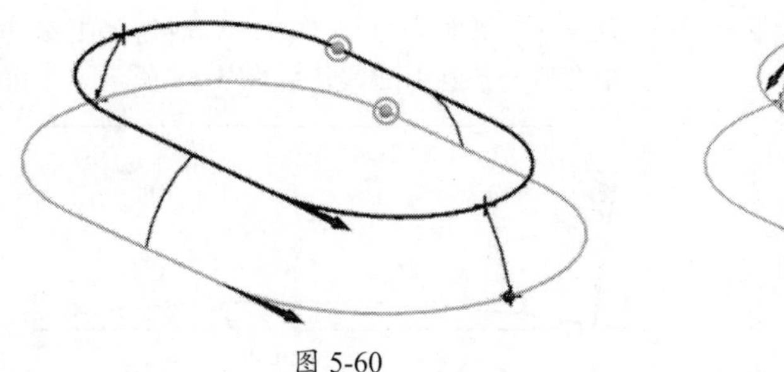

图 5-60

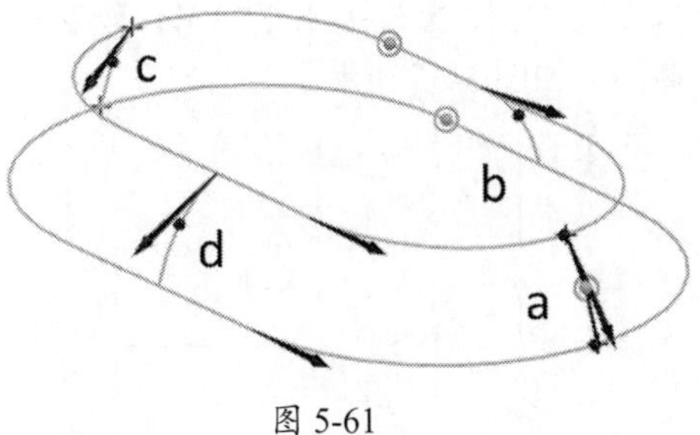

图 5-61

18 单击“确定”按钮创建曲线网格实体，如图 5-62 所示。

19 执行“菜单”｜“插入”｜“偏置”｜“缩放”｜“抽壳”命令，在弹出的“抽壳”对话框中，将“类型”设为“移除面，然后抽壳”，“厚度”设为 1mm。

20 选择底面为要穿透的面，单击“确定”按钮创建抽壳特征，如图 5-63 所示。

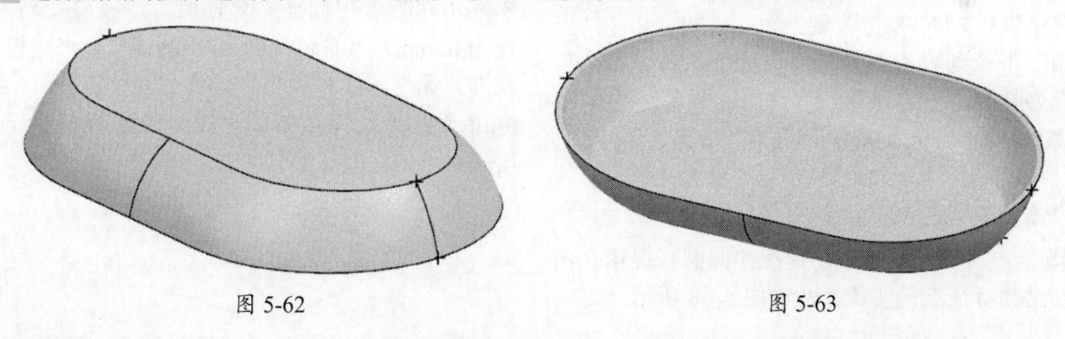

图 5-62　　图 5-63

5.6 方盖

本节以一个简单的产品为例，详细介绍先创建曲面，再由曲面创建实体的方法，产品图如图 5-64 所示。

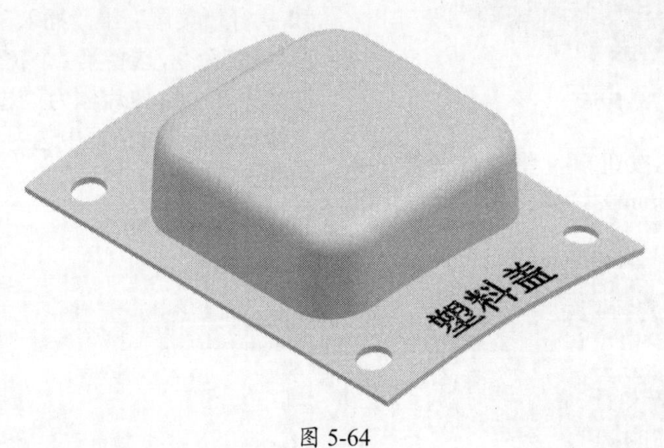

图 5-64

01 单击“新建”按钮，在弹出的“新建”对话框中，将“单位”设为“毫米”，选择“模型”模板，“名称”设为“方盖”，“文件夹”设为 D:\。

02 单击“确定”按钮进入建模环境。

03 单击“拉伸”按钮，在弹出的“拉伸”对话框中单击“绘制截面”按钮，选择 XC—YC

平面为草绘平面，X轴为水平参考，绘制一个矩形截面，如图5-65所示。

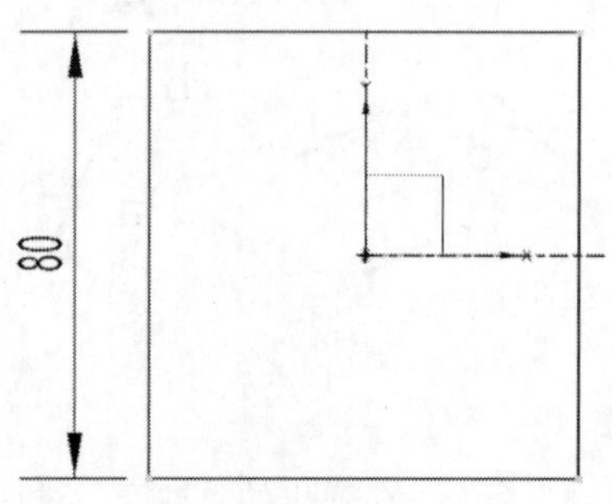

图 5-65

04 单击“完成 ”按钮，在弹出的“拉伸”对话框中，将“指定矢量”设为ZC↑，在“开始”下拉列表中选择“值”选项，将“距离”设为0mm，在“结束”下拉列表中选择“值”，将“距离”设为30mm，“布尔”设为“无”，“拔模”设为“从起始限制”，“角度”设为2°，“体类型”设为“片体”。

05 单击“确定”按钮创建拉伸曲面（提示：所创建的特征不是实体），如图5-66所示。

图 5-66

06 单击“边倒圆”按钮，将拉伸曲面的4个棱边倒圆角（R15mm），如图5-67所示。

图 5-67

07 单击“拉伸”按钮，在弹出的“拉伸”对话框中单击“绘制截面”按钮，选择YC—ZC平面为草绘平面，Y轴为水平参考，并绘制一条圆弧曲线，如图5-68所示。

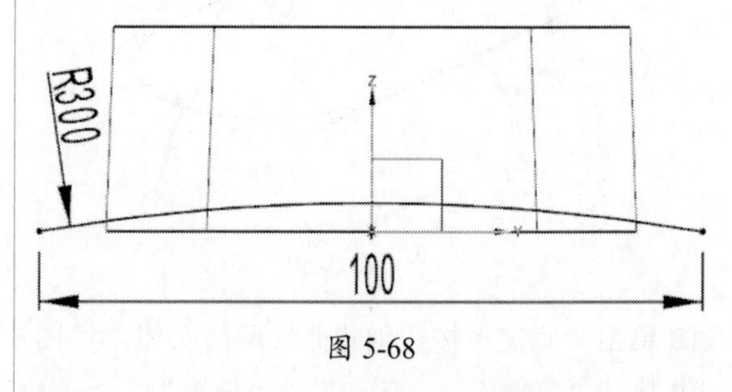

图 5-68

08 单击“完成 ”按钮，在弹出的“拉伸”对话框中将“指定矢量”设为XC↑，在“结束”下拉列表中选择“对称值”，将“距离”设为65mm，“布尔”设为“无”，“拔模”设为“无”，“体类型”设为“片体”。

09 单击“确定”按钮，创建拉伸片体，如图5-69所示。

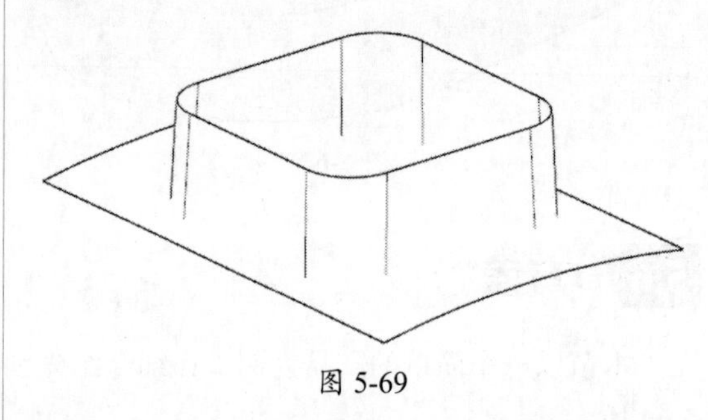

图 5-69

10 执行“菜单”|“插入”|“修剪”|“修剪片体”命令，选择第1个拉伸片体为“目标体”，选择第2个拉伸片体为“边界体”，在弹出的“修剪片体”对话框中选中“保留”单选按钮，如图5-70所示。

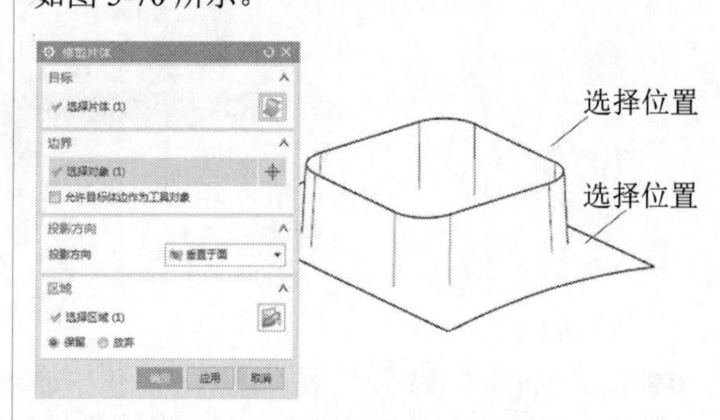

图 5-70

11 单击“确定”按钮创建修剪片体（一）。

12 执行“菜单”|“插入”|“修剪”|“修剪片体”命令，选择第2个拉伸片体为“目标体”，选择第1个拉伸片体为“边界体”，在弹出的“修剪片体”对话框中选中“保留”单选按钮。

13 单击“确定”按钮，创建修剪片体（二），如图5-71所示。如果创建的修剪片体与图5-71的结果不同，则需要在“修剪片体”对话框中选中“放弃”单选按钮。

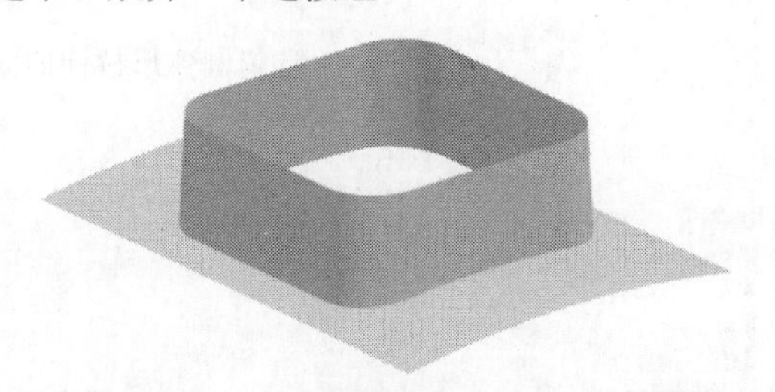

图 5-71

14 执行“菜单”|“插入”|“曲面”|“有界平面”命令，选择方形拉伸曲面的上面边线并创建有界平面，如图5-72所示。

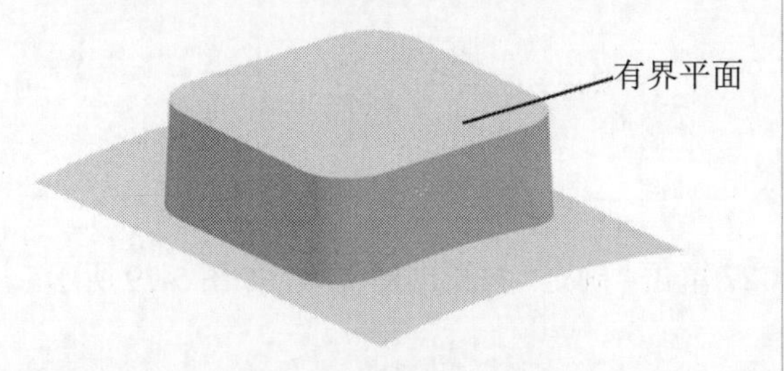

图 5-72

15 执行“菜单”|“插入”|“组合”|“缝合”命令，缝合所有的曲面。

16 单击“边倒圆”按钮，创建边倒圆特征（R8mm），如图5-73所示。

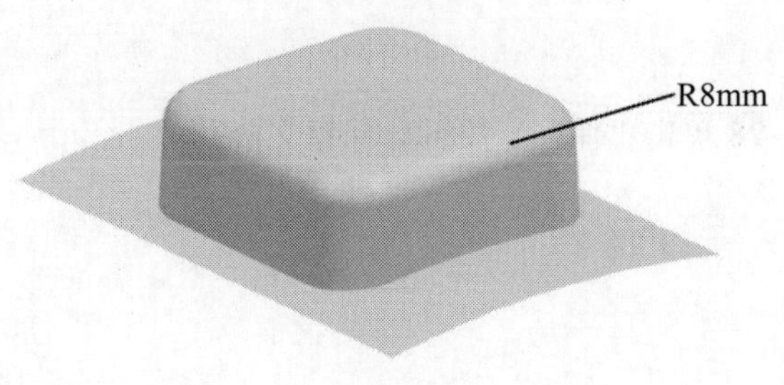

图 5-73

17 执行“菜单”|“插入”|“偏置/缩放”|“加厚”命令，在“加厚”对话框中将“厚度”设为2mm，创建加厚特征，着色后可以同时看到实体和曲面。

18 执行“菜单”|“格式”|“移动至图层”命令，将鼠标指针放在实体上并稍微停顿，鼠标指针附近出现3个小白点后单击，在弹出的“快速选择”窗口中选择曲面。

19 单击“确定”按钮，在弹出的“图层移动”对话框的“目标图层或类别”文本框中输入10，如图5-74所示。

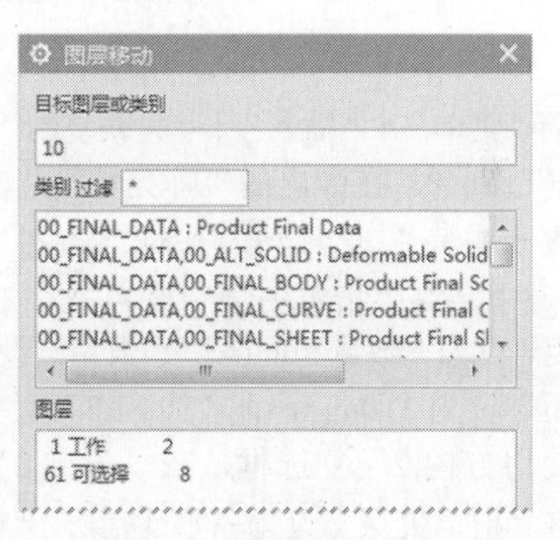

图 5-74

20 单击“确定”按钮，将曲面移至第10层，此时只显示实体。

21 单击“拉伸”按钮，在弹出的“拉伸”对话框中单击“绘制截面”按钮，选择XC—YC平面为草绘平面，X轴为水平参考，绘制一个圆形截面，如图5-75所示。

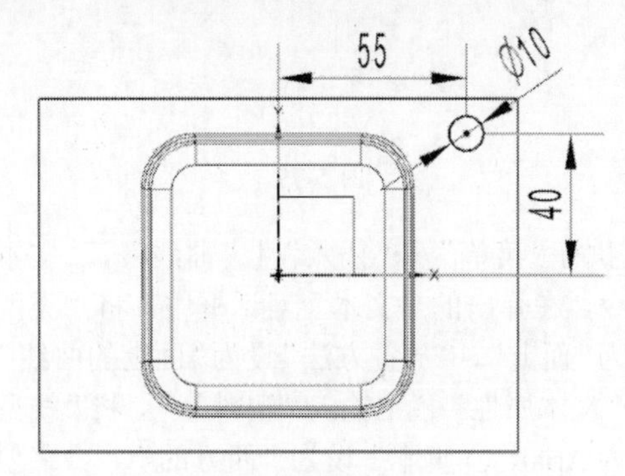

图 5-75

22 单击“完成”按钮，在弹出的“拉伸”对话框中，将“指定矢量”设为ZC↑，在“开始”栏中选择“贯通”，在“结束”下拉列表中选择“贯通”，将“布尔”设为“求差”。

23 单击“确定”按钮创建一个小孔，如图 5-76 所示。

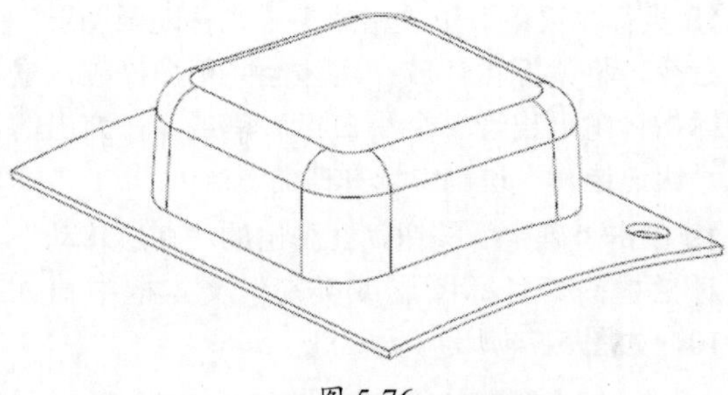

图 5-76

24 执行“菜单”|“插入”|“关联复制”|“阵列特征”命令，在弹出的“阵列特征”对话框中，将“布局”设为“线性”，在“方向 1”区域中，将“指定矢量”设为-XC↓，“间距”设为“数量和间隔”，“数量”设为 2，“节距”设为 110mm，在“方向 2”栏中，选中“使用方向 2”复选框，在“方向 2”区域中，将“指定矢量”设为-YC↓，“间距”设为“数量和间隔”，“数量”设为 2，“节距”设为 80mm。

25 选择图 5-76 创建的小孔，单击“确定”按钮，创建阵列特征，如图 5-77 所示。

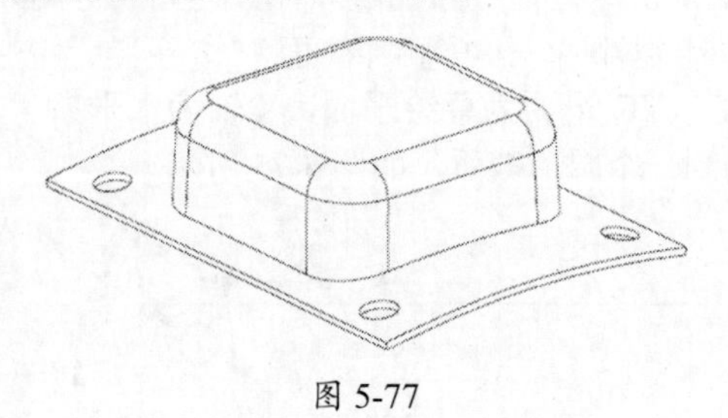

图 5-77

26 执行“菜单”|“插入”|“曲线”|“文本”命令，在弹出的“文本”对话框中，将“类型”设为“面上”，“放置方法”设为“面上的曲线”，在“文本属性”栏中输入“塑料盖”，将“线型”设为 Arial，“脚本”设为“西方的”，“字型”设为“常规”，“锚点位置”设为“中心”，“参数百分比”设为 50%，“偏置”设为 5mm，“长度”设为 42mm，“高度”设为 10mm，“W 比例”设为 100.0000，如图 5-78 所示。

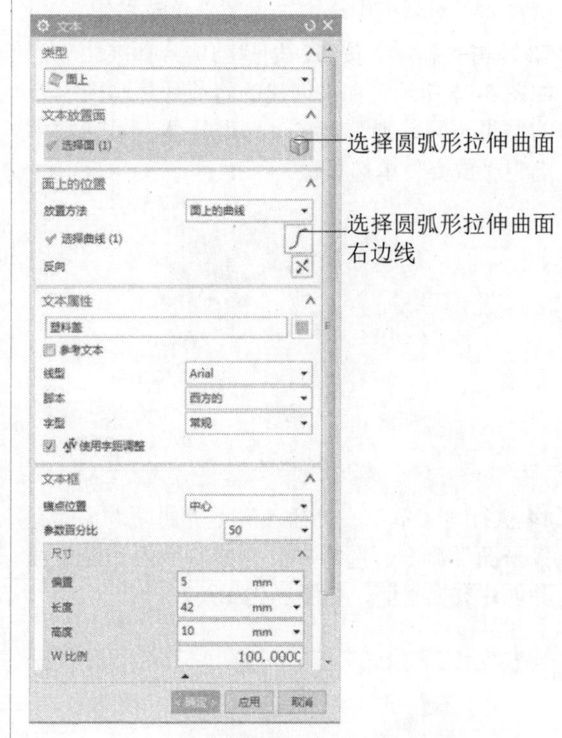

图 5-78

27 单击“确定”按钮创建文本，如图 5-79 所示。

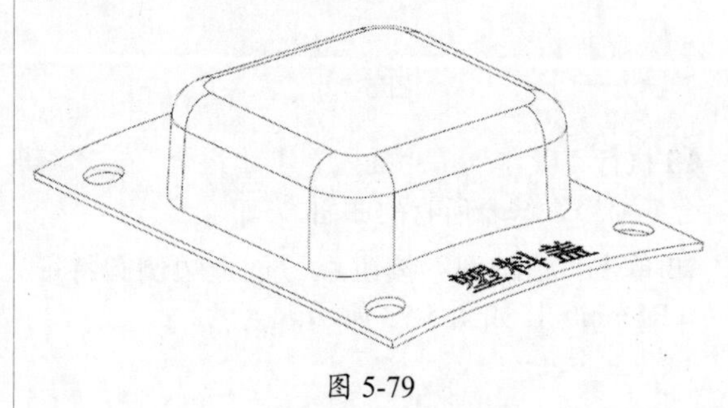

图 5-79

28 单击“保存”按钮保存文档。

第6章 复杂零件设计

本章以4个复杂的零件制作为例，介绍扫掠、替换、阵列、图层、投影、组合投影、曲面修剪、实体修剪、曲面偏移、不等厚抽壳、网格曲面等命令的使用方法。

6.1 吊钩

本节通过吊钩零件的建模过程，详细介绍草绘、拉伸、扫掠、曲线网格等命令的使用方法，零件尺寸如图6-1所示。

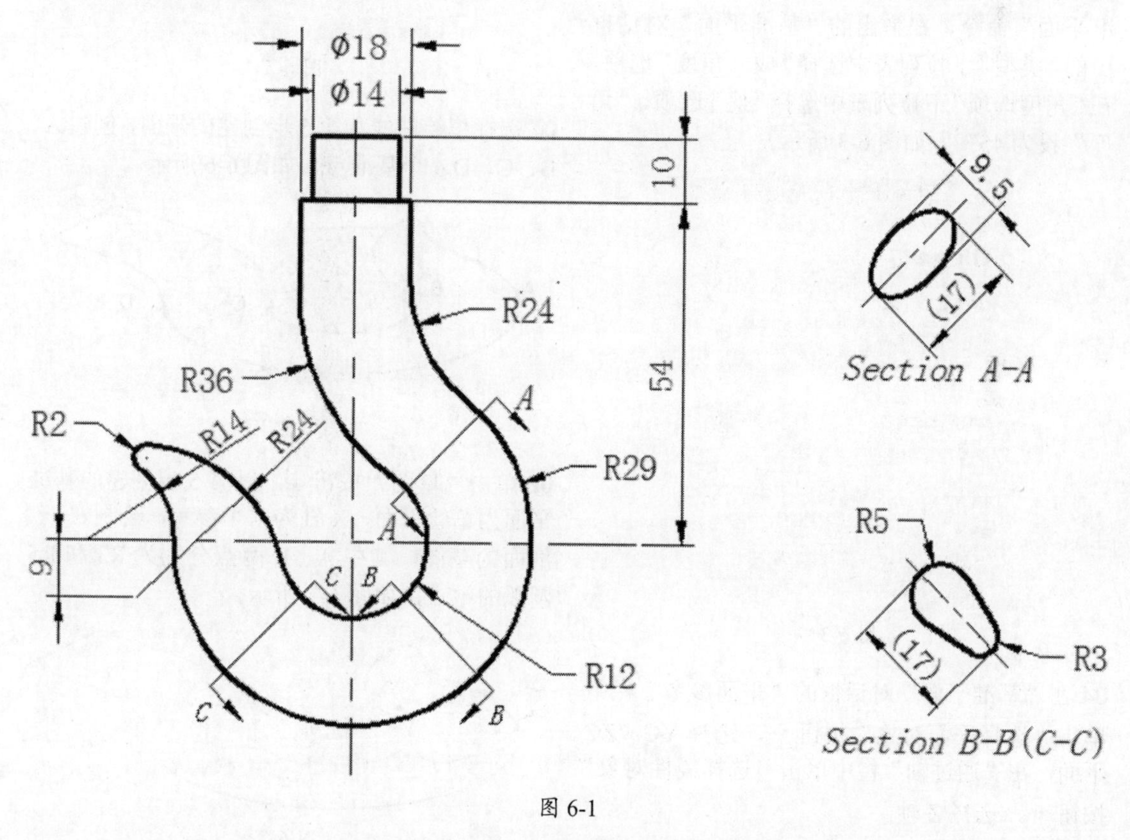

图6-1

01 单击“新建”按钮，在弹出的“新建”对话框中，将“单位”设为“毫米”，选择“模型”模板，将“名称”设为diaogou.prt，单击“确定”按钮进入建模环境。

02 单击“草图”按钮，选择XC—YC平面为草绘平面，X轴为水平参考，绘制一个草图。其中圆弧R29和R12的圆心与原点重合，R14的圆心在X轴上，R24的圆心与X轴的距离设为9mm，如图6-2所示。

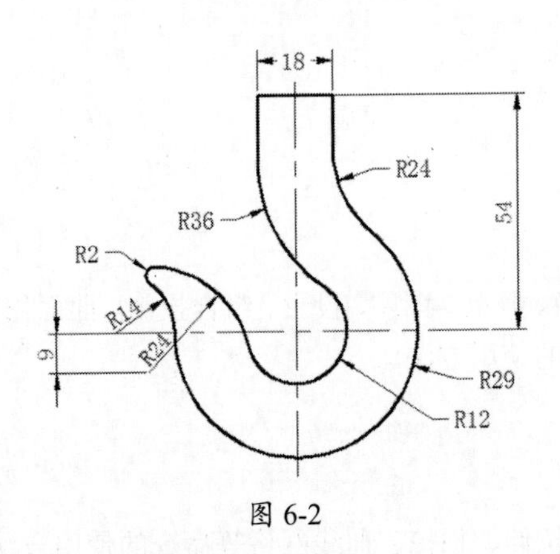

图 6-2

03 执行“菜单”|“插入”|“基准/点”|“基准平面”命令，在弹出的“基准平面”对话框中的“类型”下拉列表中选择“成一角度”选项，在“角度选项”下拉列表中选择“值”选项，“角度”设为45°，如图6-3所示。

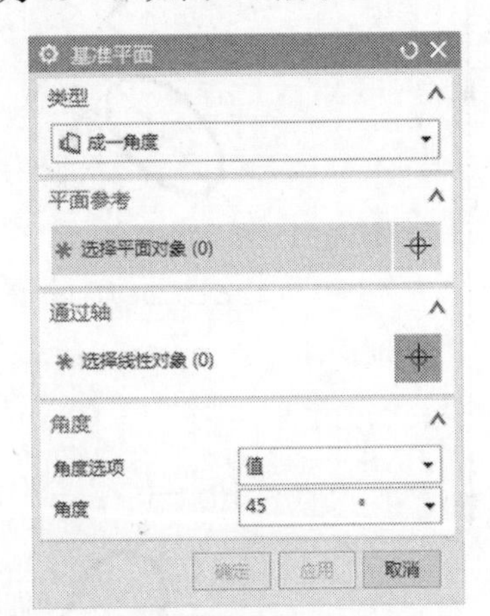

图 6-3

04 在“基准平面”对话框的“平面参考”栏中单击“选择平面对象”按钮，选择YC—ZC平面，在“通过轴”栏中单击“选择线性对象”按钮，选择Z轴。

05 单击“确定”按钮创建一个基准平面，如图6-4所示。

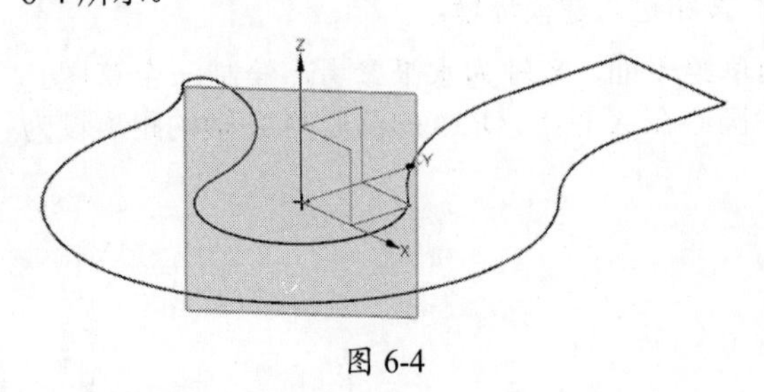

图 6-4

06 执行“菜单”|“插入”|“基准/点”|“点集”命令，在弹出的“点集”对话框中将“类型”设为“交点”，如图6-5所示。

图 6-5

07 选择草绘曲线和第5步创建的平面，创建A、B、C、D 4个基准点，如图6-6所示。

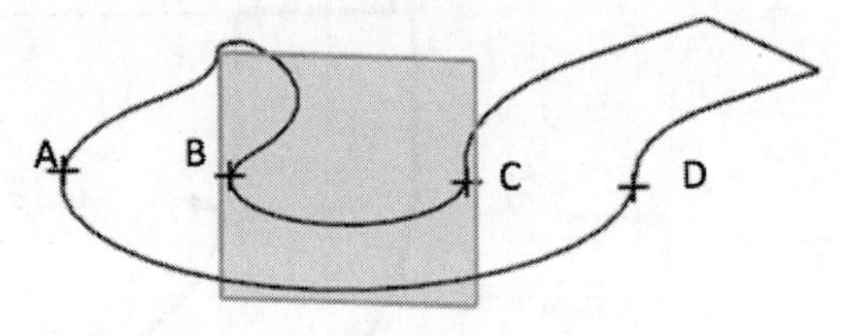

图 6-6

08 单击“草图”按钮，以第5步创建的基准平面为草绘平面，X轴为水平参考，绘制*C—C*剖面的草图，其中A、B两点分别为R3和R5圆弧的中点，如图6-7所示。

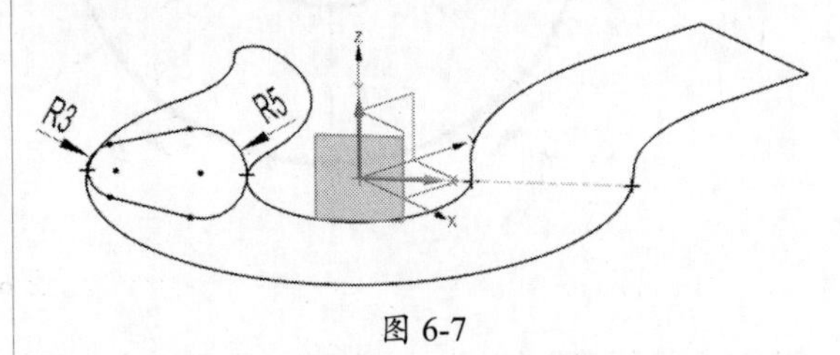

图 6-7

09 单击“草图”按钮，以第5步创建的基准平面为草绘平面，X轴为水平参考，以C、D两点为端点，绘制一条直线。选择该直线并右击，在弹出的快捷菜单中选择“转化为参考”命令，将该直线转化为参考线，如图6-8所示。

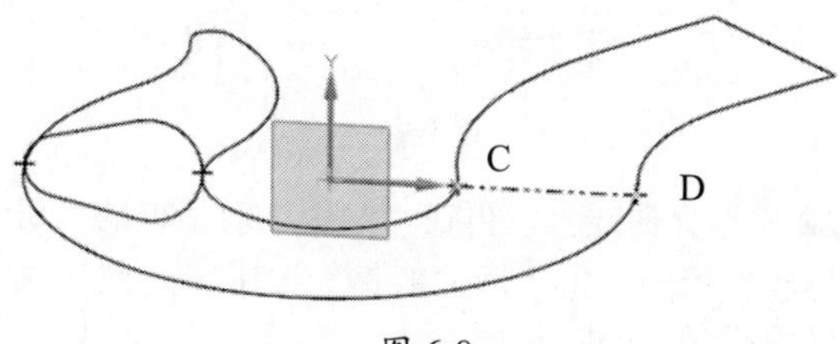

图 6-8

10 执行“菜单”|“插入”|“草图曲线”|“椭圆”命令，把 CD 的中点设为椭圆中心，“大半径”设为 10mm，“小半径”设为 4.75mm，绘制一个椭圆曲线，如图 6-9 所示。

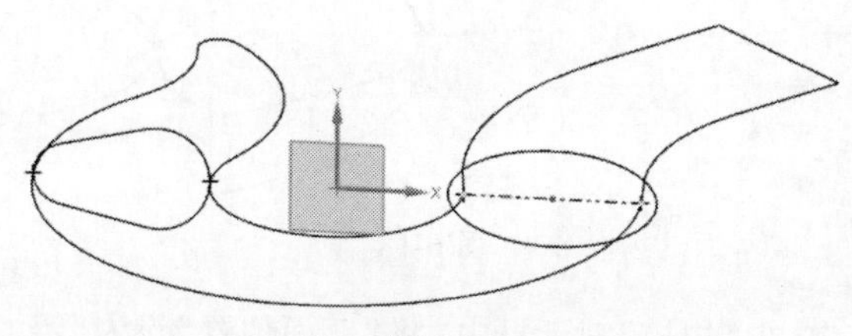
图 6-9

11 执行“菜单”|“插入”|“草图约束”|“几何约束”命令，在弹出的“几何约束”对话框中单击“点在曲线上”按钮，选择椭圆曲线为“要约束的对象”，选择 C 点（或 D 点）为“要约束到的对象”，C 与 D 两点在椭圆曲线上，如图 6-10 所示。

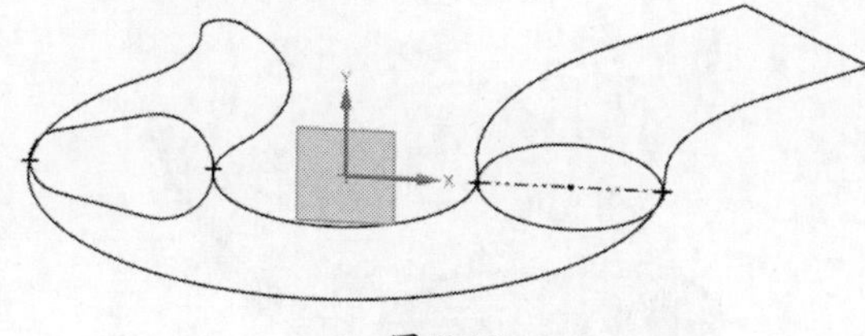
图 6-10

12 执行“菜单”|“插入”|“基准 / 点”|“基准平面”命令，在弹出的“基准平面”对话框中，将“类型”设为“成一角度”，XC—ZC 平面设为“平面参考”，“通过轴”设为 Z 轴，“角度选项”设为“值”，“角度”设为 45°。

13 单击“确定”按钮创建一个基准平面，如图 6-11 所示。

14 执行“菜单”|“插入”|“基准 / 点”|“点集”命令，在弹出的“点集”对话框中，将“类型”设为“交点”，选择上一步创建的基准平面和第 2 步创建的草绘曲线，创建 E 与 F 两个基准点（需要分两次进行），如图 6-11 中的 E 与 F 两点所示。

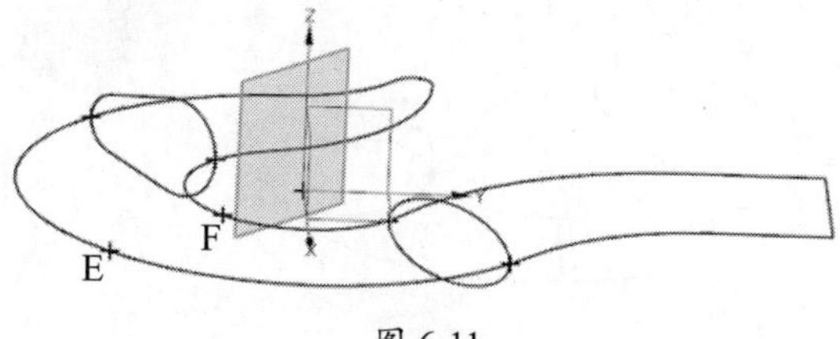

图 6-11

15 单击“草图”按钮，以图 6-11 创建的基准平面为草绘平面，X 轴为水平参考，绘制 *B*—*B* 剖面的草图，其中 E、F 两点分别在 R3 和 R5 的圆弧的中点，如图 6-12 所示。

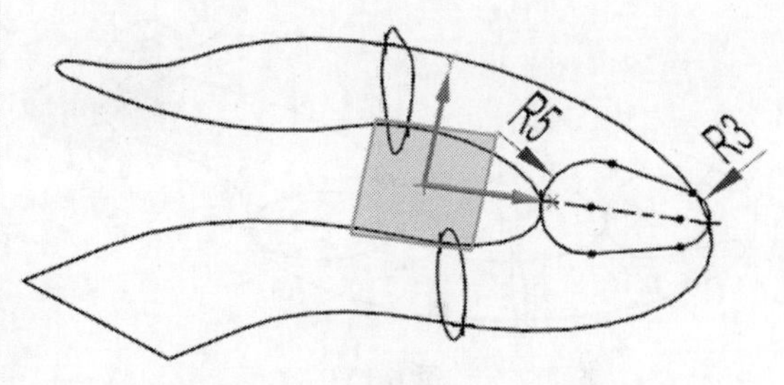

图 6-12

16 单击“拉伸”按钮，在弹出的“拉伸”对话框中单击“绘制截面”按钮，选择 XC—ZC 平面为草绘平面，X 轴为水平参考，以原点为中心，绘制一个圆形截面（ϕ14mm），如图 6-13 所示。

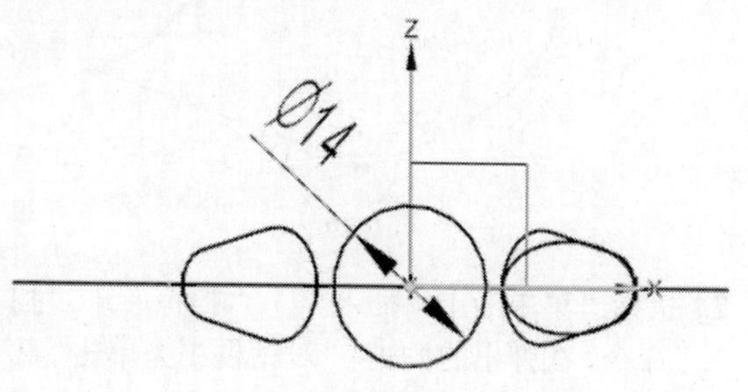

图 6-13

17 单击“完成草图”按钮，在弹出的“拉伸”对话框中将“指定矢量”设为 YC ↑，在“开始”下拉列表中选择“值”选项，将“距离”设为 54mm，在“结束”下拉列表中选择“值”，将“距离”设为 64mm。

18 单击“确定”按钮，创建一个拉伸实体，如图 6-14 所示。

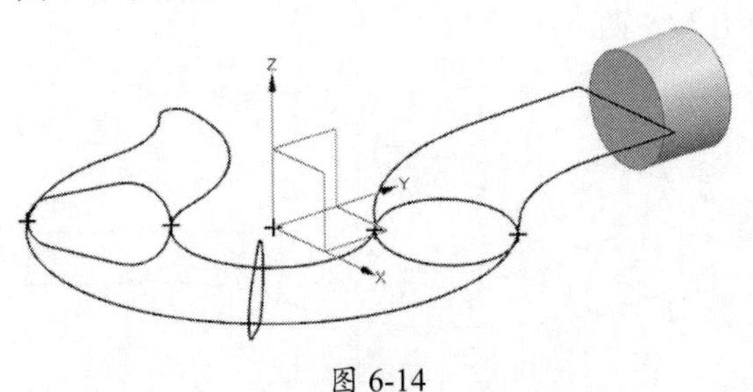

图 6-14

19 单击“草图”按钮，以圆柱体的一个底面为草绘平面，X 轴为水平参考，绘制一个圆形截面（ϕ18mm），如图 6-15 所示。

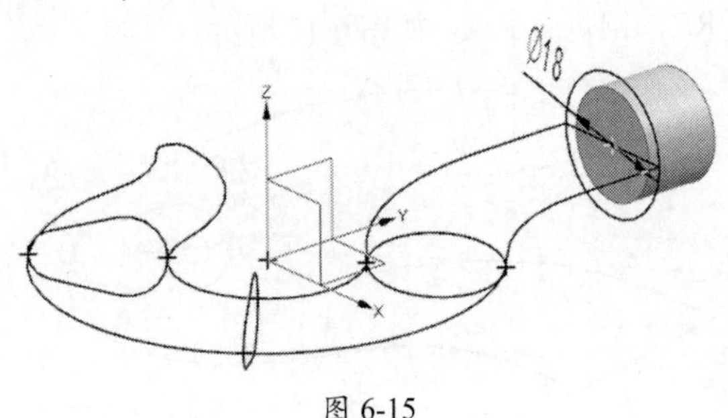

图 6-15

20 执行“菜单”|“插入”|“曲线”|“直线”命令，在第 2 步绘制截面的 R2 处绘制一条直线，连接 R2 的圆心和圆弧的中点，如图 6-16 所示。

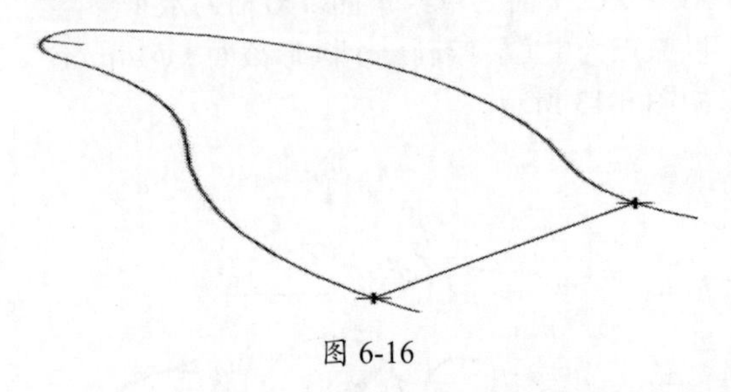

图 6-16

21 执行“菜单”|“插入”|“扫掠”|“扫掠”命令，在弹出的“扫掠”对话框中先单击“截面”栏中的“选择曲线”按钮，选择第 8 步绘制的草图曲线，再在“引导线”栏中单击“选择曲线”按钮，在辅助工具栏中选择“相切曲线”，并单击“在相交处停止”按钮，如图 6-17 所示。

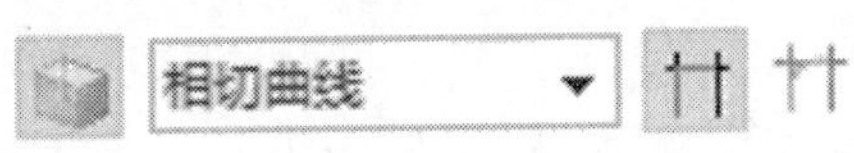

图 6-17

22 先选择曲线①，再在“扫掠”对话框的“引导线”栏中单击“添加新集”按钮，然后选择曲线③，如图 6-18 所示。

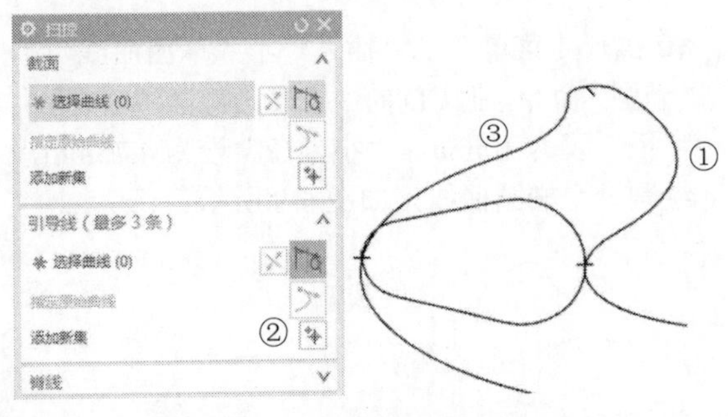

图 6-18

23 在“扫掠”对话框中，将“截面位置”设为“沿引导线任何位置”，选中“保留形状”复选框，将“对齐”设为“参数”，“体类型”设为“实体”。

24 单击“确定”按钮创建扫掠实体，如图 6-19 所示。

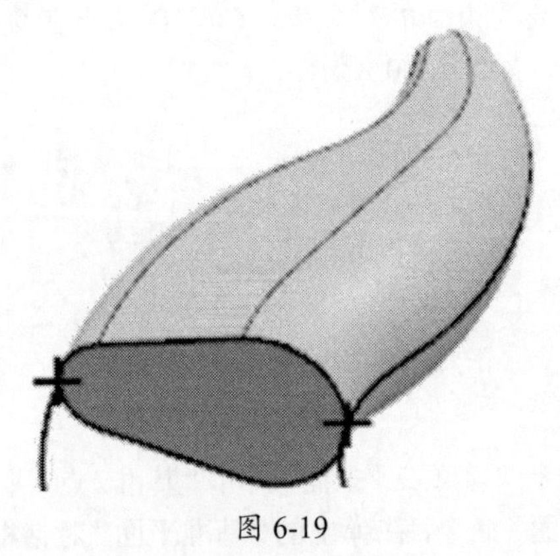

图 6-19

25 执行“菜单”|“插入”|“网格曲面”|“通过曲线网格”命令，在弹出的“通过曲线网格”对话框的“主曲线”栏中单击“曲线”按钮，先选择 ϕ18mm 的圆为第 1 条主曲线，再单击“添加新集”按钮，选择椭圆为第 2 条主曲线。按此方法，选择剖面 *B—B* 为第 3 条主曲线，选择剖面 *C—C* 为第 4 条主曲线，如图 6-20 所示（注意：箭头方向必须一致）。

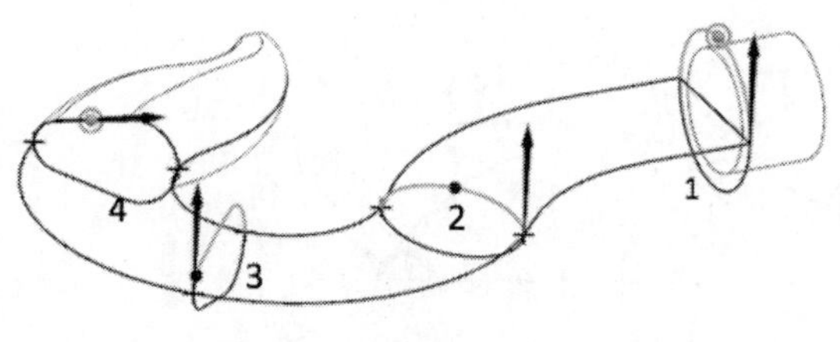

图 6-20

26 在“通过曲线网格”对话框的“交叉曲线”栏中单击“曲线”按钮，在辅助工具栏中选择“相切曲线”，并单击“在相交处停止”按钮，先依次选择曲线 a、b、c 为第 1 条交叉曲线，再单击“添加新集”按钮，依次选择曲线 d、e、f 为第 2 条交叉曲线，然后单击“添加新集”按钮，再次依次选择曲线 a、b、c 为第 3 条交叉曲线，如图 6-21 所示。

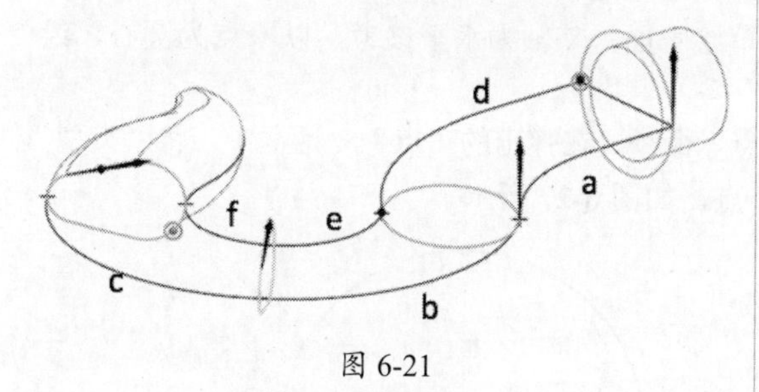

图 6-21

27 单击“确定”按钮创建网格曲面实体，该实体与扫掠实体不相切，吊钩柄部也是自然形状，如图 6-22 所示。

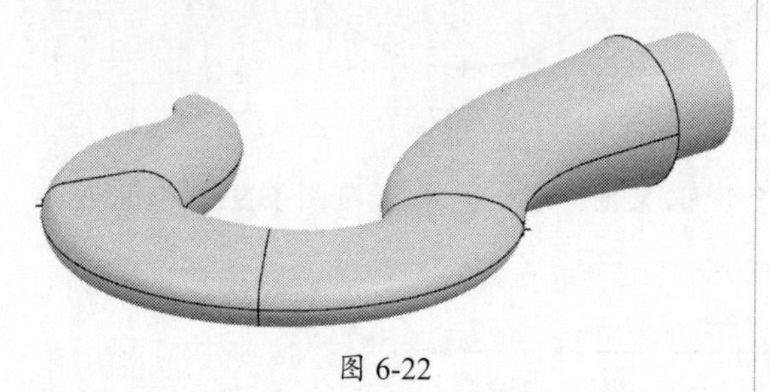

图 6-22

提示：

如果所创建的网格面只创建了一半，如图6-23所示，则是因为只将曲线a、b、c设为第一交叉线串，没有将曲线a、b、c设为最后交叉线串。

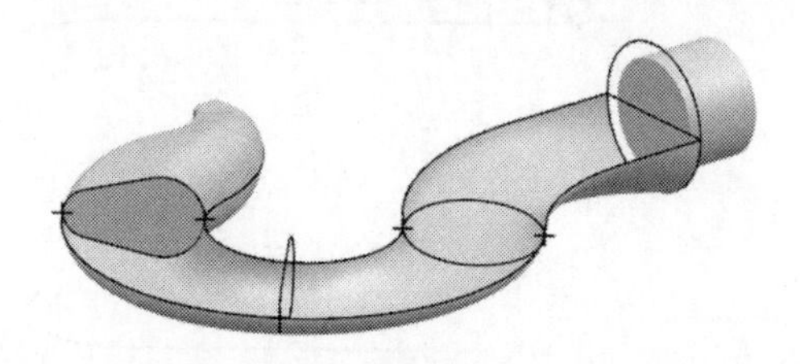

图 6-23

28 设定网格曲面实体与扫掠实体相切，具体步骤如下。

（1）在“部件导航器”中选中“通过曲线网格”复选框，右击并在弹出的快捷菜单中选择“编辑参数”命令。

（2）在弹出的“通过曲线网格”对话框的“连续性”栏中，将“第一主线串”设为“G1(相切)”，选择第 18 步创建的圆柱体，将“最后主线串”设为“G1(相切)”，选择第 24 步创建的扫掠实体。

（3）单击“确定”按钮，重新生成吊钩实体并与扫掠实体相切，吊钩柄部也与圆柱体相切，如图 6-24 所示（读者自行对比图 6-22 和图 6-24 两个实体形状的区别）。

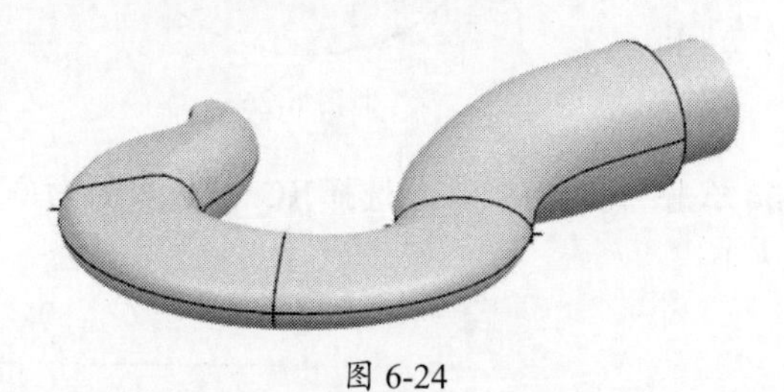

图 6-24

29 单击“保存”按钮保存文档。

6.2 花洒

本节通过花洒零件的建模过程，详细介绍拉伸、扫掠、曲线网格、艺术样条、中间曲线、组合投影等命令的使用方法，零件尺寸如图 6-25 所示。

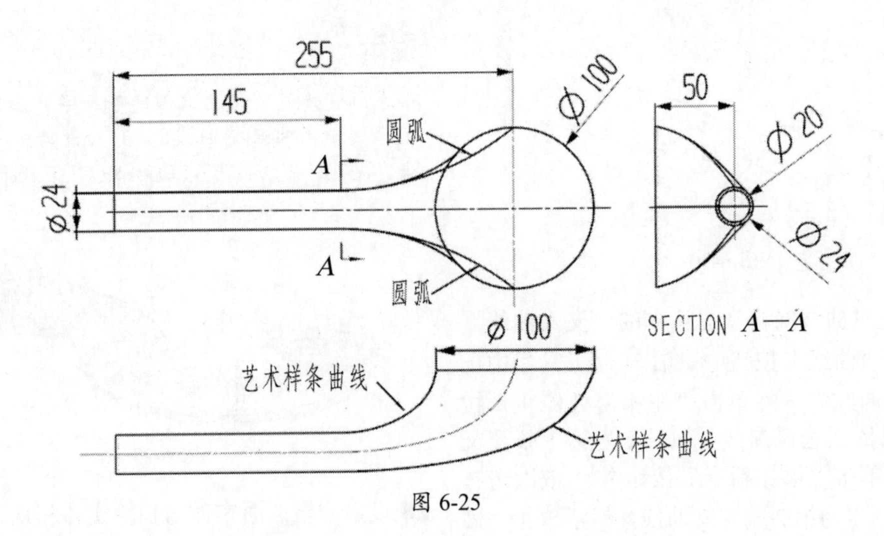

图 6-25

01 单击“新建”按钮，在弹出的“新建”对话框中，将“单位”设为“毫米”，选择“模型”模板，将“名称”设为 huasa.prt，单击“确定”按钮进入建模环境。

02 单击“草图”按钮，选择 XC—YC 平面为草绘平面，X 轴为水平参考，以原点为圆心，绘制圆形截面（ϕ100mm），如图 6-26 所示。

03 执行“菜单”|“插入”|“基准 / 点”|“点”命令，在弹出的“点”对话框中，将“类型”设为“象限点”，在圆周的象限位置创建 4 个点，如图 6-27 所示。

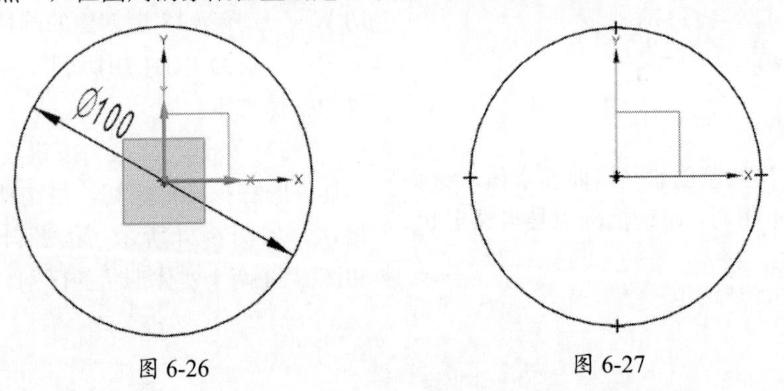

图 6-26　　图 6-27

04 单击“草图”按钮，选择 XC—ZC 平面为草绘平面，X 轴为水平参考，绘制两条直线，如图 6-28 所示。

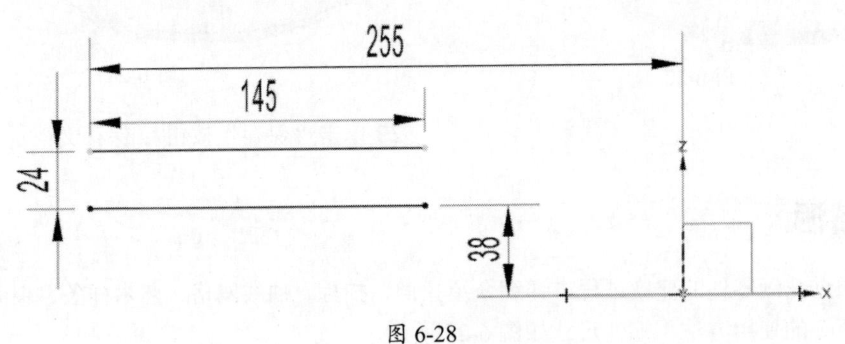

图 6-28

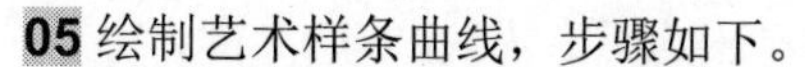

05 绘制艺术样条曲线，步骤如下。

（1）单击“草图”按钮，选择 XC—ZC 平面为草绘平面，X 轴为水平参考，单击“确定”按钮进入草绘环境。

（2）执行“菜单”｜“插入”｜“草图曲线”｜“艺术样条”命令，在弹出的“艺术样条”对话框中，将“类型”设为“通过点”，在“移动”栏中选中“视图”单选按钮。

（3）至少选择 5 个点创建艺术样条曲线，如图 6-29 所示。

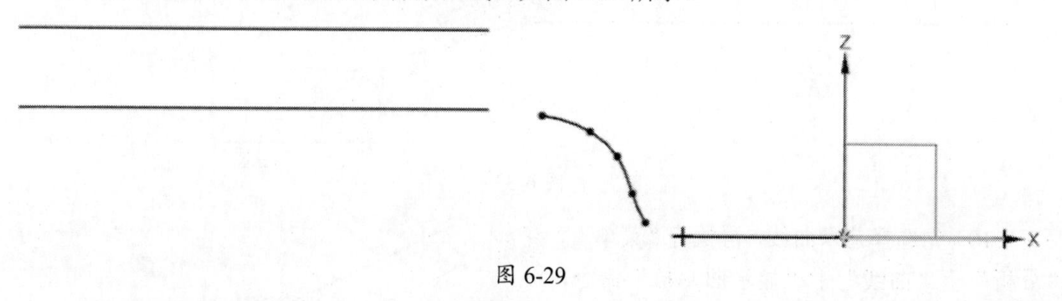

图 6-29

（4）执行“菜单”｜“插入”｜“草图约束”｜“几何约束”命令，在弹出的“几何约束”对话框中单击“重合”按钮，如图 6-30 所示。

（5）选择艺术样条曲线的端点与水平直线的端点重合。

（6）选择艺术样条曲线的另一个端点与圆周上的一个点重合。

（7）在弹出的“几何约束”对话框中单击“相切”按钮，设定样条曲线与水平线相切（提示：该曲线与圆周不相切），如图 6-31 所示。

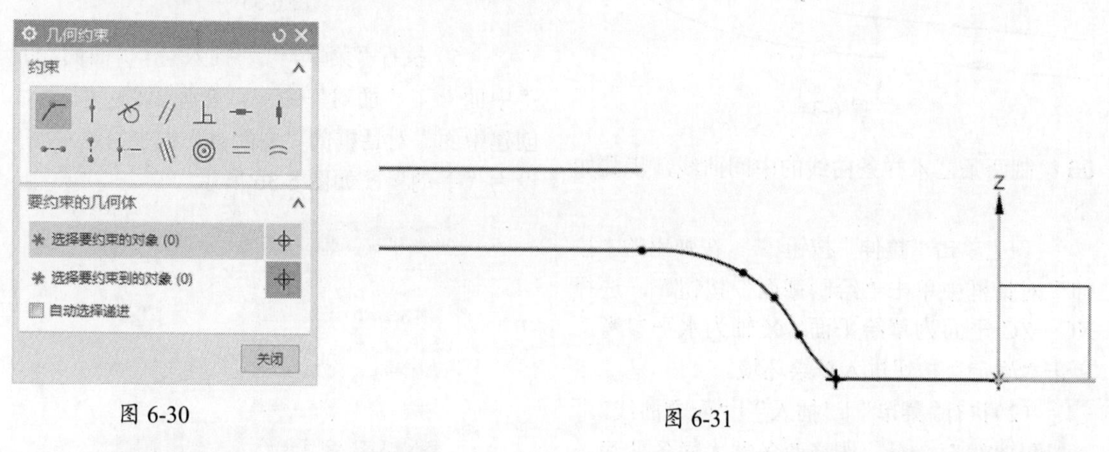

图 6-30　　　　图 6-31

（8）选择艺术曲线后，执行“菜单”｜“分析”｜“曲线”｜“显示曲率梳”命令，显示曲率梳，如图 6-32 所示。

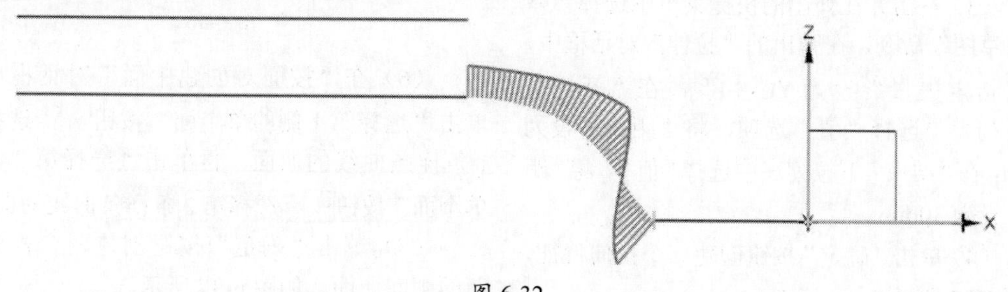

图 6-32

提示：

因为绘制曲线时随意性较大，不同的操作人员所绘制的曲率梳可以不同。

（9）拖动艺术样条的节点使曲率梳光滑，如图 6-33 所示（曲率梳不要求完全相同）。

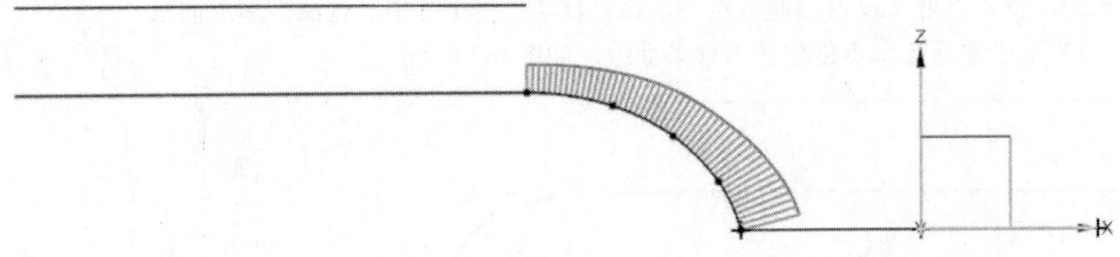

图 6-33

（10）先选择艺术曲线，再执行“菜单”|“分析”|“曲线”|“显示曲率梳”命令，隐藏曲率梳。

（11）采用相同的方法，绘制另一条艺术样条曲线，如图 6-34 所示。

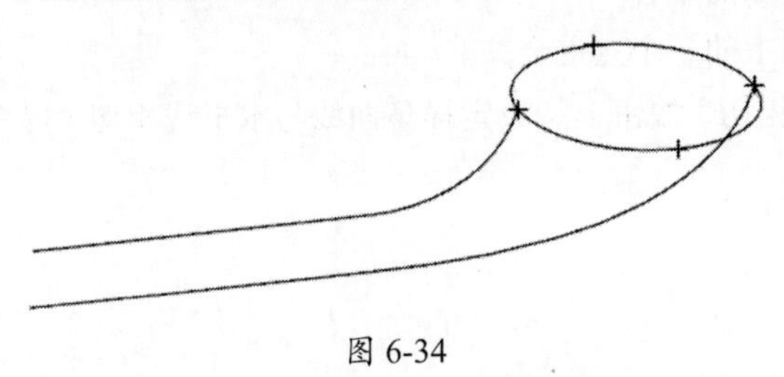

图 6-34

06 绘制两条艺术样条曲线的中间曲线，步骤如下。

（1）单击“拉伸”按钮，在弹出的“拉伸”对话框中单击“绘制截面”按钮，选择 XC—ZC 平面为草绘平面，X 轴为水平参考，单击“确定”按钮进入草绘环境。

（2）执行“菜单”|“插入”|“配方曲线”|“投影曲线”命令，选择两条艺术样条曲线，再用直线将两条样条曲线的端点连接。

（3）右击并在弹出的快捷菜单中选择“完成草图”命令，在弹出的“拉伸”对话框中，将“指定矢量”设为 YC ↑，在“开始”下拉列表中选择“值”选项，将“距离”设为 0mm，在“结束”下拉列表中选择“值”，将“距离”设为 30mm。

（4）单击“确定”按钮创建一个拉伸特征，如图 6-35 所示。

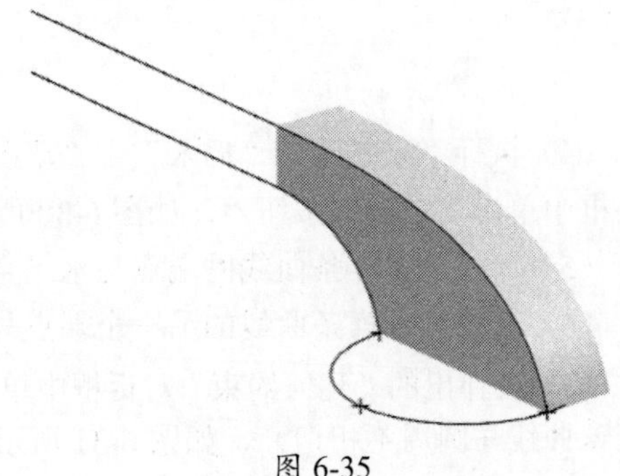

图 6-35

（5）执行“菜单”|“插入”|“曲面”|“中面”|“面对”命令，在弹出的“按面对创建中面”对话框的“面配对”栏中将“策略”设为“手动”，如图 6-36 所示。

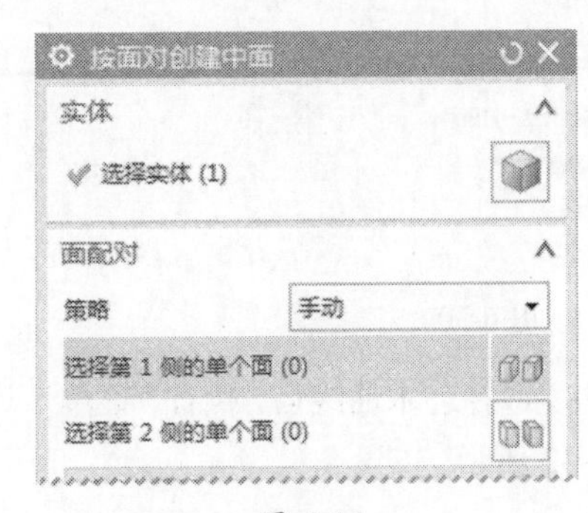

图 6-36

（6）在“按面对创建中面”对话框中，单击“选择第 1 侧的单个面”按钮，选择第 1 条样条曲线的曲面，再单击“选择第 2 侧的单个面”按钮，选择第 2 条样条曲线的曲面。

（7）单击“确定”按钮创建两个样条曲面的中间曲面，如图 6-37 所示。

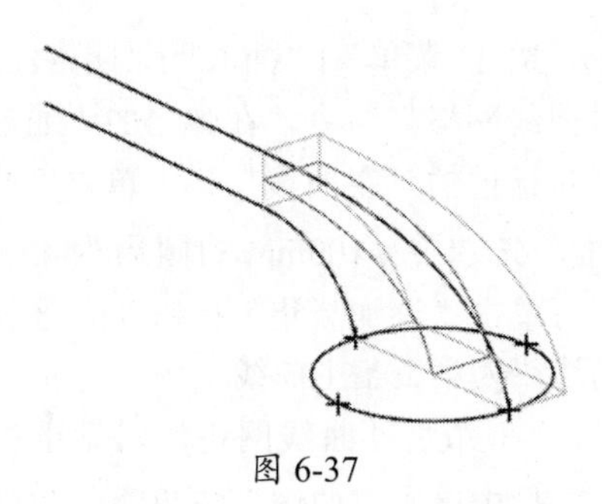

图 6-37

（8）执行“菜单”｜“插入”｜“派生曲线”｜“相交”命令，创建 XC—ZC 平面和中间曲面的交线，如图 6-38 所示，该交线也是图 6-34 两条艺术样条曲线的中间曲线。

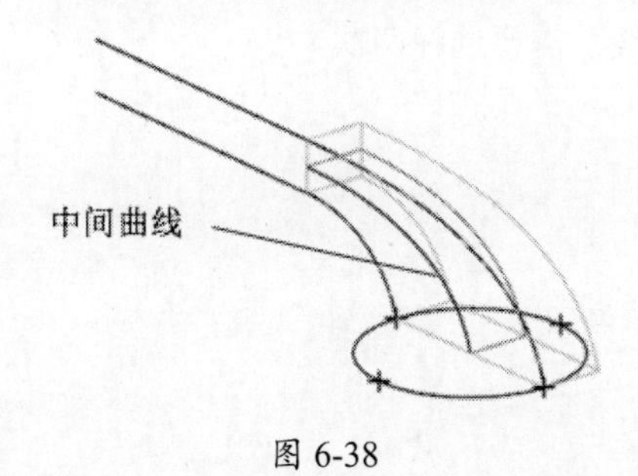

图 6-38

07 创建组合投影曲线，具体步骤如下。

（1）单击“草图”按钮，选择 XC—YC 平面为草绘平面，X 轴为水平参考，绘制一条水平线和一条圆弧曲线，其中圆弧曲线与水平线相切，圆弧曲线的另一个端点在象限点上，如图 6-39 所示。

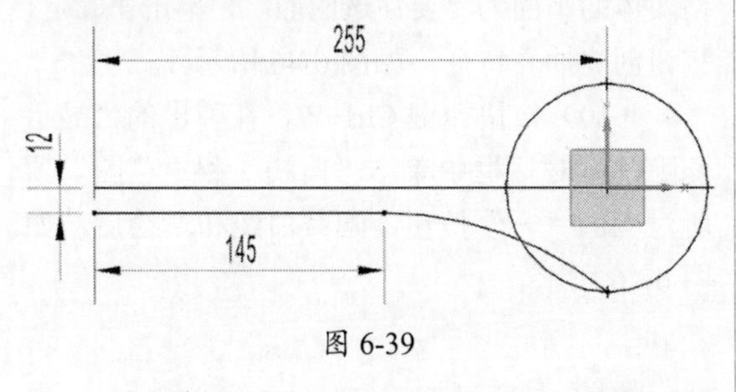

图 6-39

（2）右击并在弹出的快捷菜单中选择“完成草图”命令。

（3）执行“菜单”｜“插入”｜“派生曲线”｜“组合投影”命令，选择图 6-38 创建的中间曲线为“曲线 1”，选择图 6-39 创建的草图为“曲线 2”，在“投影方向 1”和“投影方向 2”栏中选择“垂直于曲线平面”选项。

（4）单击“确定”按钮创建组合投影曲线，如图 6-40 中的粗线所示。

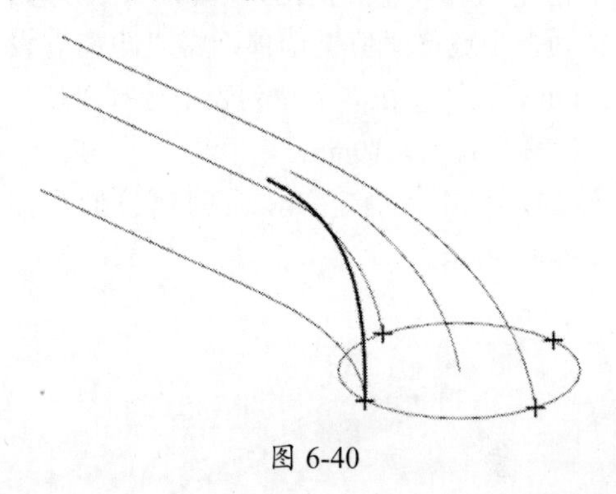

图 6-40

（5）执行“菜单”｜“插入”｜“派生曲线”｜“镜像”命令，选择组合投影曲线为镜像曲线，XC—ZC 平面为镜像平面，单击“确定”按钮创建镜像曲线，将其他曲线隐藏后的效果如图 6-41 所示。

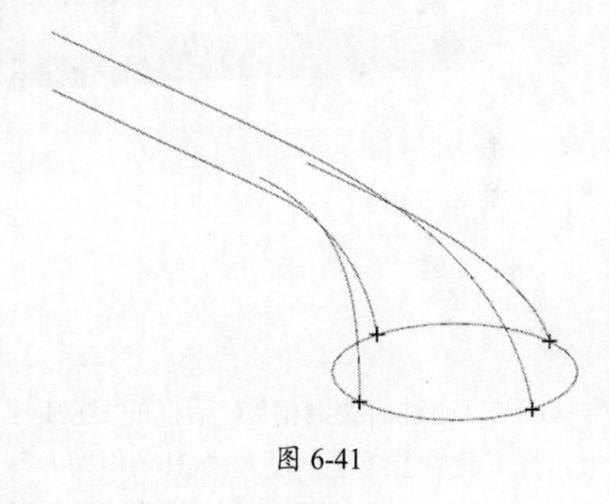

图 6-41

08 创建实体，具体步骤如下。

（1）单击“拉伸”按钮，在弹出的“拉伸”对话框中单击“绘制截面”按钮，选择 YC—ZC 平面为草绘平面，Y 轴为水平参考，绘制一个圆形截面（ϕ24mm），如图 6-42 所示。

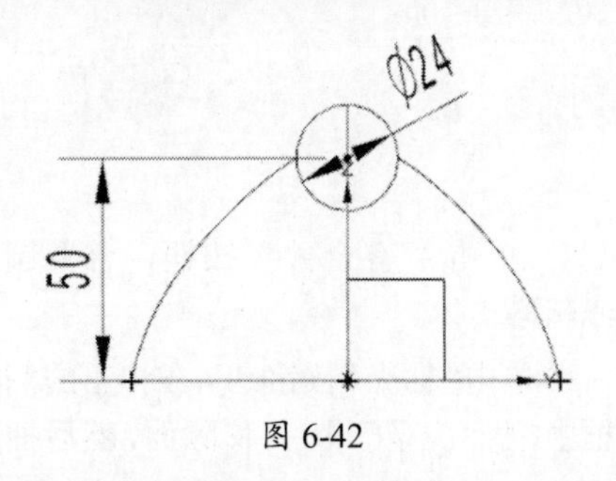

图 6-42

（2）右击并在弹出的快捷菜单中选择“完成草图”命令，在弹出的“拉伸”对话框中，将“指定矢量”设为XC↑，在“开始”下拉列表中选择“值”选项，将“距离”设为-255mm，在“结束”下拉列表中选择“值”，将“距离”设为-110mm。

（3）单击“确定”按钮创建拉伸实体，如图6-43所示。

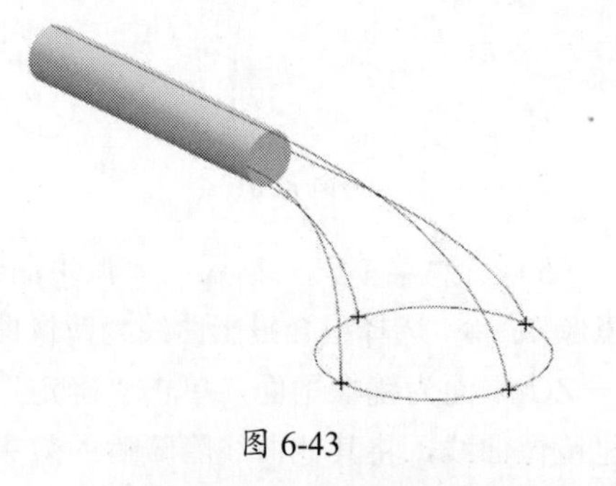

图6-43

（4）执行“菜单”|“插入”|“网格曲面”|“通过曲线网格”命令，在弹出的“通过曲线网格”对话框的“主曲线”栏中单击“曲线”按钮，先选择ϕ100mm的圆周为第1条主曲线，再单击“添加新集”按钮，选择圆柱右端的边线为第2条主曲线。

（5）在“通过曲线网格”对话框的“交叉曲线”栏中单击“曲线”按钮，先选择曲线a为第1条交叉曲线，再单击“添加新集”按钮，选择曲线b为第2条交叉曲线，以此类推，依次选择曲线c、d、a为交叉曲线，如图6-44所示（提示：曲线a作为起始曲线和终止曲线，需要选择两次）。

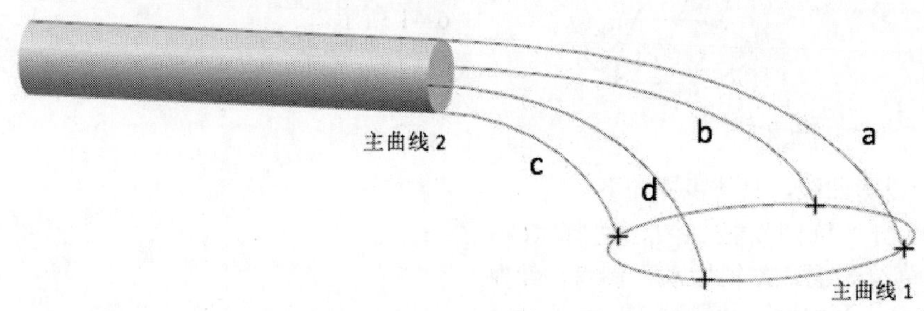

图6-44

（6）在“通过曲线网格”对话框的“连续性”栏中，将“最后主线串”设为“G1（相切）”，再选择圆柱体，使曲线网格与拉伸曲面相切。

（7）单击“确定”按钮创建曲线网格实体，如图6-45所示。

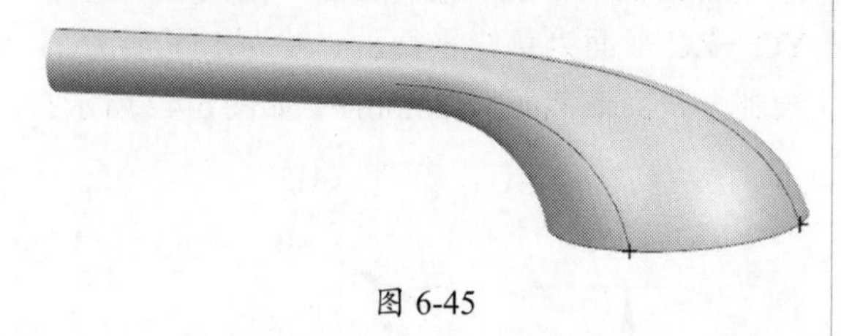

图6-45

（8）单击“合并”按钮，合并圆柱体与曲线网格实体。

（9）单击“抽壳”按钮，在弹出的“抽壳”对话框中，将“类型”设为“移除面，然后抽壳”，“厚度”设为2mm，选择圆柱的端面和曲线网格实体的平面为“要穿透的面”，单击“确定”按钮创建抽壳特征，如图6-46所示。

（10）按快捷键Ctrl+W，在弹出的“显示和隐藏”对话框中单击“曲线”和“草图”项所对应的“－”按钮，隐藏曲线和草绘后，如图6-46所示。

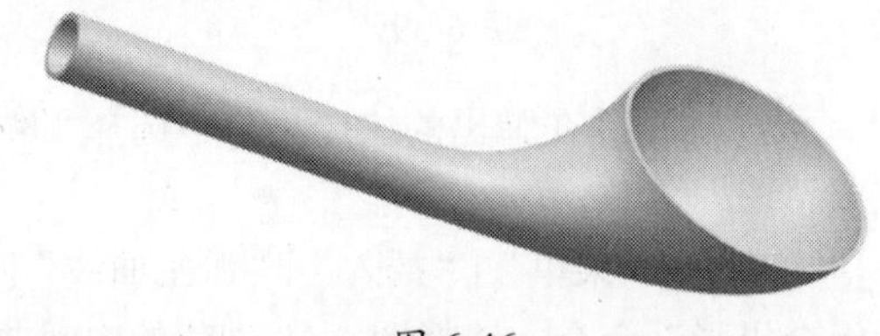

图6-46

09 单击“保存”按钮保存文档。

6.3 电话听筒

本节通过电话听筒的建模过程，详细介绍拉伸、旋转、扫掠、替换、图层、对所有面抽壳等命令的使用方法，产品尺寸如图 6-47 所示。

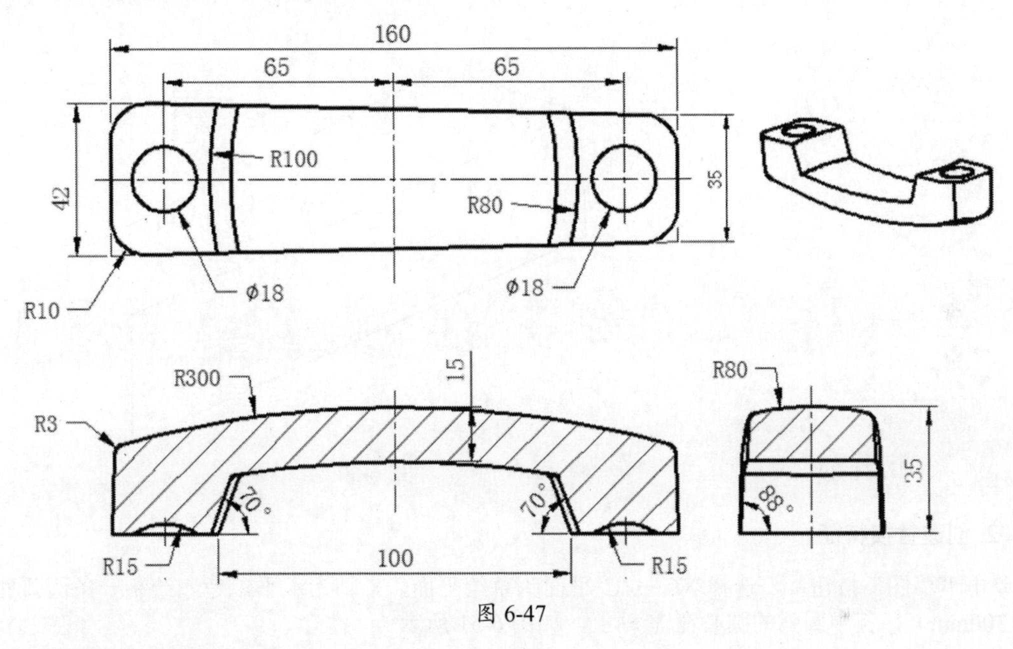

图 6-47

1. 创建基本实体

01 单击“新建”按钮，在弹出的“新建”对话框中，将“单位”设为“毫米”，选择“模型”模板，将“名称”设为 dianhua.prt，单击“确定”按钮进入建模环境。

02 单击“拉伸”按钮，在弹出的“拉伸”对话框中单击“绘制截面”按钮，选择 XC—YC 平面为草绘平面，X 轴为水平参考，绘制一个截面，如图 6-48 所示。

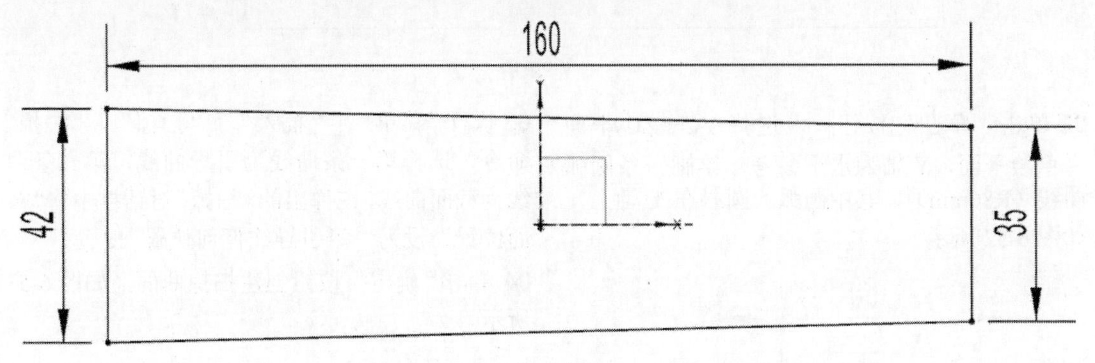

图 6-48

03 右击并在弹出的快捷菜单中选择“完成草图”命令，在弹出的“拉伸”对话框中，将“指定矢量”设为 ZC ↑，在“开始”下拉列表中选择“值”选项，将“距离”设为 0mm，在“结束”下拉列表中选择“值”，将“距离”设为 30mm，“布尔”设为“无”，“拔模”设为“从起始限制”，“角度”设为 2°，如图 6-49 所示。

04 单击“确定”按钮创建带锥度的拉伸实体，该实体的下轮廓比上轮廓大，如图 6-50 所示。

图 6-49

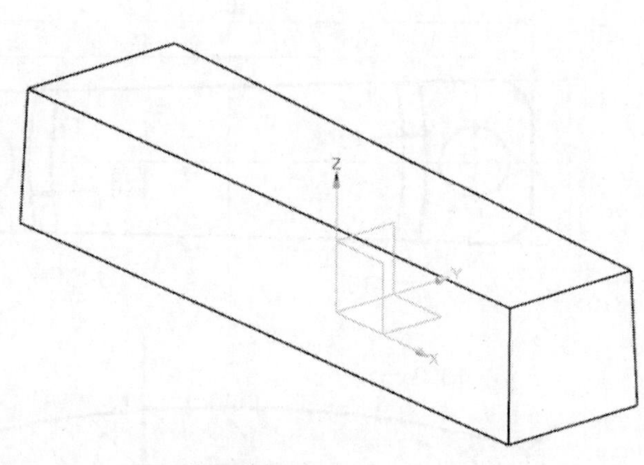

图 6-50

2. 创建替换特征

01 单击“草图”按钮，选择XC—ZC平面为草绘平面，X轴为水平参考，绘制一条圆弧曲线（R300mm），其中圆弧的圆心在Y轴上，如图6-51所示。

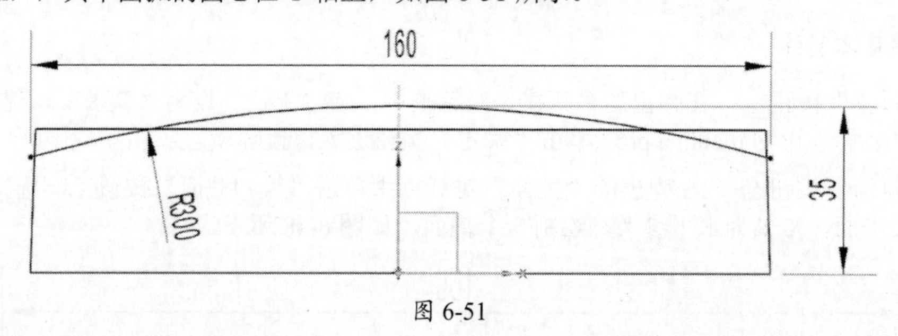

图 6-51

02 单击“草图”按钮，选择YC—ZC平面为草绘平面，Y轴为水平参考，绘制一条圆弧曲线（R80mm），其中圆弧的圆心在Y轴上，如图6-52所示。

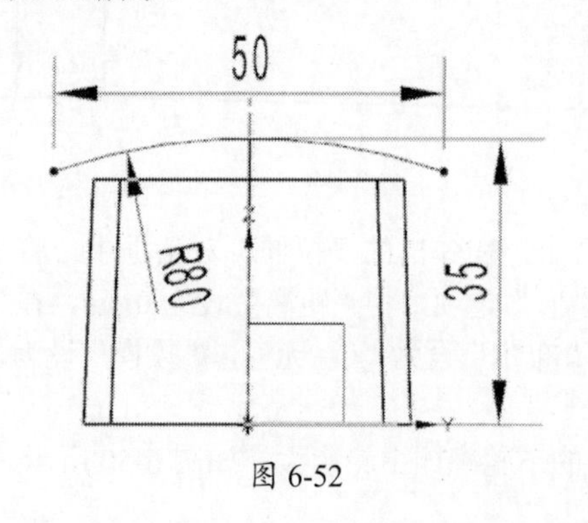

图 6-52

03 执行“菜单”|“插入”|“扫掠”|“扫掠”命令，选择第一条曲线为引导曲线，第二条曲线为截面曲线，在弹出的“扫掠”对话框中将“截面位置”设为“沿引导线任何位置”。

04 单击“确定”按钮创建扫掠曲面，如图6-53所示。

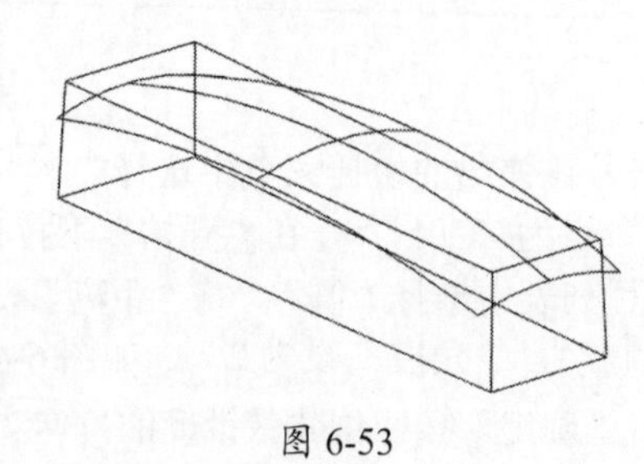

图 6-53

05 执行“菜单”｜“插入”｜“同步建模”｜“替换面”命令，将实体上表面设为“原始面”，扫掠曲面设为“替换面”，单击“确定”按钮，将实体上表面替换成圆弧面，如图 6-54 所示。

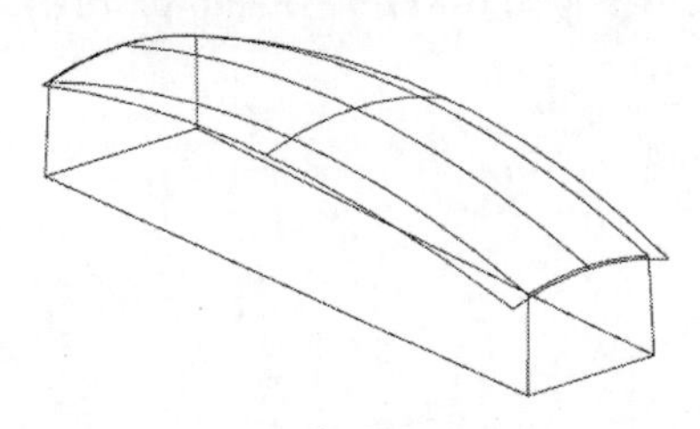

图 6-54

06 执行“菜单”｜“格式”｜“移动至图层”命令，选择曲面及草图曲线，单击“确定”按钮，在弹出的“图层移动”对话框的“目标图层或类别”文本框中输入 10，如图 6-55 所示。

图层移动

目标图层或类别

10

类别过滤 *

图 6-55

07 单击“确定”按钮，将曲面及曲线移至第 10 层并隐藏，只显示实体。

3. 创建凹形切除特征

01 单击“拉伸”按钮，在弹出的“拉伸”对话框中单击“绘制截面”按钮，选择 XC—ZC 平面为草绘平面，X 轴为水平参考，绘制一个封闭的截面，其中圆弧的圆心在 Y 轴上，如图 6-56 所示。

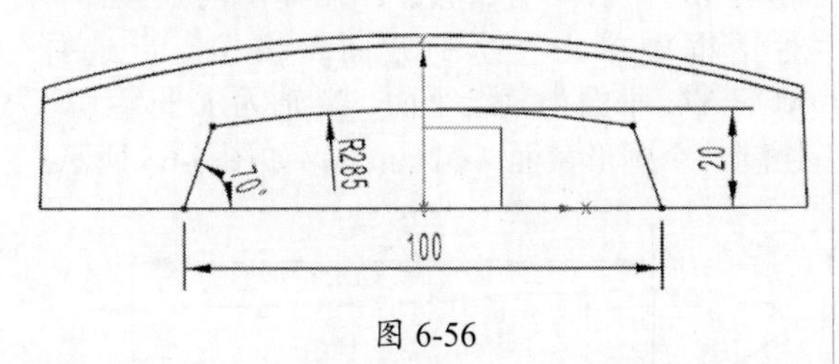

图 6-56

02 右击并在弹出的快捷菜单中选择“完成草图”命令，在弹出的“拉伸”对话框中，将“指定矢量”设为 YC ↑，在“开始”栏中选择“贯通”，在“结束”下拉列表中选择“贯通”，“布尔”设为“减去”。

03 单击“确定”按钮创建切除特征，如图 6-57 所示。

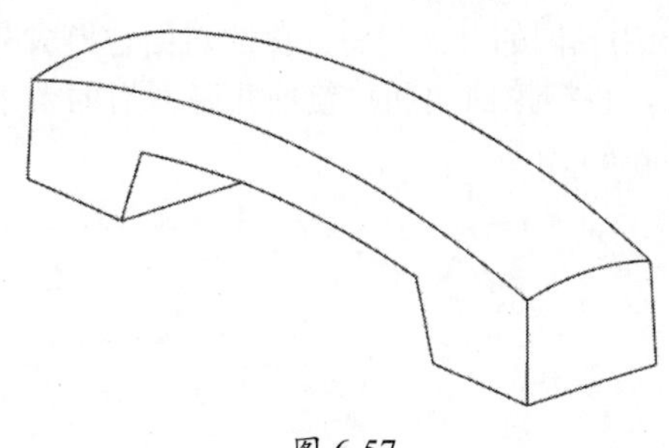

图 6-57

04 单击“草图”按钮，选择 XC—YC 平面为草绘平面，X 轴为水平参考，绘制一条圆弧曲线（R100mm），圆弧曲线与一条边线相切且圆心在 X 轴上，如图 6-58 所示。

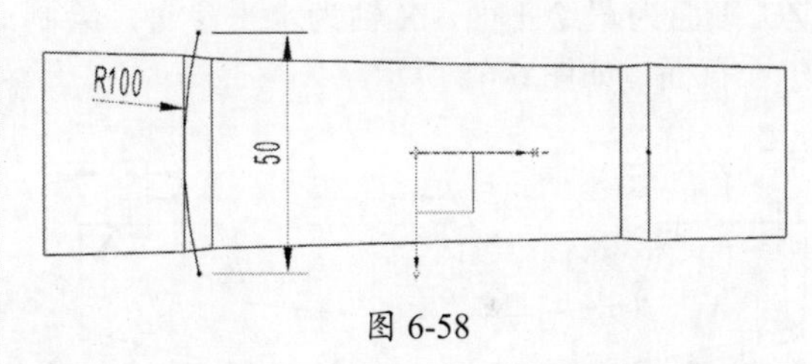

图 6-58

05 执行“菜单”｜“插入”｜“扫掠”｜“扫掠”命令，选择上一步绘制的草图曲线为截面曲线，斜边为引导曲线，在弹出的“扫掠”对话框中，将“截面位置”设为“沿引导线任何位置”。

06 单击“确定”按钮创建一个扫掠曲面，如图 6-59 所示。

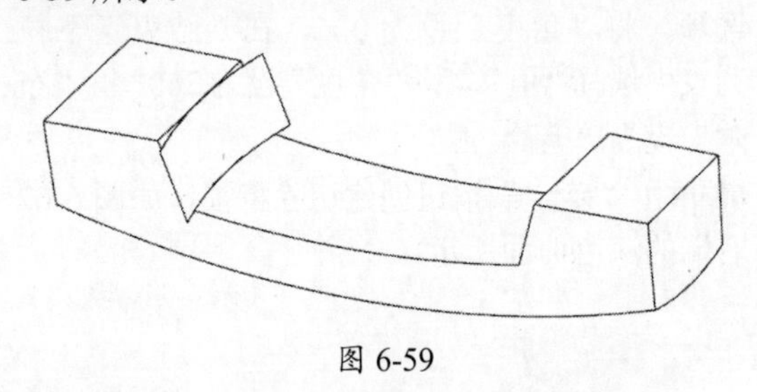

图 6-59

07 执行“菜单”｜“插入”｜“关联复制”｜“镜像特征”命令，选择扫描曲面作为“要镜像的特征”，选择 YC—ZC 平面作为“镜像平面”，单击“确定”按钮创建镜像曲面。

08 执行“菜单”｜“插入”｜“同步建模”｜“替换面”命令，选择左侧的斜面为“原始面”，选择左侧的扫掠曲面为“替换面”。

09 单击“确定”按钮，将左侧的斜面替换成圆弧曲面。

10 采用相同的方法，将右侧的斜面替换成圆弧曲面，将扫掠曲面和草绘曲线隐藏后的效果，如图 6-60 所示。

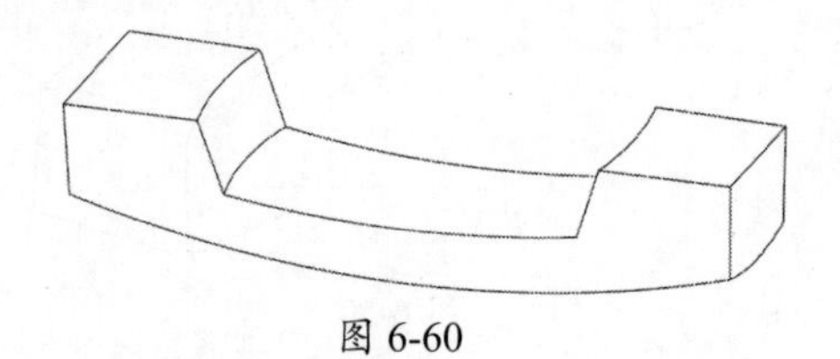

图 6-60

4. 创建圆形凹坑特征

01 单击“旋转”按钮，在弹出的“旋转”对话框中单击“绘制截面”按钮，选择 XC—ZC 平面为草绘平面，X 轴为水平参考，绘制一个截面，如图 6-61 所示。

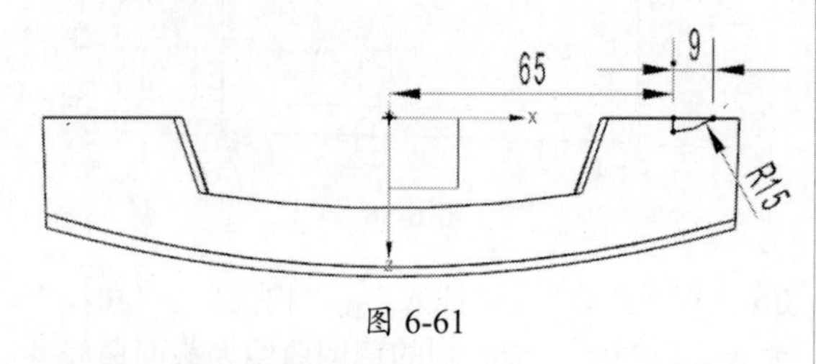

图 6-61

02 右击并在弹出的快捷菜单中选择“完成草图”命令，在弹出的“旋转”对话框中，将“指定矢量”设为 ZC ↑，“指定点”设为 R15 圆弧的圆心点，在“开始”下拉列表中选择“值”选项，将“角度”设为 0°，在“结束”下拉列表中选择“值”，将“角度”设为 360°，“布尔”设为“减去”。

03 单击“确定”按钮创建切除特征，如图 6-62 右端的深色曲面所示。

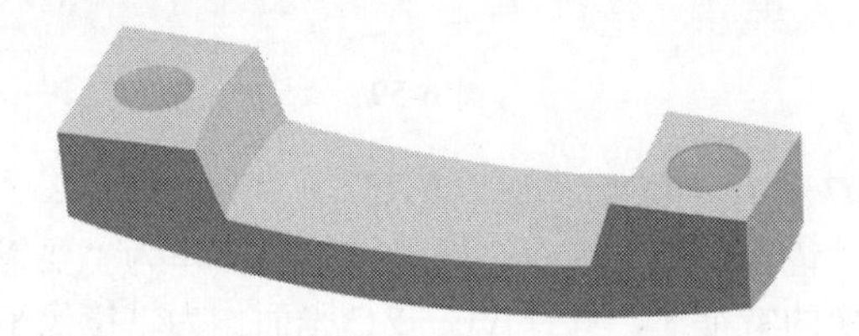

图 6-62

04 执行“菜单”|“插入”|“关联复制”|“镜像特征”命令，以 YC—ZC 平面为镜像平面，镜像刚才创建的旋转切除体，如图 6-62 左端的深色曲面所示。

5. 创建工程特征

01 单击“边倒圆”按钮，创建倒圆角特征（圆角的大小参考图 6-47），如图 6-63 所示。

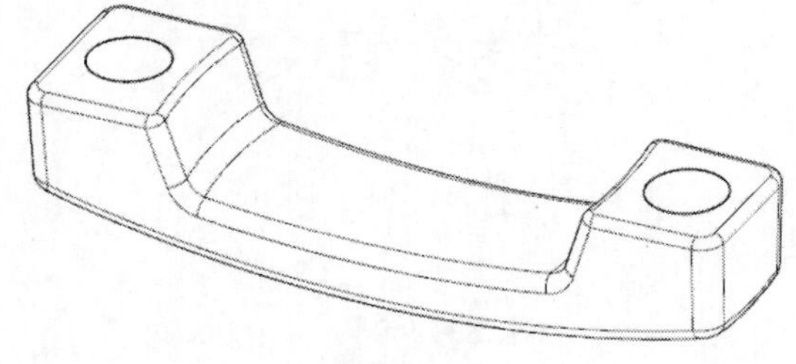

图 6-63

02 执行“菜单”|“插入”|“偏置/缩放”|“抽壳”命令，在弹出的“抽壳”对话框中，将“类型”设为“对所有面抽壳”，“厚度”为 2 mm，如图 6-64 所示。

图 6-64

03 选择实体后单击“确定”按钮，创建抽壳特征。

04 单击“保存”按钮保存文档。

05 单击“拉伸”按钮，在弹出的“拉伸”对话框中单击“绘制截面”按钮，选择 XC—YC 平面为草绘平面，X 轴为水平参考，绘制一个圆形截面（ϕ2mm），如图 6-65 所示。

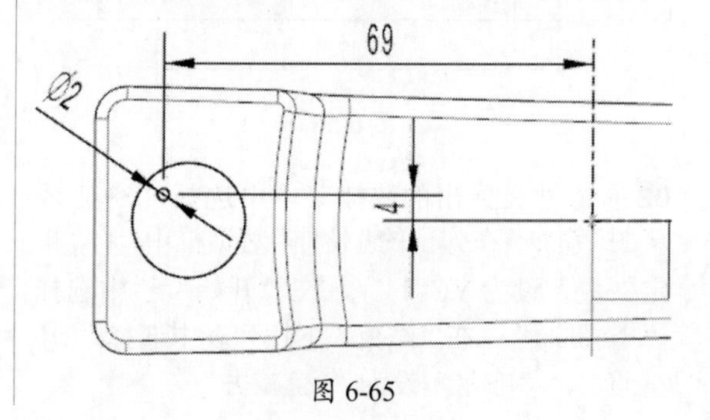

图 6-65

06 右击并在弹出的快捷菜单中选择“完成草图”命令，在弹出的“拉伸”对话框中，将“指定矢量”设为 ZC ↑，在“开始”下拉列表中选择“值”选项，将“距离”设为 0mm，在“结束”下拉列表中选择“值”，将“距离”设为 10mm，“布尔”设为“减去”。

07 单击“确定”按钮创建小孔，如图 6-66 所示。

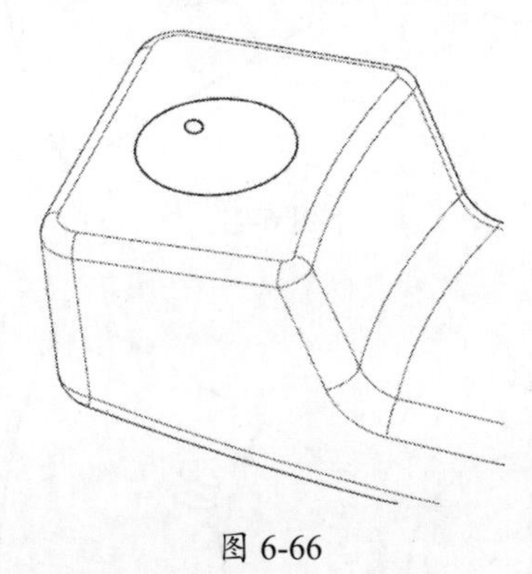

图 6-66

08 执行“菜单”|“插入”|“关联复制”|“阵列特征”命令，在弹出的“阵列特征”对话框中，将“布局”设为“线性”，在“方向 1”区域中，将“指定矢量”设为 XC ↑，“间距”为“数量和间隔”，“数量”设为 3，“节距”设为 4mm，取消选中“对称”复选框。在“方向 2”栏中，将“指定矢量”设为 YC ↑，“间距”为“数量和间隔”，“数量”为 3，“节距”为 4mm，取消选中“对称”复选框。

09 单击“确定”按钮创建阵列特征，如图 6-67 所示。

图 6-67

10 采用相同的方法，在另一侧对应的位置创建小孔。

11 单击“保存”按钮保存文档。

6.4 扇叶

本节通过扇叶的建模过程，详细介绍拉伸、阵列、投影、旋转、加厚、偏置等命令的使用方法，如图 6-68 所示。

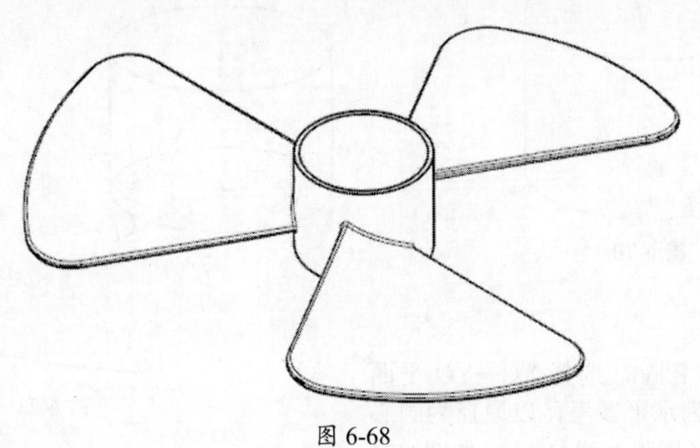

图 6-68

1. 创建基本实体

01 单击“新建”按钮，在弹出的“新建”对话框中，将“单位”设为“毫米”，选择“模型”模板，将“名称”设为 fengshan.prt，单击“确定”按钮进入建模环境。

02 单击“拉伸”按钮，在弹出的“拉伸”对话框中单击“绘制截面”按钮，选择XC—YC平面为草绘平面，X轴为水平参考，绘制一个圆形截面（ϕ29mm），如图6-69所示。

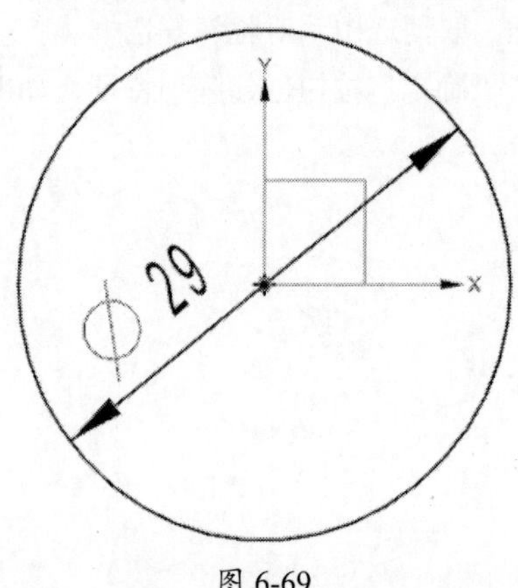

图 6-69

03 右击并在弹出的快捷菜单中选择“完成草图”命令，在弹出的“拉伸”对话框中，将“指定矢量”设为ZC↑，在“开始”下拉列表中选择“值”选项，将“距离”设为0mm，在“结束”下拉列表中选择“值”，将“距离”设为19mm，“布尔”设为“无”，“拔模”设为“无”。

04 单击“确定”按钮创建拉伸实体，如图6-70所示。

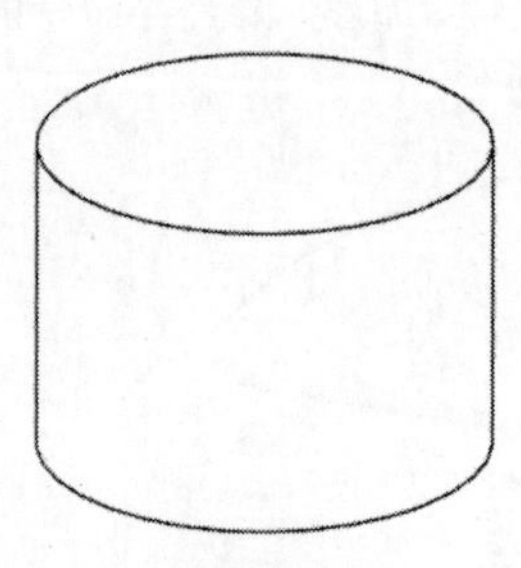

图 6-70

2. 创建扇叶

01 单击“草图”按钮，选择XC—YC平面为草绘平面，X轴为水平参考，以原点为圆心绘制两条直线和一条圆弧曲线（R65），如图6-71所示。

02 选择两条直线，右击并在弹出的快捷菜单中选择“转化为参考”命令，将两条直线转成参考线，如图6-72所示。

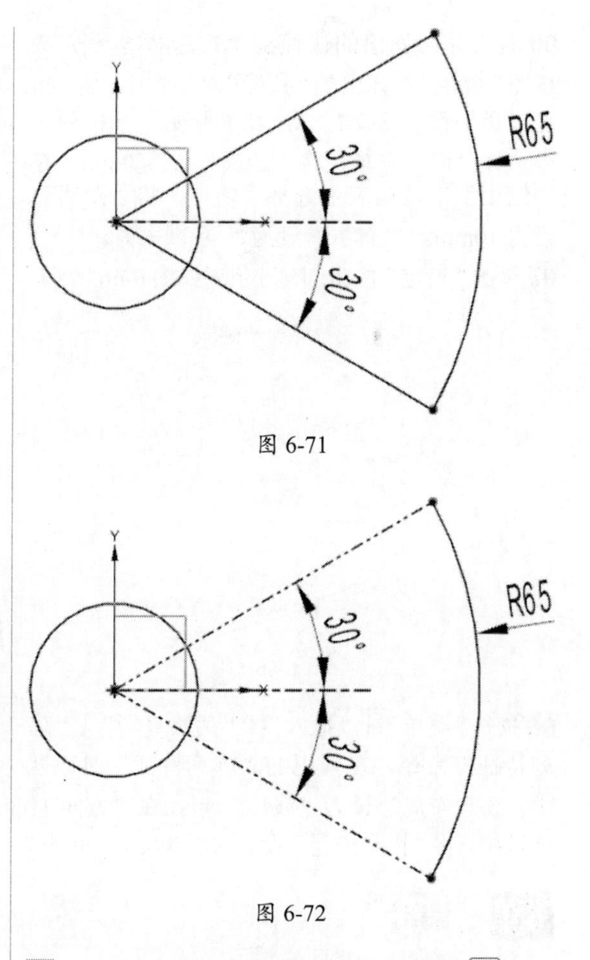

图 6-71

图 6-72

03 右击并在弹出的快捷菜单中选择“完成草图”命令，绘制圆弧，如图6-73所示。

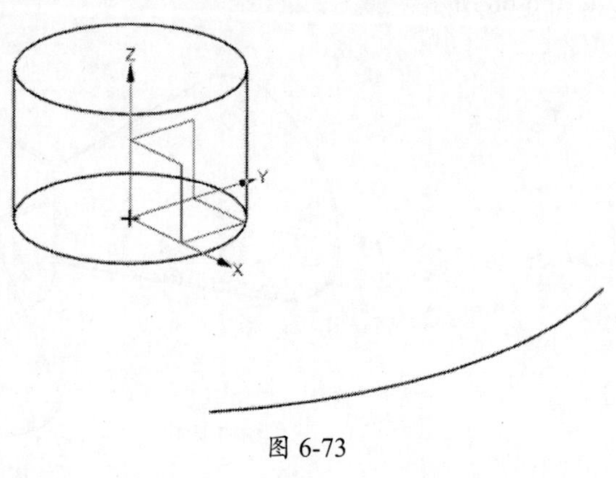

图 6-73

04 执行“菜单”|“插入”|“基准/点”|“基准平面”命令，在弹出的“基准平面”对话框中，将“类型”设为“按某一距离”，YC—ZC平面为“平面参考”，“距离”为70mm。

05 单击“确定”按钮创建一个基准平面，如图 6-74 所示。

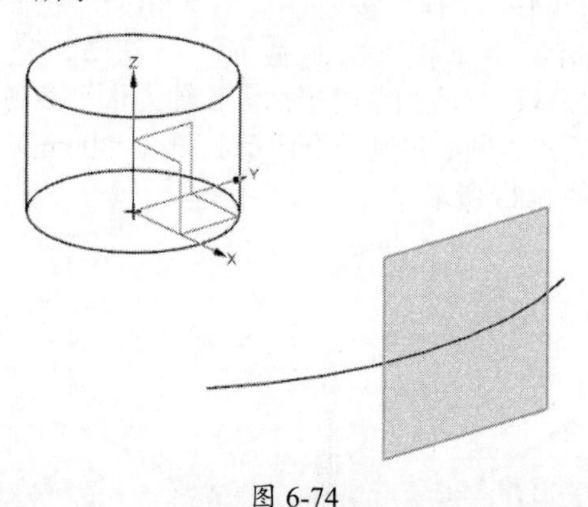

图 6-74

06 单击“草图”按钮，以上一步创建的基准平面为草绘平面，X 轴为水平参考，绘制一条直线，如图 6-75 所示。

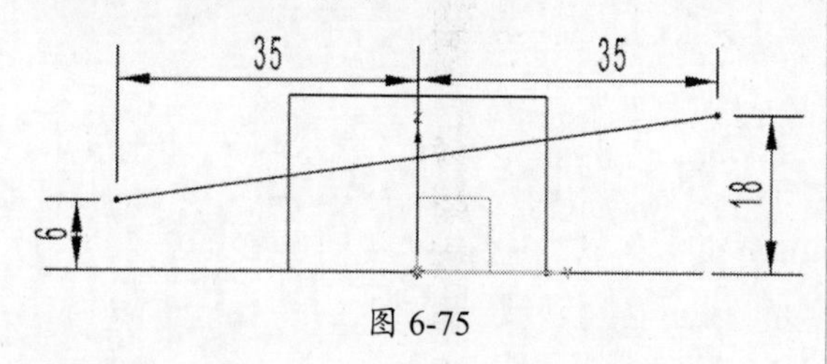

图 6-75

07 执行“菜单”|“插入”|“派生曲线”|“组合投影”命令，选择第 5 步创建的中间草图为“曲线 1”，选择第 6 步创建的草图作为“曲线 2”，在“投影方向 1”和“投影方向 2”栏中选择“垂直于曲线平面”选项。

08 单击“确定”按钮，创建组合投影曲线，如图 6-76 中的粗线所示。

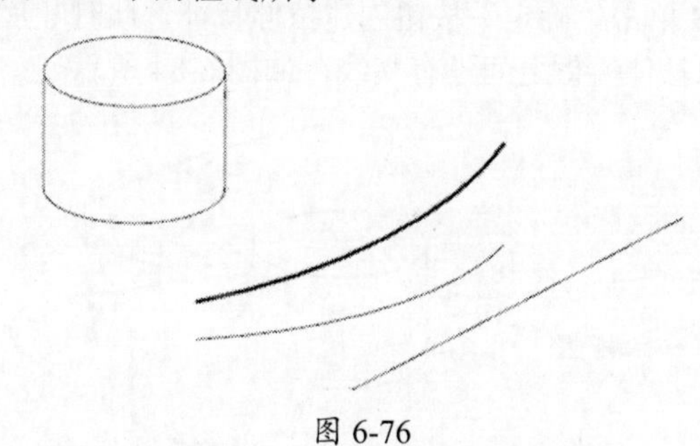

图 6-76

09 选择第 5 步和第 6 步创建的草图曲面，右击并在弹出的快捷菜单中选择“隐藏”命令。

10 执行“菜单”|“插入”|“派生曲线”|“投影”命令，选择组合投影曲线作为“要投影的曲线”，选择圆柱面作为“要投影的对象”，将“方向”设为“沿面的法向”。

11 单击“确定”按钮在圆柱面上创建投影曲线，如图 6-77 所示。

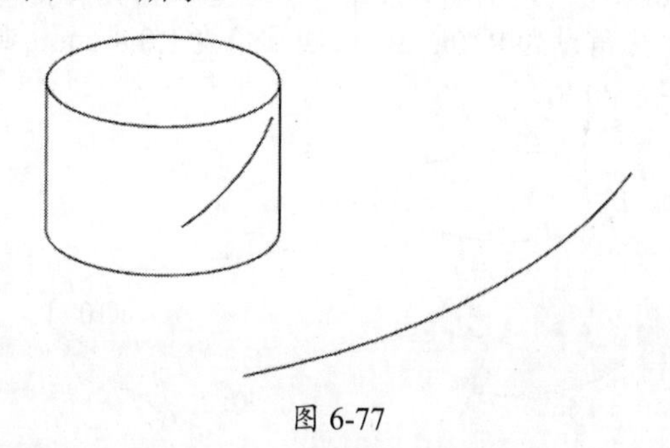

图 6-77

12 执行“菜单”|“插入”|“网格曲面”|“通过曲线组”命令，选择组合投影曲线，并在弹出的“通过曲线组”对话框中单击“添加新集”按钮，然后选择上一步创建的投影曲线。

13 单击“确定”按钮创建一个曲面，如图 6-78 所示。

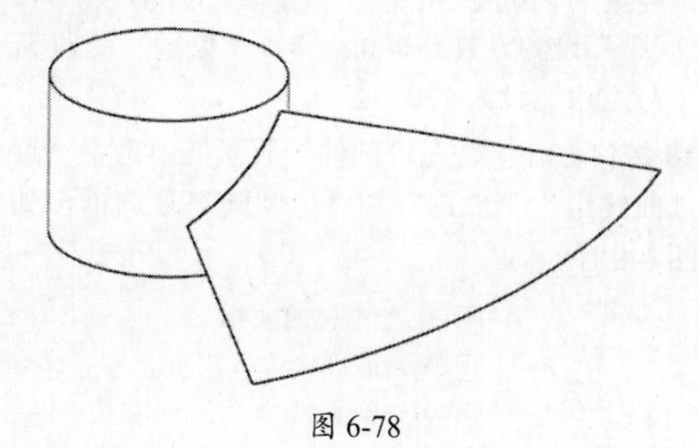

图 6-78

14 执行“菜单”|“插入”|“偏置缩放”|“加厚”命令，选择曲面后，在“加厚”对话框中，将“厚度”设为 2mm，曲面加厚为实体，如图 6-79 所示。

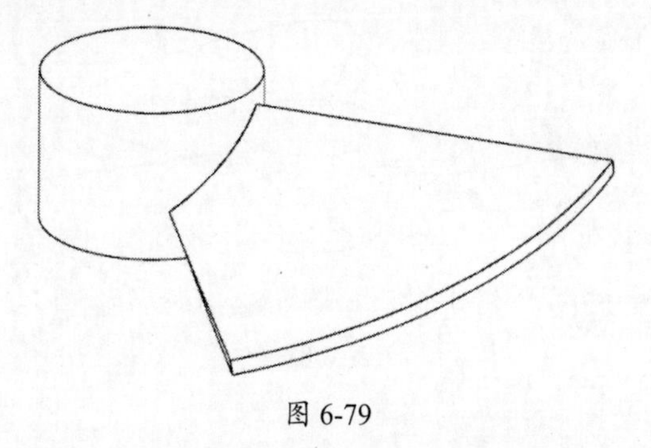

图 6-79

15 按快捷键 Ctrl+W，在弹出的“显示和隐藏”对话框中单击“曲线”“草图”和“基准平面”项所对应的“－”按钮，隐藏曲线、基准平面和草图。

16 单击“边倒圆”按钮，创建倒圆角特征，将棱角设为 R10mm，边线圆角为 R0.8mm，如图 6-80 所示。

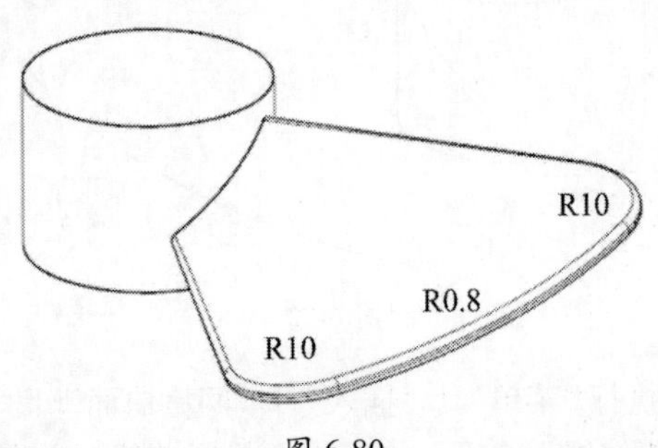

图 6-80

17 执行“菜单”|“插入”|“关联复制”|“阵列几何特征”命令，在弹出的“阵列几何特征”对话框中，将“布局”设为“圆形”，“指定矢量”设为 ZC ↑，“指定点”设为(0,0,0)，“间距”设为“数量和间隔”，“数量”设为 3，“节距角”设为 120°。

18 按住 Ctrl 键，在“部件导航器”中选中“通过曲线组”“加厚”和“边倒圆”复选框，如图 6-81 所示。

通过曲线组 (7)
加厚 (8)
边倒圆 (9)
边倒圆 (11)

图 6-81

19 单击“确定”按钮创建阵列特征，如图 6-82 所示。

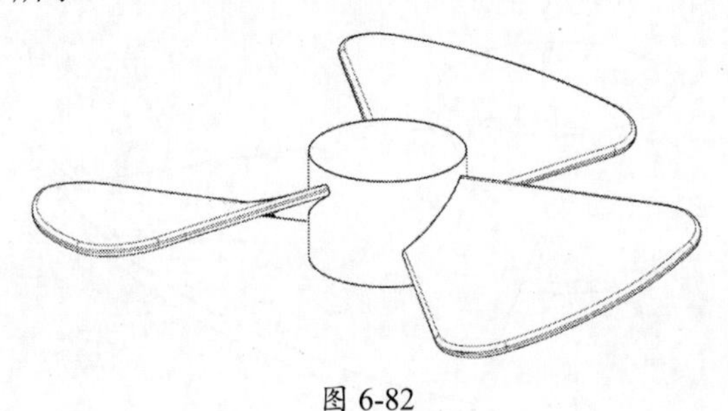

图 6-82

3. 合并圆柱与叶片实体

01 单击“拉伸”按钮，在弹出的“拉伸”对话框中单击“绘制截面”按钮，选择 XC—YC 平面为草绘平面，X 轴为水平参考，以原点为圆心绘制一个圆形截面（ϕ30mm），如图 6-83 所示。

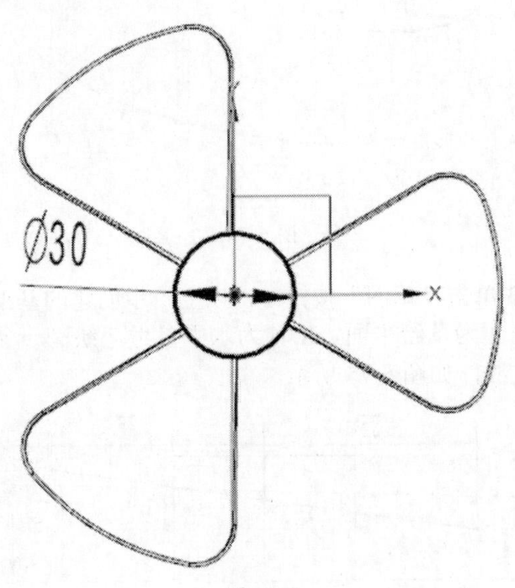

图 6-83

02 右击并在弹出的快捷菜单中选择“完成草图”命令，在弹出的“拉伸”对话框中，将“指定矢量”设为 ZC ↑，在“开始”下拉列表中选择“值”选项，将“距离”设为 0mm，在“结束”下拉列表中选择“值”，将“距离”设为 20mm，“布尔”设为“无”，“拔模”设为“无”。

03 单击“确定”按钮创建拉伸特征，此时叶片与拉伸实体之间没有交线，如图 6-84 所示。

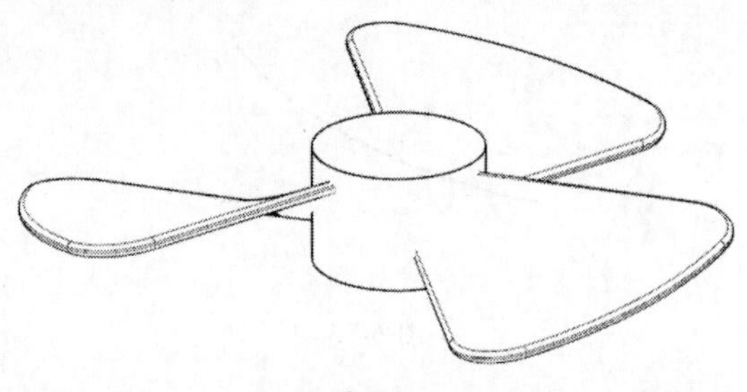

图 6-84

04 单击“合并”按钮，合并两个圆柱体与叶片实体，此时叶片与拉伸实体之间出现交线，如图 6-85 所示。

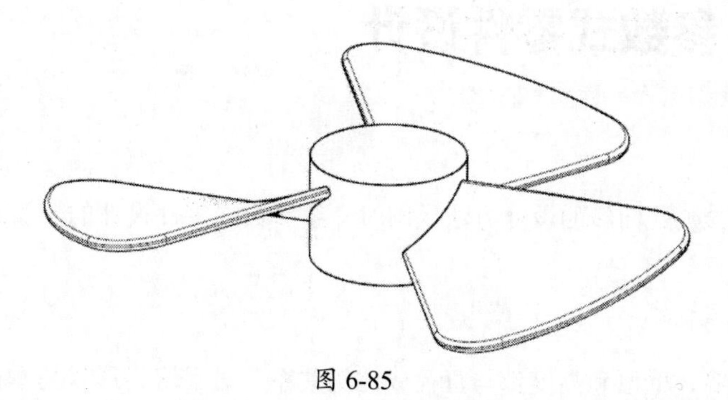

图 6-85

05 单击“边倒圆”按钮，在圆柱体与叶片之间创建圆角特征（R1mm），如图 6-86 所示。

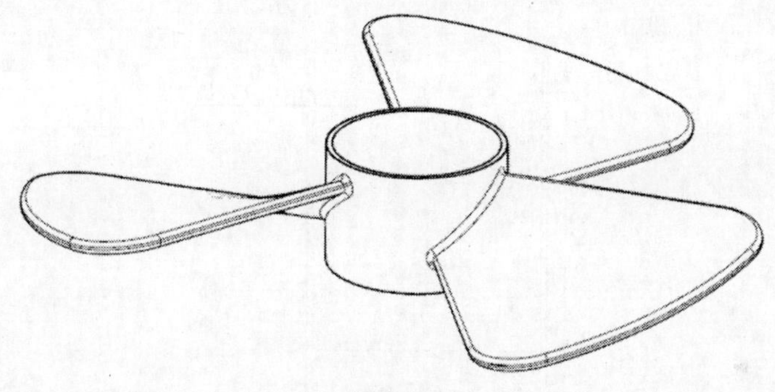

图 6-86

06 单击“拉伸”按钮，直接选择圆柱的底面边线，在弹出的“拉伸”对话框中，将“指定矢量”设为 ZC↑，在“开始”下拉列表中选择“值”选项，将“距离”设为 1mm，在“结束”下拉列表中选择“贯通”，“布尔”设为“减去”，“拔模”设为“无”，在“偏置”栏中，将“偏置”设为“单侧”，“结束”设为-1mm。

07 单击“确定”按钮，将中间的圆柱抽壳。

第 7 章　参数式零件设计

本章讲述 UG 参数式曲线的设计方法，同时介绍参数式零件设计的一般过程。

7.1 圆筒

假如有一批圆筒，壁厚和高度都与直径成比例关系，对于这类形状基本相同的产品，可以用参数式的方法进行设计，只需要修改其中的一个尺寸，其他尺寸都会随之发生变化，圆筒的尺寸如图 7-1 所示。

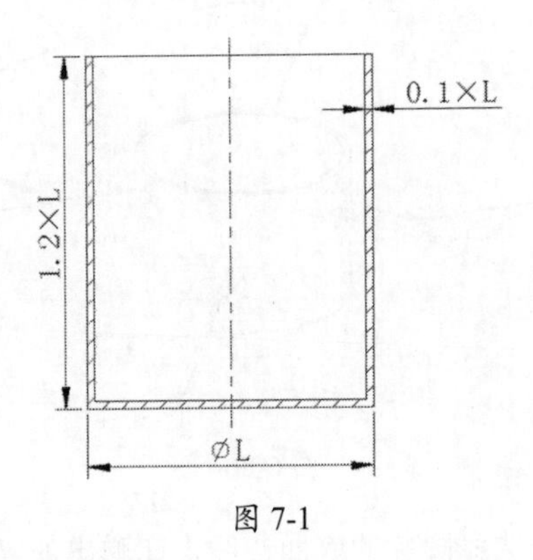

图 7-1

01 单击“新建”按钮，在弹出的“新建”对话框中，将“单位”设为“毫米”，选择“模型”模板，将“名称”设为“圆筒 .prt”，单击“确定”按钮进入建模环境。

02 执行“菜单”|“工具”|“表达式”命令，在弹出的“表达式”对话框中，将“名称”设为 L，“公式”设为 100，“量纲”设为“长度”，“类型”设为“数字”，如图 7-2 所示。

表达式

可见性

显示 1 个表达式，共 1 个

显示　所有表达式

表达式组　仅显示活动的

	↑ 名称	公式	值	单位	量纲	类型
1	◢ 默认组					
2				mm	长度	数字
3	L	100	100	mm	长度	数字

图 7-2

03 单击“确定”按钮退出“表达式”对话框。

04 执行“菜单”|“插入”|“设计特征”|“旋转”命令，在弹出的“旋转”对话框中单击“绘制截面”按钮，选择 XC—ZC 平面为草绘平面，X 轴为水平参考，在第 1 象限任意绘制一个矩形（尺寸为任意值），其中一个顶点在原点，如图 7-3 所示。

05 双击水平尺寸，在弹出的“线性尺寸”对话框的“驱动”栏中输入 L/2mm，如图 7-4 所示。

06 按 Enter 键后，水平尺寸变为 50。

07 采用相同的方法，双击竖直尺寸，在弹出的“线性尺寸”对话框的“驱动”栏中输入 1.2*L。

08 按 Enter 键后，竖直尺寸变为 120，如图 7-5 所示。

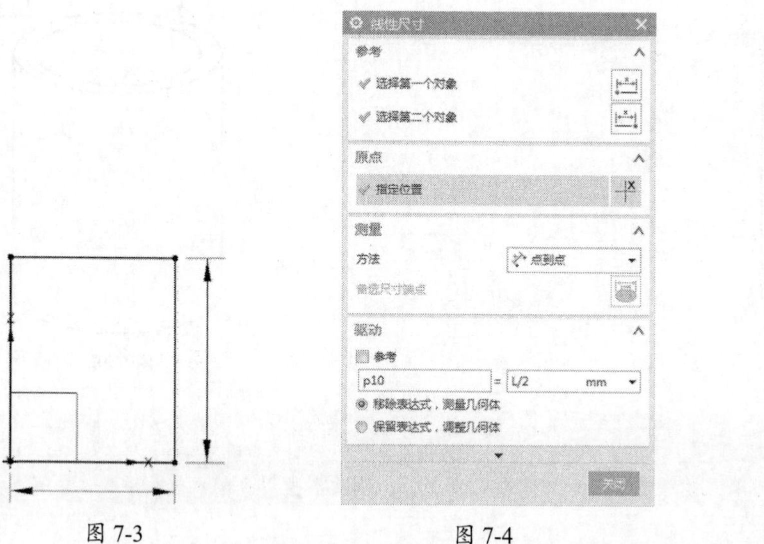

图 7-3　　图 7-4

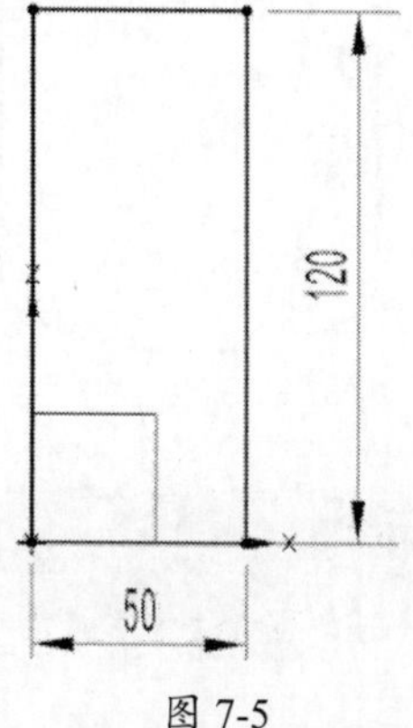

图 7-5

09 单击“完成草图”按钮，在弹出的“旋转”对话框中，将“指定矢量”设为 ZC ↑，在“开始”下拉列表中选择“值”选项，“角度”设为 0°，在“结束”下拉列表中选择“值”，“角度”设为 360°，单击“指定点”按钮，在弹出的“点”对话框的 X、Y 和 Z 文本框中均输入 0，如图 7-6 所示。

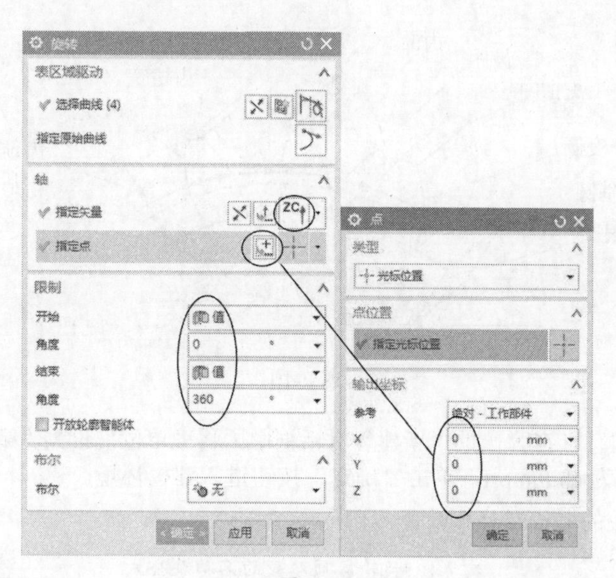

图 7-6

10 单击“确定”按钮创建一个旋转实体，如图 7-7 所示。

11 执行“菜单”|“插入”|“偏置 / 缩放”|“抽壳”命令，在弹出的“抽壳”对话框中，将“类型”设为“移除面，然后抽壳”，选择上表面作为“要穿透的面”，“厚度”设为 0.1*L，如图 7-8 所示。

12 单击“确定”按钮创建抽壳特征，如图 7-9 所示。

13 执行“菜单”|“工具”|“表达式”命令，在弹出的“表达式”对话框中修改 L 的大小，单击“确定”按钮即可创建不同大小的圆筒。

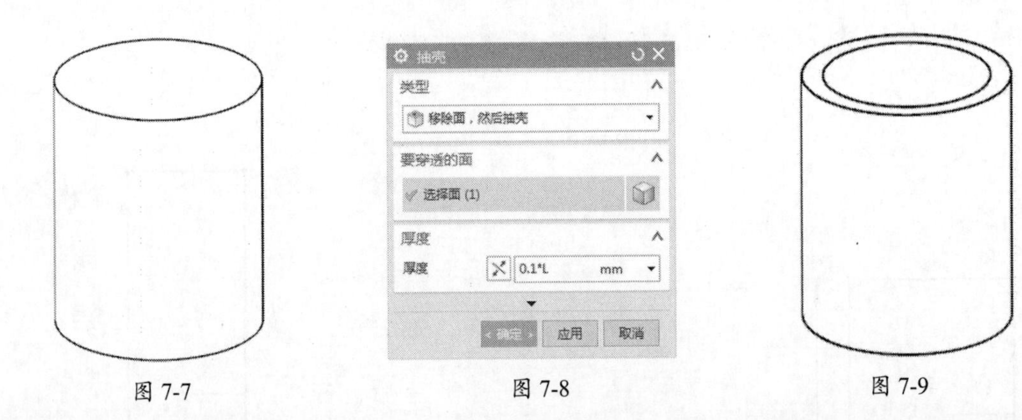

图 7-7　　图 7-8　　图 7-9

提示：

本例创建圆筒的方法就是参数式建模的方法，只需要改变直径，高度和壁厚也随之发生改变。

7.2 渐开线齿轮

本节通过创建一个渐开线齿轮，讲述 UG 参数式曲线的绘制方法，同时介绍参数式零件设计的一般过程，渐开线齿轮的结构如图 7-10 所示。

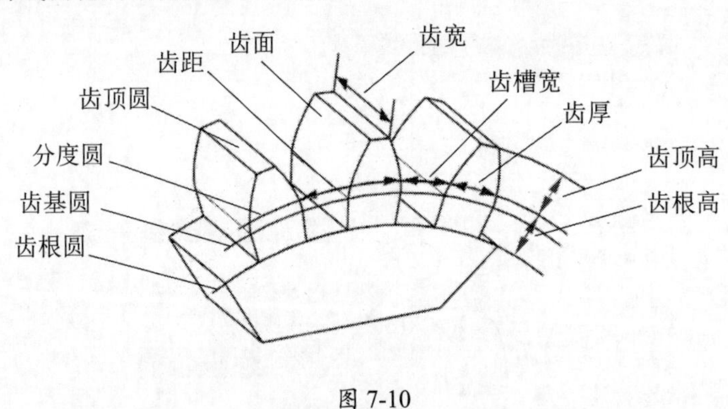

图 7-10

01 单击“新建”按钮，在弹出的“新建”对话框中，将“单位”设为“毫米”，选择“模型”模板，将“名称”设为 chilun.prt，单击“确定”按钮进入建模环境。

02 渐开线齿轮各参数的名称及公式如表 7-1 所示。

表 7-1　齿轮各项参数的名称及公式

名称	公式	量纲	单位	参数的含义
m	2	长度	mm	模数
zm	25	无	无	齿数
Alpha	20	角度	°	压力角
d	zm*m	长度	mm	分度圆直径
da	(zm+2)*m	长度	mm	齿顶圆直径
db	zm*m*cos(Alpha)	长度	mm	齿基圆直径
df	(zm-2.5)*m	长度	mm	齿根圆直径

03 执行“菜单”｜“工具”｜“表达式”命令，在弹出的“表达式”对话框中输入表 7-1 中第 1 行的数据，并在“表达式”对话框中单击“新建表达式”按钮，再输入第 2 行的数据，以此类推，直到将表 7-1 中的数据全部输入，“表达式”对话框如图 7-11 所示，单击“确定”按钮。

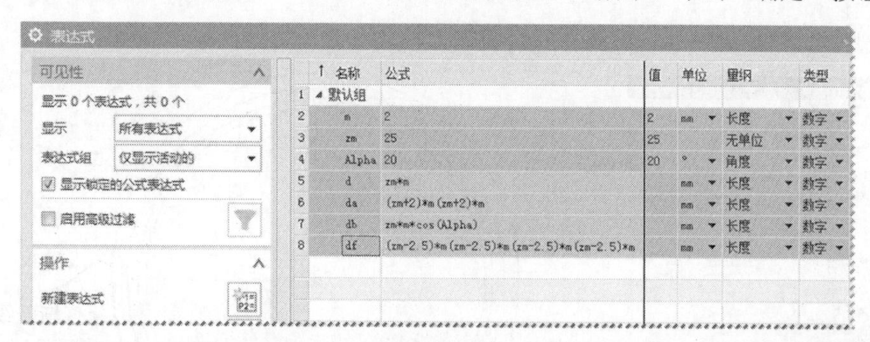

图 7-11

04 单击“草图”按钮，选择 XC—YC 平面为草绘平面，X 轴为水平参考，以原点为圆心绘制一个圆。

05 双击尺寸标注，在弹出的“半径尺寸”对话框中，把“方法”设为“直径”，并在“驱动”栏中输入 d，如图 7-12 所示。

06 按 Enter 键确认，圆弧的直径变为 50mm。

07 单击“完成草图”按钮创建第一幅草图。

08 采用相同的方法，再创建 3 幅草图，每幅草图中只有一个圆，直径分别设为 da、db、df，4 个同心圆如图 7-13 所示（注：4 个圆分别在不同的草图中）。

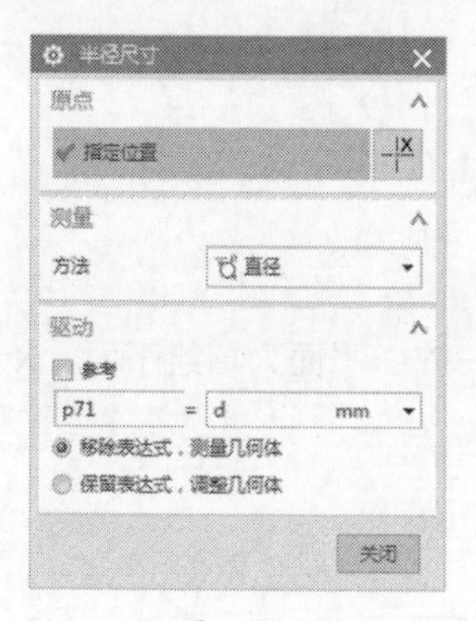

图 7-12

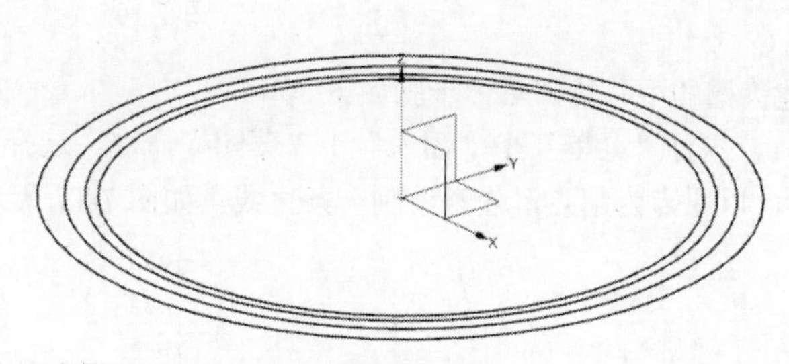

图 7-13

09 执行“菜单”｜“工具”｜“表达式”命令，在弹出的“表达式”对话框中添加表 7-2 中渐开线的参数（其中：pi() 表示 π）。

表 7-2　渐开线参数

名称	公式	量纲	单位	备注
t	1	常数		系统变量，范围为 0 ~ 1
theta	45*t	角度	度	渐开线展开角度
xt	db*cos(theta)/2+theta*pi()/360*db*sin(theta)	长度	mm	渐开线上任意点 x 坐标
yt	db*sin(theta)/2-theta*pi()/360*db*cos(theta)	长度	mm	渐开线上任意点 y 坐标
zt	0	长度	mm	渐开线上任意点 z 坐标

10 执行“菜单” | “插入” | “曲线” | “规律曲线”命令，在弹出的“规律曲线”对话框中，将“规律类型”设为“根据方程”，“参数”设为t，将“函数”分别设为xt、yt、zt，如图7-14所示。

11 单击“确定”按钮后创建一条渐开线，如图7-15所示。

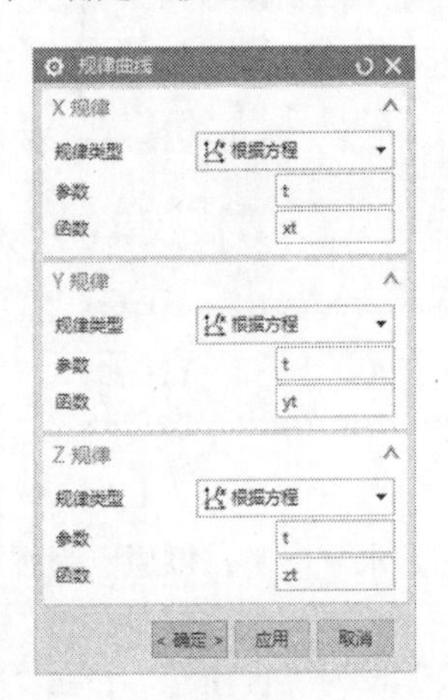

图 7-14

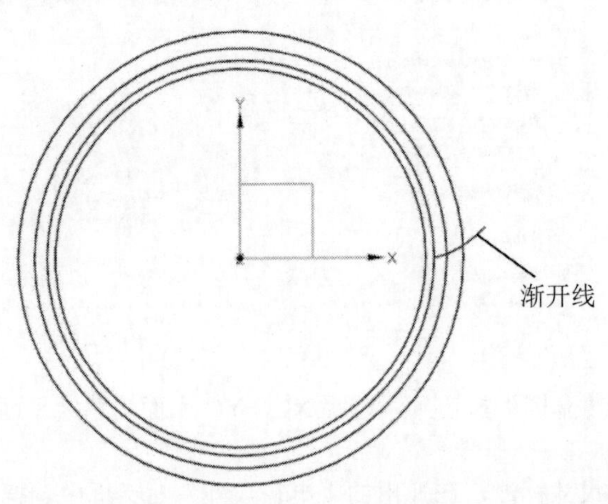

图 7-15

12 执行“菜单” | “插入” | “草图”命令，选择XC—YC平面为草绘平面，X轴为水平参考，以圆心为起点，分度圆和渐开线的交点为终点，创建一条直线，如图7-16所示。

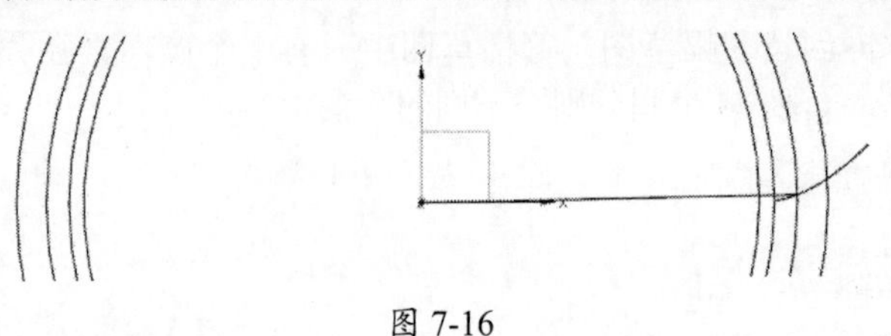

图 7-16

13 创建齿槽的中心线，具体步骤如下。

（1）执行“菜单” | “插入” | “草图”命令，选择XC—YC平面为草绘平面，X轴为水平参考，以原点为起点，任意绘制一条直线，如图7-17所示。

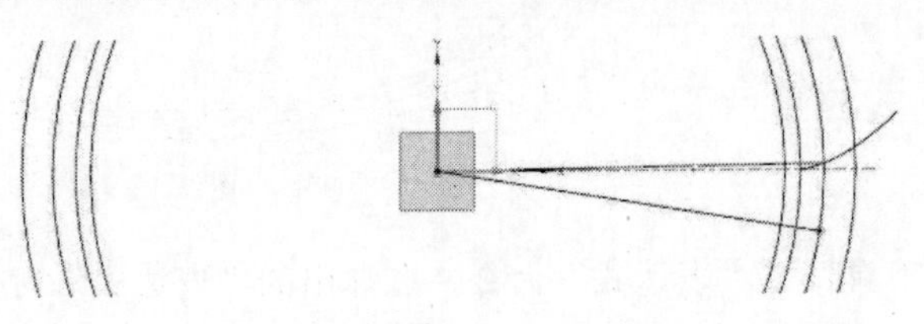

图 7-17

（2）执行“菜单” | “插入” | “草图约束” | “尺寸” | “角度”命令，标注刚才创建的两条直线的夹角，并在弹出的“角度尺寸”对话框中输入360/zm/2/2deg，如图7-18所示。

提示：

这条直线是齿槽的对称中心线，因为一对轮齿和齿槽的角度为360/zm。在分度圆上，因为每个轮齿的宽度和齿槽的宽度相等，所以每个轮齿的角度为360/zm/2，故两条渐开线的对称中心线的角度为360/zm/2/2。

（3）单击“确定”按钮角度变为 3.6°，如图 7-19 所示。

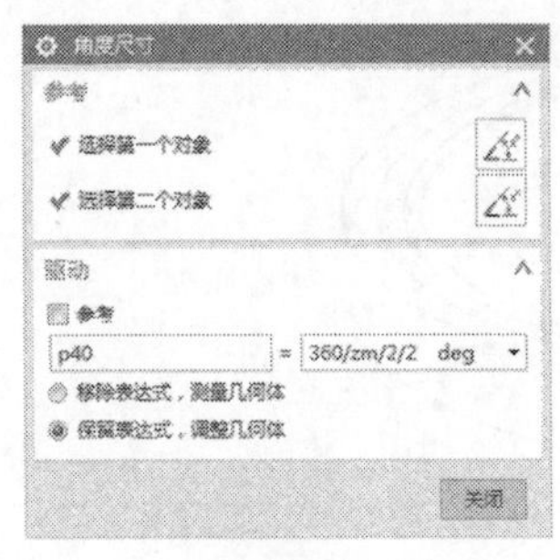

图 7-18

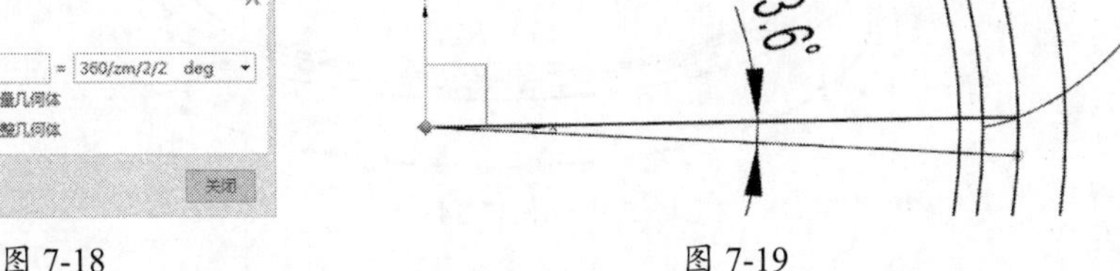

图 7-19

（4）单击“完成草图”按钮创建一条曲线。

14 执行“菜单”|“插入”|“基准 / 点”|“基准平面”命令，在弹出的“基准平面”对话框中，将“类型”设为“两直线”，选择 Z 轴和刚才创建的直线创建一个基准平面，如图 7-20 所示。

15 执行“菜单”|“插入”|“派生曲线”|“镜像”命令，以刚才创建的基准平面为镜像平面，镜像渐开曲线，如图 7-21 所示。

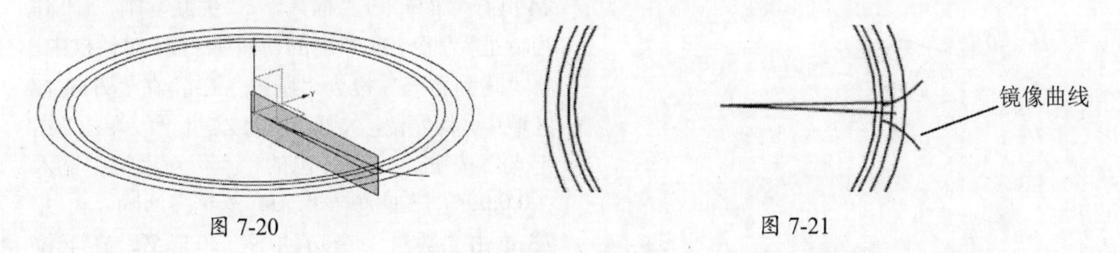

图 7-20　　图 7-21

16 执行“菜单”|“编辑”|“显示和隐藏”|“隐藏”命令，隐藏图 7-16 和图 7-19 中创建的草绘曲线以及图 7-20 中创建的基准平面，目的是保持界面的可视性。

17 执行“菜单”|“插入”|“在任务环境中绘制草图”命令，选择 XC—YC 平面为草绘平面，X 轴为水平参考，以渐开线的端点绘制两条直线，并且分别与两条渐开线相切，如图 7-22 所示。

18 单击“拉伸”按钮，直接在绘图区中选择最大圆为拉伸曲线，在弹出的“拉伸”对话框中，将“指定矢量”设为“-ZC ↓”，在“限制”区域的“开始”栏中选择“值”，将“距离”设为 0mm，在“结束”下拉列表中选择“值”，将“距离”设为 d/10mm，如图 7-23 所示。

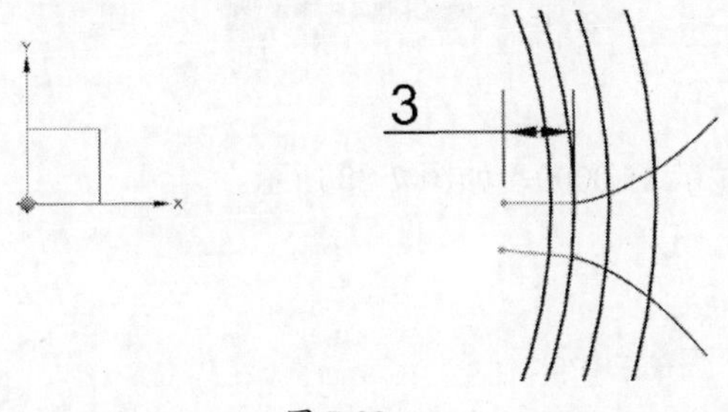

图 7-22

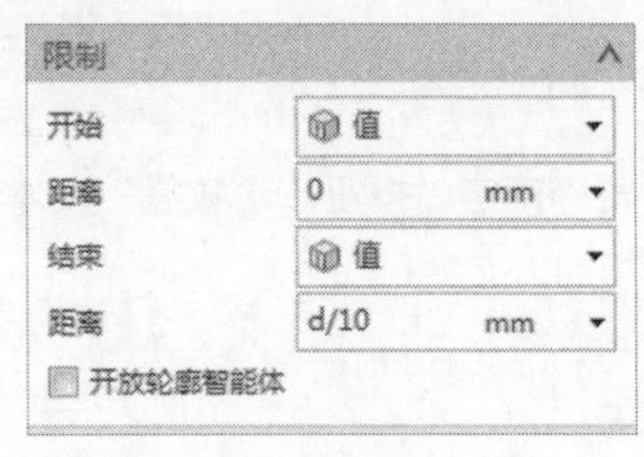

图 7-23

19 单击“确定”按钮创建一个实体，如图 7-24 所示。

20 单击“拉伸”按钮，在弹出的“拉伸”对话框中单击“曲线”按钮，在辅助工具栏中选择“相切曲线”选项，单击“在相交处停止”按钮使其呈灰色，如图 7-25 所示。

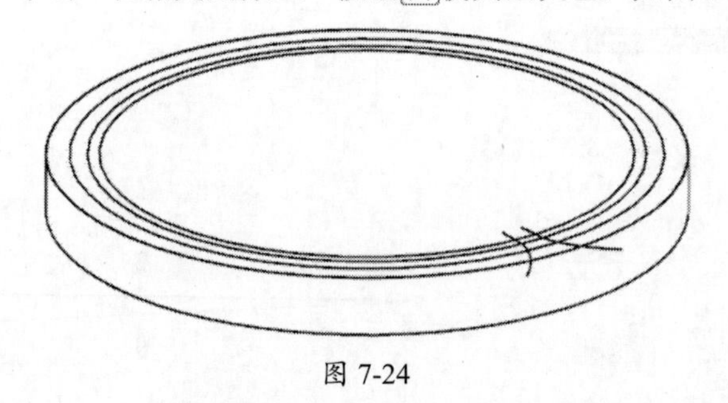

图 7-24

图 7-25

21 在实体上选择轮齿各段的线段，如图 7-26 中的粗线所示。

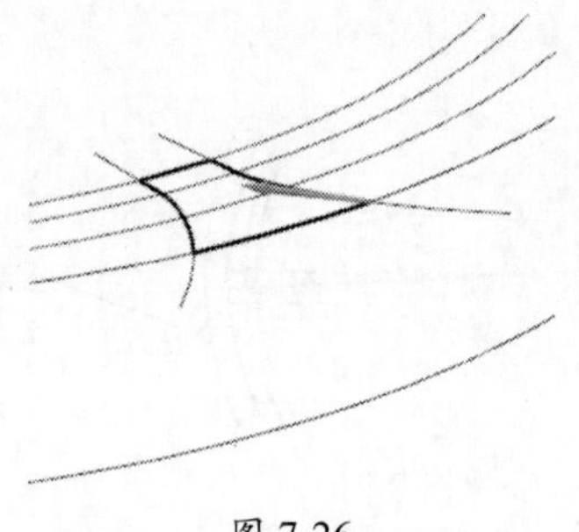

图 7-26

22 在“拉伸”对话框中，将“指定矢量”设为“-ZC ↓”，选中“开放轮廓智能体积”复选框，在“开始”下拉列表中选择“贯通”，在“结束”下拉列表中选择“贯通”，“布尔”设为“减去”。

23 单击“确定”按钮创建一个齿槽。

24 执行“菜单”|“插入”|“关联复制”|“阵列特征”命令，在弹出的“阵列特征”对话框中，将“阵列布局”设为“圆形”，在“方向 1”区域中，将“指定矢量”设为 ZC ↑，单击“指定点”按钮，在弹出的“点”对话框中输入（0,0,0），“间距”设为“数量与间隔”。

25 单击“数量”旁边的下三角形▼，在下拉列表中选择“公式”选项。

26 在“表达式”对话框的“公式”文本输入栏中输入 zm，如图 7-27 所示。

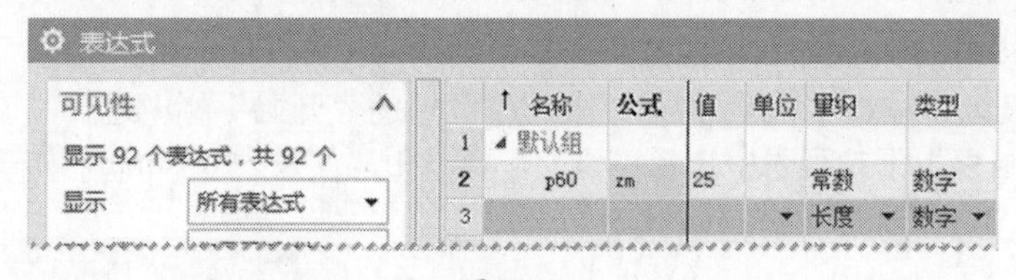

图 7-27

27 单击“确定”按钮，“数量”文本框中自动显示 25.0000，如图 7-28 所示。

图 7-28

28 在“节距角”下拉列表中选择“公式”选项。

29 在“表达式”对话框的“公式”文本框中输入 360/zm，如图 7-29 所示。

表达式

可见性

显示 84 个表达式，共 84 个

显示 所有表达式

	↑ 名称	公式	值	单位	量纲	类型
1	▲ 默认组					
2	p61	360/zm	14.4	°	角度	数字
3				mm	长度	数字

图 7-29

30 单击“确定”按钮后，系统自动算出“节距角”为 14.4000deg。

31 选择齿槽的切口为“要形成阵列的特征”，单击“阵列特征”对话框中的“确定”按钮，创建阵列特征，如图 7-30 所示。

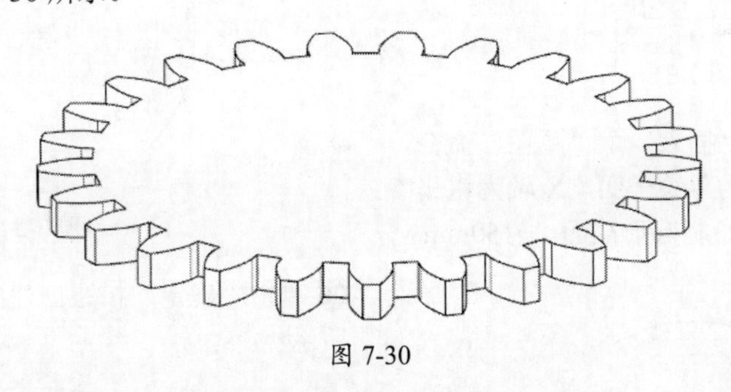

图 7-30

32 按快捷键 Ctrl+W，在弹出的“显示和隐藏”对话框中单击“基准”“曲线”和“草图”旁边的“－”按钮，将曲线、草图和基准全部隐藏。

33 单击“保存”按钮保存文档。

提示：

执行“菜单”｜“工具”｜“表达式”命令，在弹出的“表达式”对话框中，将模数m设为2.5，齿数zm设为20，可以得到不同的齿轮。可以将m和zm设为其他数据，看看有什么不同的变化（m和zm的大小不应改变太多，否则不能生成新的齿轮）。

UG 自带齿轮的建模步骤如下。

01 执行“菜单”｜“GC 工具箱”｜“齿轮建模”｜“柱齿轮”命令，在弹出的“渐开线圆柱齿轮建模”对话框中选中“创建齿轮”单选按钮，单击“确定”按钮，回到上一个对话框中再单击“确定”按钮。

02 在弹出的“渐开线圆柱齿轮参数”对话框中，将“名称”设为 A1，“模数”设为 2，“牙数”设为 25，“齿宽”设为 10mm，“压力角”设为 20°。

03 单击“确定”按钮，在弹出的“矢量”对话框中，将“类型”设为“ZC ↑轴”。

04 单击“确定”按钮，在弹出的“点”对话框中输入齿轮中心坐标值（0,0,0）。

05 单击“确定”按钮创建一个齿轮。

7.3 波浪形花瓶

本节通过创建一个波浪形花瓶，花瓶口部有 10 个波浪，波峰波谷为 10mm，讲述创建参数式曲线设计的一般方法，同时讲述网格曲面、有界平面、曲面加厚等曲面命令的使用方法，产品尺寸如图 7-31 所示。

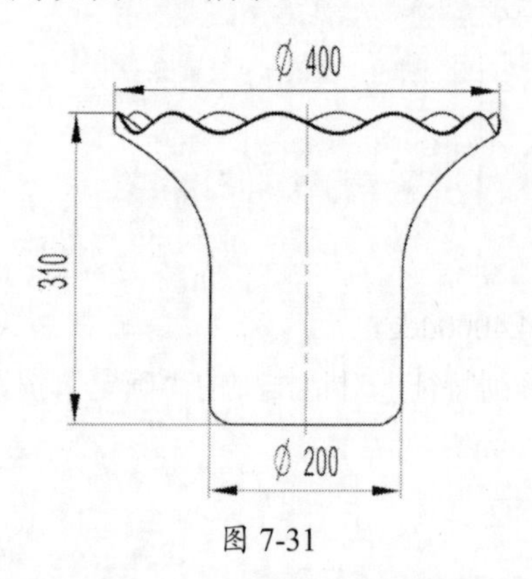

图 7-31

01 执行“菜单”｜“插入”｜“草图”命令，选择 XC—YC 平面为草绘平面，X 轴为水平参考，以原点为圆心，绘制圆形截面（ϕ150mm），如图 7-32 所示。

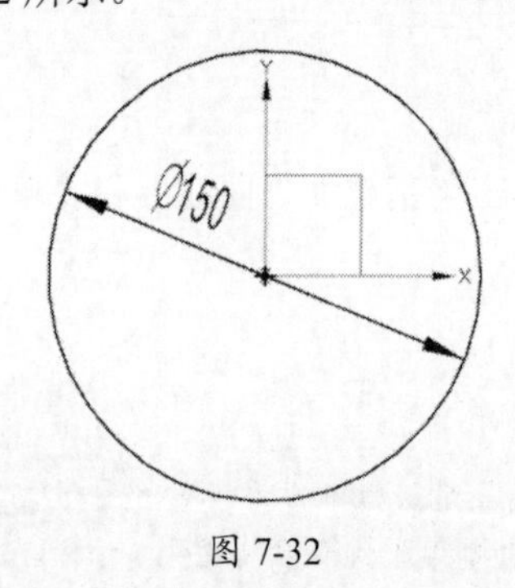

图 7-32

02 在空白处右击，在弹出的快捷菜单中选择“完成草图”命令，创建截面（一）。

03 执行“菜单”｜“插入”｜“曲面”｜“有界平面”命令，选择截面（一），创建有界平面，如图 7-33 所示。

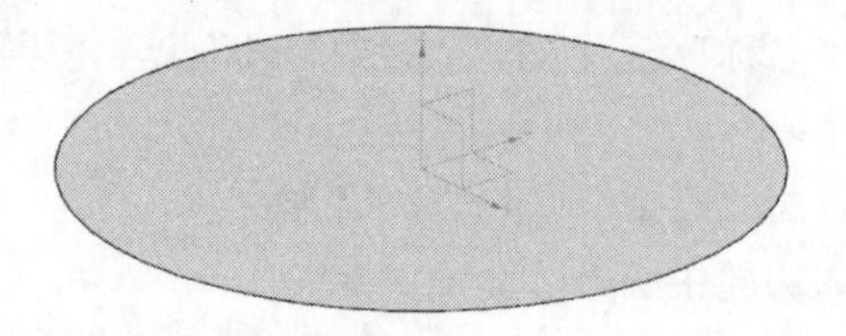

图 7-33

04 单击“拉伸”按钮，在弹出的“拉伸”对话框中单击“绘制截面”按钮，选择 XC—YC 平面为草绘平面，X 轴为水平参考，绘制圆形截面（ϕ200mm），如图 7-34 所示。

05 在空白处右击，在弹出的快捷菜单中选择“完成草图”命令。在弹出的“拉伸”对话框中，将“指定矢量”设为 ZC ↑，在“开始”下拉列表中选择“值”选项，将“距离”设为 10mm，在“结束”下拉列表中选择“值”，将“距离”设为 150mm，“布尔”设为“无”，“拔模”设为“无”，“体类型”设为“片体”。

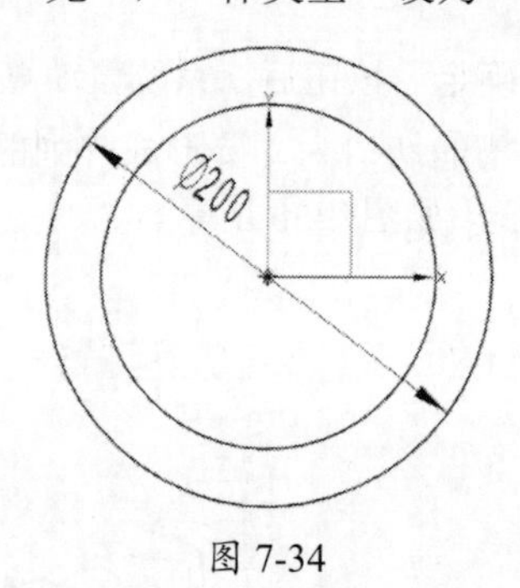

图 7-34

06 单击“确定”按钮创建圆柱片体，如图 7-35 所示。

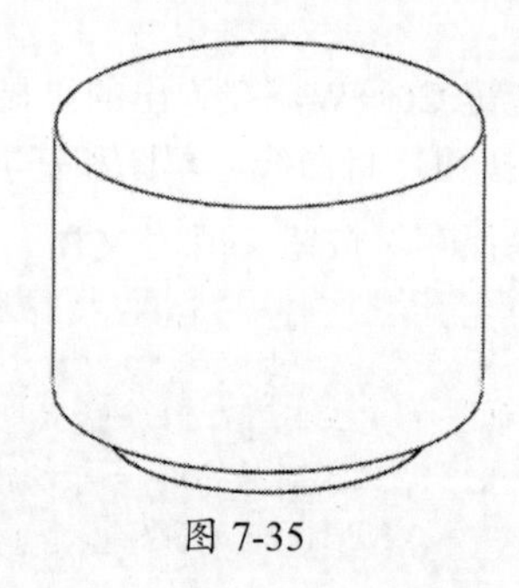

图 7-35

07 执行“菜单”｜“插入”｜“网格曲面”｜“通过曲线组”命令，选择 ϕ200mm 拉伸曲面的边线作为截面曲线 1，再在弹出的“通过曲线组”对话框中单击“添加新集”按钮，然后选择 ϕ150mm 的截面作为截面曲线 2。

08 在弹出的“通过曲线组”对话框中单击下方的▼按钮，将“通过曲线组”对话框展开后，在“设置”栏中将“体类型”设为“片体”，单击“确定”按钮，创建网格曲面，网格曲面与其他两个曲面之间只是简单的相连，没有约束关系，如图 7-36 所示。

09 在“部件导航器”中双击“通过曲线组”复选框，在弹出的“通过曲线组”对话框的“连续性”栏中，将“第一个截面”设为“G1（相切）”，选择拉伸曲面，将“最后一个截面”设为“G1（相切）”，选择有界平面，网格曲面与其他两个曲面相切，如图 7-37 所示。

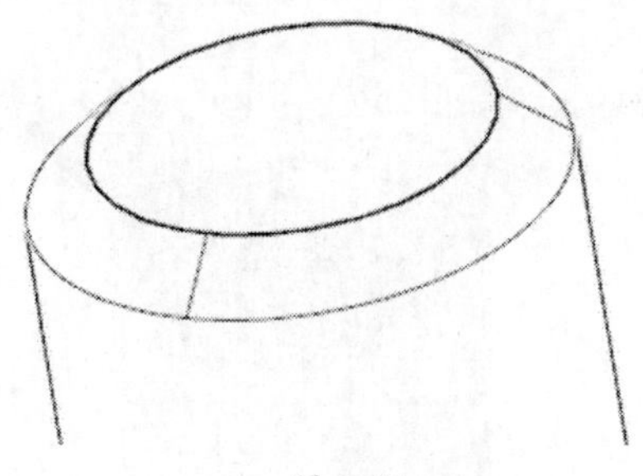

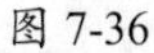

图 7-36

图 7-37

10 执行“菜单”|“工具”|“表达式”命令，在弹出的“表达式”对话框中，将“类型”设为“数字、恒定”，在“名称”栏中输入 t，把“公式”设为 1。

11 按上述方式，依次输入表 7-3 所示的波浪曲线参数。

表 7-3 波浪曲线参数

名称	公式	量纲	单位	参数的含义
t	1	常数	无	系统变量，变化范围：0 ～ 1
r	200	长度	mm	圆弧半径
a	10	长度	mm	波峰波谷的距距离
x	r*cos(360*t)	长度	mm	曲线上任一点的 x 坐标
y	r*sin(360*t)	长度	mm	曲线上任一点的 y 坐标
z	300+a*sin(360*t*10)	长度	mm	曲线上任一点的 z 坐标

12 输入参数后，“表达式”对话框如图 7-38 所示，单击“确定”按钮退出。

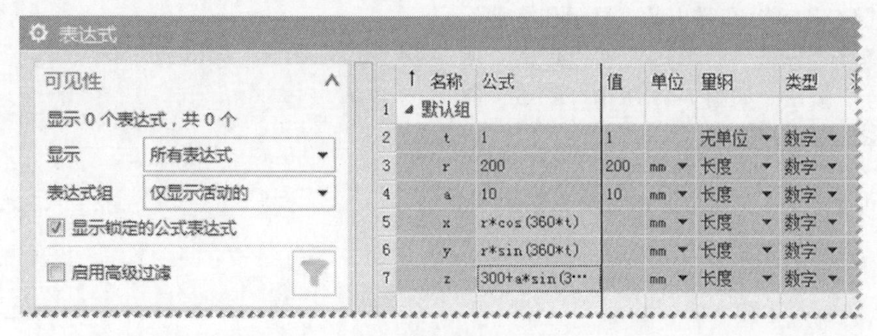

图 7-38

13 执行“菜单”|“插入”|“曲线”|“规律曲线”命令，在弹出的“规律曲线”对话框中将“规律类型”设为“根据方程”，“参数”设为 t，“函数”分别设为 x、y、z。

14 单击“确定”按钮，创建波浪曲线，如图 7-39 所示。

15 执行“菜单”|“插入”|“网格曲面”|“通过曲线组”命令，选择拉伸曲面的上边线作为截面曲线 1，并在弹出的“通过曲线组”对话框中单击“添加新集”按钮，然后选择波浪曲线作为截面曲线 2。

16 在弹出的“通过曲线组”对话框中，将“第一截面”设为“G1（相切）”，选择拉伸曲面，将“最后一个截面”设为“G0（位置）”“体类型”设为“片体”。

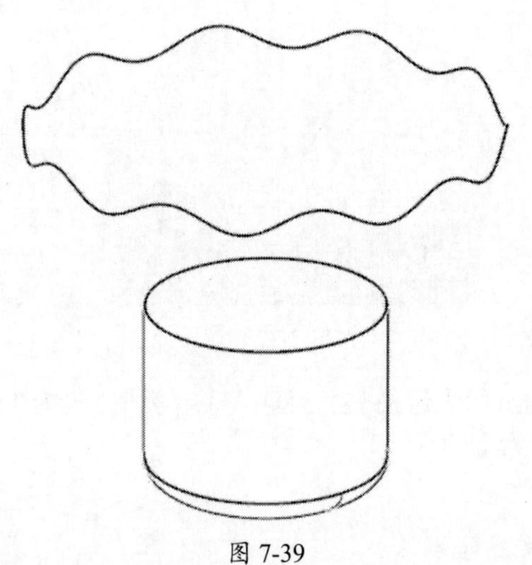

图 7-39

17 单击“确定”按钮，创建第二个网格曲面，如图 7-40 所示。

18 执行“菜单”|“插入”|“组合”|“缝合”命令，将 4 个曲面缝合在一起。

19 执行“菜单”|“插入”|“偏置/缩放”|“加厚”命令，在弹出的“加厚”对话框中，将“偏置 1”设为 2mm。

20 选择曲面，单击“确定”按钮创建加厚特征。

21 按快捷键 Ctrl+W，在弹出的“显示和隐藏”对话框中单击“曲线”“草图”和“片体”所对应的“－”按钮，如图 7-41 所示，隐藏“曲线”“草图”和“片体”。

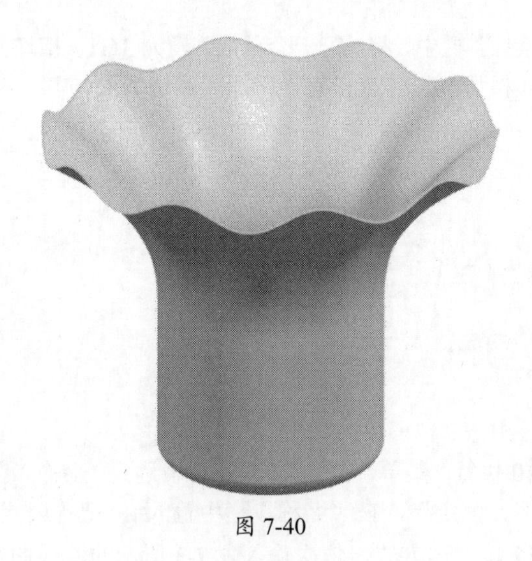

图 7-40

图 7-41

22 单击“保存”按钮保存文档。

第 8 章　从上往下零件设计

从上往下零件设计是指，先创建总体造型，再运用 WAVE 模式将整体造型分解成单个零件的建模方法。

8.1 果盒

果盒由上盖和下盖两个零件组成，先创建果盒的整体造型，再将果盒分成两部分，尺寸如图 8-1 所示。

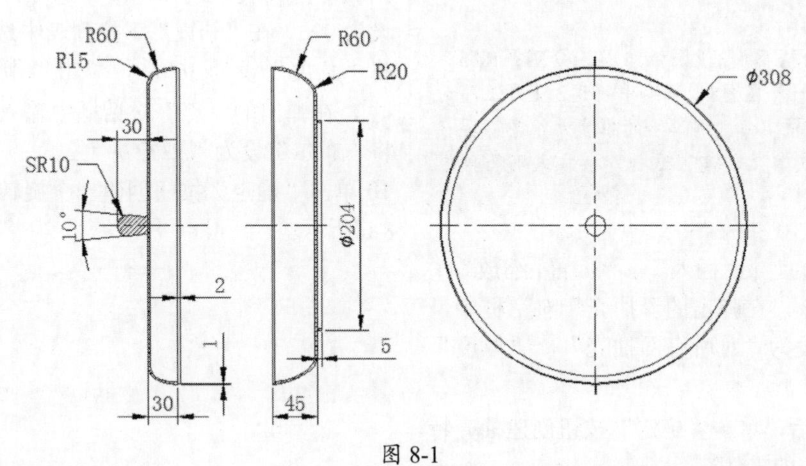

图 8-1

8.1.1 整体造型

01 单击“新建”按钮，在弹出的“新建”对话框中，将“单位”设为“毫米”，选择“模型”模板，将“名称”设为 guohe.prt，单击“确定”按钮进入建模环境。

02 执行“菜单”|“插入”|“设计特征”|“旋转”命令，在弹出的“旋转”对话框中单击“绘制截面”按钮，选择 XC—ZC 平面为草绘平面，X 轴为水平参考，绘制一个截面，其中圆弧的圆心在 X 轴上，如图 8-2 所示。

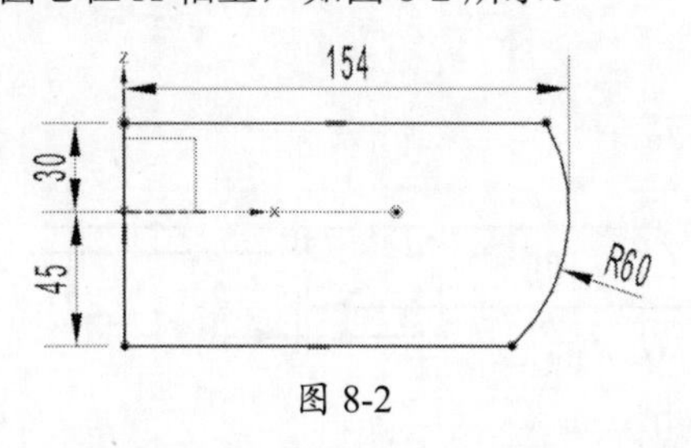

图 8-2

03 单击“完成草图”按钮，在弹出的“旋转”对话框中，将“指定矢量”设为 ZC ↑，在“开始”下拉列表中选择“值”选项，将“角度”设为 0°，在“结束”下拉列表中选择“值”，将“角度”设为 360°，单击“指定点”按钮，在弹出的“点”对话框中输入（0,0,0），将“布尔”设为“无”。

04 单击“确定”按钮创建一个旋转实体，如图 8-3 所示。

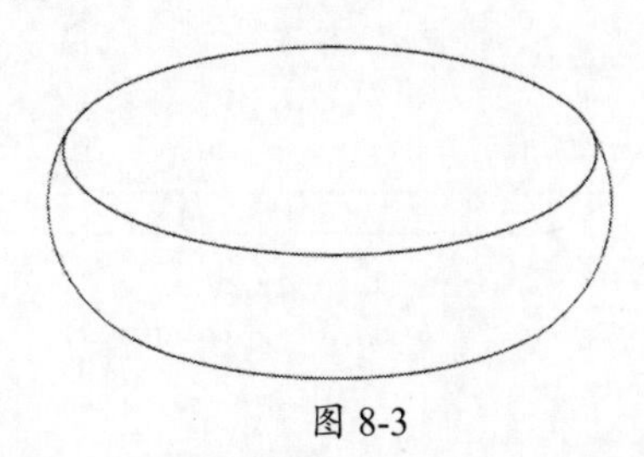

图 8-3

05 单击“边倒圆”按钮，上表面的边线倒圆（R15），下表面的边线也倒圆（R20），如图 8-4 所示。

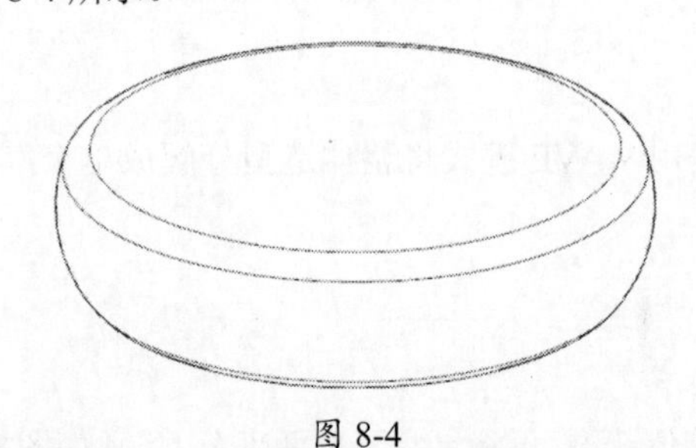

图 8-4

说明：

该产品的侧面轮廓由3段圆弧组成，分别是R15、R60和R20，如果在图8-2草绘中将这3段圆弧同时绘制再创建旋转实体，则草绘的难度大很多，现在R15和R20在实体上创建，这种建模方式则简单很多。

06 执行“菜单”|“插入”|“偏置/缩放”|“抽壳”命令，在弹出的“抽壳”对话框中，将“类型”设为“对所有面抽壳”，“厚度”设为 2 mm。

07 选择实体后，单击“确定”按钮创建抽壳特征（一个空心的零件）。

08 执行“菜单”|“插入”|“设计特征”|“旋转”命令，在弹出的“旋转”对话框中单击“绘制截面”按钮，选择 XC—ZC 平面为草绘平面，X 轴为水平参考，绘制一个截面，其中圆弧的圆心在 Y 轴上，如图 8-5 所示。

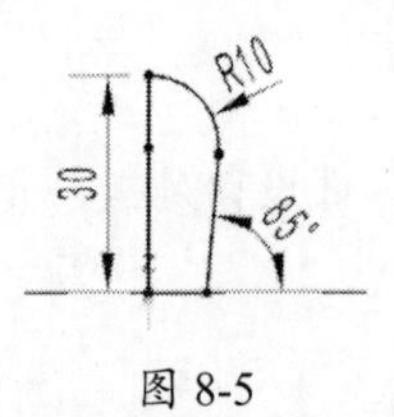

图 8-5

09 单击“完成草图”按钮，在弹出的“旋转”对话框中，将“指定矢量”设为ZC↑，在“开始”下拉列表中选择“值”选项，将“角度”设为0°，在“结束”下拉列表中选择“值”，将“角度”设为360°，单击“指定点”按钮，在弹出的“点”对话框中输入（0,0,0），将“布尔”设为“合并”。

10 单击“确定”按钮创建一个旋转实体，如图 8-6 所示。

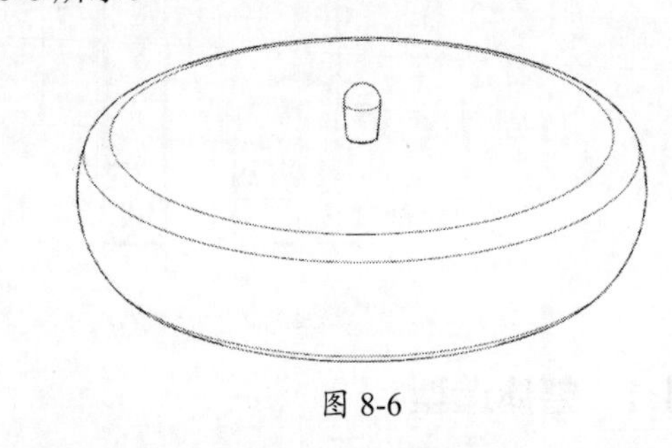

图 8-6

11 执行“菜单”|“插入”|“设计特征”|“旋转”命令，在弹出的“旋转”对话框中单击“绘制截面”按钮，选择 XC—ZC 平面为草绘平面，X 轴为水平参考，绘制一个矩形截面（2mm×5mm），如图 8-7 所示。

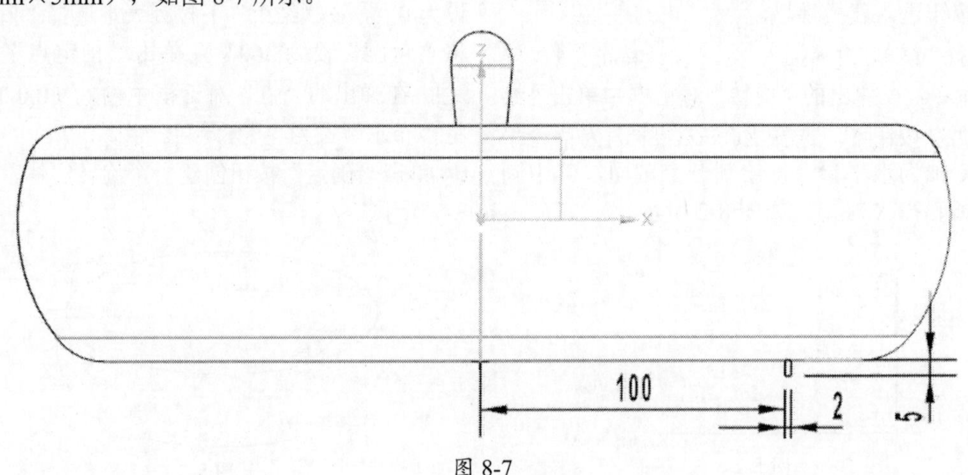

图 8-7

12 单击“完成草图”按钮，在弹出的“旋转”对话框中，将“指定矢量”设为 ZC ↑，在“开始”下拉列表中选择“值”选项，将“角度”设为 0°，在“结束”下拉列表中选择“值”，将“角度”设为 360°，单击“指定点”按钮，在弹出的“点”对话框中输入（0,0,0），将“布尔”设为“合并”。

13 单击“确定”按钮创建一个旋转特征，如图 8-8 所示。

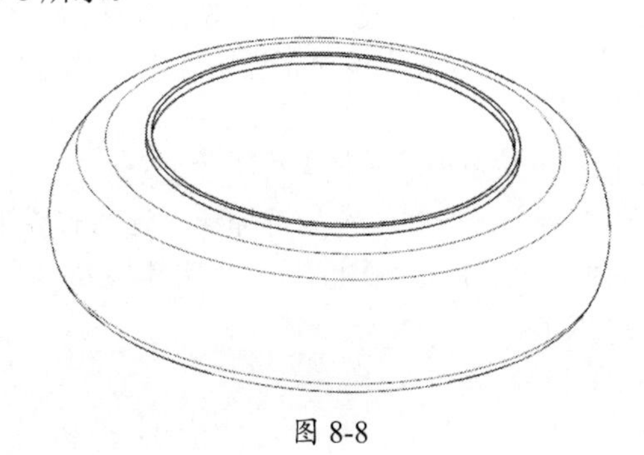

图 8-8

14 单击“保存”按钮保存文档。

8.1.2 拆分实体

01 执行“菜单”｜“格式”｜“图层设置”命令，在弹出的“图层设置”对话框的“工作层”文本框中输入 10，按 Enter 键，设定第 10 层为工作图层。

02 单击“正三轴测图”按钮旁边的三角形▼，选择“俯视图”选项，将实体切换成俯视图，如图 8-9 所示。

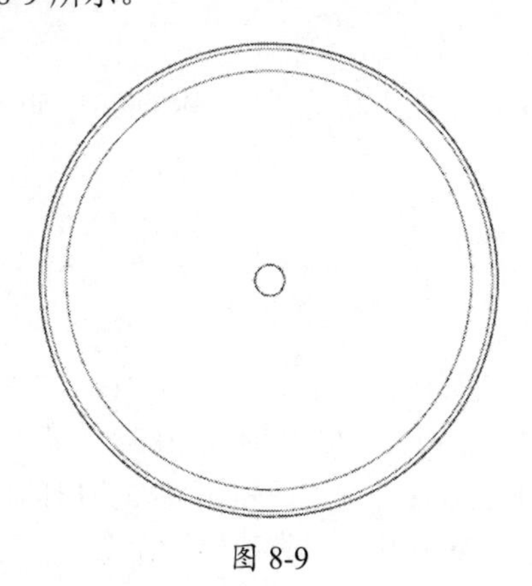

图 8-9

03 在屏幕右上角的“命令查找器”中输入“抽取曲线”，如图 8-10 所示。

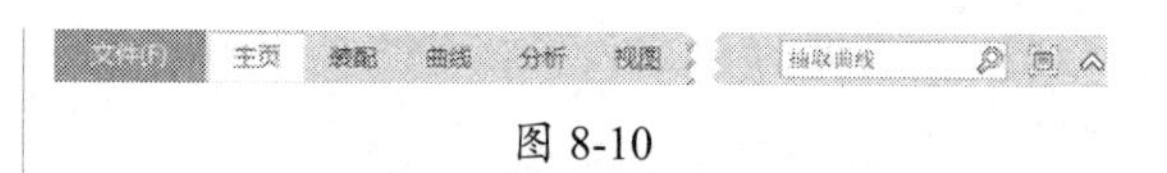

图 8-10

04 按 Enter 键，在弹出的“命令查找器”对话框中选择“抽取曲线（原有）”命令，如图 8-11 所示。

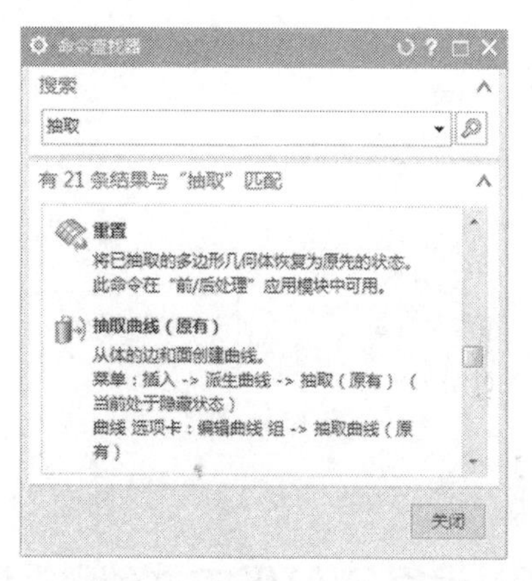

图 8-11

05 在弹出的“抽取曲线”对话框中单击“轮廓曲线”按钮，如图 8-12 所示。

图 8-12

06 选择实体创建轮廓曲线，切换视角后如图 8-13 所示。

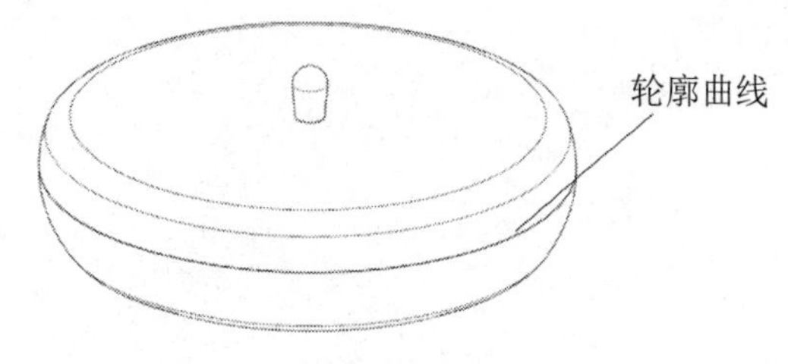

图 8-13

07 执行“菜单”｜“格式”｜“图层设置”命令，在弹出的“图层设置”对话框中取消选中 1 复选框，如图 8-14 所示，隐藏实体，只显示轮廓曲线。

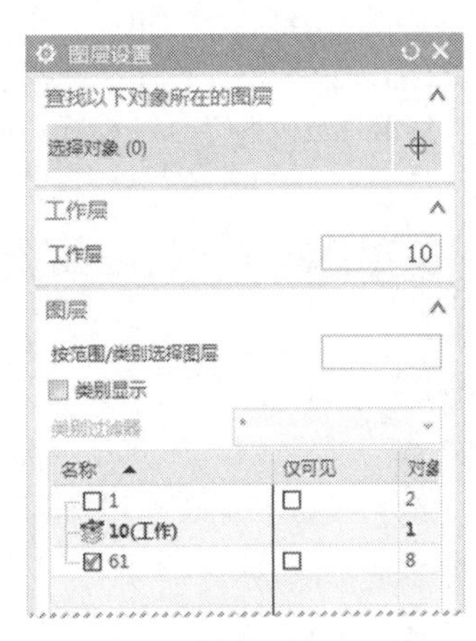

图 8-14

08 执行“菜单”|“插入”|“曲面”|“有界平面”命令，选择轮廓曲线后，创建有界平面，如图 8-15 所示。

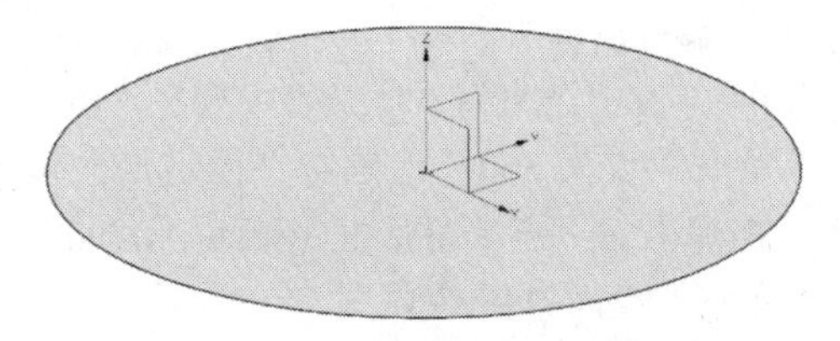

图 8-15

09 执行“菜单”|“格式”|“图层设置”命令，在弹出的“图层设置”对话框中选中 1 复选框，显示实体。

10 执行“菜单”|“插入”|“修剪”|“拆分体”命令，选择实体为目标体，选择有界平面为拆分面，单击“确定”按钮将实体拆分为上、下两部分。

8.1.3 运用 WAVE 方式创建组件

01 在屏幕的左侧工具栏中，先单击“装配导航器”按钮，并在“装配导航器”的空白处右击，在弹出的快捷菜单中选择“WAVE 模式”选项，如图 8-16 所示。

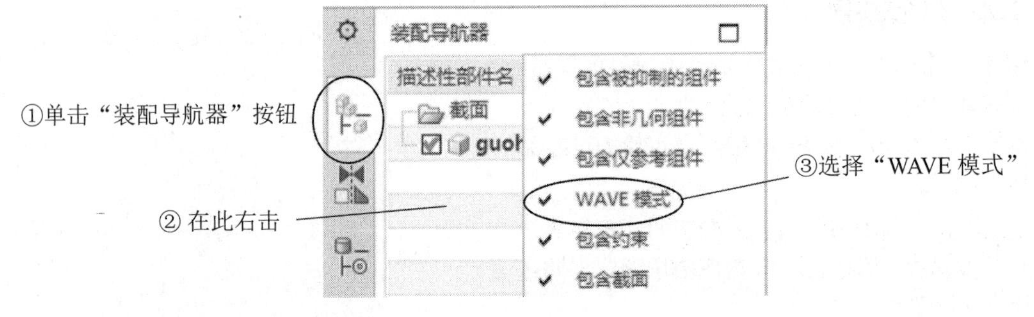

图 8-16

02 选中 guohe 复选框，右击并在弹出的快捷菜单中选择 WAVE | “新建层”命令，如图 8-17 所示。

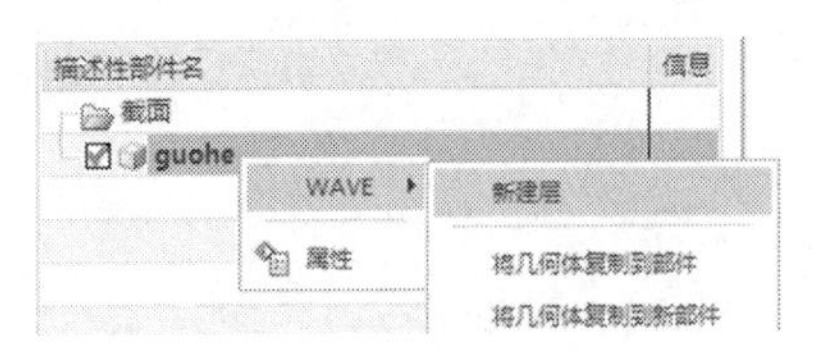

图 8-17

03 在弹出的“新建层”对话框中单击“指定部件名”按钮，将“选择部件名”对话框中的“文件名”设为“上盖”，单击 OK 按钮。

04 在屏幕的左上角选择“实体”选项，如图 8-18 所示。

图 8-18

05 选择实体的上半部分，单击“确定”按钮，创建第一个组件，如图 8-19 中的“上盖”所示。

06 选中 guohe 复选框，右击并在弹出的快捷菜单中选择 WAVE | “新建层”命令。

07 单击“新建层”对话框中的“指定部件名”按钮，在弹出的“选择部件名”对话框中，将“文件名”设为“下盖”，单击 OK 按钮。

08 将鼠标指针放在实体的下半部分，稍微停顿后，鼠标指针附近出现 3 个白点，单击并在弹出的“快速选择”窗口中选择实体的下半部分，单击“确定”按钮创建第二个组件。

09 单击“保存”按钮，在指定的目录中可以看到“上盖 .prt”和“下盖 .prt”两个文档。

10 在“装配导航器”中选择“上盖”，右击并在弹出的快捷菜单中选择“在窗口中打开”命令，如图 8-19 所示。

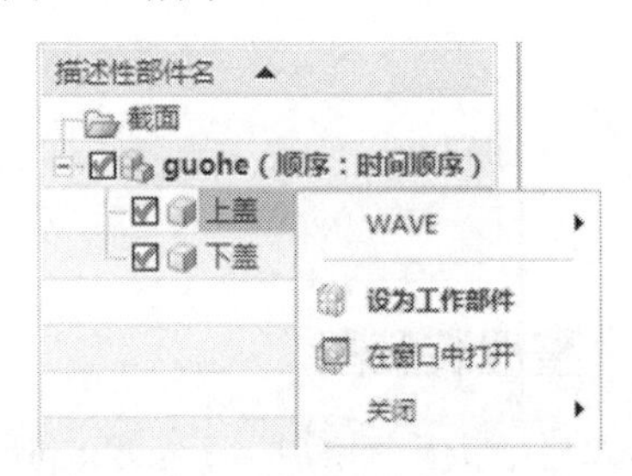

图 8-19

11 在新打开的窗口中无任何图素，这是因为第 10 层已经被隐藏。

12 执行“菜单”|“格式”|“图层设置”命令，在弹出的“图层设置”对话框中选中 10 复选框，显示第 10 层的上盖，如图 8-20 所示。

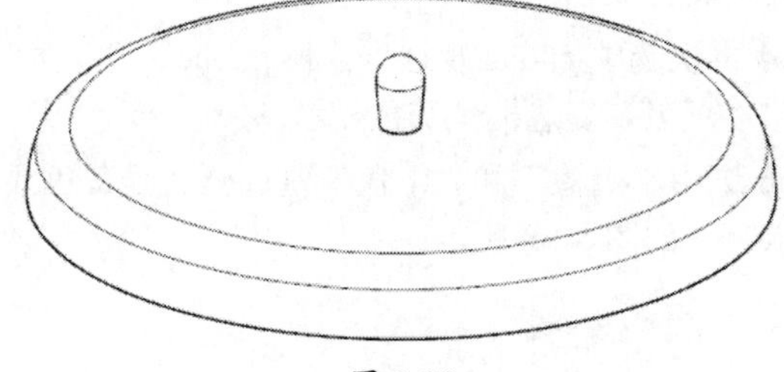

图 8-20

13 执行“菜单”|“插入”|“基准 / 点”|“基准坐标系”命令，在弹出的“基准坐标系”对话框中，将“类型”设为“绝对坐标系”，单击“确定”按钮，创建绝对坐标系。

14 单击“拉伸”按钮，直接在实体口部选择内边缘线，如图 8-21 所示。

15 在弹出的“拉伸”对话框中，将“指定矢量”设为-ZC ↓，在“开始”下拉列表中选择“值”选项，“距离”设为 0mm，在“结束”下拉列表中选择“值”，将“距离”设为 2mm，“布尔”设为“合并”，在“偏置”栏中，将“偏置”设为“两侧”，“开始”设为 0mm，“结束”设为 1mm，如图 8-22 所示。

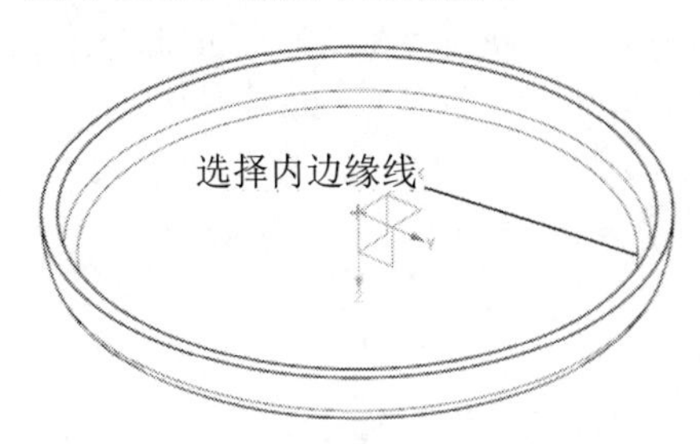

图 8-21

图 8-22

16 单击“确定”按钮，在上盖的口部创建唇特征，如图 8-23 所示。

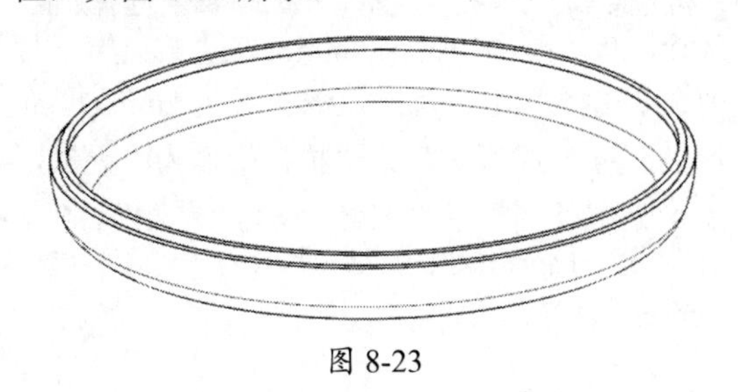

图 8-23

17 单击“保存”按钮保存文档。

8.1.4 编辑组件

01 在标题栏中执行“窗口”｜guohe.prt 命令，如图 8-24 所示，打开 guohe 实体。

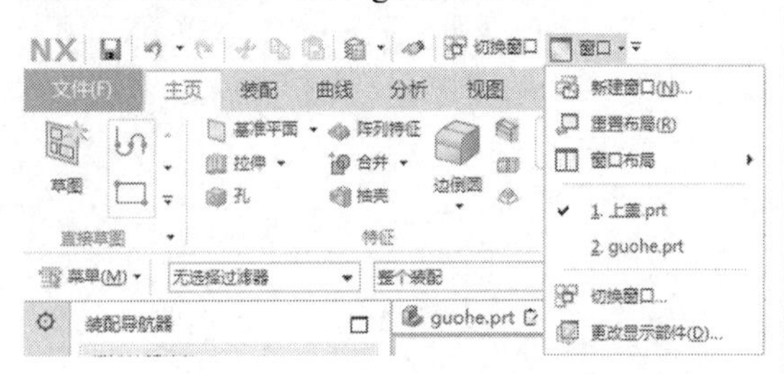

图 8-24

02 在“装配导航器”中选择“下盖”，右击并在弹出的快捷菜单中选择“在窗口中打开”命令。

03 在新打开的窗口中无任何图素，这是因为第 10 层已经被隐藏。

04 执行“菜单”｜“格式”｜“图层设置”命令，在弹出的“图层设置”对话框中选中 10 复选框，显示第 10 层的下盖，如图 8-25 所示。

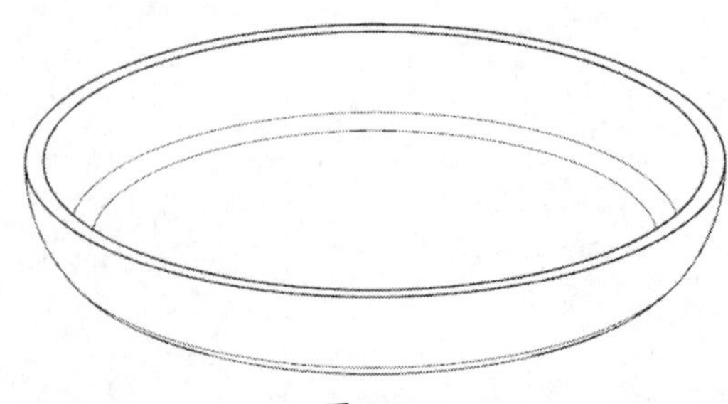

图 8-25

05 单击“拉伸”按钮，直接在实体口中选择内边缘线。

06 在弹出的“拉伸”对话框中，将“指定矢量”设为-ZC ↓，在“开始”下拉列表中选择“值”选项，将“距离”设为 0mm，在“结束”下拉列表中选择“值”，将“距离”设为 2mm，“布尔”设为“减去”，“拔模”设为“无”，在“偏置”栏中，将“偏置”设为“单侧”，“结束”设为 1mm，如图 8-26 所示。

图 8-26

07 单击“确定”按钮，在下盖的口部创建唇特征，如图 8-27 所示。

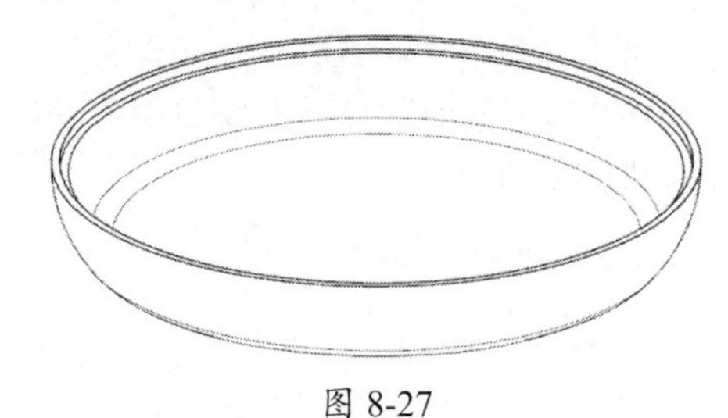

图 8-27

8.1.5 整理装配图

01 在标题栏中执行“窗口”｜guohe.prt 命令，打开 guohe 实体。

02 在“装配导航器”中选中 guohe 复选框，右击并在弹出的快捷菜单中选择“设为工作部件”命令，显示所有的零件（如果 guohe 复选框呈黄色，则直接跳过该步骤）。

03 在“装配导航器”中选中 guohe 复选框，使其呈黄色显示。

04 再次选中 guohe 复选框，使 guohe、“上盖”和“下盖”复选框呈灰色显示。

05 选中“上盖”和“下盖”复选框（呈黄色显示），如图 8-28 所示。

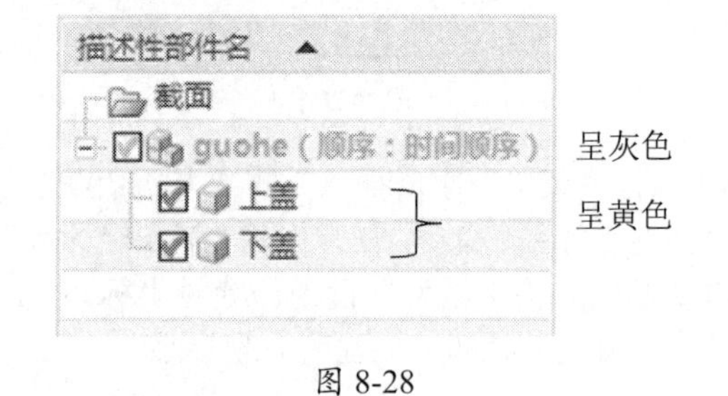

图 8-28

06 单击“保存”按钮保存文档。

8.2 电子闹钟

电子闹钟由镜片、前盖和后盖 3 部分组成，先创建电子闹钟的整体造型，再将电子闹钟分成 3 部分，如图 8-29 所示。

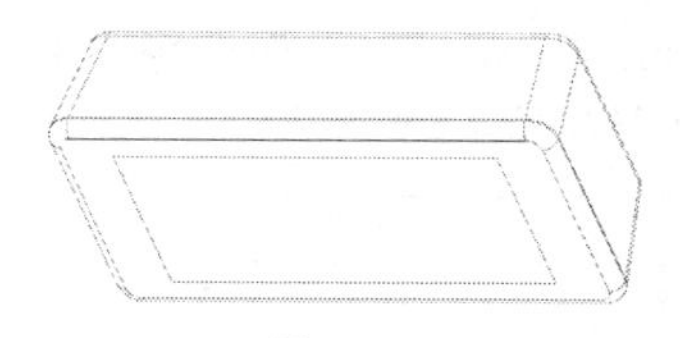

图 8-29

8.2.1 整体造型

01 单击“新建”按钮，在弹出的“新建”对话框中，将“单位”设为“毫米”，选择“模型”模板，将“名称”设为 naozhong.prt，单击“确定”按钮进入建模环境。

02 单击“草图”按钮，选择 XC—ZC 平面为草绘平面，X 轴为水平参考，绘制一个矩形截面（200mm×100mm），如图 8-30 所示。

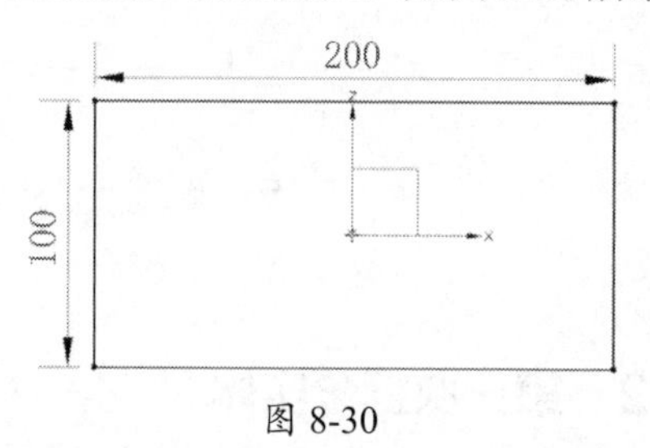

图 8-30

03 在空白处右击，在弹出的快捷菜单中选择“完成草图”命令，创建第一个草图。

04 执行“菜单”|“插入”|“基准 / 点”|“基准平面”命令，在弹出的“基准平面”对话框中，将“类型”设为“按某一距离”，“距离”设为 50mm，如图 8-31 所示。

图 8-31

05 选择 XC—ZC 平面，单击“确定”按钮创建基准平面，如图 8-32 所示。

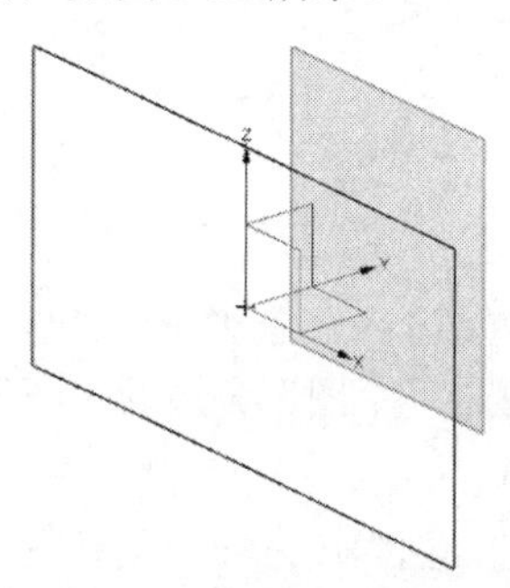

图 8-32

06 单击“草图”按钮，以上一步创建的平面为草绘平面，X 轴为水平参考，绘制一个矩形（190mm×90mm），如图 8-33 所示。

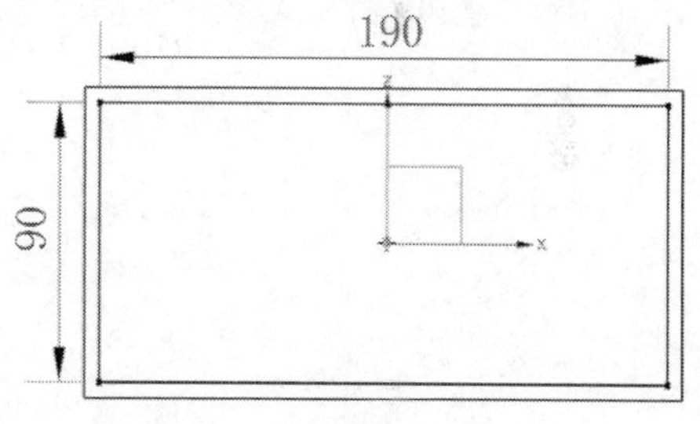

图 8-33

07 在空白处右击，在弹出的快捷菜单中选择“完成草图”命令，创建第二个草图。

08 执行“菜单”|“插入”|“网格曲面”|“通过曲线组”命令，在工作区上方的工具栏中选择“相连曲线”。

09 先选择第一个正方形，再在弹出的“通过曲线组”对话框中单击“添加新集”按钮，选择第二个正方形（注意：两个箭头方向应一致），在“对齐”栏中选中“保留形状”复选框，把“对齐”设为“参数”。

10 单击“确定”按钮创建一个实体，如图 8-34 所示。

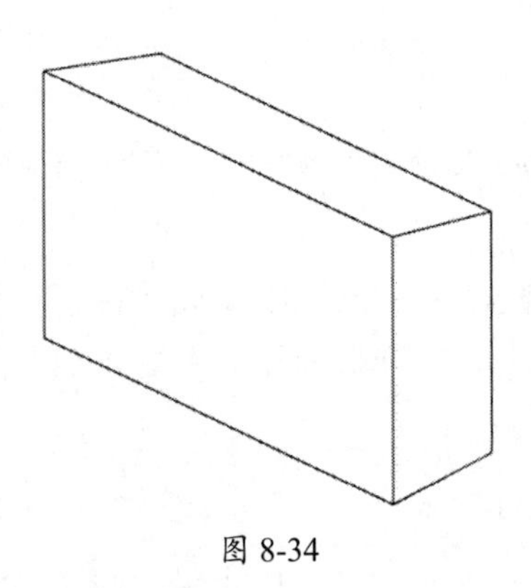

图 8-34

11 按快捷键 Ctrl+W，在弹出的“显示和隐藏”对话框中单击“草图”旁边的“－”按钮，隐藏草图。

12 单击“边倒圆”按钮，创建边倒圆特征，4 条棱边的圆角为 R10，前、后面圆角为 R5，如图 8-35 所示。

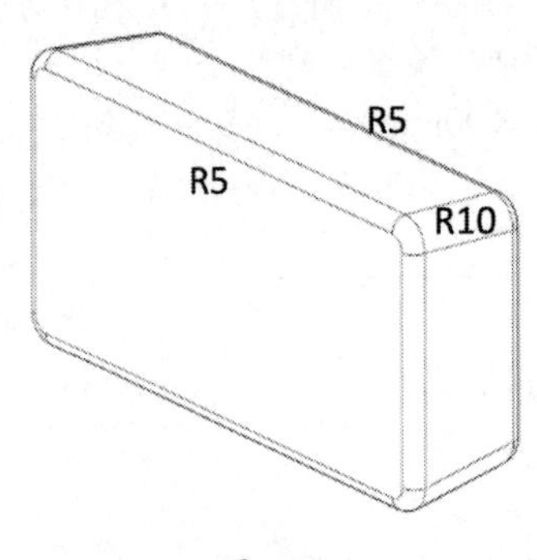

图 8-35

如是 4 条棱边不能倒圆角，可以双击“通过曲线组（4）”复选框，在弹出的“通过曲线组”对话框的“对齐”栏中选中“保留形状”复选框。

13 执行“菜单”|“插入”|“偏置 / 缩放”|“抽壳”命令，在弹出的“抽壳”对话框中，将“类型”设为“对所有面抽壳”选项，“厚度”设为 2 mm，如图 6-64 所示。

14 选择实体后，单击“确定”按钮创建抽壳特征（一个空心的零件）。

15 单击“拉伸”按钮，在弹出的“拉伸”对话框中单击“绘制截面”按钮，选择 XC—YC 平面为草绘平面，X 轴为水平参考，绘制两个矩形截面（10mm×25mm），如图 8-36 所示。

16 在空白处右击，在弹出的快捷菜单中选择“完成草图”命令，在弹出的“拉伸”对话框中，将“指定矢量”设为-ZC ↓，在“开始”栏中选择“直至选定”，选择实体的下表面，在“结束”下拉列表中选择“值”，“距离”设为 60mm，“布尔”设为“合并”，“体类型”设为“实体”。

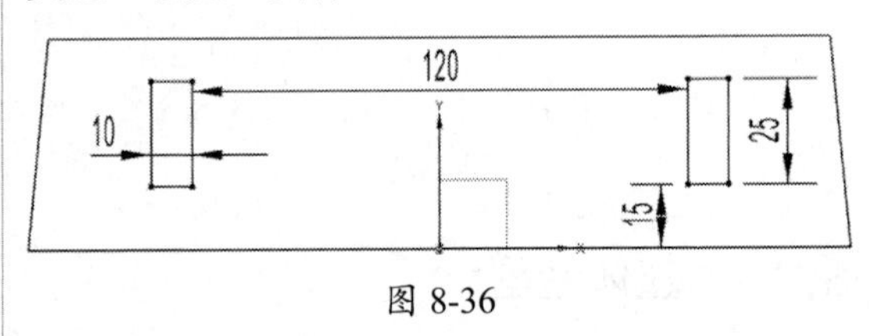

图 8-36

17 单击“确定”按钮创建拉伸实体，按住鼠标中键，翻转实体后的效果如图 8-37 所示。

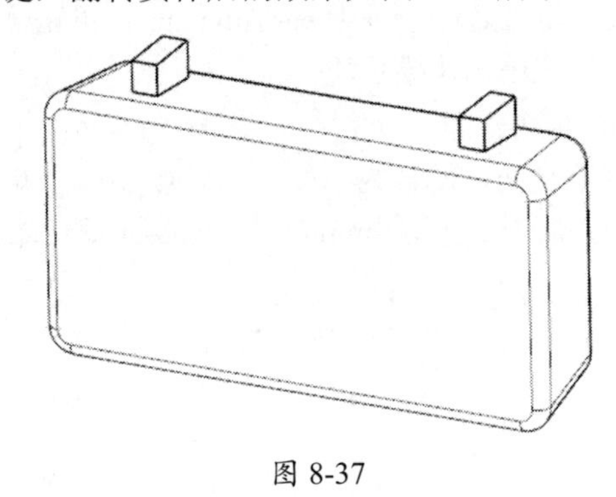

图 8-37

8.2.2 第一次拆分实体

01 执行“菜单”|“格式”|“图层设置”命令，在弹出的“图层设置”对话框的“工作层”栏中输入 10，按 Enter 键设定第 10 层为工作图层。

02 单击“正三轴测图”按钮旁边的三角形▼，选择“前视图”命令，切换至前视图，如图 8-38 所示。

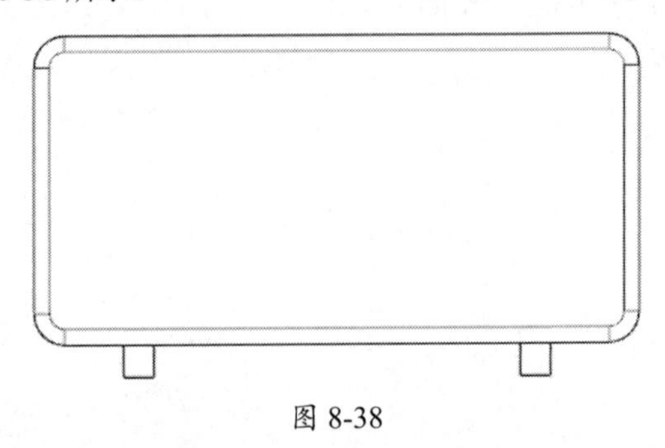

图 8-38

03 在屏幕右上角的“命令查找器”中输入“抽

取曲线”。

04 按 Enter 键，在弹出的“命令查找器”对话框中单击“抽取曲线”按钮。

05 在弹出的“抽取曲线”对话框中单击“轮廓曲线”按钮。

06 选择实体，创建轮廓曲线，切换视角后的效果如图 8-39 所示。

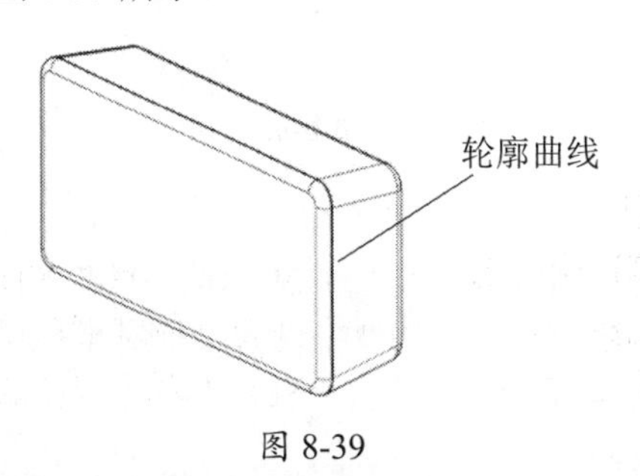

图 8-39

07 执行“菜单” | “格式” | “图层设置”命令，在弹出的“图层设置”对话框中取消选中 1 复选框，隐藏实体，只显示轮廓曲线。

08 执行“菜单” | “插入” | “曲面” | “有界平面”命令，选择轮廓曲线后创建有界平面，如图 8-40 所示。

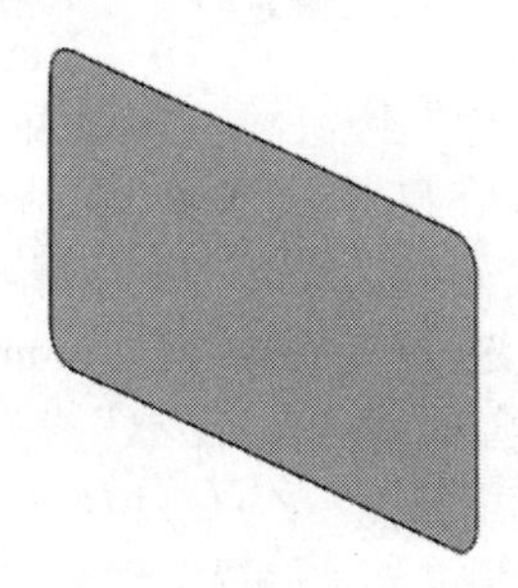

图 8-40

09 执行“菜单” | “格式” | “图层设置”命令，在弹出的“图层设置”对话框中选中 1 复选框，显示实体。

10 执行“菜单” | “插入” | “修剪” | “拆分体”命令，选择实体为目标体，选择有界平面为拆分面，单击“确定”按钮，将实体拆分为前、后两部分。

8.2.3　第二次拆分实体

01 执行“菜单” | “格式” | “图层设置”命令，在弹出的“图层设置”对话框的“工作层”栏中输入 10，按 Enter 键，设定第 10 层为工作图层。

02 单击“拉伸”按钮，在弹出的“拉伸”对话框中单击“绘制截面”按钮，选择 XC—ZC 平面为草绘平面，X 轴为水平参考，绘制一个矩形截面（150mm×70mm），如图 8-41 所示。

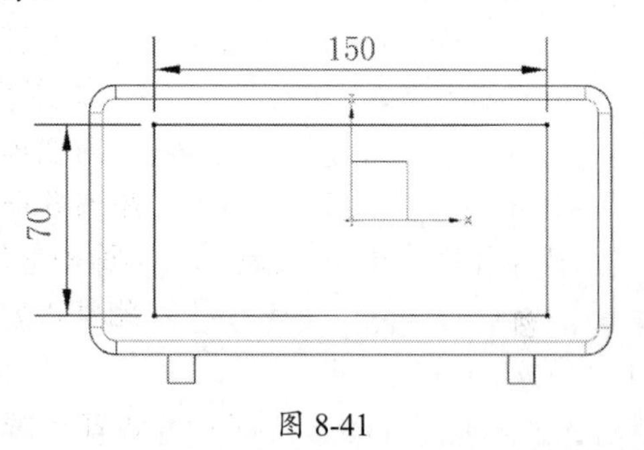

图 8-41

03 单击“完成草图”按钮，在弹出的“拉伸”对话框中，将“指定矢量”设为 YC ↑，在“开始”下拉列表中选择“值”选项，将“距离”设为 0mm，在“结束”下拉列表中选择“值”，将“距离”设为 5mm，“布尔”设为“无”，“体类型”设为“片体”。

04 单击“确定”按钮，创建拉伸片体（注意：这里是片体）。

05 执行“菜单” | “插入” | “修剪” | “拆分体”命令，选择前面部分的实体为目标体，选择拉伸曲面为拆分面，单击“确定”按钮，将前面的实体拆分成两部分。

8.2.4　运用 WAVE 方式创建组件

01 在屏幕的左侧工具栏中，先单击“装配导航器”按钮，再在“装配导航器”的空白处右击，在弹出的快捷菜单中选择“WAVE 模式”命令。

02 选中 naozhong 复选框，右击，在弹出的快捷菜单中选择 WAVE | “新建层”命令。

03 单击“新建层”对话框中的“指定部件名”按钮，在弹出的“选择部件名”对话框中将“文件名”设为“镜片”，单击 OK 按钮。

04 将鼠标指针放在实体的镜片部分，稍微停顿后，鼠标附近出现 3 个白点，单击并在弹出的“快速选择”窗口中选择镜片部分的实体（提示：选择镜片实体时要特别小心，否则会同时选中其他部分的实体）。

05 单击“确定”按钮，创建第一个组件，如图8-42中的“镜片”所示。

06 选中 naozhone 复选框，右击并在弹出的快捷菜单中选择 WAVE｜“新建层”命令。

07 在弹出的“新建层”对话框中单击“指定部件名”按钮，在弹出的“选择部件名”对话框中将“文件名”设为“前盖”，单击 OK 按钮。

08 把鼠标指针放在实体的前半部分，稍微停顿后，鼠标指针附近出现3个白点，单击并在弹出的“快速选择”窗口中选择实体的前半部分。

09 单击“确定”按钮，创建第二个组件，如图8-42中的“前盖”所示。

10 再次选中 naozhone 复选框，右击并在弹出的快捷菜单中选择 WAVE｜“新建层”命令。

11 单击“新建层”对话框中“指定部件名”按钮，在弹出的“选择部件名”对话框中将“文件名”设为“后盖”，单击 OK 按钮。

12 把鼠标指针放在实体后半部分，稍微停顿后，鼠标指针附近出现3个白点，单击并在弹出的“快速选择”窗口中选择实体的后半部分。

13 单击“确定”按钮，创建第三个组件，如图8-42中的“后盖”所示。

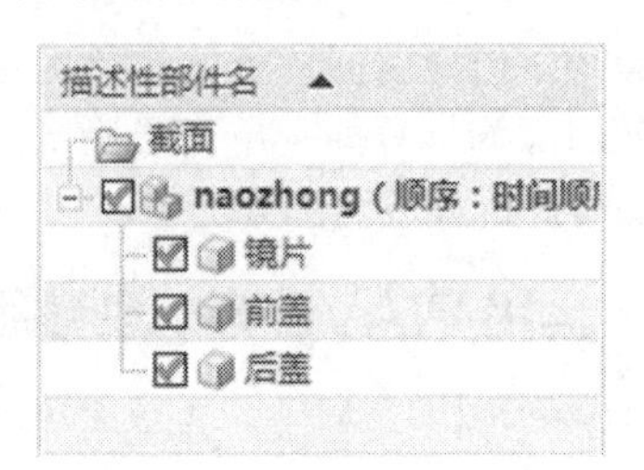

图 8-42

14 单击“保存”按钮，在指定的目录中可以看到“后盖”“前盖”和“镜片”3个文档。

8.2.5 编辑组件

01 在“装配导航器”中选择“后盖”，右击并在弹出的快捷菜单中选择“在窗口中打开”命令，打开后盖的实体，如图8-43所示。

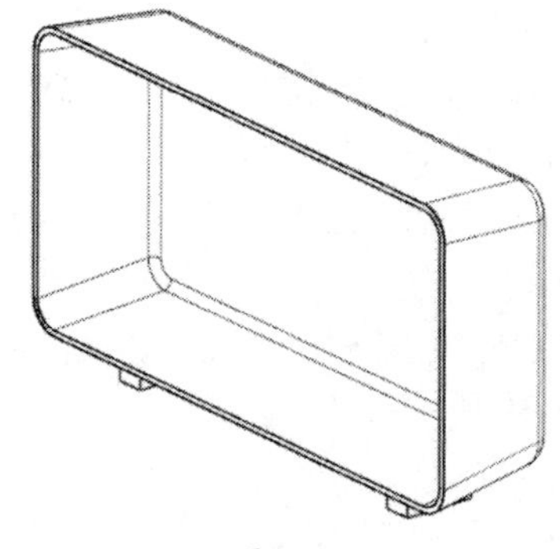

图 8-43

02 执行“菜单”｜“插入”｜“基准/点”｜“基准坐标系”命令，在弹出的“基准坐标系”对话框中，将“类型”设为“绝对坐标系”，如图8-44所示。单击“确定”按钮创建绝对坐标系。

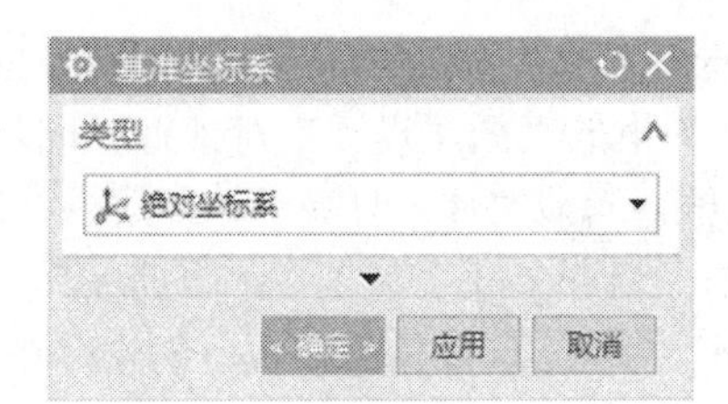

图 8-44

03 单击“拉伸”按钮，直接在实体口部选择内边缘线，在弹出的“拉伸”对话框中，将“指定矢量”设为 YC↑，在“开始”下拉列表中选择“值”选项，“距离”设为0mm，在“结束”下拉列表中选择“值”，“距离”设为2mm，“布尔”设为“减去”，“拔模”设为“无”，在“偏置”栏中，将“偏置”设为“单侧”，“结束”设为1mm。

04 单击“确定”按钮，在后盖的口部创建唇特征，如图8-45所示。

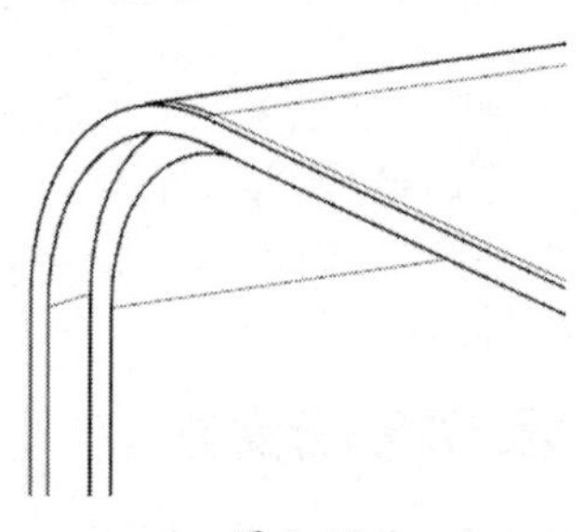

图 8-45

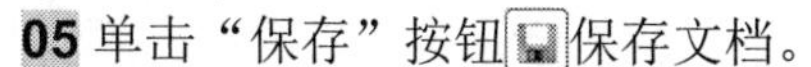

05 单击“保存”按钮保存文档。

06 在标题栏中单击“窗口”按钮，选择 naozhong.prt，打开 naozhong.prt 实体。

07 在“装配导航器”中选择“前盖”，右击并在弹出的快捷菜单中选择“在窗口中打开”命令，打开前盖实体，如图 8-46 所示。

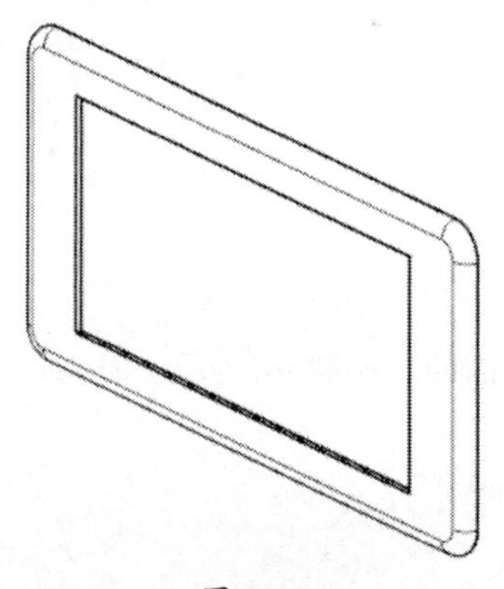

图 8-46

08 单击“拉伸”按钮，直接在实体口部选择内边缘线，在弹出的“拉伸”对话框中，将“指定矢量”设为 YC ↑，在“开始”下拉列表中选择“值”选项，将“距离”设为 0mm，在“结束”下拉列表中选择“值”，将“距离”设为 2mm，“布尔”设为“合并”，“拔模”设为“无”，在“偏置”栏中，将“偏置”设为“两侧”，“开始”设为 0mm，“结束”设为 1mm，如图 8-47 所示。

图 8-47

09 单击“确定”按钮，在前盖的口部创建唇特征，如图 8-48 所示。

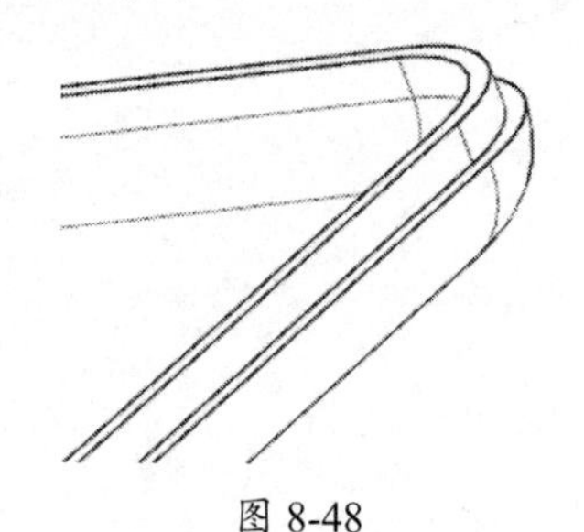

图 8-48

10 单击“保存”按钮保存文档。

8.2.6 整理装配图

01 在标题栏中单击“窗口”按钮，选择 naozhong.prt，打开 naozhong.prt 实体。

02 在“装配导航器”中选中 naozhong 复选框，右击并在弹出的快捷菜单中选择“设为工作部件”命令，显示所有的零件（如果 naozhong 复选框呈黄色，则直接跳过该步骤）。

03 在“装配导航器”中选中 naozhong 复选框，使其呈黄色显示。

04 再次选中 naozhong 复选框，使 naozhong、“镜片”“前盖”和“后盖”复选框呈灰色显示。

05 选择“镜片”“前盖”和“后盖”复选框，使这 3 个文件激活（呈黄色显示），如图 8-49 所示。

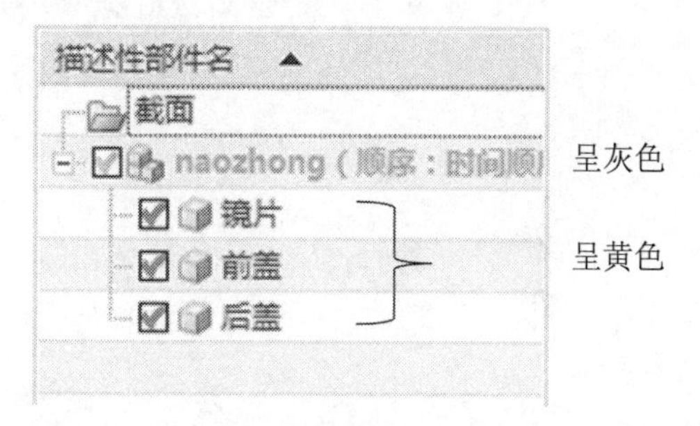

图 8-49

06 单击“保存”按钮保存文档。

第 9 章　几种常用的曲面设计

本章主要介绍 UG 常用曲面的创建方法及曲面的编辑功能。

9.1 填充曲面

01 打开第 9 章 \tianchongqumian.prt 文件。

02 执行“菜单”｜“插入”｜“曲面”｜“填充曲面”命令。

03 选择曲面内部孔位的边线。

04 单击“填充曲面”对话框中的“确定”按钮，创建一个曲面，如图 9-1 所示。

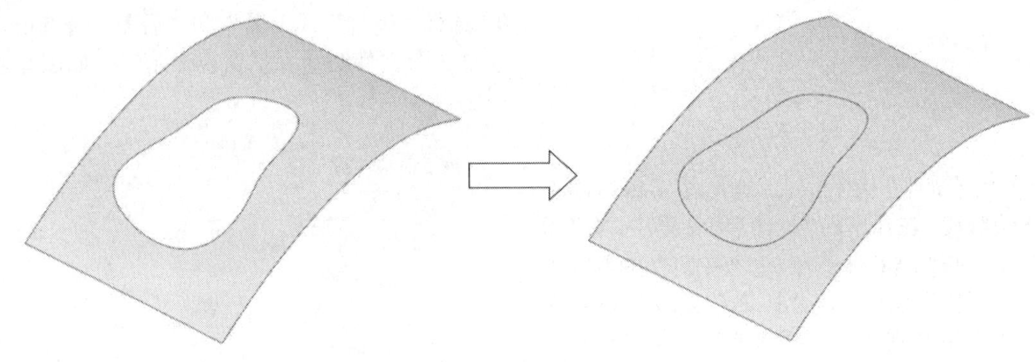

图 9-1

9.2 有界平面

01 打开第 9 章 \youjiepingmian.prt 文件。

02 执行“菜单”｜“插入”｜“曲面”｜“有界平面”命令。

03 选择圆形曲线，生成一个圆形的平面，如图 9-2 所示。

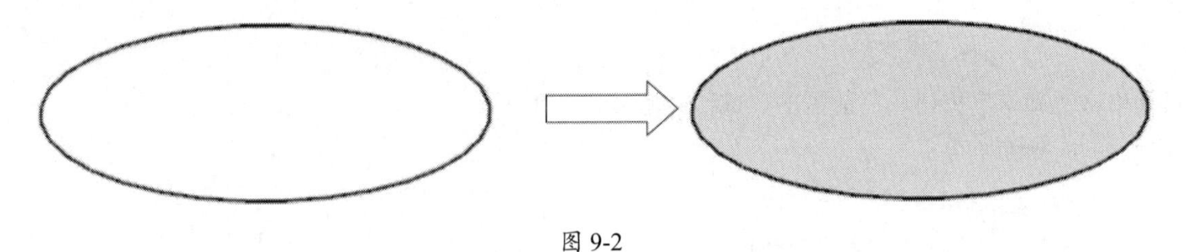

图 9-2

9.3 通过曲线组（一）

01 打开第 9 章 \zhiwenqumian.prt 文件。

02 执行“菜单”｜“插入”｜“曲格曲面”｜“通过曲线组”命令。

03 选择椭圆柱的边线作为曲线 1，单击鼠标中键后，再选择圆柱边线作为曲线 2。

04 单击“确定”按钮，生成一个网格曲面，该曲面与头、尾两曲面几何相连，如图 9-3 所示。

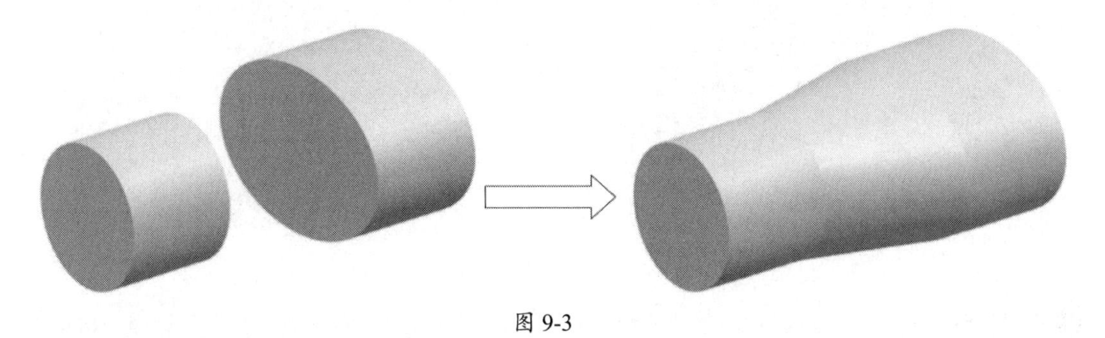

图 9-3

9.4 通过曲线组（二）

01 打开第 9 章 \tianyuandifan.prt 文件。

02 执行“菜单”｜“插入”｜“曲格曲面”｜“通过曲线组”命令。

03 选择圆形截面，单击鼠标中键后，再选择方形截面。

04 在弹出的“通过曲线组”对话框中，将“对齐”设为“根据点”，选中“保留形状”复选框。

05 拖动圆周上曲面的控制点至参考线的端点位置，与方形上的控制点相对应。

06 单击“确定”按钮，生成网格曲面，如图 9-4 所示。

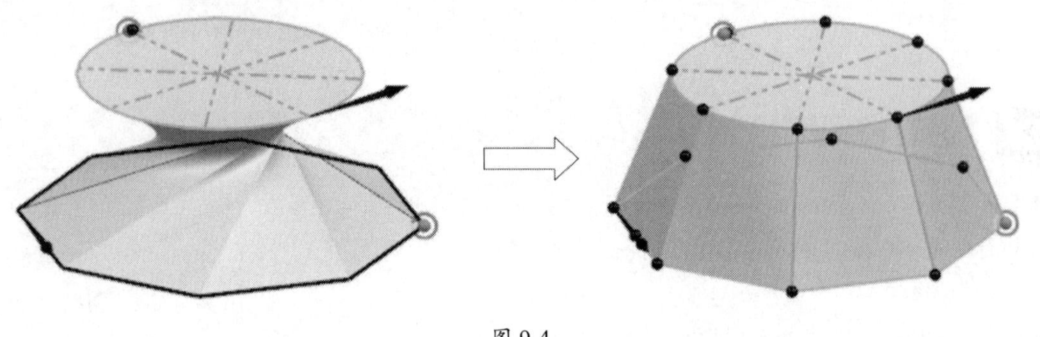

图 9-4

9.5 通过曲线组（三）

01 打开第 9 章 \quxianzu.prt 文件。

02 执行“菜单”｜“插入”｜“曲格曲面”｜“通过曲线组”命令。

03 选择曲线 1，单击鼠标中键结束选择。

04 选择曲线 2，单击鼠标中键结束选择。

05 选择曲线 3，单击鼠标中键结束选择。

06 在弹出的“通过曲线组”对话框中，将“第一个截面”设为“G0（位置）”，“最后一个截面”设为“G0（位置）”。

07 单击“确定”按钮，所生成的曲面与其他曲面几何相连且不相切，如图 9-5 所示。

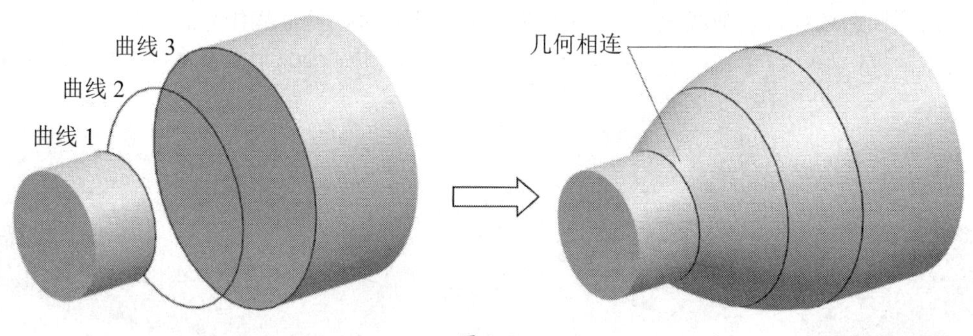

图 9-5

08 在“部件导航器”中双击“通过曲线组”复选框，在弹出的“通过曲线组”对话框中，将“第一个截面”设为“G1（相切）”，选择第 1 条曲线所在的曲面，将“最后一个截面”设为“G1（相切）”，选择第 2 条曲线所在的曲面，则生成的曲面与所选定的曲面相切，如图 9-6 所示。

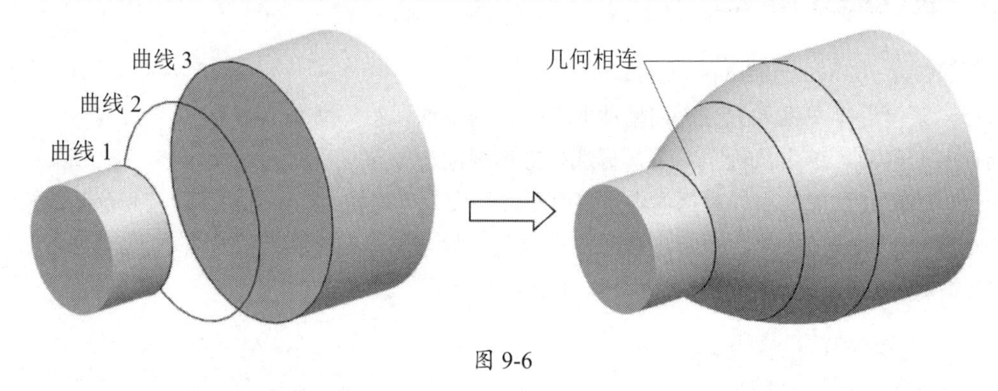

图 9-6

9.6 通过曲线网格

01 打开第 9 章 \quxianwange.prt 文件。

02 执行“菜单”|“插入”|“曲格曲面”|“通过曲线网格”命令。

03 选择右侧的 3 条直线为主曲线（1），单击鼠标中键，再选择中间的3条直线为主曲线(2)，单击鼠标中键。在弹出的“通过曲线网格”对话框中单击“点对话框中”按钮，在弹出的“点”对话框中，将“类型”设为“端点”，再选择曲线左侧的端点，该顶点为主曲线（3），如图 9-7 所示。

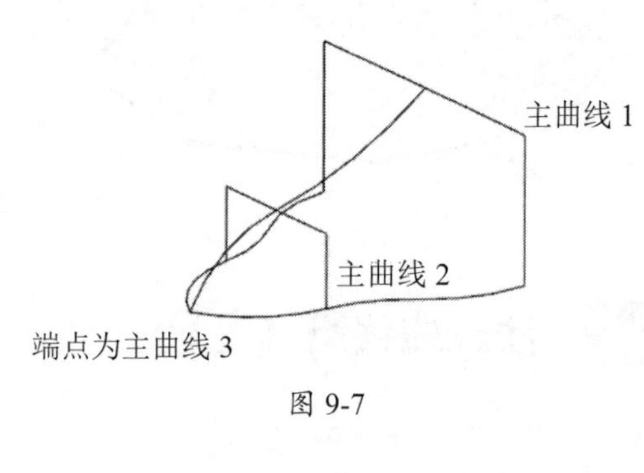

图 9-7

04 单击鼠标中键结束选择主曲线，再单击鼠标中键。

05 选择交叉曲线（1），单击鼠标中键，选择交叉曲线（2），单击鼠标中键，选择交叉曲线（3），单击鼠标中键，如图 9-8 所示。

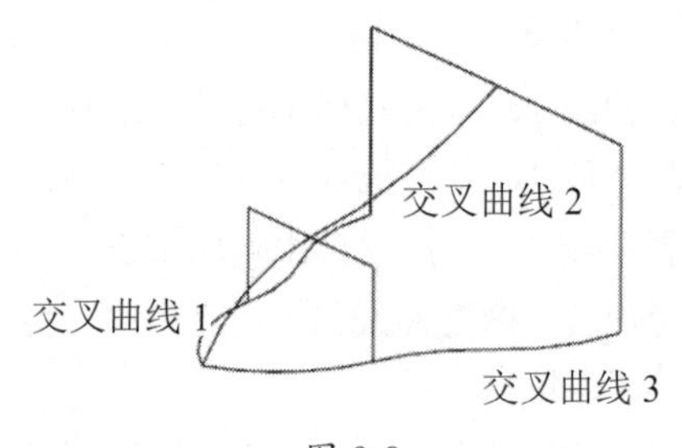

图 9-8

06 单击“确定”按钮，创建曲线网格曲面，如图 9-9 所示。

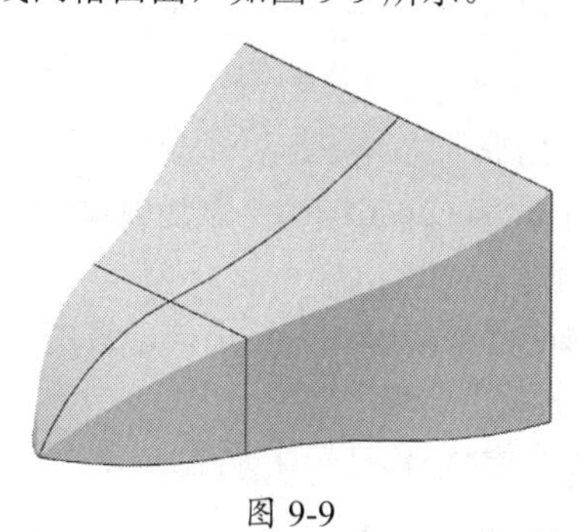

图 9-9

9.7 扫掠曲面

扫掠曲面是 UG 中应用非常广泛的一种曲面，由截面曲线、引导曲线及脊线创建。扫掠曲面可以分为以下 3 种主要类型。

9.7.1 由“一个截面线 + 引导线”创建扫掠曲面

01 打开第 9 章 \Saoluequmian1.prt 文件。

02 执行“菜单” | “插入” | “扫掠” | “扫掠”命令。

03 选择六边形曲线为截面曲线。

04 分别选择引导线 1，单击鼠标中键，再选择引导线 2，单击鼠标中键，然后选择引导线 3，单击鼠标中键，再单击鼠标中键结束选择。

05 在弹出的“扫掠”对话框中选中“保留形状”复选框。

06 单击“确定”按钮创建一个实体，如图 9-10 所示。

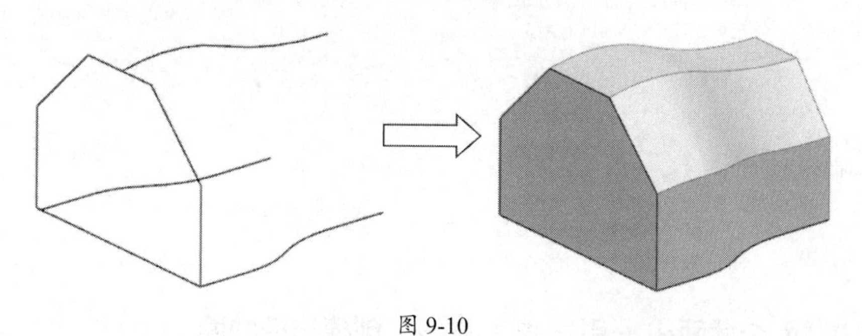

图 9-10

07 单击“边倒圆”按钮，创建 R30mm 的圆角，如图 9-11 所示。如果在弹出的“扫掠”对话框中没有选中“保留形状”复选框，则不能倒圆角。

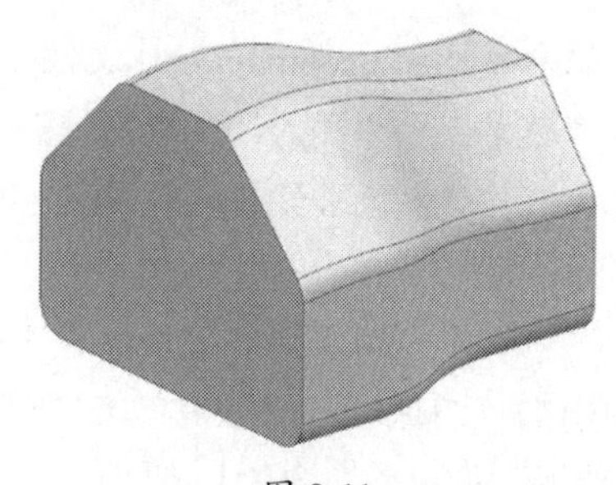

图 9-11

9.7.2 由“两个截面线 + 引导线”创建扫掠曲面

01 打开第 9 章 \Saoluequmian2.prt 文件。

02 执行“菜单” | “插入” | “扫掠” | “扫掠”命令。

03 选择截面曲线 1，在弹出的“扫掠”对话框中单击“添加新集”按钮，选择八边形为截面曲线 2，选择两个截面之间的连线为引导曲线。

04 在弹出的“扫掠”对话框中选中“保留形状”复选框，将“对齐”设为“根据点”，“方向”设为“固定”，“缩放”设为“恒定”。

05 单击“确定”按钮，生成一个扫掠实体，如图 9-12 所示。

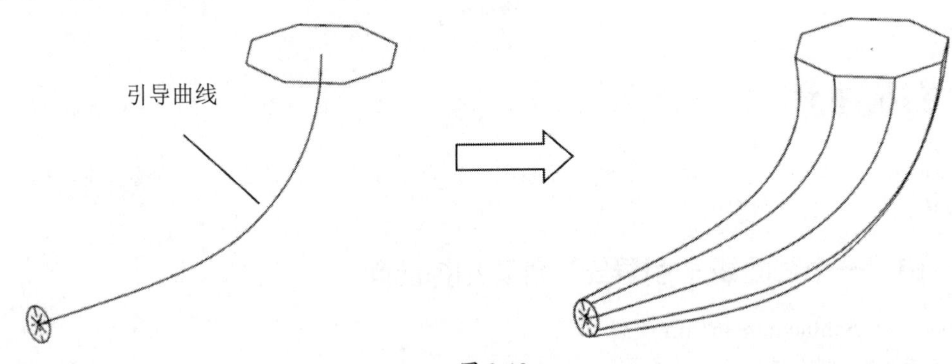

图 9-12

06 如果在弹出的“扫掠”对话框中，将“缩放”设为“面积规律”，“规律类型”设为“线性”，“起点面积”设为 400mm^2、“终点面积”设为 40mm^2，则所生成的扫掠实体如图 9-13 所示。

07 如果在弹出的“扫掠”对话框中，将“缩放”设为“周长规律”，“规律类型”设为“线性”，“起点”设为 100mm，“终点”设为 0mm，则所生成的扫掠实体如图 9-14 所示。

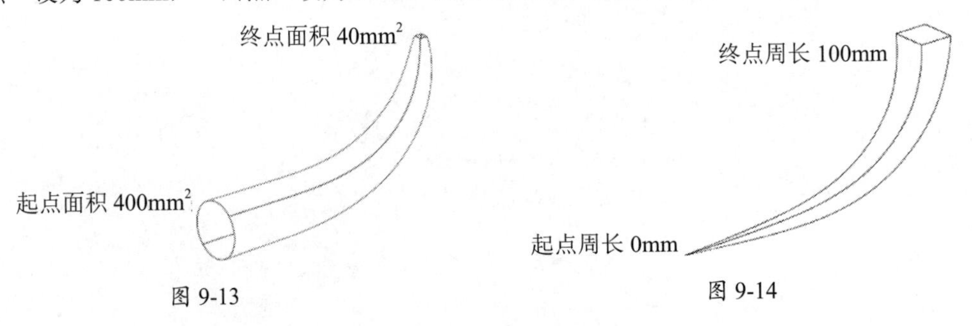

图 9-13　　图 9-14

9.7.3 由“两个截面线 + 引导线 + 脊线”创建扫掠曲面

01 打开第 9 章 \Saoluequmian3.prt 文件。

02 执行“菜单” | “插入” | “扫掠” | “扫掠”命令。

03 选择大圆作为截面曲线 1，小圆作为截面曲线 2，选择两条曲线分别为引导曲线 1 和引导曲线 2，如图 9-15 所示。

04 单击“确定”按钮生成一个扫掠实体，但这个实体已变形，如图 9-16 所示。

05 在弹出的“扫掠”对话框中单击“脊线”按钮，再选择两圆之间的线段为脊线，则创建的扫掠实体形状正常，如图 9-17 所示。

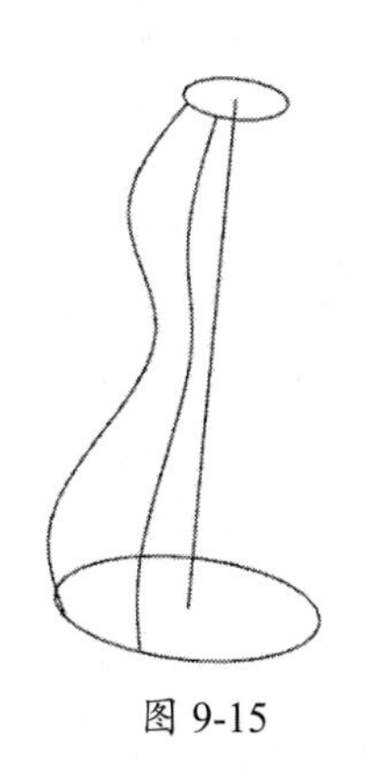
图 9-15

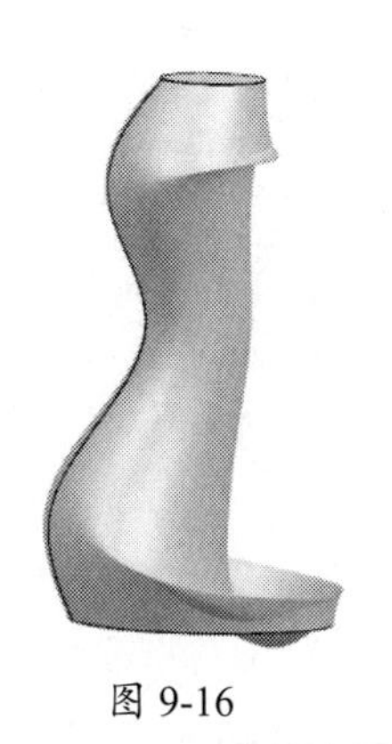
图 9-16

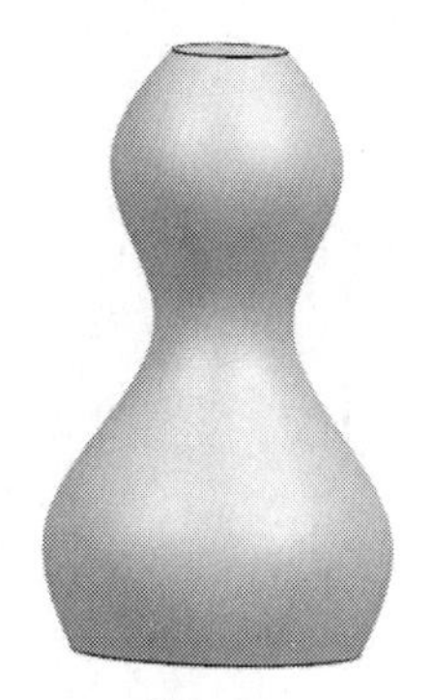
图 9-17

9.7.4　扫掠曲面中“强制”选项与“固定”选项的比较

01 打开第 9 章 \Saoluequmian4.prt 文件。

02 执行“菜单”｜“插入”｜“扫掠”｜“扫掠”命令。

03 选择矩形为截面曲线，选择螺旋曲线为引导曲线。

04 在弹出的“扫掠”对话框的“定位方法”栏中，将“方向”设为“固定”。

05 单击“确定”按钮生成一个扫掠实体，但这个实体已变形，如图 9-18 所示。

06 在弹出的“扫掠”对话框的“定位方法”栏中，将“方向”设为“强制方向”，“指定矢量”设为 ZC ↑ ZC↑。

07 单击“确定”按钮生成一个扫掠实体，这个实体符合要求，如图 9-19 所示。

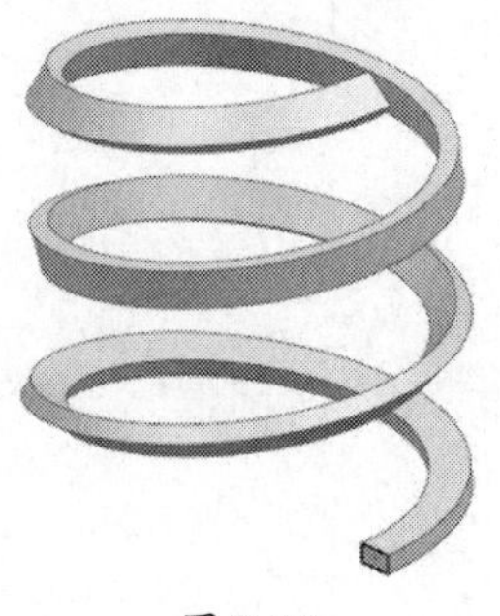
图 9-18

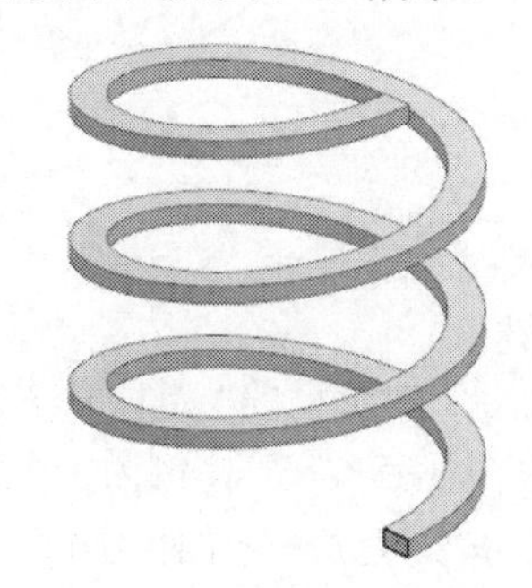
图 9-19

9.7.5　扫掠曲面中“角度”选项的应用

01 打开第 9 章 \Saoluequmian5.prt 文件。

02 执行“菜单”｜“插入”｜“扫掠”｜“扫掠”命令。

03 选择多边形为截面曲线，选择直线为引导曲线。

04 在弹出的“扫掠”对话框的“定向方法”栏中，将“方向”设为“角度规律”，“规律类型”设为“线性”，“起点”设为 0°，“终点”设为 360°。

05 单击“确定”按钮生成一个扫掠实体，如图 9-20 所示。

06 如果将“终点”角度设为 720°，则创建的实体如图 9-21 所示。

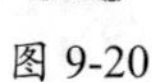
图 9-20

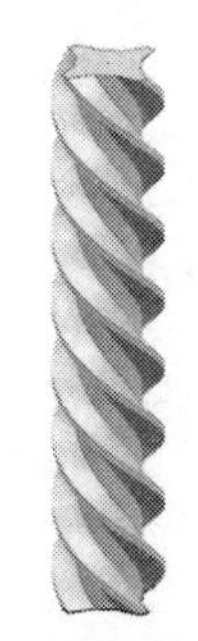
图 9-21

9.7.6 扫掠曲面中“缩放”选项的应用

01 打开第 9 章 \Saoluequmian6.prt 文件。

02 执行“菜单” | “插入” | “扫掠” | “扫掠”命令。

03 选择截面曲线和引导曲线，截面曲线和引导曲线可以不相交，如图 9-22 所示。

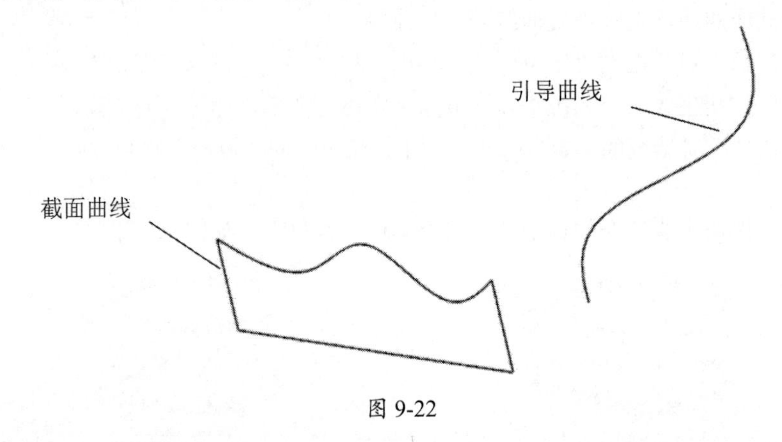

图 9-22

04 在弹出的“扫掠”对话框的“定位方法”栏中，将“方向”设为“固定”，在“缩放方法”栏中，将“缩放”设为“恒定”，“比例因子”设为 1。

05 单击“确定”按钮生成一个扫掠实体，如图 9-23 所示。

06 在弹出的“扫掠”对话框中，将比例因子设为 0.5 后，生成的扫掠曲面如图 9-24 所示。

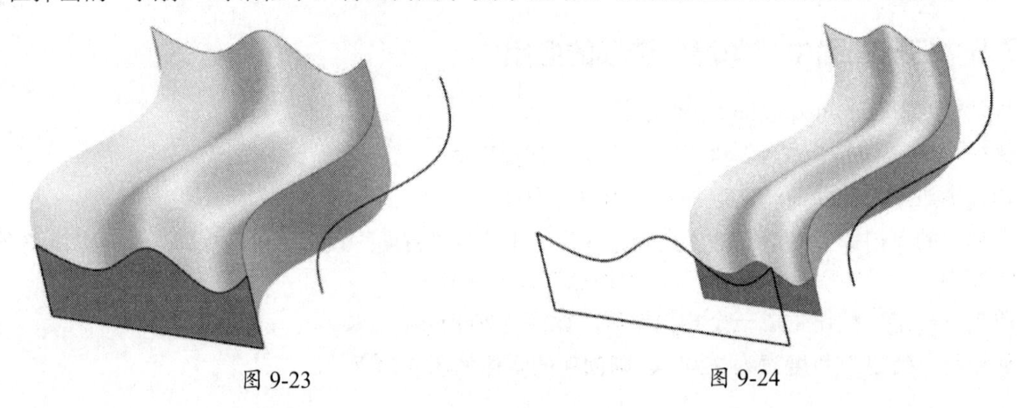
图 9-23　　图 9-24

第 10 章 PMI 标注

PMI 标注可以直接在 3D 实体上标注尺寸，更直观地表达特征的尺寸关系，本章以一个简单的实例，如图 10-1 所示，详细介绍在 UG 实体上进行 PMI 标注的基本方法。

01 先创建一个拉伸实体，尺寸设为 20mm×10mm×4mm，并倒圆角（R2mm），抽壳厚度设为 0.5mm，如图 10-2 所示。

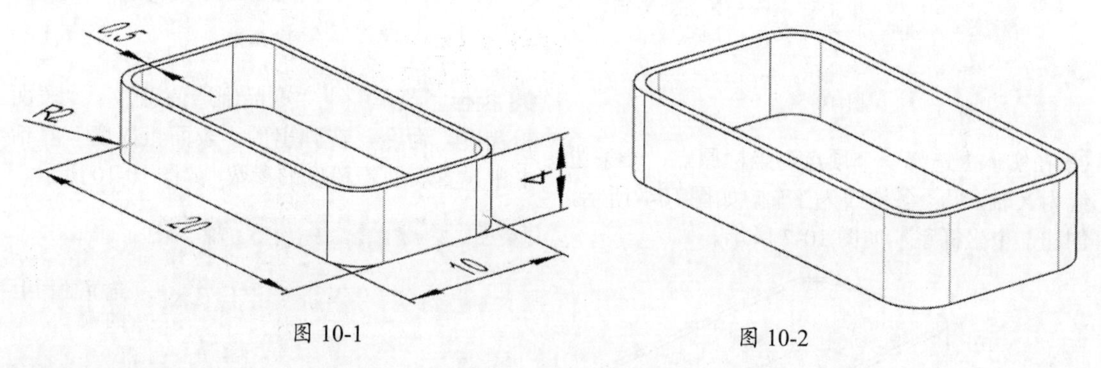

图 10-1　　　　图 10-2

02 在横向菜单栏中进入“应用模块”选项卡，单击 PMI 按钮，如图 10-3 所示。

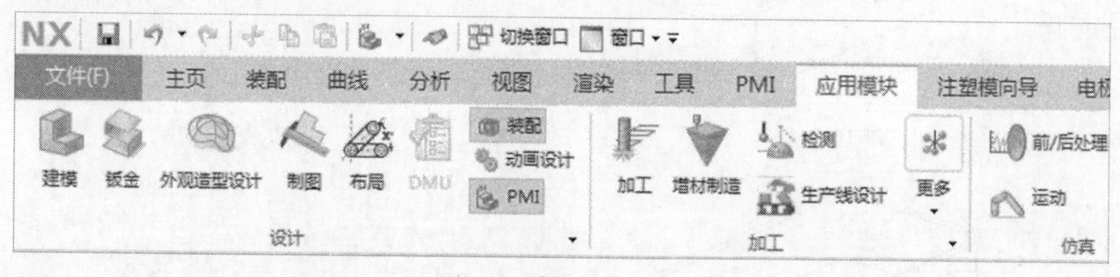

图 10-3

03 在横向菜单中进入 PMI 选项卡，显示 PMI 菜单按钮，如图 10-4 所示。

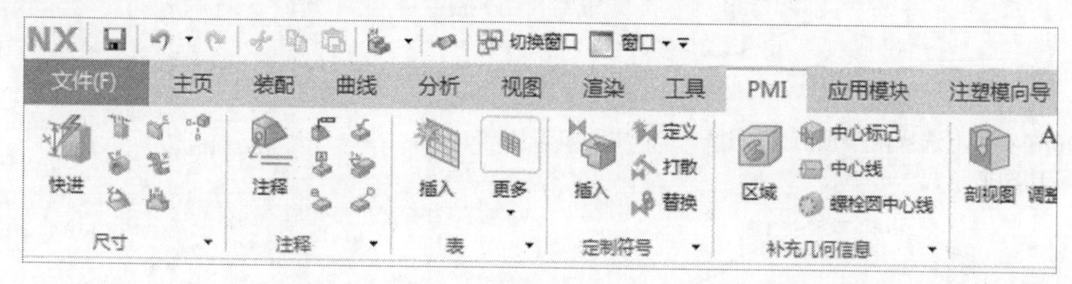

图 10-4

04 在工具栏中单击“快进”按钮，弹出“快速尺寸”对话框，展开“方向”栏后在“方向”栏的“平面”下拉列表中选择“用户定义”选项，并将“指定坐标系”设为“X 轴、Y 轴、原点”，如图 10-5 所示。

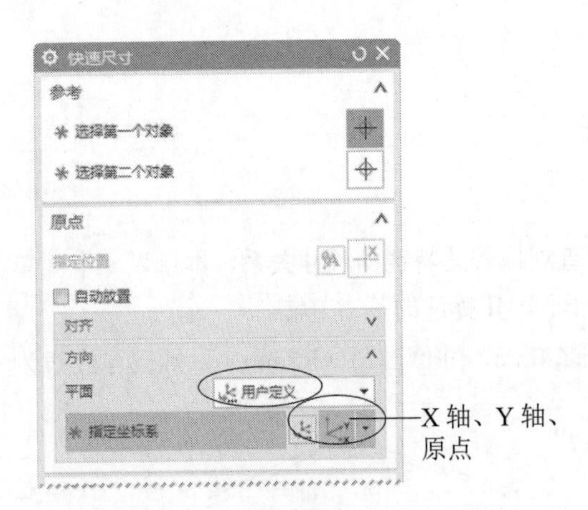

图 10-5

05 在实体上选择一个顶点为坐标原点、一条边线为X轴，另一条边线为Y轴，如图10-6所示，创建一个坐标系，如图10-7所示。

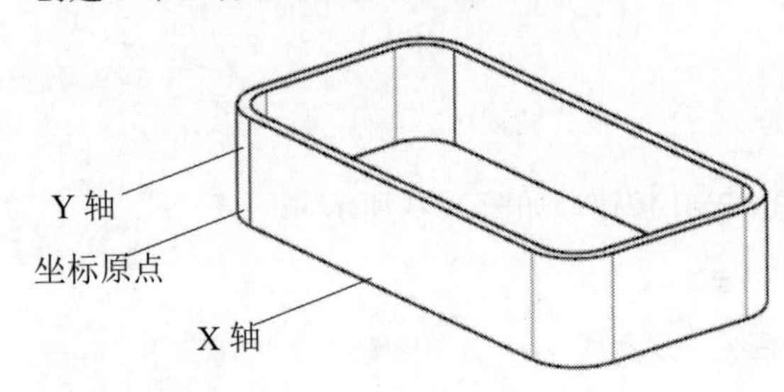

图 10-6

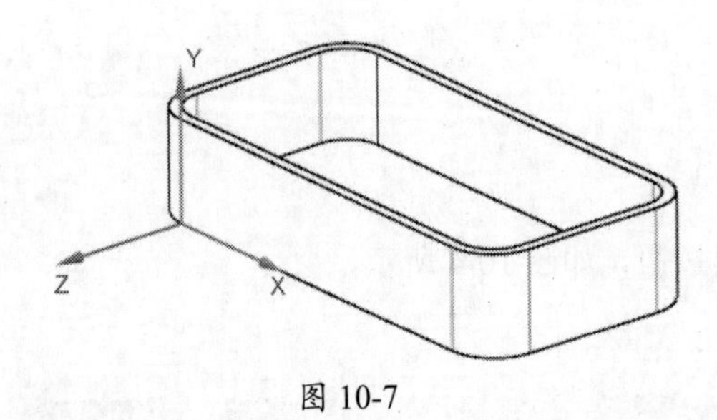

图 10-7

06 在实体上选择两个顶点，创建一个标注，如图10-8所示。

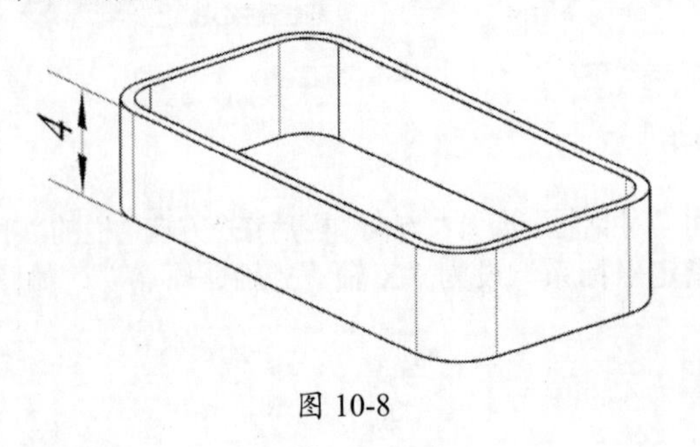

图 10-8

07 采用相同的方法创建其他PMI标注，如图10-9所示。

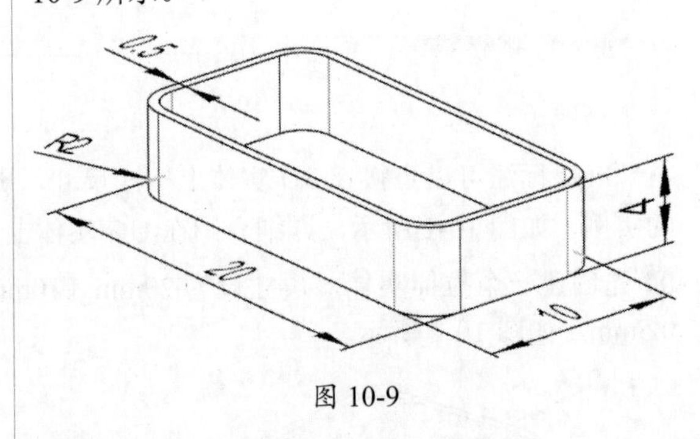

图 10-9

08 执行“菜单”|“产品制造信息”|“表面粗糙度”命令，在弹出的“表面粗糙度”对话框中设置表面粗糙度的参数，如图10-10所示。

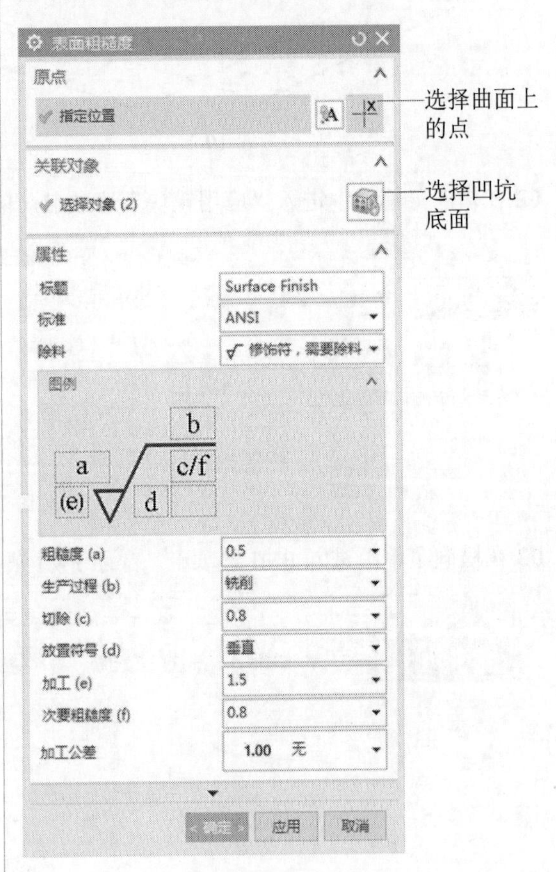

图 10-10

09 在弹出的“表面粗糙度”对话框中单击“指定位置”按钮，再在工具栏中单击“曲面上的点”按钮，如图10-11所示。

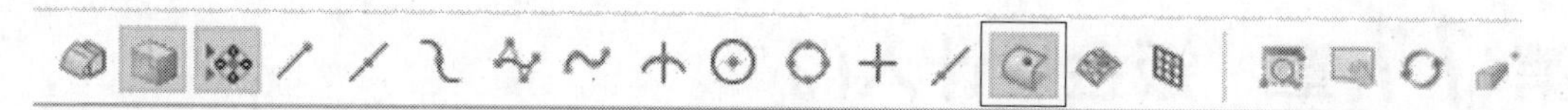

图 10-11

10 选择任意位置标识粗糙度，如图 10-12 所示。

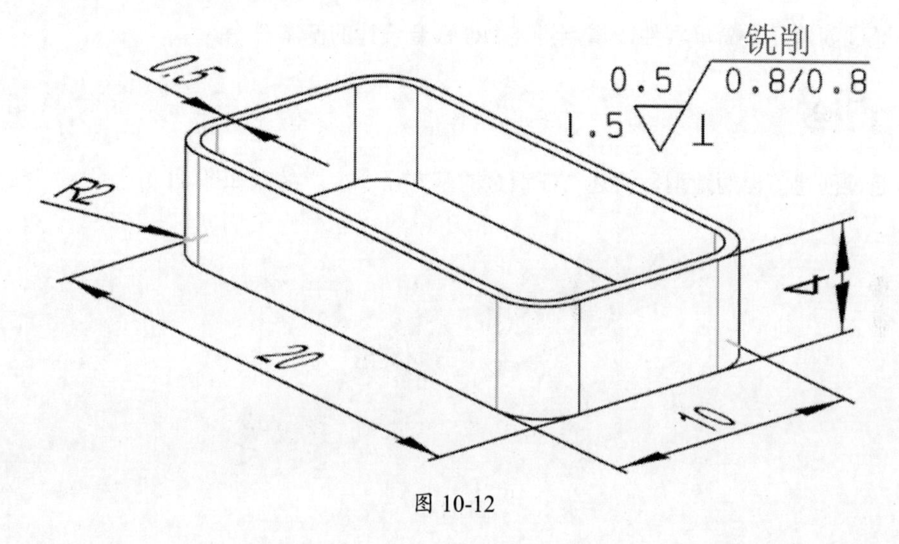

图 10-12

第 11 章 钣金设计入门

本章通过创建几个简单零件，重点讲述 UG 钣金设计的基本命令。

11.1 门栓

本节通过创建门栓的造型，讲述 UG 钣金的基本命令，产品图如图 11-1 所示。

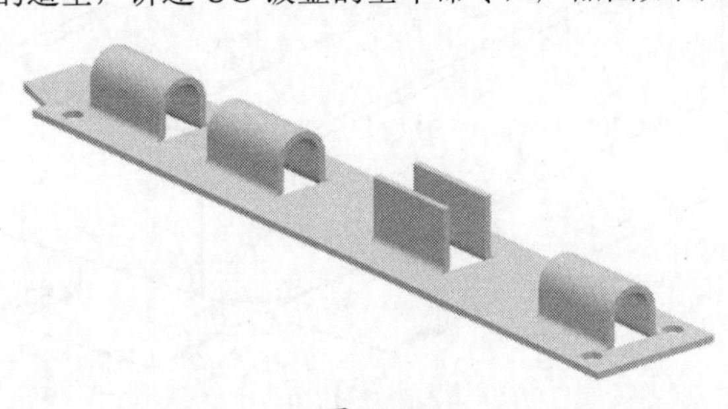

图 11-1

01 单击“新建”按钮，在弹出的“新建”对话框中，将“名称”设为“门栓.prt”，“单位”设为“毫米”，选择“NX 钣金”模板，如图 11-2 所示。

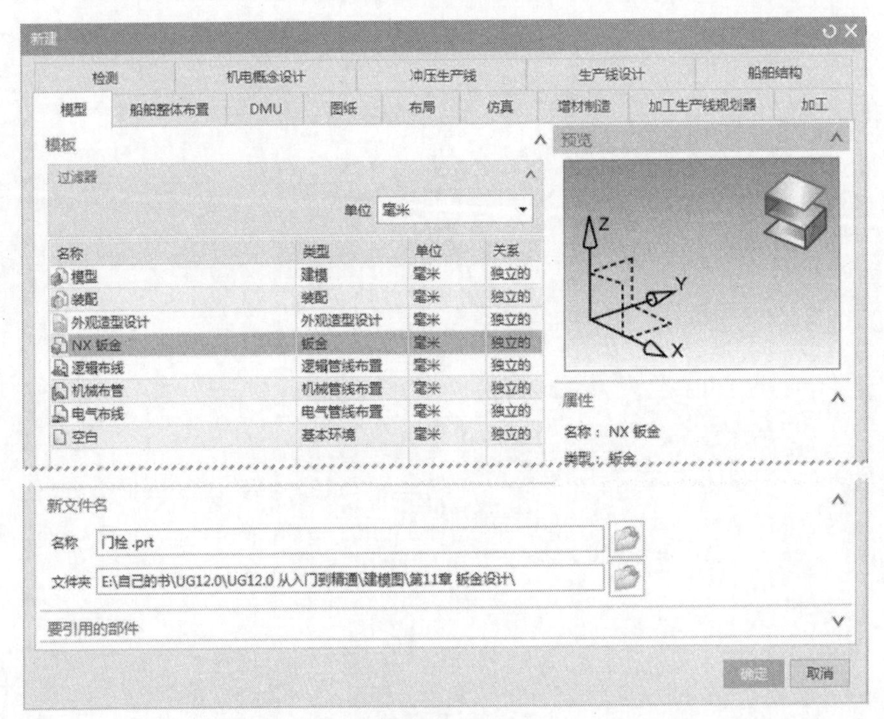

图 11-2

02 单击“确定”按钮，进入钣金设计环境。

03 执行“菜单”|“首选项”|“钣金”命令，在弹出的“钣金首选项”对话框中选择“部件属性”选项卡，将“材料厚度”设为 1mm，“弯曲半径”设为 1mm，“让位槽深度”设为 3.0mm，“让位槽宽度”设为 2.0 mm，在“折弯定义方法”栏中选择“中性因子值”，“中性因子”设为 0.33，如图 11-3 所示。

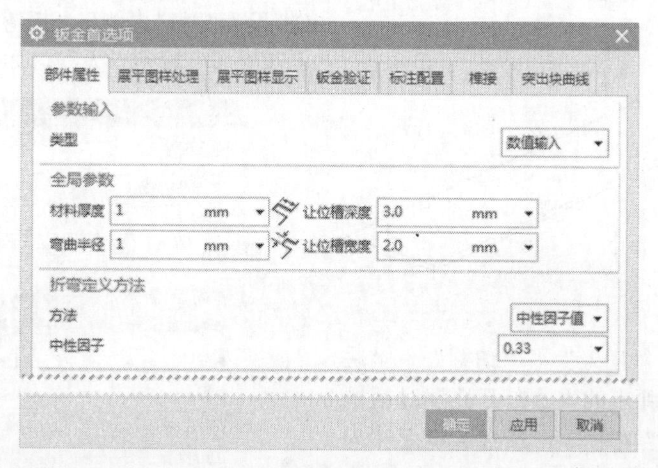

图 11-3

04 执行“菜单”|“插入”|“突出块”命令，在弹出的“突出块”对话框中，将“类型”设为“底数”，单击“绘制截面”按钮，如图 11-4 所示。

05 选择 XC—YC 平面作为草绘平面，X 轴为水平参考，绘制矩形截面（一）（120mm×20 mm），如图 11-5 所示。

图 11-4

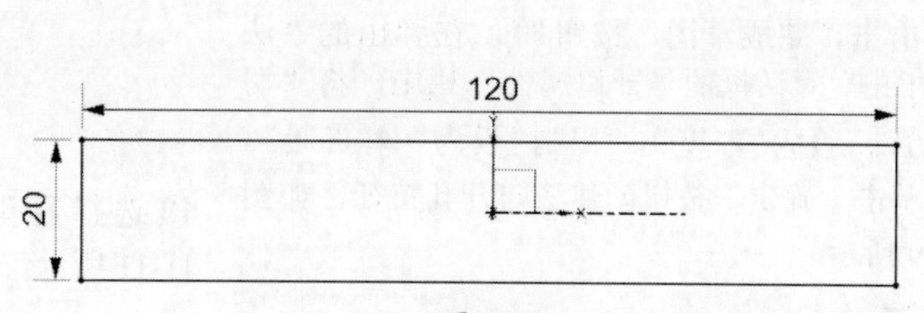

图 11-5

06 单击“完成草图”按钮，单击“确定”按钮创建突出块特征。

07 执行“菜单”|“插入”|“突出块”命令，在弹出的“突出块”对话框中，将“类型”设为“次要”，单击“绘制截面”按钮，以 XC—YC 平面作为草绘平面绘制矩形截面（二）（100mm×20 mm），如图 11-6 所示。

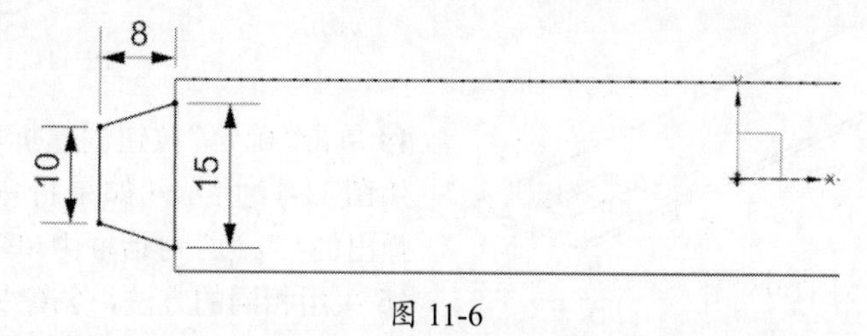

图 11-6

08 单击“完成草图”按钮，单击“确定”按钮创建次要突出块特征（提示：次要突出块特征与底数突出块特征的厚度相同，并且两者自动合并在一起），如图11-7所示。

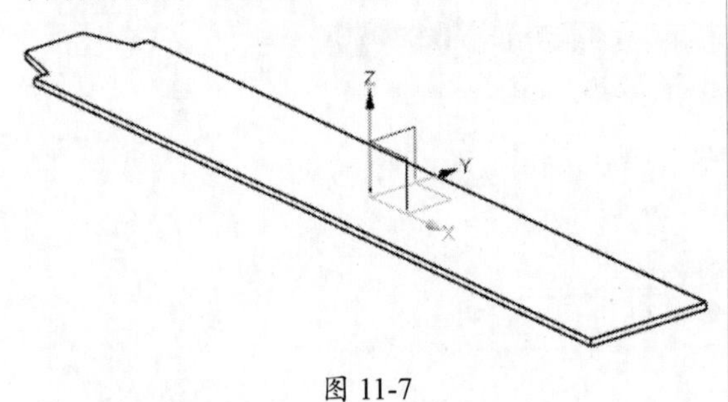

图 11-7

09 执行“菜单”|“插入”|“切割”|“法向开孔”命令，在弹出的“法向开孔”对话框中单击“绘制截面”按钮，选择上表面作为草绘平面，绘制一个矩形截面（15mm×6mm），如图11-8所示。

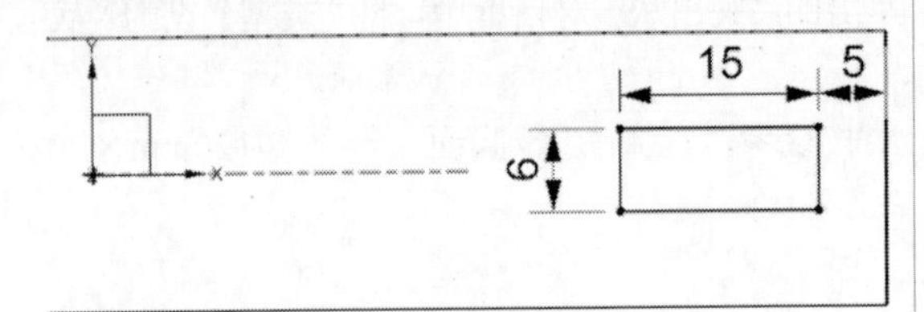

图 11-8

10 单击“完成草图”按钮，在弹出的“法向开孔”对话框的“开口属性”栏中，将“切割方法”设为“厚度”，“限制”设为“贯通”。

11 单击“确定”按钮创建法向开孔特征，如图11-9所示。

提示：

如果不能创建开口特征，需要在“法向开孔”对话框中单击“反向”按钮。

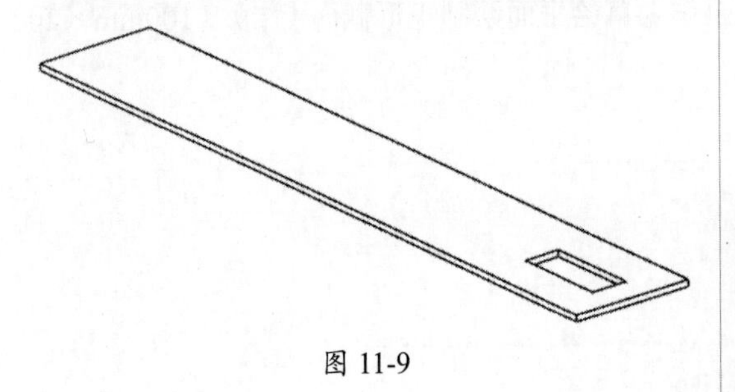

图 11-9

12 执行“菜单”|“插入”|“折弯”|“弯边”命令，在弹出的“弯边”对话框中，将“宽度选项”设为“完整”，“长度”设为5mm，“角度”设为90°，将“参考长度”设为“外侧”，“内嵌”设为“材料内侧”，“折弯止裂口”设为“无”，“匹配面”设为“无”，如图11-10所示。

图 11-10

13 选择通孔的下边缘线为折弯的边，如图11-11所示。

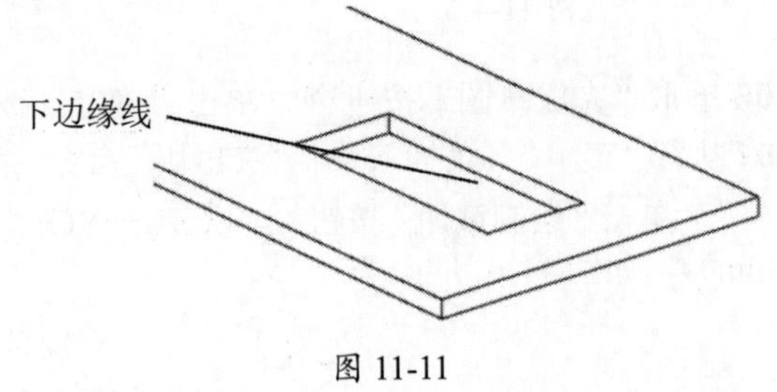

图 11-11

14 单击“确定”按钮创建折弯特征（向上折弯），如图11-12所示（如果折弯的方向向下，则在弹出的“弯边”对话框中单击“反向”按钮）。

15 采用相同的方法，创建另外一个折弯特征。

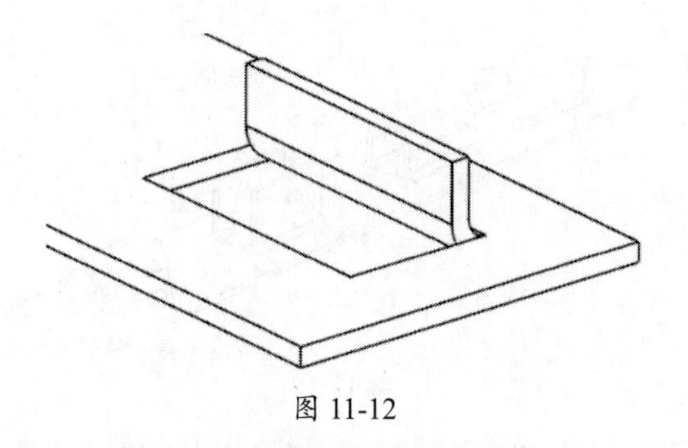

图 11-12

16 在横向菜单中选择“应用模块”选项卡，再单击“建模”按钮，进入建模环境。

17 单击“拉伸”按钮，以折弯特征的端面作为草绘平面，如图 11-13 所示。

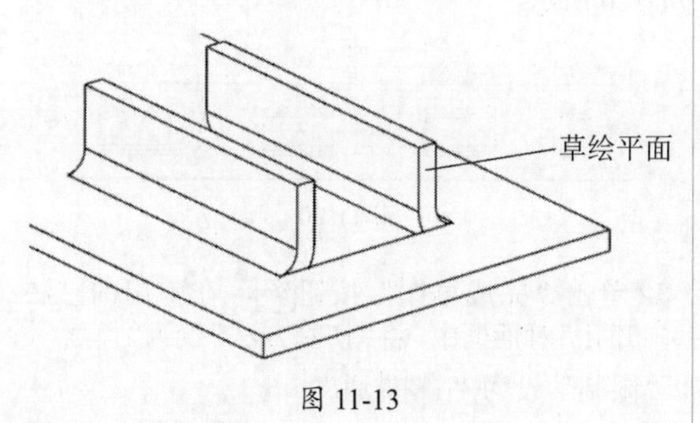

图 11-13

18 绘制一条圆弧并与两条边线相切，如图 11-14 所示。

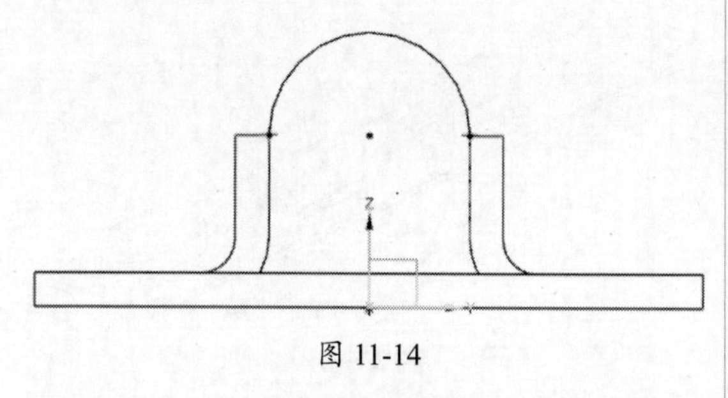

图 11-14

19 单击“完成 ”按钮，在弹出的“拉伸”对话框中，将“指定矢量”设为-XC ↓，在“开始”下拉列表中选择“值”选项，“距离”设为 0mm，在“结束”下拉列表中选择“值”，“距离”设为 15mm，“布尔”设为“合并”，在“偏置”栏中，“偏置”设为“两侧”，“开始”设为 0mm，“结束”设为-1mm。

20 单击“确定”按钮创建一个拉伸特征，如图 11-15 所示。

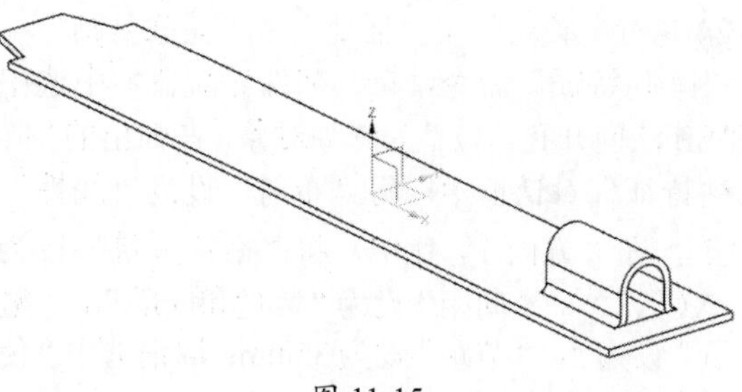

图 11-15

21 执行“菜单”|“插处”|“关联复制”|“镜像特征”命令，按住 Ctrl 键在“部件导航器”中选择“SB 法向开孔（3）”“SB 弯边（4）”“SB 弯边（5）”和“拉伸（6）”为镜像对象，选择 YC—ZC 平面为镜像平面，创建镜像特征，如图 11-16 所示。

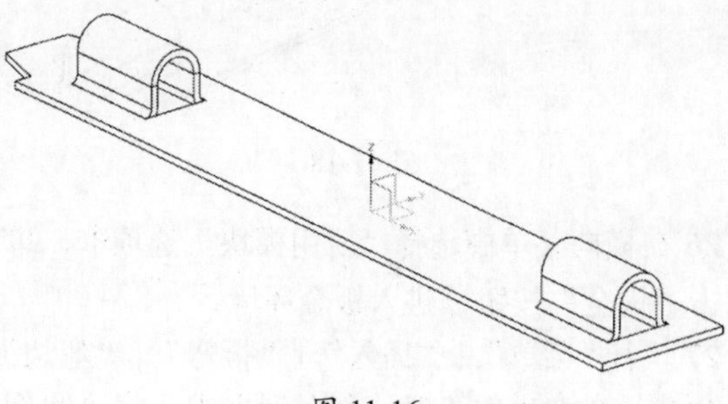

图 11-16

22 执行“菜单”|“插处”|“关联复制”|“阵列特征”命令，按住 Ctrl 键，在“部件导航器”中选中“SB 法向开孔（3）”“SB 弯边（4）”“SB 弯边（5）”和“拉伸（6）”为阵列对象，将“布局”设为“线性”，“指定矢量”设为 -XC ↓，“间距”设为“数量和间隔”，“数量”设为 2，“节距”设为 70mm，取消选中“使用方向 2”复选框。

23 单击“确定”按钮创建阵列特征（一），如图 11-17 所示。

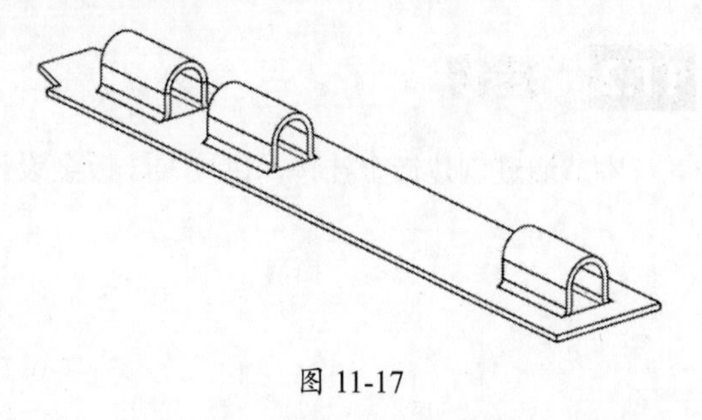

图 11-17

24 执行“菜单”|“插处”|“关联复制”|“阵列特征”命令，在“部件导航器”中选中“SB 法向开孔（3）”为阵列对象，在弹出的“阵列特征”对话框中，将“布局”设为“线性”，在“方向 1”栏中，将“指定矢量”设为 −XC ↓，“间距”设为“数量和间隔”，“数量”设为 2，“节距”设为 35mm，取消选中“使用方向 2”复选框。

25 单击“确定”按钮创建阵列特征（二），如图 11-18 所示。

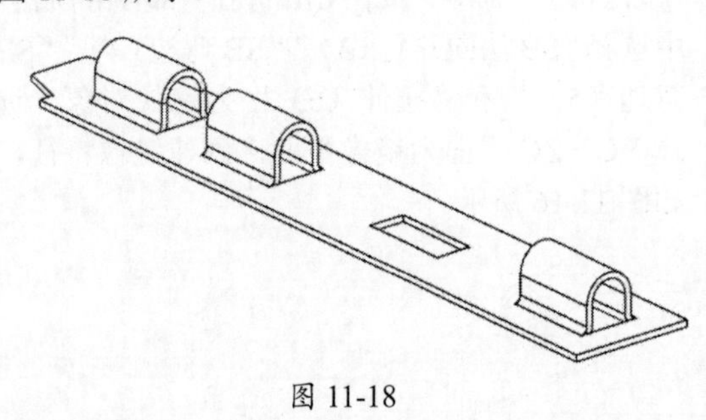

图 11-18

26 在横向菜单中选择“应用模块”选项卡，单击“钣金”按钮进入钣金环境。

27 执行“菜单”|“插入”|“折弯”|“弯边”命令，在弹出的“弯边”对话框中，将“宽度选项”设为“完整”，“长度”设为 10mm，“角度”设为 90°，“参考长度”设为“外侧”，“内嵌”设为“材料内侧”，“折弯止裂口”设为“无”，“匹配面”设为“无”，如图 11-10 所示。

28 选择通孔的下边缘线为折弯的边，如图 11-11 所示。

29 单击“确定”按钮创建折弯特征（向上折弯），如图 11-19 所示（如果折弯的方向向下，则在弹出的“弯边”对话框中单击“反向”按钮）。

30 采用相同的方法，创建另外一个折弯特征。

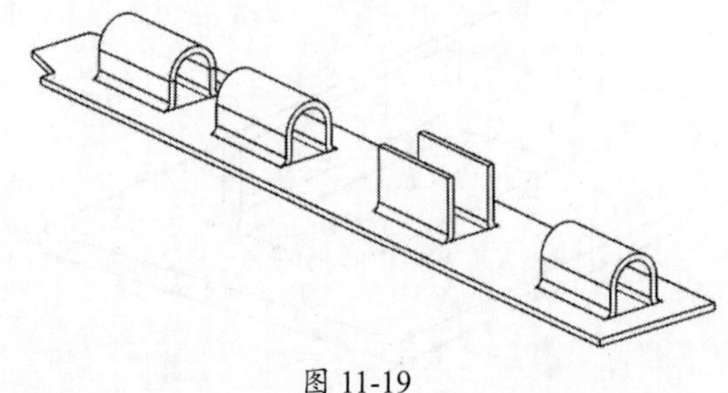

图 11-19

31 执行“菜单”|“插入”|“切割”|“法向开孔”命令，在弹出的“法向开孔”对话框中单击“绘制截面”按钮，选择上表面为草绘平面，绘制 4 个圆形截面（ϕ3mm），如图 11-20 所示。

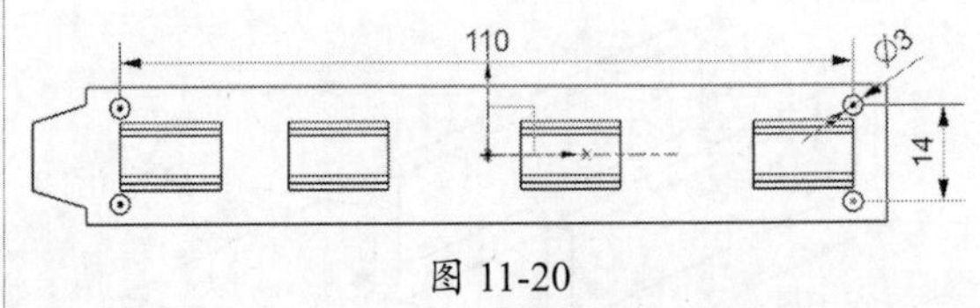

图 11-20

32 单击“完成草图”按钮，在弹出的“法向开孔”对话框中，将“切割方法”设为“厚度”，“限制”设为“贯通”。

33 单击“确定”按钮创建 4 个小孔，如图 11-21 所示。

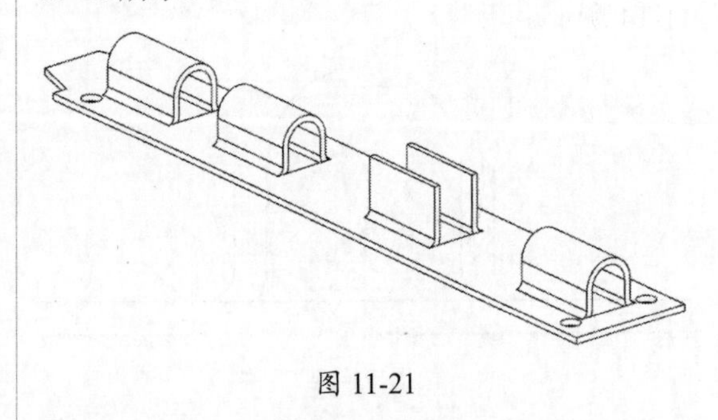

图 11-21

34 单击“保存”按钮保存文档。

11.2 挂钩

本节通过创建钣金挂钩，讲述 UG 钣金设计的基本命令，产品图如图 11-22 所示。

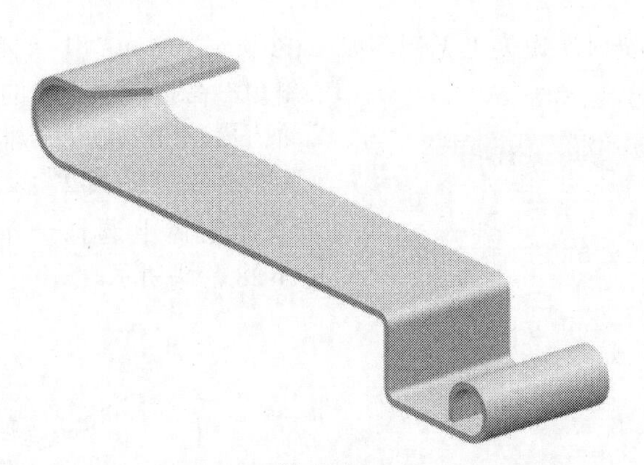

图 11-22

01 单击“新建”按钮，在弹出的“新建”对话框中，将“名称”设为“挂钩”，“单位”设为“毫米”，选择“NX 钣金”模板。

02 单击“确定”按钮进入钣金设计环境。

03 执行“菜单”|“首选项”|“钣金”命令，在弹出的“钣金首选项”对话框中选择“部件属性”选项卡，将“材料厚度”设为 1.0mm，“弯曲半径”设为 1.0 mm，“让位槽深度”设为 3.0mm，“让位槽宽度”设为 2.0 mm，在“折弯定义方法”栏中选择“中性因子值”，把“中性因子”设为 0.33。

04 执行“菜单”|“插入”|“突出块”命令，在弹出的“突出块”对话框中，将“类型”设为“底数”，单击“绘制截面”按钮，以 XC—YC 平面作为草绘平面，绘制矩形截面（一）（100mm×20 mm），如图 11-23 所示。

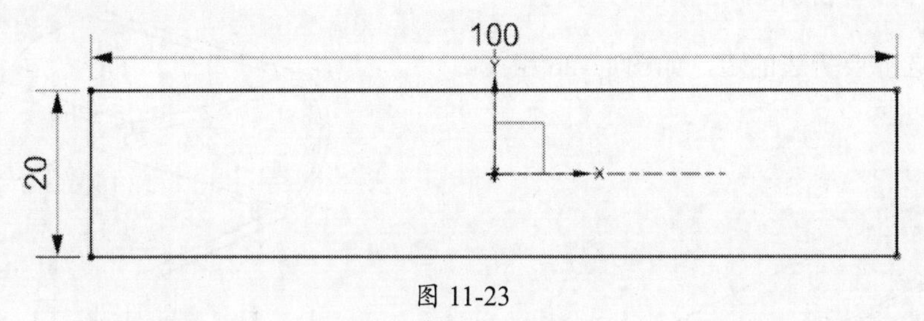

图 11-23

05 单击“完成草图”按钮，单击“确定”按钮创建突出块特征，如图 11-24 所示。

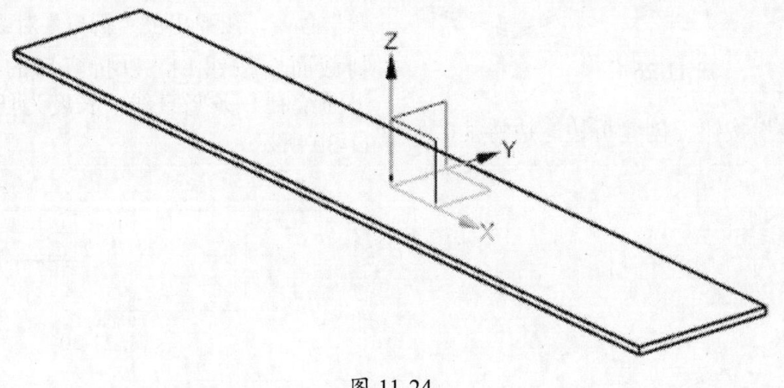

图 11-24

06 执行“菜单”|“插入”|“折弯”|“折边弯边”命令，在弹出的“折边”对话框中，将“类型”设为“开放”，“内嵌”设为“折弯外侧”，“1. 折弯半径”设为 5 mm，“2. 弯边长度”

设为15mm，“折弯止裂口”设为“无”，如图11-25所示。

图 11-25

07 在实体上选择要折边的边，如图11-26粗线所示。

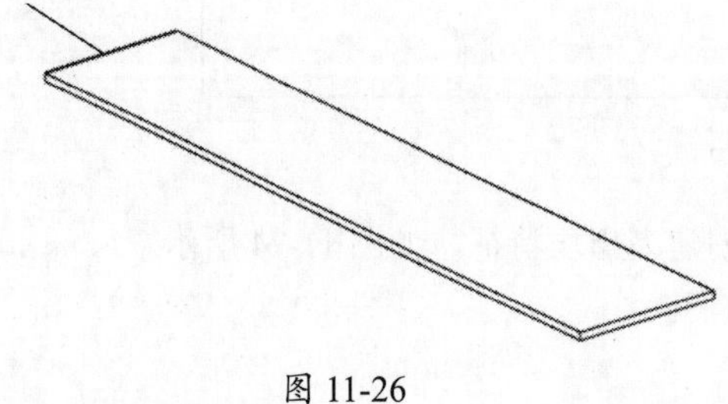

图 11-26

08 单击“确定”按钮，创建折边弯边特征，如图11-27所示。

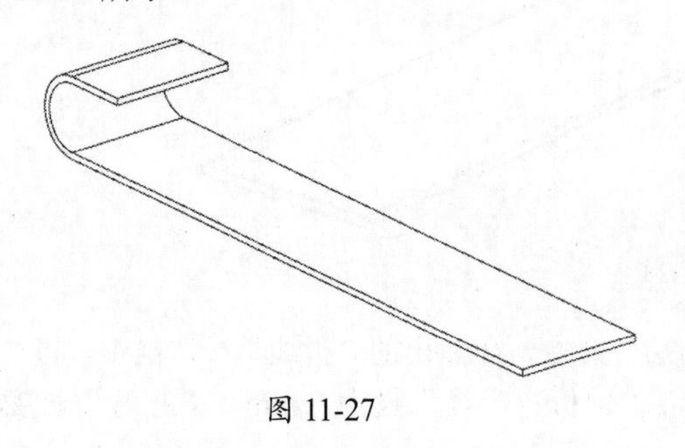

图 11-27

09 执行“菜单”｜“插入”｜“拐角”｜“倒斜角”命令，在弹出的“倒斜角”对话框中，将“横截面”设为“非对称”，“距离1”设为3mm，“距离2”设为100mm。

10 在实体上选择一条棱边后的效果，如图11-28箭头所示。

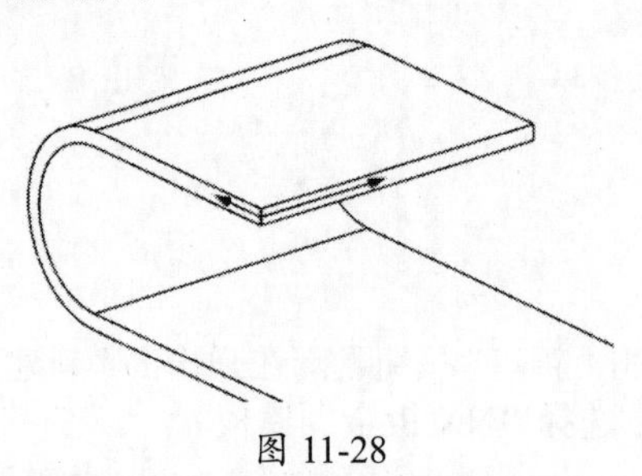

图 11-28

11 创建倒斜角特征，如图11-29所示（如果效果与图11-29不符，需要在弹出的“倒斜角”对话框中单击“反向”按钮）。

12 采用相同的方法，创建另一个倒斜角特征，如图11-29所示（两个倒斜角特征，分两次创建）。

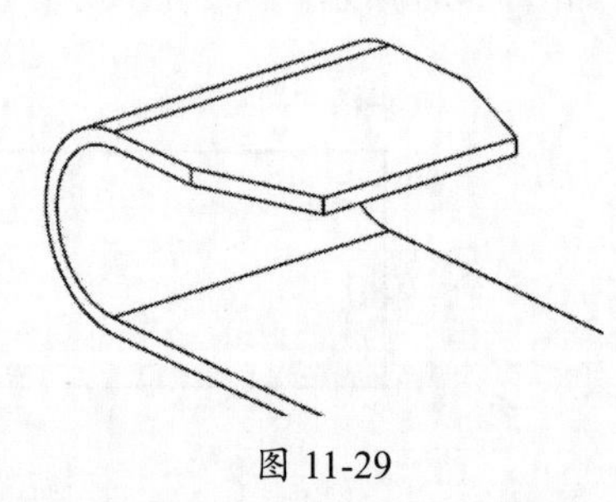

图 11-29

13 执行“菜单”｜“插入”｜“折弯”｜“折弯”命令，在弹出的“折弯”对话框中单击“绘制截面”按钮，以折弯后的上表面为草绘平面绘制一条竖直线（长度为任意值），如图11-30所示。

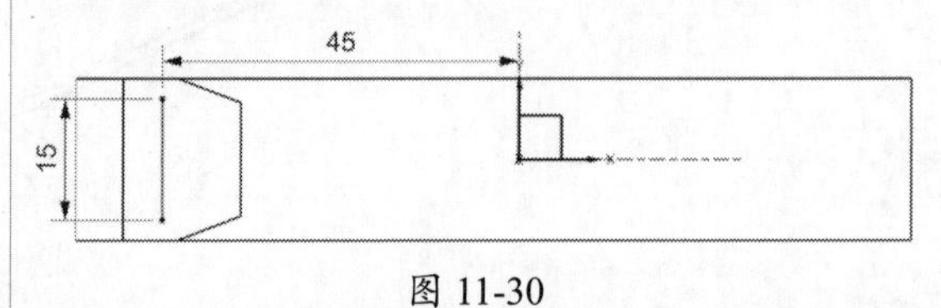

图 11-30

14 单击“完成草图”按钮，在弹出的“折弯”对话框中，将“角度”设为15°，“内嵌”设为“折弯中心线轮廓”，如图11-31所示。

15 单击“确定”按钮，创建折弯特征，如图 11-32 所示（如果效果与图 11-32 不符，需要在弹出的“折弯”对话框中单击“反向”按钮和“反侧”按钮）。

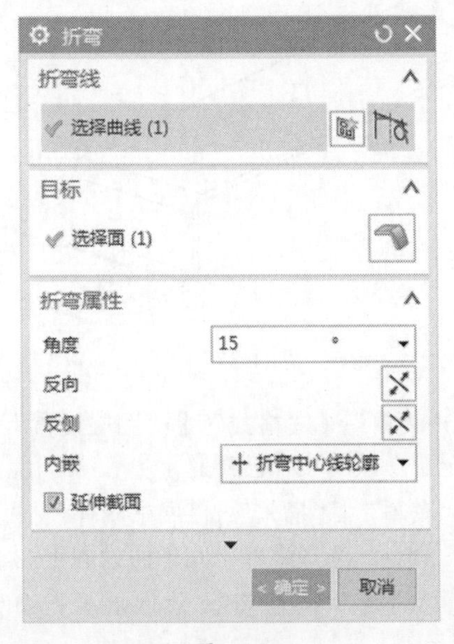

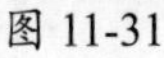

图 11-31

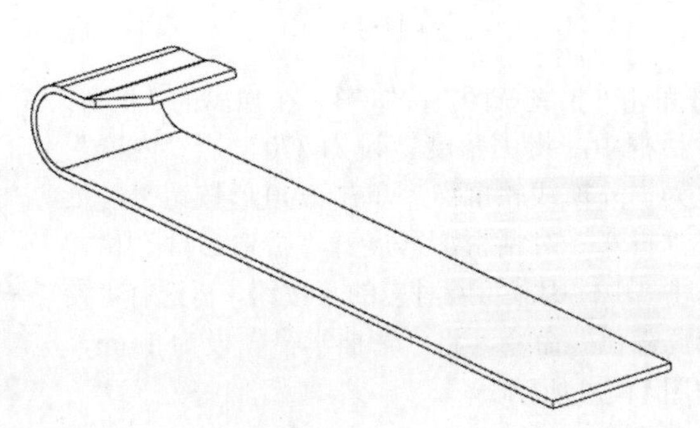

图 11-32

16 执行“菜单”｜“插入”｜“折弯”｜“二次折弯”命令，在弹出的“二次折弯”对话框中单击“绘制截面”按钮，在弹出的“创建草图”对话框中，将“草图类型”设为“在平面上”，选择零件表面为草绘平面并绘制一条直线（任意长度），如图 11-33 所示。

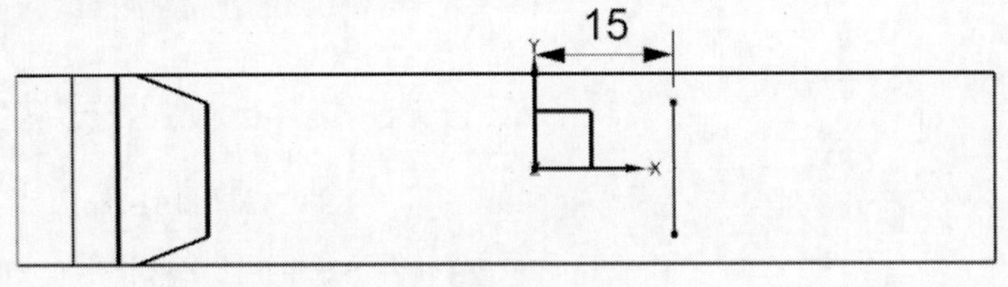

图 11-33

17 单击“完成草图”按钮，在弹出的“二次折弯”对话框中，将“高度”设为 10 mm，“参考高度”设为“内侧”，“内嵌”设为“材料内侧”，选中“延伸曲面”复选框。

18 单击“确定”按钮创建二次折弯特征，如图 11-34 所示。

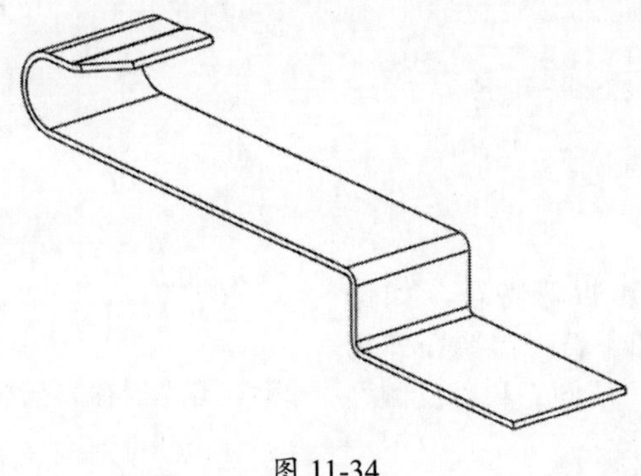

图 11-34

19 执行“菜单”|“插入”|“折弯”|“折弯”命令，在弹出的“折弯”对话框中单击“绘制截面”按钮，以零件表面为草绘平面，绘制一条直线（长度为任意值），如图11-35所示。

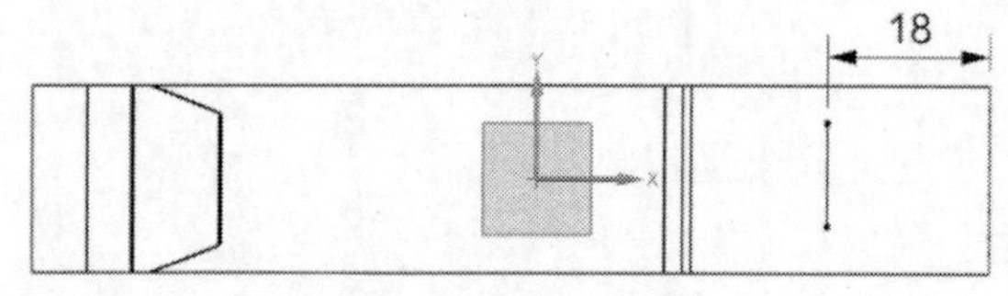

图 11-35

20 单击“完成草图”按钮，在弹出的“折弯”对话框中，将“角度”设为270°，“内嵌”设为“外模线轮廓”。单击三角形按钮▼，展开“折弯”对话框，再展开“折弯参数”栏，单击“中性因子”所对应的=按钮，再选择“使用局部值”命令，将“弯曲半径”设为3mm，如图11-36所示。

图 11-36

21 单击“确定”按钮创建折弯特征，如图11-37所示（如果效果与图不符，需要在弹出的“折弯”对话框中单击“反向”和“反侧”按钮）。

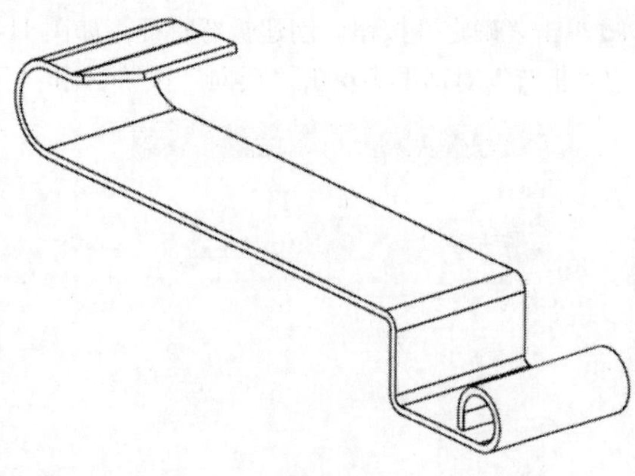

图 11-37

22 执行“菜单”|“格式”|“图层设置”命令，设定第2层为工作图层。

23 执行“菜单”|“插入”|“展平图样”|“展平实体”命令，选择零件中间平面为固定面。

24 单击“确定”按钮将钣金件展开，如图11-38所示。

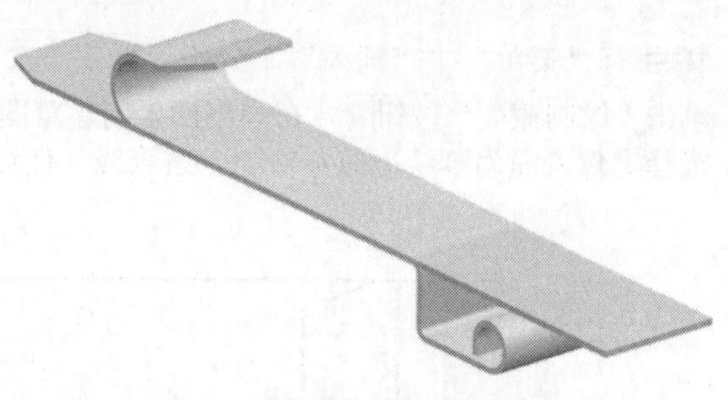

图 11-38

25 执行“菜单”|“格式”|“图层设置”命令，在弹出的“图层设置”对话框中取消选中1复选框，隐藏第1层，只显示第2层的实体，如图11-39所示。

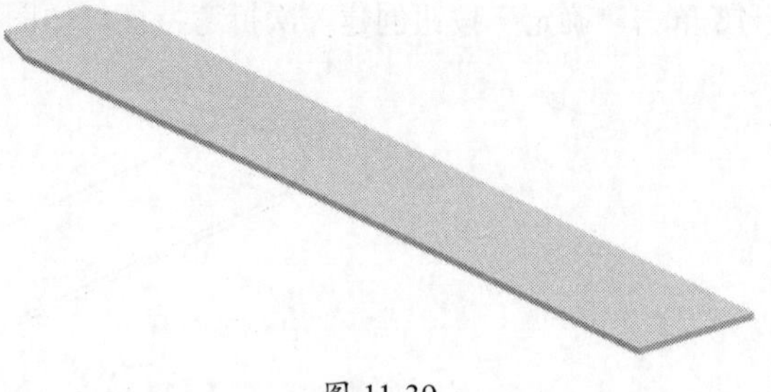

图 11-39

26 单击“保存”按钮保存文档。

11.3 排风口

本节通过创建排风口零件，讲述 UG 钣金设计的基本命令，产品图如图 11-40 所示。

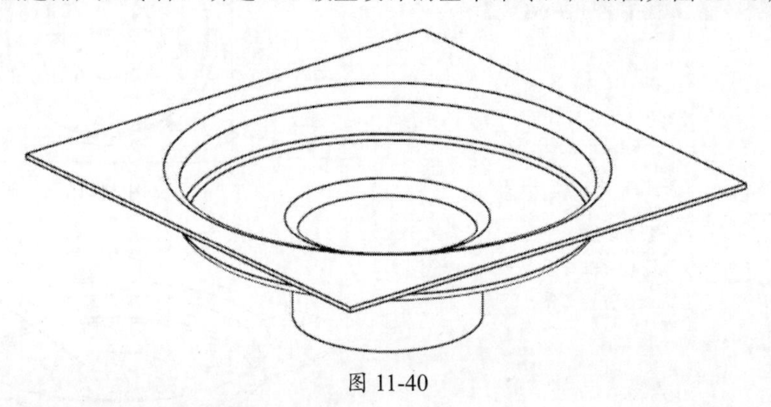

图 11-40

01 单击“新建”按钮，在弹出的“新建”对话框中，将“名称”设为“排风口”，“单位”设为“毫米”，选择“NX 钣金”模板。

02 单击“确定”按钮进入钣金设计环境。

03 执行“菜单”|“首选项”|“钣金”命令，在弹出的“钣金首选项”对话框中选择“部件属性”选项卡，将“材料厚度”设为 1.0mm，“弯曲半径”设为 1.0 mm，“让位槽深度”设为 3.0mm，“让位槽宽度”设为 2.0 mm，在“折弯定义方法”栏中选择“中性因子值”，将“中性因子”设为 0.33。

04 执行“菜单”|“插入”|“突出块”命令，在弹出的“突出块”对话框中，将“类型”设为“底数”，单击“绘制截面”按钮，以 XC—YC 平面作为草绘平面，绘制矩形截面（一）（100mm×100 mm），如图 11-41 所示。

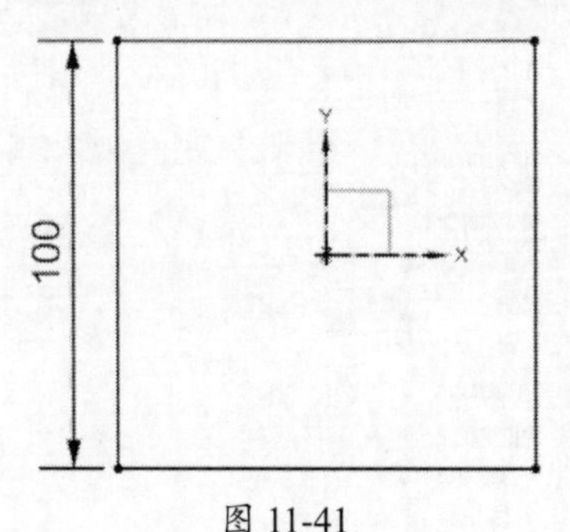

图 11-41

05 单击“完成草图”按钮，单击“确定”按钮创建突出块特征，如图 11-42 所示。

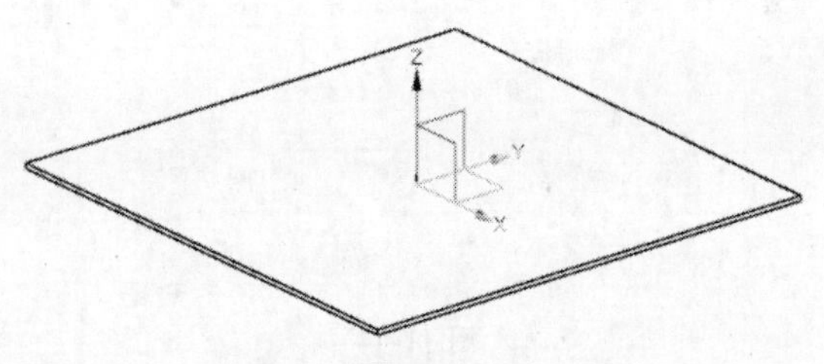

图 11-42

06 执行“菜单”|“插入”|“冲孔”|“凹坑”命令，在弹出的“凹坑”对话框中单击“绘制截面”按钮，选择上表面作为草绘平面并创建截面（二）（ϕ80mm），如图 11-43 所示。

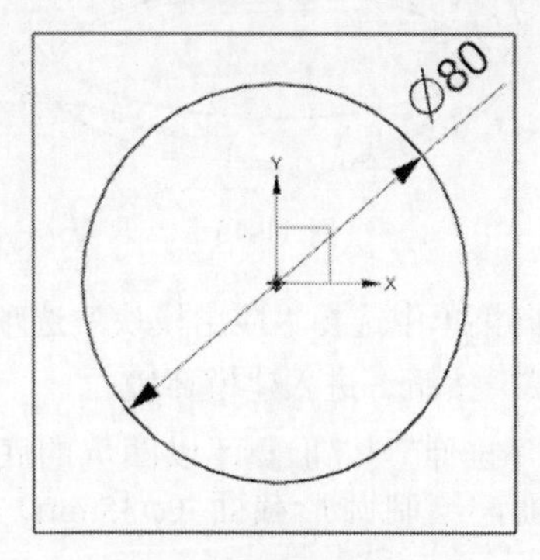

图 11-43

07 单击“完成草图”按钮，在弹出的“凹坑”对话框中，将“深度”设为 10 mm，单击“反向”按钮，使箭头朝下。将“侧角”设为 5°，“参考深度”设为“内侧”，“侧壁”设为“材料外侧”，选中“凹坑边倒圆”复选框，将“冲压半径”设为 1mm，“冲模半径”设为

2mm，取消选中“截面拐角倒圆”复选框，如图 11-44 所示。

图 11-44

08 单击“确定”按钮创建凹坑特征，如图 11-45 所示。

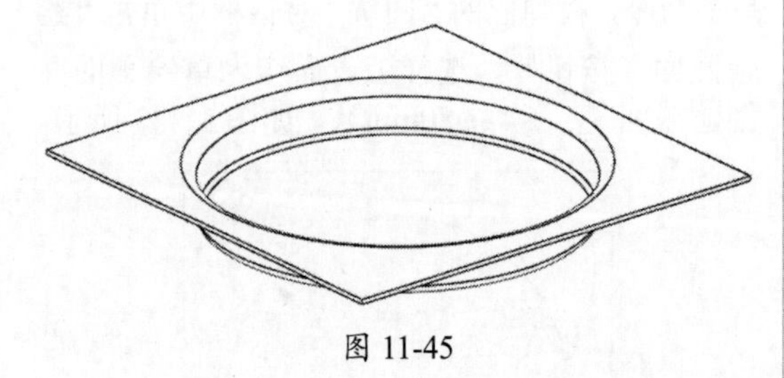

图 11-45

09 在横向菜单中选择“应用模块”选项卡，单击“建模”按钮进入建模环境。

10 单击“拉伸”按钮，以凹坑的底面作为草绘平面，绘制圆形截面（ϕ35mm），如图 11-46 所示。

11 单击“完成 ”按钮，在弹出的“拉伸”对话框中，将“指定矢量”设为-ZC ↓，在“开始”下拉列表中选择“值”选项，将“距离”设为 0mm，在“结束”下拉列表中选择“值”，将“距离”设为 20mm，“布尔”设为“无”。

12 单击“确定”按钮创建一个圆柱，圆柱的上表面与凹坑的底面重合，如图 11-47 所示。

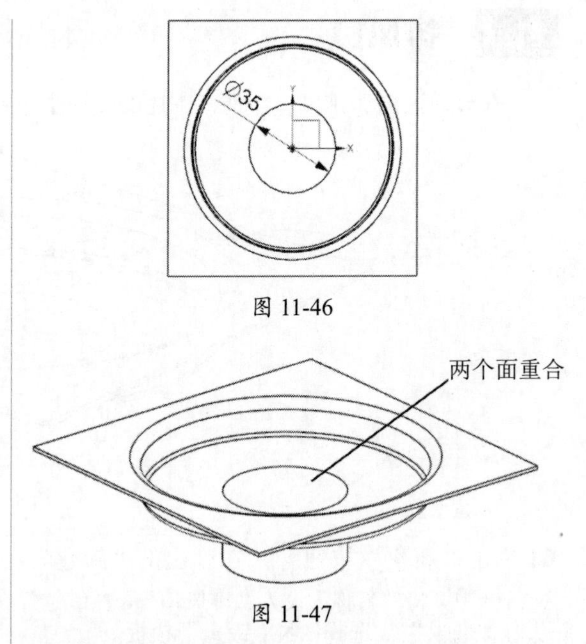

图 11-46

图 11-47

13 在横向菜单中选择“应用模块”选项卡，再单击“钣金”按钮进入钣金界面。

14 执行“菜单”|“插入”|“冲孔”|“实体冲压”命令，在弹出的“实体冲压”对话框中，将“类型”设为“冲压”，选择图 11-45 所创建的凹坑底面为“目标面”，选择图 11-47 所创建的圆柱体为“工具体”，选中“倒圆边”复选框，将“冲模半径”设为 1.5mm，选中“恒定厚度”复选框，如图 11-48 所示。

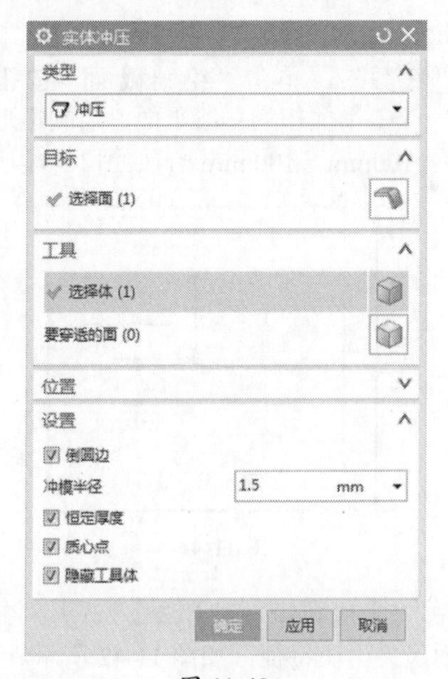

图 11-48

15 单击“确定”按钮创建实体冲压特征，此时底部是不通的，按住鼠标中键翻转实体后的效果，如图 11-49 所示。

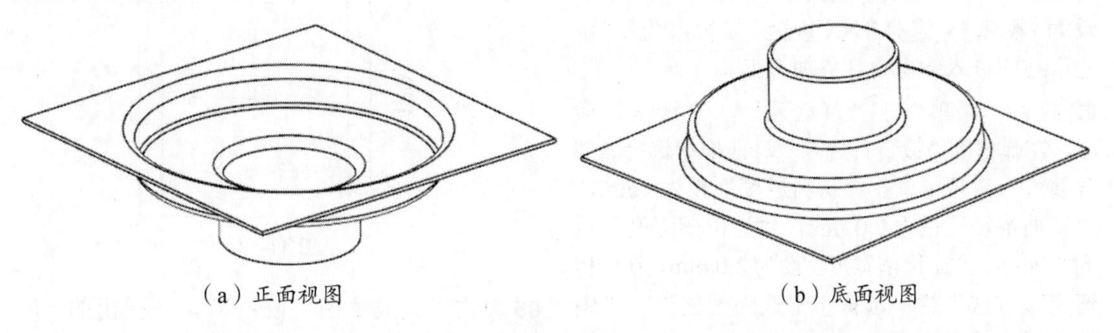

（a）正面视图　　　　（b）底面视图

图 11-49

16 如果在“实体冲压”对话框中单击“要穿透的面”按钮，再选择圆柱的下底面，则所创建的实体冲压特征是通孔，如图 11-50 所示。

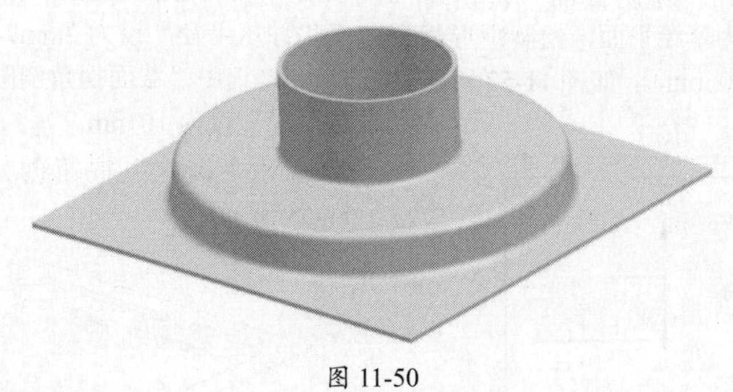

图 11-50

17 单击“保存”按钮保存文档。

11.4 排气窗

本节通过创建排气窗，讲述 UG 钣金设计的基本命令，产品如图 11-51 所示。

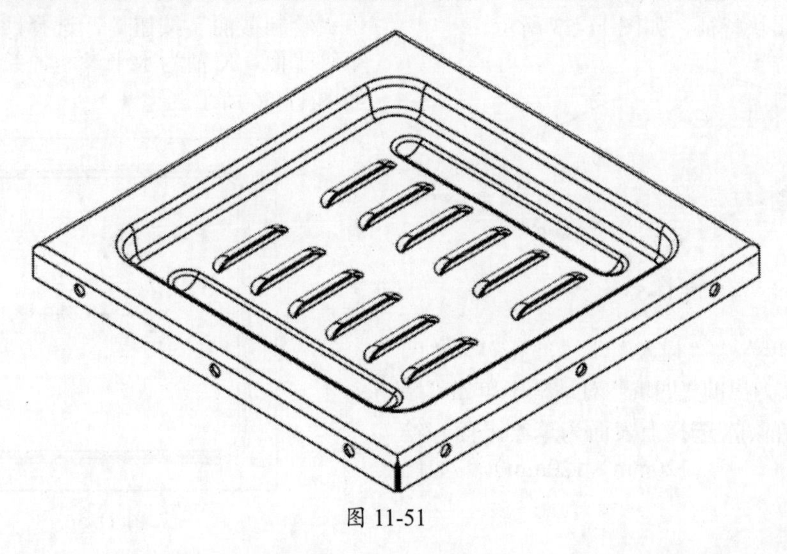

图 11-51

01 单击“新建”按钮，在弹出的“新建”对话框中，将“名称”设为“排气窗”，“单位”设为“毫米”，选择“NX钣金”模板，单击“确定”按钮进入钣金设计界面。

02 执行“菜单”|“首选项”|“钣金”命令，在弹出的“钣金首选项”对话框中选择“部件属性”选项卡，将“材料厚度”设为1mm，“弯曲半径”设为2.0 mm，“让位槽深度”设为3.0mm，“让位槽宽度”设为2.0 mm，在“折弯定义方法”栏中选择“中性因子值”，“中性因子”设为0.33。

03 执行“菜单”|“插入”|“突出块”命令，在弹出的“突出块”对话框中，将“类型”设为“底数”，单击“绘制截面”按钮，以XC—YC平面作为草绘平面，绘制矩形截面（一）（150mm×150 mm），如图11-52所示。

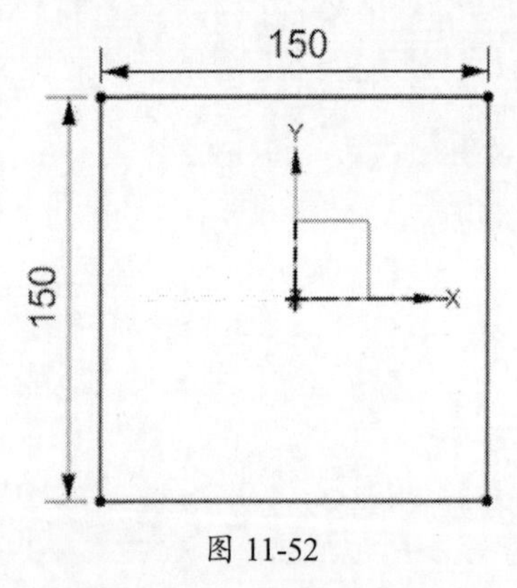

图 11-52

04 单击“完成草图”按钮，单击“确定”按钮创建突出块特征，如图11-53所示。

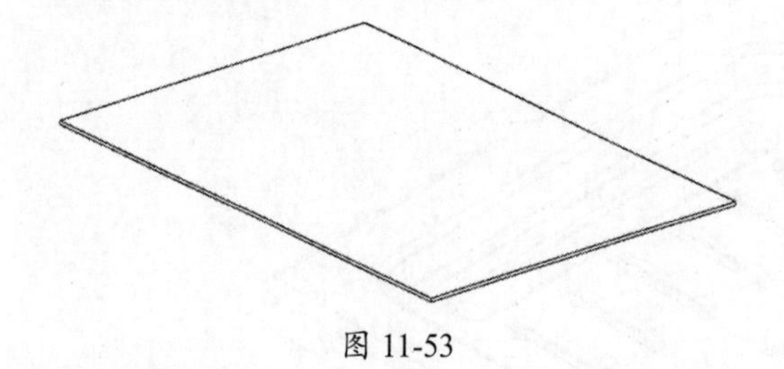

图 11-53

05 执行“菜单”|“插入”|“冲孔”|“凹坑”命令，在弹出的“凹坑”对话框中单击“绘制截面”按钮，选择上表面为草绘平面，绘制截面矩形（二）（120mm×120mm），如图11-54所示。

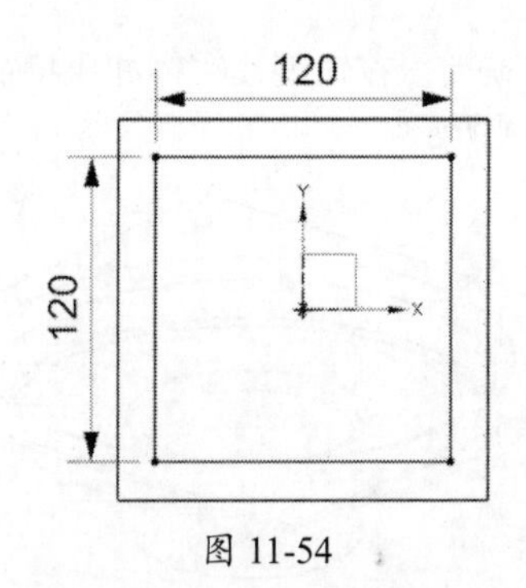

图 11-54

06 单击“完成草图”按钮，在弹出的“凹坑”对话框中，将“深度”设为10 mm，单击“反向”按钮，使箭头朝下。将“侧角”设为10°，“参考深度”设为“内侧”，“侧壁”设为“材料外侧”，选中“凹坑边倒圆”复选框，将“冲压半径”设为2mm，“冲模半径”设为1 mm，选中“截面拐角倒圆”复选框，将“拐角半径”设为10 mm。

07 单击“确定”按钮创建凹坑特征，如图11-55所示。

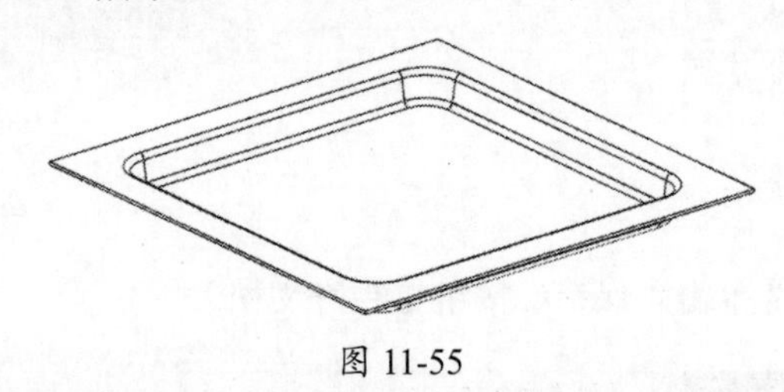

图 11-55

08 执行“菜单”|“插入”|“冲孔”|“百叶窗”命令，在弹出的“百叶窗”对话框中单击“绘制截面”按钮，选择凹坑的底面作为草绘平面，X轴为水平参考，绘制一条直线，如图11-56所示。

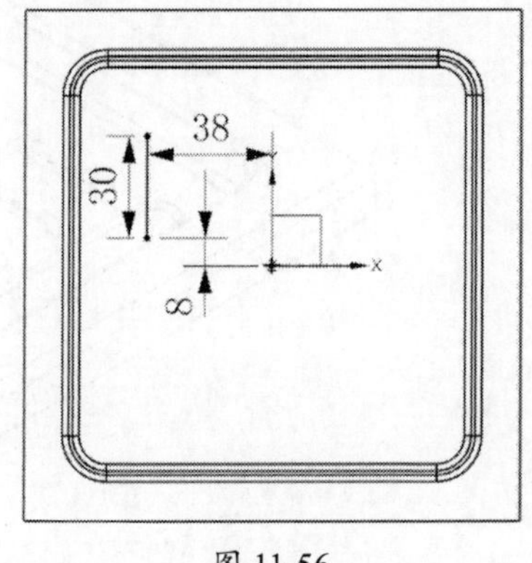

图 11-56

09 单击“完成草图”按钮，在弹出的“百叶窗”对话框中，将“深度”设为 3mm，“宽度”设为 5mm，“百叶窗形状”设为“成形的”，如图 11-57 所示。

图 11-57

10 单击“确定”按钮创建百叶窗特征，如图 11-58 所示。

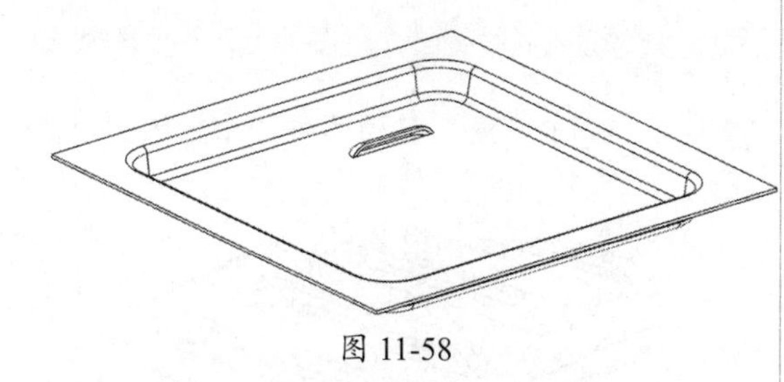

图 11-58

11 执行“菜单”|“插入”|“关联复制”|“阵列特征”命令，在弹出的“阵列特征”对话框中，将“布局”设为“线性”，在“方向 1”区域中，将“指定矢量”设为 XC ↑，“间距”设为“数量和间隔”，“数量”设为 6，“节距”设为 16 mm，选中“使用方向 2”复选框。在“方向 2”栏中，将“指定矢量”设为-YC ↓，“间距”设为“数量和间隔”，“数量”设为 2，“节距”设为 46 mm。

12 选择百叶窗特征，单击“确定”按钮创建阵列特征，如图 11-59 所示。

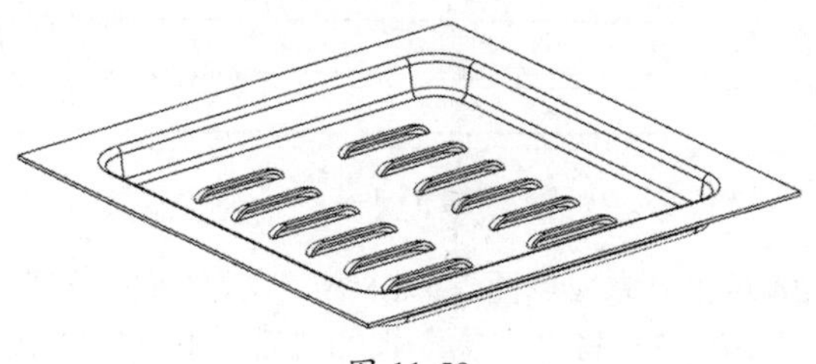

图 11-59

13 执行“菜单”|“插入”|“冲孔”|“筋”命令，在弹出的“筋”对话框中单击“绘制截面”按钮，选择凹坑底面作为草绘平面，绘制两条直线，如图 11-60 所示。

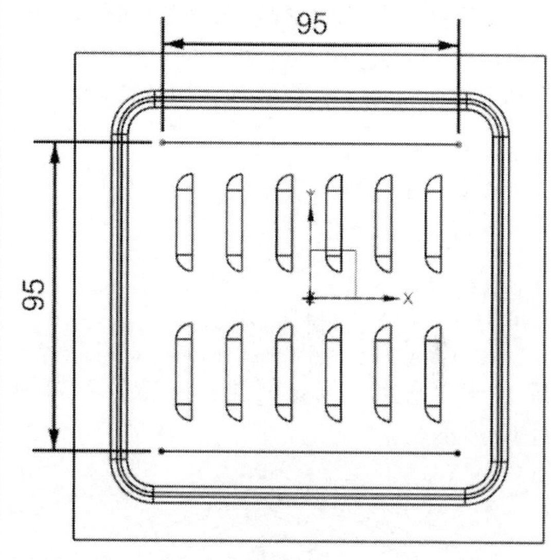

图 11-60

14 单击“完成草图”按钮，在“筋”对话框中，把“横截面”设为“圆形”，“深度”设为 3 mm，“半径”设为 5 mm，“端部条件”设为“成形的”，选中“筋边导圆”复选框，将“冲模半径”设为 1 mm。

15 单击“确定”按钮创建两条筋特征，如图 11-61 所示。

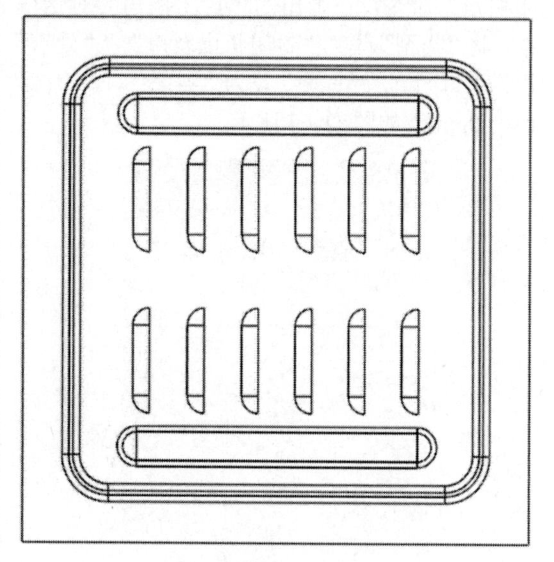

图 11-61

16 执行“菜单”|“插入”|“折弯”|“弯边”命令，在弹出的“弯边”对话框中，将“宽度选项”设为“完整”，“长度”设为10mm，“角度”设为90°，“参考长度”设为“外侧”，“内嵌”设为“折弯外侧”，“匹配面”设为“无”，选择下边缘线为折弯的边，如图11-62所示。

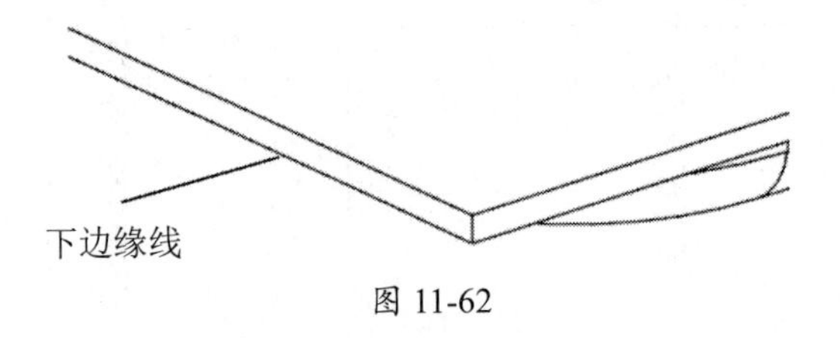

图 11-62

17 单击“确定”按钮创建折弯特征，如图11-63所示。

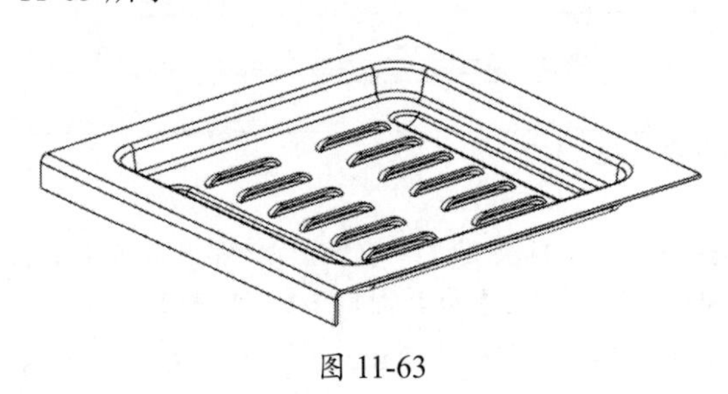

图 11-63

18 采用相同的方法，创建另外3条边的折弯特征。

19 执行“菜单”|“插入”|“拐角”|“封闭拐角”命令，在弹出的“封闭拐角”对话框中，将“类型”设为“封闭和止裂口”，“处理”设为“封闭”，“重叠”设为“封闭”，“缝隙”设为0mm，如图11-64所示。

图 11-64

20 在零件图上选择两个相邻折弯的圆弧面为封闭面，如图11-65所示。

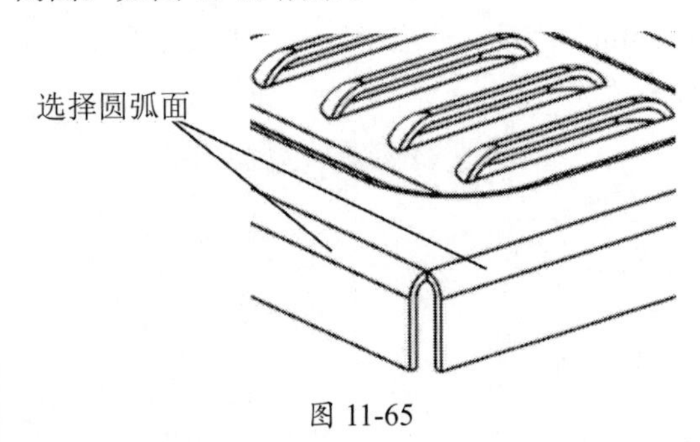

图 11-65

21 单击“确定”按钮创建封闭拐角特征，如图11-66所示。

提示：

钣金件是不能完全封闭的，在拐角处必定有缝隙。

22 采用相同的方法，创建另外3个封闭拐角特征。

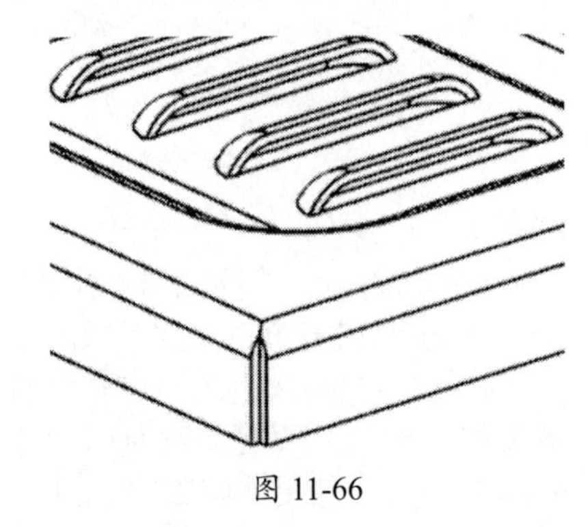

图 11-66

23 执行“菜单”|“插入”|“设计特征”|“孔”命令，在弹出的“孔”对话框中单击“绘制截面”按钮，选择侧面为草绘平面，绘制3个点，如图11-67所示。

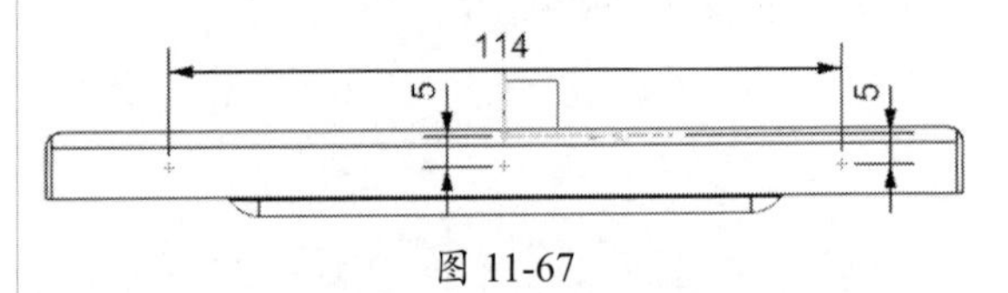

图 11-67

24 单击“完成草图”按钮，在弹出的“孔”对话框中，将“类型”设为“常规孔”，“孔方向”设为“垂直于面”，“形状”设为“简单孔”，“直径”设为4mm，“深度限制”设为“直至下一个”，“布尔”设为“减去”。

25 单击“确定”按钮创建孔特征，如图 11-68 所示。

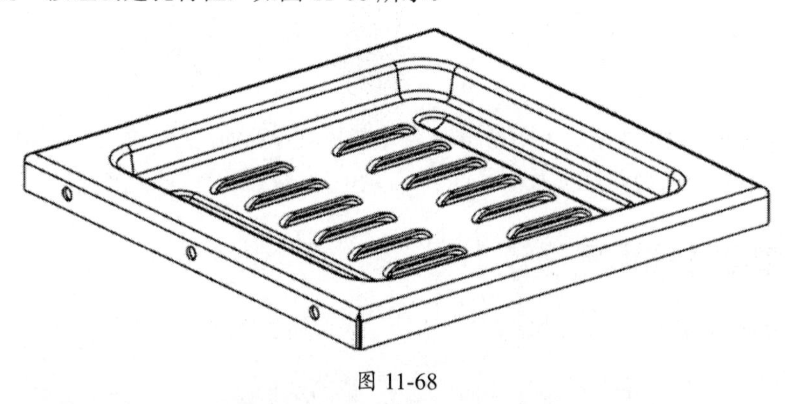

图 11-68

26 执行“菜单”|“插入”|“关联复制”|“阵列特征”命令，在弹出的“阵列特征”对话框中，将“布局”设为“圆形”，“指定矢量”设为 ZC ↑，“间距”设为“数量和间隔”，“数量”设为 4，“节距角”设为 90°，单击“指定点”按钮，在弹出的“点”对话框中输入（0,0,0）。

27 单击“确定”按钮，在另外 3 个折弯特征上创建小孔，如图 11-69 所示。

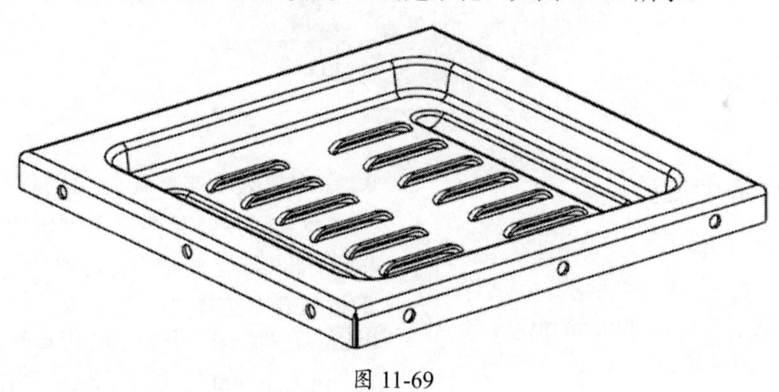

图 11-69

28 单击“保存”按钮保存文档。

第 12 章　塑料模具设计

本章以几个简单的零件制作为例，初步介绍塑料模具设计的流程。如果在模具设计中需要加载模架配件，必须在 \NX12.0\MOLDWIZARD\ 目录中加载模具设计外挂文件。

12.1　简单零件的模具设计

本节以水盆产品为例，产品图如图 12-1 所示，先讲述建模过程，再讲述模具设计过程。

图 12-1

12.1.1　零件造型设计

01 单击“新建”按钮，在弹出的“新建”对话框中，将“单位”设为“毫米”，选择“模型”模板，将“名称”设为 shuipen.prt，单击“确定”按钮进入建模环境。

02 单击“拉伸”按钮，在弹出的“拉伸”对话框中单击“绘制截面”按钮，选择 XC—YC 平面为草绘平面，X 轴为水平参考，绘制一个圆形截面（ϕ100mm），如图 12-2 所示。

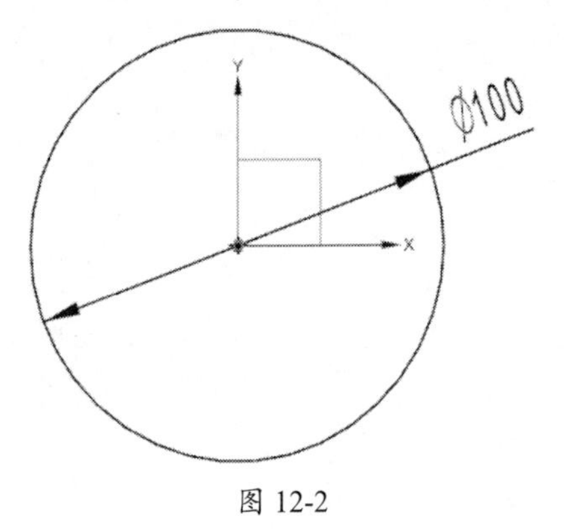

图 12-2

03 在空白处右击，在弹出的快捷菜单中选择“完成草图”命令，在弹出的“拉伸”对话框中，将“指定矢量”设为 ZC ↑，在“开始”下拉列表中选择“值”选项，将“距离”设为 0mm，在“结束”下拉列表中选择“值”，将“距离”设为 30mm，“布尔”设为“无”，“拔模”设为“从起始限制”，“角度”设为-10°。

04 单击“确定”按钮创建一个圆台，上表面大，下表面小，如图 12-3 所示。

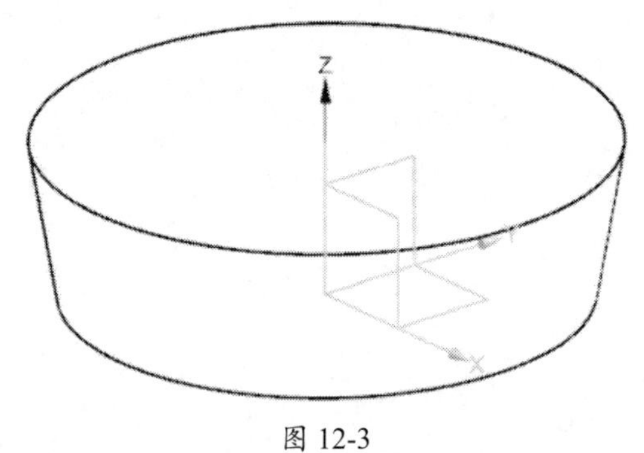

图 12-3

05 单击“边倒圆”按钮，创建底面边线倒圆角特征（R10mm），如图 12-4 所示。

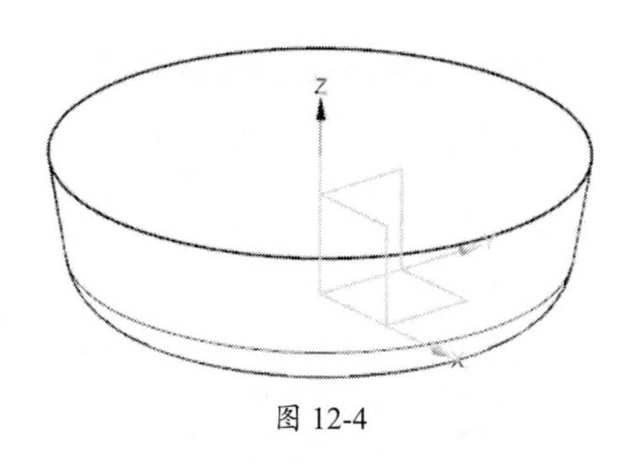

图 12-4

06 执行“菜单”|“插入”|“偏置 / 缩放”|“抽壳”命令，在弹出的“抽壳”对话框中，将“类型”设为“移除面，然后抽壳”，“厚度”设为 3mm。选择实体上表面为要穿透的面，单击“确定”按钮创建抽壳特征，如图 12-5 所示。

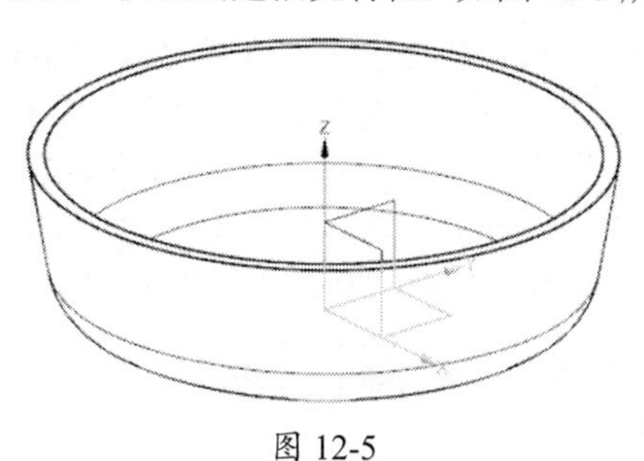

图 12-5

07 单击“保存”按钮保存文档。

12.1.2　型腔型芯设计

01 单击横向菜单栏中的“应用模块”选项卡，再单击“注塑模”按钮，如图 12-6 所示，进入注塑模设计环境。

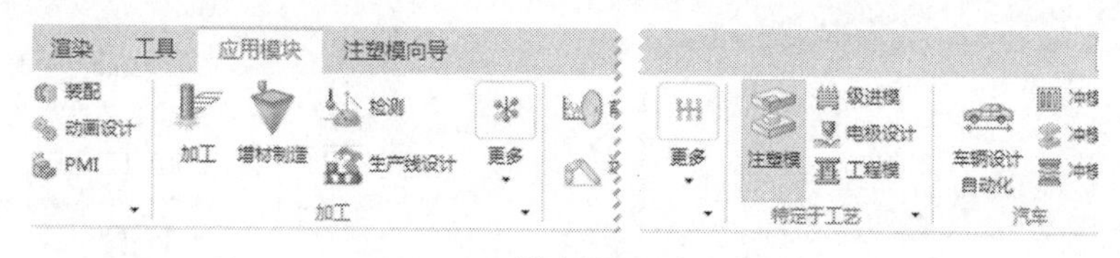

图 12-6

02 在横向菜单栏中添加“注塑模向导”选项卡，如图 12-7 所示。

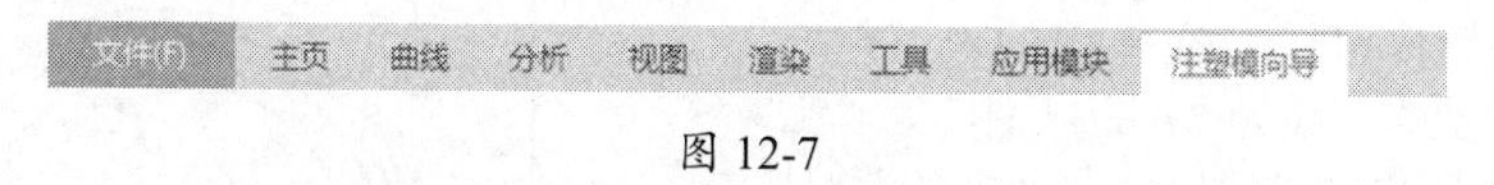

图 12-7

03 如果没有显示“注塑模向导”选项卡，则将鼠标指针放在横向菜单的空白处，右击并在弹出的快捷菜单中选择“注塑模向导”命令，如图 12-8 所示，“注塑模向导”选项卡就会显示出来。

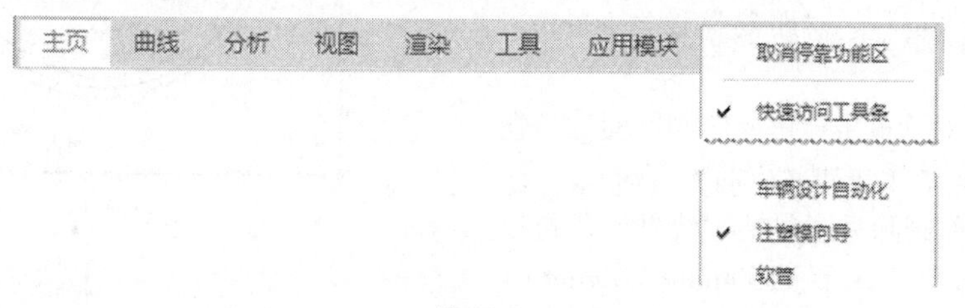

图 12-8

04 单击“初始化项目”按钮，如图 12-9 所示。

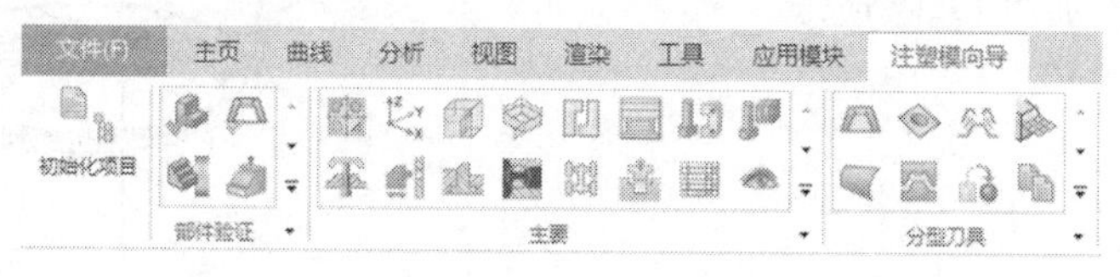

图 12-9

05 在弹出的“初始化项目”对话框中单击“确定”按钮，完成初始化项目设定。

06 单击“收缩”按钮，在弹出的“缩放体”对话框中，将“类型”设为“均匀”，在“比例因子”栏中，将“均匀”设为1.005，在“缩放点”栏中单击“指定点”按钮，在弹出的“点”对话框中输入（0,0,0），如图12-10所示。

图 12-10

07 单击“确定”按钮完成收缩设置。

08 单击“工件”按钮，在弹出的“工件”对话框中，将“类型”设为“产品工件”，“工件方法”设为“用户定义的块”，“定义类型”设为“草图”。在“开始”下拉列表中选择“值”选项，将“距离”设为-20mm，在“结束”下拉列表中选择“值”，“距离”设为50mm，如图12-11所示。

09 在“工件”对话框中单击“绘制截面”按钮，在工具栏中单击“快速修剪”按钮，将默认的草绘全部删除后（包括虚线框），再以原点为中心绘制一个矩形（160mm×160mm），如图12-12所示。

10 单击“确定”按钮创建一个工件（提示：工件必须比零件大），如图12-13所示。

图 12-11

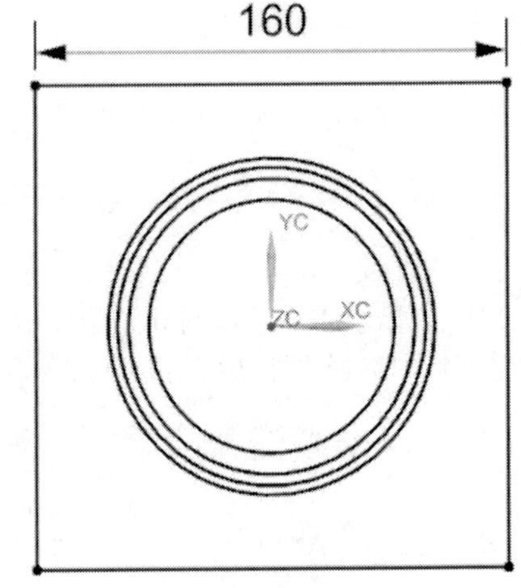

图 12-12

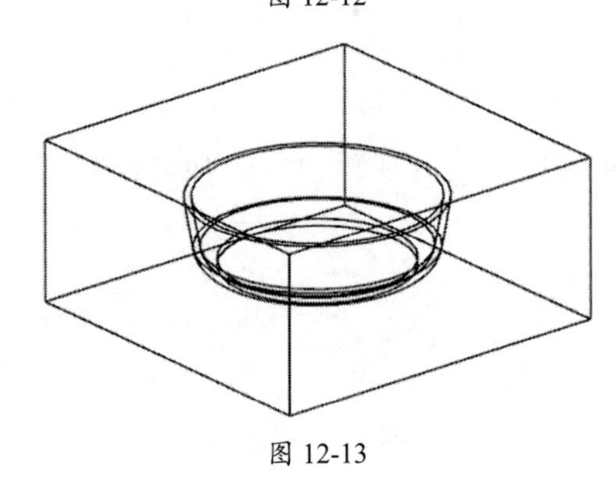

图 12-13

11 在“分型刀具”区域中单击“检查区域”按钮，如图 12-14 所示。

图 12-14

提示：

在工具栏中有两个按钮，一个在“分型刀具”区域用于分模，另一个在“部件验证”区域，用于验证，这两个按钮的作用不同，不能混淆。

12 在弹出的“检查区域”对话框的“计算”选项卡中，将“指定脱模方向”设为 ZC ↑，选中“保持现有的”单选按钮，单击“计算”按钮，如图 12-15 所示。

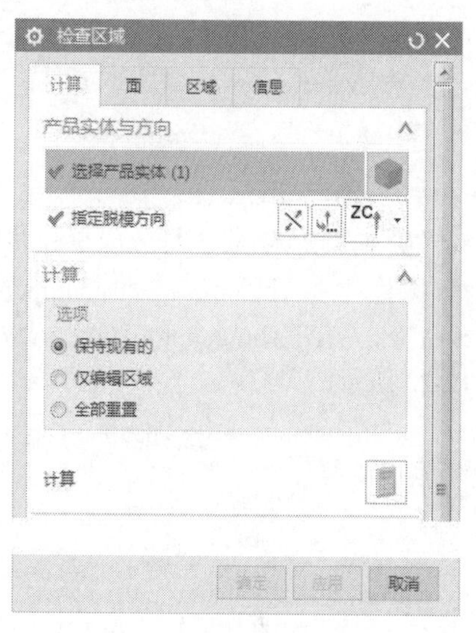

图 12-15

13 在“检查区域”对话框中选择“区域”选项卡，将“型腔区域”设为棕色，“型芯区域”设为蓝色，选中“型腔区域”复选框，取消选中“内环”“分型边”和“不完整环”复选框，单击“设置区域颜色”按钮，如图 12-16 所示。

14 实体分成两种颜色：内表面（型腔部分）是棕色，外表面（型芯部分）是蓝色。

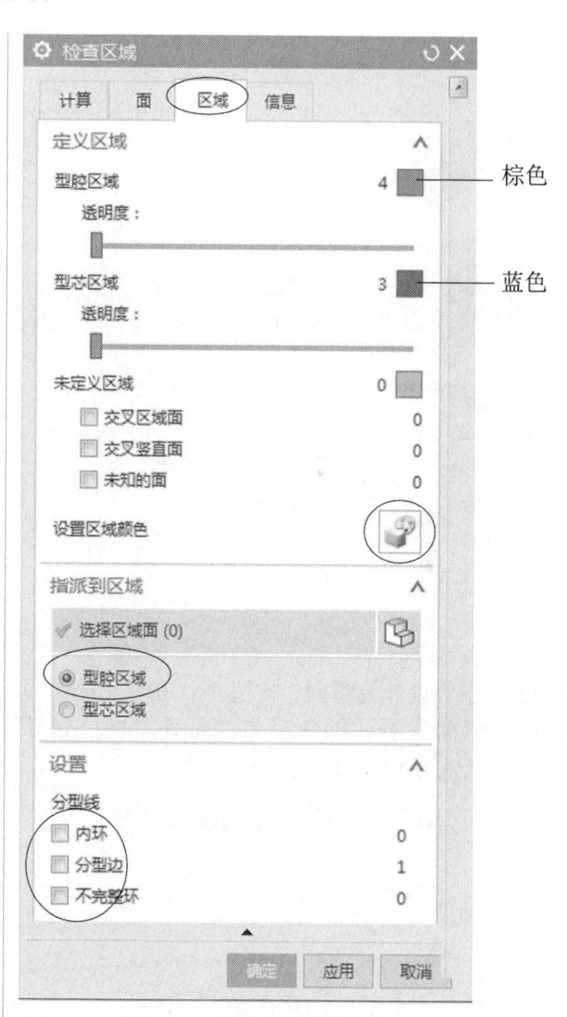

图 12-16

15 在“分型刀具”区域中单击“定义区域”按钮，在弹出的“定义区域”对话框中选中“创建区域”和“创建分型线”复选框，如图 12-17 所示。

16 单击“确定”按钮，在实体的口部创建分型线（呈灰色），如图 12-18 所示。

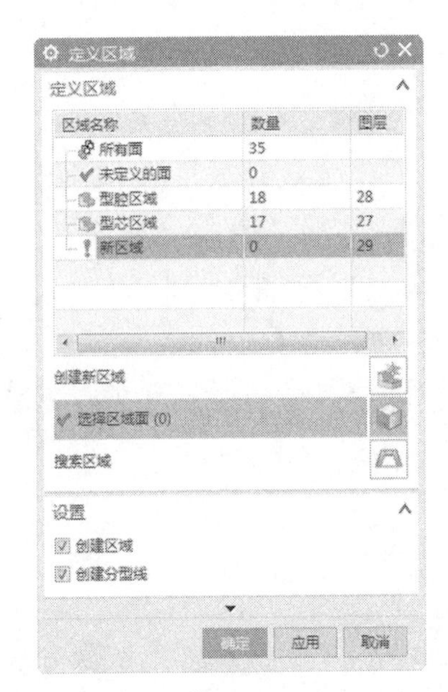

图 12-17

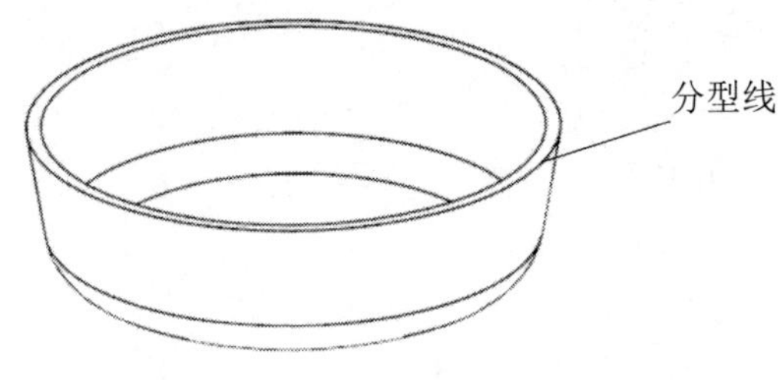

图 12-18

17 单击“设计分型面”按钮，在弹出的“设计分型面”对话框中单击“有界平面”按钮，如图 12-19 所示。

图 12-19

18 拖动分型面上的控制点，使分型面稍大于工件，如图 12-20 所示，单击“确定”按钮。

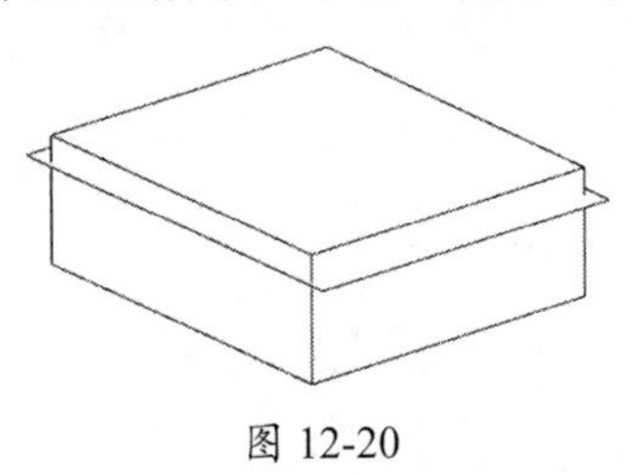

图 12-20

19 单击“定义型腔和型芯”按钮，在弹出的“定义型腔和型芯”对话框中，将“类型”设为“区域”选项、“区域名称”设为“所有区域”，如图 12-21 所示。

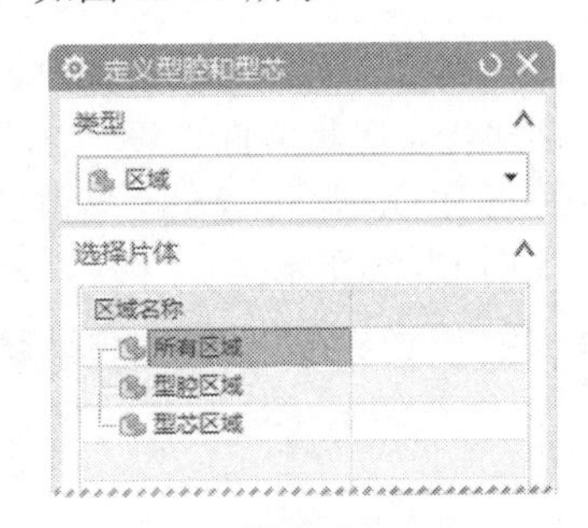

图 12-21

20 单击“确定”按钮，将工件分成型腔和型芯。

21 在标题栏中执行“窗口” | shuipen_top_009.prt 命令，打开 shuipen_top_009.prt 文件，如图 12-22 所示。

图 12-22

22 单击“保存”按钮保存文档，可以在存放 shuipen.prt 的目录中查看到很多分模的过程文件。

提示：

先把shuipen_top_009.prt文件打开，再单击“保存”按钮，这样才能把所有的过程文件全部保存。

23 单击“装配导航器”按钮，在“装配导航器”中展开 shuipen_layout_021，再展开 shuipen_prod_002，选择 shuipen_cavity_001，右击并在弹出的快捷菜单中选择“在窗口中打开”命令，如图 12-23 所示。

图 12-23

24 打开 shuipen_cavity_001 零件图，如图 12-24 所示。

25 在标题栏中执行“窗口”｜shuipen_top_009.prt 命令，打开 shuipen_top_009.prt 文件。

26 单击“装配导航器”按钮，在“装配导航器”中选择 shuipen_layout_021｜shuipen_prod_002｜shuipen_core_005，右击并在弹出的快捷菜单中选择“在窗口中打开”命令，打开 shuipen_core_005 零件图，如图 12-25 所示。

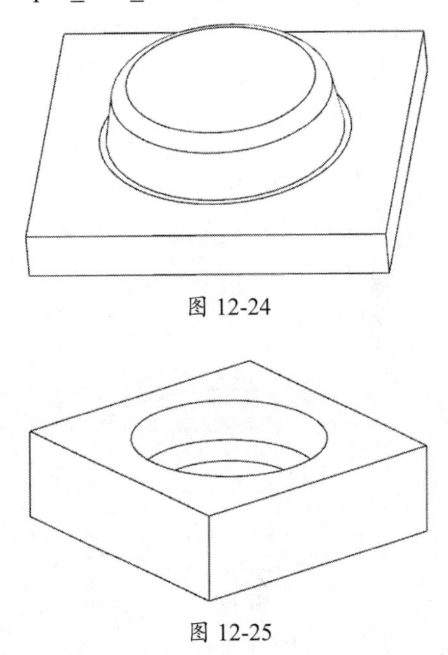

图 12-24

图 12-25

12.2 水管接头的模具设计

水管接头是一种比较特殊的产品，产品上有大、小头，中间是通孔，如图 12-26 所示。

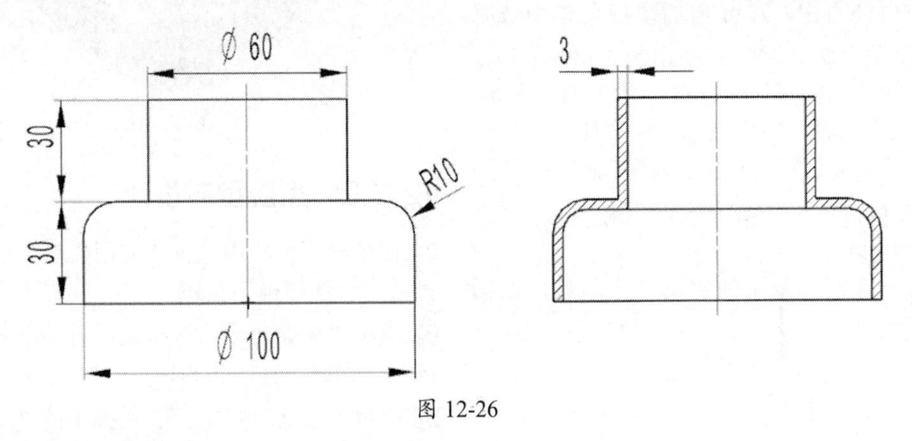

图 12-26

12.2.1 零件造型设计

01 单击“新建”按钮，在弹出的“新建”对话框中，将“单位”设为“毫米”，选择“模型”模板，“名称”设为 jietou.prt，单击“确定”按钮进入建模环境。

02 单击“拉伸”按钮，在弹出的“拉伸”对话框中单击“绘制截面”按钮，选择XC—YC平面为草绘平面，X轴为水平参考，以原点为圆心，绘制一个圆形截面（ϕ100mm），如图12-2所示。

03 在空白处右击，在弹出的快捷菜单中选择“完成草图”命令，在弹出的“拉伸”对话框中，将“指定矢量”设为ZC↑，在“开始”下拉列表中选择“值”选项，将“距离”设为0mm，在“结束”下拉列表中选择“值”，将“距离”设为30mm，“布尔”设为“无”，“拔模”设为“无”。

04 单击“确定”按钮创建第一个圆柱，如图12-27所示。

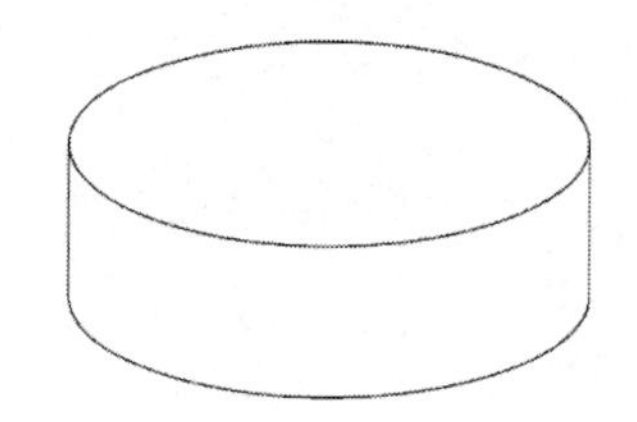

图 12-27

05 单击“拉伸”按钮，在弹出的“拉伸”对话框中单击“绘制截面”按钮，选择XC—YC平面为草绘平面，X轴为水平参考，以原点为圆心绘制一个圆形截面（ϕ60mm）。

06 在空白处右击，在弹出的快捷菜单中选择“完成草图”命令，在弹出的“拉伸”对话框中，将“指定矢量”设为ZC↑，在“开始”下拉列表中选择“值”选项，将“距离”设为0mm，在“结束”下拉列表中选择“值”，将“距离”设为60mm，“布尔”设为“合并”“拔模”设为“无”。

07 单击“确定”按钮创建第二个圆柱，如图12-28所示。

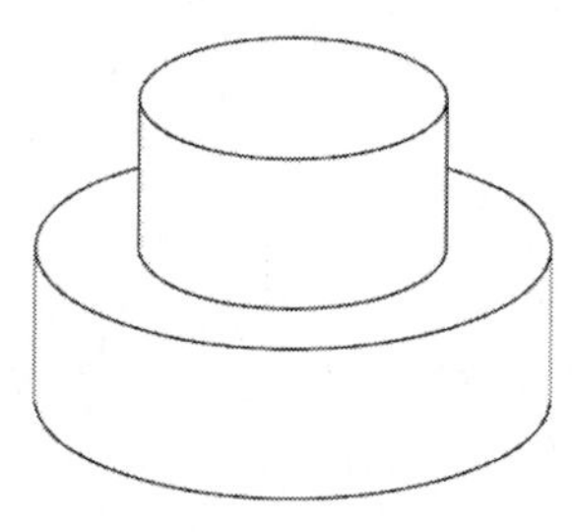

图 12-28

08 单击“边倒圆”按钮，创建边倒圆角特征（R10mm），如图12-29所示。

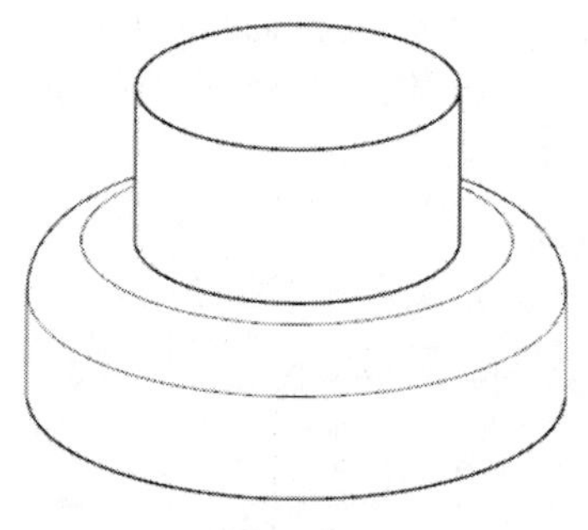

图 12-29

09 执行“菜单”|“插入”|“偏置/缩放”|“抽壳”命令，在弹出的“抽壳”对话框中，将“类型”设为“移除面，然后抽壳”，“厚度”设为3mm。

10 先取实体的上表面和下表面，单击“确定”按钮创建抽壳特征，上、下底面都被移除，如图12-30所示。

图 12-30

12.2.2 型腔型芯设计

01 在横向菜单栏中选择“应用模块”选项卡，再单击“注塑模”按钮。

02 单击“初始化项目”按钮，再单击“确定”按钮，完成设置“初始化项目”设定。

03 单击“收缩”按钮，在弹出的“缩放体”对话框中，将“类型”设为“均匀”，“比例因子”栏中的“均匀”设为1.005，在“缩放点”栏中单击“指定点”按钮，在弹出的“点”对话框中输入（0,0,0），单击“确定”按钮完成收缩设置。

04 单击“工件”按钮，在弹出的“工件”对话框中，将“类型”设为“产品工件”，“工件方法”设为“用户定义的块”，“定义类型”设为“草图”，在“开始”下拉列表中选择“值”选项，将“距离”设为-20mm，在“结束”下拉列表中选择“值”，将“距离”设为80mm。

05 在“工件”对话框中单击“绘制截面”按钮，在工具栏中单击“快速修剪”按钮，将默认的草绘全部删除后（包括虚线框），再以原点为中心绘制一个矩形（150mm×150mm），如图 12-31 所示。

06 单击“确定”按钮，创建一个工件（提示：工件必须比零件大），如图 12-32 所示。

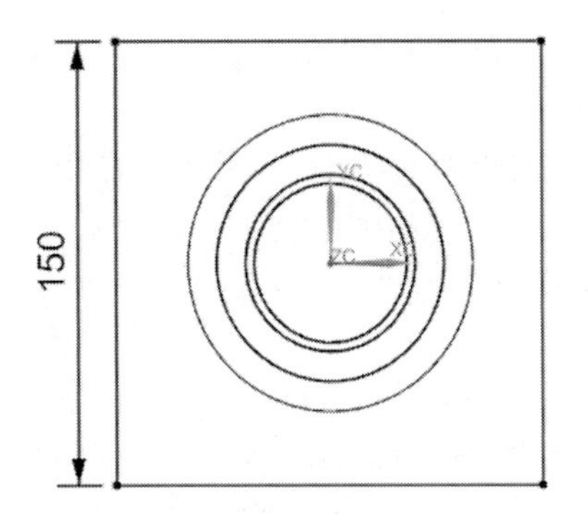

图 12-31

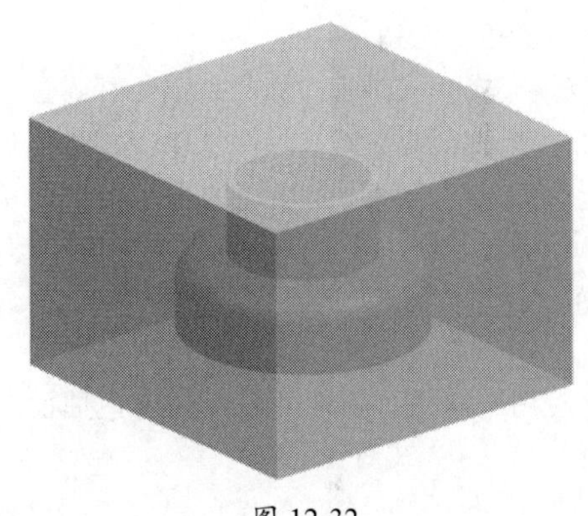

图 12-32

07 在“分型刀具”区域中单击“倒三角形”按钮▼，再单击“分型导航器”按钮，如图 12-33 所示。

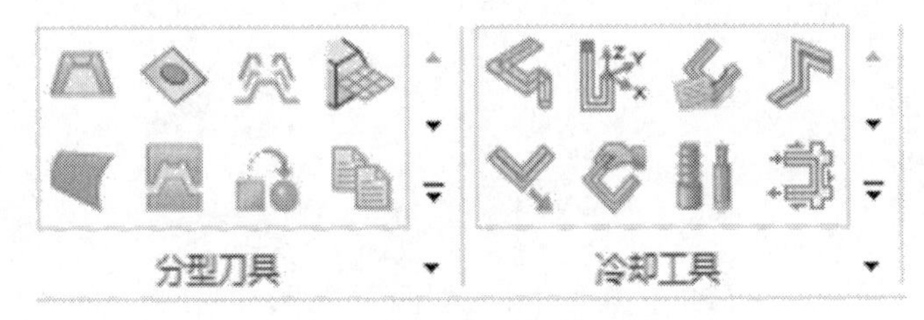

单击“倒三角形”按钮

单击“分型导航器”按钮

图 12-33

08 在“分型导航器”中取消选中“工件”和“工件线框”复选框，如图 12-34 所示，隐藏工件和工件线框，只显示产品实体（目的是保持界面的可视性）。

图 12-34

09 在“分型刀具”区域中单击“检查区域”按钮。

10 在弹出的“检查区域”对话框的“计算”选项卡中，将“指定脱模方向”设为 ZC ↑，选中“保持现有的”单选按钮，单击“计算”按钮。

11 在“检查区域”对话框中选择“区域”选项卡，将“型腔区域”设为棕色，“型芯区域”设为蓝色，选中“型腔区域”单选按钮，取消选中“内环”“分型边”和“不完整环”复选框，单击“设置区域颜色”按钮。

12 零件分成 3 种颜色：棕色、蓝色和青色。

13 在“检查区域”对话框中选中“型腔区域”单选按钮，再选零件外表面的青色曲面，单击“应用”按钮，零件外表面的青色曲面变成棕色。

14 在“检查区域”对话框中选中“型芯区域”单选按钮，再选中零件内表面的青色曲面，单击“应用”按钮，零件外表面的青色曲面变成蓝色。

15 当零件的外表面全部为棕色，内表面全部为蓝色后，单击“确定”按钮。

16 单击“曲面补片”按钮，在弹出的“边补片”对话框中，将“类型”设为“遍历”，选中“按面的颜色遍历”复选框，如图 12-35 所示。

图 12-35

17 选择零件上面圆孔的内边缘线，单击“确定”按钮创建一个曲面，将上面圆孔封闭，如图 12-36 所示。

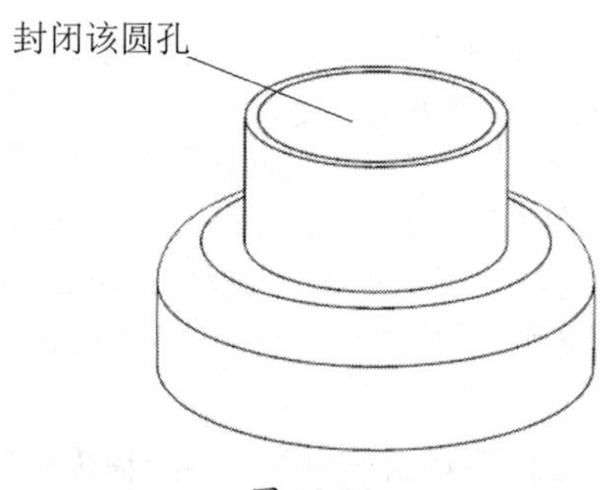

图 12-36

18 在“分型刀具”区域中单击“定义区域”按钮，在弹出的“定义区域”对话框中选中“创建区域”和“创建分型线”复选框。

19 单击“确定”按钮，在零件大圆的口部创建分型线（呈灰色）。

20 在“分型刀具”区域中单击倒三角形按钮▼，再单击“分型导航器”按钮，如图 12-33 所示。

21 在“分型导航器”中选中“工件”和“工件线框”复选框，如图 12-37 所示，显示工件和工件线框。

分型对象	数量	图层
分型设计		
产品实体	1	1
工件	1	20
工件线框		
分型线	1	26
引导线	0	0
分型面	1	26

图 12-37

22 单击“设计分型面”按钮，在弹出的“设计分型面”对话框中单击“有界平面”按钮。

23 拖动分型面上的控制点，使分型面稍大于工件，如图 12-38 所示。

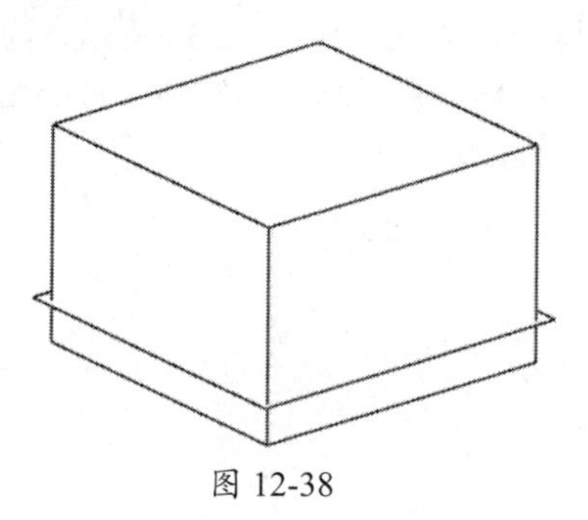

图 12-38

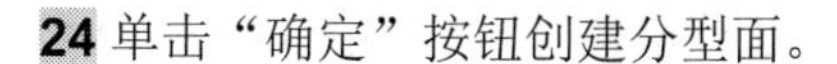

24 单击“确定”按钮创建分型面。

25 单击“定义型腔和型芯”按钮，在弹出的“定义型腔和型芯”对话框中，将“类型”设为“区域”，“区域名称”设为“所有区域”。

26 单击“确定”按钮将工件分成型腔和型芯。

27 在标题栏中执行“窗口”｜jietou_top_009.prt 命令，打开 jietou_top_009.prt 文件。

28 单击“保存”按钮保存文档，可以在存放 jietou.prt 的目录中查看到很多分模的过程文件。

29 单击“装配导航器”按钮，在“装配导航器”中选择 jietou_layout_021｜jietou_prod_002｜jietou_cavity_001 选项，右击并在弹出的快捷菜单中选择“在窗口中打开”命令，打开 jietou_cavity_001 零件图，如图 12-39 所示。

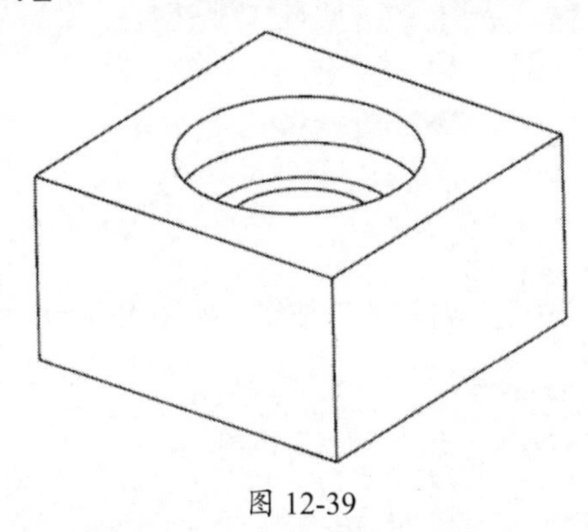

图 12-39

30 采用相同的方法，打开 jietou_core_001 零件图，如图 12-40 所示。

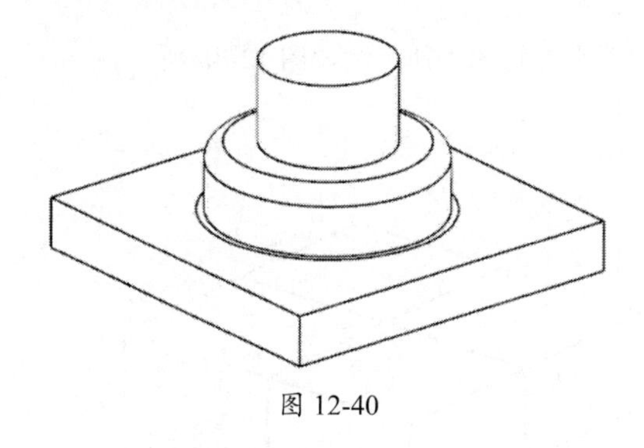

图 12-40

12.2.3　模具排位

01 在标题栏中执行“窗口”｜jietou_top_009.prt 命令，打开 jietou_top_009.prt 文件。

02 单击“型腔布局”按钮，在弹出的“型腔布局”对话框中，将“布局类型”设为“矩形”，选中“线性”单选按钮，将“X 向型腔数”设为 2，“X 移动参考”设为“块”，“X 距离”设为 0mm，“Y 向型腔数”设为 2，“Y 移动参考”设为“块”，“Y 距离”设为 0mm，如图 12-41 所示。

图 12-41

03 在“型腔布局”对话框中单击“开始布局”按钮生成 4 个型腔，并按正方形排列，如图 12-42 所示。

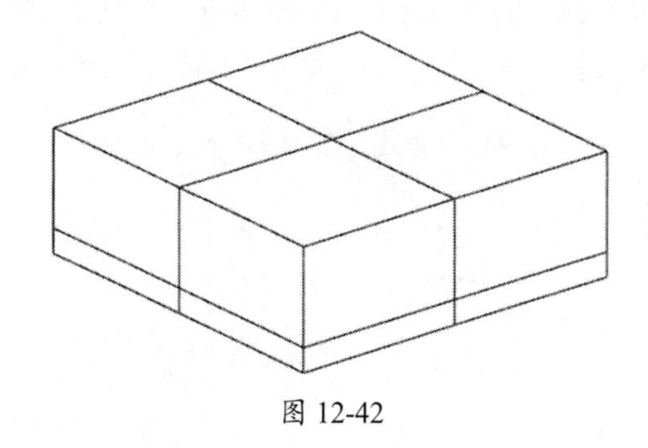

图 12-42

04 单击“自动对准中心”按钮，将模具的中心移至坐标原点。

05 单击“装配导航器”按钮，在“装配导航器”

中选择jietou_cavity_001，右击并在弹出的快捷菜单中选择“设为工作部件”命令，如图12-43所示。

图 12-43

06 在工具栏中单击“装配”按钮，如图12-44所示，在横向菜单栏中添加“装配”命令。

图 12-44

07 在横向菜单栏中选择“装配”选项卡，再单击“WAVE 几何链接器”按钮，如图12-45所示。

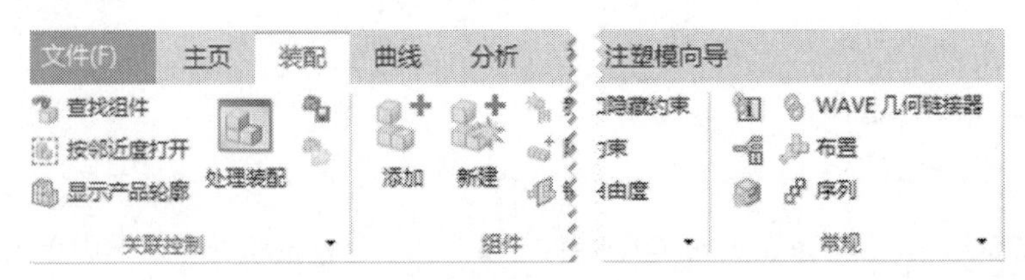

图 12-45

08 在弹出的“WAVE 几何链接器”对话框中，将“类型”设为“体”，如图12-46所示。

09 选择其他3个型腔，如图12-47中的粗线所示。

图 12-46

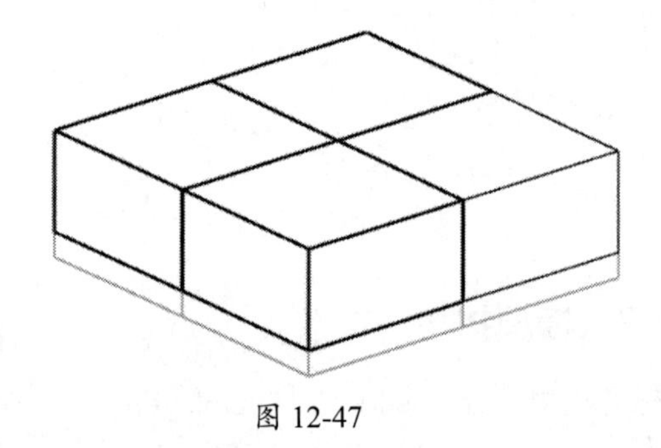

图 12-47

10 单击“确定”按钮，型腔排列如图 12-48 所示。

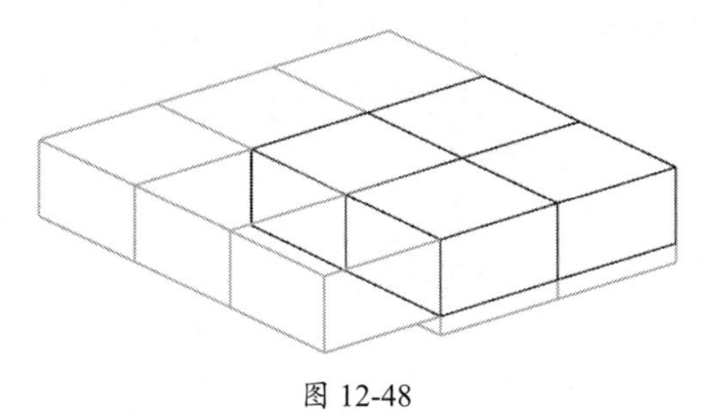

图 12-48

11 在“装配导航器”中选择 jietou_cavity_001，右击并在弹出的快捷菜单中选择“在窗口中打开”命令，打开型腔实体，如图 12-49 所示。

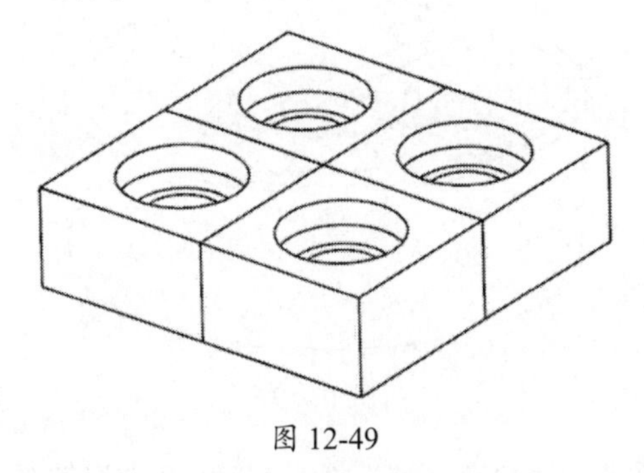

图 12-49

12 执行“菜单”｜“编辑”｜“特征”｜“移除参数”命令，移除 4 个型腔的参数。

13 单击“合并”按钮，将 4 个型腔实体合并成一个整体，中间的线条消失，如图 12-50 所示。

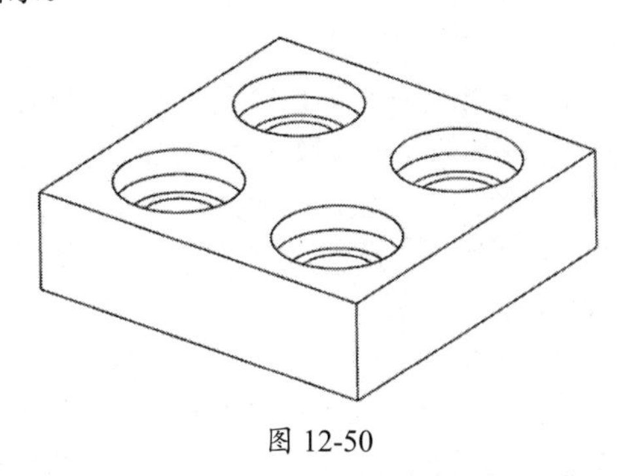

图 12-50

14 采用相同方法，将 4 个型芯零件合并为一个整体，如图 12-51 所示。

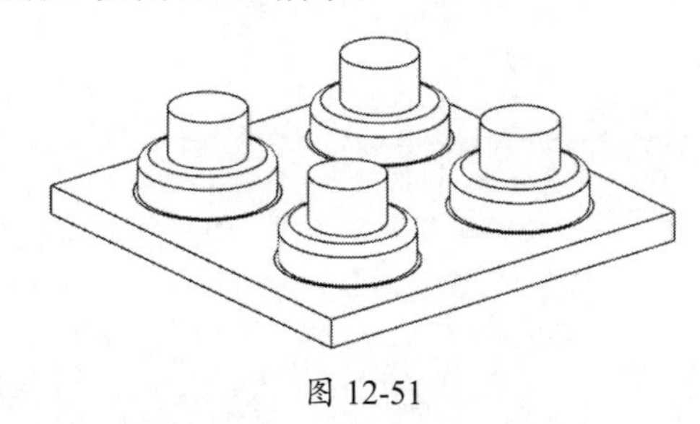

图 12-51

15 在标题栏中执行“窗口”｜jietou_top_009.prt 命令，打开 jietou_top_009.prt 文件。

16 在“装配导航器”中选中 jietou_top_009 复选框，右击并在弹出的快捷菜单中选择“设为工作部件”命令。

17 单击“保存”按钮，在分模过程中产生的所有过程文件全部保存在文档中。

12.3 拆面零件的模具设计

本节实例中的零件有一个扣位，扣位上的曲面需要分成两部分，一部分在型腔，另一部分在型芯，必须拆分这些曲面才能正常分模。

12.3.1 拆分曲面

01 打开 gai.prt 文件，按 W 键显示动态坐标系，其中 Z 轴向上，如图 12-52 所示，建模过程不再赘述。

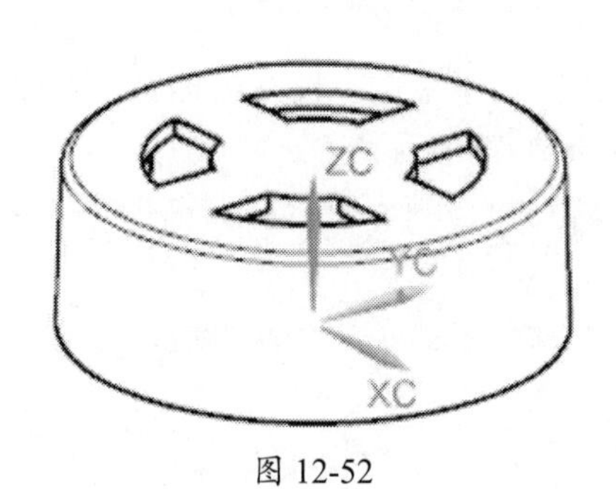

图 12-52

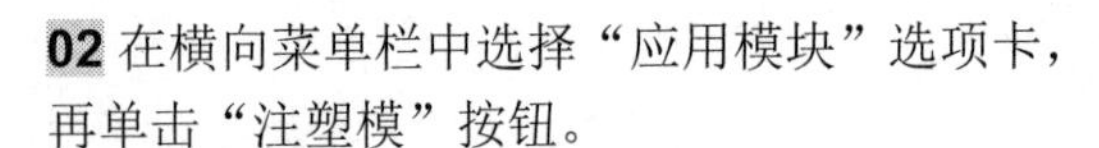

02 在横向菜单栏中选择“应用模块”选项卡，再单击“注塑模”按钮。

03 单击“初始化项目”按钮，再单击“确定”按钮，完成初始化项目设置。

04 单击“收缩”按钮，在弹出的“收缩”对话框中，将“类型”设为“均匀”，“收缩”设为1.005。

05 执行“菜单”|“格式”|“WCS”|“旋转”命令，在弹出的“旋转WCS绕...”对话框中选中“+XC轴：YC→ZC”单选按钮，将“角度”设为180°，如图12-53所示。

图 12-53

06 单击“确定”按钮，坐标系沿X轴旋转180°，Z轴朝下，如图12-54所示。

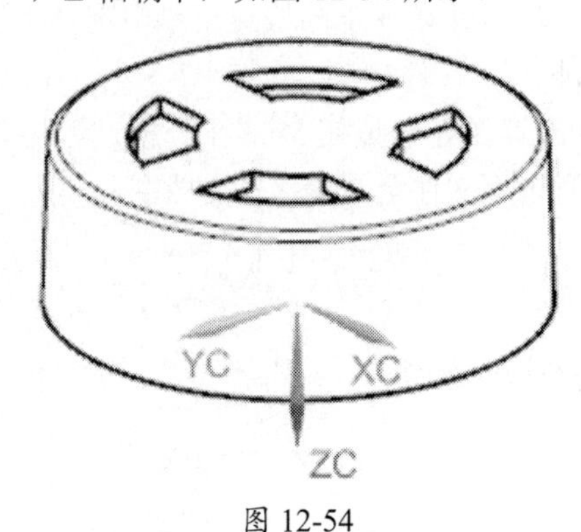

图 12-54

07 在工具栏中单击“模具坐标系”按钮，如图12-55所示。

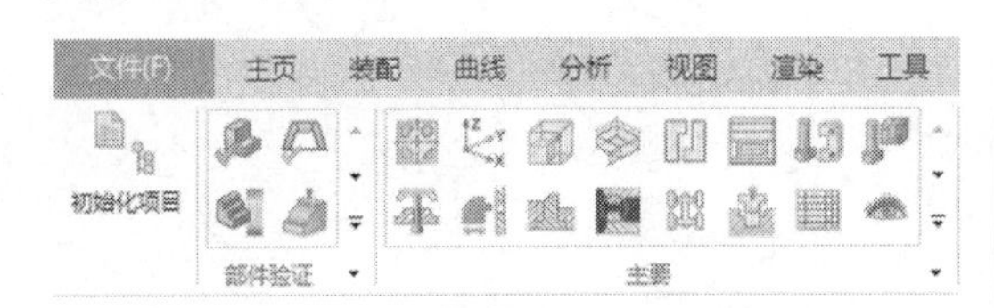

图 12-55

08 在弹出的“模具坐标系”对话框中选中“当前WCS”单选按钮，如图12-56所示。

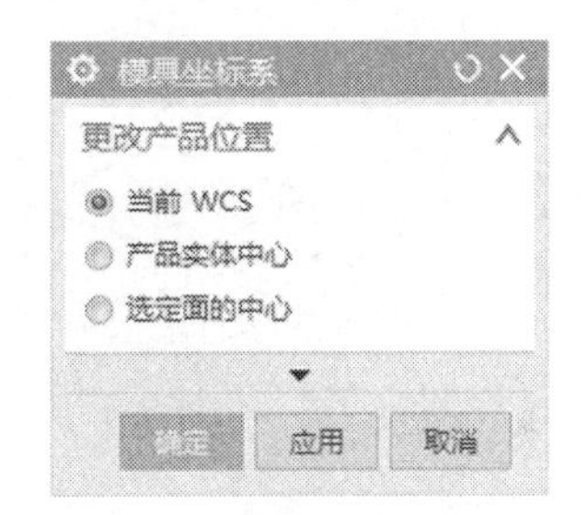

图 12-56

09 单击“确定”按钮，产品旋转180°，如图12-57所示。

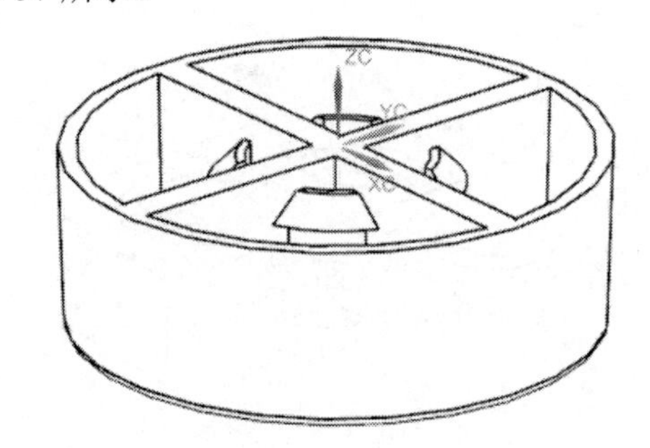

图 12-57

10 单击“检查区域”按钮，在弹出的“检查区域”对话框的“计算”选项卡中，将“指定脱模方向”设为ZC↑，选中“保持现有的”单选按钮，再单击“计算”按钮。

11 选择“区域”选项卡，取消选中“内环”“分型边”和“不完整的环”复选框，选中“型腔区域”单选按钮，单击“设置区域颜色”按钮，将零件分成3种不同的颜色，其中外表面是棕色、内表面是蓝色、未定义曲面部分是青色。

12 在“检查区域”对话框的“面”选项卡中单击“面拆分”按钮，如图12-58所示。

13 在弹出的“拆分面”对话框中，将“类型”设为“平面/面”，如图12-59所示。

14 在实体上选择要拆分的面（选青色的曲面），如图12-60粗线条所示。

15 在“拆分面”对话框中单击“添加基准平面”按钮，在弹出的“基准平面”对话框中，将“类型”设为“通过对象”，如图12-61所示。

图 12-58

图 12-59

图 12-60

图 12-61

16 在实体上选择图 12-62 粗线所示的侧面。

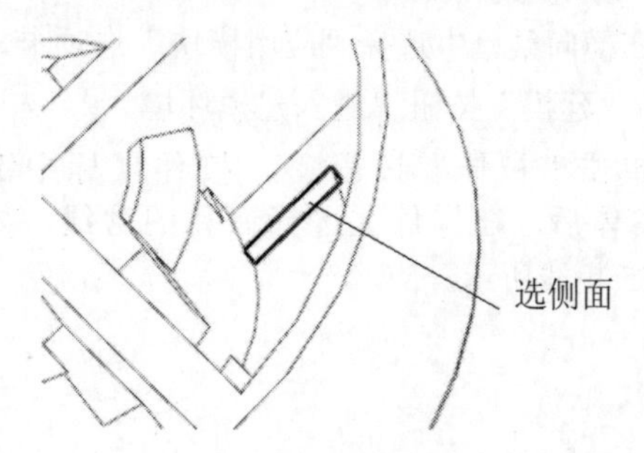

图 12-62

17 单击“确定”按钮，回到上一个对话框中再单击“确定”按钮，所选的曲面被拆分。

18 按照同样的方法，以该通孔另一侧的曲面再次拆分该扣位的曲面。

19 采用相同的方法，拆分其余 3 个扣位的曲面。

20 在“检查区域”对话框中进入“区域”选项卡，先选中“型腔区域”单选按钮，再在零件图上选择通孔周围的侧面，如图 12-63 粗线所示的曲面（共 16 个）。

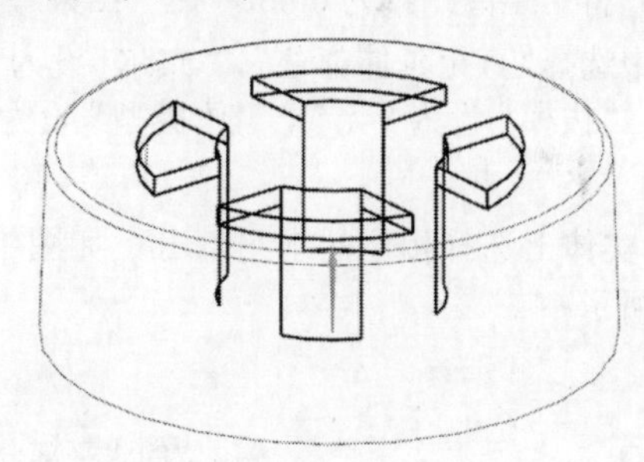

图 12-63

21 单击“应用”按钮，所选的曲面变为棕色。

22 在“检查区域”对话框中先选中“型芯区域”单选按钮，再在零件图上选择其余 8 个青色侧面，如图 12-64 所示，单击“应用”按钮，所选的曲面变为蓝色。

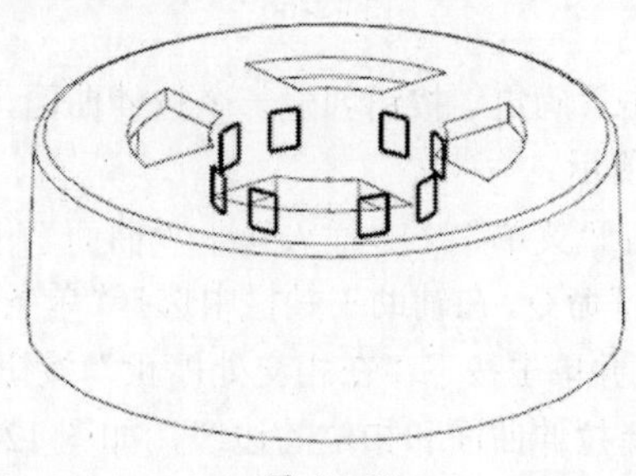

图 12-64

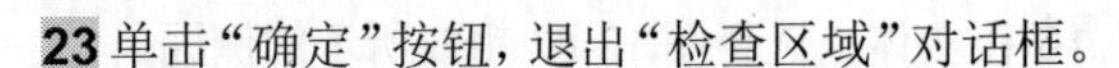

23 单击“确定”按钮，退出“检查区域”对话框。

24 在横向菜单中选择“应用模块”选项卡，再单击“建模”按钮进入建模环境。

25 单击“拉伸”按钮，按住鼠标中键翻转实体后，在零件上选择通孔的边线，如图 12-65 粗线所示。

图 12-65

26 在弹出的“拉伸”对话框中，将“指定矢量”设为-ZC ↓，在“开始”下拉列表中选择“值”选项，将“距离”设为 0mm，在“结束”下拉列表中选择“直至延伸部分”，“布尔”设为“无”，“拔模”设为“无”，“体类型”设为“片体”。

27 在实体上选择扣位的水平部分，如图 12-66 粗线所示。

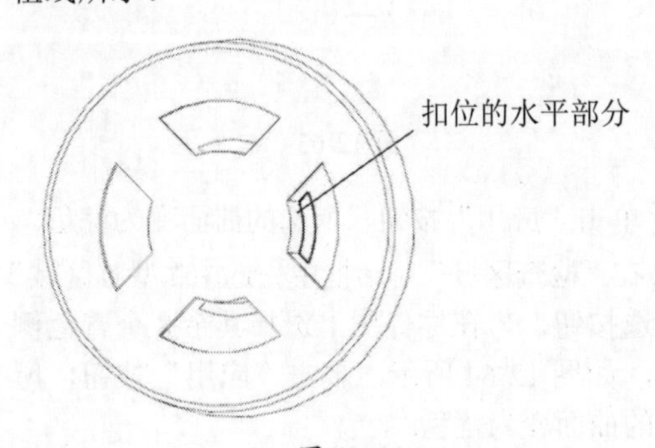

图 12-66

28 单击“确定”按钮创建一个拉伸曲面，如图 12-67 所示。

29 执行“菜单”|“插入”|“曲面”|“有界平面”命令，在辅助工具栏中选择“单条曲线”选项，并单击按下“在相交处停止”按钮。

30 选择拉伸曲面和扣位的边线，如图 12-68 粗线所示。

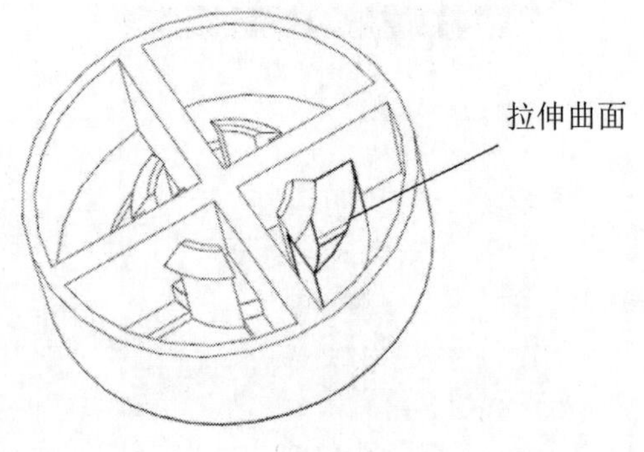

图 12-67

图 12-68

31 单击“确定”按钮创建有界平面。

32 采用同样的方法，创建另外 3 个扣位处的补孔曲面。

33 在横向菜单中选择“应用模块”选项卡，再单击“注塑模”按钮进入模具设计环境。

34 单击“编辑分型面与曲面补片”按钮，选择刚才创建的拉伸曲面和有界平面。

35 单击“确定”按钮，在建模环境下创建的曲面转化为分型面，颜色转为灰白色。

36 单击“定义区域”按钮，在弹出的“定义区域”对话框中选中“创建区域”与“创建分型线”复选框。

37 单击“确定”按钮，在零件的口部创建分型线，如图 12-69 所示。

38 单击“工件”按钮，在弹出的“工件”对话框中，将“类型”设为“产品工件”，“工件方法”设为“用户定义的块”，在“开始”下拉列表中选择“值”选项，“距离”设为 -20 mm，在“结束”下拉列表中选择“值”，“距离”设为 10 mm。

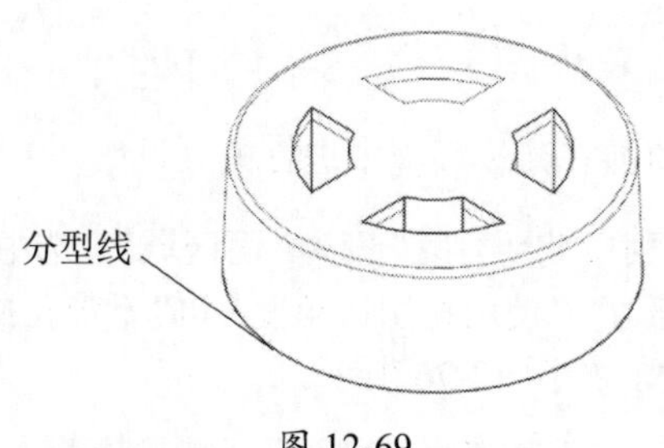

图 12-69

39 在“工件”对话框中单击“绘制截面”按钮。单击“快速修剪”按钮，删除默认的矩形后，重新以原点为中心绘制一个矩形（40mm×40mm），如图 12-70 所示。

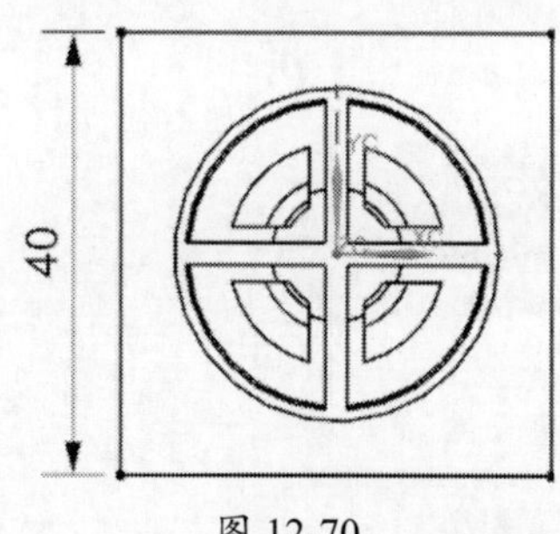

图 12-70

40 单击“完成草图”按钮，单击“确定”按钮，创建一个工件。

41 单击“设计分型面”按钮，在弹出的“设计分型面”对话框中单击“有界平面”按钮。

42 拖动分型面上的控制点，使分型面稍大于工件，如图 12-71 所示。

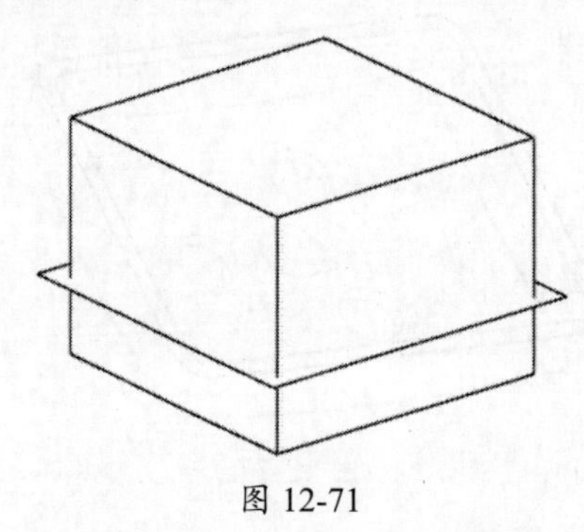

图 12-71

43 单击“定义型腔和型芯”按钮，在弹出的“定义型腔和型芯”对话框中选择“所有区域”。

44 单击“确定”按钮，创建型腔零件和型芯零件。

12.3.1　编辑模具装配图

01 在标题栏中执行“窗口”| gai_top_009 命令，打开模具装配图。

02 单击“装配导航器”按钮，选择 gai_top_009，右击并在弹出的快捷菜单中选择“设为工作部件”命令，将模具装配图设为工作部件。

03 在横向菜单中选择“应用模块”选项卡，单击“装配”按钮，进入装配环境。

04 执行“菜单”|“装配”|“爆炸图”|“新建爆炸图”命令，在弹出的“新建爆炸”对话框中将“名称”设为“爆炸图”，如图 12-72 所示，单击“确定”按钮。

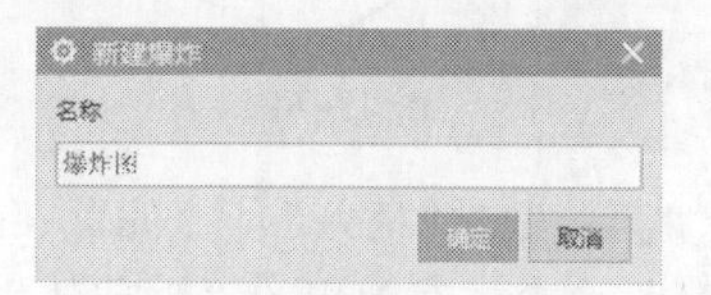

图 12-72

05 执行“菜单”|“装配”|“爆炸图”|“编辑爆炸图”命令，在弹出的“编辑爆炸图”对话框中选中“选择对象”单选按钮，在装配图上选择型腔零件，在“编辑爆炸图”对话框中选中“移动对象”单选按钮，选择 Z 轴为移动方向，在“编辑爆炸图”上输入移动距离为 50 mm，单击“确定”按钮型腔分开。

06 采用同样的方法，将型芯向下移动 50 mm，如图 12-73 所示。

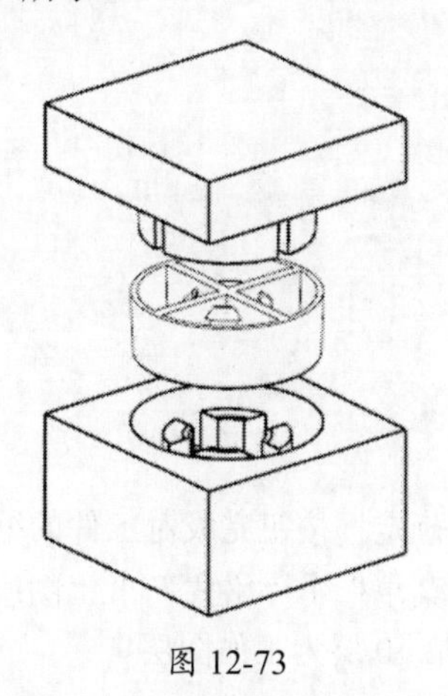

图 12-73

07 单击“保存”按钮保存文档。

12.4 建模环境下的模具设计

除了在Mold Wizard环境中可以设计模具，还可以直接在建模环境中进行模具设计。

12.4.1 补面过程

01 打开fanghe.prt文件，如图12-74所示。

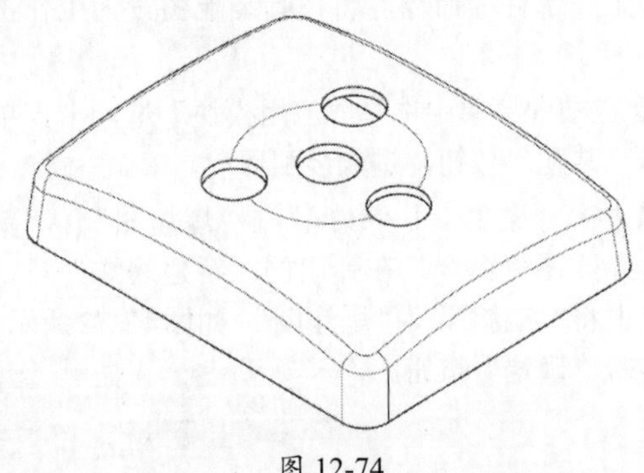

图12-74

02 执行“菜单”|“插入”|“偏置/缩放”|“缩放体”命令，在弹出的“缩放体”对话框中，将“类型”设为“均匀”，“均匀”设为1.006，单击“点”按钮，并输入（0,0,0），如图12-75所示。

图12-75

03 单击“确定”按钮完成对工件的缩放操作。

04 执行“菜单”|“格式”|“图层设置”命令，设定第10层为工作图层。

05 执行“菜单”|“插入”|“关联复制”|“抽取几何特征”命令，在弹出的“抽取几何特征”对话框中，将“类型”设为“面区域”，选中“遍历内部边”“使用相切边角度”和“不带孔抽取”复选框，如图12-76所示。

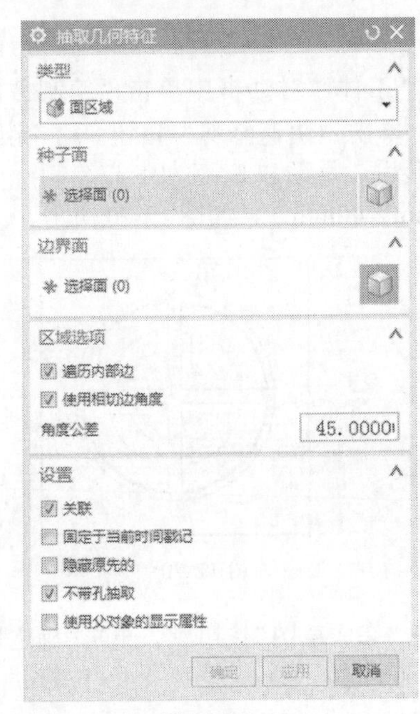

图12-76

06 按住鼠标中键翻转实体后，选择产品中间的平面为种子面，口部的平面（粗线所示）为边界面，如图12-77所示。

图12-77

07 单击“确定”按钮，中间的圆孔被封闭，周围的3个圆孔没有封闭，如图12-78所示。这是因为中间的圆孔旁边只有一个曲面，周围的3个圆孔旁边有2个曲面。

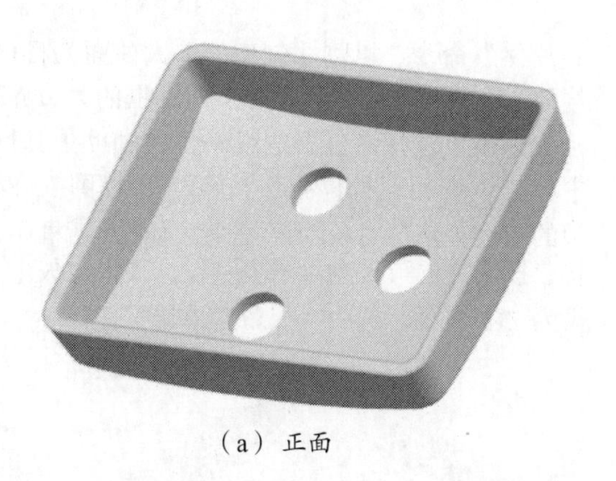

（a）正面

（b）反面

图 12-78

08 执行“菜单”|“格式”|“图层设置”命令，在弹出的“图层设置”对话框中取消选中 1 复选框，隐藏实体，只显示第 10 层的曲面，如图 12-79 所示。

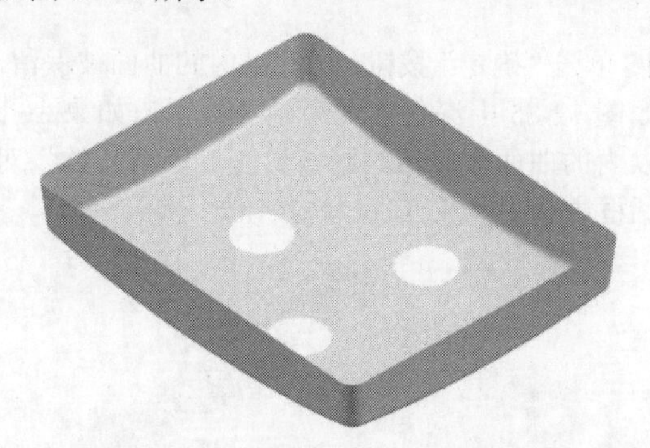

图 12-79

09 执行“菜单”|“格式”|“图层设置”命令，在弹出的“图层设置”对话框中选中 1 复选框，显示实体。

10 执行“菜单”|“编辑”|“曲面”|“扩大”命令，选择产品内表面的圆弧曲面，创建扩大曲面，如图 12-80 所示。

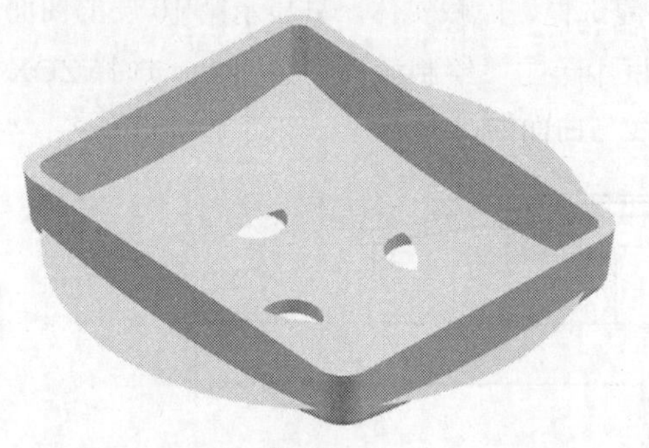

图 12-80

11 执行“菜单”|“插入”|“修剪”|“修剪片体”命令，以上一步创建的扩大曲面为目标片体，再选择其中一个圆孔的边线为边界对象。在弹出的“修剪片体”对话框中，将“投影方向”设为“沿矢量”，“指定矢量”设为 ZC ↑，选中“保留”单选按钮，如图 12-81 所示。

提示：

如果“投影方向”设为“垂直于面”，则曲面与曲面之间会产生空隙，后面将不能拆分实体，下同。

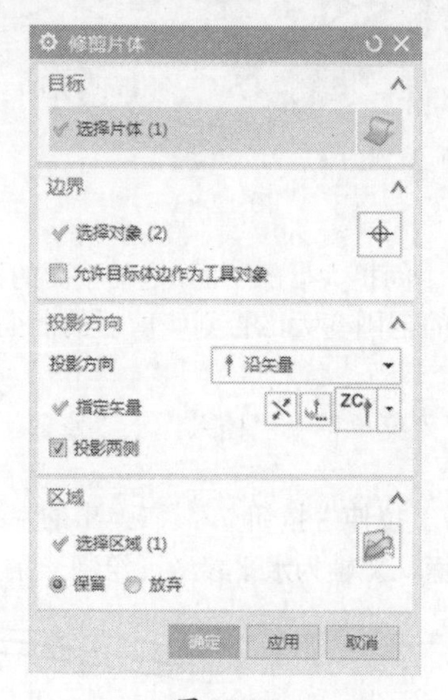

图 12-81

12 单击“确定”按钮，小孔以外的曲面被修剪，小孔以内的曲面被保留，修剪结果如图 12-82 中深色曲面所示。

图 12-82

提示：

如果小孔以内的曲面被修剪，小孔以内的曲面被保留，则需要在“修剪片体”对话框中选中“放弃”单选按钮。

13 执行“菜单”|“编辑”|“曲面”|“扩大”命令，选择产品内表面的平面，扩大中间的平面，如图 12-83 中深色曲面所示。

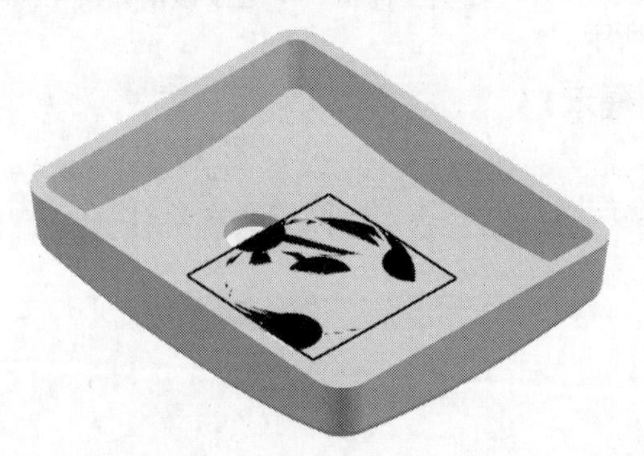

图 12-83

14 双击中间扩大后的平面，拖动平面的控制点，使平面的范围变大，否则修剪后的曲面之间会有空隙。

15 执行“菜单”|“插入”|“修剪”|“修剪片体”命令，以刚才创建的扩大曲面为目标片体。在弹出的“修剪片体”对话框的“边界”栏中单击“选择对象”按钮，在辅助工具栏中单击“在相交处停止”按钮，以图 12-84 中的粗线为边界对象，在“修剪片体”对话框中，将“投影方向”设为“沿矢量”，“指定矢量”设为 ZC ↑，选中“保留”单选按钮。

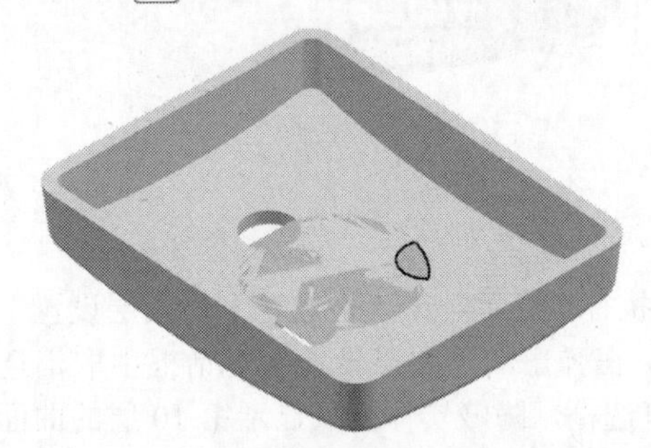

图 12-84

16 单击“确定”按钮，圆孔以内的曲面被保留，如图 12-85 中深色曲面所示（提示：如果小孔以内的曲面被修剪，则需要在“修剪片体”对话框中选中“放弃”单选按钮）。

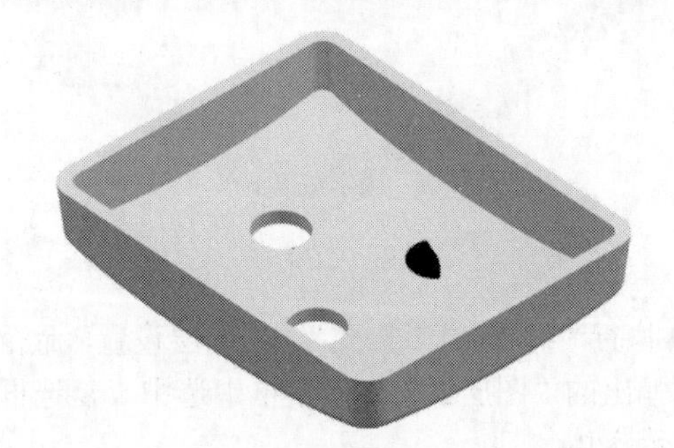

图 12-85

17 执行“菜单”|“格式”|“图层设置”命令，在弹出的“图层设置”对话框中取消选中 1 复选框，隐藏实体，只显示第 10 层的曲面。

18 单击“拉伸”按钮，在弹出的“拉伸”对话框中单击“绘制截面”按钮，选择 ZOX 为草绘平面，X 轴为水平参考，绘制一条直线，该直线与曲面的口部重合，如图 12-86 所示。

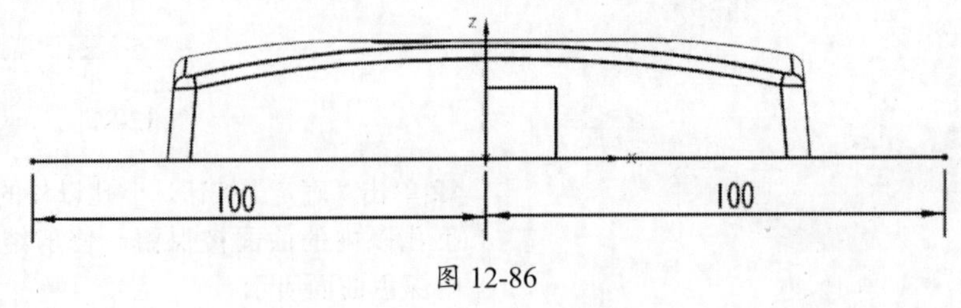

图 12-86

19 单击“完成草图”按钮，在“拉伸”对话框中，将“指定矢量”设为YC↑，“结束”设为“对称值”，将“距离”设为80mm，选中“开放轮廓智能体”复选框，将“布尔”设为“无”。

20 单击“确定”按钮，创建一个拉伸曲面，如图12-87所示。

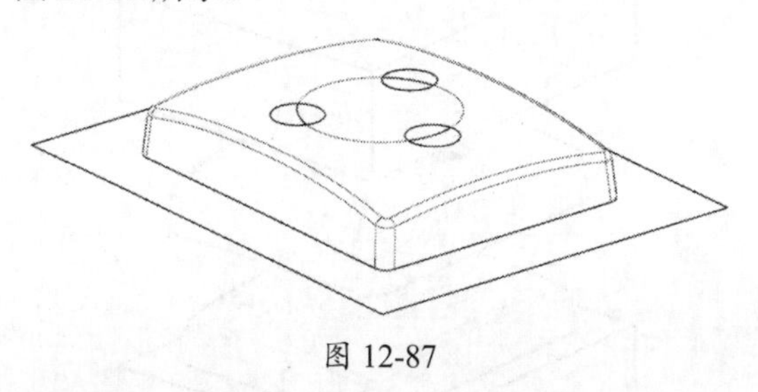

图 12-87

21 执行“菜单”|“插入”|“修剪”|“修剪片体”命令，以刚才创建的拉伸曲面为目标片体，在屏幕左上角选择“片体”，如图12-88所示。再以抽取曲面为边界对象，单击“应用”按钮，创建片体修剪特征，翻转后的效果如图12-89所示。

菜单(M)▾　片体　仅在工作部件内

图 12-88

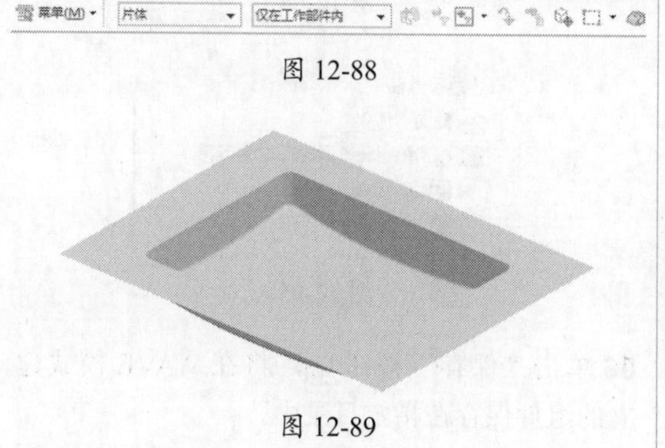

图 12-89

22 执行“菜单”|“插入”|“组合”|“缝合”命令，缝合所有曲面。

23 执行“菜单”|“格式”|“图层设置”命令，设定第1层为工作图层。

24 单击“拉伸”按钮，在弹出的“拉伸”对话框中单击“绘制截面”按钮，选择XOY为草绘平面，绘制一个矩形截面（180 mm×140 mm），如图12-90所示。

25 单击“完成草图”按钮，在“拉伸”对话框中，将“指定矢量”设为ZC↑，在“开始”下拉列表中选择“值”选项，将“距离”设为-30mm，在“结束”下拉列表中选择“值”，将“距离”设为50mm，“布尔”设为“无”。

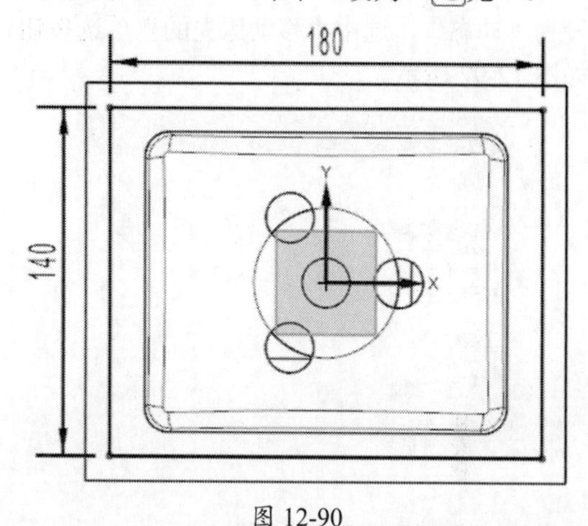

图 12-90

26 单击“确定”按钮创建工件，如图12-91所示。

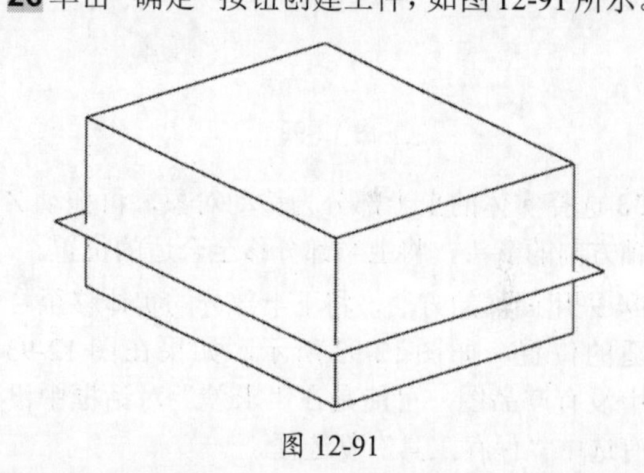

图 12-91

27 单击“减去”按钮，选择工件为目标体，选择产品零件为工具体，在弹出的“求差”对话框中选中“保存工具”复选框，单击“确定”按钮创建减去特征。

28 执行“菜单”|“插入”|“修剪”|“拆分体”命令，以工件为目标体，以缝合后的曲面为工具体，单击“确定”按钮将实体拆分为两部分。

提示：

如果实体不能拆分，可能是前面封堵小孔时出现错误，需要仔细检查封堵小孔的操作过程。

12.4.2　编辑模具装配图

01 执行“菜单”|“编辑”|“特征”|“移除参数”命令，移除工件参数。

02 执行“菜单”|“编辑”|“移动对象”命令，在弹出的“移动对象”对话框中，将“运动”设为“动态”，选中“移动原先的”单选按钮，如图 12-92 所示。

图 12-92

03 选择实体的上半部分为移动对象，再拖动 Z 轴方向的箭头，将上半部分移至合适的位置。

04 采用同样的方法，将下半部分的实体移至合适的位置，如图 12-93 所示，如果在图 12-93 中没有产品图，可能是在“求差”对话框中没有选中“保存工具”复选框。

05 在“装配导航器”中选中 fanghe 复选框，右击并在弹出的快捷菜单中选择 WAVE | “新建层”命令，在弹出的“新建层”对话框中单击“指定部件名”按钮，将“文件名”设为 core，单击“类选择”按钮。在“装配导航器”上方选择“实体”，如图 12-94 所示，选择下半部分的实体，单击“确定”按钮创建型芯文档，如图 12-95 所示。

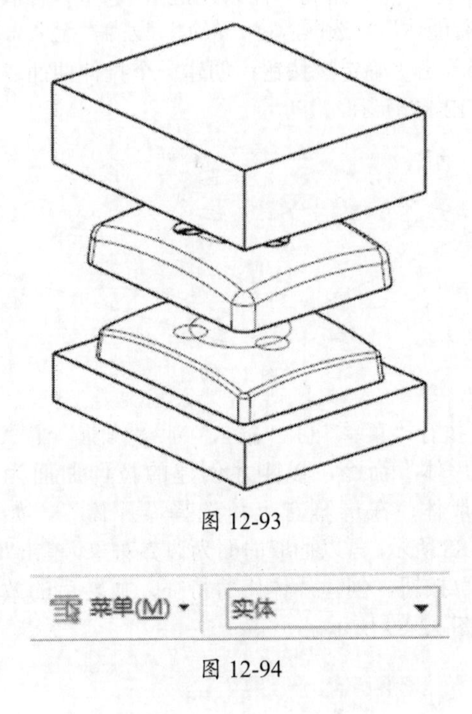

图 12-93

菜单(M) ▾ 实体

图 12-94

图 12-95

06 单击“保存”按钮，将在 WAVE 模式建立的组件保存在指定目录中。

12.5 不同型腔的模具设计

在同一套模具中可能有几个不同的产品，这时就需要对这些产品先排位，再进行模具设计。

12.5.1 加载零件

01 单击“新建”按钮，在弹出的“新建”对话框的“模型”选项卡中，将“单位”设为“毫米”，选择“模型”模板，“名称”设为 waikemold.prt，单击“确定”按钮进入建模环境。

02 执行“菜单”|“文件”|“导入”|“部件”命令，在弹出的“导入部件”对话框中，将“比例”设为 1.0000，“图层”设为“工作的”，“目标坐标系”设为 WCS，如图 12-96 所示。

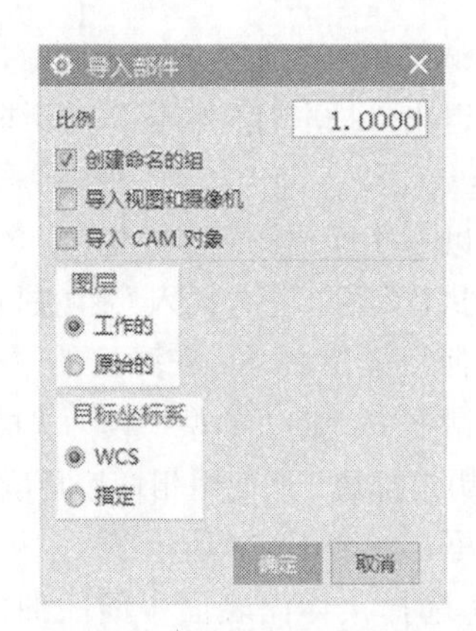

图 12-96

03 单击“确定”按钮，打开 waike.prt 文件，显示的实体如图 12-97 所示。

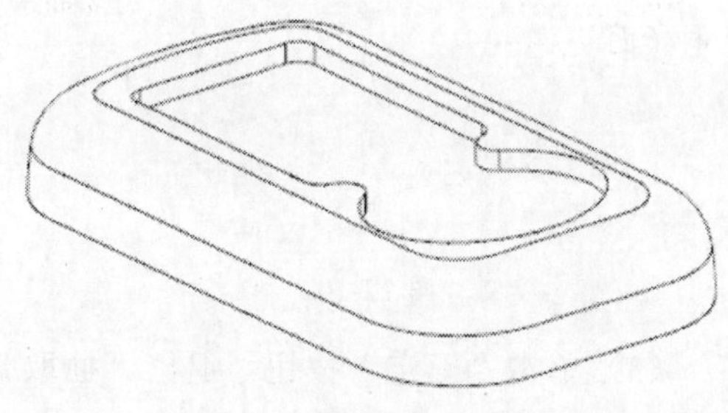

图 12-97

04 执行“菜单”|“编辑”|“特征”|“移除参数”命令，移除零件的参数。

05 执行“菜单”|“编辑”|“移动对象”命令，在弹出的“移动对象”对话框中，将“运动”设为“角度”,“指定矢量”设为 ZC ↑,“角度”设为 90°，“结果”设为“移动原先的”，单击“指定轴点”按钮并输入（0,0,0）。

06 选择实体并单击“确定”按钮，零件旋转后的效果如图 12-98 所示。

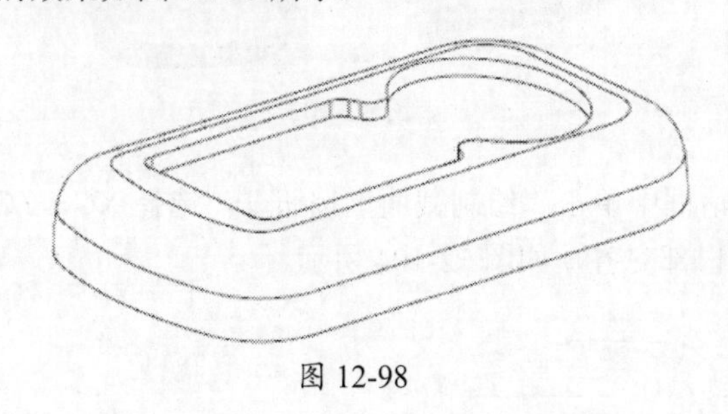

图 12-98

07 执行“菜单”|“插入”|“偏置 / 缩放”|“缩放体”命令，在弹出的“缩放体”对话框中，将“类型”设为“均匀”，“比例因子”设为 1.005，单击“指定点”按钮并输入（0,0,0）。

08 选择实体，单击“确定”按钮对实体按比例进行缩放。

09 执行“菜单”|“文件”|“导入”|“部件”命令，在弹出的“导入部件”对话框中，将“比例”设为 1.0，“图层”设为“工作的”，“目前坐标系”设为 WCS，如图 12-96 所示。

10 单击“确定”按钮，选择 xuanniu.prt 文件，单击 OK 按钮。

11 在弹出的“点”对话框中输入 X、Y、Z 的坐标值，均为 0，插入第二个工件，两个工件重叠在一起，如图 12-99 所示。

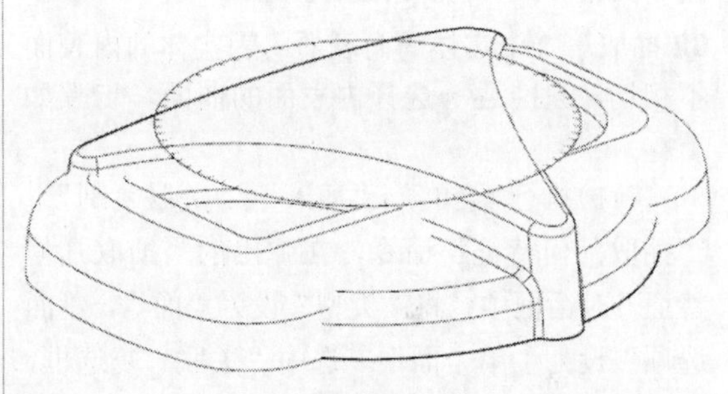

图 12-99

12 执行“菜单”|“编辑”|“显示 / 隐藏”|“隐藏”命令，隐藏旋钮表面的曲面。

13 执行“菜单”|“编辑”|“特征”|“移除参数”命令，移除第二个零件的参数。

14 执行“菜单”|“插入”|“偏置 / 缩放”|“缩放体”命令，在弹出的“缩放体”对话框中，将“类型”设为“均匀”，“比例因子”设为 1.005，单击“指定点”按钮并输入（0,0,0）。

15 选择第二个实体，单击“确定”按钮，对第二个实体按比例缩放。

16 执行“菜单”|“编辑”|“移动对象”命令，在弹出的“移动对象”对话框中，将“运动”设为“距离”，“指定矢量”设为 XC ↑，“距离”设为 60mm，“结果”设为“移动原先的”。

17 选择前盖实体，单击“确定”按钮，零件移动后的效果如图 12-100 所示。

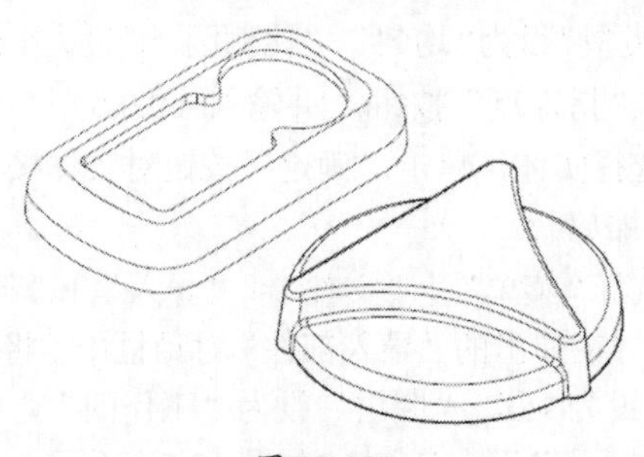

图 12-100

12.5.2 设计分型面

01 执行“菜单”|“格式”|“图层设置”命令，设置第10层为工作图层，目的是将分型面放在第10层，方便后期整理。

02 抽取第一个实体的内表面，因实体的内表面不相切，只能逐一选择内表面的曲面，步骤如下。

（1）执行“菜单”|“插入”|“关联复制”|“抽取几何特征”命令，在弹出的“抽取几何特征”对话框中，将“类型”设为“面”，“面选项”设为“单个面”，选中“关联”复选框，如图12-101所示。

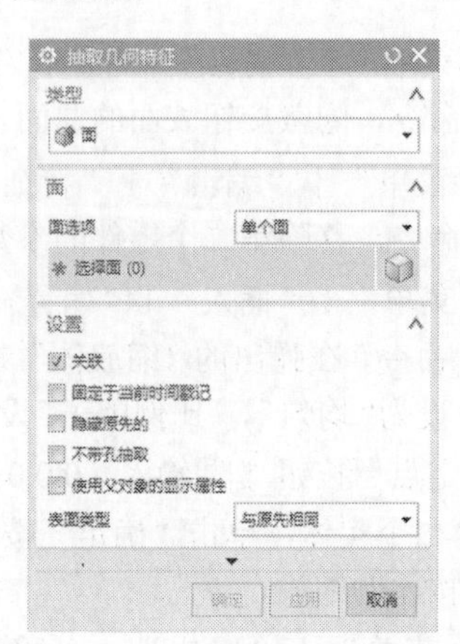

图 12-101

（2）选择第一个实体的内表面后，单击“确定”按钮退出“抽取几何特征”对话框。

03 抽取第二个实体的内表面，因实体的内表面相切，可以一次性选择，步骤如下。

（1）执行“菜单”|“插入”|“关联复制”|“抽取几何特征”命令，在弹出的“抽取几何特征”对话框中，将“类型”设为“面区域”，选中“遍历内部边”“使用相切边角度”和“关联”复选框，如图12-76所示。

（2）选择实体内表面中间的曲面为“种子面”，选择实体口部的平面为“边界面”，如图12-102所示。

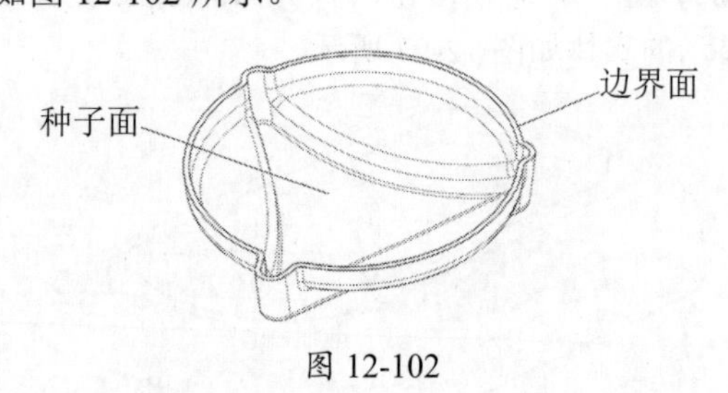

图 12-102

（3）单击“确定”按钮，退出“抽取几何特征”对话框。

04 执行“菜单”|“格式”|“图层设置”命令，在弹出的“图层设置”对话框中取消选中1复选框，隐藏第1层的实体后，显示第10层的曲面，如图12-103所示，仔细检查有没有遗漏的曲面。

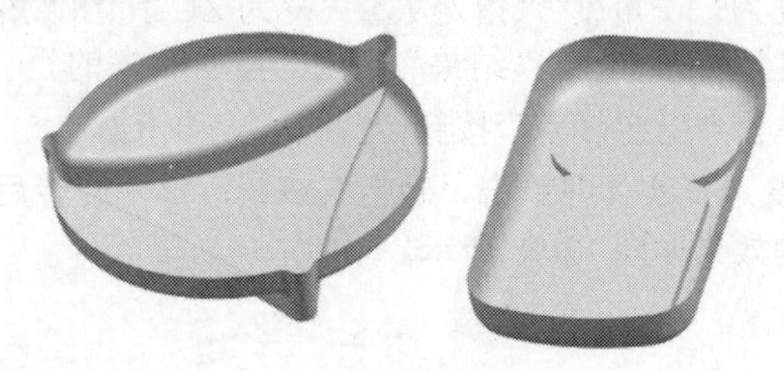

图 12-103

05 单击“拉伸”按钮，在弹出的“拉伸”对话框中单击“绘制截面”按钮，选择XC—ZC平面为草绘平面，绘制一条直线，该直线与零件口部对齐，如图12-104所示。

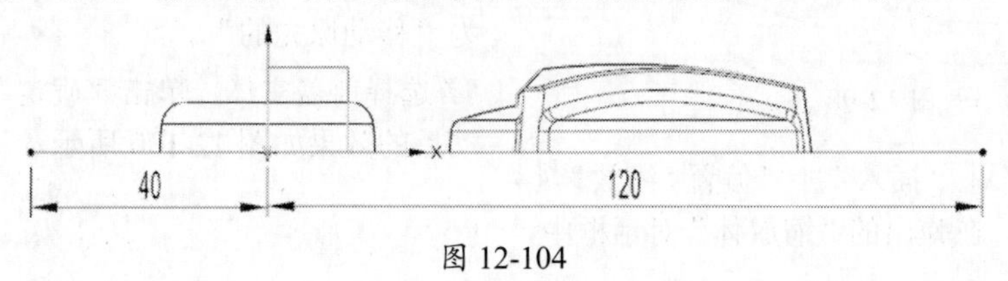

图 12-104

06 单击“完成草图”按钮，在“拉伸”对话框中，将“指定矢量”设为 YC ↑，“结束”设为“对称值”，“距离”设为 60mm，单击“确定”按钮创建拉伸曲面，如图 12-105 所示。

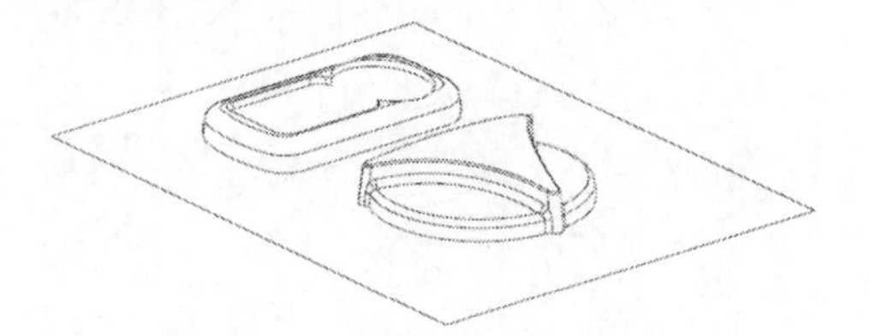

图 12-105

07 执行“菜单”|“插入”|“修剪”|“修剪片体”命令，选择拉伸曲面为目标片体，用框选的方式选中所有的抽取曲面为边界对象，拉伸曲面的中间部分被修剪，翻转后的效果如图 12-106 所示。

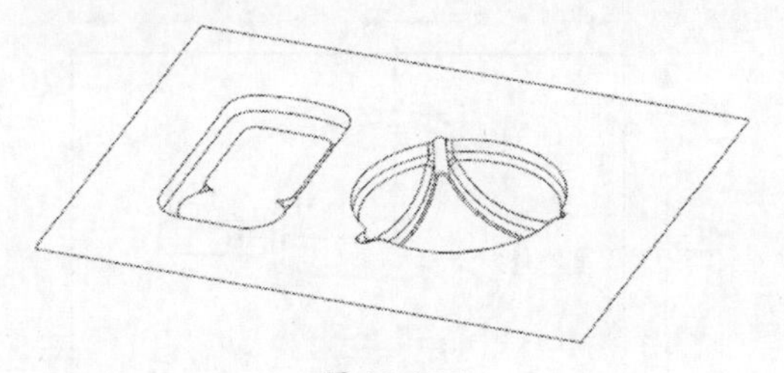

图 12-106

08 执行“菜单”|“插入”|“组合”|“缝合”命令，缝合所有曲面。

12.5.3 拆分工件

01 执行“菜单”|“格式”|“图层设置”命令，设定第 1 层为工作图层。

02 单击“拉伸”按钮，选择 XC—YC 平面为草绘平面，绘制一个矩形截面，如图 12-107 所示。

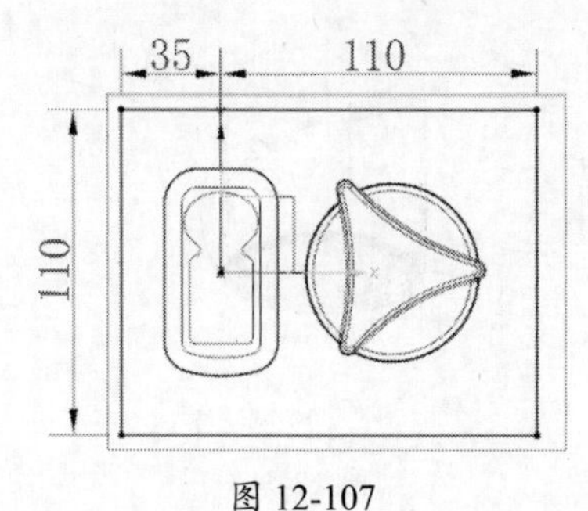

图 12-107

03 单击“完成草图”按钮，在弹出的“拉伸”对话框中，将“指定矢量”设为 ZC ↑，在“开始”下拉列表中选择“值”选项，“距离”设为−15mm，在“结束”下拉列表中选择“值”，“距离”设为 30mm，“布尔”设为“无”。

04 单击“确定”按钮创建工件，如图 12-108 所示。

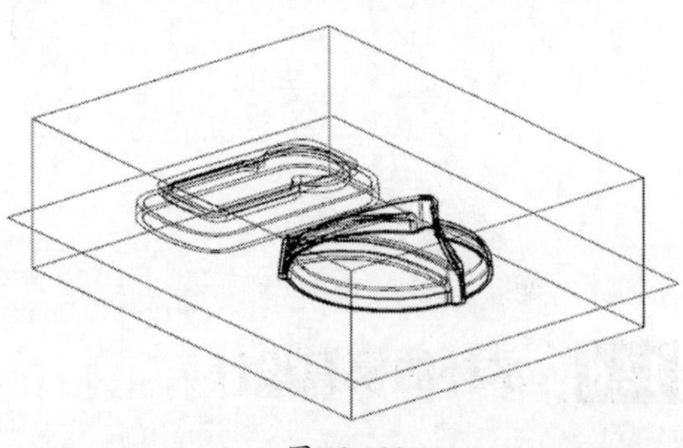

图 12-108

05 单击“减去”按钮，选择工件为目标体，两个零件实体为工具体，在弹出的“求差”对话框中选中“保存工具”复选框，单击“确定”按钮创建减去特征。

06 执行“菜单”|“插入”|“修剪”|“拆分体”命令，以曲面为工具体将工件拆分为上、下两部分。

07 执行“菜单”|“编辑”|“特征”|“移除参数”命令，移除工件参数。

08 在“装配导航器”中，选中 waike 复选框，右击并在弹出的快捷菜单中选择 WAVE|“新建层”命令，选择下半部分的实体，将“文件名”设为 core.prt，选择上半部分的实体，将“文件名”设为 cavity.prt，如图 12-109 所示。

图 12-109

09 执行“菜单”|“编辑”|“移动对象”命令，在弹出的“移动对象”对话框中，将“运动”设为“动态”，“结果”设为“移动原先的”。

10 选择实体的上半部分为移动对象，再拖动 Z

轴方向的箭头，将上半部分移至合适的位置。

11 采用同样的方法，将下半部分的实体移至合适的位置，如图 12-110 所示。

12 单击“保存”按钮，将在 WAVE 模式中建立的组件保存在指定目录。

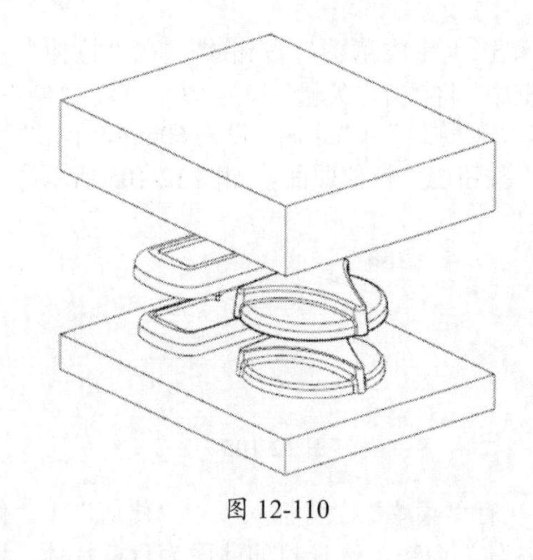

图 12-110

12.6 水杯的模具设计

12.6.1 创建工件

01 打开 shuibei.prt 文件，如图 12-111 所示。

图 12-111

02 按快捷键 Ctrl+W，在弹出的“显示和隐藏”对话框中单击“草图”和“基准平面”对应的“－”按钮，隐藏“草图”和“基准平面”。

03 执行“菜单”|“插入”|“偏置 / 缩放”|“缩放体”命令，在弹出的“缩放体”对话框中，将“类型”设为“均匀”，“比例因子”设为 1.005，单击“指定点”按钮并输入（0,0,0）。

04 选择实体并单击“确定”按钮，对实体按比例缩放。

05 执行“菜单”|“格式”|“图层设置”命令，设定第 2 层为工作图层。

06 单击“拉伸”按钮，选择 XC—YC 平面为草绘平面，绘制一个矩形截面，如图 12-112 所示。

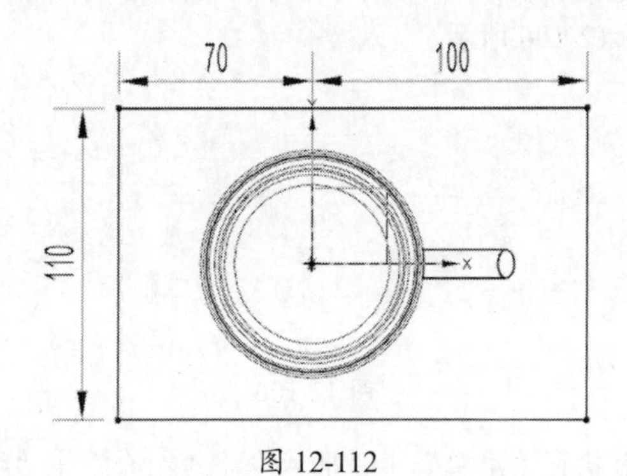

图 12-112

07 单击“完成草图”按钮，在弹出的“拉伸”对话框中，将“指定矢量”设为 ZC ↑，在“开始”下拉列表中选择“值”选项，“距离”设为-20mm，在“结束”下拉列表中选择“值”，“距离”设为 100mm，“布尔”设为“无”。

08 单击“确定”按钮创建工件，如图 12-113 所示。

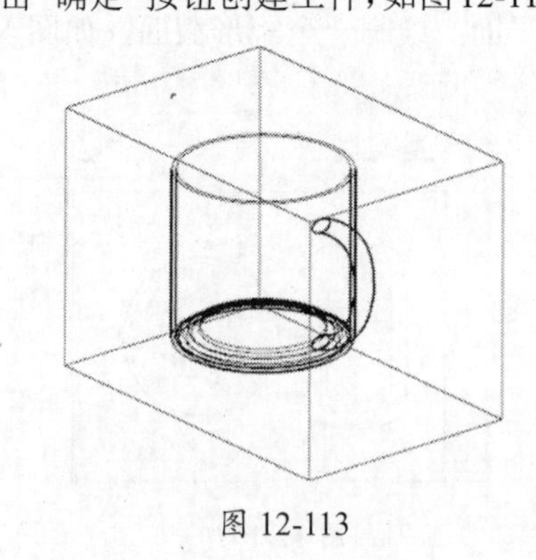

图 12-113

12.6.2 创建杯口分型面

01 执行“菜单”|“格式”|“图层设置”命令，取消选中2复选框，隐藏第2层的工件实体。

02 执行“菜单”|“格式”|“图层设置”命令，设定第10层为工作图层。

03 执行“菜单”|“插入”|“关联复制”|“抽取几何特征”命令，在弹出的“抽取几何特征”对话框中，将“类型”设为“面”，“面选项”设为“单个面”，选中“关联”复选框。

04 选择实体的内表面后，单击“确定”按钮，退出“抽取几何特征”对话框。

05 执行“菜单”|“格式”|“图层设置”命令，取消选中1复选框，隐藏第1层的实体，只显示第2层的工件和第10层的曲面，如图12-114所示。

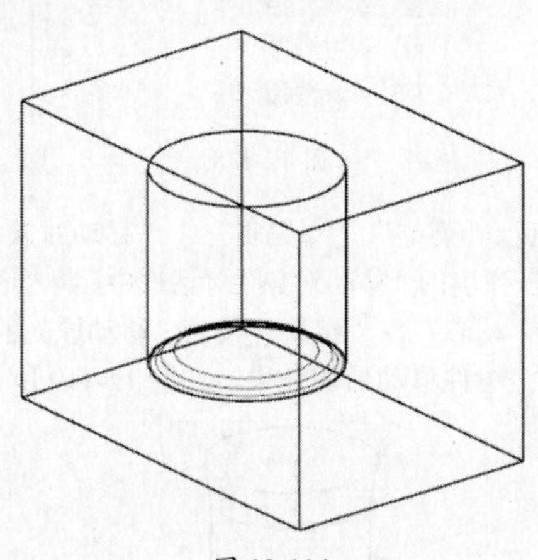

图 12-114

06 单击“拉伸”按钮，直接选择曲面口部的边线，在弹出的“拉伸”对话框中，将“指定矢量”设为ZC↑，在“开始”下拉列表中选择“值”选项，“距离”设为0mm，在“结束”下拉列表中选择“直至选定”，选择工件上表面，将“布尔”设为“无”，“拔模”设为“从起始限制”，“角度”设为-10°，“体类型”设为“片体”。

07 单击“确定”按钮，创建杯口拉伸曲面，如图12-115所示。

08 执行“菜单”|“插入”|“组合”|“缝合”命令，缝合所有曲面。

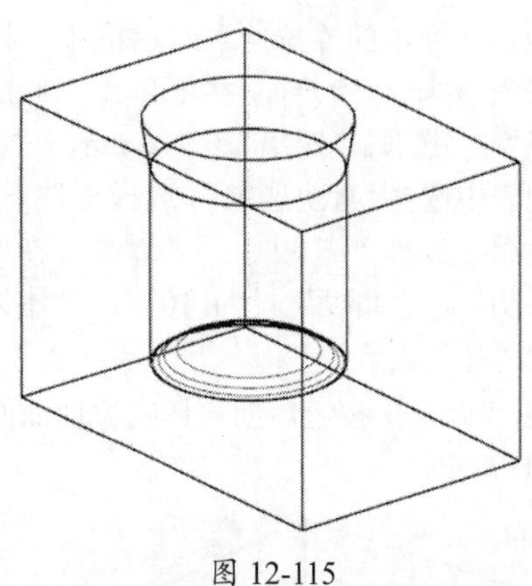

图 12-115

12.6.3 创建杯底分型面

01 执行“菜单”|“格式”|“图层设置”命令，设定第11层为工作图层。

02 执行“菜单”|“格式”|“图层设置”命令，取消选中2和10复选框，隐藏第2层和第10层的图素，选中1复选框，显示第1层的产品图。

03 执行“菜单”|“插入”|“关联复制”|“抽取几何特征”命令，在弹出的“抽取几何特征”对话框中，将“类型”设为“面”，“面选项”设为“单个面”，选中“关联”复选框。

04 选择杯底的外表面后，单击“确定”按钮退出“抽取几何特征”对话框。

05 执行“菜单”|“格式”|“图层设置”命令，取消选中1复选框，隐藏第1层的实体，选中2复选框，显示第2层的工件和第11层杯底的曲面，如图12-116所示。

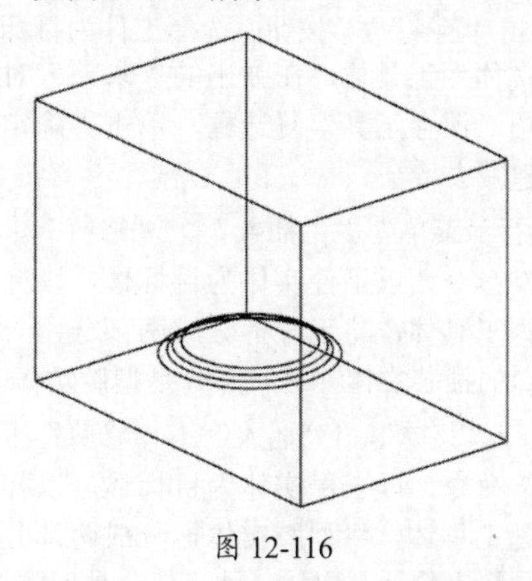

图 12-116

06 单击“拉伸”按钮，直接选择曲面口部的边线，在弹出的“拉伸”对话框中，将“指定矢量”设为ZC ↑，在“开始”下拉列表中选择“值”选项，“距离”设为0mm，在“结束”下拉列表中选择“直至选定”，选择工件下表面，将“布尔”设为“无”，“拔模”设为“从起始限制”，“角度”设为-10°，“体类型”设为“片体”。

07 单击“确定”按钮，创建杯底拉伸曲面，如图12-117所示。

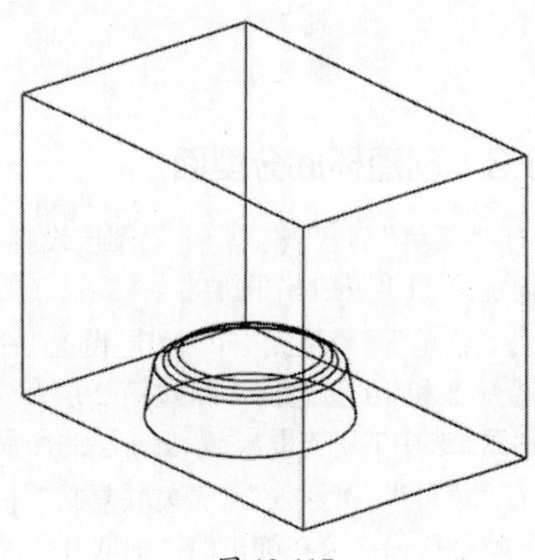

图 12-117

08 执行“菜单”|“插入”|“组合”|“缝合”命令，缝合所有曲面。

12.6.4 拆分工件

01 执行“菜单”|“格式”|“图层设置”命令，选中1、2和10复选框，使工件实体、产品实体和分型面均显示出来。

02 单击“减去”按钮，选择工件为目标体，水杯实体为工具体，在弹出的“求差”对话框中选中“保存工具”复选框，单击“确定”按钮创建减去特征。

03 执行“菜单”|“插入”|“修剪”|“拆分体”命令，以工件实体为目标体，以杯口的曲面为工具体，将工件拆分成两部分，一部分是杯口的抽芯实体，另一部分是型腔实体。

04 执行“菜单”|“插入”|“修剪”|“拆分体”命令，以工件实体为目标体，以杯底的曲面为工具体，将型腔实体拆分成两部分，一部分是杯底的抽芯实体，另一部分是型腔主体。

05 执行“菜单”|“插入”|“修剪”|“拆分体”命令，以型腔主体为目标体，以XC—ZC平面为工具体，将型腔主体拆分成两部分，一部分是左侧型腔实体，另一部分是右侧型腔实体。

06 执行“菜单”|“编辑”|“特征”|“移除参数”命令，选择所有图素，单击“确定”按钮移除工件参数。

07 在“装配导航器”中，选中shuibei复选框，右击并在弹出的快捷菜单中选择WAVE |“新建层”命令，按照前面介绍的方法，将水杯模具零件分成4个组件，如图12-118所示。

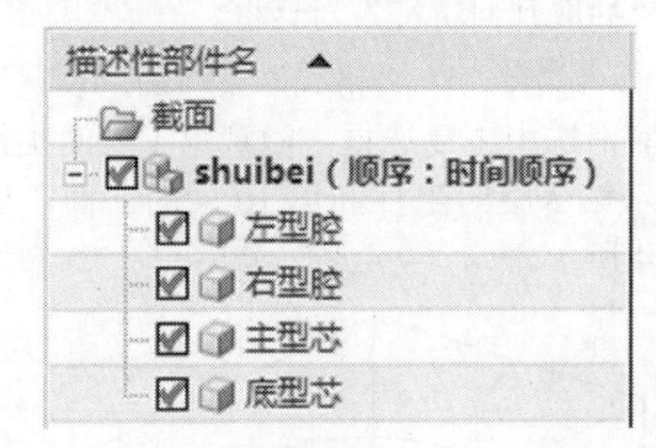

图 12-118

08 执行“菜单”|“编辑”|“移动对象”命令，在弹出的“移动对象”对话框中，将“运动”设为“动态”，“结果”设为“移动原先的”，将各个组件移动后的效果，如图12-119所示。

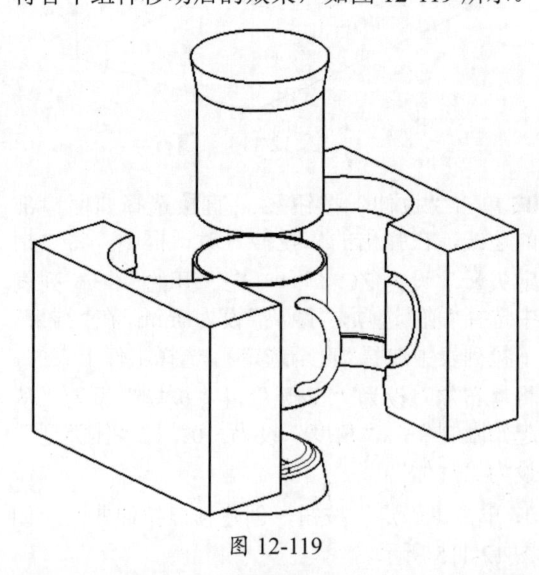

图 12-119

09 单击“保存”按钮，将在WAVE模式中建立的组件保存在指定目录中。

12.7 风扇模具设计

12.7.1 设计分型面

01 打开 fengshan.prt 文件，如图 12-120 所示。

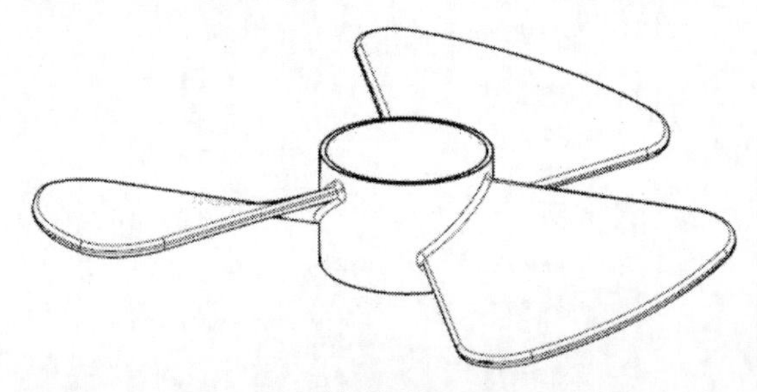

图 12-120

02 执行“菜单”｜“插入”｜“偏置 / 缩放”｜“缩放体”命令，在弹出的“缩放体”对话框中，将“类型”设为“均匀”，“比例因子”设为 1.005，单击“指定点”按钮并输入（0,0,0）。

03 选择实体，单击“确定”按钮，对实体按比例缩放。

04 执行“菜单”｜“格式”｜“图层设置”命令，设定第 10 层为工作图层。

05 在视图工具栏中单击“俯视图”按钮，将视图调整为俯视图，如图 12-121 所示。

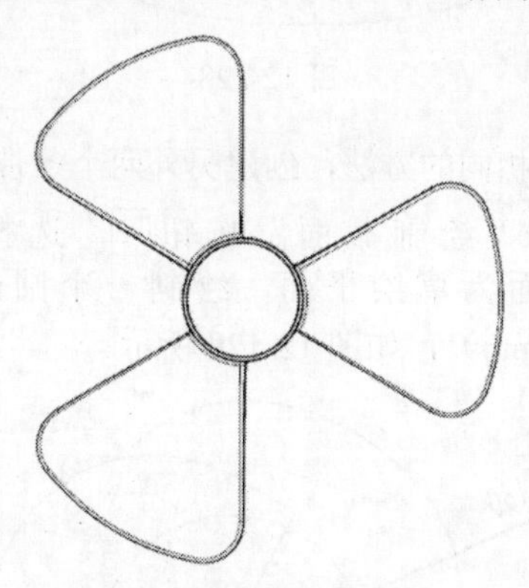

图 12-121

06 在屏幕右上角的“命令查找器”中输入“抽取曲线”，如图 8-10 所示。

07 按 Enter 键，在弹出的“命令查找器”对话框中单击“抽取曲线（原有）”按钮。

08 在弹出的“抽取曲线”对话框中单击“轮廓曲线”按钮，如图 8-12 所示。

09 选择实体，创建轮廓曲线。

10 执行“菜单”｜“格式”｜“图层设置”命令，取消选中 10 复选框，隐藏第 1 层的实体后，创建的轮廓曲线如图 12-122 所示。

提示：

没有创建轮廓曲线的位置是直身位，即上边线和下边线一样大。

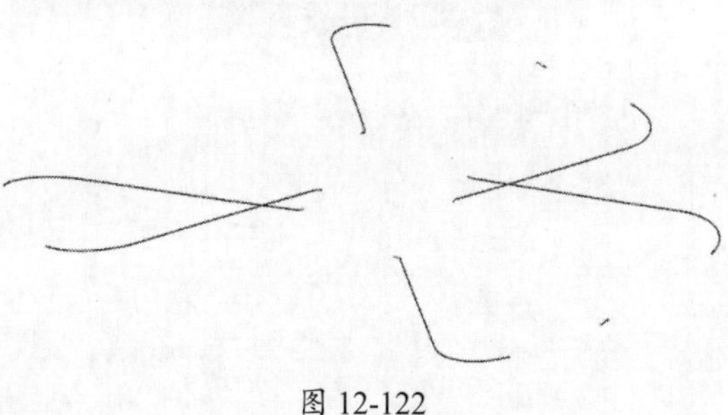

图 12-122

11 将零散的曲线删除，也将风叶与圆柱相交处的轮廓曲线删除，只保留相切的曲线，如图 12-123 所示。

备注：

这里只显示一个风叶的曲线，另外两个风叶的曲线不能删除。

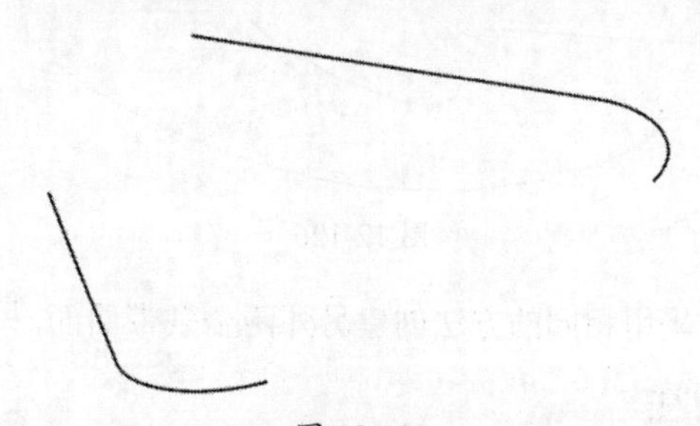

图 12-123

12 执行“菜单”｜“插入”｜“派生曲线”｜“桥接”命令，“起始对象”选择曲线 1，“终止对象”选择曲线 2，创建一条曲线，该曲线与曲线 1 和曲线 2 相切，如图 12-124 所示。

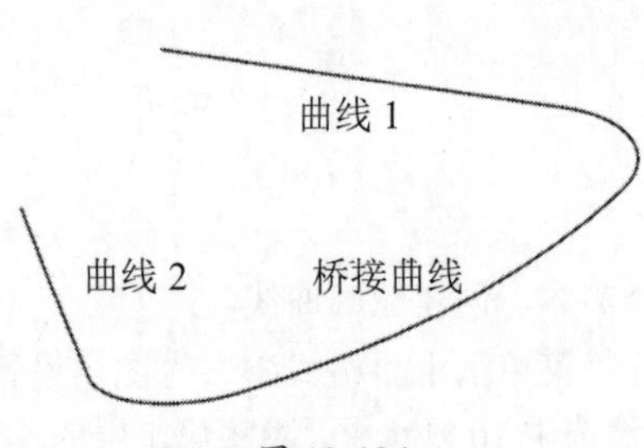

图 12-124

13 执行“菜单”｜“插入”｜“曲面”｜“条带构建器”命令，在弹出的“条带”对话框中，将“指定矢量”设为 ZC ↑，“距离”设为 100mm，“角度”设为 0°，如图 12-125 所示。

图 12-125

14 选择曲线后，单击“确定”按钮创建条带曲线，如图 12-126 所示。

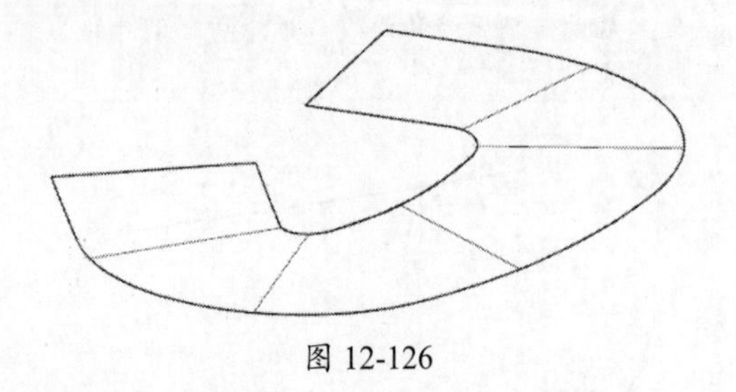

图 12-126

15 采用相同的方法创建另外两个条带曲面。

备注：

条带曲面与圆柱不相交，需要将条带曲面延伸，与圆柱相交。

16 执行“菜单”｜“插入”｜“修剪”｜“延伸片体”命令，在弹出的“延伸片体”对话框中，将“限制”设为“偏置”，“偏置”设为 10mm，“曲面延伸形状”设为“自然曲率”，“边延伸形状”设为“自动”，“体输出”设为“延伸原片体”，如图 12-127 所示。

图 12-127

17 选择条带曲面的边线，将条带曲面延伸 10mm，如图 12-128 所示。

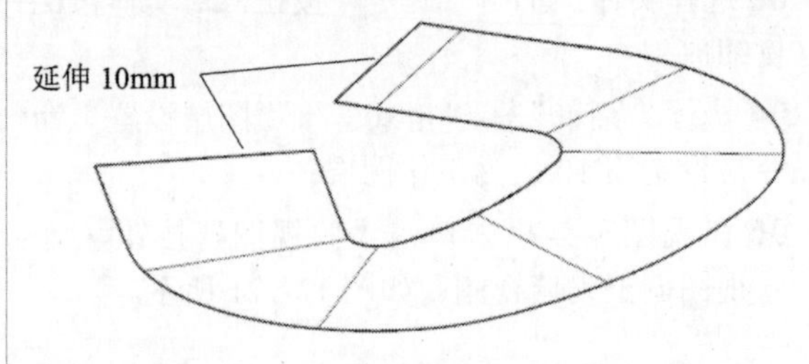

图 12-128

18 采用相同的方法，创建另外两个条带曲面。

19 单击“绘制截面”按钮，选择 XC—YC 平面为草绘平面，绘制一个圆形截面（ϕ180mm），如图 12-129 所示。

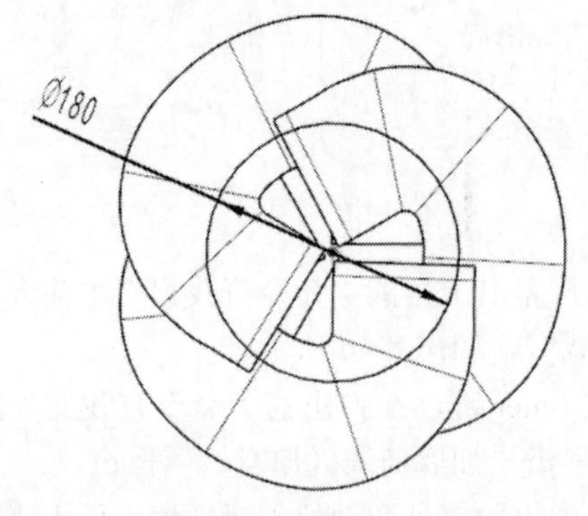

图 12-129

20 在空白处右击，在弹出的快捷菜单中选择“完成草图”命令，绘制圆形草图。

21 执行“菜单”|“插入”|“修剪”|“修剪片体”命令，“目标片体”选择 3 个条带曲面，“边界对象”选择第 19 步创建的圆周，将条带曲面修剪后的效果如图 12-130 所示。

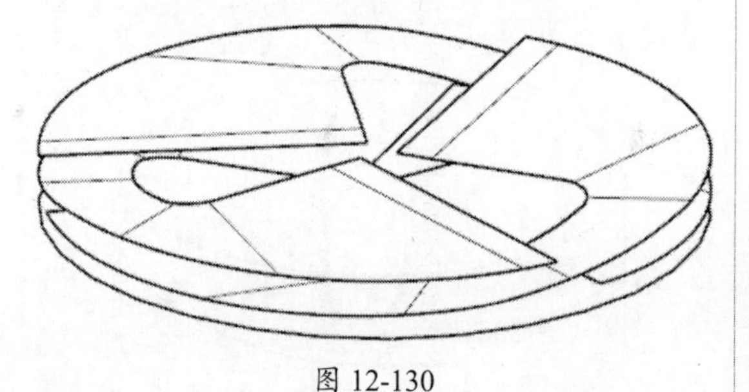

图 12-130

22 单击“拉伸”按钮，在弹出的“拉伸”对话框中单击“绘制截面”按钮，选择 XC—YC 平面为草绘平面，经过原点绘制一条直线，长度设为 90mm，斜度设为 60°，如图 12-131 所示。

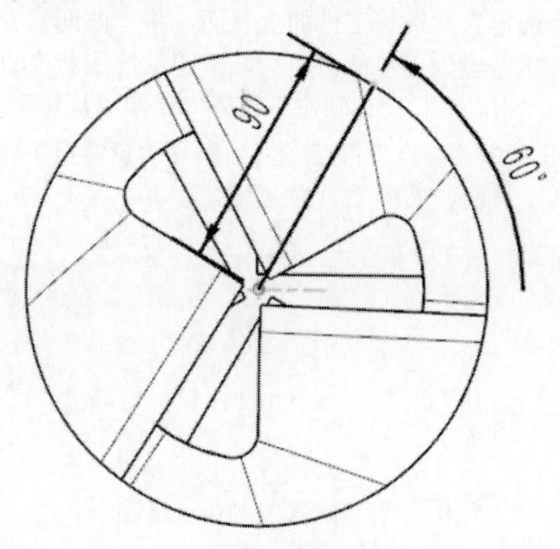

图 12-131

23 单击“完成草图”按钮，在“拉伸”对话框中，将“指定矢量”设为 ZC↑，在“开始”下拉列表中选择“值”选项，“距离”设为 0mm，在“结束”下拉列表中选择“值”，“距离”设为 20mm，“布尔”设为“无”，“拔模”设为“从起始限制”，“角度”设为-10°。

24 单击“确定”按钮，创建一个拉伸曲面，如图 12-132 中的粗线所示。

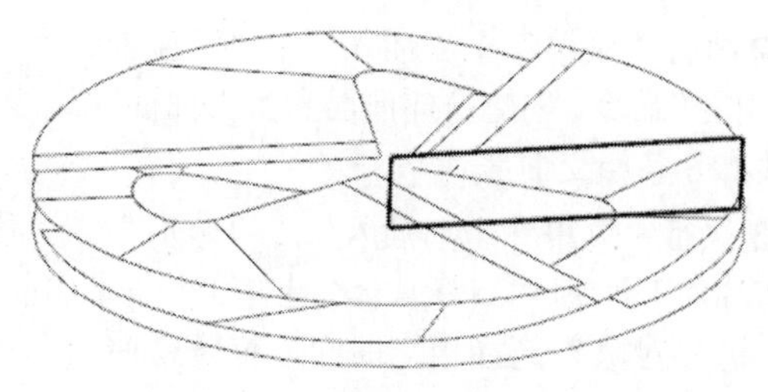

图 12-132

25 执行“菜单”|“插入”|“关联复制”|“阵列特征”命令，在弹出的“阵列特征”对话框中，将“阵列布局”设为“圆形”，“指定矢量”设为 ZC↑，“间距”设为“数量与间隔”，“数量”设为 3，“节距角”设为 120°，单击“指定点”按钮，在弹出的“点”对话框中输入（0,0,0）。

26 选择拉伸曲面后，单击“确定”按钮，阵列第 24 步创建的曲面。

27 执行“菜单”|“格式”|“图层设置”命令，选中 1 复选框，显示第 1 层的实体。

28 执行“菜单”|“插入”|“关联复制”|“抽取几何特征”命令，在弹出的“抽取几何特征”对话框中，将“类型”设为“面”，“面选项”设为“单个面”，选中“关联”复选框，如图 12-101 所示。

29 选择圆柱的内表面和抽壳底面后，单击“确定”按钮退出“抽取几何特征”对话框。

30 执行“菜单”|“插入”|“组合”|“缝合”命令，缝合圆柱的内表面和抽底的底面。

31 执行“菜单”|“插入”|“修剪”|“修剪片体”命令，“目标片体”选择 3 个条带曲面，“边界对象”选择上一步抽取的曲面，将条带曲面和拉伸曲面在圆柱以内的部分修剪后的效果如图 12-133 所示。

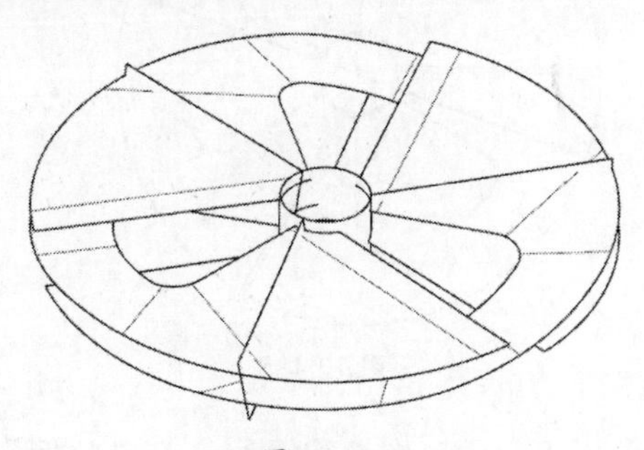

图 12-133

32 执行“菜单”|“插入”|“派生曲线”|“相交”命令，创建拉伸曲面和条带曲面的边线，共有6条相交曲线。

33 执行“菜单”|“插入”|“修剪”|“修剪片体”命令，“目标片体”选择3个条带曲面，“边界对象”选择相交曲面，将条带曲面和拉伸曲面修剪后的效果如图12-134所示。

图 12-134

34 执行“菜单”|“插入”|“组合”|“缝合”命令，缝合3个条带曲面和3个拉伸曲面（抽取曲面不缝合）。

12.7.2 拆分工件

01 执行“菜单”|“格式”|“图层设置”命令，设定第1层为工作图层，同时显示第1层的实体。

02 单击“拉伸”按钮，在弹出的“拉伸”对话框中单击“绘制截面”按钮，选择XC—YC平面为草绘平面，以原点为圆心，绘制一个圆周（ϕ180mm），如图12-135所示。

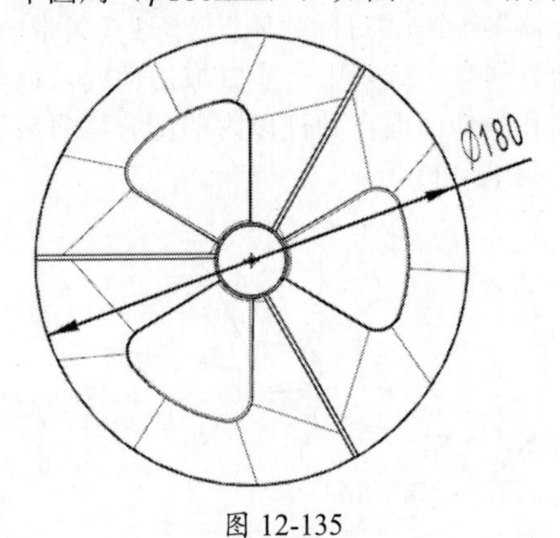

图 12-135

03 单击“完成草图”按钮，在“拉伸”对话框中，将“指定矢量”设为ZC↑，在“开始”下拉列表中选择“值”选项，“距离”设为-20mm，在“结束”下拉列表中选择“值”，“距离”设为40mm，“布尔”设为“无”，“拔模”设为“无”。

04 单击“确定”按钮，创建一个拉伸实体，如图12-136所示。

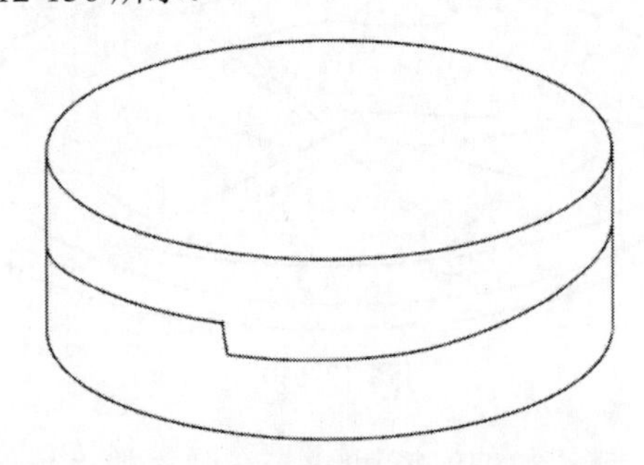

图 12-136

05 执行“菜单”|“插入”|“修剪”|“延伸片体”命令，选择抽取片体的边线，在弹出的“延伸片体”对话框中，将“限制”设为“直至选定”，选择工件的上表面，将“曲面延伸形状”设为“自然曲率”，“边延伸形状”设为“自动”，“体输出”设为“延伸原片体”。

06 单击“确定”按钮，将抽取片体延伸至工件的上表面，如图12-137所示。

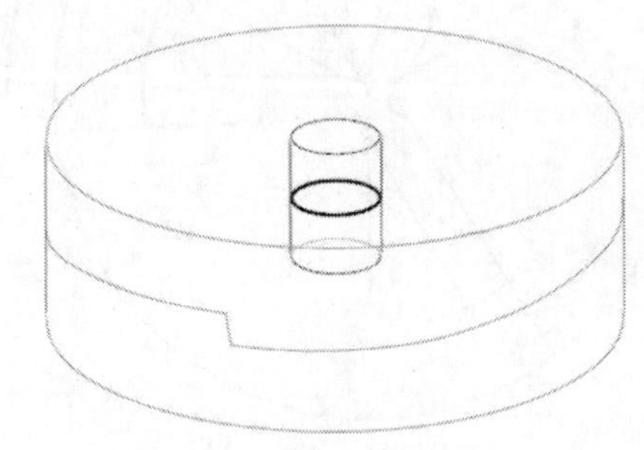

图 12-137

07 单击“减去”按钮，选择工件为目标体，风扇实体为工具体，在弹出的“求差”对话框中选中“保存工具”复选框，单击“确定”按钮创建减去特征。

08 执行“菜单”|“插入”|“修剪”|“拆分体”命令，以图12-137的抽取曲面为工具体，将工件拆分成两部分，一部分是镶件，另一部分是镶件以外的实体。

09 执行“菜单”|“插入”|“修剪”|“拆分体”命令，以图 12-134 的抽取曲面为工具体，将镶件以外的实体拆分成上、下两部分（如果不能拆分实体，需要在“拆分体”对话框中尝试将公差调大）。

10 执行“菜单”|“编辑”|“特征”|“移除参数”命令，移除工件参数。

11 在“装配导航器”中选中 fengshan 复选框，右击并在弹出的快捷菜单中选择 WAVE |“新建层”命令，选择下半部分的实体，将“文件名”设为 core.prt，选择上半部分的实体，将“文件名”设为 cavity.prt，选择中间的小型芯，把“文件名”设为 xj.prt，如图 12-138 所示。

图 12-138

12 执行“菜单”|“编辑”|“移动对象”命令，在弹出的“移动对象”对话框中，将“运动”设为“动态”，“结果”设为“移动原先的”，将各个组件的实体移至合适的位置，如图 12-139 所示。

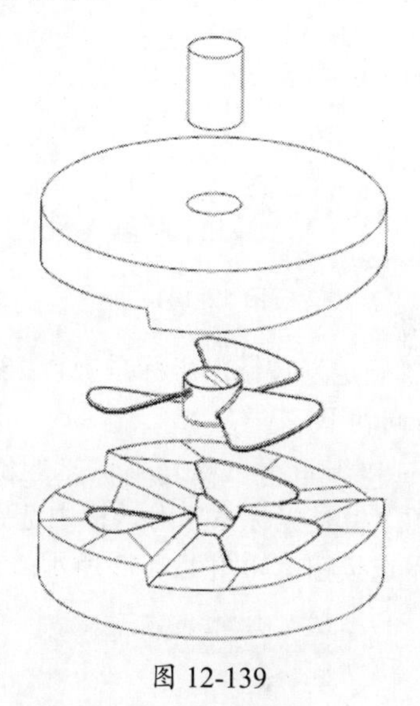

图 12-139

13 单击“保存”按钮，将在 WAVE 模式中建立的组件保存在指定目录中。

12.8 两板模模具设计

开始学习本节之前，必须先把模具库文件复制到 \NX12.0\MOLDWIZARD\ 目录中，否则不能加载模架配件库。

12.8.1 调整产品摆放方向

01 打开 anjian.prt 文件，如图 12-140 所示。

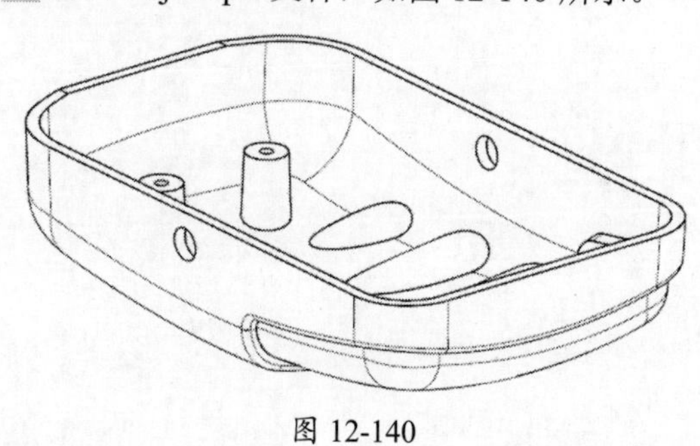

图 12-140

02 该产品的侧边有两个通孔，需要用滑块方式脱模；产品的内表面有倒扣，需要用斜顶方式脱模；产品的外表面有两个圆柱，为方便修模，需要做成镶针形式。

03 单击横向菜单中的“应用模块”选项卡，单击“注塑模”按钮。

04 单击“初始化项目”按钮，在弹出的对话框中单击“确定”按钮，完成初始化设定。

05 单击“收缩”按钮，在弹出的“收缩”对话框中，将“类型”设为“均匀”，“收缩”设为 1.005，单击“确定”按钮，按比例放大产品实体。

06 按 W 键，显示动态坐标系，此时 Z 轴正方向朝向抽壳方向。

07 执行“菜单”|“格式”|“WCS”|“旋转”命令，在弹出的“旋转 WCS 绕 ...”对话框中选中“+XC 轴 YC → ZC”单选按钮，将“角

度”设为180°，如图12-141所示。

图 12-141

08 单击“确定”按钮，坐标系旋转180°，使Z轴正方向朝下。

09 在工具栏中单击“模具坐标系”按钮，在弹出的“模具坐标系”对话框中选中“当前WCS”单选按钮，如图12-142所示。

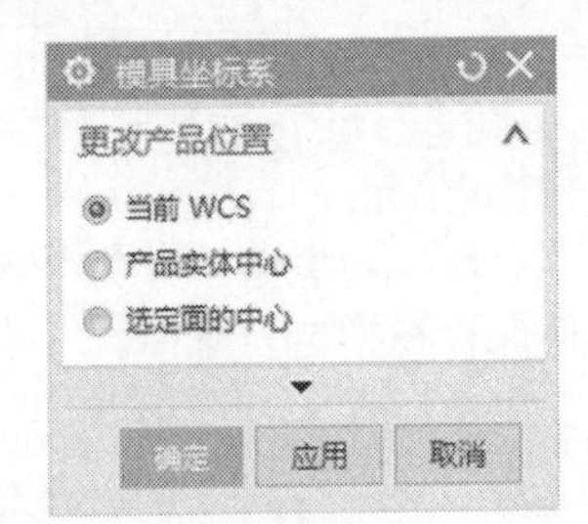

图 12-142

10 单击“确定”按钮，产品旋转180°，抽壳方向朝下，如图12-143所示。

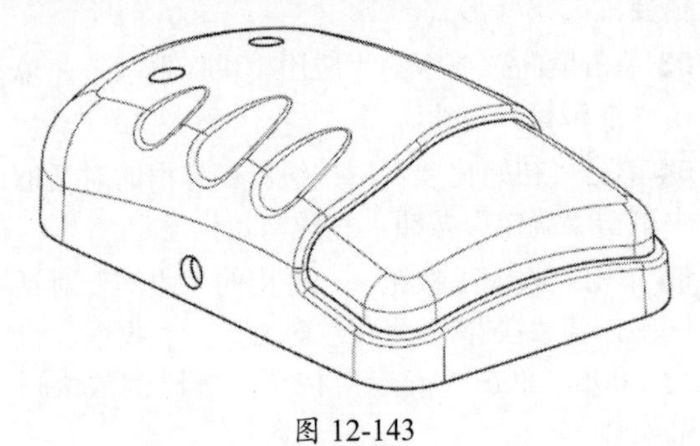

图 12-143

12.8.2 拆分型腔和型芯

01 单击“工件”按钮，在弹出的“工件”对话框中，将“类型”设为“产品工件”，“工件方法”设为“用户定义的块”，在“开始”下拉列表中选择“值”选项，“距离”设为-20mm，在“结束”下拉列表中选择“值”，“距离”设为40 mm。

02 单击“绘制截面”按钮，在弹出的对话框中单击“快速修剪”按钮，将默认的矩形删除后，再以原点为中心绘制一个矩形，尺寸为140 mm×100 mm，如图12-144所示。

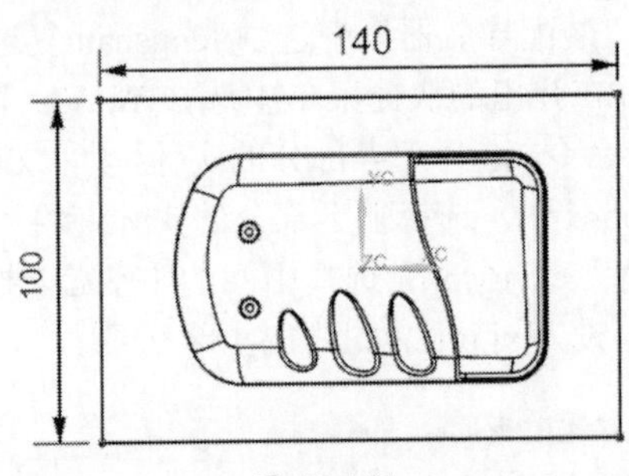

图 12-144

03 单击“完成草图”按钮，在弹出的对话框中单击“确定”按钮，创建一个工件。

04 在“分型刀具”区域中单击“倒三角形”▼按钮，再单击“分型导航器”按钮。

05 在“分型导航器”中取消选中“工件”和“工件线框”复选框，如图12-34所示，工作区中的工件和工件线框被隐藏，工作区只显示产品实体。

06 单击“曲面补片”按钮，在弹出的“边补片”对话框中，将“类型”设为“遍历”，取消选中“按面的颜色遍历”复选框，如图12-145所示。

图 12-145

07 选择侧面其中一个小孔的内边缘线，单击“确定”按钮，封闭小孔的内表面。

08 采用相同的方法，封闭另一个小孔的内表面和两个柱子上小孔的上表面，将产品上的 4 个小孔全部封闭，如图 12-146 所示。

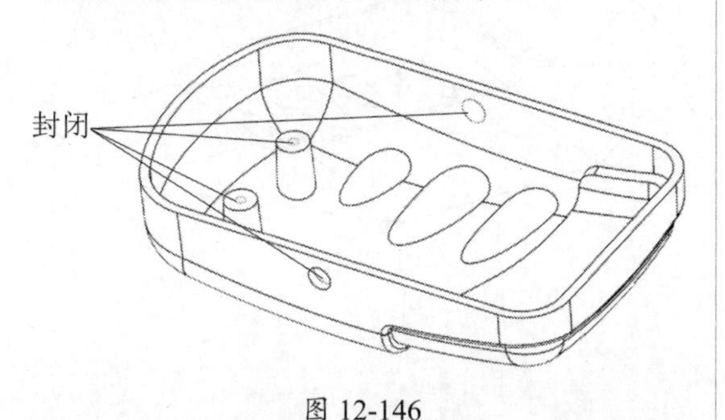

图 12-146

09 单击“检查区域”按钮，在弹出的“检查区域”对话框的“计算”选项卡中，将“指定脱模方向”设为-ZC↓，选中“保持现有的”单选按钮，再单击“计算”按钮。

10 在“检查区域”对话框中选中“区域”选项卡，取消选中“内环”“分型边”和“不完整的环”复选框，选中“型腔区域”单选按钮，单击“设置区域颜色”按钮，将零件分成 3 种颜色，外表面是棕色、内表面是蓝色、4 个小孔内表面是青色（青色是指暂时未确定该曲面是属于型腔还是属于型芯）。

11 在“检查区域”对话框中选中“交叉区域面”和“交叉竖直面”复选框，选中“型腔区域”单选按钮，单击“确定”按钮，将 4 个青色曲面切换成棕色，指定到型腔区域。

12 单击“定义区域”按钮，在弹出的“定义区域”对话框中选中“创建区域”与“创建分型线”复选框。

13 单击“确定”按钮，创建区域和分型线，分型线在产品的口部，呈灰白色。

14 单击“设计分型面”按钮，在弹出的“设计分型面”对话框中单击“选择过渡曲线”按钮，如图 12-147 所示。

15 在分型线上选择 4 个角位处的曲线为过渡曲线，如图 12-148 中的粗线所示。

16 单击“确定”按钮，退出“设计分型面”对话框。

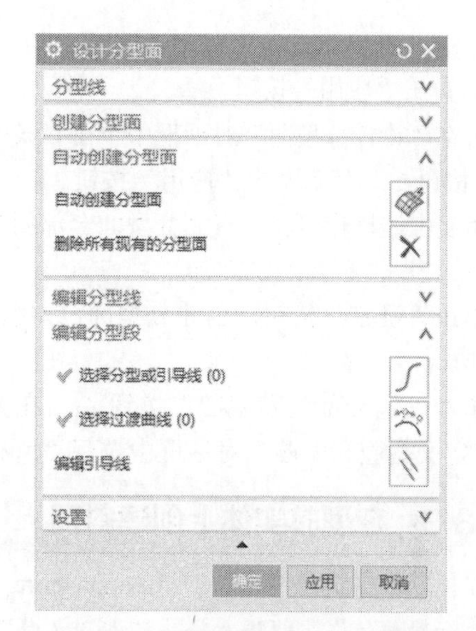

图 12-147

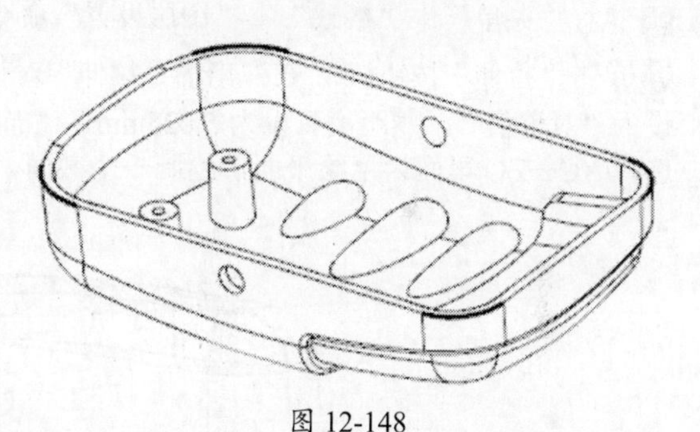

图 12-148

17 再次单击“设计分型面”按钮，在弹出的“设计分型面”对话框中单击“条带曲面”按钮，如图 12-149 所示。

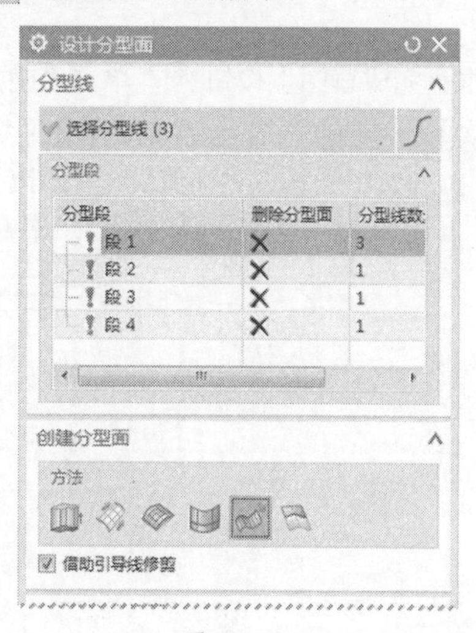

图 12-149

18 在活动滑板中，将“分型面长度”设为 50 mm，单击“应用”按钮。

19 再在“设计分型面”对话框中单击“条带曲面”按钮，然后单击“应用”按钮。

20 重复上述操作步骤，直到分型面全部创建为止。

21 单击“确定”按钮，创建分型面，如图 12-150 所示。

22 单击“定义型腔和型芯”按钮，在弹出的“定义型腔和型芯”对话框中选择“所有区域”，单击“确定”按钮，创建型腔实体和型芯实体。

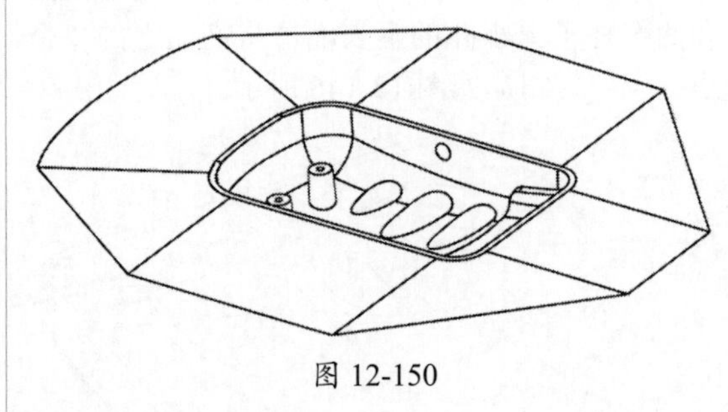

图 12-150

12.8.3 在型芯实体上创建斜顶

01 在标题栏中执行“窗口”｜anjian_core_005.prt 命令，打开型芯零件。

02 执行“菜单”｜“插入”｜“基准 / 点”｜“基准坐标系”命令，创建基准坐标系。

03 执行“菜单”｜“格式”｜“图层设置”命令，设定第 10 层为工作图层。

04 单击“拉伸”按钮，在弹出的“拉伸”对话框中，将“指定矢量”设为 YC↑，“结束”设为“对称值”，“距离”设为 5.025mm，“布尔”设为“无”。单击“绘制截面”按钮，选择 XC—ZC 平面为草绘平面，绘制一个截面，如图 12-151 所示。

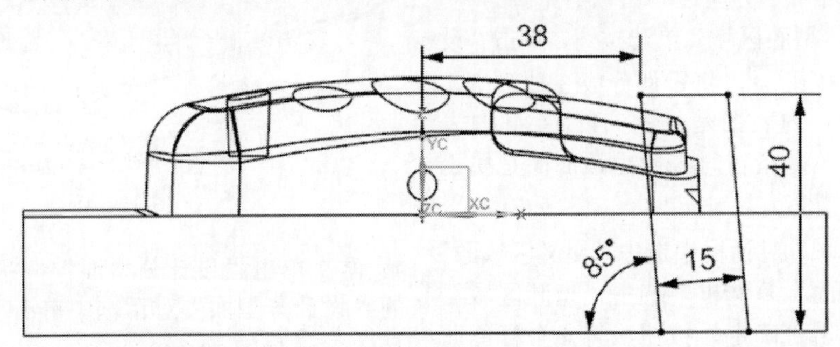

图 12-151

05 单击“完成草图”按钮，单击“确定”按钮创建一个拉伸特征。

06 再次单击“拉伸”按钮，在弹出的“拉伸”对话框中，将“指定矢量”设为 YC↑，在“结束”下拉列表中选择“对称值”，“距离”设为 8mm，“布尔”设为“无”，单击“绘制截面”按钮，选择 XC—ZC 平面为草绘平面，绘制一个封闭的截面，如图 12-152 中的粗线所示。

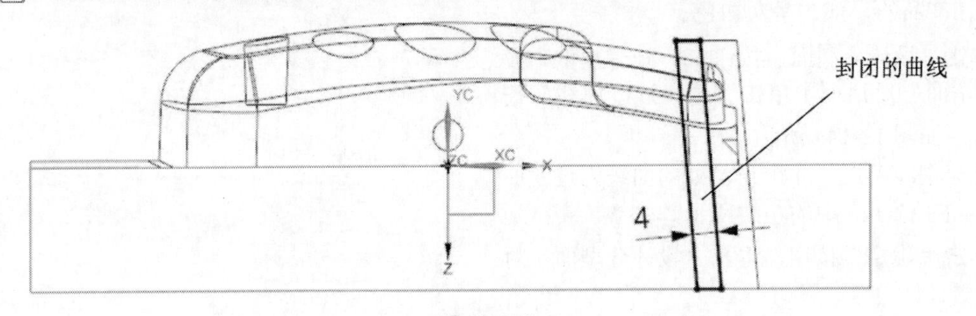

图 12-152

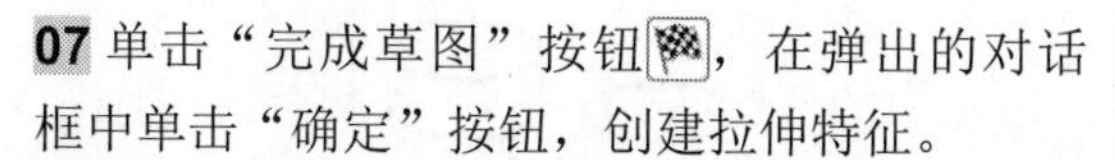

07 单击“完成草图”按钮，在弹出的对话框中单击“确定”按钮，创建拉伸特征。

08 单击“合并”按钮，合并刚才创建的两个拉伸体。

09 执行“菜单”|“格式”|“图层设置”命令，取消选中 7 复选框，隐藏第 1 层的实体，只显示斜顶，如图 12-153 所示。

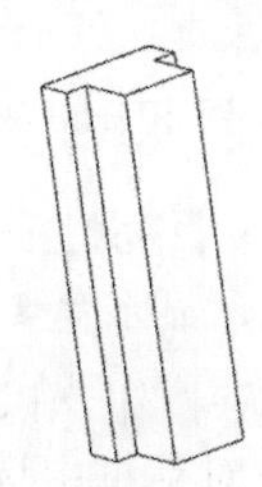

图 12-153

10 执行“菜单”|“格式”|“图层设置”命令，选中 7 复选框，显示第 1 层的实体。

11 单击“相交”按钮，以斜顶为目标体，型芯为工具体，在弹出的“相交”对话框中选中“保存工具”复选框，单击“确定”按钮创建相交实体，如图 12-154 中的粗线所示。

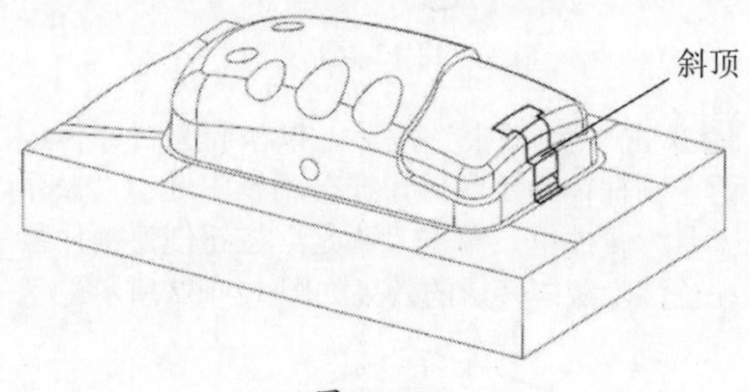

图 12-154

12 单击“减去”按钮，以型芯为目标体，斜顶块为工具体，在弹出的“求差”对话框中选中“保存工具”复选框，单击“确定”按钮创建减去斜顶装配位，隐藏斜顶后的效果，如图 12-155 所示。

13 单击“装配导航器”按钮，选中 anjian_core_005 复选框，右击并在弹出的快捷菜单中选择 WAVE |“新建层”命令，单击“指定部件名”按钮，将“文件名”设为 xd，单击 OK 按钮，再单击“类选择”按钮，在左上角选择“实体”，选择斜顶实体，单击“确定”按钮创建斜顶组件。

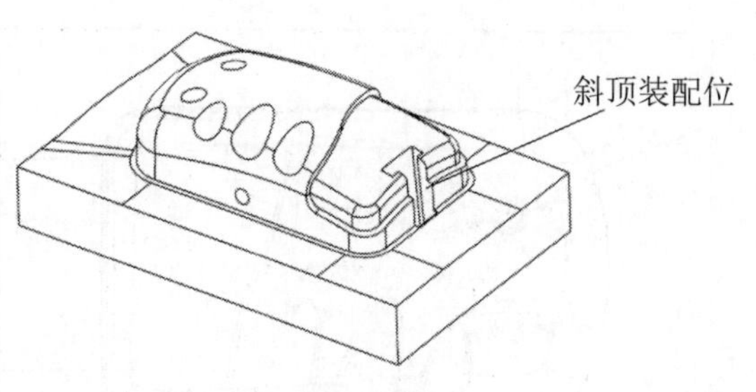

图 12-155

14 重新在“装配导航器”中选中 anjian_core_005 复选框，右击并在弹出的快捷菜单中选择 WAVE |“新建层”命令，单击“指定部件名”按钮，将“文件名”设为 core，单击 OK 按钮，再单击“类选择”按钮，在左上角选择“实体”，选择型芯实体，单击“确定”按钮创建型芯组件，“装配导航器”中添加了两个文件名，如图 12-156 所示。

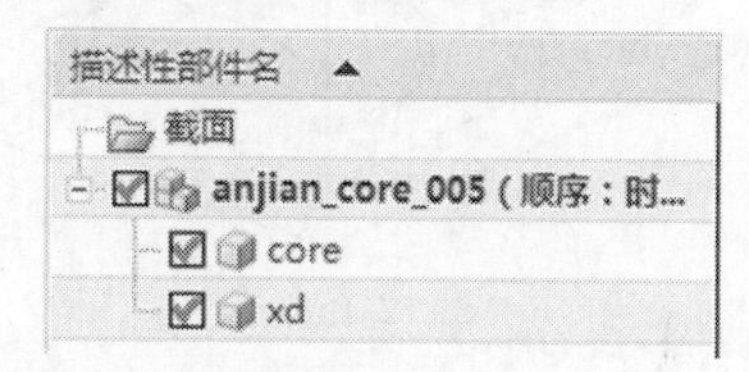

图 12-156

12.8.4　在型腔实体上创建镶件

01 在标题栏中执行“窗口”| anjian_cavity_001.prt 命令，打开型腔实体。

02 执行“菜单”|“插入”|“基准 / 点”|“基准坐标系”命令，创建基准坐标系。

03 执行“菜单”|“格式”|“图层设置”命令，设定第 10 层为工作图层。

04 单击“拉伸”按钮，在弹出的“拉伸”对话框中单击“绘制截面”按钮，选择 XC—YC 平面为草绘平面，以圆柱的中心为圆心，绘制两个圆（ϕ8mm），如图 12-157 所示。

05 单击“完成草图”按钮，在“拉伸”对话框中，将“指定矢量”设为 ZC ↑，在“开始”下拉列表中选择“值”选项，“距离”设为 0mm，在“结束”下拉列表中选择“贯通”，“布尔”设为“无”。

06 单击“确定”按钮创建两个圆柱，如图 12-158 所示。

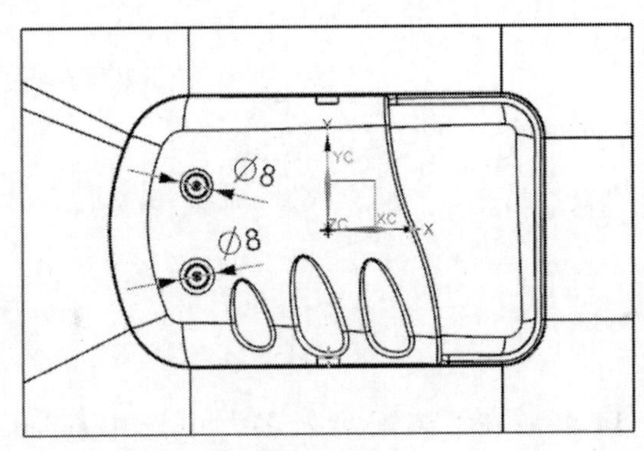

图 12-157

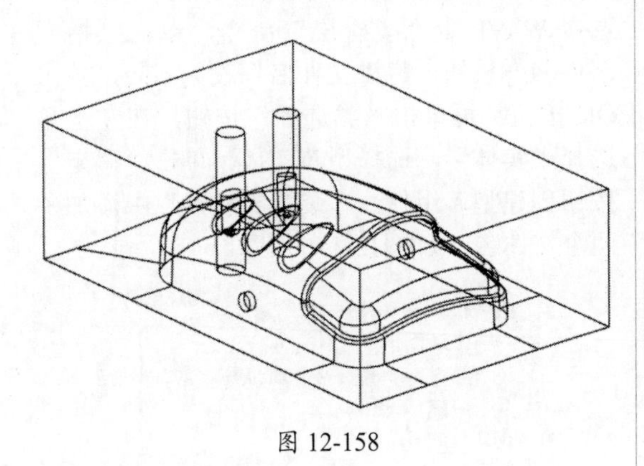
图 12-158

07 执行“菜单”|“格式”|“图层设置”命令，取消选中 8 复选框，隐藏第 8 层的实体，只显示第 10 层的两个圆柱。

08 执行“菜单”|“插入”|“投计特征”|“圆柱”命令，以圆柱的圆心为中心，创建两个 ϕ12mm×5mm 的圆柱，要求圆柱两两同心，如图 12-159 所示。

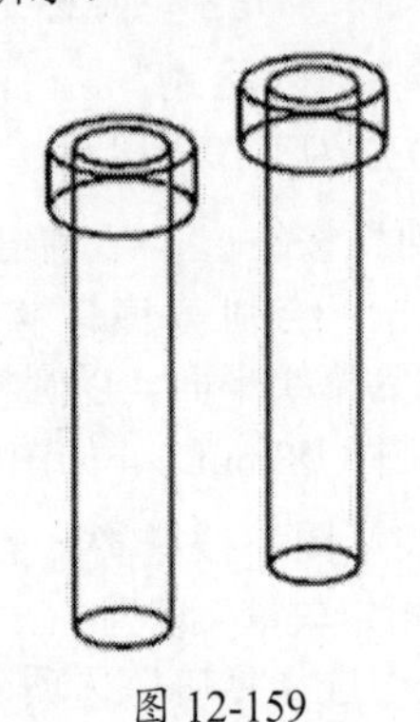
图 12-159

09 单击“合并”按钮，将刚才创建的圆柱两两合并，如图 12-160 所示。

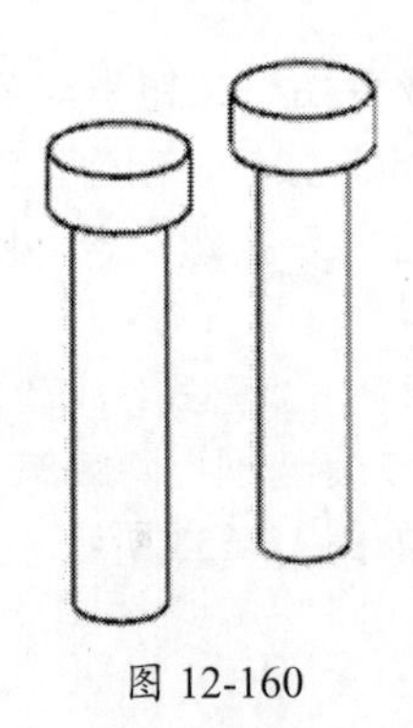
图 12-160

10 执行“菜单”|“格式”|“图层设置”命令，选中 8 复选框，显示第 8 层的实体。

11 单击“相交”按钮，以圆柱为目标体，型腔为工具体，在对话框中选中“保存工具”复选框，单击“确定”按钮创建镶件，隐藏型腔后的效果如图 12-161 所示。

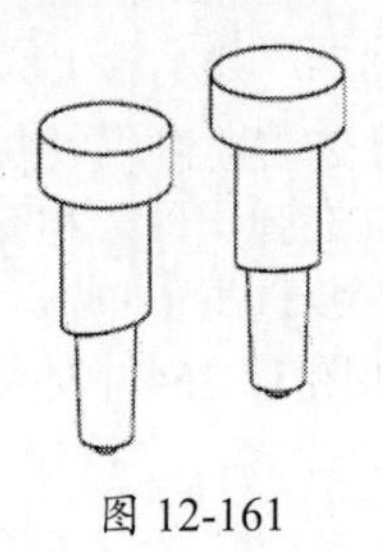
图 12-161

12 单击“减去”按钮，以型腔为目标体，两个圆柱体为工具体，在对话框中选中“保存工具”复选框，单击“确定”按钮创建镶件装配位，隐藏镶件后的效果如图 12-162 所示。

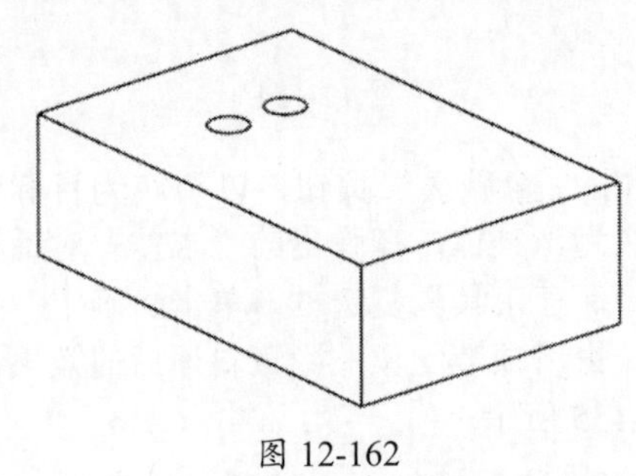
图 12-162

12.8.5 在型腔实体上创建滑块

01 单击“拉伸”按钮，在弹出的“拉伸”对话框中单击“绘制截面”按钮，以侧面为绘图平面，绘制一个矩形截面（15mm×10mm），如图 12-163 所示。

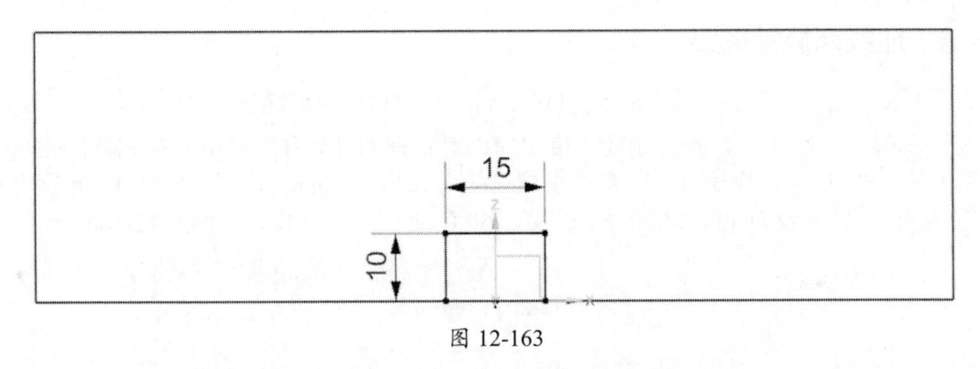

图 12-163

02 单击“完成草图”按钮，在“拉伸”对话框中，将“指定矢量”设为YC↑，在“开始”下拉列表中选择“值”选项，“距离”设为0mm，在“结束”下拉列表中选择“值”，“距离”设为100mm，“布尔”设为“无”，“拔模”设为“无”。

03 单击“确定”按钮，创建一个拉伸特征，按住鼠标中键翻转实体后的效果如图12-164所示。

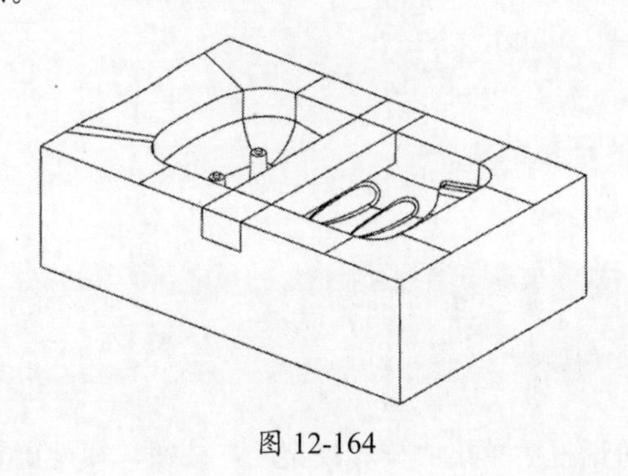

图 12-164

04 单击“相交”按钮，以拉伸实体为目标体，型腔为工具体，在弹出的“相交”对话框中选中“保存工具”复选框，单击“确定”按钮创建滑块，如图12-165所示。

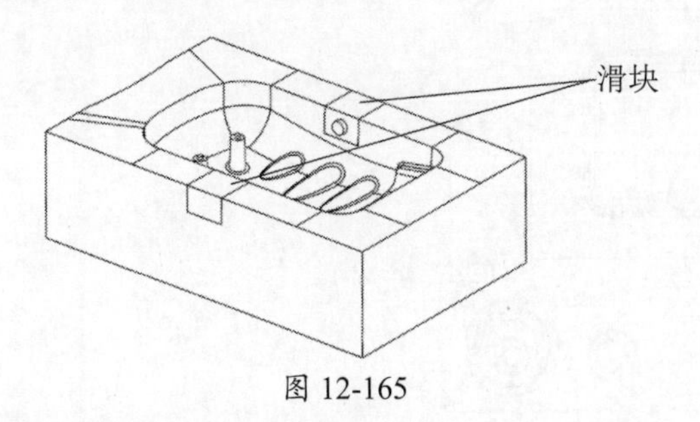

图 12-165

05 单击“减去”按钮，以型腔为目标体，以滑块为工具体，在弹出的“求差”对话框中选中“保存工具”复选框，单击“确定”按钮在型腔上创建滑块装配位，隐藏滑块后的效果如图12-166所示。

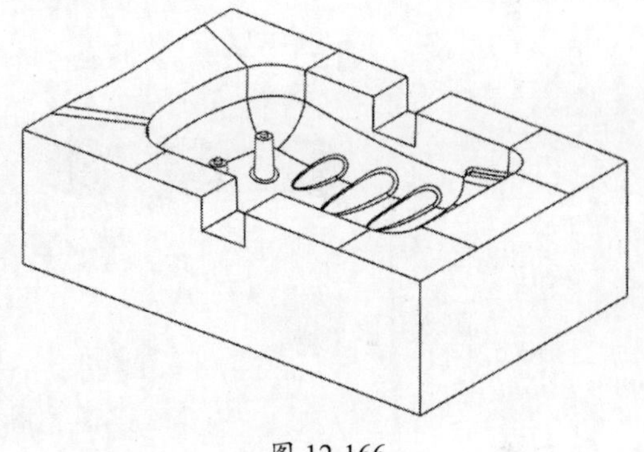

图 12-166

06 单击“装配导航器”按钮，选中anjian_cavity_001复选框，右击并在弹出的快捷菜单中选择WAVE｜“新建层”命令，单击“指定部件名”按钮，将“文件名”设为hk，单击OK按钮后再单击“类选择”按钮，在左上角选择“实体”，选择两个滑块实体，单击“确定”按钮创建滑块文件。

07 采用相同的方法，选择方块零件，创建cavity，选择两个圆柱零件，创建xj，此时“装配导航器”中添加了3个组件文件，如图12-167所示。

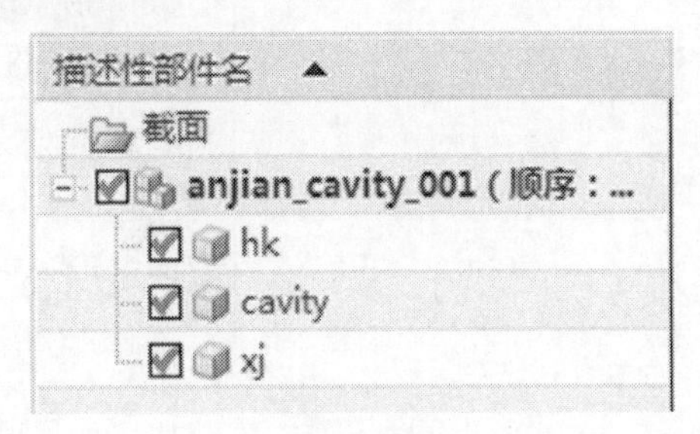

图 12-167

12.8.6 加载两板模模架

01 在标题栏中执行“窗口”｜anjian_top_009.prt 命令，打开模具装配图。

02 单击“模架库”按钮，在弹出的“模架库”对话框的“名称”栏中选择 LKM_SG（LKM 指龙记模架，SG 指两板模模架），将“成员选择”设为 C，index 选择 2020，AP_h 设为 60，BP_h 设为 40，CP_h 设为 70，Mold_type 设为 250:I（指“工”字模），如图 12-168 所示。

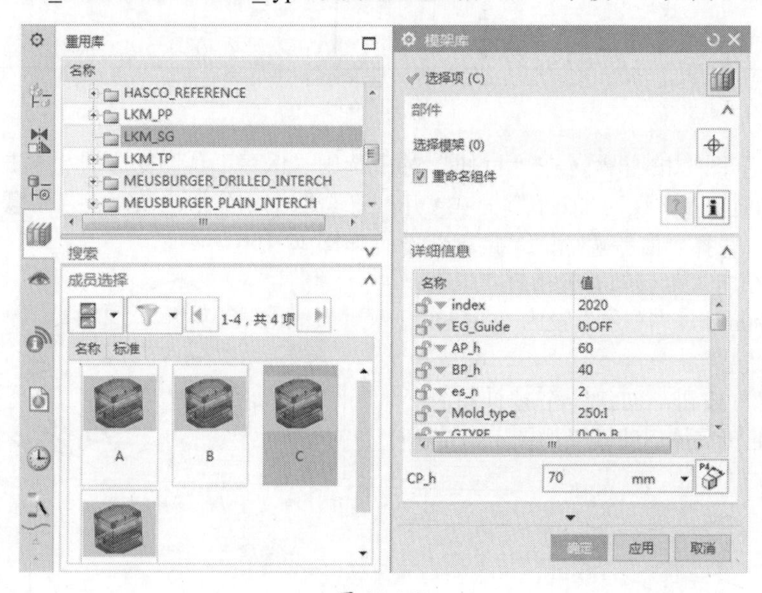

图 12-168

03 单击“确定”按钮，加载两板模模架。

提示：

如果将“名称”设为选择LKM_PP，则表示加载的是三板模模架。

04 单击“模架库”按钮，在弹出的“模架库”对话框中单击“旋转模架”按钮，模架旋转 90° 后的效果如图 12-169 所示。

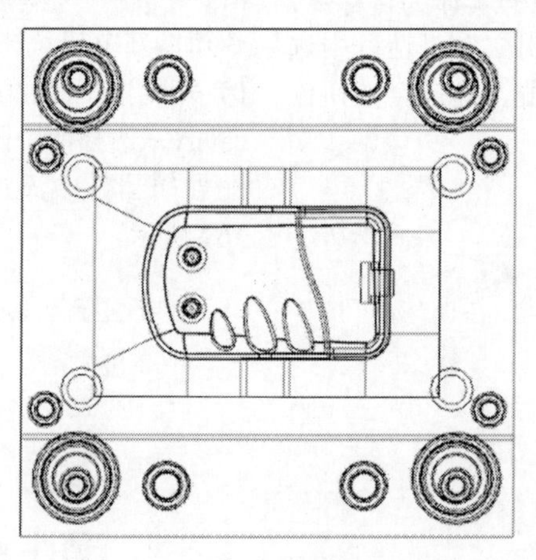

图 12-169

05 模架主要模板的名称如图 12-170 所示。

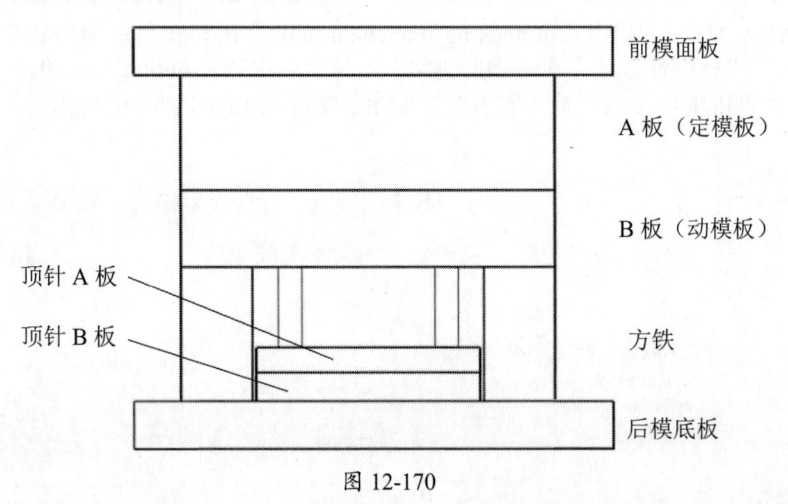

图 12-170

12.8.7　编辑 A、B 板

01 在模架图上选择 A 板，右击并在弹出的快捷菜单中选择“设为工作部件”命令。

02 单击“减去”按钮，选择 A 板为目标体，再在辅助工具栏中选择“整个装配”，如图 12-171 所示。

图 12-171

03 同时选择型芯、型腔、滑块、镶件、斜顶为工具体（可以先切换为前视图，然后用框选方式选择上述几个实体），在弹出的“求差”对话框中选中“保存工具”复选框，单击“确定”按钮，完成 A 板开框。

04 在“描述性部件名”中依次展开 anjian_top_009、anjian_modebase_mm_100、anjian_fixhalf_085，选择 anjian_ a_plate_087 文件，如图 12-172 所示。

图 12-172

05 右击并在弹出的快捷菜单中选择“在窗口中打开”命令，打开 A 板，可看出 A 板中间被掏空，如图 12-173 所示。

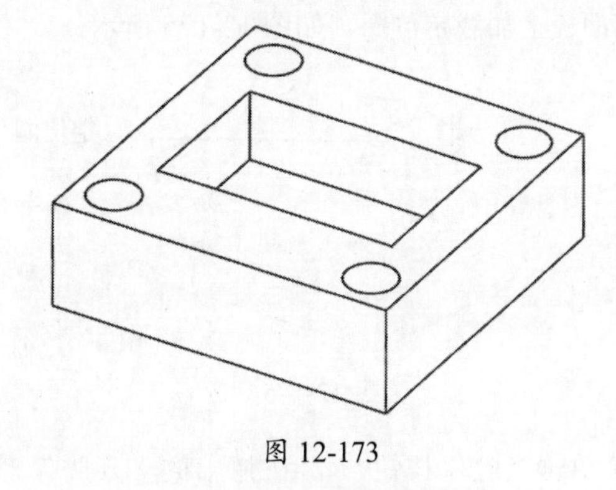

图 12-173

06 采用同样的方法，完成 B 板开框。B 板的展开方式如下：在“部件导航器”中依次展开 anjian_top_009、anjian_modebase_mm_100、anjian_movehalf_089，选择 anjian_b_plate_108 项目。

12.8.8　添加定位圈和唧嘴

01 在标题栏中执行“窗口”｜ anjian_top_009.prt 命令，打开模具总装配图，并在模型树中双击 anjian_top_009，激活模具总装图。

02 在“注塑模向导”工具栏中单击“标准件库”按钮，在“重用库”对话框的“名称”栏中展开 FUTABA_MM，选中 Locating Ring Interchangeable，在“成员选择”栏中选择 Locating Ring，在弹出的“标准件管理”对话框的“父”下拉列表中选择 anjian_top_009，将“位置”设为 PLANE，“引用集”设为“整个部件”，TYPE 设为 M-LRA，DIMETER 设为 40，如图 12-174 所示。

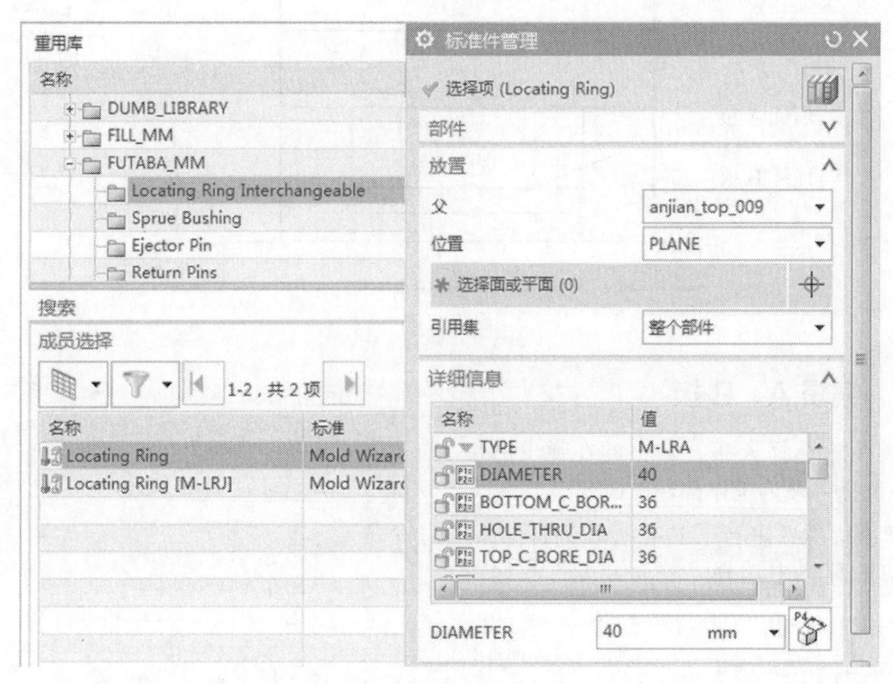

图 12-174

03 选择 XC—YC 平面，单击“确定”按钮，在弹出的“点”对话框中输入（-60,0,0），单击“确定”按钮，再单击“取消”按钮，在前模面板上加载定位圈，如图 12-175 所示。

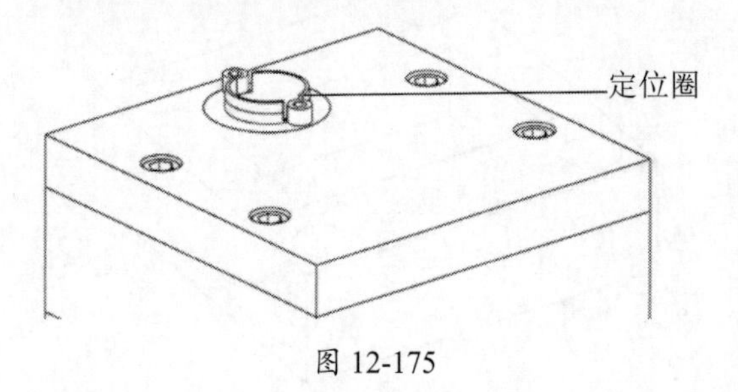

图 12-175

04 单击“腔”按钮，在弹出的“开腔”对话框中，将“模式”设为“去除材料”，选择前模面板为目标体，图 12-175 创建的定位圈和定位圈螺栓为工具体，单击“确定”按钮，创建定位圈装配位置，将定位圈隐藏后，定位圈装配位置如图 12-176 所示。

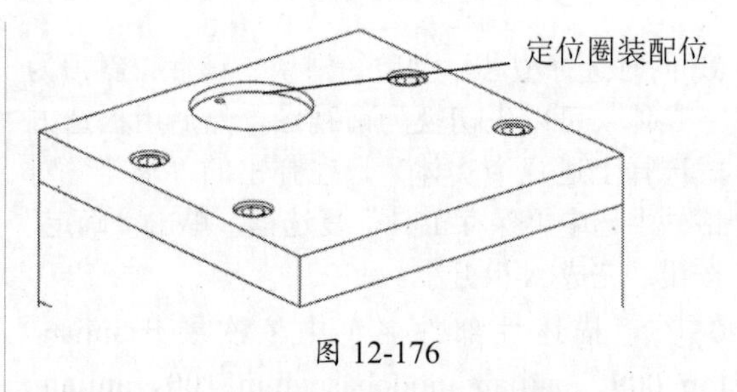

图 12-176

05 单击“标准部件库”按钮，在“重用库”对话框的“名称”栏中展开 FUTABA_MM，再选中 Sprue Bushing，在“成员选择”栏中选择 Sprue Bushing。在弹出的“标准件管理”对话框中的“父”下拉列表中选择 anjian_top_009，“位置”设为 POINT，“引用集”设为“整个部件”。在“详细信息”栏中，将 CATALOG_DIA 设为 16，CATALOG_LENGTH 设为 100，如图 12-177 所示。

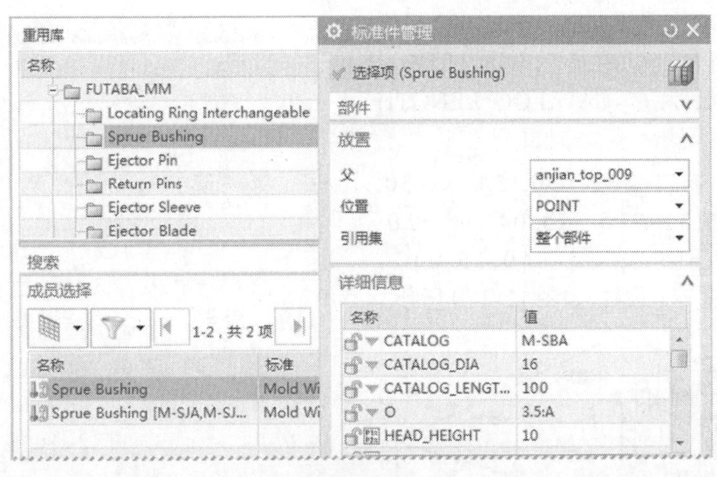

图 12-177

06 单击“确定”按钮，在弹出的“点”对话框中输入（−60,0,0），单击“确定”按钮，再单击“取消”按钮，在前模面板上加载唧嘴，如图 12-178（a）所示。

07 在“装配导航器”中选中 anjian_sprue_149 复选框，右击并在弹出的快捷菜单中选择“设为工作部件”命令。

08 单击“减去”按钮，选择唧嘴为目标体，再在辅助工具栏中选择“整个装配”，如图 12-171 所示，然后选择型芯实体（即 anjian_core_005.prt 实体）为工具体。

09 单击“确定”按钮，将唧嘴的长度修剪至 A 与 B 板的分型面处，如图 12-178（b）所示。

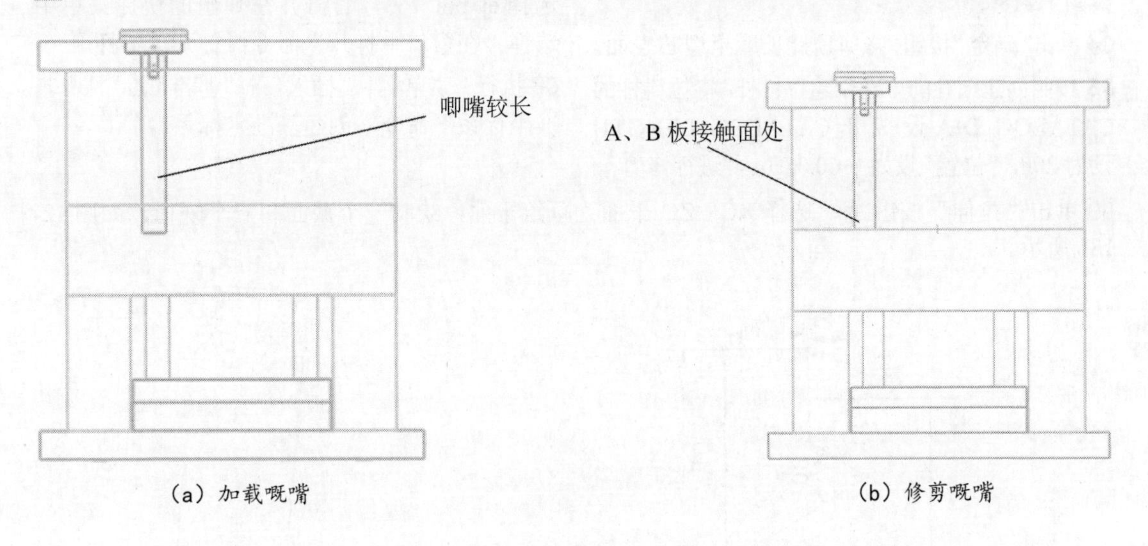

（a）加载唧嘴　　（b）修剪唧嘴

图 12-178

10 单击“腔”按钮，在弹出的“开腔”对话框中，将“模式”设为“去除材料”，选择前模面板、A 板、型腔实体为目标体，唧嘴为工具体，单击“确定”按钮创建唧嘴装配位置。

12.8.9　添加顶针和拉料杆

01 单击“标准部件库”按钮，在“重用库”对话框的“名称”栏中展开 DME_MM，再选中 Ejection，在“成员选择”栏中选中 Ejector Pin[Straight]，在弹出的“标准件管理”对话框的“放置”

栏的“父”下拉列表中选择anjian_prod_002，“位置”设为POINT，“引用集”设为TRUE，CATALOG_DIA设为6，CATALOG_LENGTH设为200。

02 单击“应用”按钮，输入(30,15,0)、(30,-15,0)、(5,15,0)、(5,-15,0)、(-20,15,0)、(-20,-15,0)、(-40,15,0)、(-40,-15,0)，创建8个顶针，如图12-179所示。

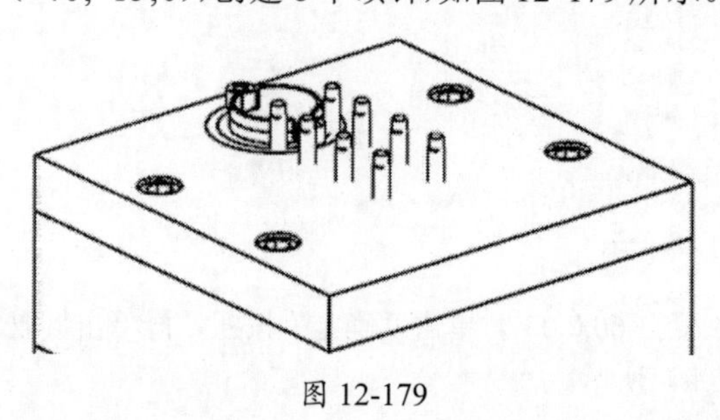

图 12-179

03 单击“顶杆后处理”按钮，在弹出的“顶杆后处理”对话框中，将“类型”设为“修剪”，在“部件名”栏中选择anjian_ej_pin_154选项，将“修边曲面”设为CORE_TRIM_SHEET，如图12-180所示。

图 12-180

04 单击“确定”按钮，修剪顶针长度至型芯表面。

05 按照创建顶针的方式创建拉料杆，将拉料杆的CATALOG_DIA设为8，CATALOG_LENGTH设为200，“位置”设为(-60,0,0)，并进行修剪。

06 单击“腔”按钮，在弹出的“开腔”对话框中，将“模式”设为“去除材料”，“目标体”选择型芯、动模板、顶针A板，“工具体”选择顶针、拉料杆，单击“确定”按钮，在型芯、动模板、顶针A板上创建顶针、拉料杆装配位置。

07 在“装配导航器”中依次展开anjian_top_009、anjian_layout_021、anjian_prod_002，选择ej_pin_163，右击并在弹出的快捷菜单中选择“在窗口中打开”命令，打开顶料杆。

08 执行“菜单”|“插入”|“基准/点”|“基准坐标系”命令，创建基准坐标系。

09 单击“拉伸”按钮，选择XC—ZC平面为草绘平面，绘制一个截面和一个缺口，如图12-181所示。

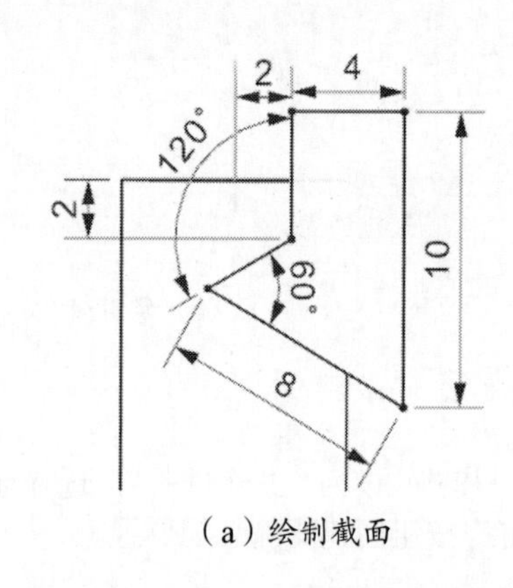

（a）绘制截面

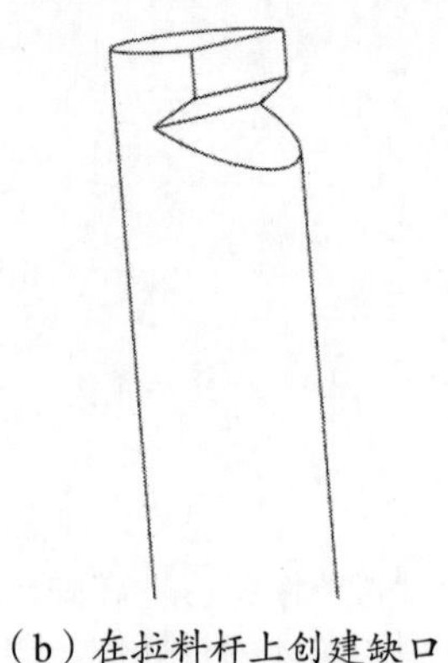

（b）在拉料杆上创建缺口

图 12-181

12.8.10 添加复位弹簧

01 在标题栏中执行“窗口”|anjian_top_009.prt 命令，打开模具总装图。

02 设定顶针 A 板为工作部件。

03 单击“标准部件库”按钮，在“重用库”对话框中展开 FUTABA_MM，再选择 Spring。在“成员选择”栏中选择 Spring[M-FSB]。在弹出的“标准件管理”对话框的“放置”栏中，将“父”设为 anjian_e_plate_105.prt，“位置”设为 PLANE，“引用集”设为 TRUE，DIAMETER 设为 21.5，CATALOG_LENGTH 设为 45，DISPLAY 设为 DETAILED，如图 12-182 所示。

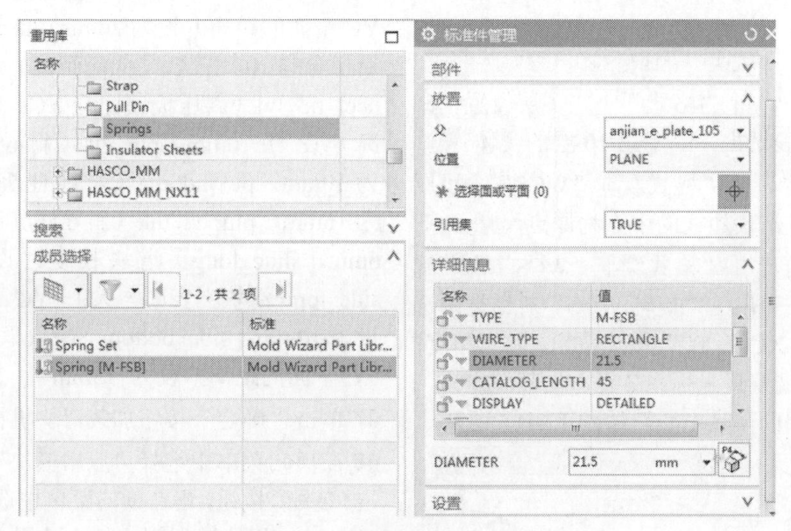

图 12-182

04 单击“选择面或平面”按钮，在装配图上选择顶针 A 板的上表面，如图 12-183 所示。

05 单击“确定”按钮，在弹出的“标准件位置”对话框中单击“指定点”按钮，在弹出的“点”对话框中，将“类型”设为“圆弧中心 / 椭圆中心 / 球心”，在工具栏的左上角选择“整个装配”，在模架图上选择推杆边线的圆心。

06 在“标准件位置”对话框中，将“X 偏置”设为 0mm，“Y 偏置”设为 0mm。

07 单击“应用”按钮创建弹簧，如图 12-183 所示。

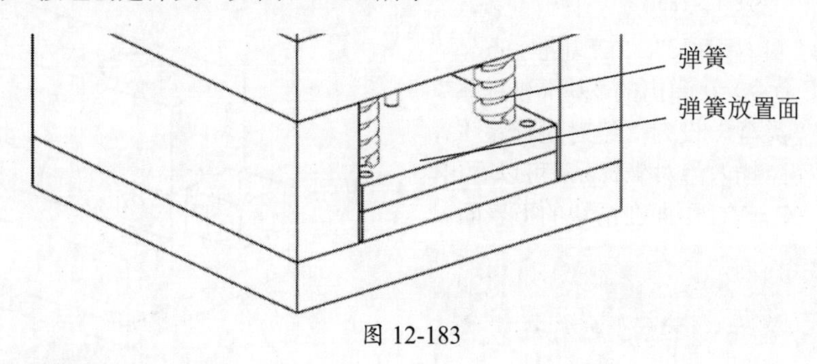

图 12-183

08 同样的方法创建其他 3 个弹簧。

12.8.11 添加滑块机构

01 在“装配导航器”对话框中选择 hk，如图 12-184 所示，右击并在弹出的快捷菜单中选择“在窗口中打开”命令。

图 12-184

02 执行“菜单”|“格式”|“图层设置”命令，选中10复选框，显示第10层的实体。

03 执行“菜单”|“格式”|“WCS”|“原点”命令，以滑块边线的中点为原点。

04 执行“菜单”|“格式”|“WCS”|“旋转”命令，在弹出的“旋转WCS”对话框中选中“+ZC轴：XC→YC”单选按钮，将“角度”设为180°，调整后坐标系Z正方向朝向定模，Y轴正方向朝向模具中心，如图12-185所示。

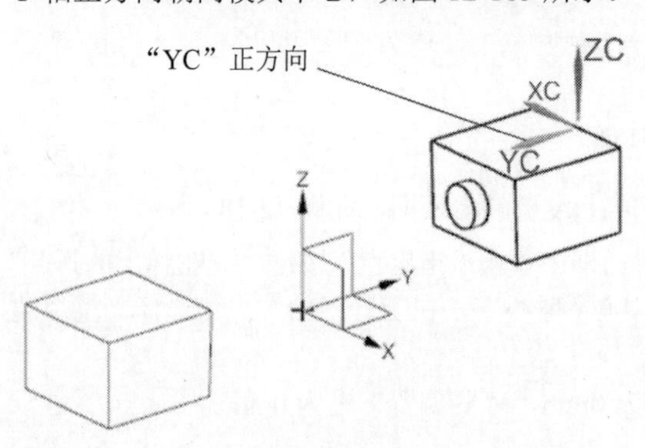

图 12-185

05 执行“菜单”|“插入”|“基准/点”|“基准坐标系”命令，在弹出的“基准坐标系”对话框中，将“类型”设为“绝对坐标系”，单击“确定”按钮，插入绝对坐标系，可以看出，绝对坐标系的XC—YC平面在滑块的下表面。

提示：

滑块机构的高度值是从XC—YC平面开始计算的。

06 单击“滑块和浮升销库”按钮，在“重用库”的“名称”栏中选择Slide，在“成员选择”栏中选择Single Cam-pin Slide。在弹出的“滑块和浮升销设计”对话框中，将“父”设为hk，“位置”设为WCS_XY，“引用集”设为TRUE，wide（滑块宽度）设为25mm，gib_long（滑槽长度）设为60mm，gib_top（滑槽压条上表面与XC—YC平面的高度）设为0，gib_wide（压条宽度）设为15mm、heel_start（斜压板长度）设为35mm，heel_back（斜压板长度）设为30mm，heel_ht_1（斜压板前部分与XC—YC平面的距离）设为20mm，heel_ht_2（压板后部分与XC—YC平面的距离）设为20mm，heel_tip_lvl（斜压板底面与XC—YC平面的距离）设为-10mm，pin_dia（斜导柱直径）设为10mm，pin_hd_dia（斜导柱沉头直径）设为16mm，pin_hd_thk（斜导柱沉头厚度）设为6mm，slide_long（滑块长度）设为65 mm，side_top（滑块上表面与XC—YC平面的距离）设为10mm，side_bottom（滑块下表面与XC—YC平面的距离）设为-15mm。

07 单击“确定”按钮加载滑块机构。

08 在横向菜单中选择“应用模块”选项卡，单击“装配”按钮，再在横向菜单中选择“装配”|“WAVE几何链器”命令，在弹出的“WAVE几何连接器”对话框中，将“类型”设为“体”，选中“关联”和“隐藏原先的”复选框。

09 在滑块图上选择零件②，单击“确定”按钮，链接滑块。

10 单击“合并”按钮，将零件①和②合并，如图12-186所示（其他零件不合并）。

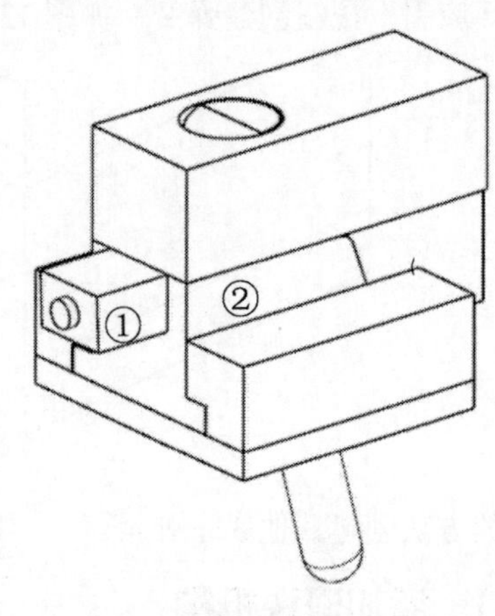

图 12-186

11 重复前面的方法，创建另一侧的滑块机构。

12 在标题栏中执行“窗口” | anjian_top_009.prt 命令，打开模具总装图。

13 在“装配导航器”中双击 anjian_top_009，激活总装图。

14 单击“腔”按钮，在弹出的“开腔”对话框中将“模式”设为“去除材料”，选择定模板和动模板为目标体，两个滑块为工具体，单击“确定”按钮在动、定模板上创建滑块的装配位置。

12.8.12 添加斜顶机构

01 在“部件导航器”中选择 xd，如图 12-187 所示，右击并在弹出的快捷菜单中选择“在窗口中打开”命令。

图 12-187

02 执行“菜单” | “格式” | “图层设置”命令，选中 7 复选框，显示实体。

03 执行“菜单” | “格式” | “WCS” | “原点”命令，以斜顶边线的中点为原点。

04 执行“菜单” | “格式” | “WCS” | “旋转”命令，在对话框中选中“-ZC 轴：YC → XC”单选按钮，将“角度”设为 90°，坐标系调整后 Y 轴正方向朝向远离模具的方向，如图 12-188 所示。

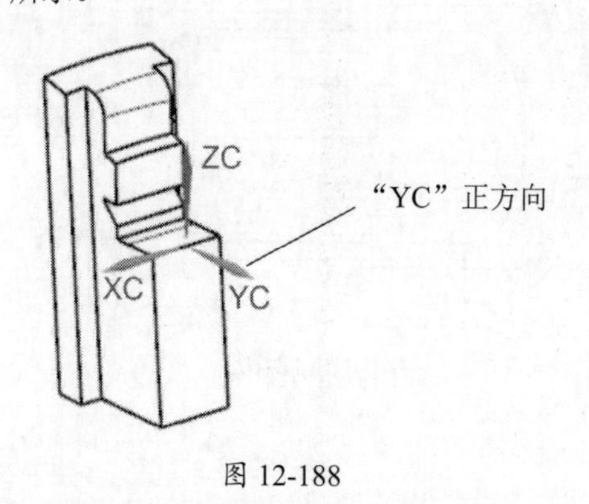

图 12-188

05 单击“滑块和浮升销库”按钮，在“重用库”对话框的“名称”栏中选择 Lifter，在“成员选择”列表中选择 Dowel Lifter。在弹出的“滑块和浮升销设计”对话框中，将“父”设为 XD，“位置”设为 WCS_XY，“引用集”设为 TRUE，riser_angle（斜度）设为 5°，cut_width（斜顶靠外的边与坐标原点的距离）设为 0，riser_thk（斜顶厚度）设为 15mm，riser_top（斜顶机构顶部与 XC—YC 平面的距离）设为 0，start_level（开始距离）设为 0，wide（斜顶宽度）设为 10.05mm，单击“确定”按钮加载斜顶机构。

06 在横向菜单中选择“装配” | “WAVE 几何链器”命令，在弹出的“WAVE 几何连接器”对话框中，将“类型”设为“体”，选中“关联”和“隐藏原先的”复选框，选斜顶零件，单击“确定”按钮完成链接。

07 单击“合并”按钮，斜顶与刚才链接的零件合并，如图 12-189 所示。

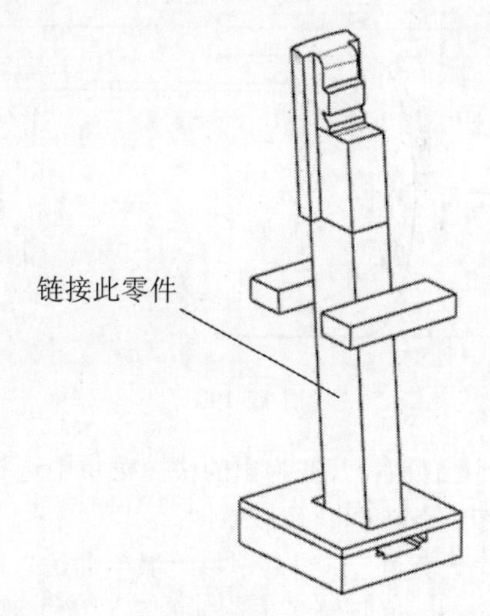

图 12-189

08 在标题栏中执行“窗口” | anjian_top_009.prt 命令。

09 打开模具总装图，在“装配导航器”中双击 anjian_top_009，激活总装图。

10 单击“腔”按钮，在弹出的“开腔”对话框中，将“模式”设为“去除材料”，选中型芯、动模板、顶针 A 板为目标体，选中斜顶机构为工具体，单击“开腔”对话框中的“确定”按钮，创建斜顶的装配位置。

11 设定B板为工作部件，单击“减去”按钮，选择B板为目标体，斜顶机构为工具体，在“求差”对话框中选中“保存工具”复选框，单击“确定”按钮，在B板上创建斜顶机构的装配位。

12.8.13 添加主流道和分流道

01 在标题栏中执行“窗口”｜anjian_top_009.prt命令，再在“部件导航器”中选择core，右击并在弹出的快捷菜单中选择“在窗口中打开”命令，打开型芯实体图。

02 执行“菜单”｜“格式”｜“图层设置”命令，选中7复选框，显示实体。

03 单击“草图”按钮，选择工件的底面为草绘平面，X轴为水平参考，以原点为圆心绘制一个截面，其中圆弧的中点与圆孔的中心重合，如图12-190中的粗线所示。

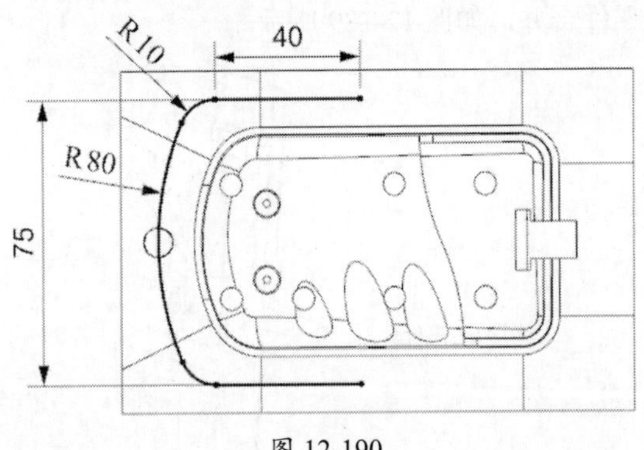

图 12-190

04 在空白处右击，在弹出的快捷菜单中选择“完成草图”命令，绘制草图。

05 执行“菜单”｜“插入”｜“派生曲线”｜“投影”命令，选择第3步绘制的草图为“要投影的曲线”，选择型芯的分型面为“要投影的对象”，将“方向”设为“沿矢量”，“指定适量”设为ZC↑。

06 单击“确定”按钮，在型芯的分型面上创建投影曲线，如图12-191所示。

07 单击“流道”按钮，直接选择上一步创建的投影曲线。

08 在弹出的“流道”对话框中，将“截面偏置”设为0，“截面类型”设为Traperzoidal（梯形），D（流道宽度）设为8 mm，H（流道深度）设为4 mm，C（流道斜度）设为5°，R（底部圆角）设为2 mm，“布尔”设为“减去”。

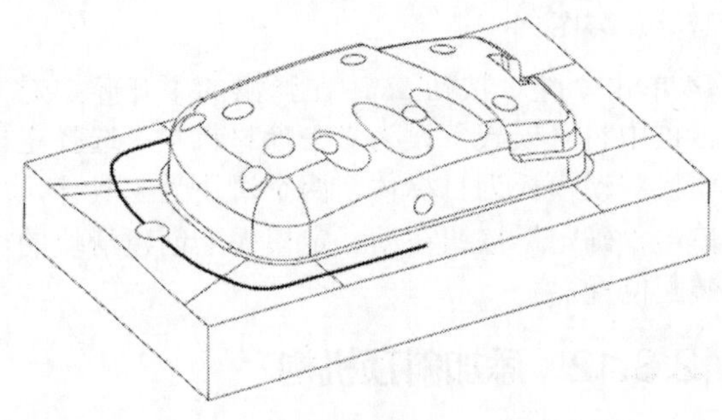

图 12-191

09 单击“确定”按钮创建主流道，如图12-192所示。

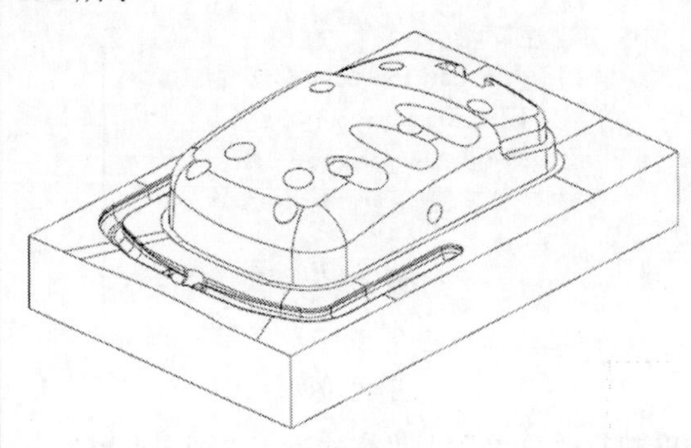

图 12-192

10 单击“流道”按钮，在弹出的“流道”对话框中单击“绘制截面”按钮，选择型芯分型面为草绘平面，绘制两条直线，如图12-193所示。

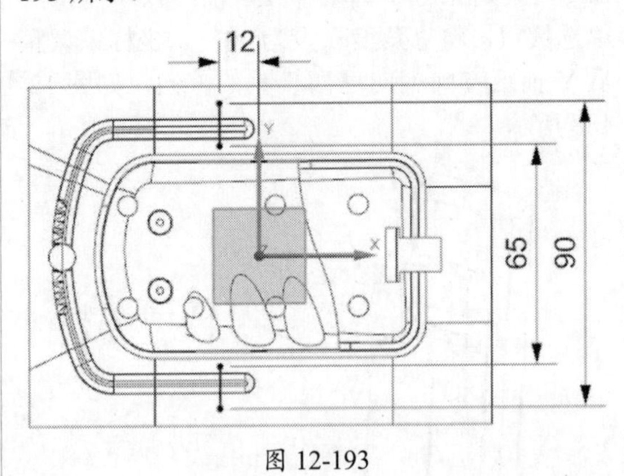

图 12-193

11 单击“完成草图”按钮，在“流道”对话框中，将“截面类型”设为 Traperzoidal，D 设为 4 mm，H 设为 2 mm，C 设为 2°，R 设为 1 mm，单击“确定”按钮，创建分流道，如图 12-194 所示。

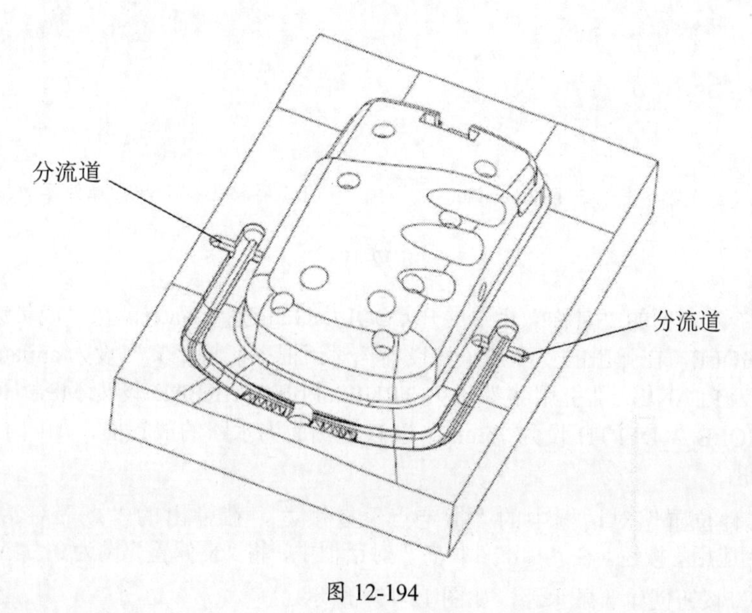

图 12-194

12.8.14　添加进浇口

01 执行“菜单”|“插入”|“设计特征”|“圆柱”命令，在弹出的“圆锥”对话框中，将“类型”设为“轴、直径和高度”，“指定矢量”设为 YC ↑，“底部直径”设为 3mm，“高度”设为 3mm。

02 单击“指定点”按钮，在弹出的“点”对话框中，将“类型”设为“圆弧中心 / 椭圆中心 / 球心”，“布尔”设为“减去”。

03 选择分流道的圆弧边线，如图 12-195 的粗线所示。

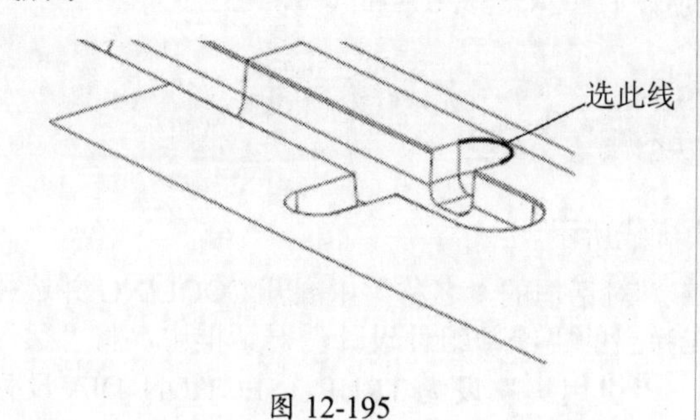

图 12-195

04 单击“确定”按钮创建第一个浇口，如图 12-196 所示。

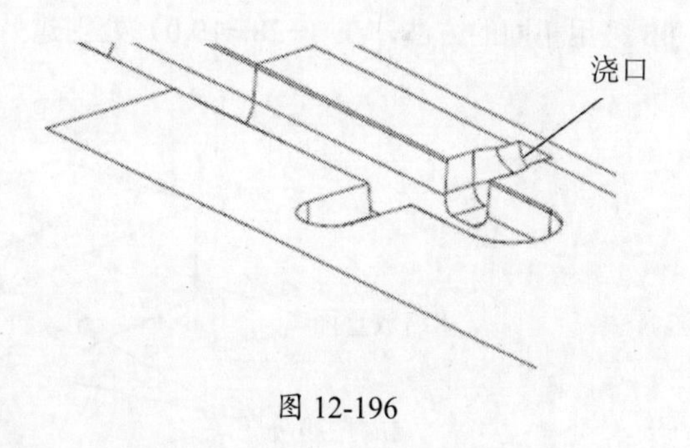

图 12-196

05 采用同样的方法，创建另一侧的浇口。

12.8.15　添加 B 板冷却系统

01 打开 anjian_top_009.prt 文件，在装配图上选择 B 板，右击并在弹出的快捷菜单中选择“在窗口中打开”命令，B 板结构图如图 12-197 所示。

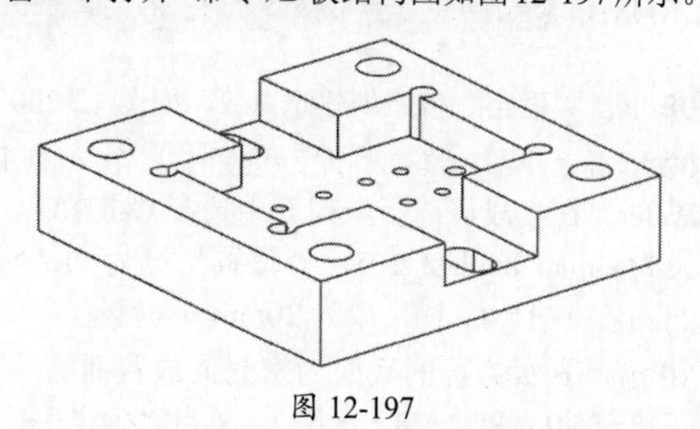

图 12-197

02 在“冷却工具”工具栏中先单击倒三角形按钮▼，再单击“冷却标准件库”按钮，如图12-198所示。

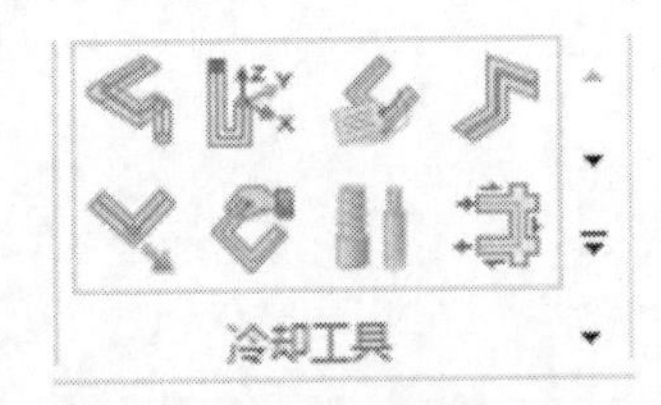

（a）先单击倒三角形按钮

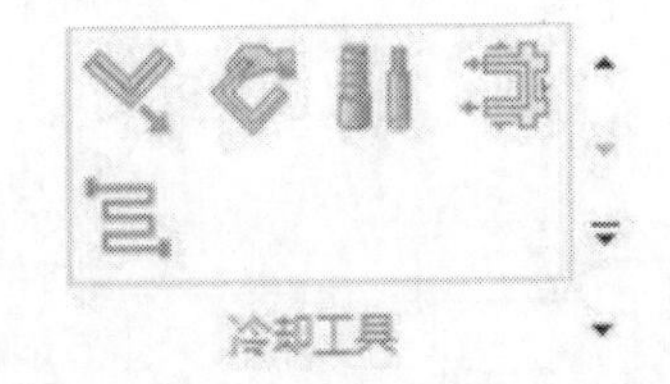

（b）再单击“冷却标准件库”按钮

图12-198

03 在“重用库”对话框的“名称”栏中展开COOLING并选择Water，在“成员选择”列表中选择COOLING HOLE，在弹出的“冷却组件设计”对话框中，将“父”设为anjian_b_plate_108，把“位置”设为PLANE，“引用集”设为TRUE，PIPE_THREAD设为M8，HOLE_1_DEPTH设为70mm，HOLE_2_DEPTH设为75mm，选B板侧面为水路的放置面，如图12-199所示，单击“应用”按钮。

04 单击“标准件位置”对话框中的“指定点”按钮，在弹出的“点”对话框中输入（28,-10,0），单击“应用”按钮。在“标准件位置”对话框中，将“X偏置”设为0，“Y偏置”设为0。

05 单击“确定”按钮创建一条水路，如图12-199所示。

06 采用相同的方法，在（-28,-10,0）处创建另一条水路，如图12-199所示。

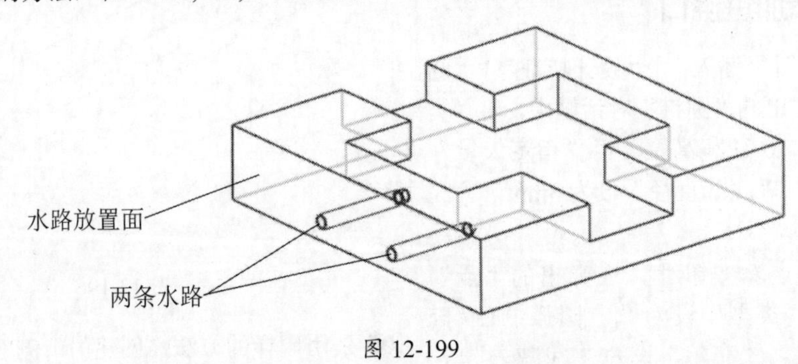

图12-199

07 选择B板中间方坑底面为水路的放置面，将PIPE_THREAD设为M8，HOLE_1_DEPTH设为12mm，HOLE_2_DEPTH设为15mm，将位置分别设为（28, -55, 0）和（-28, -55, 0）。

提示：

不同的计算机，由于工件的摆放方向不同，位置可也能不同。

08 单击“确定”按钮创建水路2，如图12-200中虚线所示。

09 单击“冷却标准部件库”按钮，在“重用库”对话框的“名称”中展开COOLING并选择Water。在“成员选择”列表中选择O-RING，在弹出的“冷却组件设计”对话框中，将“父”设为anjian_b_plate_105，“位置”设为PLANE，“引用集”设为TRUE，SECTION_DIA设为2mm，FITTING_DIA设为20mm。

10 选择B板方坑的底面为密封圈放置面，单击“确定”按钮，在弹出的“点”对话框中输入（28,-55,0）和（-28,-55,0），单击“确定”按钮创建密封圈，如图12-201所示。

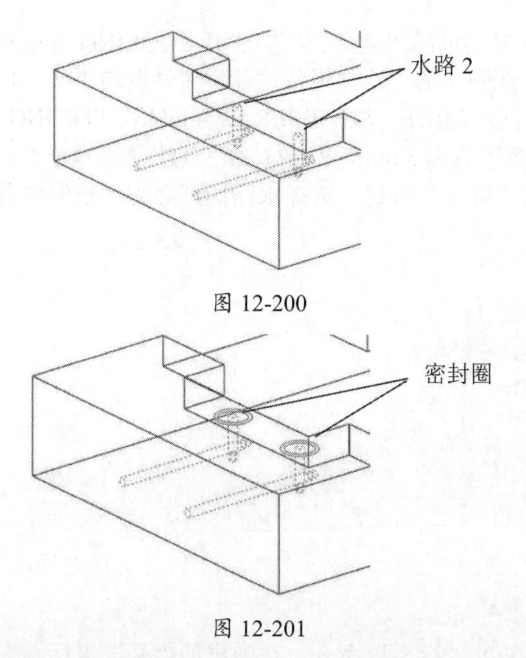

图 12-200

图 12-201

11 单击“冷却标准部件库”按钮，在“重用库”对话框的“名称”栏中展开 COOLING 并选择 Water，在“成员选择”列表中选择 CONNECTOR PLUG，在弹出的“冷却组件设计”对话框中，将“父”设为 anjian_b_plate_108，“位置”设为 PLANE，“引用集”设为 TRUE，SUPPLIER 设为 HASCO，PIPE_THREAD 设为 M8。

12 选择 B 板左侧面为水嘴放置面，单击“确定”按钮，在弹出的“点”对话框中设置（40,−10,0），（−40,−10,0），单击“确定”按钮创建水嘴，如图 12-202 所示。

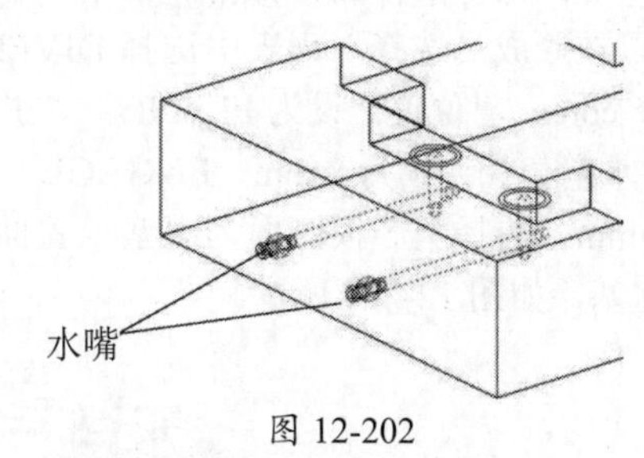

图 12-202

12.8.16　添加型芯冷却系统

01 打开 anjian_top_009.prt 文件，在“装配导航器”中选择型芯（core），右击并在弹出的快捷菜单中选择“在窗口中打开”命令。

02 单击“冷却标准件库”按钮，在“重用库”对话框的“名称”栏中展开 COOLING 并选择 Water，在“成员选择”列表中选择 COOLING HOLE。在弹出的“冷却组件设计”对话框中，将“父”设为 core，“位置”设为 PLANE，“引用集”设为 TRUE，PIPE_THREAD 设为 M8，HOLE_1_DEPTH 设为 130mm，HOLE_2_DEPTH 设为 135mm，选择右边侧面为水路的放置面，如图 12-203 所示。

03 单击“应用”按钮，在弹出的“点”对话框中输入 XC、YC、ZC 的坐标设为（28,0,0）。

04 单击“确定”按钮，创建一条水路，如图 12-203 中的水路 1 所示（虚线显示）。

05 采用相同的方法，以工件底面为水路放置面，坐标设为（55,−28,0），HOLE_1_DEPTH 设为 10mm，HOLE_2_DEPTH 设为 13mm，创建如图 12-203 中的水路 2（虚线显示）。

06 以前侧面为水路放置面，把“位置”设为（62,0,0），HOLE_1_DEPTH 设为 60mm，HOLE_2_DEPTH 设为 55mm，创建如图 12-203 中的水路 3（虚线显示）。

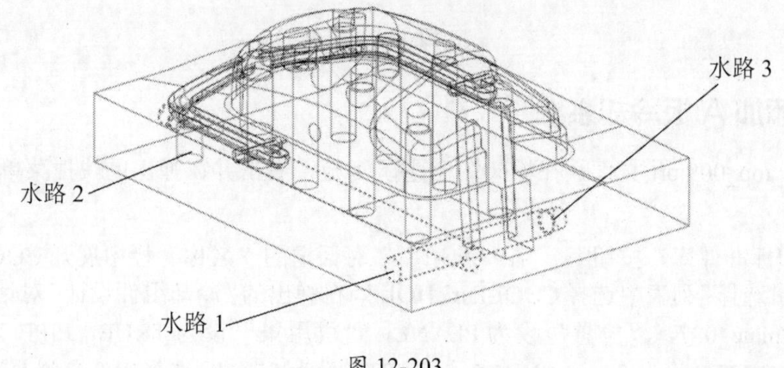

图 12-203

07 单击“冷却标准件库”按钮，在“重用库”对话框的“名称”栏中展开 COOLING 并选择 Water，在“成员选择”列表中选择 DIVERTER。在弹出的“冷却组件设计”对话框的“父”栏中选择 core，“位置”设为 PLANE，“引用集”设为 TRUE，SUPPLIER 设为 DMS，FITTING_DIA（水塞直径）设为 8 mm，ENGAGE（塞入长度）设为 5 mm，PLUG_LENGTH（水塞总长）设为 5mm，选择型芯板侧面为水塞放置面，单击“确定”按钮，选择水路的圆心为水塞的位置创建水塞，如图 12-204 所示。

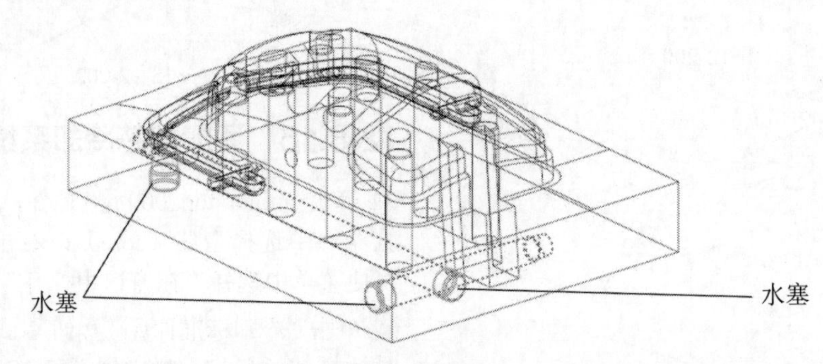

图 12-204

08 执行“菜单”|“插入”|“基准 / 点”|“基准坐标系”命令，在弹出的“基准坐标系”对话框中，将“类型”设为“绝对坐标系”，单击“确定”按钮创建绝对坐标系。

09 在横向菜单中选择“应用模块”选项卡，再单击“装配”按钮，进入装配环境。

10 执行“菜单”|“装配”|“组件”|“镜像装配”命令，单击“下一步”按钮，选择 3 条水路和 3 个水塞，单击“下一步”按钮，选择 XC—ZC 平面，依次单击“下一步”按钮→“下一步”→“完成”按钮镜像水路，如图 12-205 所示。

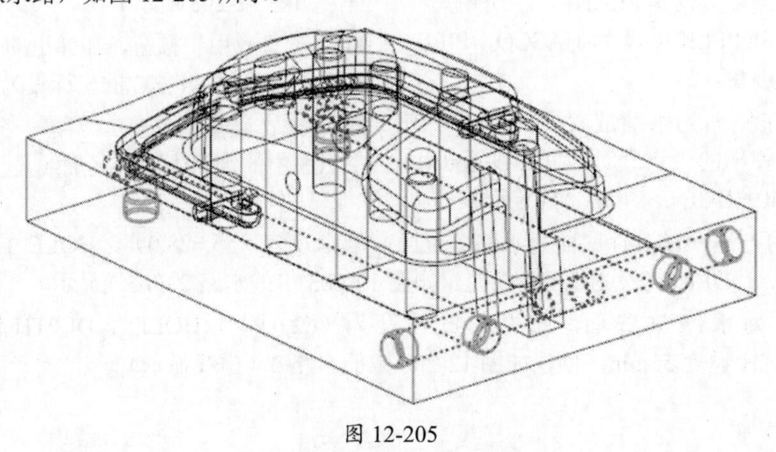

图 12-205

12.8.17 添加 A 板冷却系统

01 打开 anjian_top_009.prt 文件，在模架图上选择 A 板，右击并在弹出的快捷菜单中选择“在窗口中打开”命令。

02 单击“冷却标准件库”按钮，在“重用库”对话框的“名称”栏中展开 COOLING 并选择 Water，在“成员选择”列表中选择 COOLING HOLE。在弹出的“冷却组件设计”对话框中，将“父”设为 anjian_a_plate_087，“位置”设为 PLANE，“引用集”设为 TRUE，PIPE_THREAD 设为 M8，HOLE_1_DEPTH 设为 50mm，HOLE_2_DEPTH 设为 55mm，选择工件左侧面为水路放置面。

03 单击“应用”按钮，在弹出的“点”对话框中输入（28,20,0）和（−28,20,0）。

04 单击“应用”按钮创建两条水路，如图 12-206 所示。

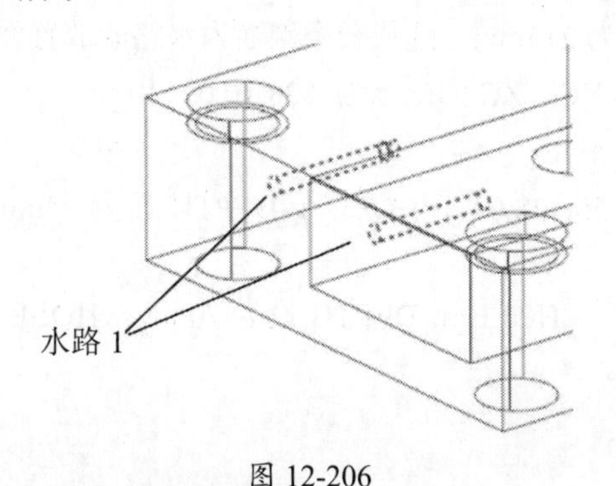

图 12-206

05 在“冷却组件设计”对话框中，将 PIPE_THREAD 设为 M8，HOLE_1_DEPTH 设为 15mm，HOLE_2_DEPTH 设为 18mm，在零件图上选择中间方坑的底面为放置面。

06 单击“应用”按钮，在“点”对话框中输入（−55,28,0）和（−55,−28,0）。

07 单击“确定”按钮创建水路 2，如图 12-207 所示。

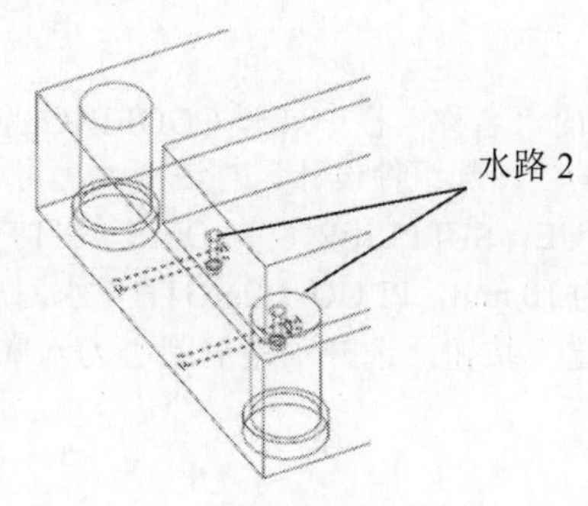

图 12-207

08 单击“冷却标准部件库”按钮，在“重用库”对话框的“名称”栏中展开 COOLING 并选择 Water，在“成员选择”列表中选择 O-RING。在弹出的“冷却组件设计”对话框中，将“父”设为 anjian_a_plate_087，“位置”设为 PLANE，“引用集”设为 TRUE，SECTION_DIA 设为 2 mm，FITTING_DIA 设为 20mm。

09 选择 A 板方坑的底面为密封圈放置面，单击“确定”按钮，在弹出的“点”对话框中输入（−50,28,0）和（−50,−28,0），单击“确定”按钮创建两个密封圈，如图 12-208 所示。

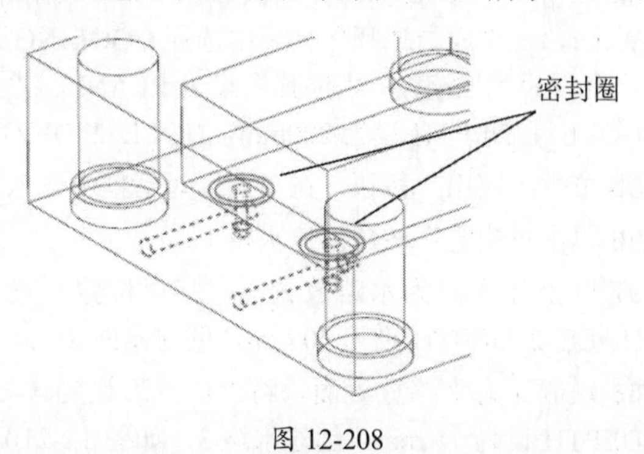

图 12-208

10 单击“冷却标准部件库”按钮，在“重用库”对话框的“名称”栏中展开 COOLING 并选择 Water，在“成员选择”列表中选择 CONNECTOR PLUG。在“冷却组件设计”对话框中，将“父”设为 anjian_a_plate_087，“位置”设为 PLANE，“引用集”设为 TRUE，SUPPLIER 设为 HASCO，PIPE_THREAD 设为 M8。

11 选择 A 板左侧面为水嘴放置面，单击“确定”按钮，在弹出的“点”对话框中输入（40,25,0）和（−40,25,0），单击“确定”按钮创建水嘴，如图 12-209 所示。

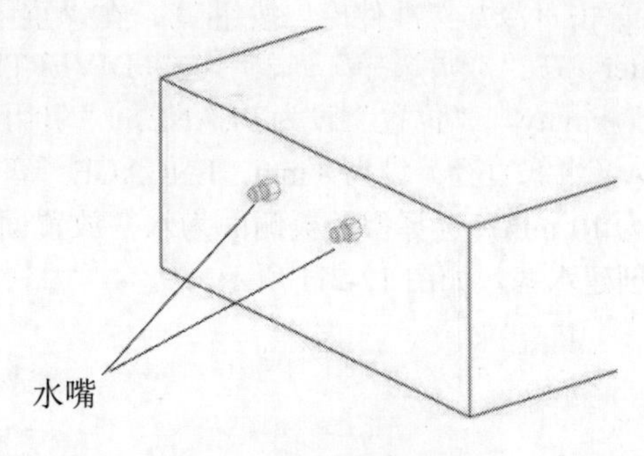

图 12-209

12.8.18 添加型腔冷却系统

01 在标题栏中执行“窗口” | anjian_top_009.prt 命令，打开总装图。

02 在“装配导航器”中选择 cavity，右击并在弹出的快捷菜单中选择“在窗口中打开”命令。

03 执行“菜单” | “格式” | “图层设置”命令，在弹出的“图层设置”对话框中选中 10 复选框，

显示第 10 层的实体。

04 单击“冷却标准件库”按钮，在“重用库”对话框的“名称”栏中展开 COOLING 并选择 Water，在“成员选择”列表中选择 COOLING HOLE。在弹出的“冷却组件设计”对话框中，将“父”设为 cavity，“位置”设为 PLANE，“引用集”设为 TRUE，PIPE_THREAD 设为 M8，HOLE_1_DEPTH 设为 200mm，HOLE_2_DEPTH 设为 215mm，选择一个侧面为水路的放置面。

05 单击“应用”按钮，在“点”对话框中输入 XC、YC、ZC 的坐标为（28,10,0）。

06 单击“确定”按钮创建水路 1。

07 以工件底面为水路放置面，将“位置”设为（-55,-28,0），HOLE_1_DEPTH 设为 15mm，HOLE_2_DEPTH 设为 20 mm，创建水路 2。

08 以侧面为水路放置面，将“位置”设为（45,9,0），HOLE_1_DEPTH 设为 70mm，HOLE_1_DEPTH 设为 75 mm，创建水路 3，如图 12-210 所示。

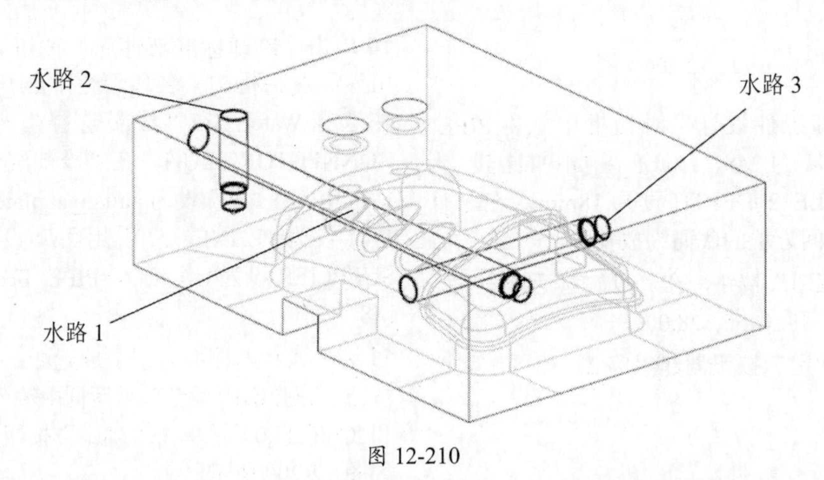

图 12-210

09 单击“冷却标准件库”按钮，在“重用库”对话框的“名称”栏中展开 COOLING 并选择 Water，在“成员选择”列表中选择 DIVERTER，在弹出的“冷却组件设计”对话框中，将“父”设为 cavity，“位置”设为 PLANE，“引用集”设为 TRUE，SUPPLIER 设为 DMS，FITTING_DIA（水塞直径）设为 8 mm，ENGAGE（塞入长度）设为 10 mm，PLUG_LENGTH（水塞总长）设为 10 mm，选择型腔板侧面为水塞放置面，单击“确定”按钮，选择水路的圆心为水塞的位置创建水塞，如图 12-211 所示。

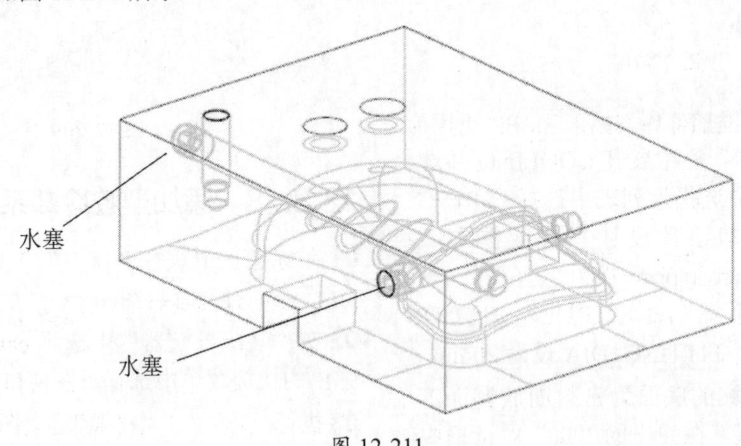

图 12-211

10 执行“菜单”｜“插入”｜“基准/点”｜“基准坐标系”命令，在弹出的“基准坐标系”对话框中，将“类型”设为“绝对坐标系”，单击“确定”按钮，创建绝对坐标系。

11 在横向菜单中选择“应用模块”选项卡，再单击“装配”按钮，进入装配环境。

12 执行“菜单”｜“装配”｜“组件”｜“镜像装配”命令，单击“下一步”按钮，在“装配导航器”中选择3条运水通道和2个水塞，单击“下一步”按钮， 选择XC—YC平面，依次单击“下一步”→“下一步”→“完成”按钮，镜像水路，如图12-212所示。

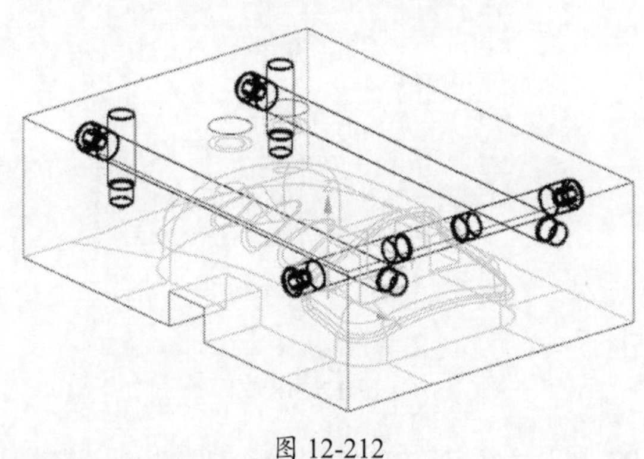

图 12-212

12.8.19 显示冷却系统

01 在标题栏中执行“窗口”｜anjian_top_009.prt命令，在“装配导航器”中双击anjian_top_009.prt，激活总装图。此时，冷却系统的配件没有显示在总装图中。

02 选择A板，右击并在弹出的快捷菜单中选择“替换引用集”命令，再选择Entire Part。重新选择B板，右击并在弹出的快捷菜单中选择“替换引用集”命令，再选择Entire Part，显示冷却系统的配件，总装图如图12-213所示。

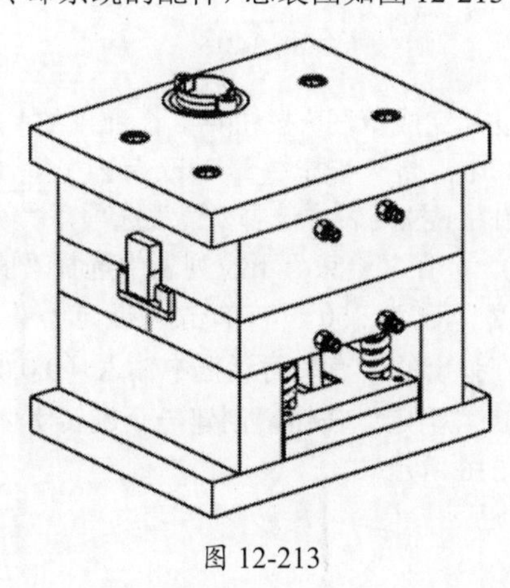

图 12-213

12.9 三板模模具设计

本节通过一个带孔的零件，详细讲述在模具设计中进行补面的一些基本方法，并对其进行三板模模具设计，零件图如图12-214所示。

图 12-214

12.9.1 零件建模

01 单击“新建”按钮，在弹出的“新建”对话框的“模型”选项卡中，将“名称”设为wheel.prt，“单位”设为“毫米”，选择“模型”模板，单击“确定”按钮进入建模环境。

02 单击“旋转”按钮，选择YC—ZC平面为草绘平面，Y轴为水平参考，绘制截面（一），其中圆弧与50所示的水平线相切，如图12-215所示。

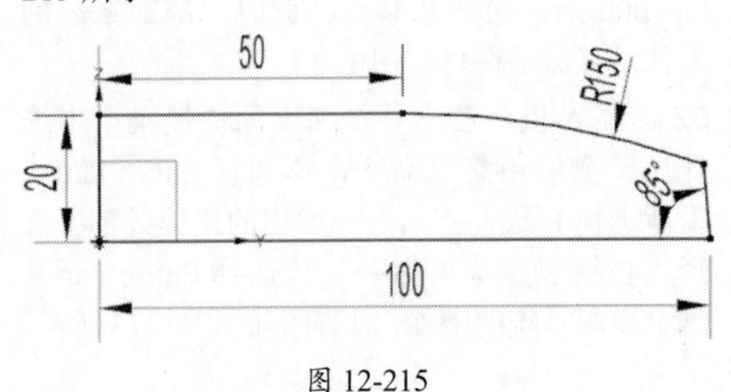

图 12-215

03 单击“完成草图”按钮，在弹出的“旋转”对话框中，将“指定矢量”设为ZC↑，在“开始”下拉列表中选择“值”选项，“角度”设为0°，在“结束”下拉列表中选择“值”，“角度”设为360°，单击“指定点”按钮，在弹出的“点”对话框中输入（0,0,0）。

04 单击“确定”按钮，创建一个旋转实体，如图12-216所示。

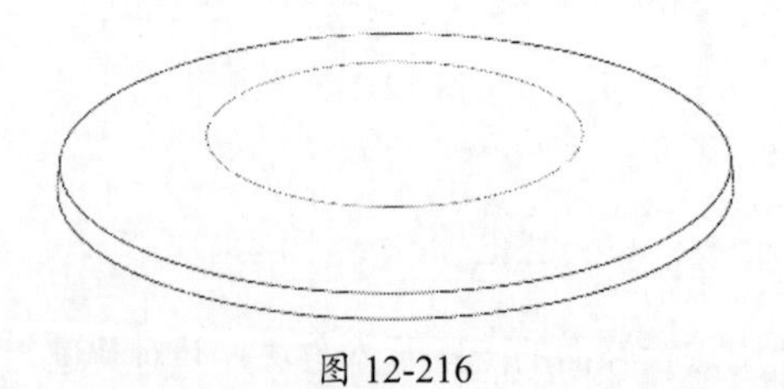

图 12-216

05 执行“菜单”|“插入”|“设计特征”|“拉伸”命令，在弹出的“拉伸”对话框中单击“绘制截面”按钮，选择XC—YC平面为草绘平面，X轴为水平参考，绘制截面（二），其中直线的延长线经过圆心，如图12-217所示。

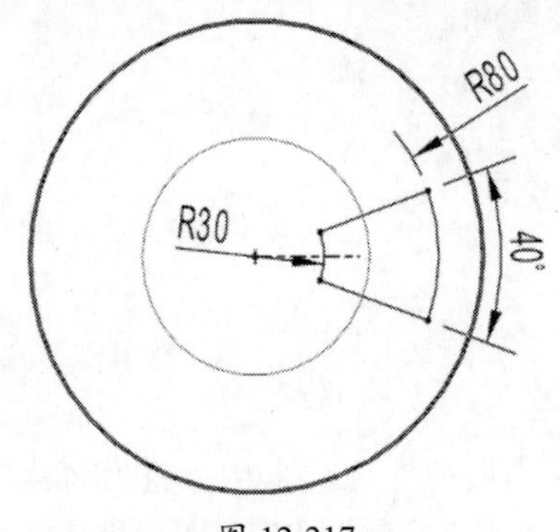

图 12-217

06 单击“完成草图”按钮，在“拉伸”对话框中，将“指定矢量”设为ZC↑，在“开始”下拉列表中选择“值”选项，“距离”设为5mm，在“结束”下拉列表中选择“贯通”，“布尔”设为“减去”，“拔模”设为“从起始限制”，“角度”设为-5°，如图12-218所示。

图 12-218

07 单击“确定”按钮创建一个切除特征，如图12-219所示。

08 单击“边倒圆”按钮，在切除特征的4个角位上倒圆角(R5mm)，如图12-219所示。

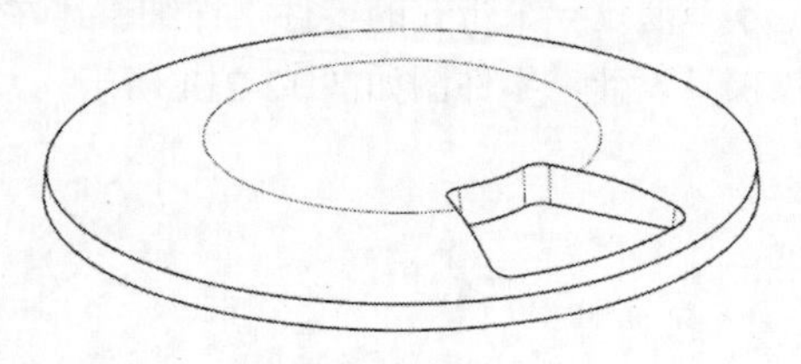

图 12-219

09 执行“菜单”|“插入”|“关联复制”|“阵列特征”命令，在弹出的“阵列特征”对话框中，将“布局”设为“圆形”，“指定矢量”设为ZC↑轴，“间距”设为“数量和间隔”，“数量”设为4，“节距角”设为90°，单击“指定点”按钮，在弹出的“点”对话框中输入（0,0,0），如图12-220所示。

10 按住Ctrl键，在“模型历史记录”中选择“拉伸（2）”和“边倒圆（3）”，如图12-221所示。

11 单击“确定”按钮创建阵列特征，如图 12-221 所示。

图 12-220

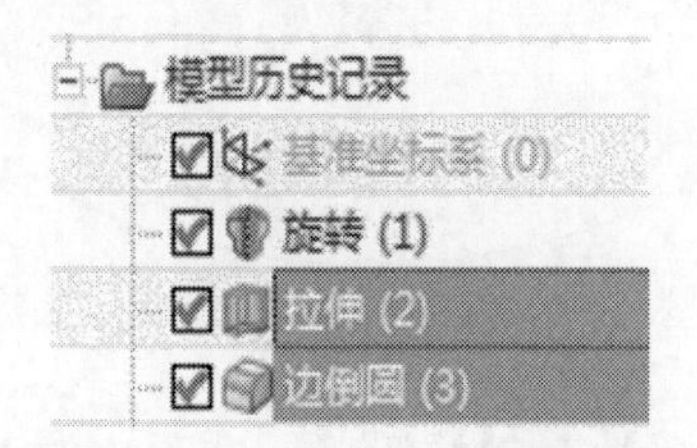

选择“拉伸（2）”和“边倒圆（3）”

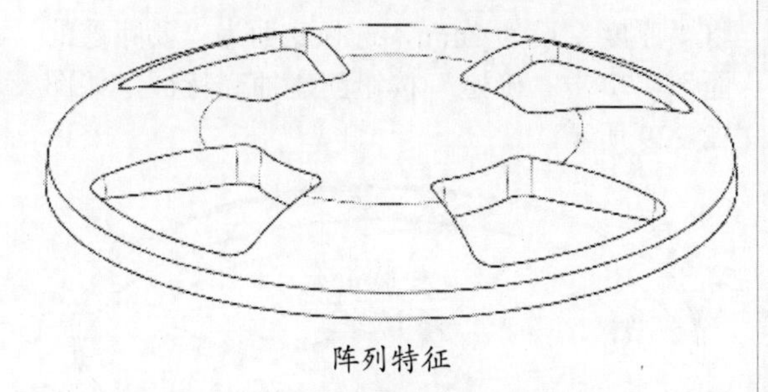

阵列特征

图 12-221

12 单击“旋转”按钮，选择 XC—ZC 平面为草绘平面，Y 轴为水平参考，绘制一条圆弧曲线，圆弧的半径设为 R1000mm，圆心在 Y 轴上，圆弧的一个端点位于 Y 轴上，如图 12-222 所示。

13 单击“完成草图”按钮，在“旋转”对话框中，将“指定矢量”设为 ZC ↑，“开始”下拉列表中选择“值”选项，“角度”设为 0°，在“结束”下拉列表中选择“值”，“角度”设为 360°，单击“指定点”按钮，在弹出的“点”对话框中输入（0,0,0）。

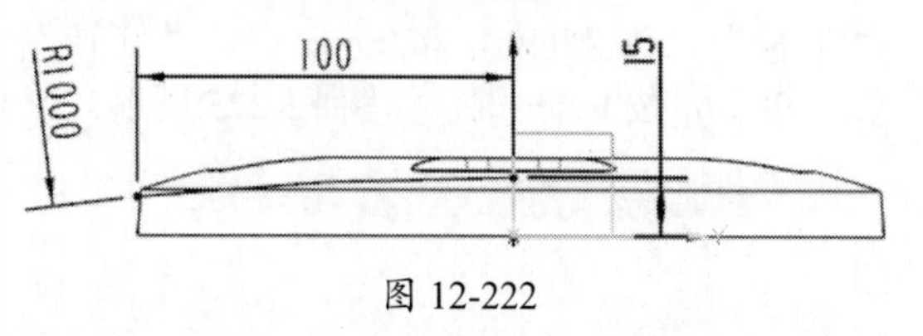

图 12-222

14 单击“确定”按钮创建一个旋转曲面，如图 12-223 所示。

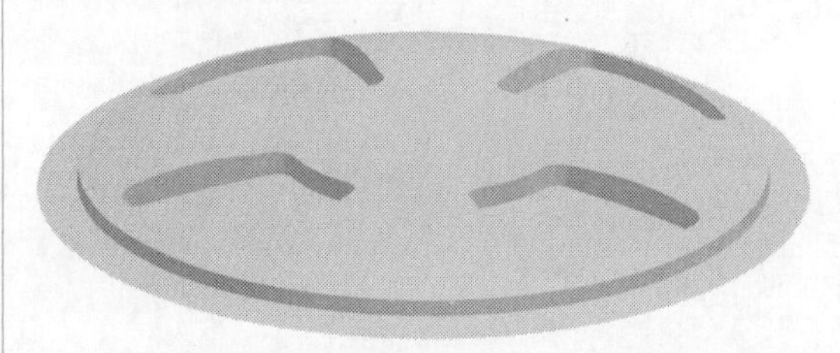

图 12-223

15 执行“菜单”|“插入”|“同步建模”|“替换面”命令，选择实体凹坑的底面为原始面，旋转曲面为替换面。

16 单击“确定”按钮，凹坑的底面由平面替换为圆弧面（有 4 个凹坑，应替换 4 次），如图 12-224 所示。

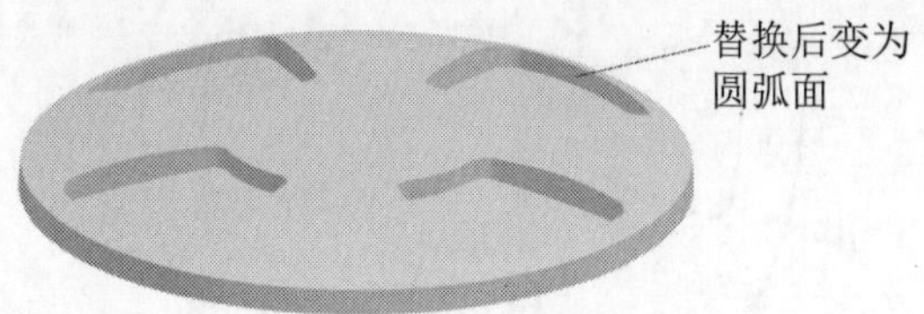

图 12-224

17 执行“菜单”|“格式”|“移动至图层”命令，在工作区中选择曲面，在弹出的“图层移动”对话框中的“目标图层或类别”文本框中输入 10。

18 单击“确定”按钮旋转曲面移至图层 10，并自动隐藏。

19 执行“菜单”|“插入”|“设计特征”|“拉伸”命令，在弹出的“拉伸”对话框中单击“绘制截面”按钮，选择 XC—YC 平面为草绘平面，X 轴为水平参考，单击“确定”按钮进入

草绘环境。

20 在工具栏中单击“多边形”按钮，在弹出的“多边形”对话框中，将“中心点”设为（0,0,0），“边数”设为5，“大小”设为“外接圆半径”，“半径”设为25mm，按Enter键，“旋转”设为90°，按Enter键，如图12-225所示。

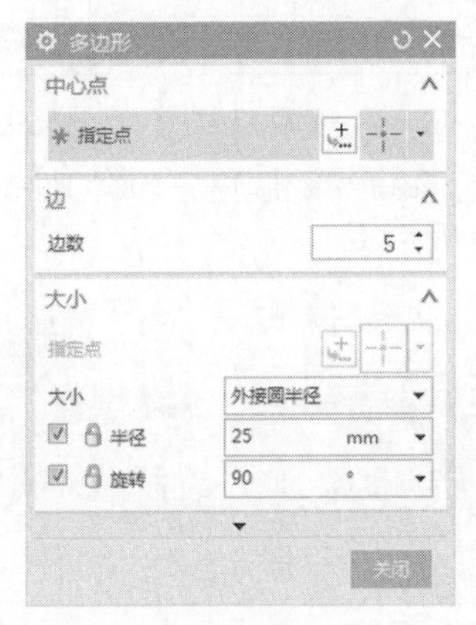

图12-225

21 绘制一个五边形截面，如图12-226所示。

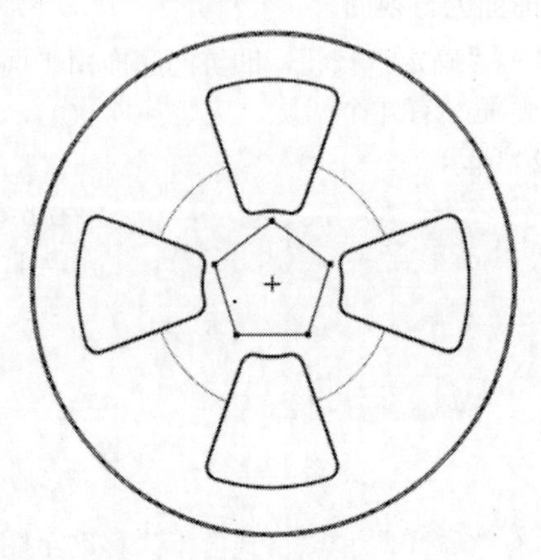

图12-226

22 单击“完成草图”按钮，在“拉伸”对话框中，将“指定矢量”设为ZC↑，在“开始”下拉列表中选择“值”选项，“距离”设为10mm，在“结束”下拉列表中选择“贯通”，“布尔”设为“减去”，“拔模”设为“从起始限制”，“角度”设为-5°。

23 单击“确定”按钮创建一个切除特征，如图12-227所示。

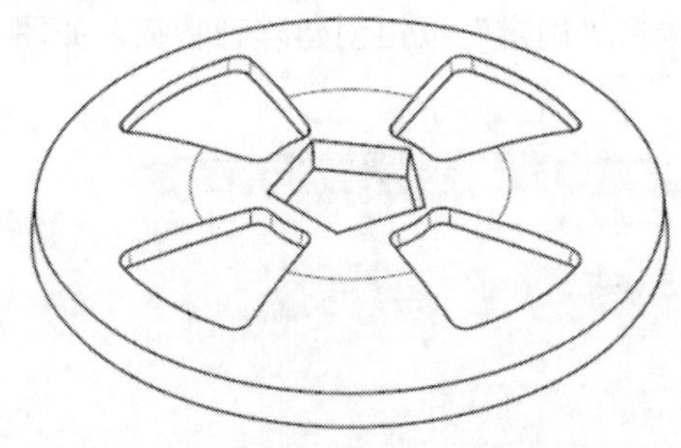

图12-227

24 单击“边倒圆”按钮，创建边倒圆特征，其中五边形的棱边圆角设为R5mm，底部圆角设为R2mm，其他圆角设为R1mm，如图12-228所示。

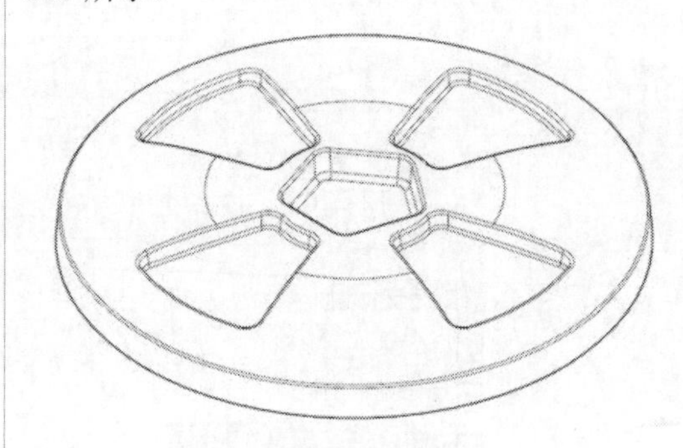

图12-228

25 单击“抽壳”按钮，在弹出的“抽壳”对话框中，选中“移除面，然后抽壳”复选框，将“厚度”设为2mm，选择底面为“要穿透的面”，单击“确定”按钮创建抽壳特征，如图12-229所示。

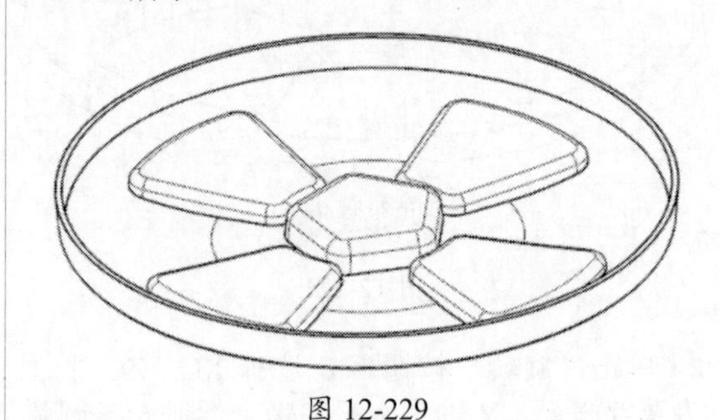

图12-229

26 执行“菜单”|“插入”|“设计特征”|“拉伸”命令，选择XC—YC平面为草绘平面，选择X轴为水平参考线，绘制截面（五），其中直线的延长线经过圆心，如图12-230所示。

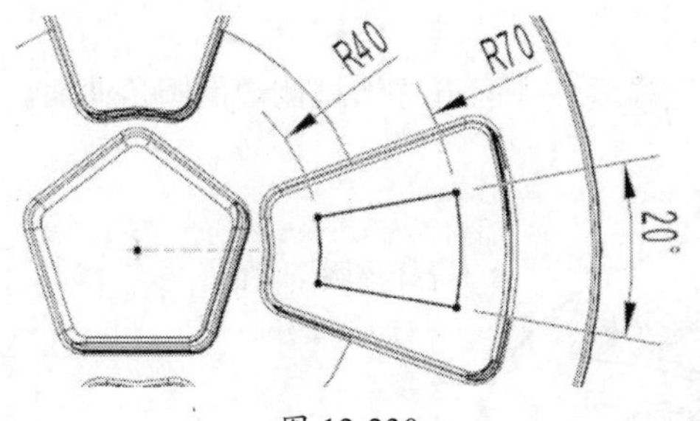

图 12-230

27 在空白处右击，并单击“完成草图”按钮，在“拉伸”对话框中，将“指定矢量”设为 ZC ↑，在“开始”下拉列表中选择“值”选项，“距离”设为 0mm，在“结束”下拉列表中选择“贯通”，“布尔”设为“减去”。

28 单击“确定”按钮创建切除特征。

29 单击“边倒圆”按钮，将切除特征的 4 个角倒圆（R2mm），如图 12-231 所示。

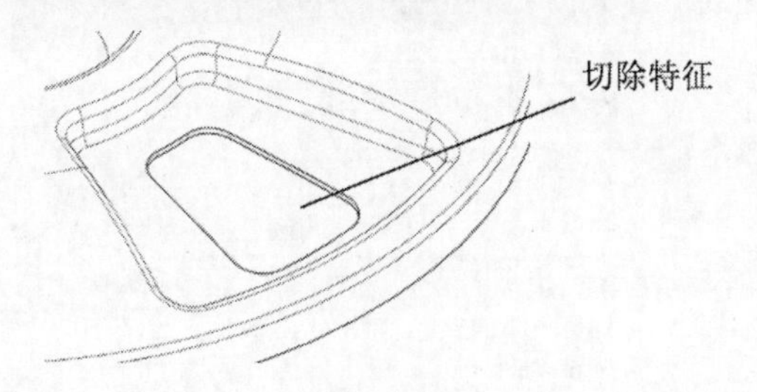

图 12-231

30 执行“菜单”|“插入”|“设计特征”|“拉伸”命令，选择 XC—YC 平面为草绘平面，选择 X 轴为水平参考线，绘制圆形截面（ϕ20mm），如图 12-232 所示。

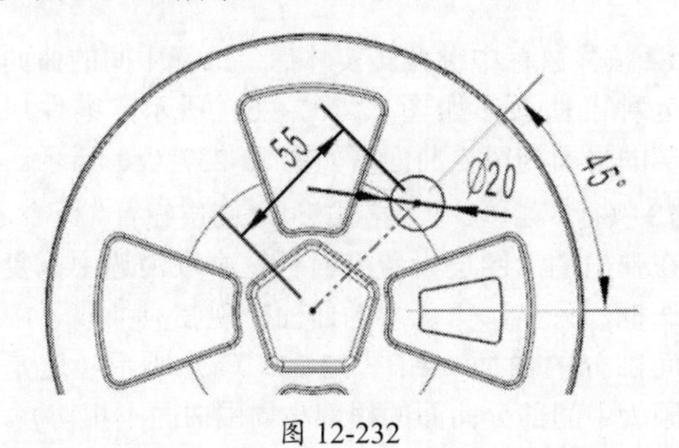

图 12-232

31 执行“菜单”|“插入”|“关联复制”|“阵列特征”命令，在弹出的“阵列特征”对话框中，将“布局”设为“圆形”，“旋转矢量”设为 ZC ↑ 轴，“间距”设为“数量和间隔”，“数量”设为 4，“节距角”设为 90°，单击“指定点”按钮，在弹出的“点”对话框中输入（0,0,0）。

32 按住 Ctrl 键在“部件导航器”中选择图 12-231 中的切除特征、倒圆角特征和图 12-232 的切除特征。

33 单击“确定”按钮创建阵列特征，如图 12-233 所示。

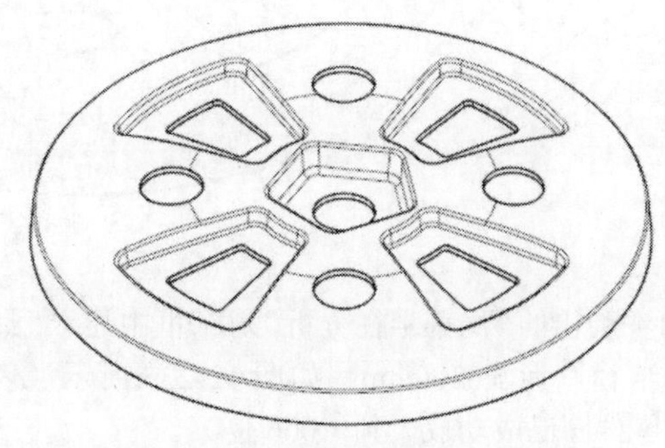

图 12-233

34 用拉伸的方法，再创建中间圆孔特征（直径 ϕ20mm），如图 12-233 中间的圆孔所示。

35 单击“保存”按钮保存文档。

12.9.2 模具设计

01 单击“新建”按钮，在弹出的“新建”对话框的“模型”选项卡中，将“单位”设为“毫米”，选择“模型”模板，将“名称”设为 wheelmold.prt，单击“确定”按钮进入建模环境。

02 执行“菜单”|“文件”|“导入”|“部件”命令，在弹出的“导入部件”对话框中，将“比例”设为 1.0，“图层”设为“原始的”，“目前坐标系”设为“WCS”，单击“确定”按钮。

03 单击“确定”按钮，选择 wheel.prt，单击 OK 按钮。

04 在弹出的“点”对话框中输入 (X、Y、Z) 的坐标值（0,0,0），插入零件实体。

05 执行“菜单”|“插入”|“偏置 / 缩放”|“缩放体”命令，在弹出的“缩放体”对话框中，将“类型”设为“均匀”，“比例因子”设为 1.006，单击“指定点”按钮并输入（0,0,0）。

06 单击“确定”按钮，零件图放大到 1.006 倍。

07 执行“菜单”|“分析”|“局部半径”命令，选择零件中间五边形坑侧边的圆角曲面，如图 12-234 所示。

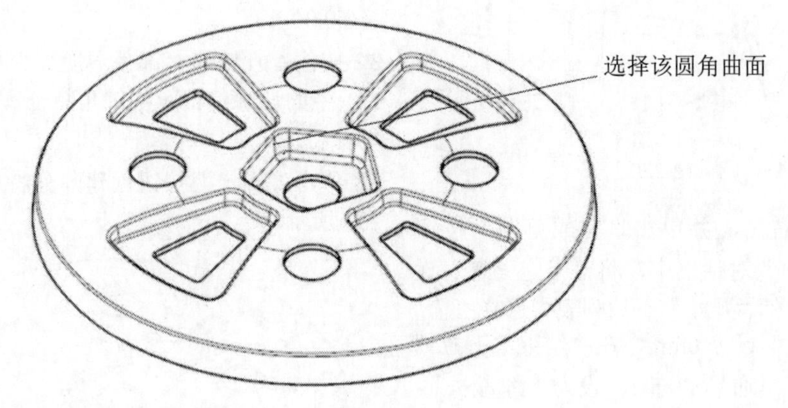

图 12-234

08 在弹出的“局部半径分析”对话框中显示“最小半径”为 5.0300mm，如图 12-235 所示（表示零件图已成功放大到 1.006 倍）。

局部半径分析
分析点
选择点 (1)
位置显示
方位显示
曲率半径显示
半径 =
最小半径 = -5.0300 mm
最大半径 = infinity
U 向半径 = -5.0300 mm
V 向半径 = infinity
确定 应用 取消

图 12-235

09 执行“菜单”|“格式”|“图层设置”命令，在弹出的“图层设置”对话框的“工作层”文本框输入 5，如图 12-236 所示。

10 按 Enter 键，设定第 5 层为工作图层（设置图层的目的是在第 5 层创建分型面，这样能使界面可视性高）。

11 执行“菜单”|“插入”|“关联复制”|“抽取几何特征”命令，在弹出的“抽取几何特征”对话框中，将“类型”设为“面区域”，选中“遍历内部边”“使用相切边角度”和“不带孔抽取”复选框，如图 12-237（a）所示。

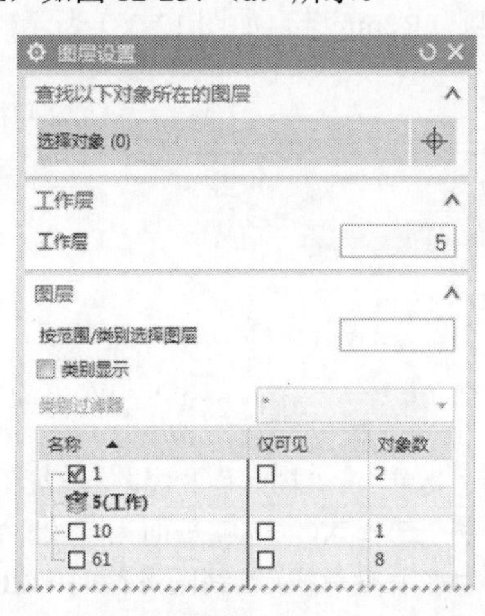

图 12-236

12 按住鼠标中键翻转实体后，选择中间的曲面为种子曲面，如图 12-237（b）所示，零件口部的平面为边界曲面，如图 12-237（c）所示。

13 执行“菜单”|“格式”|“图层设置”命令，在弹出的“图层设置”对话框中取消选中 1 复选框，只显示第 5 层的曲面，现在只抽取了中间部分的曲面，如图 12-238（a）所示（这是因为中间部分曲面的根部与周围曲面不相切）。

14 重复上述命令，分别以周围 4 个坑的底面为种子曲面，抽取其他的曲面，抽取后的曲面如图 12-238（b）所示。

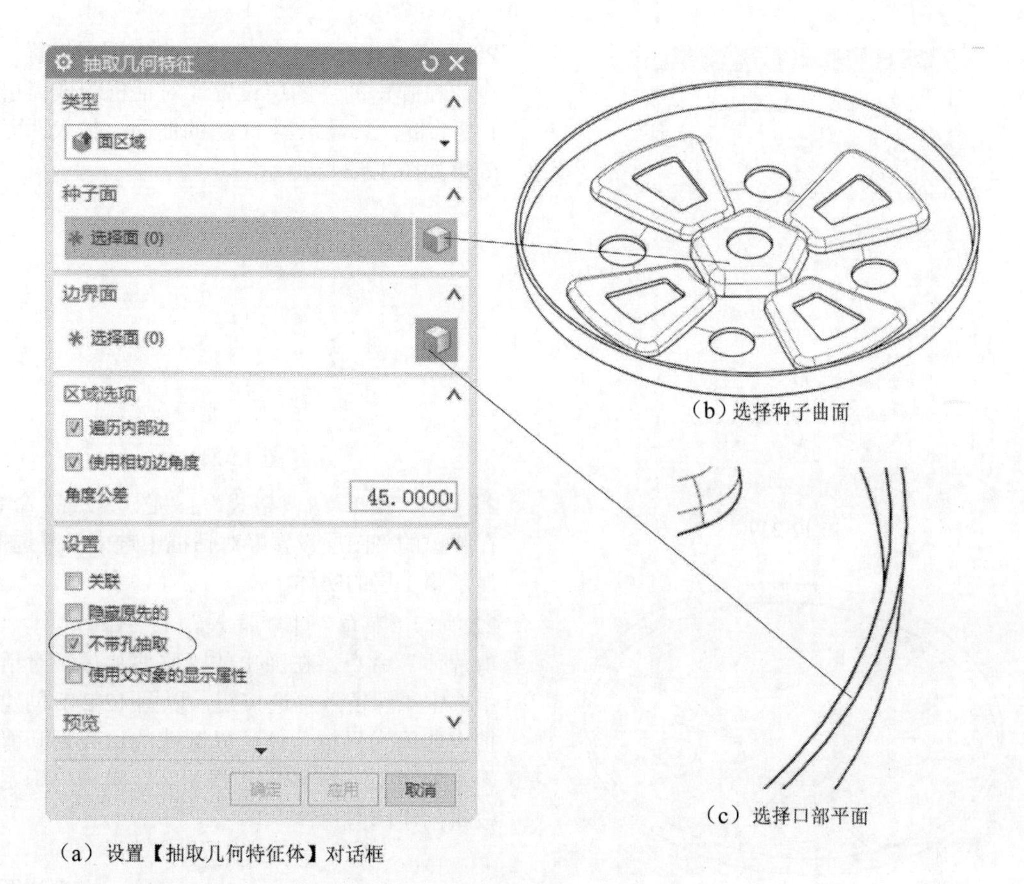

（a）设置【抽取几何特征体】对话框

（b）选择种子曲面

（c）选择口部平面

图 12-237

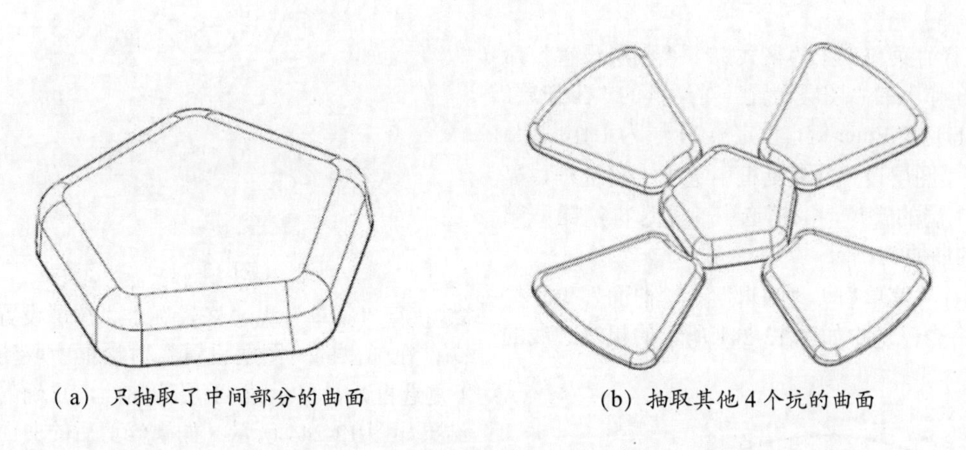

（a）　只抽取了中间部分的曲面

（b）　抽取其他 4 个坑的曲面

图 12-238

15 执行“菜单”｜“插入”｜“关联复制”｜“抽取几何特征”命令，在弹出的“抽取几何特征”对话框中，将“类型”设为“面”，“面选项”设为“单个面”，选中“不带孔抽取”复选框，如图 12-239 所示。

16 选择另外 3 个没有抽取的曲面，单击“确定”按钮，所抽取的曲面如图 12-240 所示，其中 4 个小圆孔没有被封闭，这是因为这 4 个小孔周围是两个曲面，必须用其他方法将其封闭。

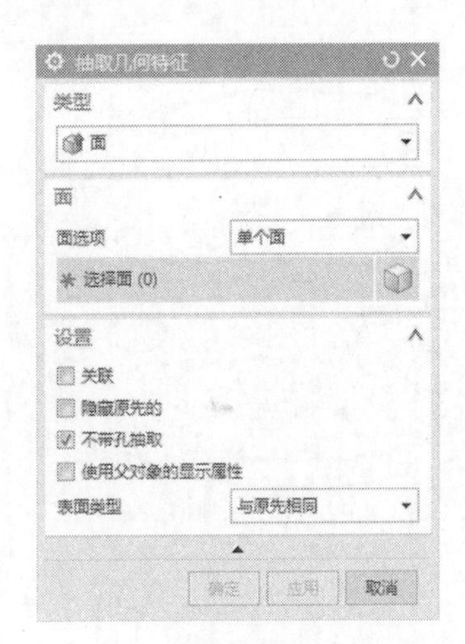

图 12-239

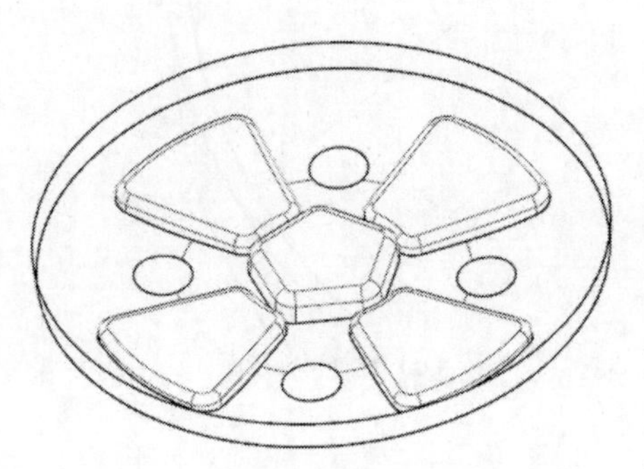

图 12-240

17 执行“菜单”｜“格式”｜“图层设置”命令，在弹出的“图层设置”对话框的“工作层”输入 11，按 Enter 键，设定第 11 层为工作图层。

18 在“图层设置”对话框中选中 1 复选框，显示第 1 层的实体，取消选中 5 复选框，隐藏第 5 层的曲面。

19 执行“菜单”｜“编辑”｜“曲面”｜“扩大”命令，选中如图 12-241 所示的粗线边线的曲面。

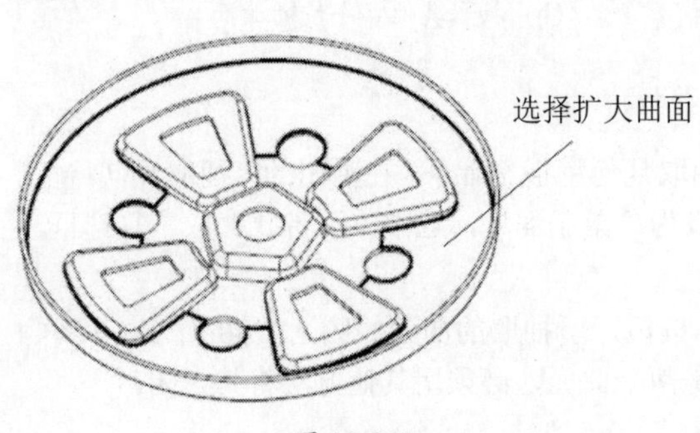

图 12-241

20 执行“菜单”｜“格式”｜“图层设置”命令，在弹出的“图层设置”对话框中取消选中 1 复选框，只显示第 11 层的曲面，扩大曲面的效果如图 12-242 所示。

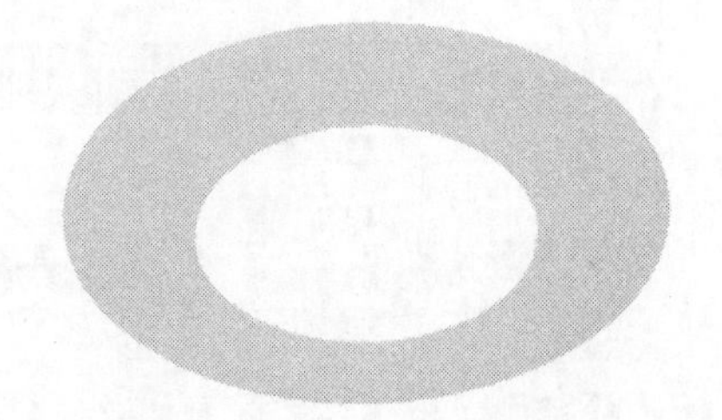

图 12-242

21 执行“菜单”｜“格式”｜“图层设置”命令，在弹出的“图层设置”对话框中选中 1 复选框，显示第 1 层的实体，

22 执行“菜单”｜“插入”｜“修剪”｜“修剪片体”命令，在弹出的“修剪片体”对话框中选中“保留”单选按钮，以图 12-242 创建的扩大曲面为目标片体，以圆孔的边线为修剪边界，如图 12-243 中的粗线所示，单击“确定”按钮创建修剪片体。

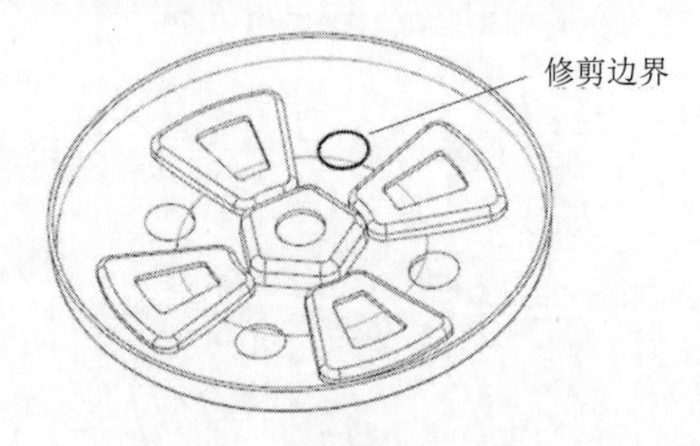

图 12-243

23 执行“菜单”｜“格式”｜“图层设置”命令，在弹出的“图层设置”对话框中取消选中 1 复选框，只显示第 11 层的曲面，正确的修剪结果如图 12-244 所示（如果修剪后的曲面如图 12-245 所示，表示该曲面是错误的，应在“修剪片体”对话框中选中“放弃”单选按钮）。

图 12-244

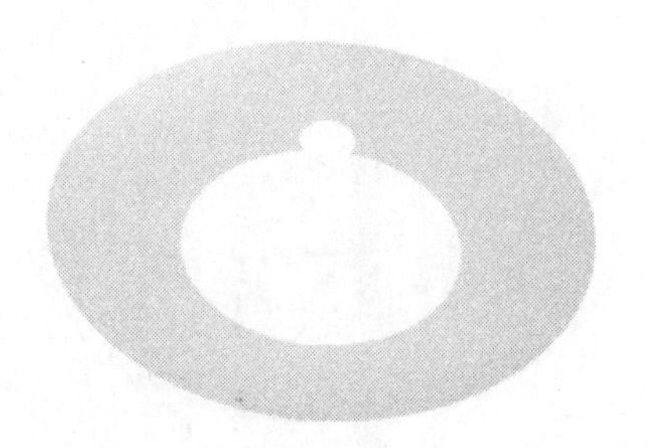

图 12-245

24 执行“菜单”|“格式”|“图层设置”命令，在弹出的“图层设置”对话框中选中 1 复选框，显示第 1 层的实体。

25 执行“菜单”|“编辑”|“曲面”|“扩大”命令，选择需要扩大的曲面，如图 12-246 中的粗线所示。

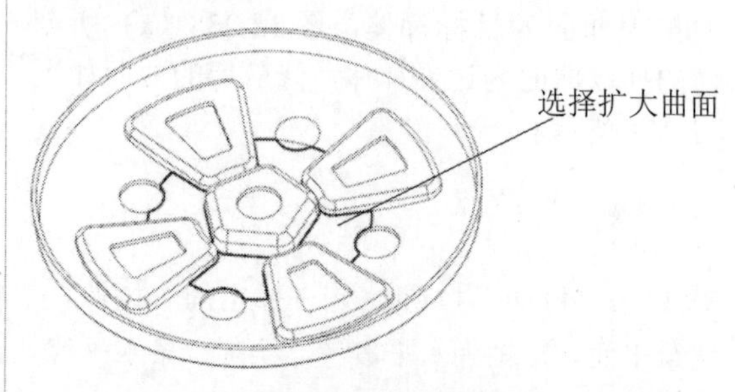

图 12-246

26 执行“菜单”|“插入”|“修剪”|“修剪片体”命令，在弹出的“修剪片体”对话框中选中“保留”单选按钮，以刚才创建的扩大曲面为目标片体，在“修剪片体”对话框的“边界”栏中单击“选择对象”按钮，在辅助工具栏中选择“相切曲线”并单击“在相交处停止”按钮，如图 12-247 所示。

图 12-247

27 选择小孔的边缘曲线和上次修剪曲面的边线为边界对象，如图 12-248 中的粗线所示。

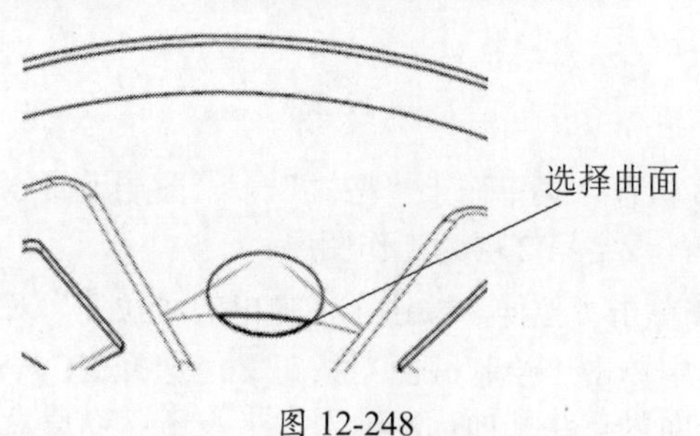

图 12-248

28 单击“确定”按钮后曲面被修剪，着色后一个通孔被全部封闭，如图 12-249 所示（如果没有封闭，需要在“修剪片体”对话框中选中“放弃”单选按钮）。

图 12-249

29 执行“菜单”|“编辑”|“特征”|“移除参数”命令，选择上述两个修补曲面，单击“确定”按钮，解除上述修补曲面与其他曲面的父子关系（提示：父子关系解除后，才能阵列）。

30 执行“菜单”|“插入”|“关联复制”|“阵列特征”命令，在弹出的“阵列特征”对话框中，将“布局”设为“圆形”，“旋转矢量”设为 ZC ↑ 轴，“间距”设为“数量和间隔”，“数量”设为 4，“节距角”设为 90°，单击“指定点”按钮，在弹出的“点”对话框中输入（0,0,0）。

31 选择两个补面，单击“确定”按钮创建阵列特征，实体被封闭，如图 12-250 所示。

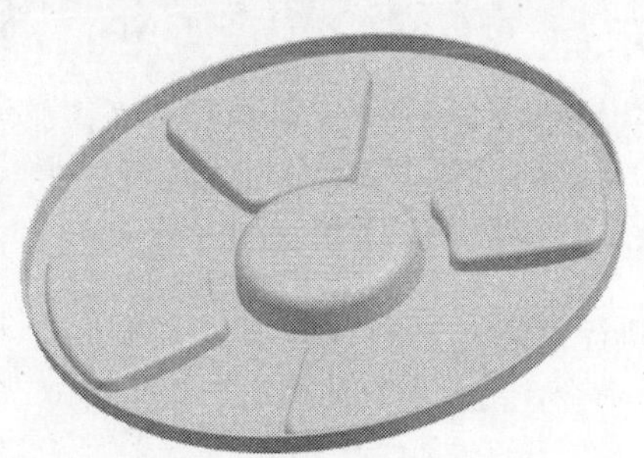

图 12-250

32 执行“菜单”|“插入”|“修剪”|“修剪片体”命令，在弹出的“修剪片体”对话框中选中“保留”单选按钮，以图 12-246 所创建的扩大曲面为目标片体，图 12-238（a）所创建的抽取曲面为边界片体，修剪后的曲面如图 12-251 所示。

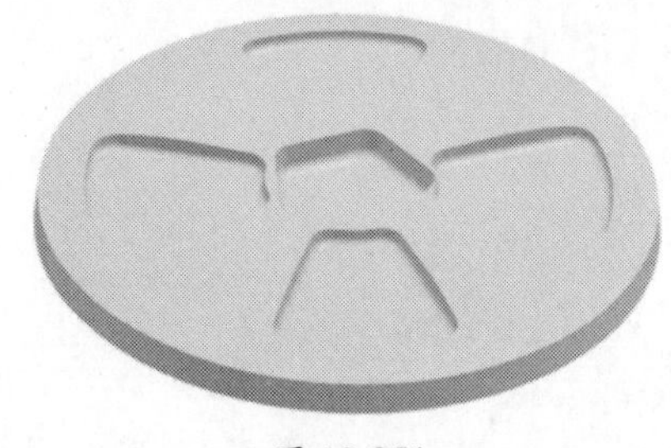

图 12-251

33 单击“拉伸”按钮，在弹出的“拉伸”对话框中单击“绘制截面”按钮，选择 ZOX 为草绘平面，X 轴为水平参考，绘制一条水平线，该直线与口部重合，如图 12-252 所示。

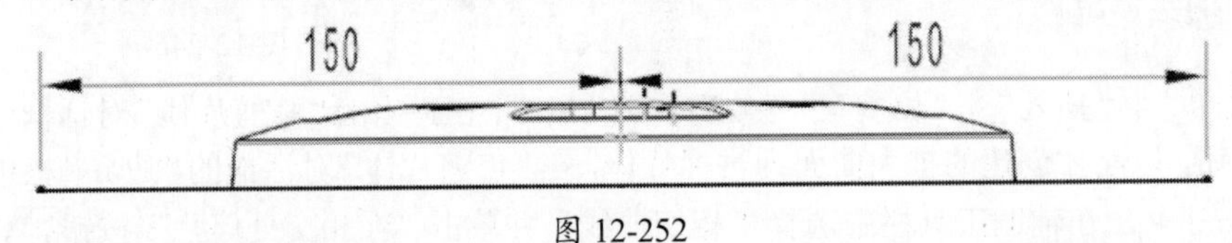

图 12-252

34 单击“完成草图”按钮，在“拉伸”对话框中，将“指定矢量”设为 YC↑，在“结束”下拉列表中选择“对称值”，“距离”设为 150mm，“布尔”设为“无”。

35 单击“确定”按钮生成一个曲面，如图 12-253 所示。

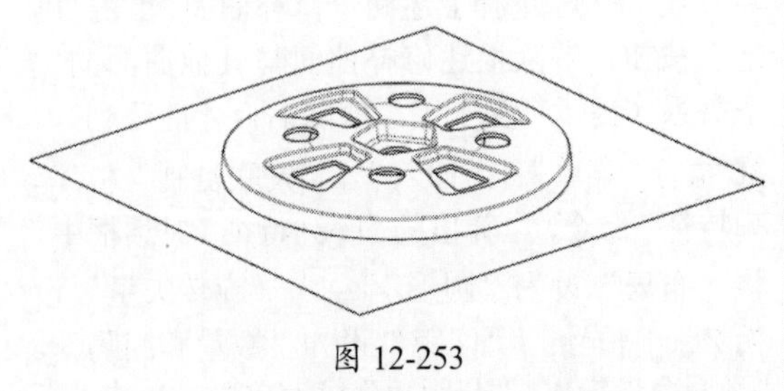

图 12-253

36 执行“菜单”|“插入”|“修剪”|“修剪片体”命令，以刚才创建的拉伸曲面为目标片体，抽取曲面为边界对象，单击“应用”按钮，拉伸曲面的中间部分被修剪，如图 12-254 所示。

提示：

如果拉伸曲面的中间部分被保留，而周围部分被修剪，则需要在“修剪片体”对话框中切换选中“保留”或“放弃”单选按钮。

37 执行“菜单”|“插入”|“组合”|“缝合”命令，缝合所有曲面。

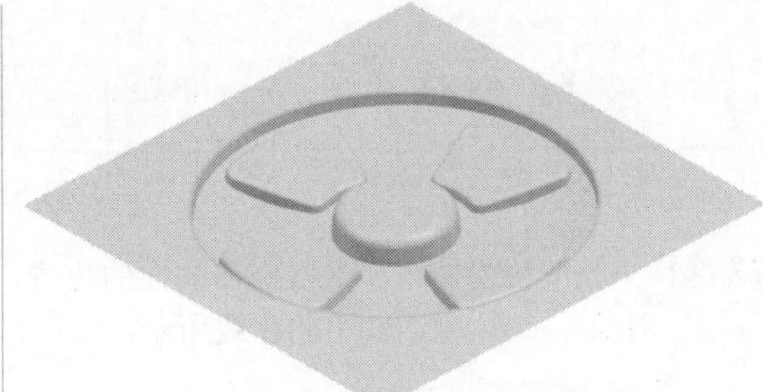

图 12-254

38 执行“菜单”|“格式”|“图层设置”命令，设定第 2 层为工作图层。

39 单击“拉伸”按钮，在弹出的“拉伸”对话框中单击“绘制截面”按钮，选择 XC—YC 平面为草绘平面，X 轴为水平参考，以原点为中心，绘制一个矩形截面（280mm×280mm），如图 12-255 所示。

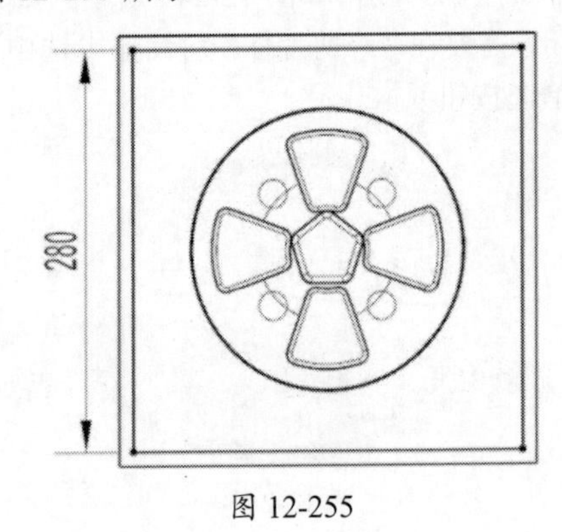

图 12-255

40 单击“完成草图”按钮，在弹出的“拉伸”对话框中，将“指定矢量”设为 ZC ↑，在“开始”下拉列表中选择“值”选项，“距离”设为-20mm，在“结束”下拉列表中选择“值”，“距离”设为 50mm，“布尔”设为“无”。

41 单击“确定”按钮创建工件，如图 12-256 所示。

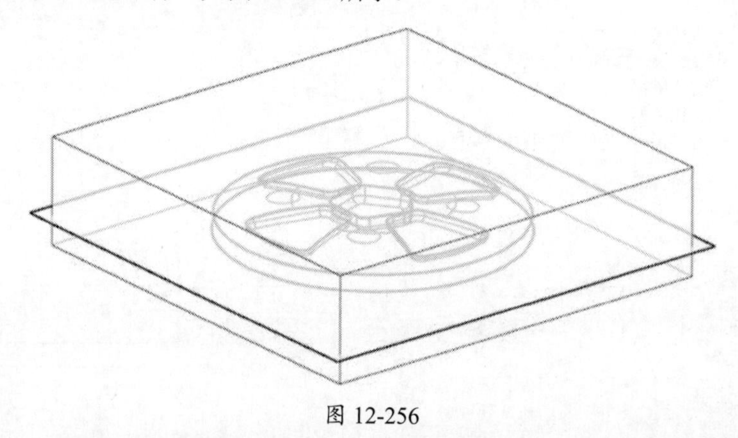

图 12-256

42 执行“菜单”|“格式”|“图层设置”命令，打开第 1 层的实体。

43 单击“减去”按钮，选择工件为目标体，选择产品零件为工具体，在弹出的“求差”对话框中选中“保存工具”复选框，如图 12-257 所示。

图 12-257

44 单击“确定”按钮创建减去特征。

45 执行“菜单”|“插入”|“修剪”|“拆分体”命令，以工件为目标体，以组合后的分型面为工具体，单击“确定”按钮将工件拆分成型芯与型腔（如果此时不能拆分，可能是分型面比工件小、曲面没有缝合，也可能是其他原因，一定要仔细查找原因）。

46 执行“菜单”|“编辑”|“特征”|“移除参数”命令，移除工件的参数（提示：不要移除零件的参数）。

47 在“装配导航器”中选择 wheel，右击并在弹出的快捷菜单中选择 WAVE |“新建层”命令，在弹出的“新建层”对话框中单击“类选择”按钮。先在工具栏中选择“实体”，再选择上部分工件（型腔），将“文件名”设为 wheelcavity。下部分工件（型芯），将“文件名”设为 wheelcore，此时的“装配导航器”如图 12-258 所示。

图 12-258

48 单击“保存”按钮，在 WAVE 模式中建立的下层文件保存在指定目录中。

12.9.3 加载三板模模架

1. 加载模架

01 单击“模架库”按钮，在弹出的“重用库”对话框中，将“名称”设为 LKM_PP（LKM 指龙记模架；PP 指三板模模架，即细水口模架），展开“成员选择”栏并选择DC。在“模架库”对话框的“详细信息”栏中将Index设为4545，AP_h设为100，BP_h设为50，CP_h设为200，mold_w设为500，如图12-259所示。

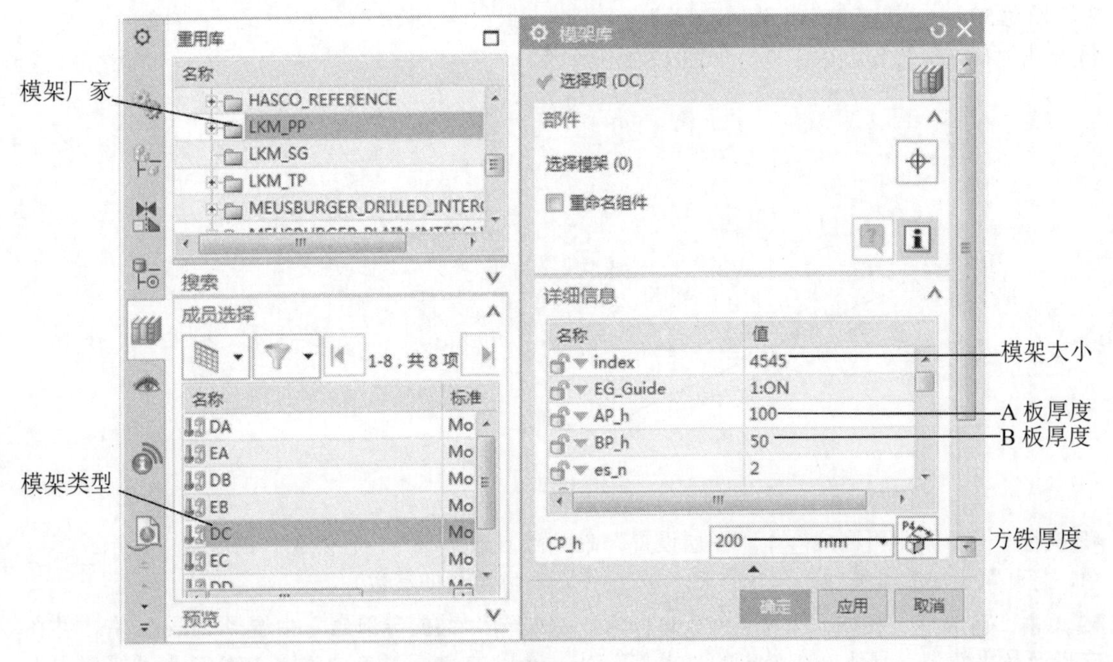

图 12-259

提示：

与两板模的模架相比，三板模的模架要大很多。

02 单击“确定”按钮加载三板模模架，如图12-260所示。

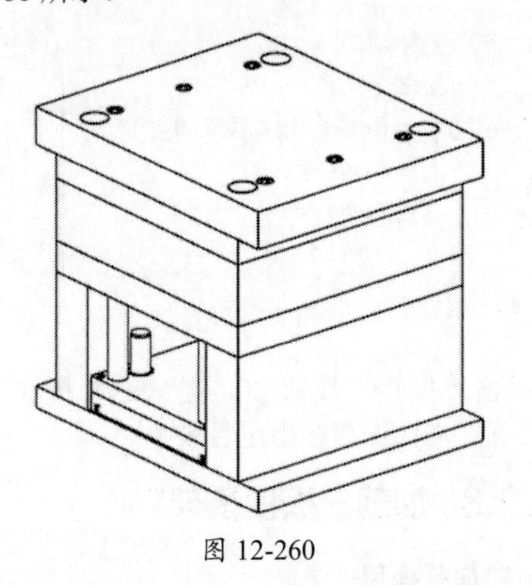

图 12-260

03 三板模模架各部分的名称如图12-261所示，与两板模模架相比，三板模的前模部分有面板、脱料板和A板。

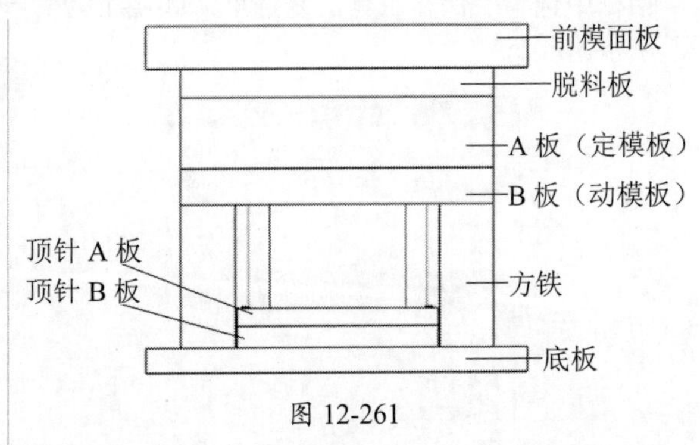

图 12-261

04 单击“保存”按钮，所有的文档都保存在起始目录中。

2. 加载定位圈与唧嘴

01 在“注塑模向导”工具栏中单击“标准部件库”按钮，如图12-262所示。

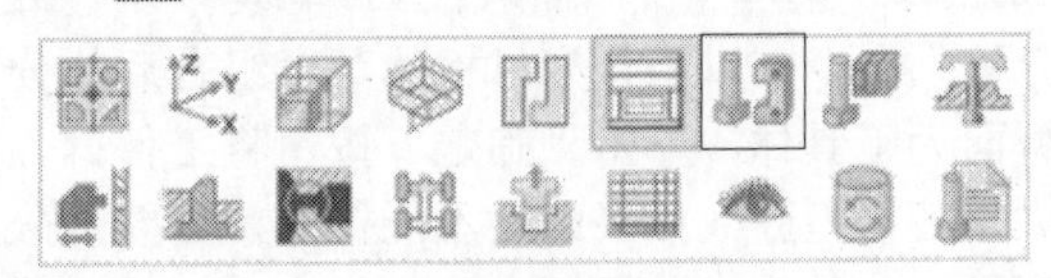

图 12-262

02 在“重用库”的“名称”栏中展开 FUTABA_MM，选择 Locating Ring Interchangeable，在“成员选择”栏中选择 Locating Ring。在弹出的“标准件管理”对话框中，将“父”设为 wheelmold，“位置”设为 WCS_XY，“引用集”设为 TRUE，TYPE 设为 M-LRA，DIMETER 设为 60，如图 12-263 所示。

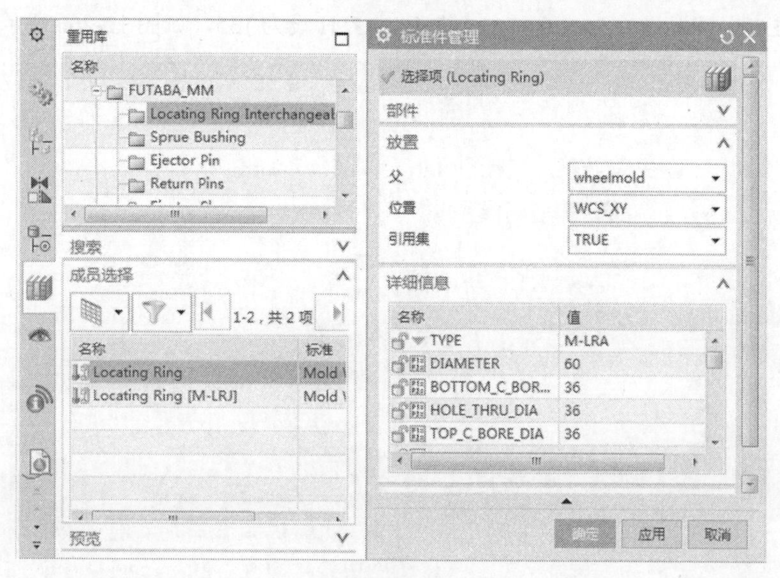

图 12-263

03 单击“确定”按钮加载定位圈，如图 12-264 所示。

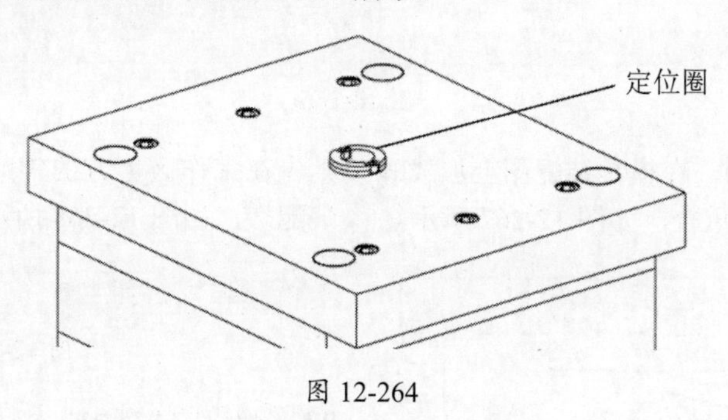

图 12-264

04 单击“腔体”按钮，在弹出的“型体”对话框中将“模式”设为“减除材料”，选择前模面板为目标体，定位圈为工具体，单击“确定”按钮创建定位圈腔体（即定位圈的装配位），将定位圈隐藏后的效果如图 12-265 所示。

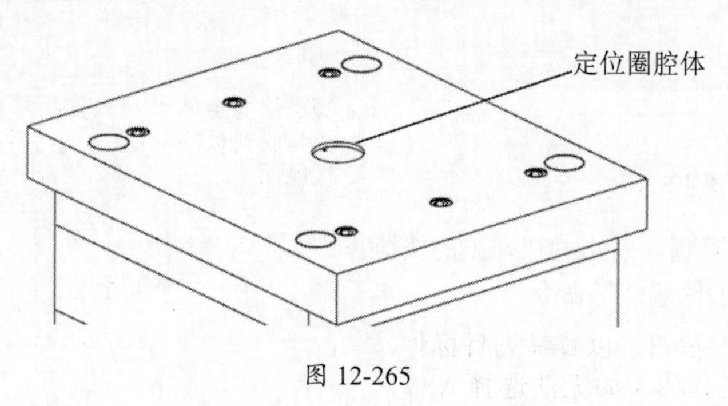

图 12-265

05 单击“标准部件库”按钮，在“重用库”对话框的“名称”栏中，展开FUTABA_MM并选择Sprue Bushing，在“成员选择”栏中选择Sprue Bushing。在弹出的“标准件管理”对话框中，将“父”设为wheelmold，“位置”设为WCS_XY，“引用集”设为TRUE，在“详细信息”栏中，将CATALOG_DIA设为25，CATALOG_LENGTH设为135，如图12-266所示。

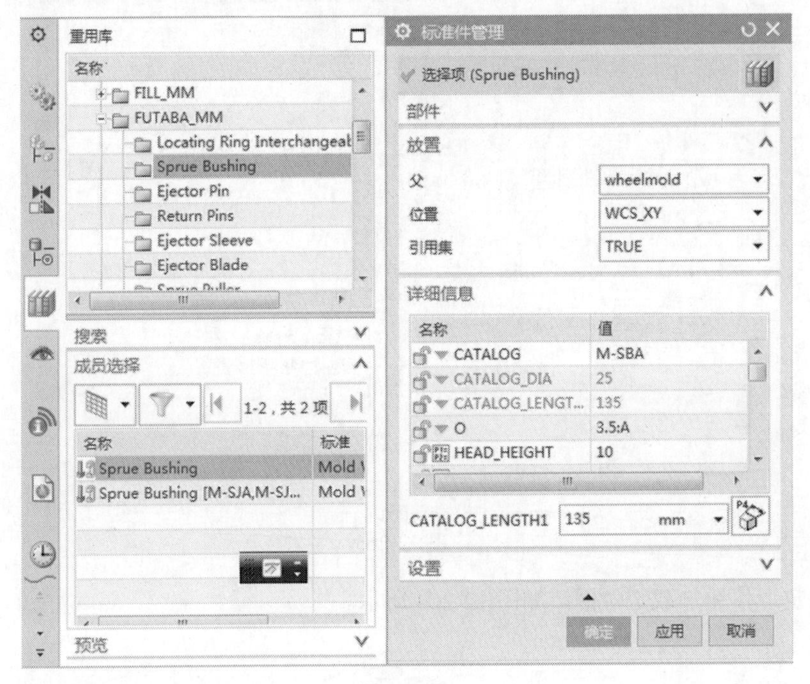

图 12-266

06 单击“确定”按钮，在模具装配图上加载唧嘴，与定位圈的位置重合，如图12-267所示。

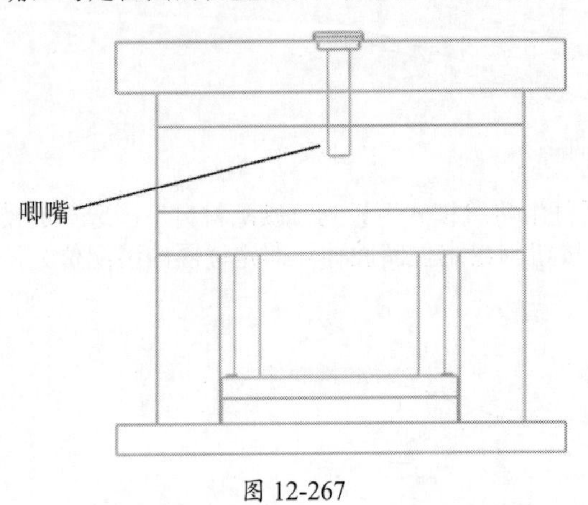

图 12-267

07 在装配图中选择唧嘴，右击并在弹出的快捷菜单中选择“设为工件部件”命令。

08 单击“减去”按钮，以唧嘴为目标体，选择A板实体为工具体（如无法选择A板，则先在工作区上方的辅助工具栏中选择“整个装配”，如图12-268所示）。

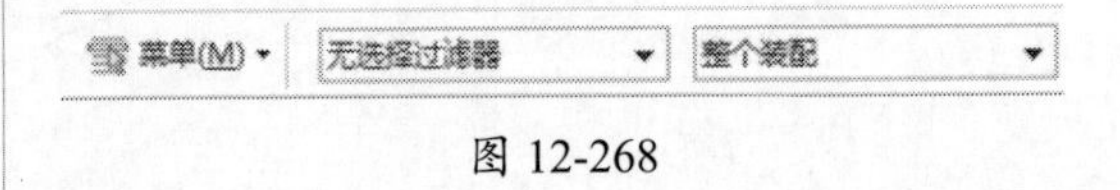

图 12-268

09 在弹出的“减去”对话框中选中“保存工具”复选框，单击“确定”按钮，修剪唧嘴长度至A板与脱料板的接触面，如图12-269所示。

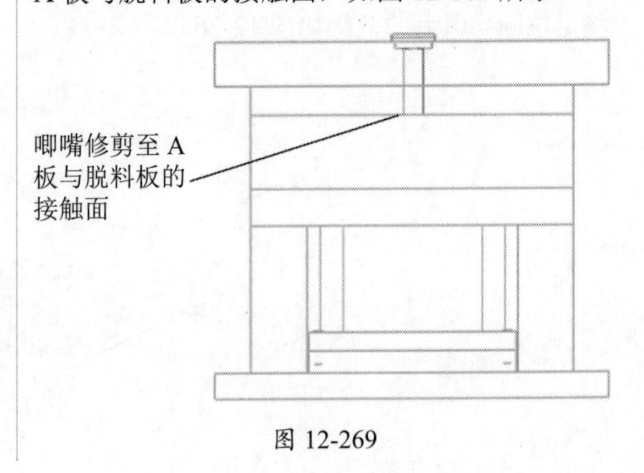

图 12-269

10 单击“腔体”按钮，在弹出的“腔体”对话框中将“模式”设为“减除材料”，选择前模面板和脱料板为目标体，唧嘴为工具体，单击“确定”按钮创建唧嘴的装配位置。

3. 创建主流道

01 在模架图中选择 A 板，右击并在弹出的快捷菜单中选择“在窗口中打开”命令，打开 A 板。

02 在“注塑模向导”工具栏中单击“流道”按钮，在弹出的“流道”对话框中单击“绘制截面”按钮，选择 A 板的上表面为草绘平面，X 轴为水平参考，绘制一个截面，如图 12-270 所示。

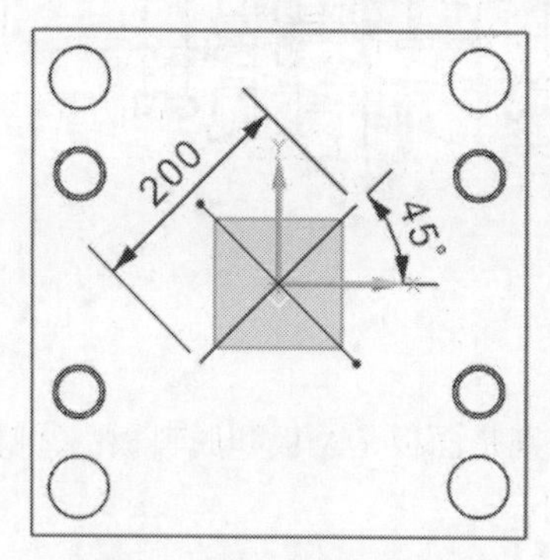

图 12-270

03 单击“完成草图”按钮，在弹出的“流道”对话框中，将“指定矢量”设为 ZC ↑，“截面类型”设为 Traperzoidal（梯形），D（流道宽度）设为 12，H（流道深度）设为 8，C（流道斜度）设为 5°，R（底部圆角）设为 2，“布尔”设为“求差”，如图 12-271 所示。

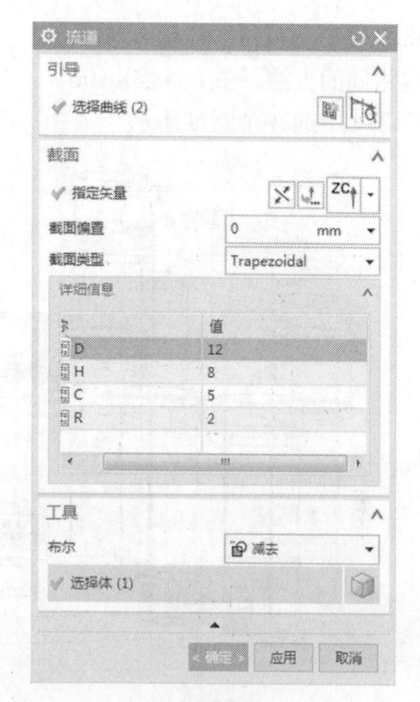

图 12-271

04 单击“确定”按钮创建主流道，如图 12-272 所示。

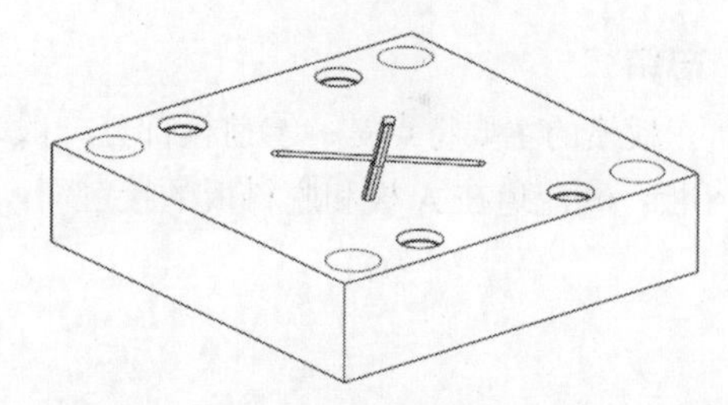

图 12-272

4. 创建进浇口

01 在屏幕上方的标题栏中执行“窗口”选项，选择 wheelmold.prt，打开模具装配图。

02 执行“菜单”|“插入”|“设计特征”|“圆锥”命令，在弹出的“圆锥”对话框中，将“类型”设为“顶部直径，高度和半径”，“指定矢量”设为-ZC ↓，“指定点”选择(58,58,100)，“顶部直径”设为 1mm，“高度”设为 83mm，“半角”设为 2°，如图 12-273 所示。

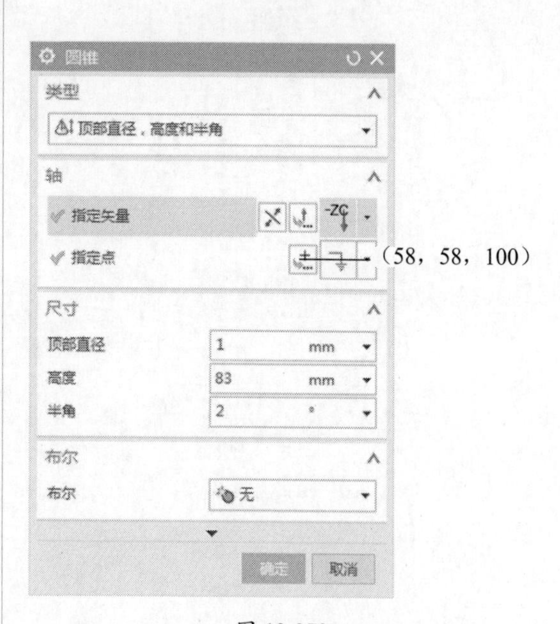

图 12-273

03 单击“确定”按钮创建第一个浇口。

04 采用相同的方法，在（−58,58,100）、（−58,−58,100）、（58,−58,100）3 点处创建另外 3 个浇口，如图 12-274 中的 4 个圆锥所示。

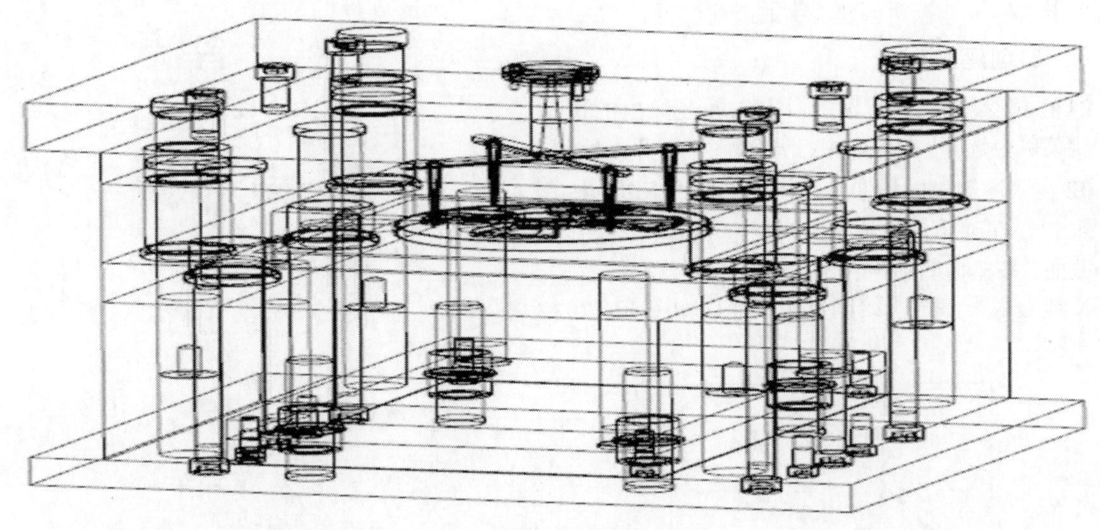

图 12-274

总结：

三板模的主要特点是：①前模部分一般有 3 块板，分别是面板、A 板和脱料板；②唧嘴延伸到 A 板；③流道在 A 板和脱料板的接触面；④进浇口较小。

第13章 电极设计

对于工件中的某些位置可能无法用铣床直接加工出来，需要用电极放电的方式加工。本章以几个简单实例，介绍电极设计的一般流程。

13.1 建模环境中的电极设计

01 打开 EX13-1.prt 文件，该产品的 4 个角的圆角半径太小，无法直接用铣刀加工，需要使用电极加工的方式制作，如图 13-1 所示。

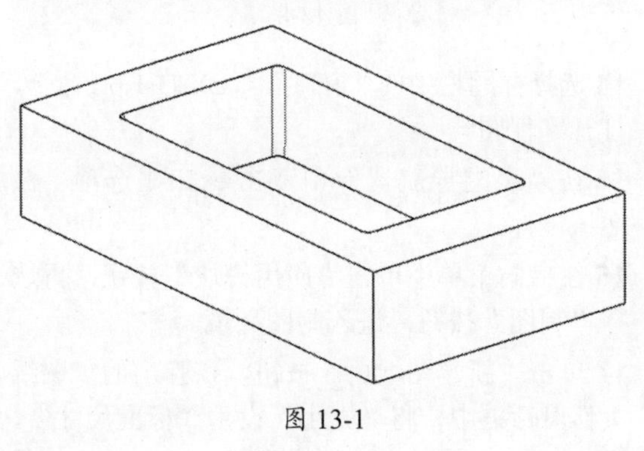

图 13-1

02 单击“拉伸”按钮，在弹出的“拉伸”对话框中单击“绘制截面”按钮，以工件的表面设为草绘平面，绘制一个矩形截面，如图 13-2 所示。

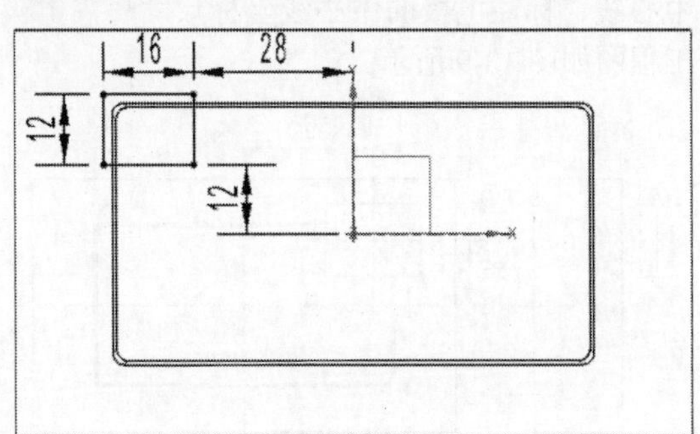

图 13-2

03 单击“完成草图”按钮，在“拉伸”对话框中，将“指定矢量”设为 ZC ↑，“开始”设为“贯通”。在“结束”下拉列表中选择“值”，“距离”设为 5mm，“布尔”设为“无”。

04 单击“确定”按钮创建一个拉伸实体，如图 13-3 所示。

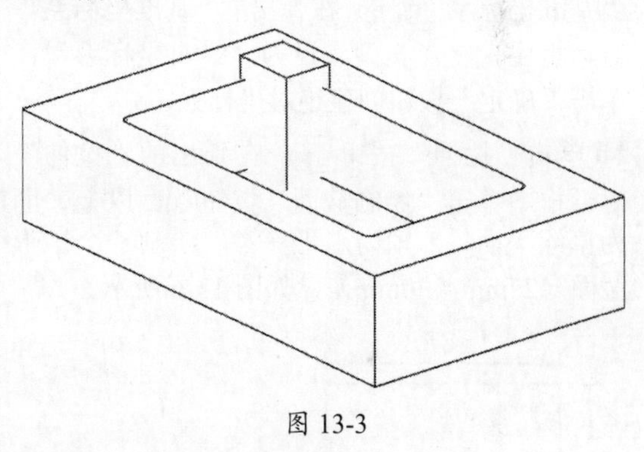

图 13-3

05 单击“减去”按钮，在弹出的“求差”对话框中选中“保存工具”复选框，以刚才创建的实体为目标体，以图 13-1 的实体为工具体，单击“确定”按钮创建减去特征。

06 在“装配导航器”中选中 ex13-1 复选框，右击并在弹出的快捷菜单中选择 WAVE | “新建级别”命令。单击“指定部件名”按钮，输入文件名 DJ1，单击“类选择”按钮，先在“装配导航器”上方选择“实体”选项，再选择刚才创建的拉伸实体。

07 单击“确定”按钮，在“装配导航器”中添加 dj1，如图 13-4 所示。

图 13-4

08 在“装配导航器”中选择 dj1，右击并在弹出的快捷菜单中选择“在窗口中打开”命令，打开 dj1 的零件图，如图 13-5 所示。

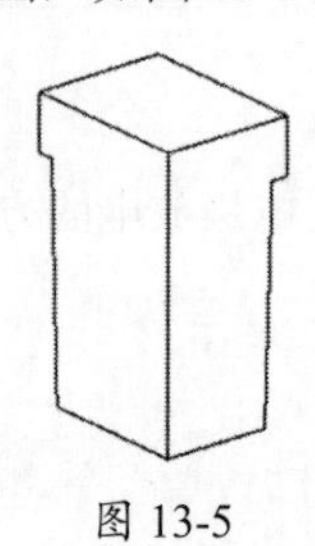

图 13-5

09 执行“菜单”|“插入”|“基准/点”|“基准坐标系”命令，在弹出的“基准坐标系”对话框中，将“类型”设为“绝对坐标系”，单击“确定”按钮创建绝对坐标系。

10 单击“拉伸”按钮，在弹出的“拉伸”对话框中单击“绘制截面”按钮，以上表面为草绘平面，X 轴为水平参考，绘制一个矩形截面（27mm×20mm），如图 13-6 所示。

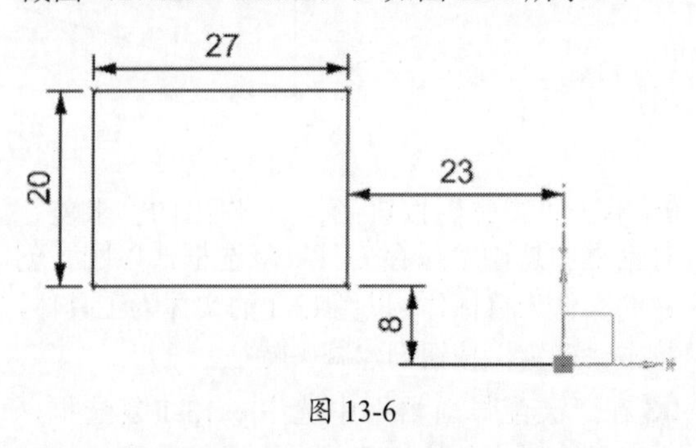

图 13-6

11 单击“完成草图”按钮，在“拉伸”对话框中，将“指定矢量”设为 ZC↑，在“开始”下拉列表中选择“值”选项，“距离”设为 0mm，在“结束”下拉列表中选择“值”，“距离”设为 5mm，“布尔”设为“求和”。

12 单击“确定”按钮，创建一个拉伸实体（即电极座），如图 13-7 所示。

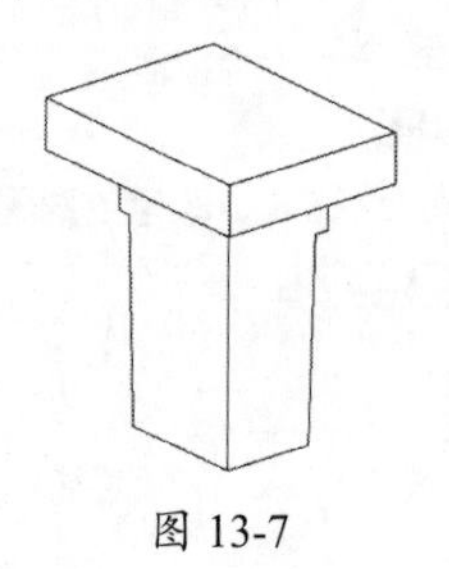

图 13-7

13 执行“菜单”|“插入”|“同步建模”|“替换面”命令，“原始面”选择电极的台阶面，“替换面”选择电极座的台阶面，单击“确定”按钮取消电极的台阶面，如图 13-8 所示。

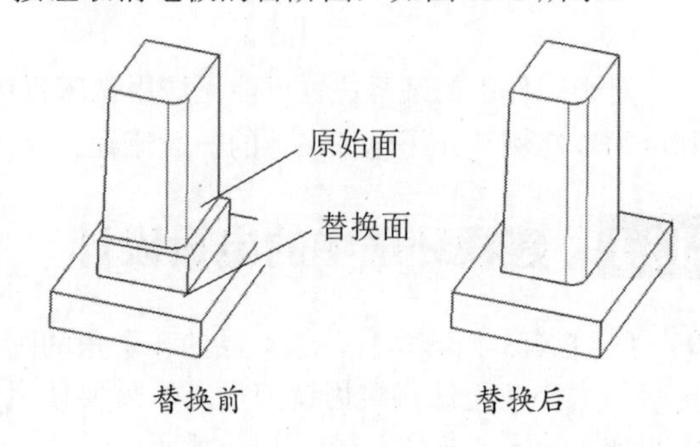

图 13-8

14 选择标题栏中的“窗口”| EX13-1.prt 命令，打开零件图。

15 在“装配导航器”中双击 ex13-1 选项，激活该零件。

16 在横向菜单中单击“应用模块”按钮，再选择“制图”按钮，进入制图环境。

17 单击“新建图纸页”按钮，在弹出的“图纸页”对话框中，将“大小”设为“标准尺寸”，设为 A4：210×297，“比例”设为 1:1，“单位”设为“毫米”，“投影”设为“第一角投影”。

18 在工程图图框中创建主视图与侧视图并添加中心线、标注电极的中心线坐标尺寸后，电极工程图如图 13-9 所示。

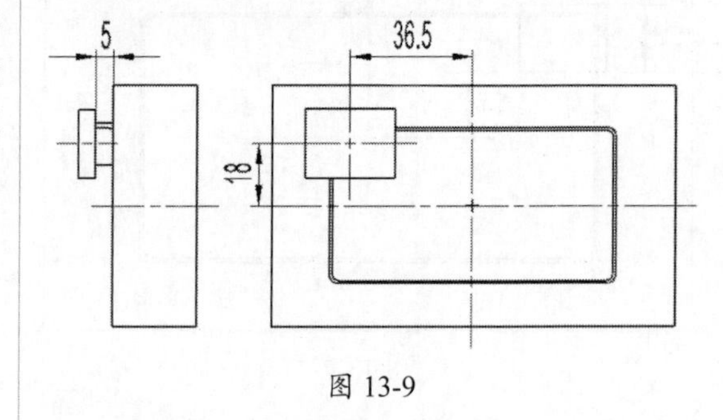

图 13-9

19 采用相同的方法，创建另外 3 个角位的电极。

20 单击“保存”按钮保存文档。

13.2　注塑模向导下的电极设计

01 打开 hecore.prt 文件，如图 13-10 所示。该工件的中部无法直接用铣刀加工成形，需要使用电极加工。

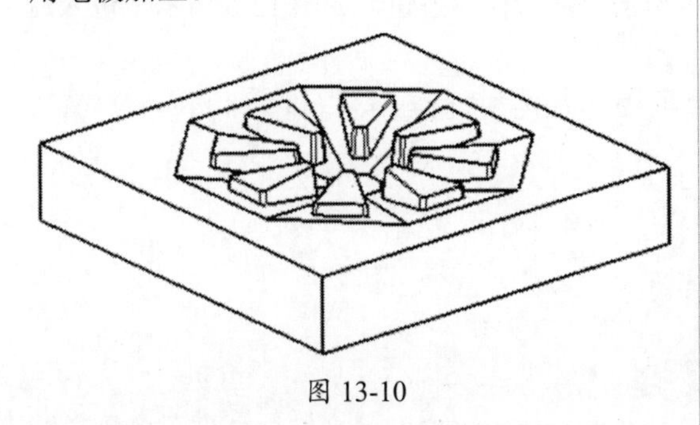

图 13-10

02 在横向菜单中选择“应用模块”选项卡，再单击“建模”按钮，进入建模环境。

03 执行“菜单”｜“编辑”｜“特征”｜“移除参数”命令，移除特征参数。

04 执行“菜单”｜“格式”｜“WCS”｜“定向”命令，在弹出的“坐标系”对话框中，将“类型”设为“对象的坐标系”，如图 13-11 所示。

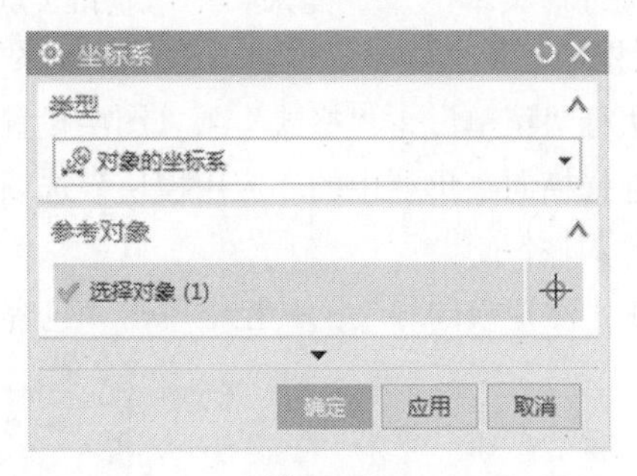

图 13-11

05 选择工件的上表面后单击“确定”按钮，在上表面的中心创建一个坐标系，如图 13-12 所示。

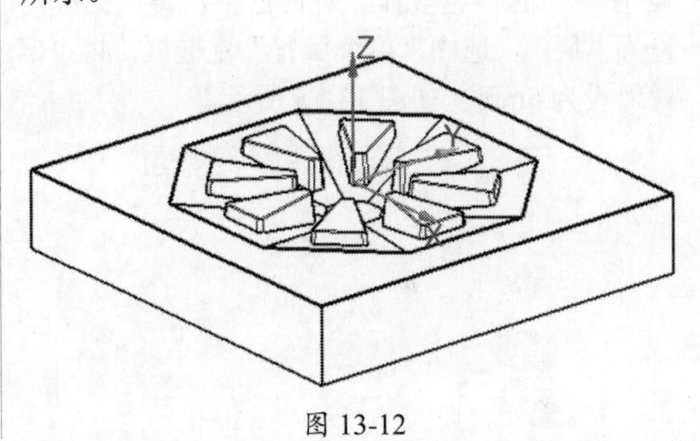

图 13-12

06 执行“菜单”｜“编辑”｜“移动对象”命令，在弹出的“移动对象”对话框中，将“运动”设为“坐标系到坐标系”，“结果”设为“移动原先的”。单击“指定起始坐标系”按钮，在弹出的“坐标系”对话框中，将“类型”设为“动态”，“参考”设为 WCS，单击“确定”按钮。在“移动对象”对话框中单击“指定目标坐标系”按钮，在弹出的“坐标系”对话框中，将“类型”设为“绝对坐标系”，如图 13-13 所示。

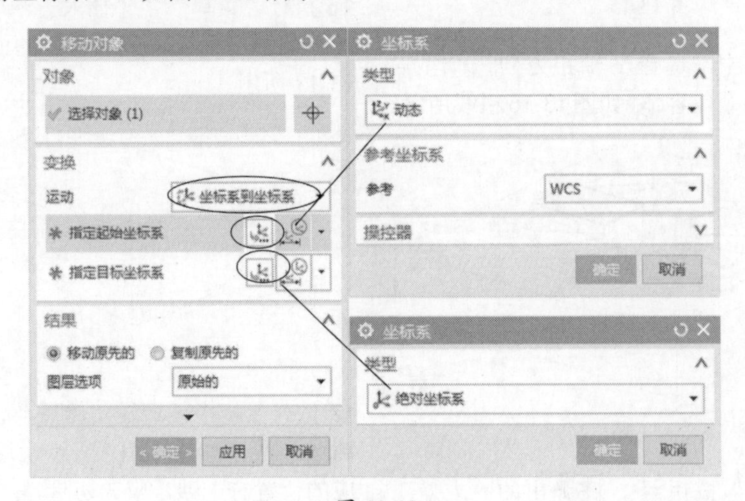

图 13-13

07 单击“确定”按钮，上表面的中心移至绝对坐标系原点。

08 执行“菜单”|“插入”|“基准 / 点”|“基准坐标系”命令，在弹出的“基准坐标系”对话框中，将“类型”设为“绝对坐标系”选项，单击“确定”按钮创建绝对坐标系。

09 执行“菜单”|“格式”|“图层设置”命令，设置第 10 层为工作图层。

10 选择横向菜单栏中的“应用模块”选项卡，再单击“注塑模”按钮，如图 12-6 所示，进入注塑模设计环境。

11 在“注塑模向导”工具栏中单击“包容体”按钮，如图 13-14 所示。

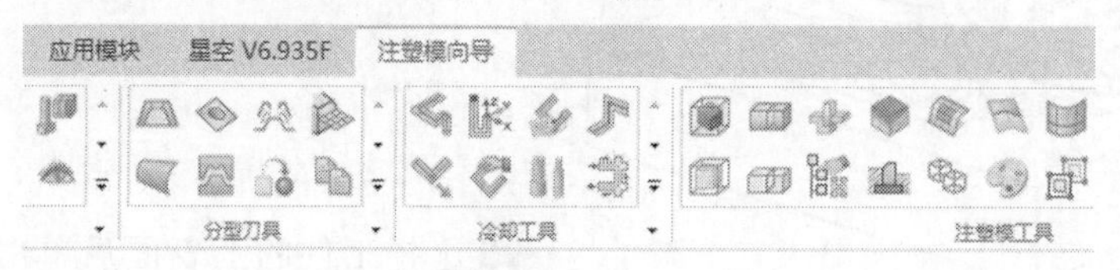

图 13-14

12 在弹出的“包含体”对话框中，将“类型”设为“块”，选中“单个偏置”复选框，将“偏置”设为 5mm，如图 13-15 所示。

图 13-15

13 在 8 个型芯中，选择 Y 轴正方向一个型芯的曲面，创建一个包容体，如图 13-16 粗线所示。

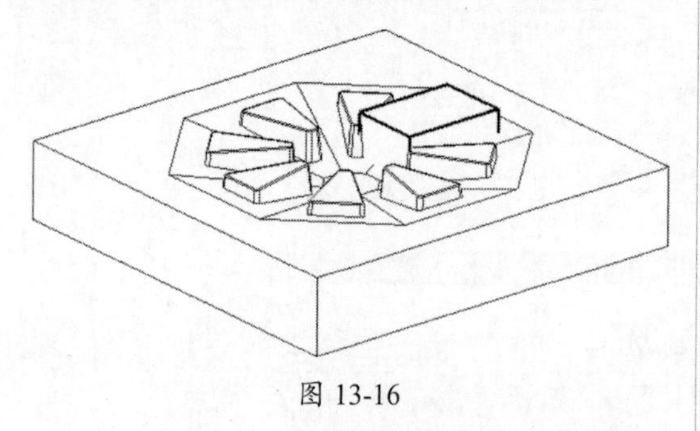

图 13-16

14 单击“减去”按钮，在弹出的“求差”对话框中选中“保存工具”复选框，以刚才创建的实体为目标体，以图 13-12 的实体为工具体，单击“确定”按钮创建减去特征。

15 执行“菜单”|“格式”|“图层设置”命令，取消选中 1 复选框，隐藏第 1 层的实体后只显示包容体，包含体的左下角和右下角都有干涉部分，如图 13-17 所示。

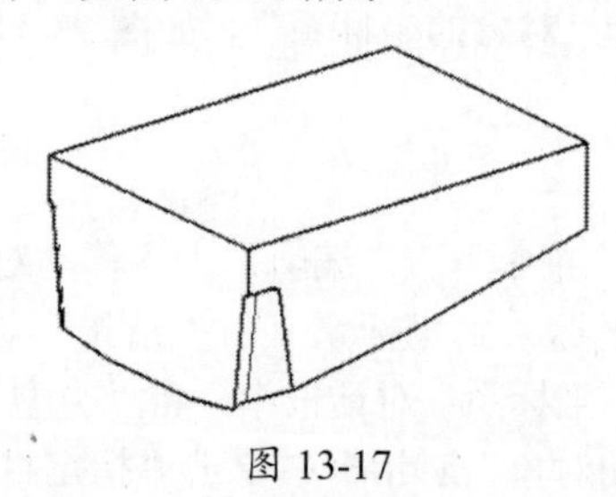

图 13-17

16 执行“菜单”|“插入”|“同步建模”|“删除面”命令，删除干涉的面后的效果如图 13-18 所示。

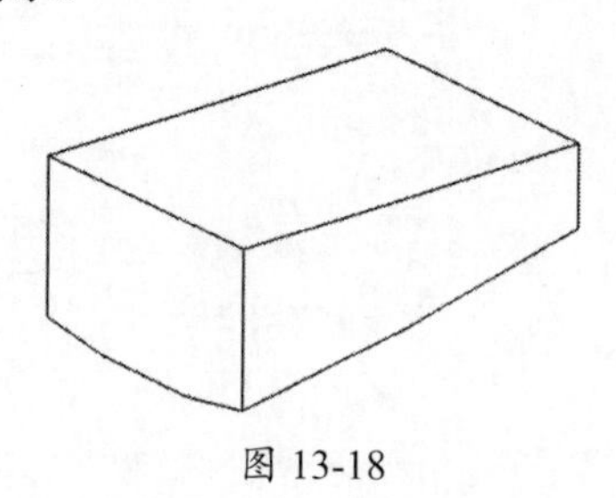

图 13-18

17 按住鼠标中键翻转实体后，包容体的表面有两条棱线，如图 13-19 所示，这两条棱线所对应的位置有干涉，应该切除。

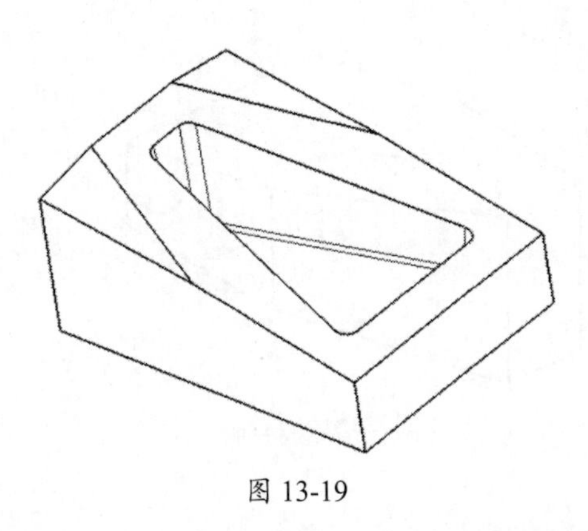

图 13-19

18 执行“菜单”|“插入”|“细节特征”|“倒斜角”命令，在弹出的“倒斜角”对话框中，将“横截面”设为“非对称”，“距离 1”设为 10mm，“距离 2”设为 25mm，如图 13-20 所示。

19 选择其中一条棱线，创建倒斜角特征（如果方向不正确，可以单击“反向”按钮纠正），如图 13-21 所示。

图 13-20

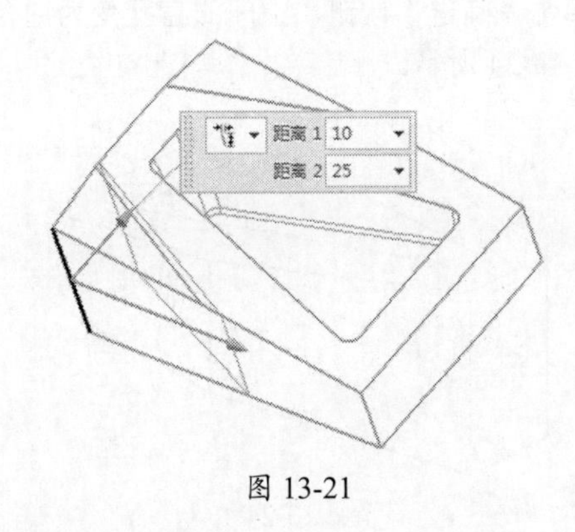

图 13-21

20 采用相同的方法，创建另一个角位的倒斜角特征。

21 执行“菜单”|“插入”|“同步建模”|“删除面”命令，选择凹坑底面的圆角，如图 13-22（a）中的粗线所示，删除凹坑底面的圆角使其变为尖角，如图 13-22（b）所示。

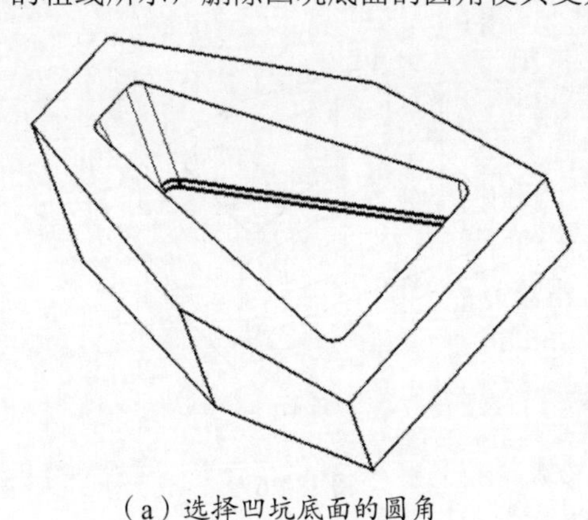

（a）选择凹坑底面的圆角

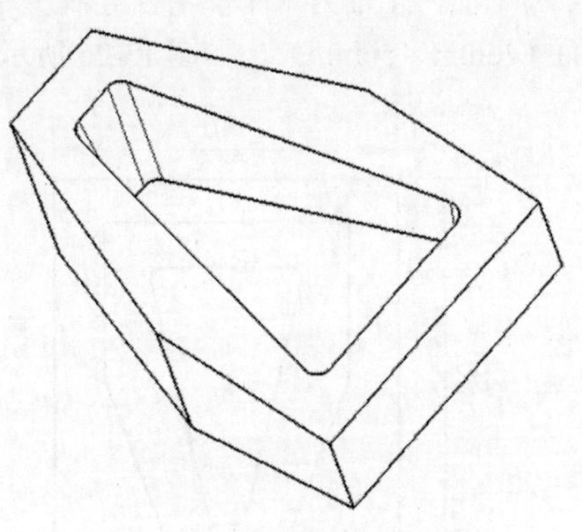

（b）使凹坑底面圆角变为尖角

图 13-22

22 执行“菜单”|“插入”|“同步建模”|“替换面”命令，选择凹坑的底面为“原始面”，选择电极的表面为“替换面”，如图 13-23 所示。

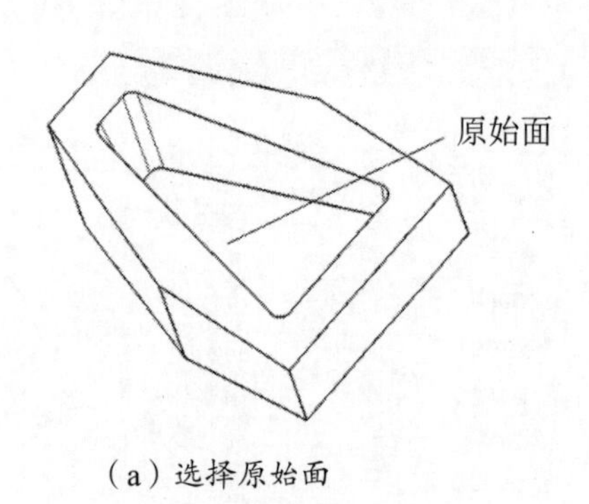

（a）选择原始面

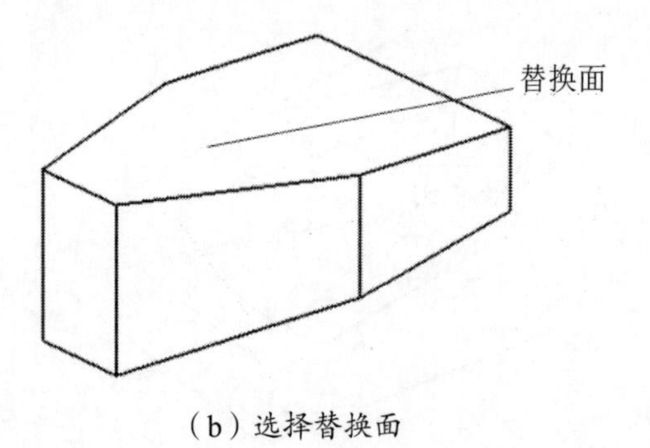

（b）选择替换面

图 13-23

23 单击“确定”按钮，中间的盲孔变为通孔，如图 13-24 所示。

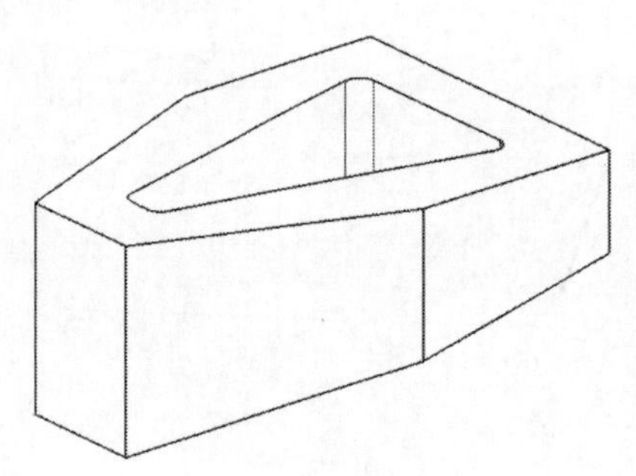

图 13-24

24 单击“拉伸”按钮，在弹出的“拉伸”对话框中单击“绘制截面”按钮，以上表面为草绘平面，X 轴为水平参考，绘制一个矩形截面（46mm×56mm），如图 13-25 所示。

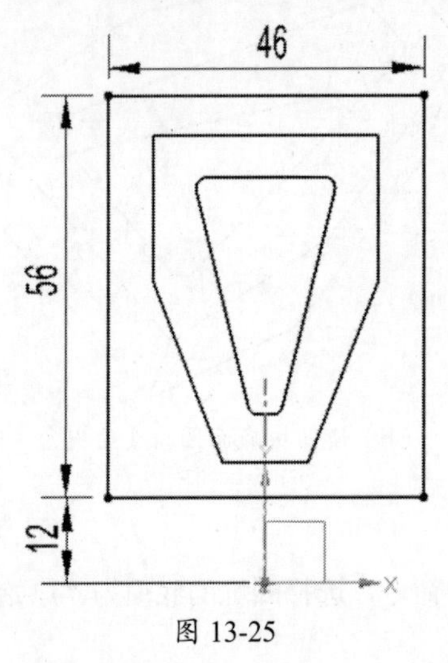

图 13-25

25 单击“完成草图”按钮，在“拉伸”对话框中，将“指定矢量”设为 ZC ↑，在“开始”下拉列表中选择“值”选项，“距离”设为 0mm，在“结束”下拉列表中选择“值”，“距离”设为 5mm，“布尔”设为“求和”。

26 单击“确定”按钮创建一个拉伸实体（即电极座），如图 13-26 所示。

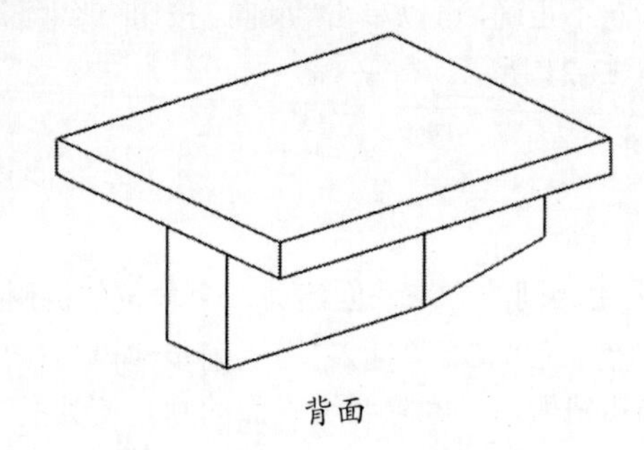

背面

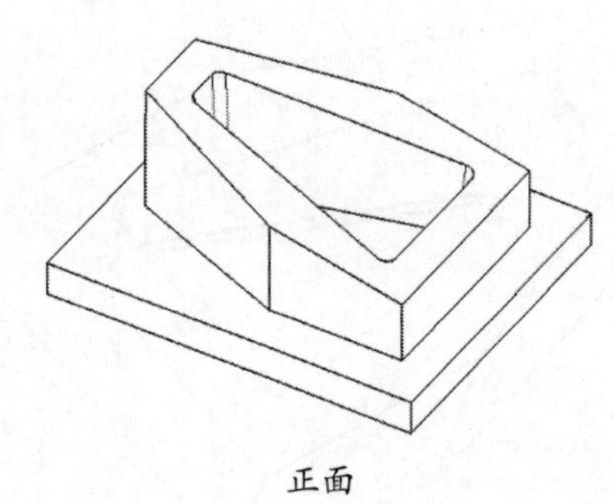

正面

图 13-26

27 执行“菜单”|“格式”|“图层设置”命令，选中 1 复选框，显示第 1 层的实体。

28 在“装配导航器”中选中 hecore 复选框，右击并在弹出的快捷菜单中选择 WAVE |“新建级别”命令，单击“指定部件名”按钮，输入文件名为 hecore.prt-dj1。单击“类选择”按钮，

先在“装配导航器”上方选择“实体”选项，再选择图 13-26 所示的实体。

29 单击“确定”按钮，在“装配导航器”中添加 hecore-dj1，如图 13-27 所示。

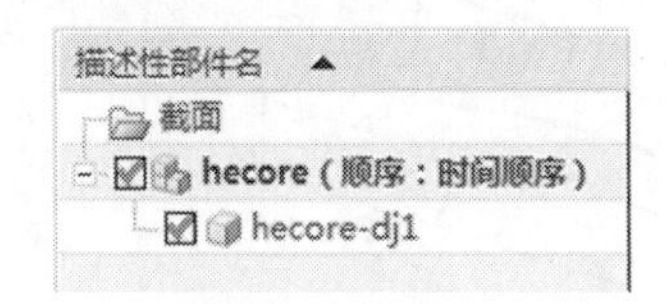

图 13-27

30 在横向菜单中选择“应用模块”选项卡，单击“制图”按钮进入制图环境。

31 单击“新建图纸页”按钮，在弹出的“图纸页”对话框中，将“大小”设为“标准尺寸”单选按钮，尺寸为 A0：841×1189，将“比例”设为 2:1，“单位”设为“毫米”，“投影”设为“第一角投影”。

32 在工程图上创建主视图与侧视图，添加中心线，并标注电极的尺寸，如图 13-28 所示。

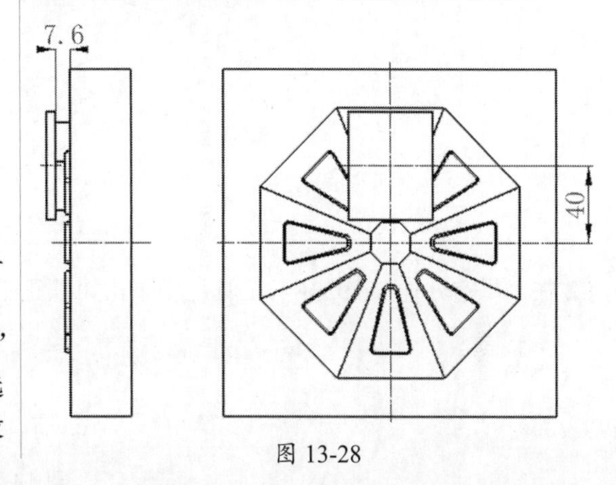

图 13-28

13.3 在电极外挂环境中的电极设计

在本节开始前，先安装“星空外挂 V6.933F”，并用“记事本”软件打开 \NX12.0\UG II \menus\custom_dirs 文件，在文本的结尾处另起一行，添加 D:\QuickCAM\NX10.0 字样，如图 13-29 所示。

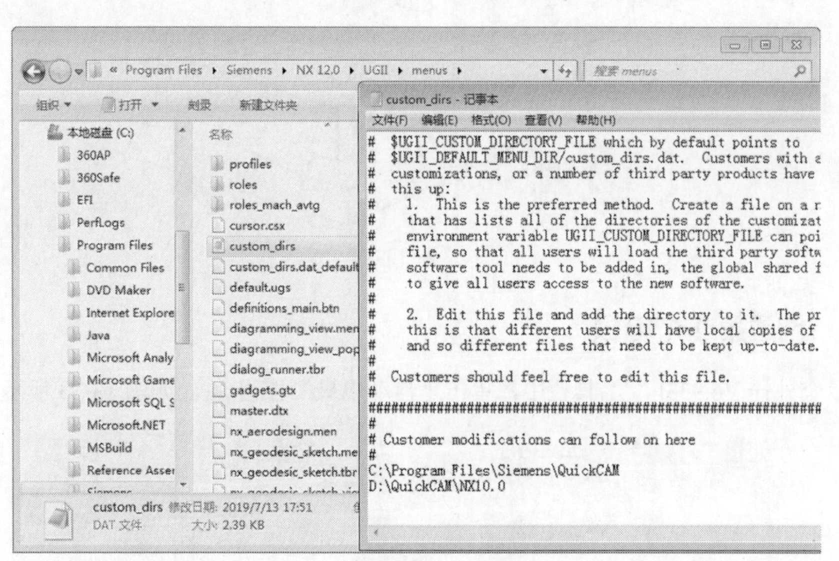

图 13-29

13.3.1 摆正工件

01 打开 core_005.prt 文件，按 W 键显示坐标系，可以看出坐标系不在工件上表面的中心，如图 13-30 所示。

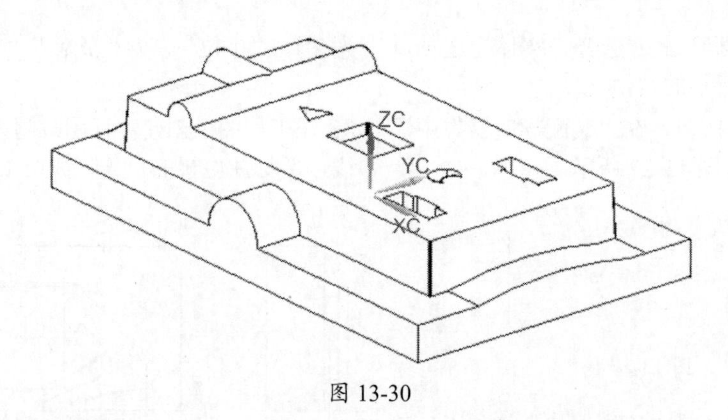

图 13-30

02 在“星空外挂 V6.933F”工具栏中单击“摆正工件”按钮，如图 13-31 所示。

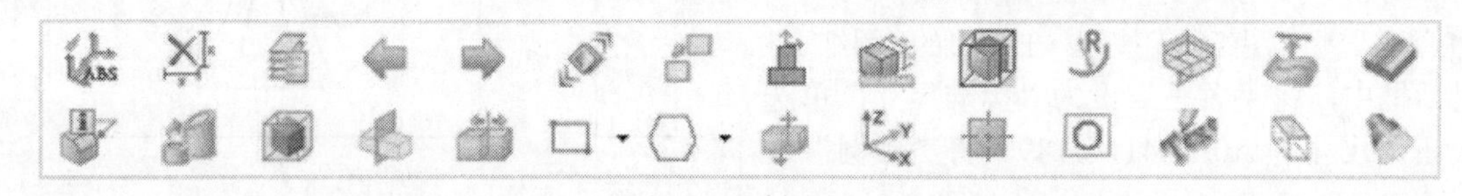

图 13-31

03 选择实体，单击“确定”按钮，再选工件上表面，工件在 XC—YC 平面的中心移至（0, 0）的位置，工件的最大值移至 Z0，如图 13-32 所示。

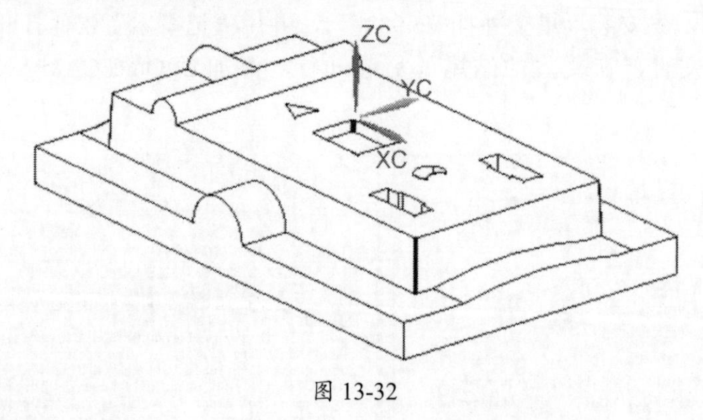

图 13-32

13.3.2 创建第 1 个电极

01 在“星空外挂 V6.933F”工具栏中，单击“自动电极”按钮，如图 13-33 所示。

图 13-33

02 在弹出的对话框中单击“常规电极”按钮，如图 13-34 所示。

03 选择右下角扣位的曲面（共有 5 个曲面），如图 13-35 中的粗线曲面所示。

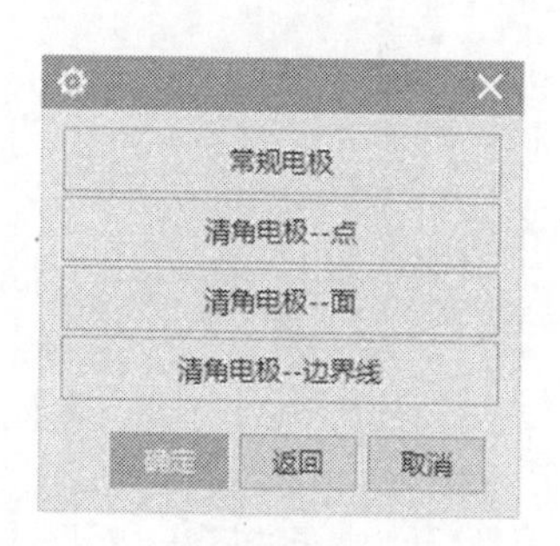

图 13-34

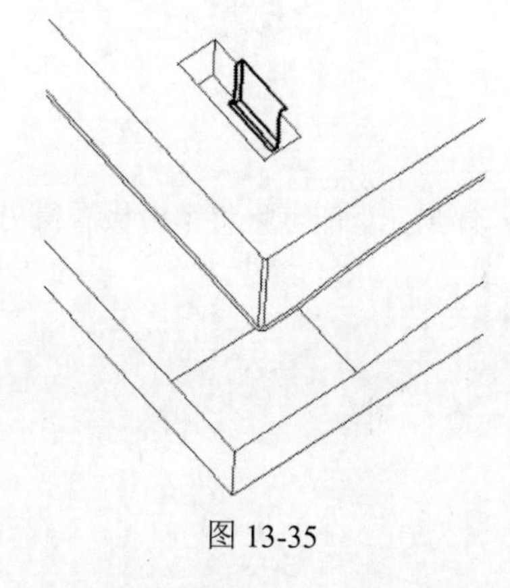

图 13-35

04 单击“确定”按钮，在弹出的对话框的“单边加大尺寸”文本框中输入 5.0000，如图 13-36 所示。

图 13-36

05 单击“确定”按钮创建第一个电极，如图 13-37 中的粗线所示。

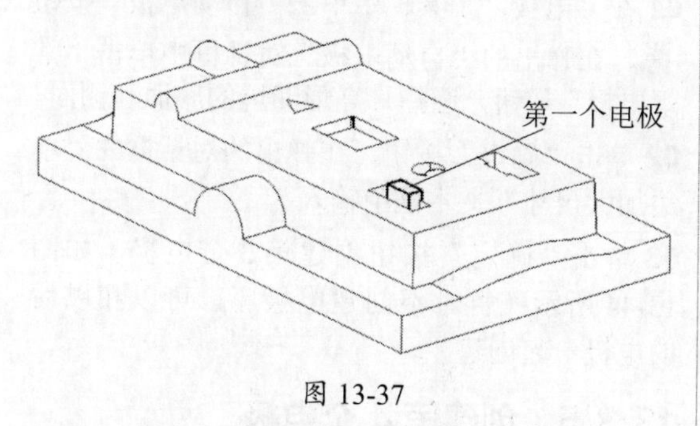

图 13-37

06 在“电极”工具栏中单击“电极基准座”按钮，选择电极的上表面，如图 13-38 中的粗线平面所示。

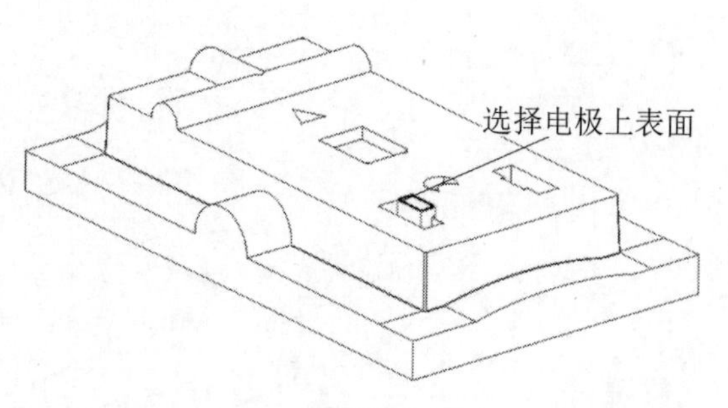

图 13-38

07 单击“确定”按钮，在弹出的“电极基准座”对话框中将“电极名称”设为 core_006_E01，“放置层”设为 11（提示：可以执行“菜单”|“格式”|“图层设置”命令，查看到工件放在第 7 层，为了不影响工件，将第 1 个电极放在第 11 层，第 2 个电极放在 12 层……），“精工”火花设为-0.0500，如图 13-39 所示。

电极基准座

电极名称：core_006_E01

电极头尺寸：18.09*9.02*23.09

下料尺寸：30*20*40

材质 ◉铜 ○石墨　放置层 11

火花间隙/数量

☑ 精工 火花 -0.050(数量 1

☐ 中工 火花 -0.100(数量 1

☑ 粗工 火花 -0.200(数量 1

电极参数

☑ 放电坐标自动取整

X 中心 81.0000(

Y 中心 -33.0000(

Z 基准面 -5.0000(

长 28.0000(

宽 18.0000(

高 5.0000(

C角 3.0000(

标记角象限 ◉象限 1 ○象限 2 ○象限 3 ○象限 4

☐ 线割 ☐ 刻字 ☐ 遥空 ☐ 旋转 ☐ 平移 ☐ 修整

电极作用 一般胶位面

备注信息　常用信息

更新 预览

确定　取消

图 13-39

08 单击“确定”按钮创建电极基座，如图 13-40 所示。

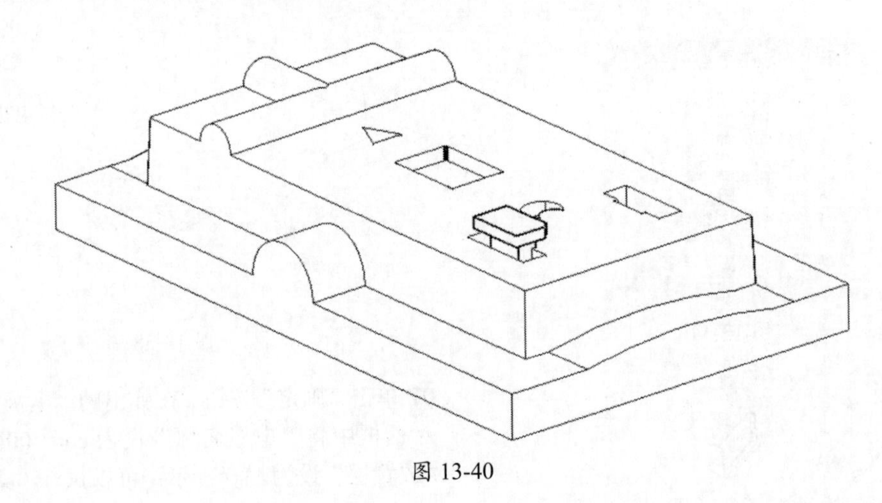

图 13-40

09 在“工具集”中单击“一键取消透明”按钮，如图 13-41 所示，即可将整个电极看得更清晰。

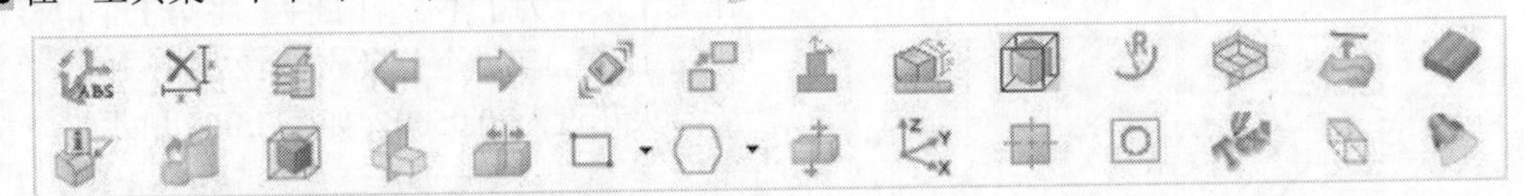

图 13-41

13.3.3 创建第 2 个电极

01 在“电极”工具栏中单击“自动电极”按钮，在弹出的“自动电极”对话框中单击“常规电极”按钮，选择方坑的底面和侧面（共有 6 个面），如图 13-42 中的粗线所示。

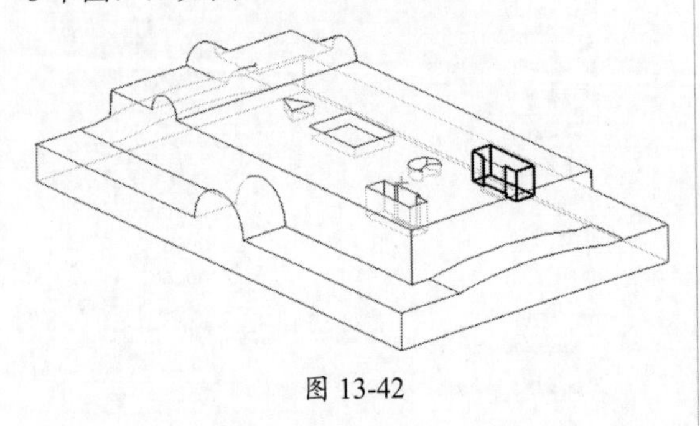

图 13-42

02 单击“确定”按钮，在弹出的对话框的“单边加大尺寸”文本框中输入 3。

03 单击“确定”按钮创建第 2 个电极。

04 在“电极”工具栏中单击“电极基座”按钮，选择电极的上表面，单击“确定”按钮。

05 在弹出的“电极基座”对话框中，将“放置层”设为 12。

06 单击“确定”按钮创建基座，如图 13-43 所示。

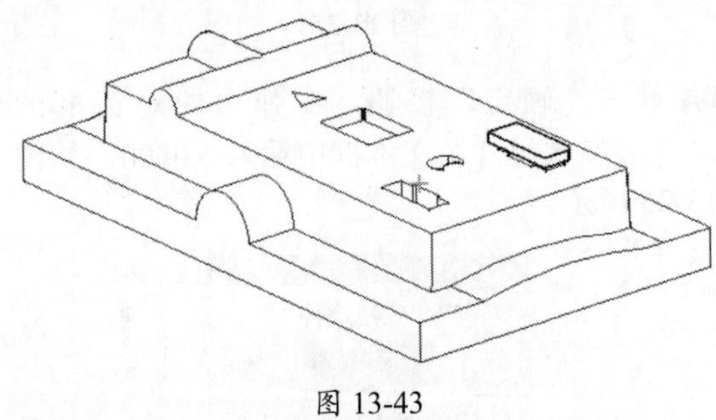

图 13-43

13.3.4 创建第 3 个电极

01 在“电极”工具栏中单击“自动电极”按钮，在弹出的“自动电极”对话框中单击“常规电极”按钮，选择月亮形凹坑的底面和侧面。

02 单击“确定”按钮，在弹出的对话框的“单边加大尺寸”文本框中输入 3。

03 单击“确定”按钮创建第 3 个电极，如图 13-44 所示（暂时不创建电极座，可以和以后的电极一起创建）。

13.3.5 创建第 4 个电极

01 在“电极”工具栏中单击“自动电极”按钮，在弹出的“自动电极”对话框中单击“常规电极”按钮，选择三角形凹坑的底面和侧面。

02 单击“确定”按钮，在弹出的对话框的“单边加大尺寸”文本框中输入 3。

03 单击“确定”按钮，创建第 4 个电极，如图 13-44 所示。

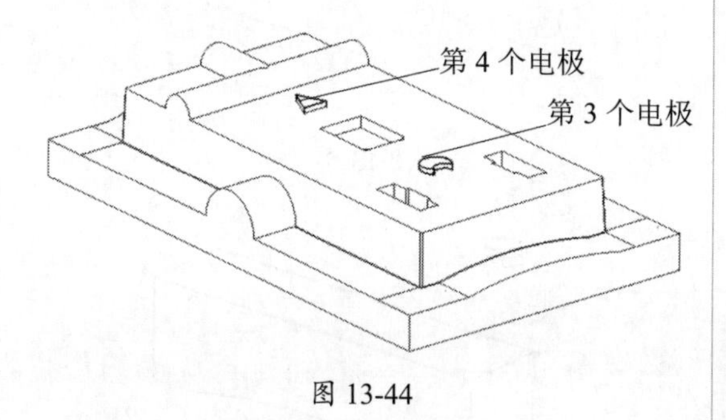

图 13-44

13.3.6 创建第 5 个电极

01 在“电极”工具栏中单击“自动电极”按钮，在弹出的“自动电极”对话框中单击“清角电极—点”按钮，在零件图上选择中间方坑的 A、B、C 3 个面。

02 单击“确定”按钮，选择 A、B、C 3 个面的交点，如图 13-45 所示。

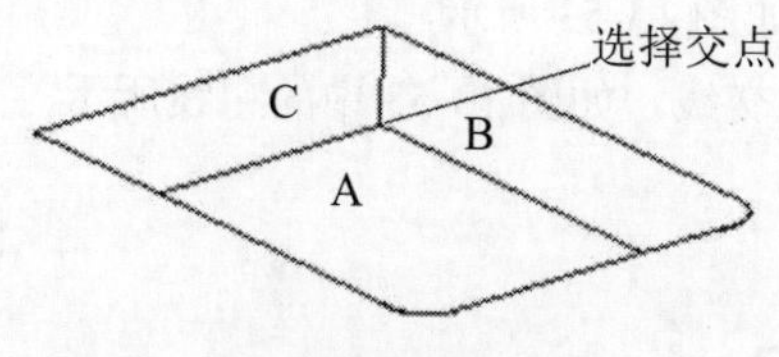

图 13-45

03 单击“确定”按钮，在弹出的对话框的“单边加大尺寸”文本框中输入 10。

04 单击“确定”按钮创建第 5 个电极，如图 13-46 所示。

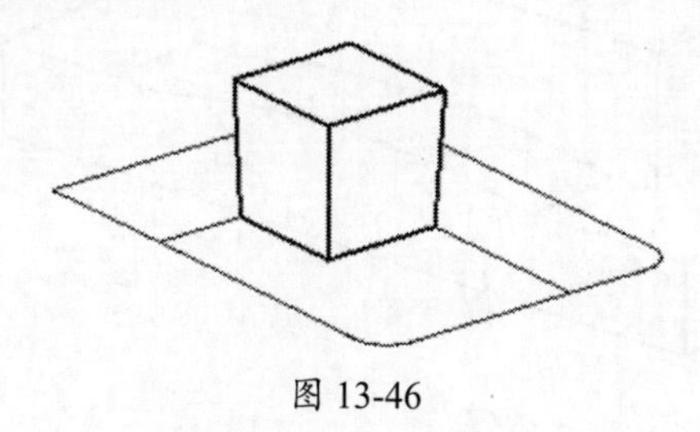

图 13-46

13.3.7 创建第 6 个电极

01 在“电极”工具栏中单击“自动电极”按钮，在弹出的“自动电极”对话框中单击“清角电极—面”按钮，在零件图上选择中间方坑中圆弧角位的 A、B、C、D 4 个面。

02 单击“确定”按钮，再选择圆弧 C 面，如图 13-47 所示。

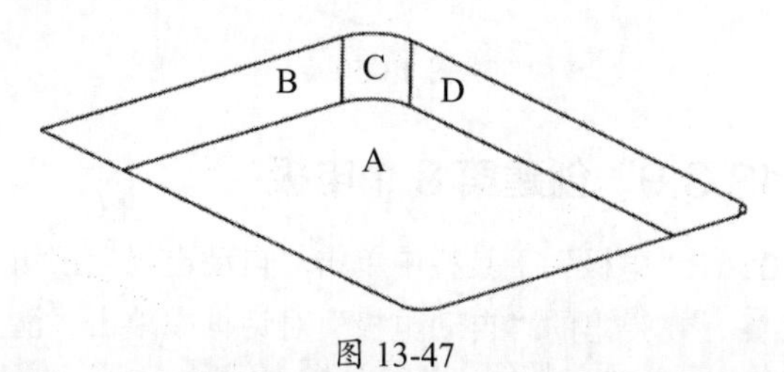

图 13-47

03 单击“确定”按钮，在弹出的对话框的“单边加大尺寸”文本框中输入 5。

04 单击“确定”按钮，创建第 6 个电极，如图 13-48 所示。

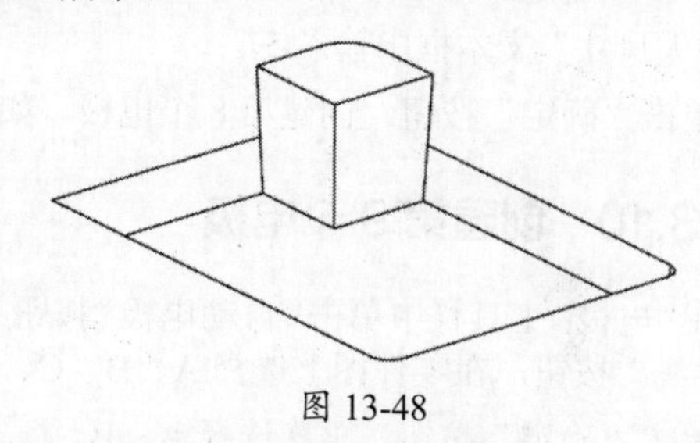

图 13-48

13.3.8 创建第 7 个电极

01 在“电极”工具栏中单击“自动电极”按钮，在弹出的“自动电极”对话框中单击“清角电极—边界线”按钮，在零件图上选择中间方坑 A、B、C 3 个面。

02 单击“确定”按钮，选择面 B 与面 C 的交线，如图 13-49 所示。

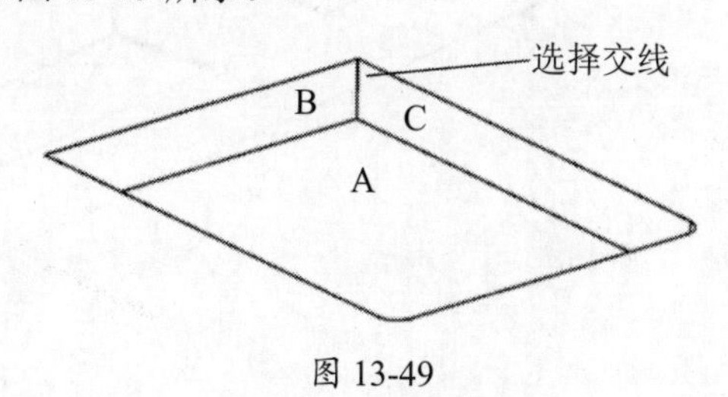

图 13-49

03 在弹出的对话框的“单边加大尺寸”文本框输入 5，单击“确定”按钮，创建第 7 个电极，如图 13-50 所示。

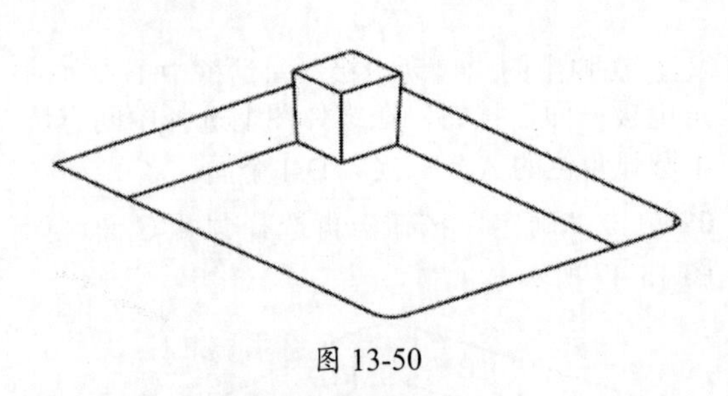

图 13-50

13.3.9 创建第 8 个电极

01 在“电极”工具栏中单击“自动电极”按钮，在弹出的“自动电极”对话框中单击“清角电极一面”按钮，在零件图上选择 A、B、C、D 4 个面。

02 单击“确定”按钮，再次选择 A、B 面，如图 13-51 所示。

03 单击“确定”按钮，在弹出的对话框的“单边加大尺寸”文本框中输入 5。

04 单击“确定”按钮，创建第 8 个电极，如图 13-52 所示。

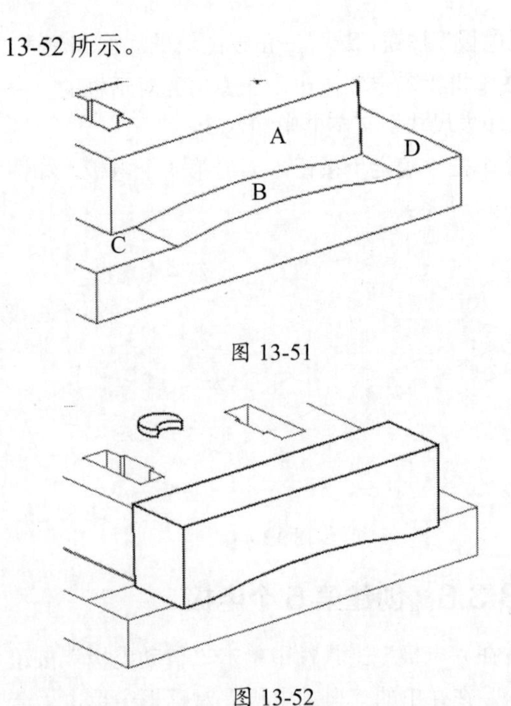

图 13-51

图 13-52

13.3.10 创建第 9 个电极

01 在“电极”工具栏中单击“自动电极”按钮，在弹出的“自动电极”对话框中单击“清角电极一边界线”按钮，在零件图上选择 A、B、C、D 4 个面，如图 13-53 所示。

02 单击“确定”按钮，再次选择 A、B、C、D 4 个面的交线，如图 13-53 中的粗线所示。

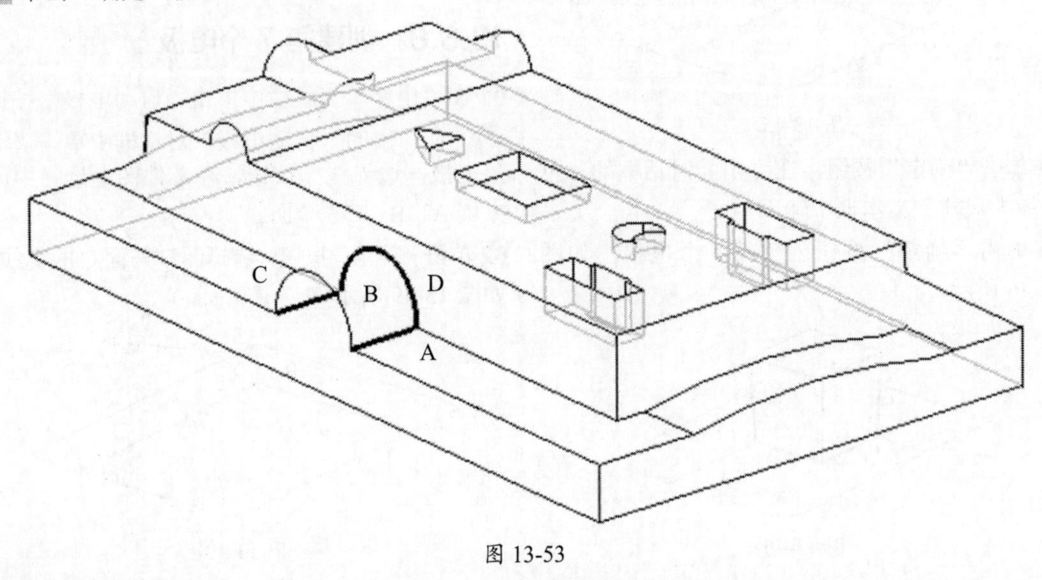

图 13-53

03 单击“确定”按钮，在弹出的对话框的“单边加大尺寸”文本框中输入 5。

04 单击“确定”按钮，创建第 9 个电极，如图 13-54 所示。

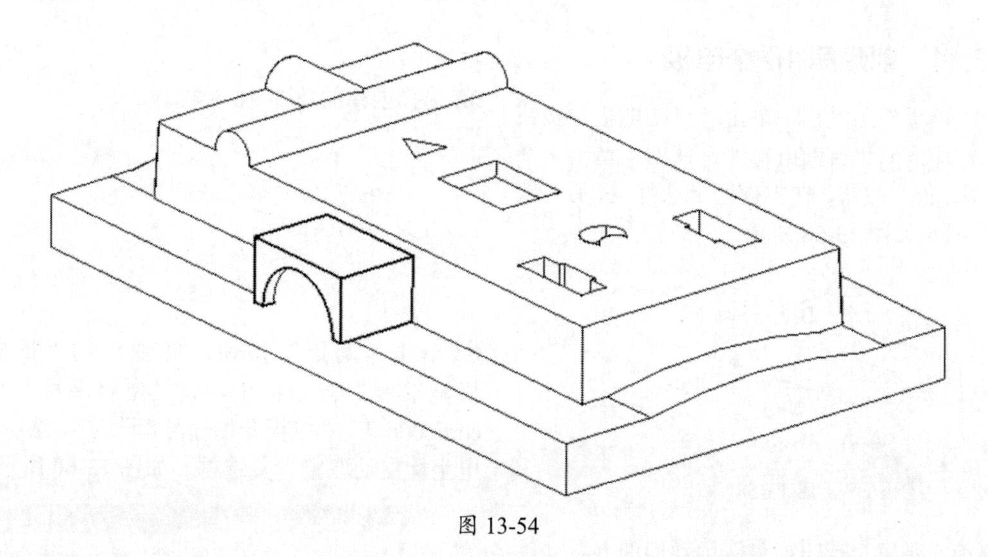

图 13-54

05 在“电极”工具栏中单击“偏置和拉伸实体”按钮，在弹出的对话框中单击“延伸并拉伸实体面”按钮，如图 13-55 所示。

06 在弹出的对话框的“拉伸距离”文本框中输入 10.0000，如图 13-56 所示。

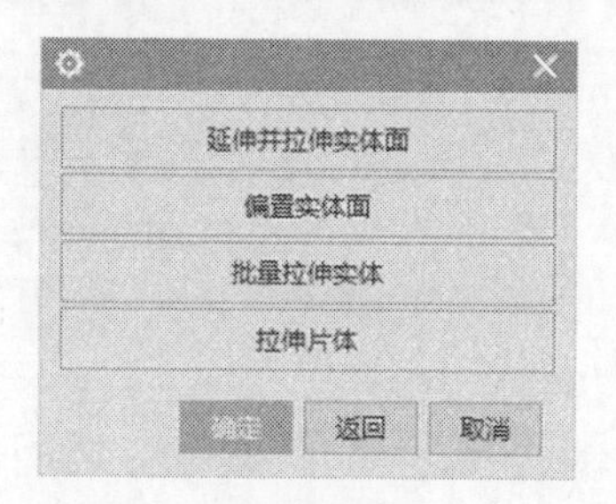

图 13-55

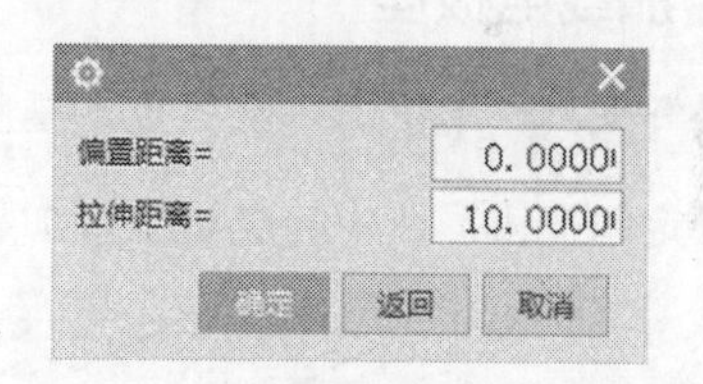

图 13-56

07 选择第 9 个电极的上表面，其表面向上延伸后的效果，如图 13-57 中的粗线所示。

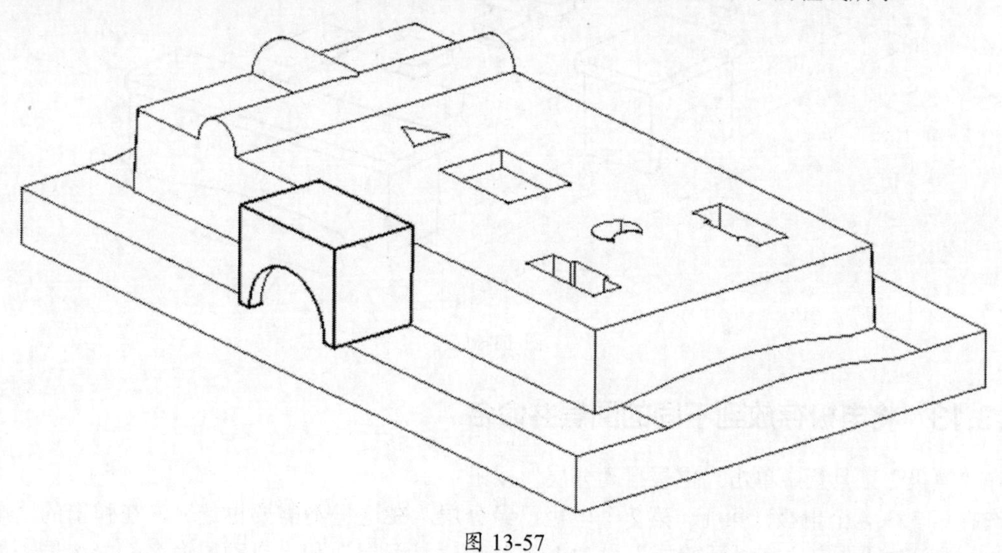

图 13-57

13.3.11 创建第 10 个电极

01 在“电极”工具栏中单击“自动电极”按钮，在弹出的“自动电极”对话框中单击“清角电极—面”按钮，在零件图上选择 A、B、C、D 4 个面，如图 13-58 所示。

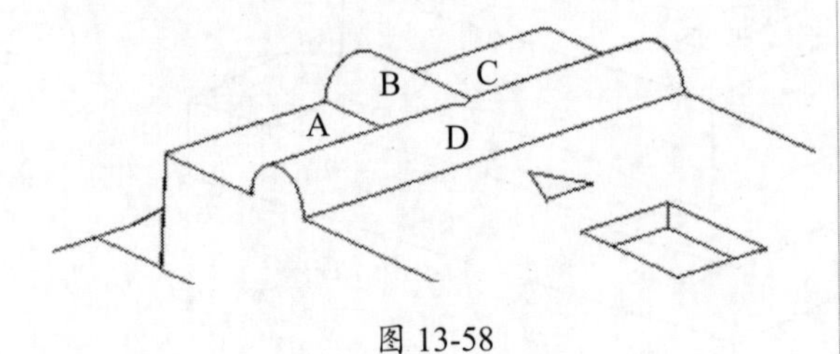

图 13-58

02 单击“确定”按钮，再次选择曲面 B。

03 单击“确定”按钮，在弹出的对话框的“单边加大尺寸”文本框中输入 5。

04 单击“确定”按钮，创建第 10 个电极，如图 13-59 粗线所示。

13.3.12 加载电极座

01 在“电极”工具栏中单击“电极批量基座”按钮。

02 选择创建的第 3~10 个电极。

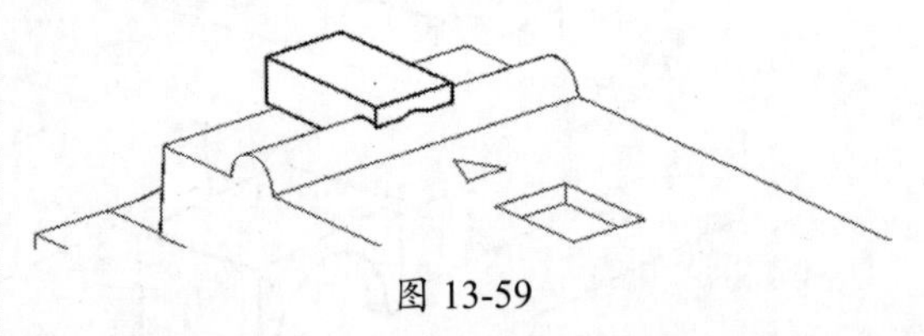

图 13-59

03 单击“确定”按钮，在弹出的“批量电极基准座”对话框中，将“电极名称”设为 core_006_E，“电极开始序号”设为 3，选中“放电坐标自动取整”复选框，如图 13-60 所示。

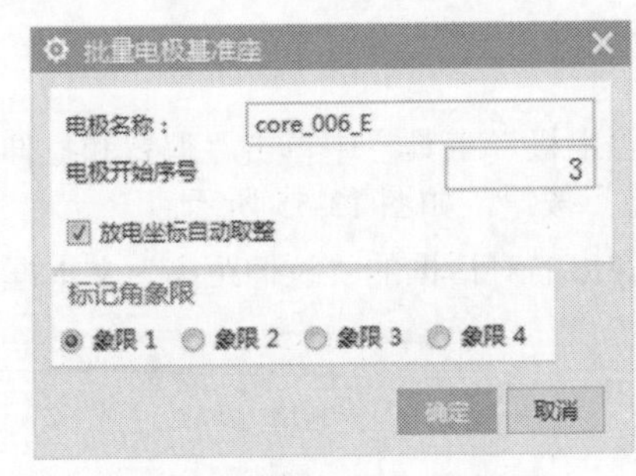

图 13-60

04 单击“确定”按钮，选中的电极全部加载电极基座，如图 13-61 所示。

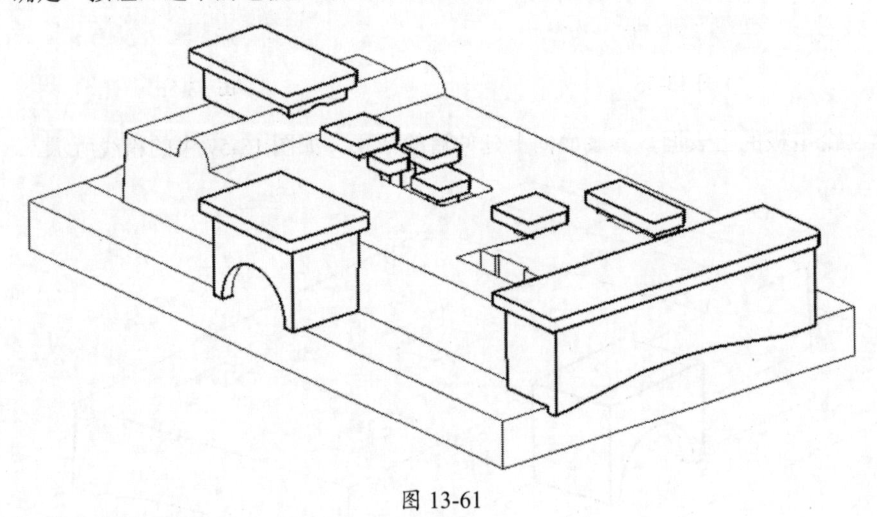

图 13-61

13.3.13 将电极存放到不同的图层并命名

01 在“电极”工具栏中单击“电极自动分层”按钮。

02 选择第 3 ～ 8 个电极（第 1、第 2 个电极已经分层，在这里不需要再选），在弹出的“电极自动分层”对话框中，将“开始层”设为 13，选中“打开层”和“自动层命名”复选框，如图 13-62 所示。

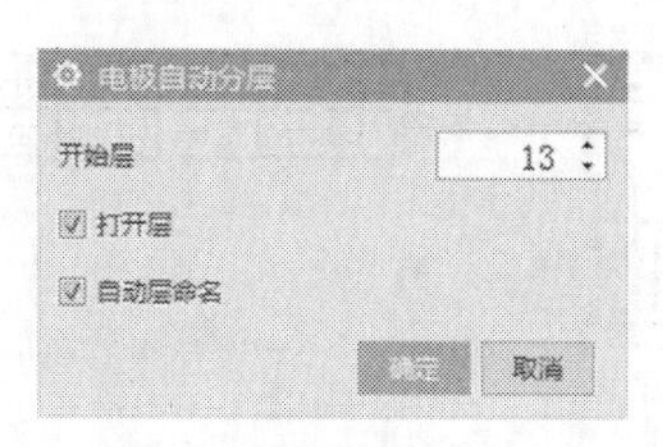

图 13-62

03 单击“确定”按钮会弹出一个窗口，显示已将刚才所选择的电极存放在第 13 ～ 20 图层中，每层存放一个电极。

04 执行“菜单”|“格式”|“图层设置”命令，可查看在第 11 ~20 层，每层存放了一个电极。

13.3.14　设置电极名称

01 在“电极”工具栏中单击“设置电极名称（层管理）”按钮。

02 在弹出的“实体命名”对话框中，选中“按层命名”单选按钮，将“开始层”设为 21，“结束层”设为 30，“名称”设为 CORE_006_E，“+ 开始编号”设为 21，如图 13-63 所示。

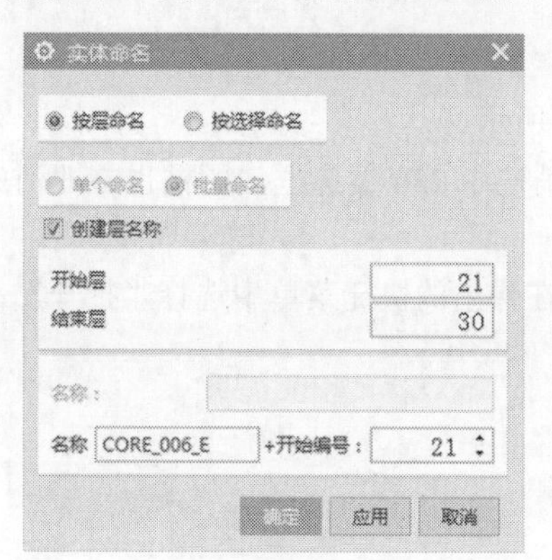

图 13-63

03 单击“确定”按钮，退出“实体命名”对话框

04 在“电极”工具栏中单击“电极刻名称”按钮，在弹出的对话框中单击“基准底面”按钮，如图 13-64 所示。

05 选择 10 个电极，单击“确定”按钮在电极的底面上刻上电极名称。

13.3.15　创建电极文档

01 在“电极”工具栏中单击“导出电极（层）”按钮，选择 10 个电极。

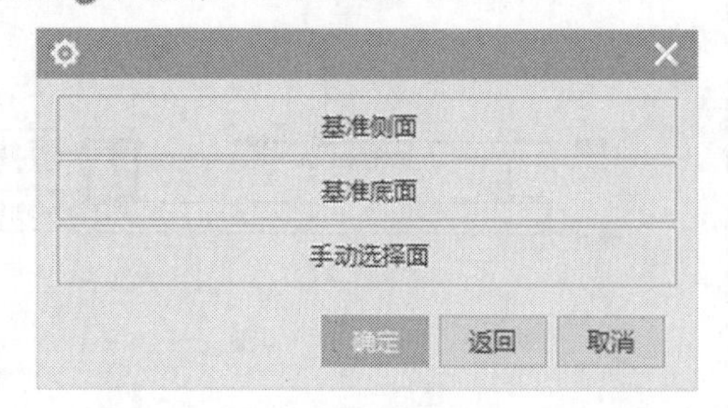

图 13-64

02 单击“确定”按钮，在弹出的“批量导出电极”对话框中选用默认参数。

03 单击“确定”按钮，创建电极的文档。

04 执行“菜单”|“文件”|“打开”命令，可以看到在默认的文件夹中已有电极的文档。

05 设计电极工程图（这个步骤开始前，必须先创建电极文档）。

06 在“电极”工具栏中单击“EDM 放电图”按钮，在弹出的“批量出 EDM 放电图纸”对话框中将“工件层”设为 20，“图纸放置层”设为 230，如图 13-65 所示。

批量出EDM放电图纸

模号	
工件名称	core_006

选择方式：◉ 指定起始层　○ 选择电极

选择电极

工 件 层	20	选择工件
电极开始层		1
电极结束层		10
图纸放置层		230

使用坐标系：◉ 绝对坐标　○ 工作坐标

☑ 标注外形尺寸
☑ 标注倒角
☑ 放置正等测视图

指定Z基准面

确定　取消

图 13-65

07 在“批量出 EDM 放电图纸”对话框中选中“选择电极”单选按钮，再单击“选择电极”按钮，选择 10 个电极。

08 在“批量出 EDM 放电图纸”对话框中单击“选择工件”按钮，在工作区中选择工件。

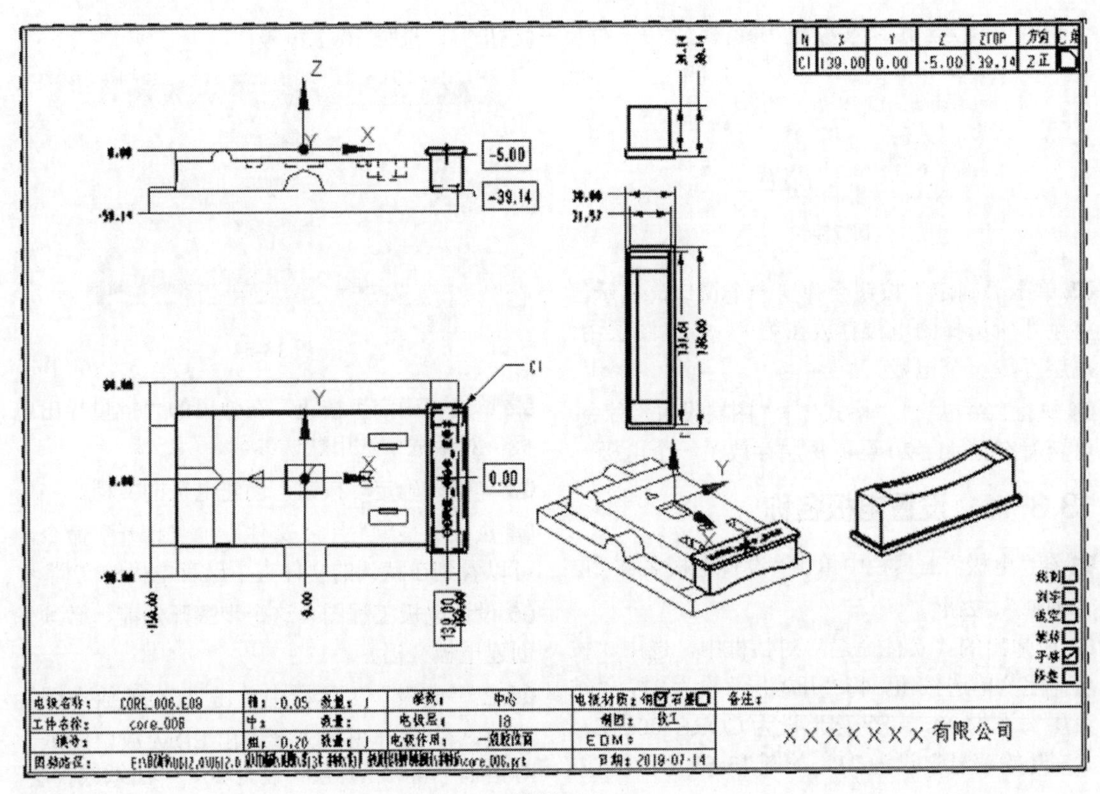

图 13-66

09 单击“确定”按钮，创建电极的工程图，如图 13-66 所示。

10 执行“菜单”|“格式”|“图层设置”命令，取消选中 230 复选框，图框也立即消失，说明这些工程图图框放在了第 230 层。

11 在模型树中有 10 个图纸页，选择其中一个并右击，在弹出的快捷菜单中选择“打开”命令，即可打开对应的电极工程图。

13.3.16 创建放电总图

01 选择“应用”模板，单击“建模”按钮，进入建模环境。

02 在“电极”工具栏中单击“EDM 总图”按钮，在弹出的“EDM 放电总图纸”对话框中将“模仁层”设为 7，“电极开始层”设为 11，“电极结束层”设为 20，“图纸放置层”设为 230，如图 13-67 所示。

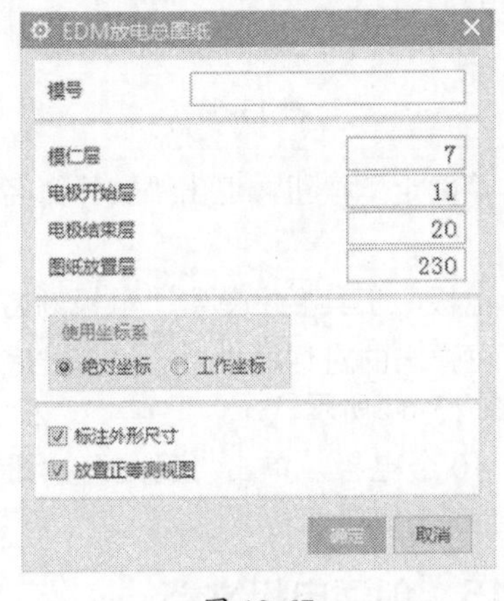

图 13-67

03 单击“确定”按钮，完成全部电极的放电总装图，图纸上指出各电极的加工位置，在左上角列出电极的明细表，如图 13-68 所示。

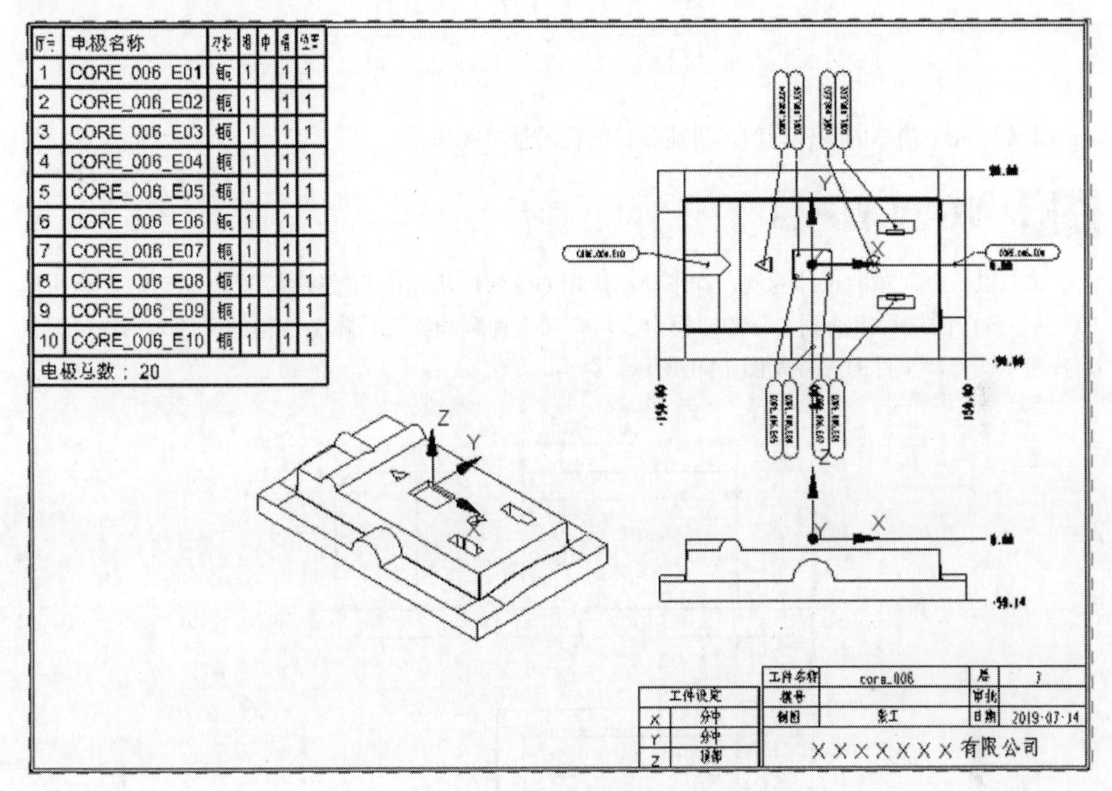

图 13-68

第 14 章 数控编程

本章以几个简单的零件为例，讲述数控编程的基本知识。

14.1 数控编程入门

本节以一个简单的工件为例，详细介绍运用 UG 软件从建模到数控编程的一般过程，将讲解 UG 基本命令的过程穿插到实际的建模中去，有利于理解和学习。本节实例的工件为铝件，刀具为普通立铣刀，工件的尺寸如图 14-1 所示。

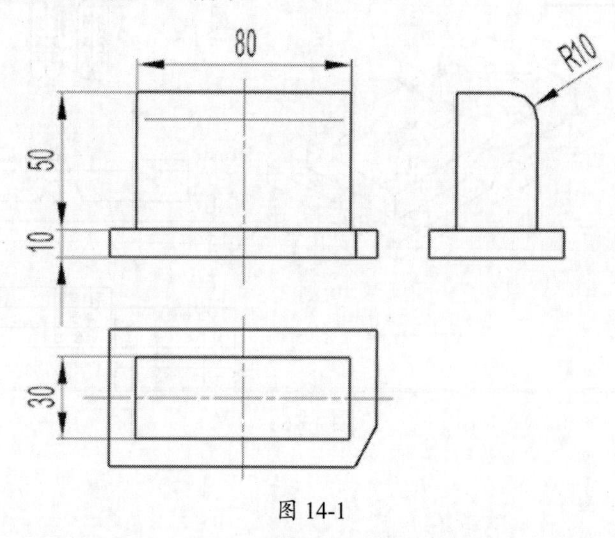

图 14-1

14.1.1 建模过程

01 单击“新建”按钮，在弹出的“新建”对话框中，将“单位”设为“毫米”，选择“模型”模板，“名称”设为 EX14-1.prt。

02 单击“确定”按钮进入建模环境。

03 单击“拉伸”按钮，在弹出的“拉伸”对话框中单击“绘制截面”按钮，选择 XC—YC 平面为草绘平面，X 轴为水平参考，绘制一个矩形截面（100mm×50mm），如图 14-2 所示。

04 单击“完成草图”按钮，在“拉伸”对话框中，将“指定矢量”设为 ZC ↑，在“开始”下拉列表中选择“值”选项，“距离”设为 0mm，在“结束”下拉列表中选择“值”，“距离”设为 10mm，“布尔”设为“无”。

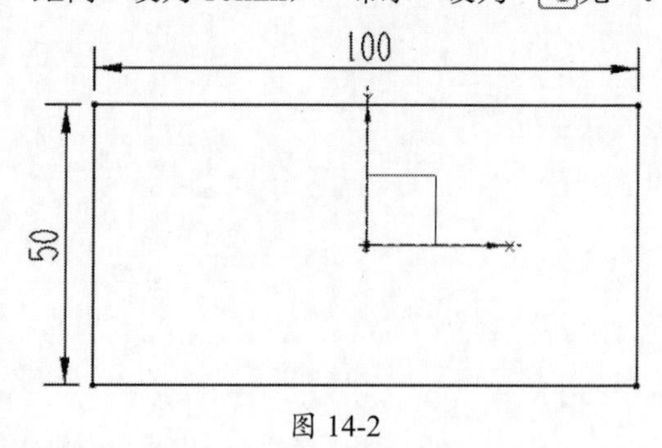

图 14-2

05 单击“确定”按钮创建一个拉伸特征，如图 14-3 所示。

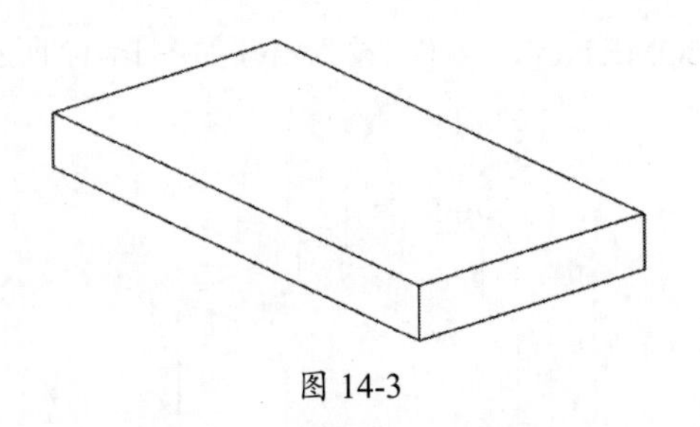

图 14-3

06 单击“拉伸”按钮，在弹出的“拉伸”对话框中单击“绘制截面”按钮，选择工件的上表面为草绘平面，X 轴为水平参考，绘制矩形截面（80mm×30mm），如图 14-4 所示。

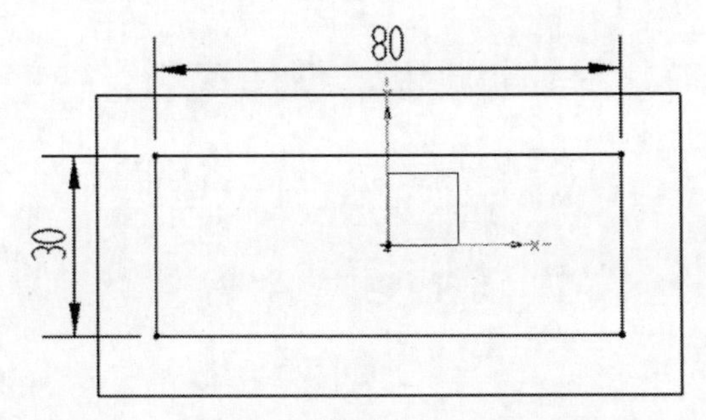

图 14-4

07 单击“完成草图”按钮，在“拉伸”对话框中，将“指定矢量”设为 ZC ↑，在“开始”下拉列表中选择“值”选项，“距离”设为 0mm，在“结束”下拉列表中选择“值”，“距离”设为 50mm，“布尔”设为“求和”。

08 单击“确定”按钮创建第 2 个拉伸特征，如图 14-5 所示。

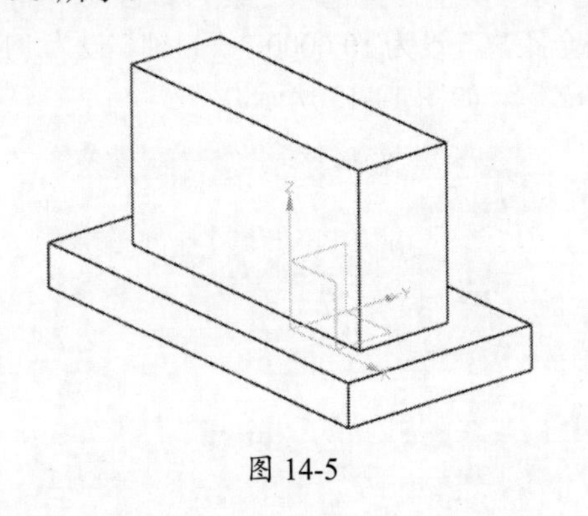

图 14-5

09 单击“倒斜角”按钮，在弹出的“倒斜角”对话框中，将“横截面”设为“非对称”，“距离 1”设为 10mm，“距离 2”设为 15mm。

10 单击“确定”按钮，在台阶上创建倒斜角特征，如图 14-6 所示（如果创建的特征与图不相符合，需要在“倒斜角”对话框中单击“反向”按钮）。

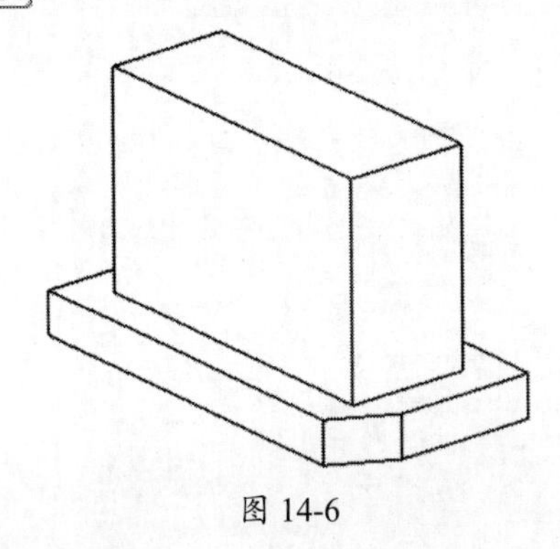

图 14-6

11 单击“边倒圆”按钮，在弹出的“边倒圆”对话框中将“半径 1”设为 10mm。

12 单击“确定”按钮创建倒圆角特征，如图 14-7 所示。

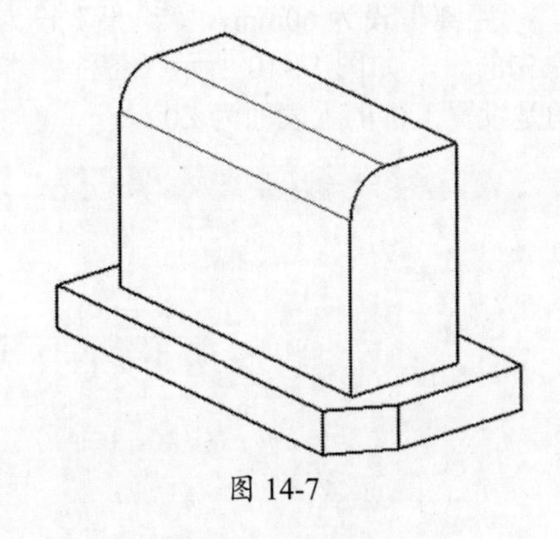

图 14-7

14.1.2　进入 NX 加工环境

01 在横向菜单中进入“应用模块”选项卡，再单击“加工”按钮，如图 14-8 所示。

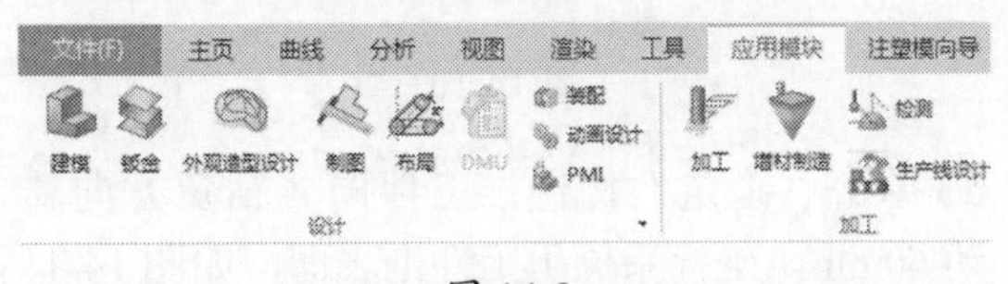

图 14-8

02 在弹出的“加工环境”对话框中选中 cam_general 和 mill_contour 选项，如图 14-9 所示。

03 单击“确定”按钮进入加工环境，此时工作区中出现两个坐标系，一个是绝对坐标系，另一个是工件坐标系，两个坐标系重合。

图 14-9

04 执行“菜单” | “编辑” | “移动对象”命令，在弹出的“移动对象”对话框中，将“运动”设为“距离”，“指定矢量”设为-ZC，“距离”设为60mm，“结果”设为“移动原先的”，如图 14-10 所示（备注：本步的目的是设置工件的上表面为Z0）。

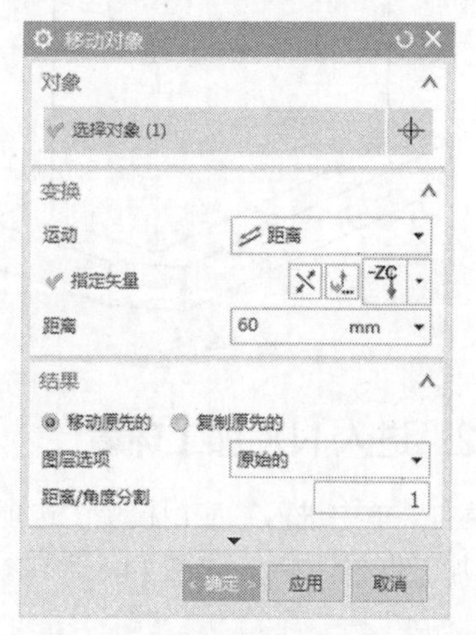

图 14-10

05 单击“确定”按钮，工件向Z轴负方向移动60mm，坐标系位于工件上表面，如图 14-11 所示。

14.1.3 创建几何体

01 执行“菜单” | “插入” | “几何体”命令，在弹出的“创建几何体”对话框中，将“几何体子类型”设为MCS，“几何体”设为GEOMETRY，“名称”设为my，如图 14-12 所示。

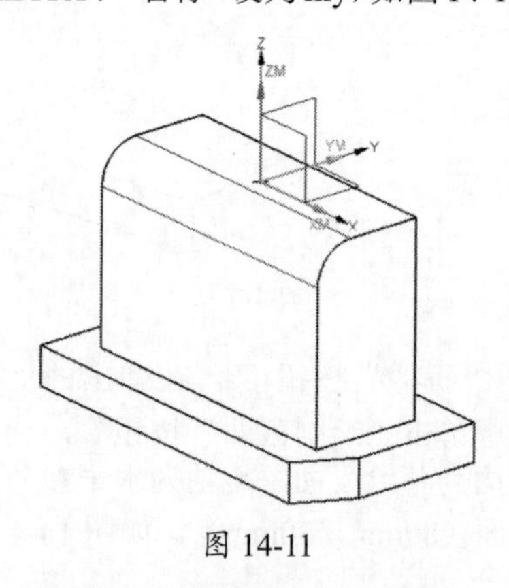

图 14-11

图 14-12

02 单击“确定”按钮，在弹出的MCS对话框中，将“安全设置选项”设为“自动平面”，“安全距离”设为10.0000，“刀轴”设为“MCS 的 +Z”，如图 14-13 所示。

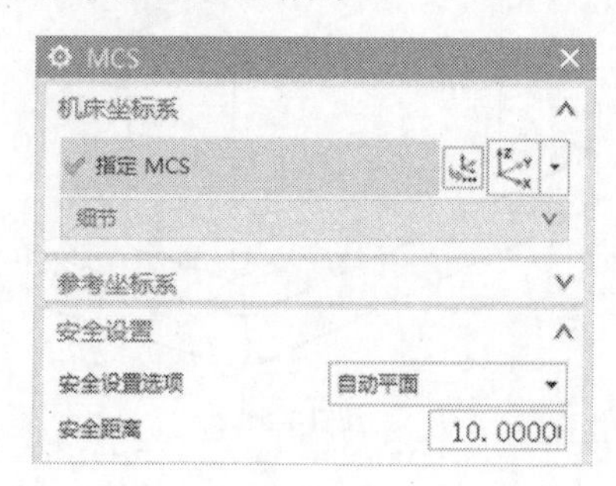

图 14-13

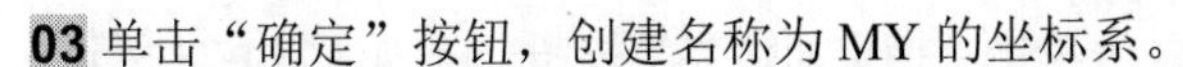

03 单击“确定”按钮，创建名称为 MY 的坐标系。

04 在“工序导航器”上方的工具栏中单击“几何视图”按钮，如图 14-14 所示。

图 14-14

05 单击“工序导航器”按钮，在“工序导航器几何”中可以看到刚才创建的坐标系 MY，如图 14-15 所示。

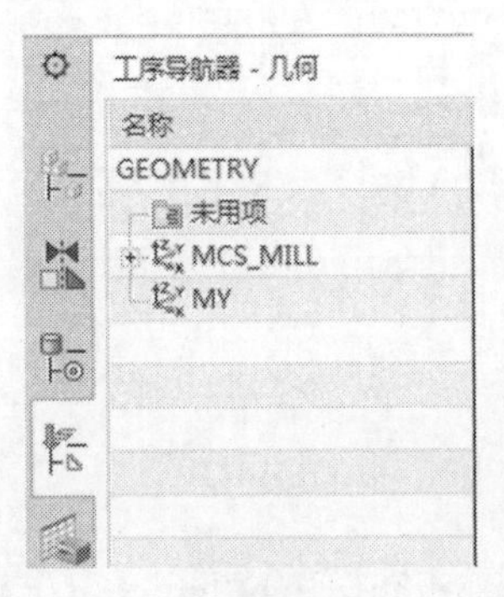

图 14-15

06 执行“菜单”｜“插入”｜“几何体”命令，在弹出的“创建几何体”对话框中，单击“几何体子类型”栏中的 WORKPIECE 按钮，将“几何体”设为 MY，“名称”设为 A，如图 14-16 所示。

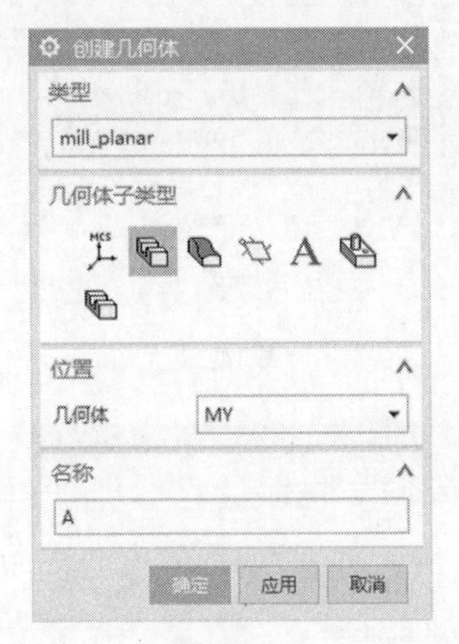

图 14-16

07 单击“确定”按钮，在弹出的“工件”对话框中单击“指定部件”按钮，如图 14-17 所示，在工作区中选择实体。

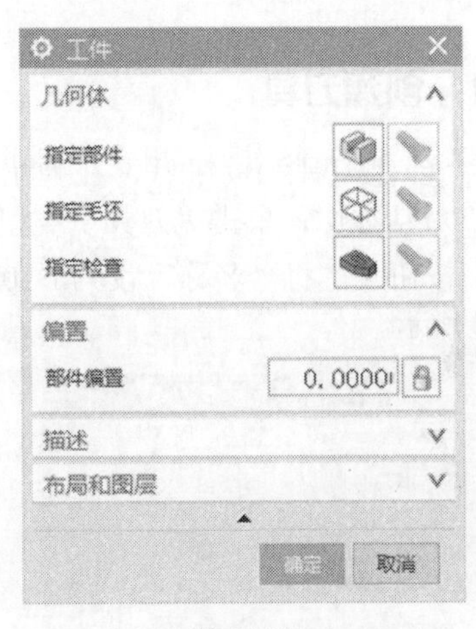

图 14-17

08 单击“确定”按钮，再在“工件”对话框中单击“指定毛坯”按钮。

09 在弹出的“毛坯几何体”对话框中，将“类型”设为“包容块”，XM−、YM−、ZM−、XM 和 YM+ 设为 1.0000，ZM+ 设为 2.0000，如图 14-18 所示。

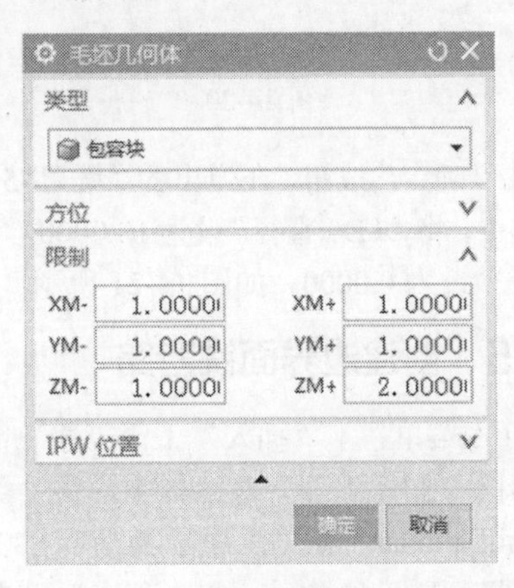

图 14-18

10 单击“确定”按钮，回到上级对话框中再单击“确定”按钮，创建几何体 A。在“工序导航器 - 几何”中展开 MY，可以看出坐标系 MY 包含几何体 A，如图 14-19 所示。

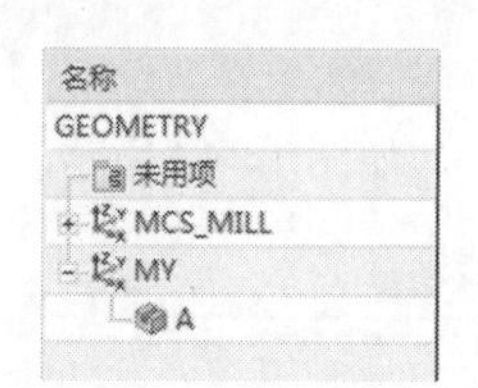

图 14-19

14.1.4 创建刀具

01 单击“创建刀具”按钮，在弹出的“新建刀具”对话框中，单击“刀具子类型”栏中的MILL按钮，将“名称”设为D10R0，如图14-20所示。

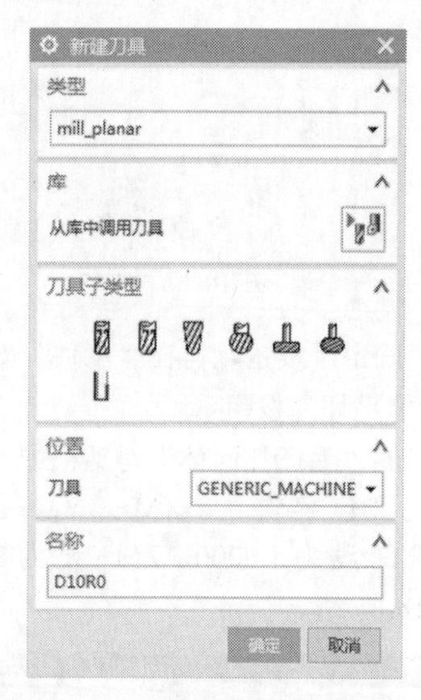

图 14-20

02 单击“确定”按钮，在弹出的“铣刀-5参数”对话框中，将“（D）直径”设为10.0000，“（R1）下半径”设为0.0000，如图14-21所示。

14.1.5 创建边界面铣刀路

01 执行“菜单”|“插入”|“工序”命令，在弹出的“创建工序”对话框中，将“类型”设为mill_planar，在“工序子类型”栏中单击“带边界面铣”按钮，将“程序”设为NC_PROGRAM，“刀具”设为D10R0（铣刀-5参数），“几何体”设为A，“方法”设为METHOD，如图14-22所示。

02 单击“确定”按钮，在弹出的“面铣-[FACE_MILLING]”对话框中，将“几何体”设为A，单击“指定面边界”按钮，如图14-23所示。

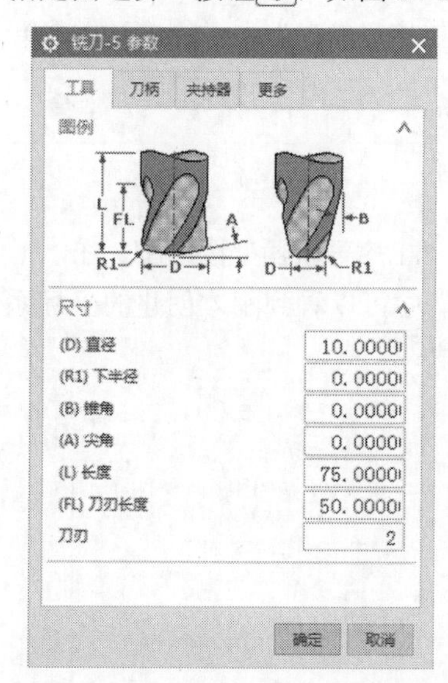

图 14-21

图 14-22

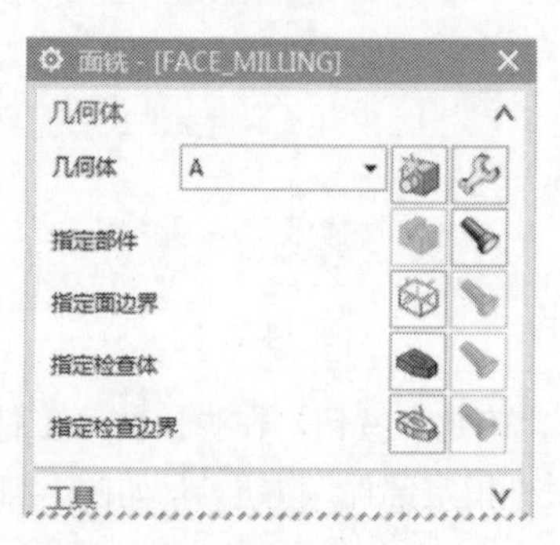

图 14-23

03 在弹出的“毛坯边界”对话框中，将“选择方法”设为“面”，并在工件上选择台阶平面，如图 14-24 所示。

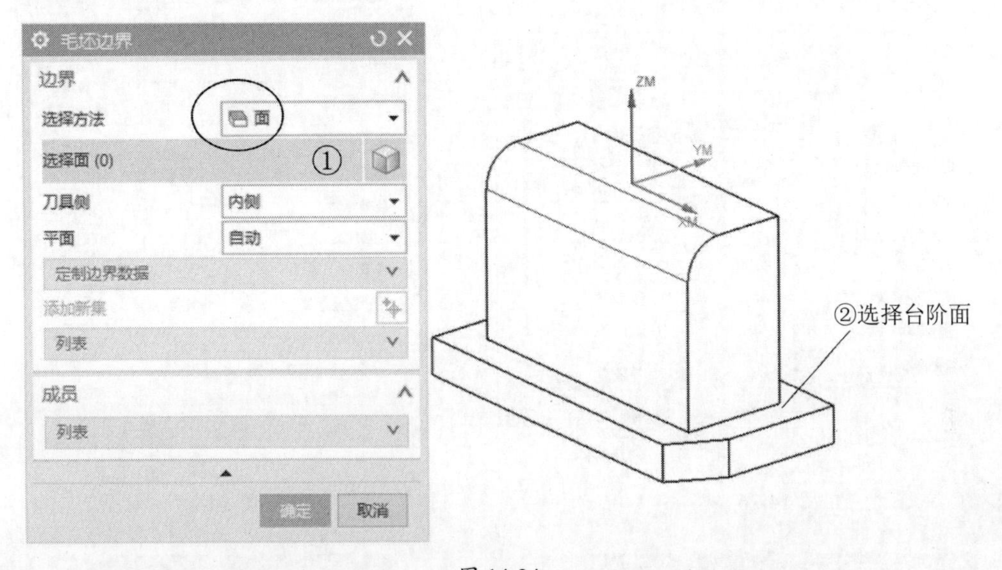

图 14-24

04 在“毛坯边界”对话框中，将“刀具侧”设为“内侧”，“平面”设为“指定”，选择工件最高面，将“距离”设为 0mm，如图 14-25 所示。

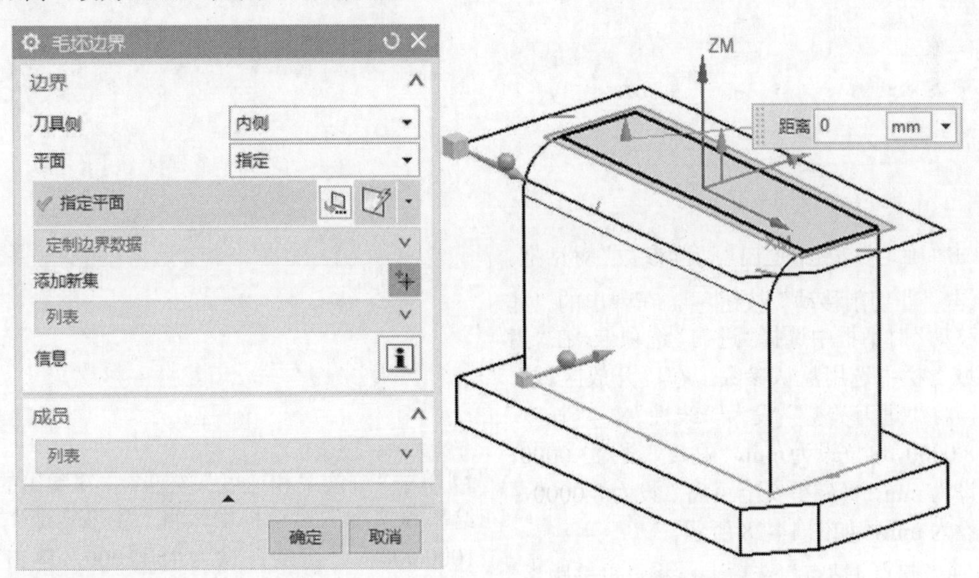

图 14-25

05 单击“确定”按钮，在“面铣 -[FACE_MILLING]”对话框中，将“方法”设为 METHOD，“切削模式”设为“往复”，“步距”设为“% 刀具平直”，“平面直径百分比”设为 75.0000，“毛坯距离”设为 3.0000，“每刀切削深度”设为 1.0000，“底面余量”设为 0.2000，如图 14-26 所示。

06 单击“切削参数”按钮，在弹出的“切削参数”对话框“策略”选项卡中，将“切削方向”设为“顺铣”，“切削角”设为“指定”，“与 XC 的夹角”设为 90.0000，如图 14-27 所示。

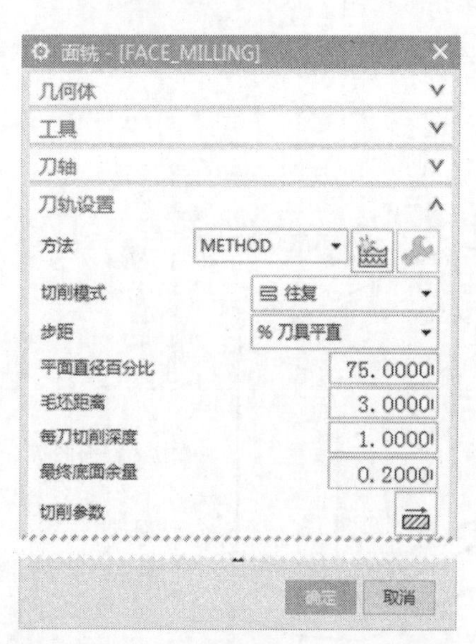

图 14-26

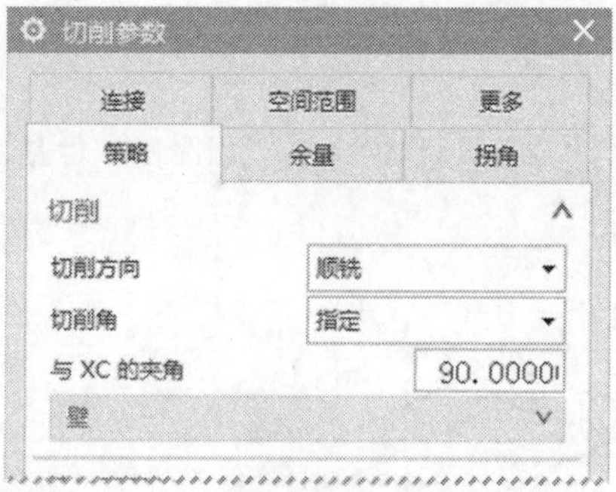

图 14-27

07 单击“确定”按钮，退出“切削参数”对话框。

08 单击“非切削移动”按钮，在弹出的“非切削移动”对话框中选择“进刀”选项卡，在“封闭区域”栏中选用默认参数。在“开放区域”栏中，将“进刀类型”设为“线性”，“长度”设为8.0000，单位设为mm，“高度”设为3.0000，单位设为mm，“最小安全距离”设为8.0000，单位设为mm，如图14-28所示。

09 选择“起点/钻点”选项卡，将“重叠距离”设为5.0000mm，“默认区域起点”设为“中点”，“指定点”设为“端点”，如图14-29所示，选择零件左下角的端点为进刀点。

10 单击“确定”按钮，退出“非切削移动”对话框。

图 14-28

图 14-29

11 单击“进给率和速度”按钮，在弹出的“进给率和速度”对话框中，将“主轴转速”设为1000.000，“切削”设为1500.000，单击“基于此值计算进给和速度”按钮，如图14-30所示。

12 单击“确定”按钮，退出“进给率和速度”对话框。

13 在“面铣”对话框中单击“生成”按钮，生成面铣刀路，如图14-31所示。

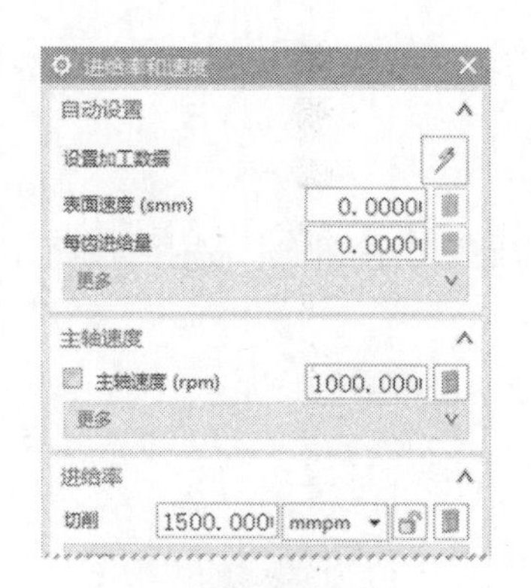

图 14-30

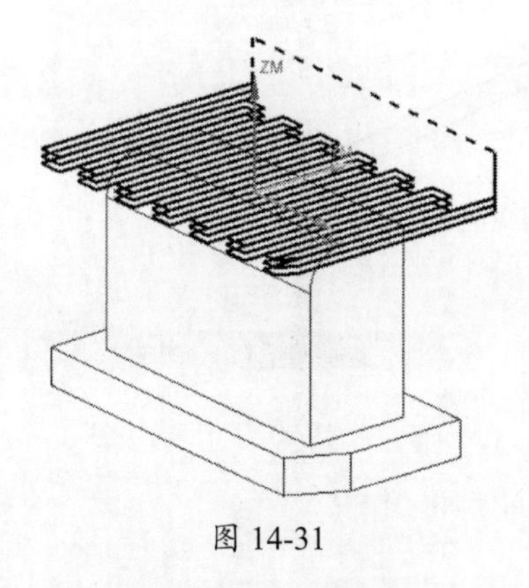

图 14-31

14.1.6 创建平面铣刀路

01 执行“菜单”|“插入”|“工序”命令，在弹出的“创建工序”对话框中，将“类型”设为mill_planar，“工序子类型”设为“平面铣”，“程序”设为NC_PROGRAM，“刀具”设为D10R0（铣刀-5参数），“几何体”设为A，“方法”设为METHOD，如图14-32所示。

图 14-32

02 单击“确定”按钮，在弹出的“平面铣-[PLANAR_MILL_1]”对话框中单击“指定部件边界”按钮，如图14-33所示。

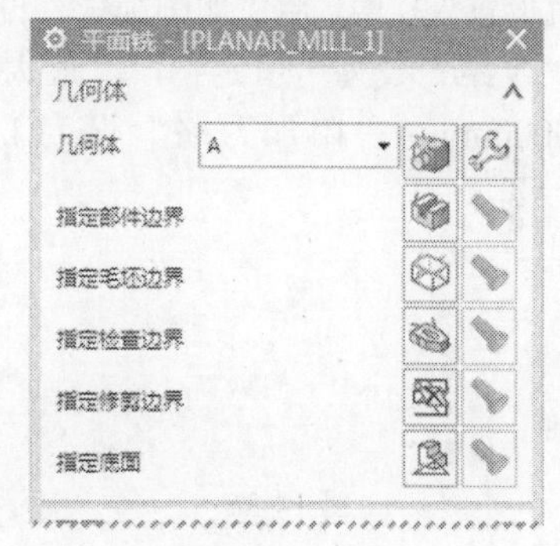

图 14-33

03 在弹出的“部件边界”对话框的“边界”栏中，将“选择方法”设为“曲线”，并选择如图14-34所示的粗线。

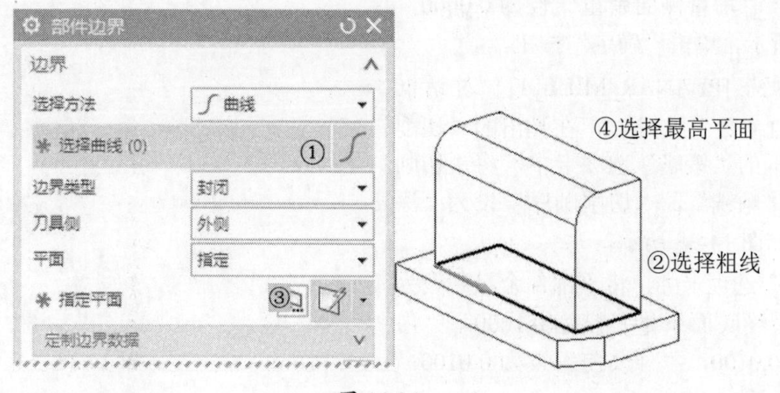

图 14-34

04 在“部件边界”对话框中，将“边界类型”设为“封闭”，“刀具侧”设为“外侧”，“平面”设为“指定”，选择图 14-34 中工件的最高面。

05 单击“确定”按钮退出“部件边界”对话框。

06 在“平面铣 -[PLANAR_MILL_1]”对话框中单击“指定底面”按钮，选择台阶面，在对话框中将“距离”设为 0mm，如图 14-35 所示。

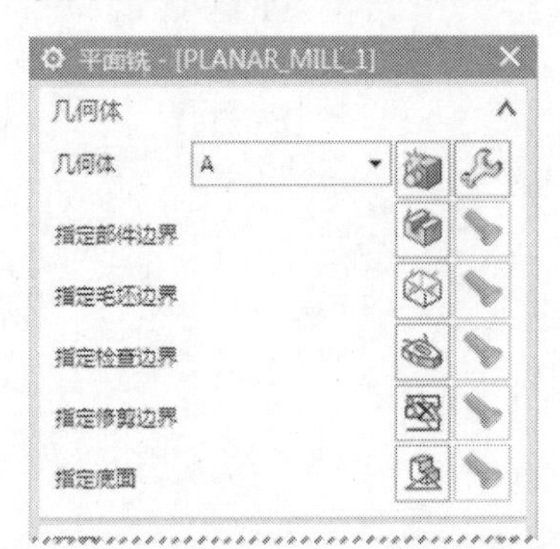

图 14-35

07 单击“确定”按钮，退出“平面”对话框。

08 在“平面铣 -[PLANAR_MILL_1]”对话框的“刀轨设置”栏中，将“切削模式”设为“轮廓”，“步距”设为“恒定”，“最大距离”设为 8.0000mm，“附加刀路”设为 1，如图 14-36 所示。

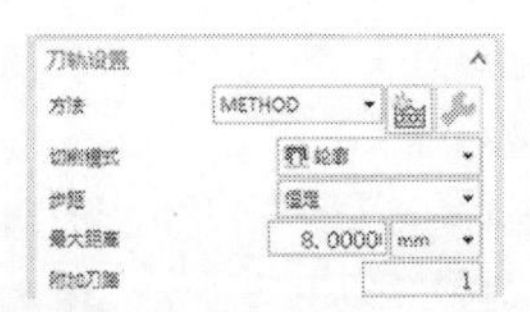

图 14-36

09 在“平面铣 -[PLANAR_MILL_1]”对话框中单击“切削层”按钮，在弹出的“切削层”对话框中，将“类型”设为“恒定”，“公共”设为 1.0000，“增量侧面余量”设为 0.0000，如图 14-37 所示，单击“确定”按钮。

10 在“平面铣 -[PLANAR_MILL_1]”对话框中单击“切削参数”按钮，在弹出的“切削参数”对话框的“策略”选项卡中，将“切削方向”设为“顺铣”，“切削顺序”设为“深度优先”，如图 14-38 所示。

11 在“余量”选项卡中，将“部件余量”设为 0.3000，“最终底面余量”设为 0.1000，“内公差”设为 0.0100，“外公差”设为 0.0100，如图 14-39 所示。

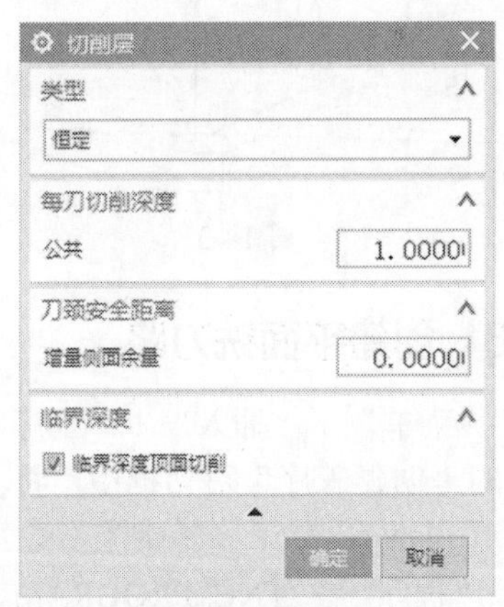

图 14-37

图 14-38

图 14-39

12 单击“确定”按钮退出“切削参数”对话框。

13 在“平面铣”对话框中单击“非切削移动”按钮，在弹出的“非切削移动”对话框的“转移 / 快速”选项卡中，将“区域之间”的“转移类型”设为“安全距离 - 刀轴”，“区域内”的“转移方式”设为“进刀 / 退刀”，“转移类型”设为“直接”，如图 14-40 所示。

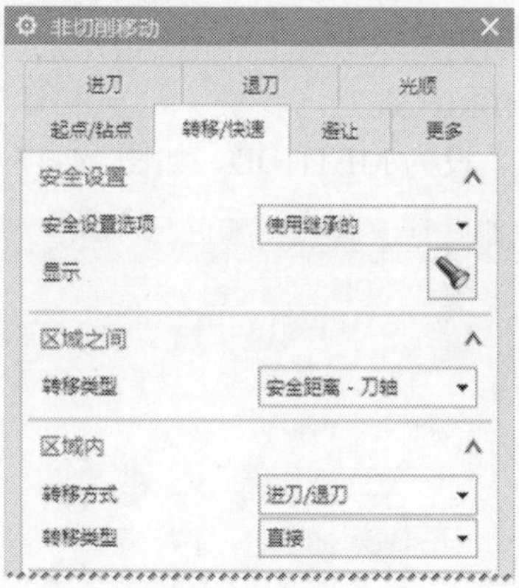

图 14-40

14 选择“进刀”选项卡，“封闭区域”的参数选择默认值，在“开放区域”栏中，将“进刀类型”设为“圆弧”，“半径”设为 2.0000mm，“圆弧角度”设为 90.0000，“高度”设为 1.0000mm（注：这里指的是每层的提刀高度），“最小安全距离”设为“修剪和延伸”，“最小安全距离”设为 5.0000（注：这里指的是直线进刀长度），“单位”设为 mm，如图 14-41 所示（为了更好地体会这些参数的含义，初学者可以夸张地调大这些参数值），在“退刀”选项卡中将“退刀类型”设为“与进刀相同”。

图 14-41

15 单击“进给率和速度”按钮，将“主轴转速”设为 1000r/min，“进给率”设为 1200mm/min。

16 单击“生成”按钮，生成精铣壁刀路，每一层刀路都有 2 圈刀路，如图 14-42 所示（基本刀路为 1 圈，附加刀路为 1 圈，共 2 圈，每圈刀路的间距为 8mm，每层刀路的间距为 1mm）。

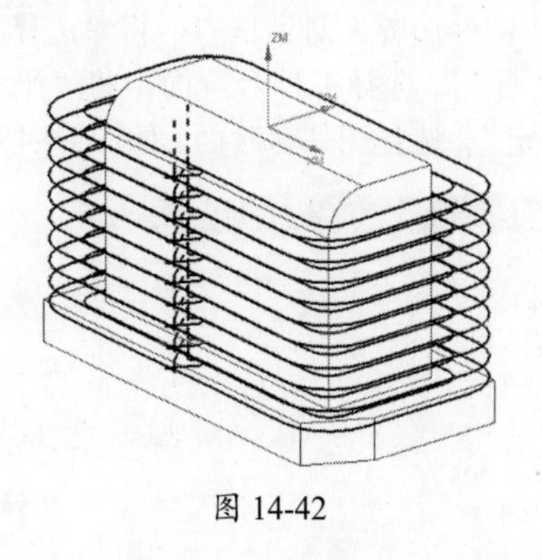

图 14-42

17 在“工序导航器”中选中 PLANAR_MILL 选项，右击并在弹出的快捷菜单中选择“复制”命令。再选择 PLANAR_MILL 选项，右击并在弹出的快捷菜单中选择“粘贴”命令，复制刚才创建的刀路，如图 14-43 所示。

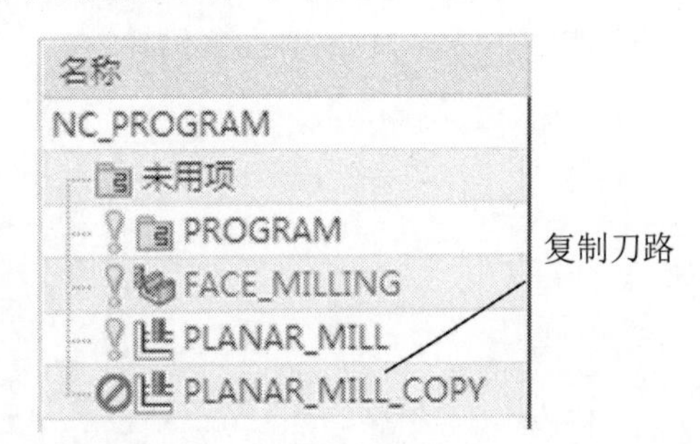

图 14-43

18 双击 PLANAR_MILL_COPY 选项，在弹出的“平面铣”对话框中单击“指定部件边界”按钮，在弹出的“部件边界”对话框中单击“移除”按钮，如图 14-44 所示。

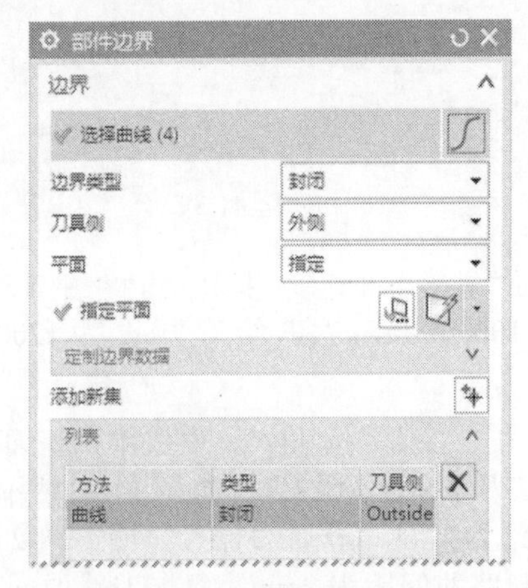

图 14-44

19 在“部件边界”对话框中，将“选择方法”设为“面”，选择工件台阶面，将“平面”设为“指定”，选择工件台阶面，如图 14-45 所示。

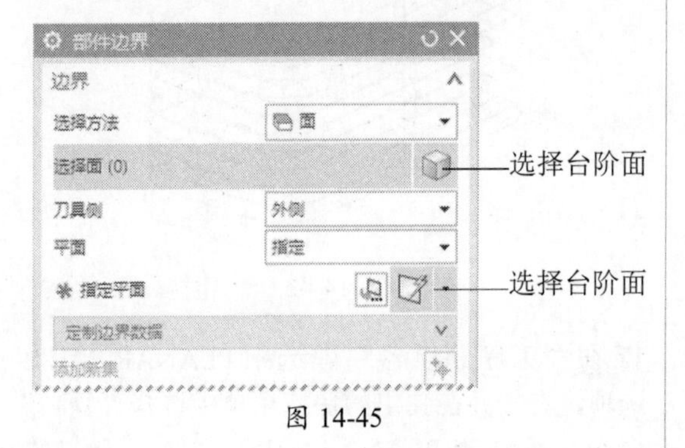

图 14-45

20 单击“确定”按钮退出“部件边界”对话框。

21 在“平面铣”对话框中单击“指定底面”按钮，选择工件的底面。

22 在“平面铣”对话框中，将“附加刀路”设为 0。

23 单击“生成”按钮生成刀路，如图 14-46 所示。

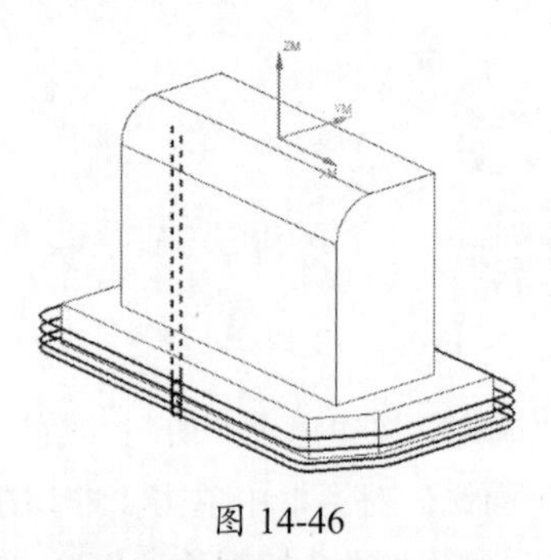

图 14-46

14.1.7 创建深度轮廓铣刀路

01 单击“创建工序”按钮，在弹出的“创建工序”对话框中，将“类型”设为 mill_contour，“工序子类型”设为“深度轮廓加工”，“程序”设为 NC_PROGRAM，“刀具”设为 D10R0（铣刀 -5 参数），“几何体”设为 A，“方法”设为 METHOD，如图 14-47 所示。

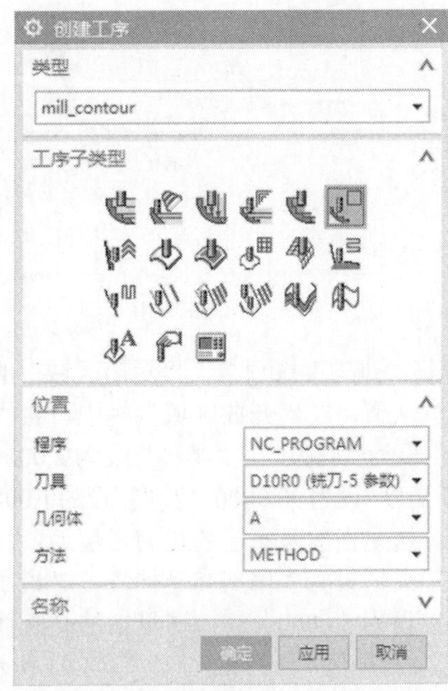

图 14-47

02 单击“确定”按钮，在弹出的“深度轮廓铣 -[ZLEVEL_PROFILE]”对话框中单击“指定切削区域”按钮，然后选择工件的圆弧面，如图 14-48 中的粗线所示，单击“确定”按钮。

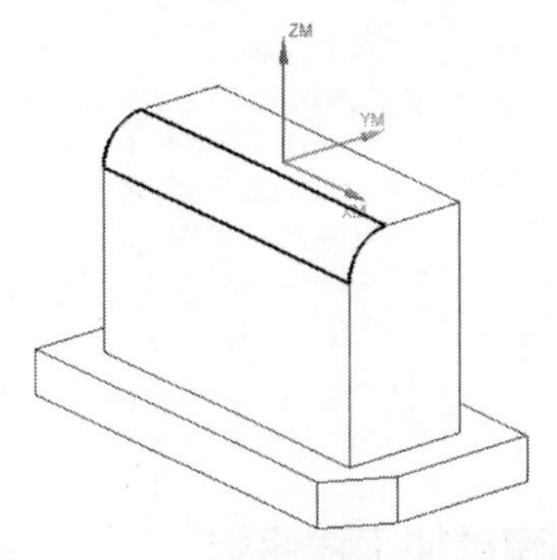

图 14-48

03 单击“切削层”按钮，在弹出的“切削层”对话框中，将“范围类型”设为“用户定义”，“公共每刀切削深度”设为“恒定”，“最大距离”设为 0.5000mm，如图 14-49 所示。

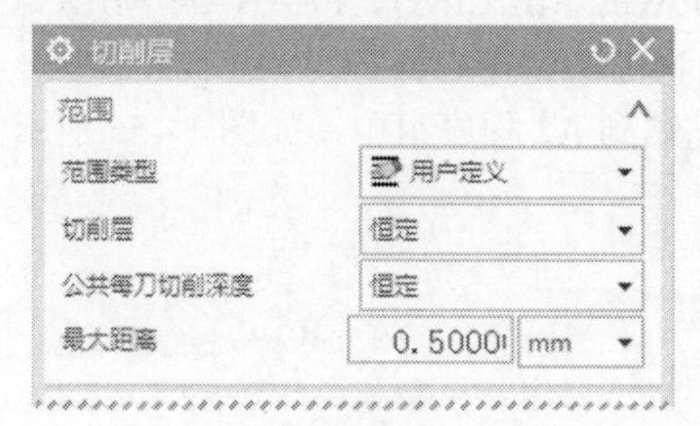

图 14-49

04 单击“确定”按钮，退出“切削层”对话框。

05 单击“切削参数”按钮，在弹出的“切削参数”对话框的“策略”选项卡中，将“切削方法”设为“混合”，在“余量”选项卡中取消选中“使底面余量与侧面余量一致”复选框，将“部件侧面余量”设为 0.3 mm，“部件底面余量”设为 0.2 mm，“内（外）公差”设为 0.01。

06 单击“非切削移动”按钮，在弹出的“非切削移动”对话框的“转移 / 快速”选项卡中，将区域内的“转移类型”设为“直接”。选择“进刀”选项卡，在“开放区域”栏中，将“进刀类型”设为“线性”，“长度”设为 8mm，“高度”设为 0，“最小安全距离”设为 1mm，“退刀”选项卡中将“退刀类型”设为“与进刀相同”。

07 单击“进给率和速度 ”按钮，将“主轴转速”设为 1000r/min，“进给率”设为 1200 mm/min。

08 单击“生成”按钮生成刀路，如图 14-50 所示。

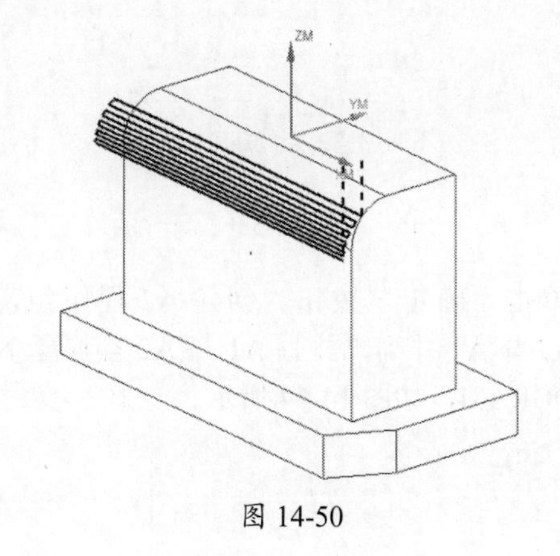

图 14-50

14.1.8　创建粗加工程序组

01 在“工序导航器”上方的工具栏中单击“程序顺序视图”按钮，如图 14-51 所示。

图 14-51

02 在“工序导航器”中，将 PROGRAM 设为 A1，并把刚才创建的 4 个刀路程序移至 A1 下面，如图 14-52 所示。

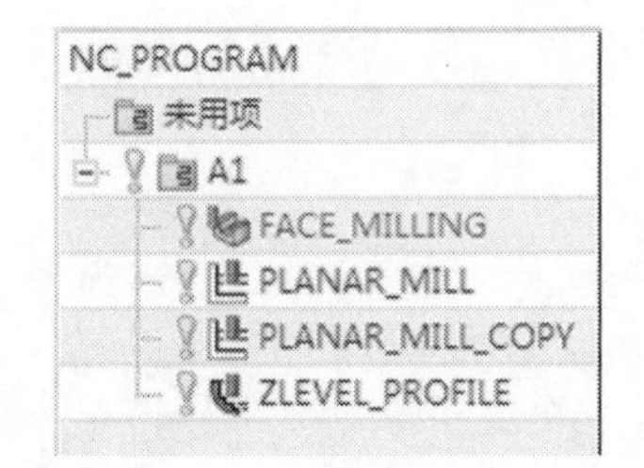

图 14-52

14.1.9 创建精加工程序组

01 执行“菜单”|“插入”|“程序”命令，在弹出的“创建程序”对话框中，将“类型”设为 mill_contour，“程序”设为 NC_PROGRAM，“名称”设为 A2，如图 14-53 所示。

图 14-53

02 单击“确定”按钮，创建 A2 程序组，此时 A2 与 A1 并列，并且 A1 与 A2 都属于 NC_PROGRAM，如图 14-54 所示。

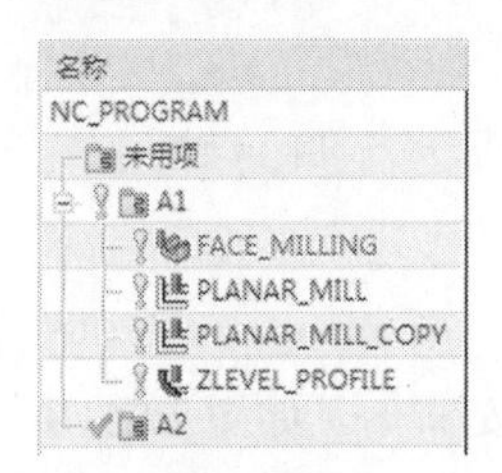

图 14-54

03 在“工序导航器”中选择 FACE_MILLING、PLANAR_MILL、PLANAR_MILL_COPY 和 ZLEVEL_PROFILE，右击并在弹出的快捷菜单中选择“复制”命令。

04 在“工序导航器”中选择 A2，右击并在弹出的快捷菜单中选择“内部粘贴”命令，将 FACE_MILLING、PLANAR_MILL、PLANAR_MILL_COPY 和 ZLEVEL_PROFILE 4 个程序粘贴到 A2 程序组中，如图 14-55 所示。

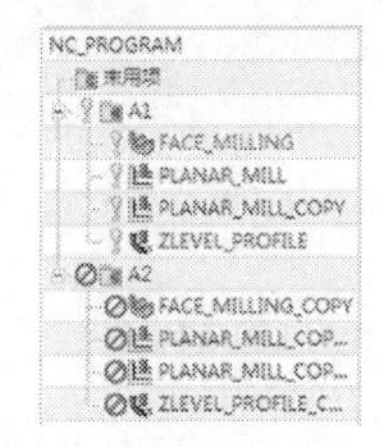

图 14-55

05 在“工序导航器”中双击 FACE_MILLING_COPY 选项，在弹出的“面铣”对话框中单击“指定面边界”按钮，在弹出的“毛坯边界”对话框中展开“列表”栏后，再连续单击 2 次“列表”框的“移除”按钮，移除以前选中的边界，再选择工件的最高面，如图 14-56 中的粗线所示。

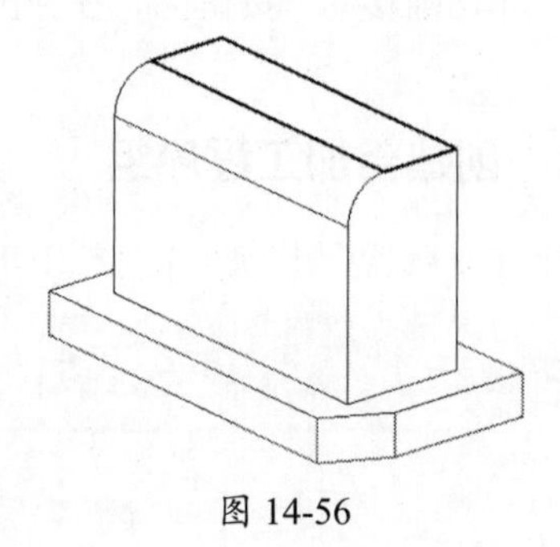

图 14-56

06 在“毛坯边界”对话框中，将“刀具侧”设为“内侧”，“平面”设为“自动”。

07 在“面铣”对话框的“刀轨设置”栏中，将“毛坯距离”设为0.0000，“每刀切削深度”设为0.0000，“最终底面余量”设为0.0000，如图14-57所示。

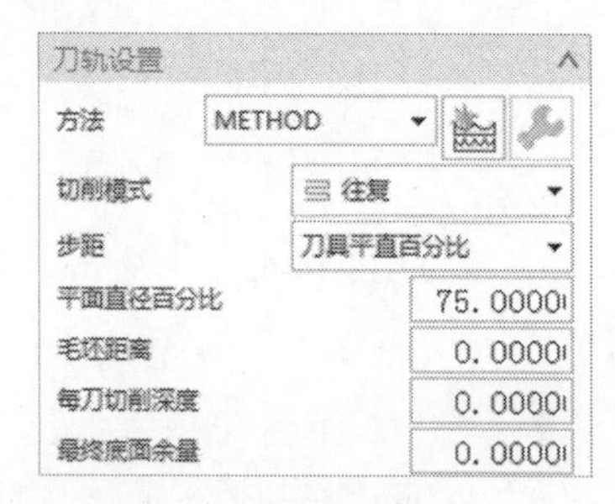

图 14-57

08 单击“切削参数”按钮，在弹出的“切削参数”对话框的“策略”选项卡中，将“与XC的夹角”设为0。

09 单击“进给率和速度 ”按钮，将“主轴转速”设为1200 r/min，“进给率”设为500 mm/min。

10 单击“生成”按钮生成刀路，如图14-58所示。

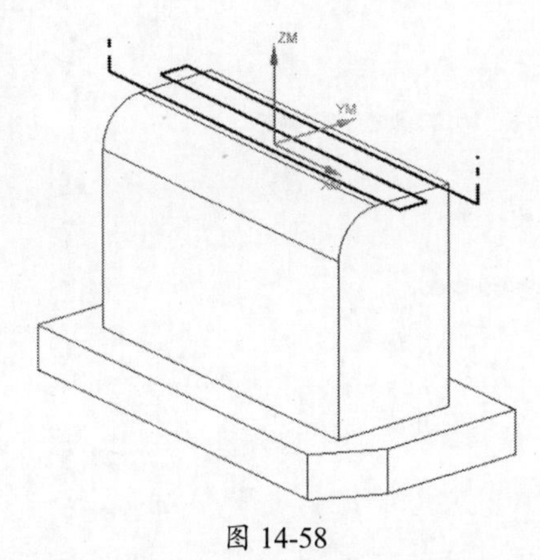

图 14-58

11 双击PLANAR_MILL_COPY_1选项，在弹出的“平面铣”对话框中，将“步距”设为“恒定”，“最大距离”设为0.1mm，“附加刀路”设为2。单击“切削层”按钮，在弹出的“切削层”对话框中，将“类型”设为“仅底面”，如图14-59所示。单击“切削参数”按钮，在弹出的“切削参数”对话框的“余量”选项卡中，将“部件余量”设为0mm，“最终底面余量”设为0mm。

图 14-59

12 单击“进给率和速度 ”按钮，将“主轴转速”设为1200 r/min，“进给率”设为500 mm/min。

13 单击“生成”按钮，生成精铣壁刀路，如图14-60所示。

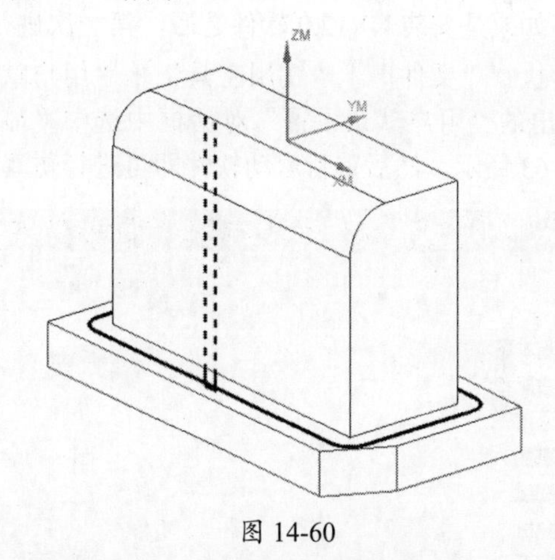

图 14-60

14 按上述方法修改PLANAR_MILL_COPY，生成的刀路如图14-61所示。

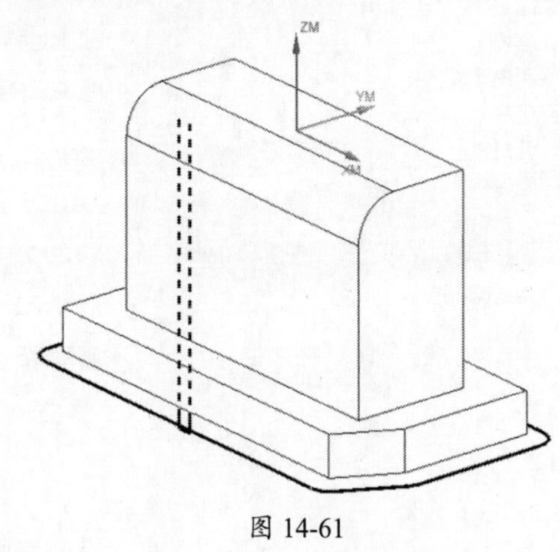

图 14-61

15 双击ZLEVEL_PROFILE_COPY选项，在弹

出的“深度轮廓加工”对话框中单击“切削层”按钮，在弹出的“切削层”对话框中，将“最大距离”设为 0.1mm。单击“切削参数”按钮，在弹出的“切削参数”对话框的“余量”选项卡中，将“部件侧面余量”设为 0mm，“部件底面余量”设为 0mm。

16 单击“进给率和速度 ”按钮，将“主轴转速”设为 1200 r/min、“进给率”设为 500 mm/min。

17 单击“生成”按钮生成刀路，如图 14-62 所示。

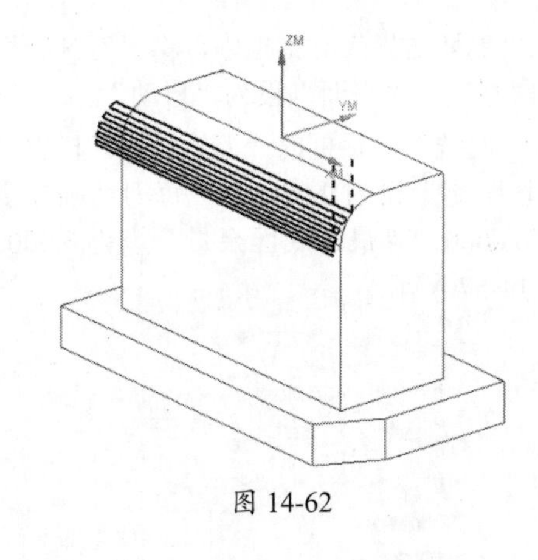

图 14-62

14.1.10 刀路仿真模拟

01 如果是安装 NX12.0 软件之后，第一次进行仿真模拟的读者，应先执行下列操作。

02 执行“文件” | “实用工具” | “用户默认设置” | “加工” | “仿真与可视化”命令，在弹出的“用户默认设置”对话框中选中“显示静态页面”“显示 2D 动态页面”复选框，如图 14-63 所示，然后重新启动软件即可进行仿真模拟。

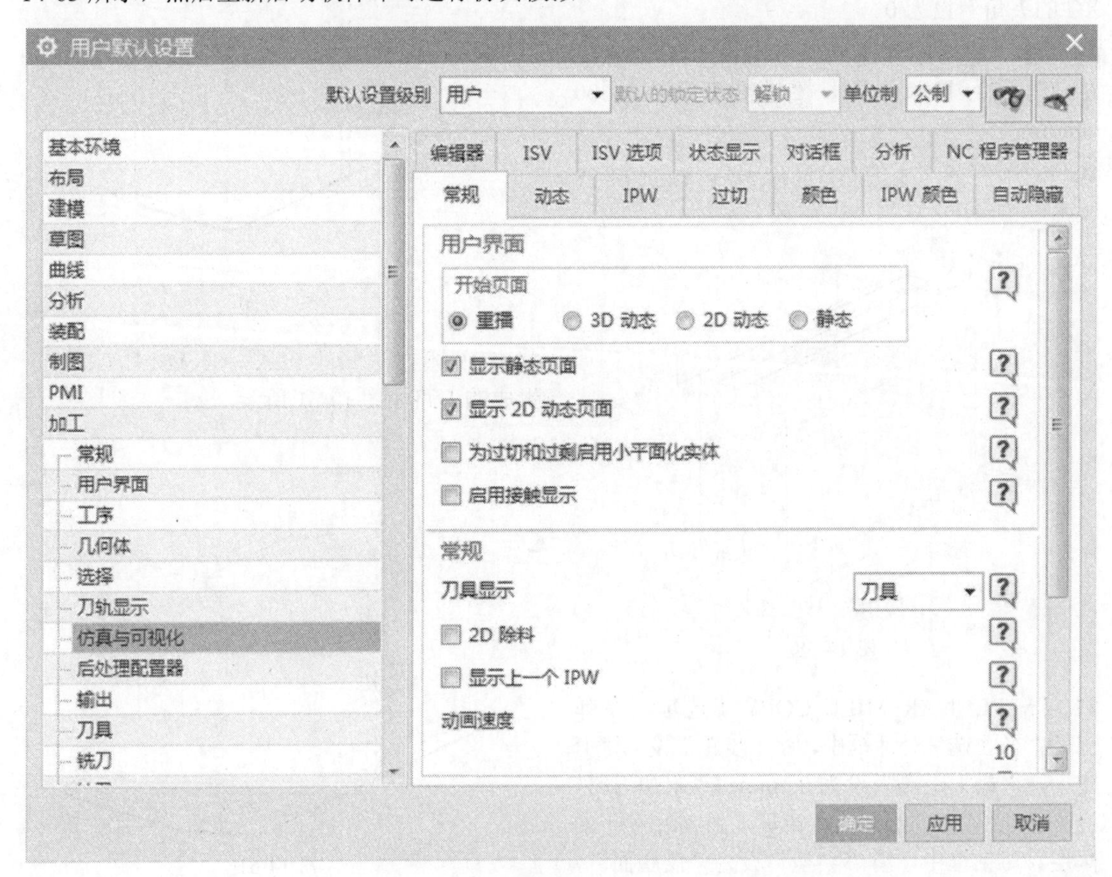

图 14-63

03 按住 Ctrl 键，先在“工序导航器”中选中所有刀路，再单击“确认刀轨”按钮。

04 在弹出的“刀轨可视化”对话框中先单击“2D 动态”按钮，再单击“播放”按钮 ▶，如图 14-64 所示。

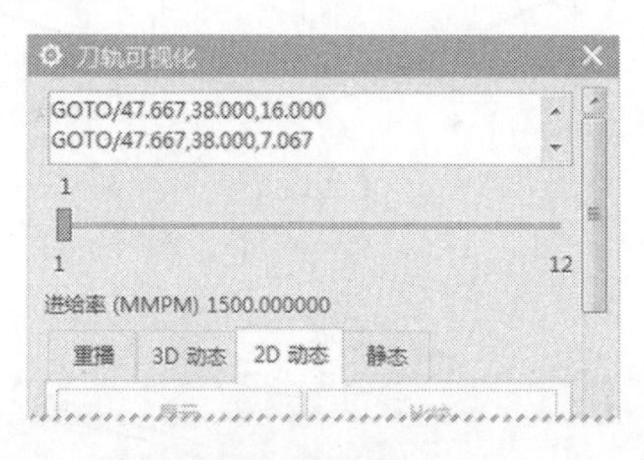

图 14-64

05 即可进行仿真模拟，结果如图 14-65 所示。

图 14-65

14.1.11　装夹方式及程序单

01 用虎钳装夹工件时，工件的上表面至少高出台钳平面 65mm。

02 工件采用“四边分中”，将上表面设为 ZC，如图 14-66 所示。

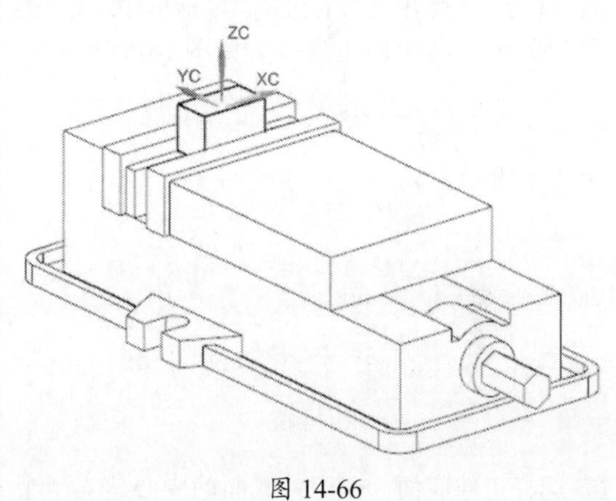

图 14-66

03 加工程序单，如表 14-1 所示。

表 14-1　加工程序单

序号	刀具	加工深度	备注
A1	Φ10 平底刀	60mm	粗加工
A2	Φ10 平底刀	60mm	精加工

14.2　数控编程进阶

本节以一个带曲面的零件为例，讲述 NX 曲面刀路的一般应用。

14.2.1　摆正工件

01 打开 core.prt 文件，按 W 键可以看出坐标系未位于工件表面，如图 14-67 所示。

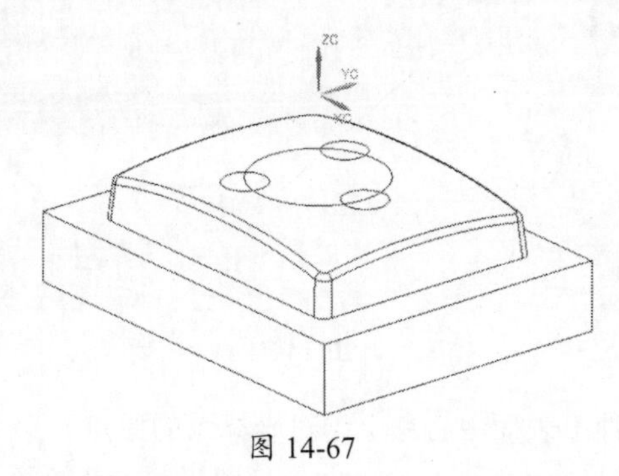

图 14-67

02 在横向菜单中选择“应用模块”选项卡，再单击“建模”按钮，进入建模环境。

03 执行“菜单”|“编辑”|“特征”|“移除参数”命令，移除零件的特征参数。

04 执行“菜单”|“格式”|“WCS”|“定向”命令，在弹出的“坐标系”对话框中，将“类型”设为“对象的坐标系”，如图14-68所示。

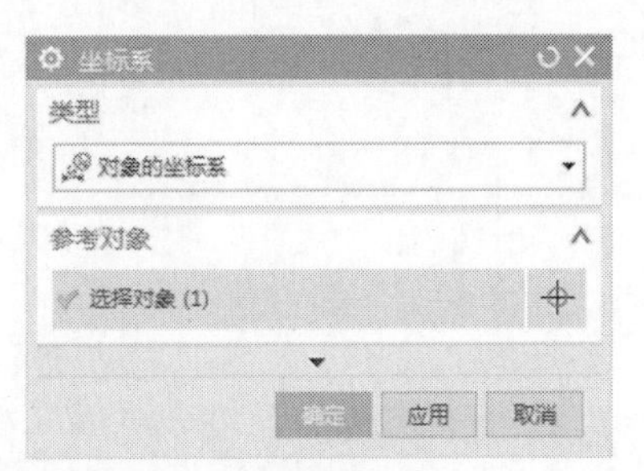

图 14-68

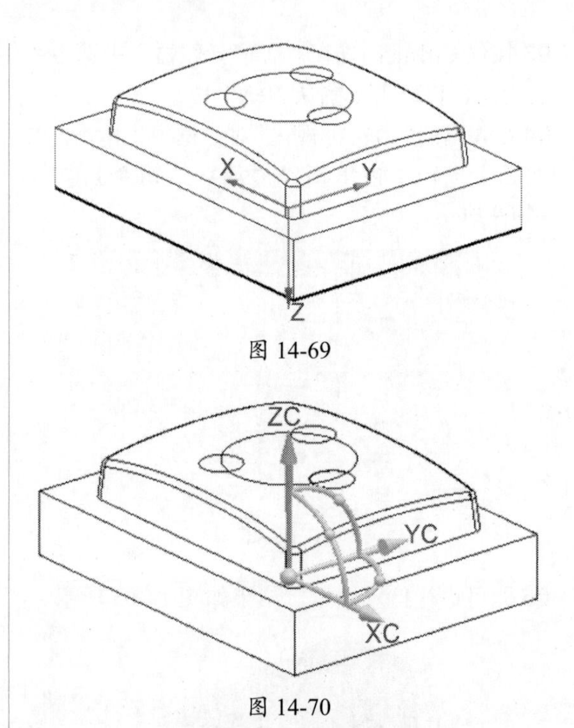

图 14-69

图 14-70

05 选择工件底面，在工件底面的中心建立一个坐标系，Z轴朝下，如图14-69所示。

06 双击ZC轴，使Z轴朝向上方，如图14-70所示。

07 在空白处右击，并在弹出的快捷菜单中选择“确定”命令。

08 执行“菜单”|“编辑”|“移动对象”命令，在弹出的“移动对象”对话框中，将“运动”设为“坐标系到坐标系”，“结果”设为“移动原先的”。单击“指定起始坐标系”按钮，在弹出的“坐标系”对话框中，将“类型”设为“动态”，“参考”设为WCS，单击“确定”按钮，在“移动对象”对话框中单击“指定目标坐标系”按钮，在弹出的“坐标系”对话框中，将“类型”设为“绝对坐标系”，如图14-71所示。

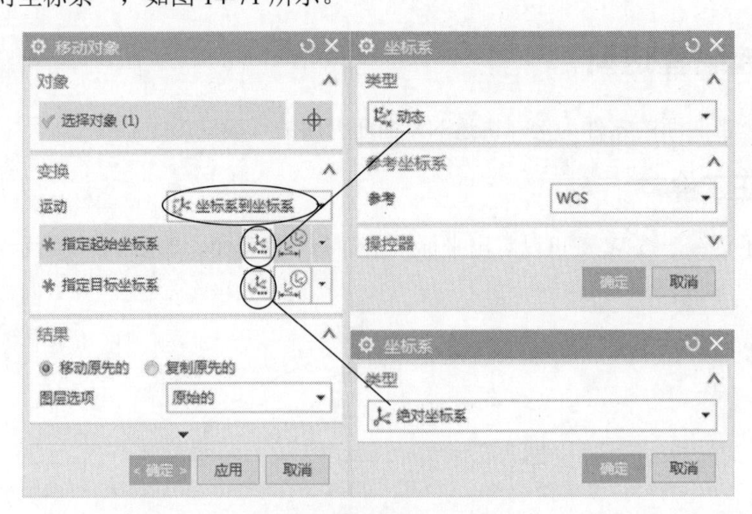

图 14-71

09 单击“确定”按钮，工件下表面中心移至绝对坐标系的原点。

10 执行“菜单”|“格式”|“WCS”|“WCS 设置为绝对”命令，绝对坐标系位于工件下底

面的中心，如图 14-72 所示。

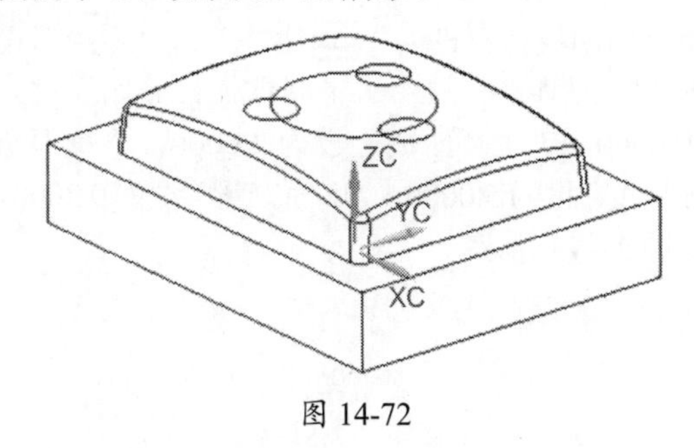

图 14-72

14.2.2　创建工件几何体

01 在横向菜单中选择“应用模块”选项卡，再单击“加工”按钮，在弹出的“加工环境”对话框中选中 cam_general 选项和 mill_contour 选项。

02 单击“确定”按钮进入加工环境。

03 执行“菜单”|“插入”|“几何体”命令，在弹出的“创建几何体”对话框中，将“几何体子类型”设为 MCS，“几何体”设为 GEOMETRY，“名称”设为 AS。

04 单击“确定”按钮，在弹出的 MCS 对话框中，将“安全设置选项”设为“自动平面”，“安全距离”设为 10mm，“刀轴”设为“MCS 的 +Z”。

05 单击“确定”按钮，创建名称为 AS 的坐标系。

06 在“工序导航器”上方的工具栏中单击“几何视图”按钮。

07 单击“工序导航器”按钮，在“工序导航器”中可以看到刚才创建的坐标系 AS，如图 14-73 所示。

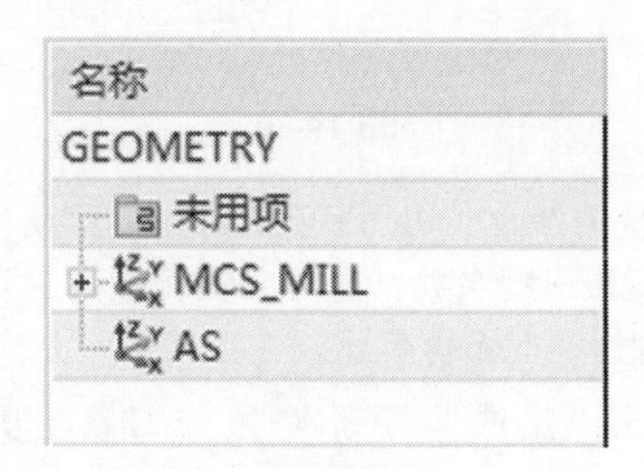

图 14-73

08 执行“菜单”|“插入”|“几何体”命令，在“创建几何体”对话框中，将“几何体子类型”设为 WORKPIECE，“几何体”设为 AS，“名称”设为 BS。

09 单击“确定”按钮，在弹出的“工件”对话框中单击“指定部件”按钮，如图 14-17 所示，在工作区中选择实体。

10 单击“确定”按钮，再在“工件”对话框中单击“指定毛坯”按钮。

11 在弹出的“毛坯几何体”对话框中，将“类型”设为“包容块”，把 XM−、YM−、XM+、YM+、ZM+ 均设为 2mm，ZM−设为 0。

12 单击“确定”的按钮，回到上一个对话框再单击“确定”按钮，创建几何体 A。在“工序导航器”中展开 AS，可以看出坐标系 AS 中包含了几何体 BS，如图 14-74 所示。

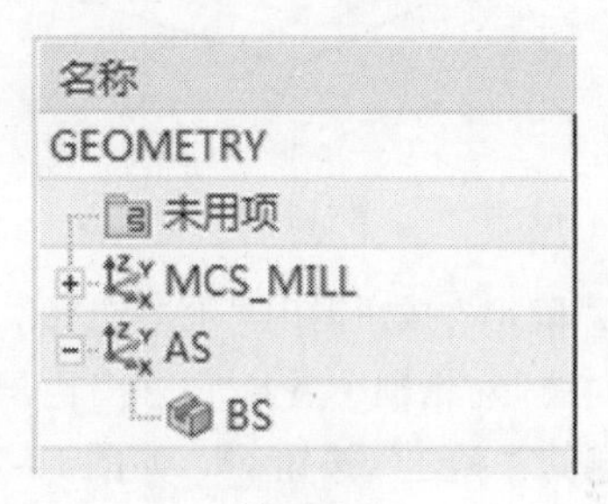

图 14-74

14.2.3　创建面铣刀路

01 执行“菜单”|“插入”|“工序”命令，在弹出的“创建工序”对话框中，将“类型”设为 mill_planar，“工序子类型”设为“带边界面铣”，“程序”设为 NC_PROGRAM，“刀具”设为 NONE，“几何体”设为 AS，“方法”设为 METHOD。

02 单击“确定”按钮，在弹出的“面铣”对话框中单击“指定部件边界”按钮。

03 单击“确定”按钮，在“面铣”对话框中，将“几何体”设为 AS，单击“指定面边界”按钮。

04 在弹出的“毛坯边界”对话框的“边界”栏中，将“选择方法”设为“曲线”，“刀具侧”设为“内侧”，“平面”设为“自动”，如图 14-75 所示。

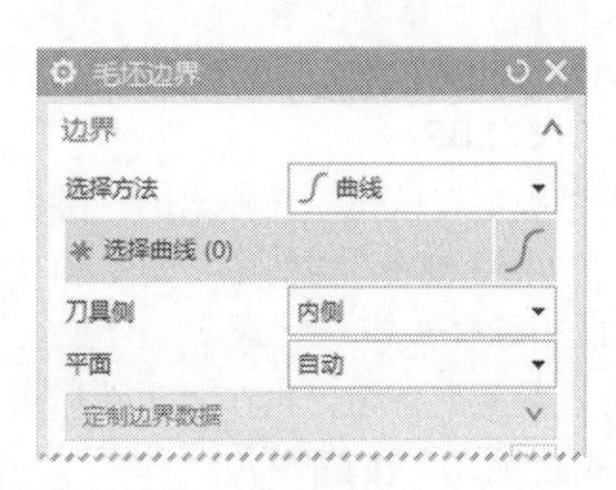

图 14-75

05 选择工件的最大轮廓线，如图 14-76 中的粗线所示。

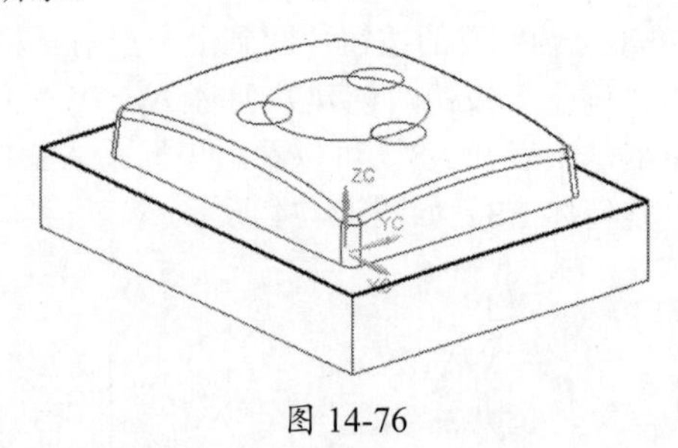

图 14-76

06 单击“确定”按钮退出“毛坯边界”对话框。

07 在“面铣”对话框中展开“工具”栏，单击“刀具”右侧的“新建”按钮，如图 14-77 所示。

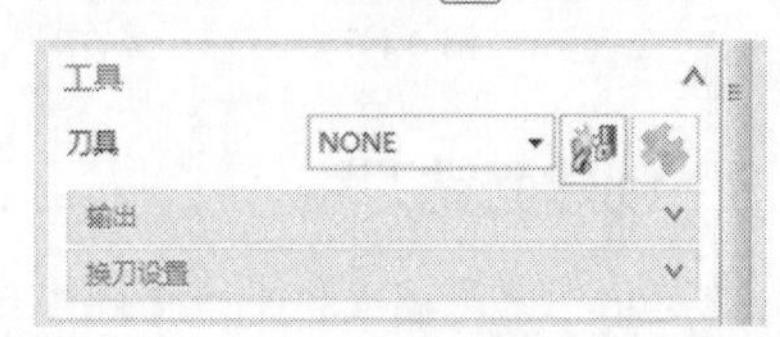

图 14-77

08 在弹出的“新建刀具”对话框中，将“刀具子类型”设为 MILL，“名称”设为 D10R0，如图 14-20 所示。

09 单击“确定”按钮，在弹出的“铣刀 -5 参数”对话框中，将“直径”设为 10mm，“下半径”设为 0，如图 14-21 所示。

10 单击“确定”按钮，退出“铣刀 -5 参数”对话框。

11 在“面铣”对话框中展开“刀轴”栏，将“轴”设为“+ZM 轴”，如图 14-78 所示。

图 14-78

12 在“面铣”对话框中的“刀轨设置”栏中，将“切削模式”设为“往复”，“步距”设为“% 刀具平直”，“平面直径百分比”设为 80.0000，“毛坯距离”设为 3.0000，“每刀切削深度”设为 5.0000，“底面余量”设为 0.2000，如图 14-79 所示。

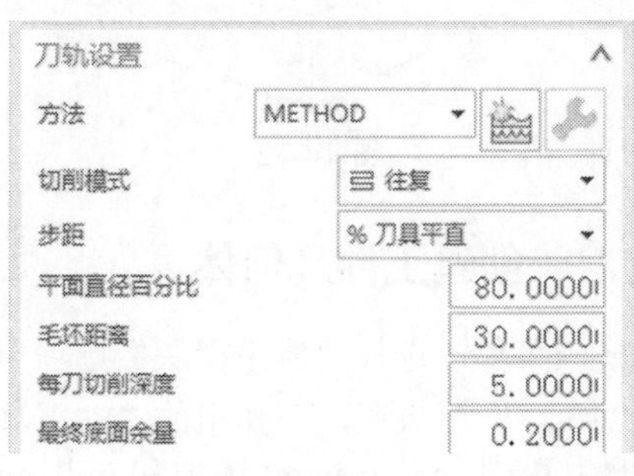

图 14-79

13 单击“切削参数”按钮，在弹出的“切削参数”对话框的“策略”选项卡中选中“添加精加工刀路”复选框，将“刀路数”设为 1，“精加工步距”设为 1.0000mm，“切削方向”设为“顺铣”，“剖切角”设为“指定”，“与 XC 的夹角”设为 180.0000，如图 14-80 所示。

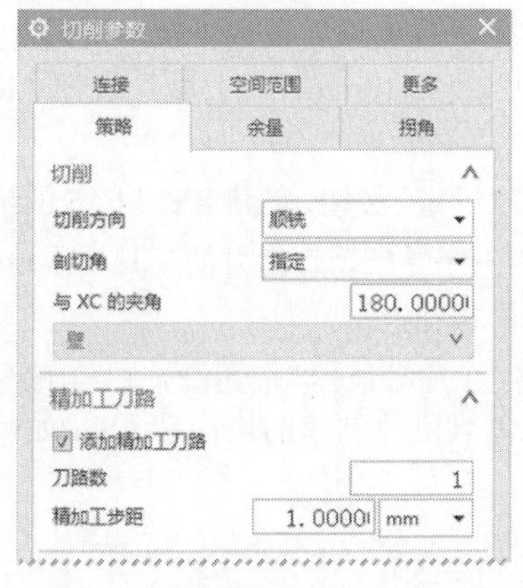

图 14-80

14 其他的参数（切削参数、非切削移动参数、进给率和速度参数）与前面实例参数的设置方法相同，在此不再赘述。

15 单击“生成”按钮生成刀路，从前视图中可看出，刀路高于零件的最高位，如图 14-81 所示。

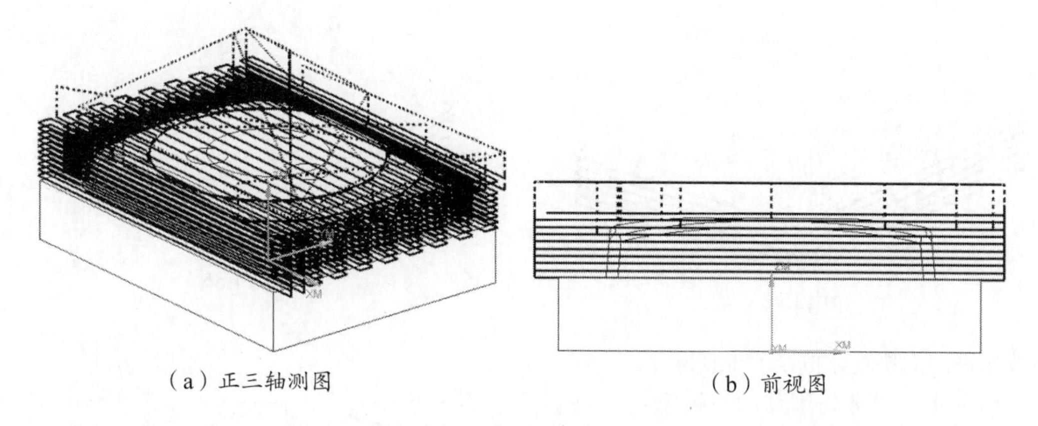

（a）正三轴测图　　　　　　（b）前视图

图 14-81

14.2.4　创建精铣壁刀路

01 执行“菜单”｜“插入”｜“工序”命令，在弹出的“创建工序”对话框中，将“类型”设为 mill_planar，“工序子类型”设为“精铣壁”，“程序”设为 NC_PROGRAM，“刀具”设为 D10R0（铣刀 -5 参数），“几何体”设为 AS，“方法”设为 METHOD，如图 14-82 所示。

图 14-82

02 单击“确定”按钮，在弹出的“精铣壁”对话框中单击“指定部件边界”按钮，在弹出的“部件边界”对话框中，将“选择方法”设为“面”，选择工件的台阶面，如图 14-83 粗线所示（注：本步的目的是选择加工的边线）。

03 将“刀具侧”设为“外侧”，“平面”设为“指定”，选择工件的台阶面，如图 14-83 中的粗线所示（注：本步的目的是选择加工的起始高度）。

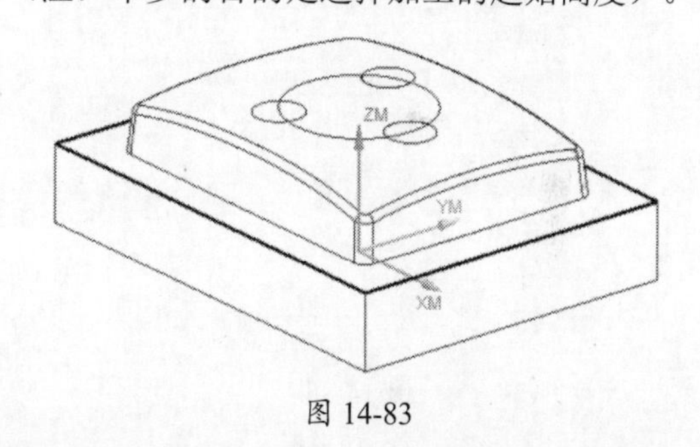

图 14-83

04 单击“确定”按钮，退出“部件边界”对话框。

05 在“精铣壁”对话框的“刀轨刀削”栏中将“切削模式”设为“轮廓”，其他参数选用默认值。

06 在“精铣壁”对话框中单击“指定底面”按钮，选择工件的底面，单击“切削层”按钮，在弹出的“切削层”对话框中，将“范围类型”设为“恒定”，“公共”设为 1.0mm，“增量侧面余量”设为 0mm，如图 14-37 所示，单击“确定”按钮。

07 其他的参数（切削参数、非切削移动参数、进给率和速度参数）与前面实例参数的设置方法相同，在此不再赘述。

08 单击“生成”按钮，生成精铣壁刀路，该刀路的进刀点被实体遮挡，如图 14-84 所示。

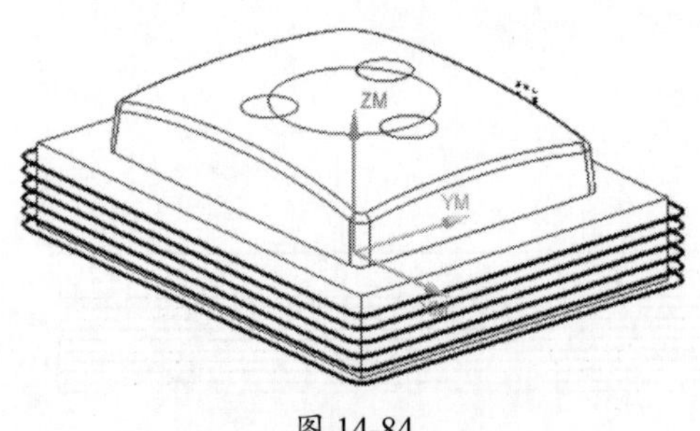

图 14-84

09 改变进刀点位置，按以下步骤操作。

（1）单击“非切削移动”按钮，在弹出的“非切削移动”对话框中选择“起点/钻点”选项卡，将“重叠距离”设为0.0000mm，“默认区域起点”设为“中点”，“指定点”设为“控制点”，如图14-85所示。

图 14-85

（2）选择零件右下角的边线，选择该边线的中点即为进刀点。

（3）单击“确定”按钮退出“非切削移动”对话框。

（4）单击“生成”按钮，改变进刀点后，生成精铣壁刀路，如图14-86所示。

14.2.5 创建固定轮廓铣

01 在“工序导航器”上方的工具栏中单击“程序顺序视图”按钮。

02 在“工序导航器”中，将PROGRAM设为A1，并把刚才创建的2个刀路程序移至A1下面，如图14-87所示。

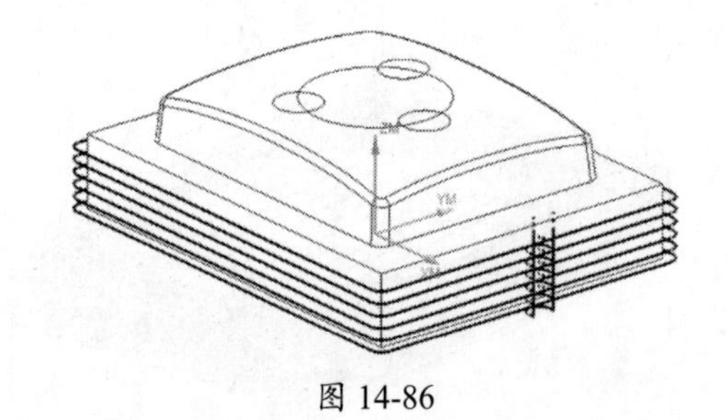

图 14-86

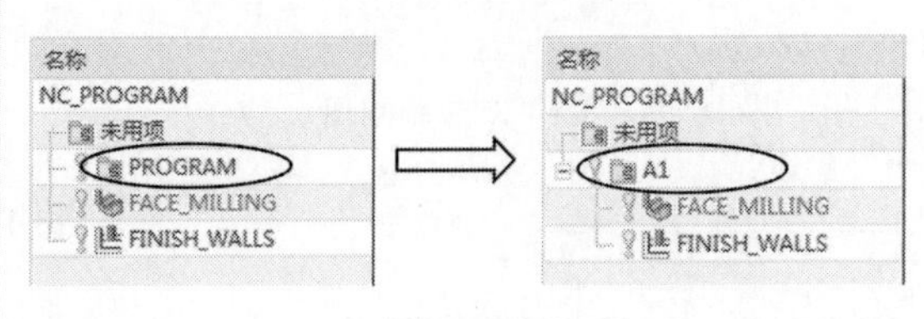

图 14-87

03 执行“菜单”|“插入”|“程序”命令，在弹出的“创建程序”对话框中，将“类型”设为mill_contour，“程序”设为NC_PROGRAM，“名称”设为A2。

04 单击“确定”按钮创建A2程序组，此时A2与A1并列，并且A1与A2都属于NC_PROGRAM。

05 单击“创建工序”按钮，在弹出的“创建工序”对话框中，将“类型”设为mill_contour，“工序子类型”设为“固定轮廓铣”，“程序”设为A2，“刀具”设为NONE，“几何体”设为BS，“方法”设为METHOD，如图14-88所示，单击“确定”按钮。

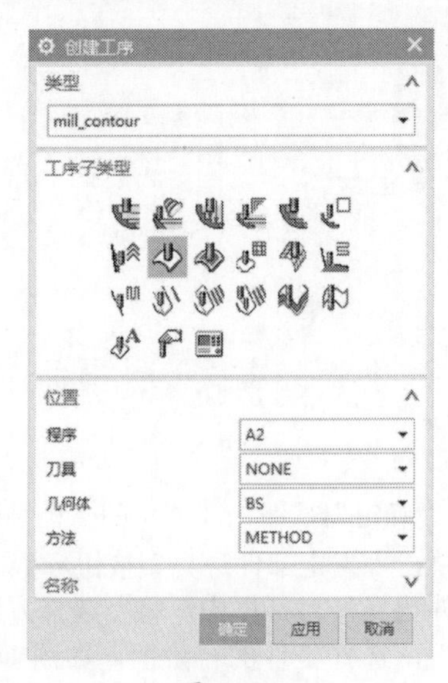

图 14-88

06 在弹出的“固定轮廓铣”对话框中单击“指定切削区域”按钮，选择工件上表面的曲面，如图 14-89 粗线所示（提示：无须选择侧面的斜面）。

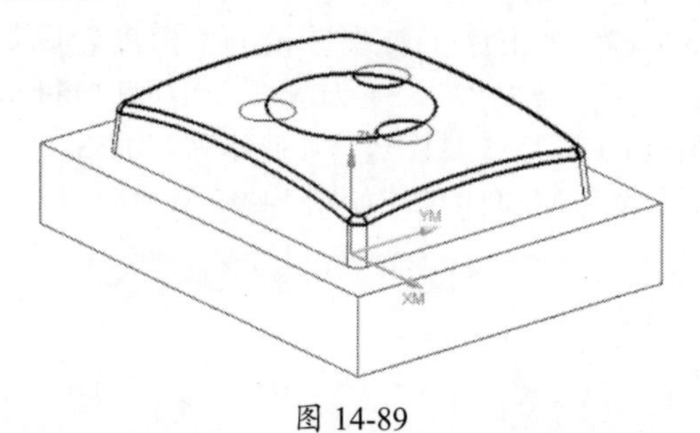

图 14-89

07 在“固定轮廓铣”对话框中，将“驱动方法”设为“区域铣削”，如图 14-90 所示。

图 14-90

08 在弹出的“区域铣削驱动方法”对话框中，将“陡峭空间范围”设为“无”，“非陡峭切削模式”设为“往复”，“切削方向”设为“顺铣”，“步距”设为“恒定”，“最大距离”设为 1.0000mm，“切削角”设为“指定”，“与 XC 的夹角”设为 45.0000，如图 14-91 所示。

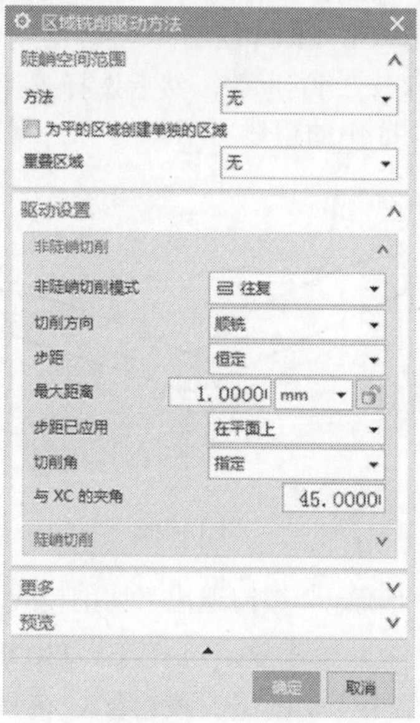

图 14-91

09 单击“确定”按钮退出“区域铣削驱动方法”对话框。

10 在“固定轮廓铣”对话框中展开“工具”栏，单击“刀具”右侧的“新建”按钮，如图 14-77 所示。

11 在弹出的“新建刀具”对话框的“刀具子类型”栏中单击 BALL_MILL 按钮，将“名称”设为 D10R5，如图 14-92 所示。

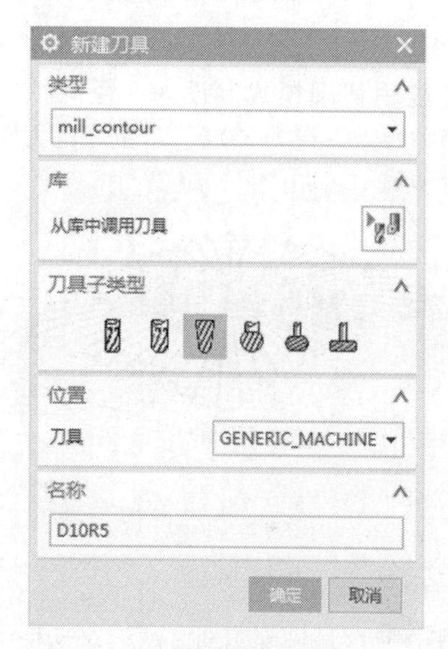

图 14-92

12 单击“确定”按钮，在弹出的“铣刀 - 球刀铣”对话框中，将“直径”设为 Ø10mm。

13 单击“确定”按钮退出“铣刀 - 球刀铣”对话框。

14 其他的参数（切削参数、非切削移动参数、进给率和速度参数）与前面实例参数的设置方法相同，在此不再赘述。

15 单击“生成”按钮生成刀路，如图 14-93 所示。

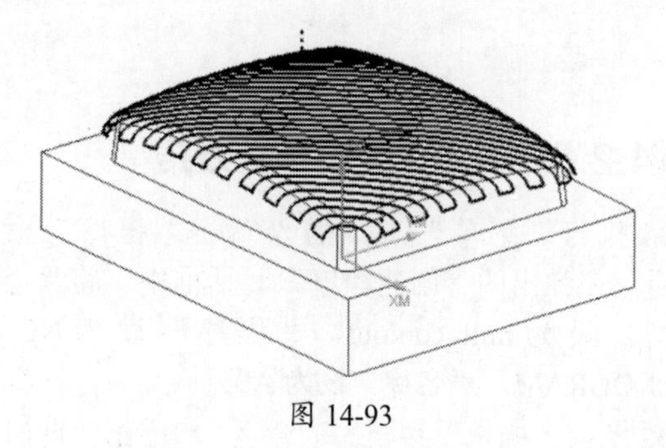

图 14-93

16 在“程序导航器”中双击FIXED_CONTOUR，在弹出的“固定轮廓铣”对话框的“驱动方法”栏中，单击“编辑”按钮，如图14-94所示。

图 14-94

17 在弹出的“区域铣削驱动方法”对话框中，将“非陡峭切削模式”设为“径向往复”，“刀路中心点”设为（0,0），生成的刀路如图14-95所示。

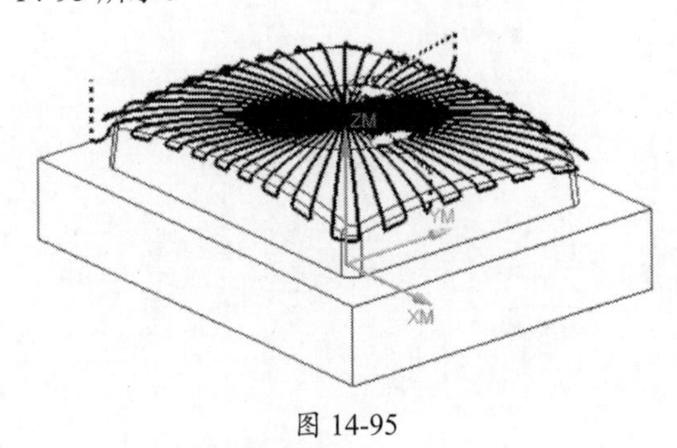

图 14-95

18 如果在“区域铣削驱动方法”对话框中，将“非陡峭切削模式”设为“跟随周边”，则生成的刀路如图14-96所示。

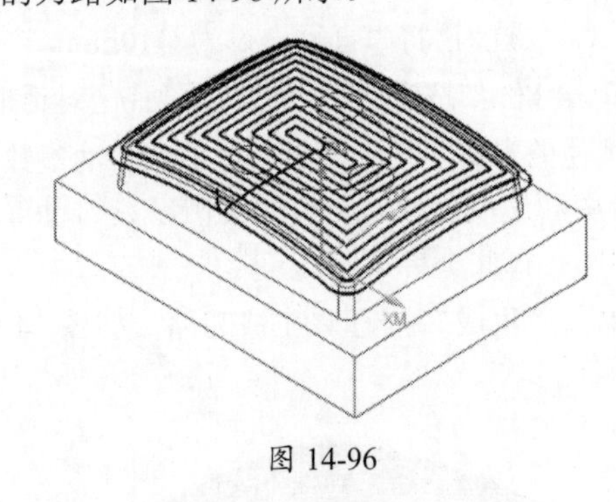

图 14-96

14.2.6 创建深度轮廓铣刀路

01 执行“菜单”|“插入”|“程序”命令，在弹出的“创建程序”对话框中，将“类型”设为mill_contour，“程序”设为NC_PROGRAM，“名称”设为A3。

02 单击“确定”按钮，创建A2程序组，此时A3与A1、A2并列，并且A1、A2、A3都属于NC_PROGRAM。

03 单击“创建工序”按钮，在弹出的“创建工序”对话框中，将“类型”设为mill_contour，“工序子类型”设为“深度轮廓加工”，“程序”设为A3，“刀具”设为D10R0（铣刀-5参数），“几何体”设为BS，“方法”设为METHOD，如图14-97所示。

图 14-97

04 单击“确定”按钮，在弹出的“深度轮廓铣-[ZLEVEL_PROFILE]”对话框中单击“指定切削区域”按钮，然后选择工件的侧面，如图14-98中的粗线所示。

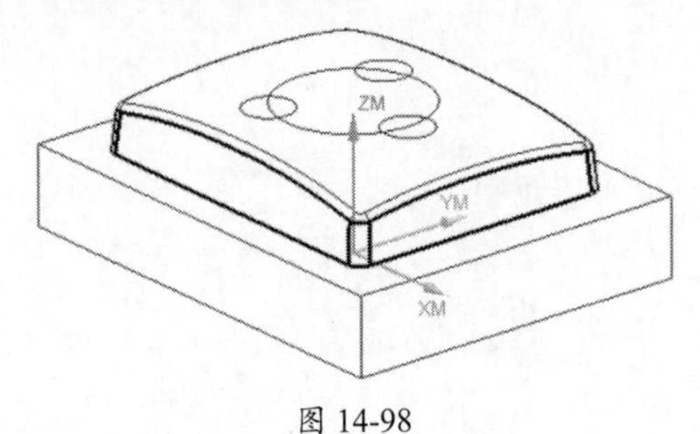

图 14-98

05 单击“确定”按钮退出“切削模式”对话框。

06 在“深度轮廓铣-[ZLEVEL_PROFILE]”对话框中单击“切削层”按钮，在弹出的“切削层”对话框中，将“范围类型”设为“用户定义”，“公共每刀切削深度”设为“恒定”，“最大距离”设为 0.5mm，如图 14-49 所示。

07 单击“确定”按钮，退出“切削层”对话框。

08 其他的参数（切削参数、非切削移动参数、进给率和速度参数）与前面实例参数的设置方法相同，在此不再赘述。

09 单击“生成”按钮生成刀路，如图 14-99 所示。

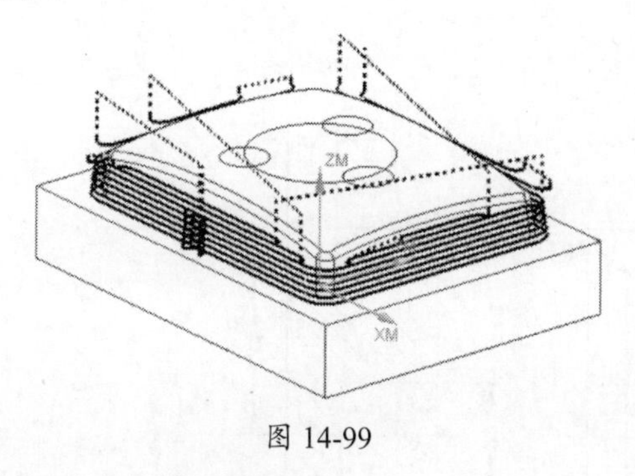

图 14-99

14.2.7　复制刀路

01 在“工序导航器”中选中 FACE_MILLING 和 FINISH_WALLS，右击并在弹出的快捷菜单中选择“复制”命令。

02 在“工序导航器”中选择 A3，右击并在弹出的快捷菜单中选择“内部粘贴”命令，将 FACE_MILLING 和 FINISH_WALLS 两个程序粘贴到 A3 程序组，如图 14-100 所示。

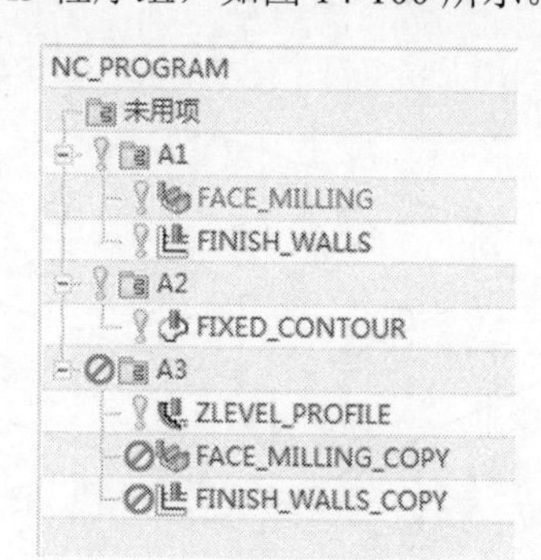

图 14-100

03 在“工序导航器”中双击 FACE_MILLING_COPY，在弹出的“面铣”对话框的“刀轨设置”栏中，将“每刀切削深度”设为 0mm、“最终底面余量”设为 0mm。单击“切削参数”按钮，在弹出的“切削参数”对话框中选中“余量”复选框，将“部件余量”设为 0mm，“壁余量”设为 0mm，“最终底面余量”设为 0mm。

04 单击“进给率和速度 ”按钮，将“主轴转速”设为 1200 r/min，“进给率”设为 500 mm/min。

05 单击“生成”按钮生成面铣刀路，如图 14-101 所示。

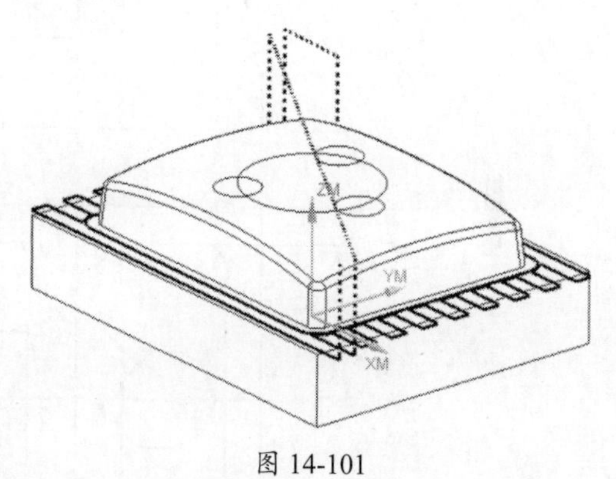

图 14-101

06 在“工序导航器”中双击 FINISH_WALLS_COPY，在弹出的“精铣壁”对话框中，将“步距”设为“恒定”，“最大步距”设为 0.1mm，“附加刀路”设为 3，单击“切削层”按钮，在弹出的“切削层”对话框中，将“类型”设为“仅底面”。单击“切削参数”按钮，在弹出的“切削参数”对话框的“余量”选项卡中，将“部件余量”设为 0mm，“最终底面余量”设为 0mm。

07 单击“进给率和速度 ”按钮，将“主轴转速”设为 1200 r/min，“进给率”设为 500 mm/min。

08 单击“生成”按钮生成精铣壁刀路，如图 14-102 所示。

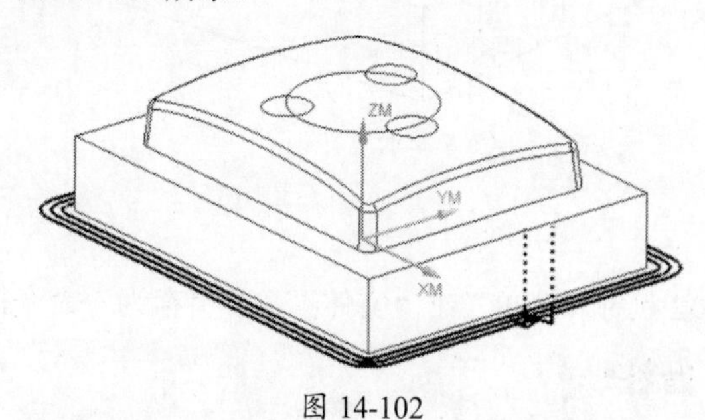

图 14-102

09 选刀路仿真模拟。在“工序导航器”中选择所有刀路，单击“确认刀轨”按钮，在弹出的“刀轨可视化”对话框中单击“2D 动态”按钮，再单击“播放”按钮 ▶ 进行仿真模拟。

14.3 数控铣中（高）级考证实例

本节以一个数控铣中（高）级考证题为例，详细介绍从建模、编程、工件装夹等内容，工件尺寸如图 14-103 所示，材料为铝（毛坯铝块的尺寸为 85mm×85mm×35mm）。

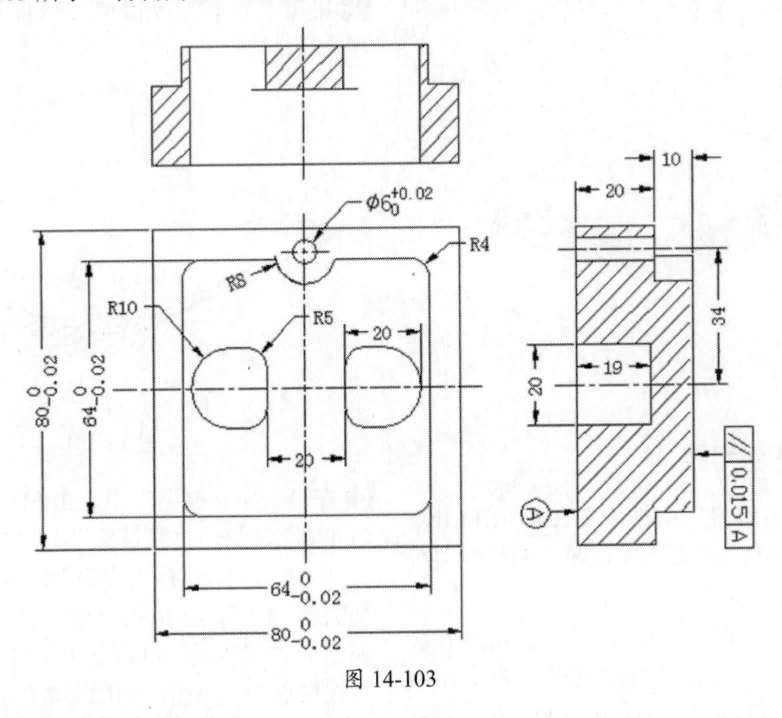

图 14-103

14.3.1 第一面的数控编程

01 打开 EX14-3.prt 文件，零件正、反面如图 14-104 所示。

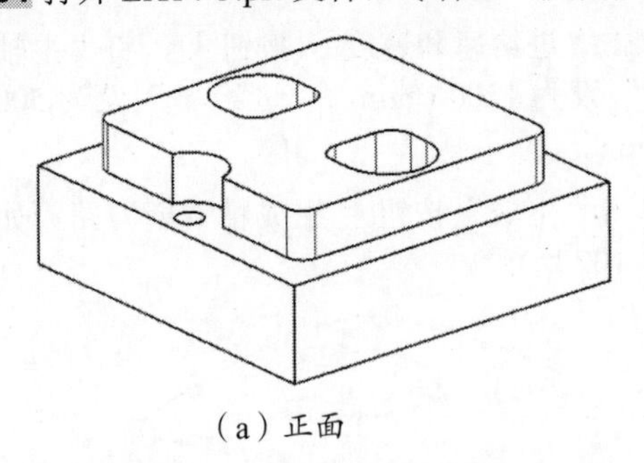

（a）正面

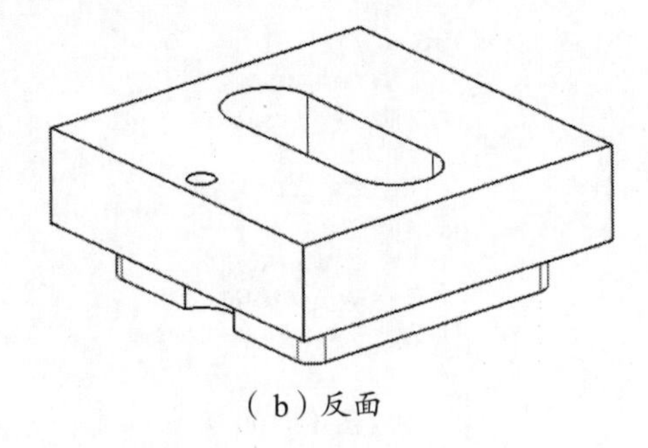

（b）反面

图 14-104

02 执行“菜单”｜“文件”｜“另存为”命令，将“文件名”设为 EX14-3（a）.prt。

备注：

先将文件另存为其他文件名，防止在后面保存文件时因疏忽大意导致覆盖原文件。

03 将工件坐标移至工件上表面中心，并旋转 90°，按下列步骤操作。

（1）执行“菜单”|“编辑”|“移动对象”命令，在弹出的“移动对象”对话框中，将“运动”设为“距离”，“指定矢量”设为 −ZC ↓，将“距离”设为 30mm，“结果”设为“移动原先的”。

（2）单击“确定”按钮，工件向 ZC 的负方向移动 30mm。

（3）按 W 键，可以看到工件坐标系位于工件上表面的中心，如图 14-105 所示。

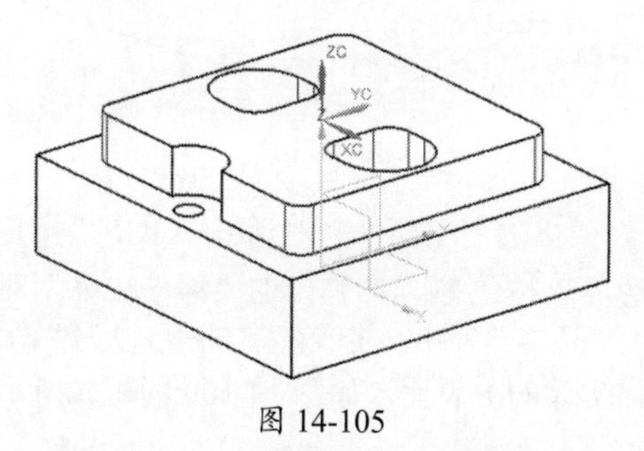

图 14-105

（4）执行“菜单”|“编辑”|“移动对象”命令，在弹出的“移动对象”对话框中，将“运动”设为“角度”，“指定矢量”设为 ZC ↑，“角度”设为 90°，单击“指定轴点”按钮，在弹出的“点”对话框中，将“参考”设为“绝对坐标”，并输入（0,0,0），“结果”设为“移动原先的”。

（5）单击“确定”按钮，工件旋转 90°，如图 14-106 所示（工件需要旋转 90°，防止钻孔时麻花钻头钻到工件下方的码铁上）。

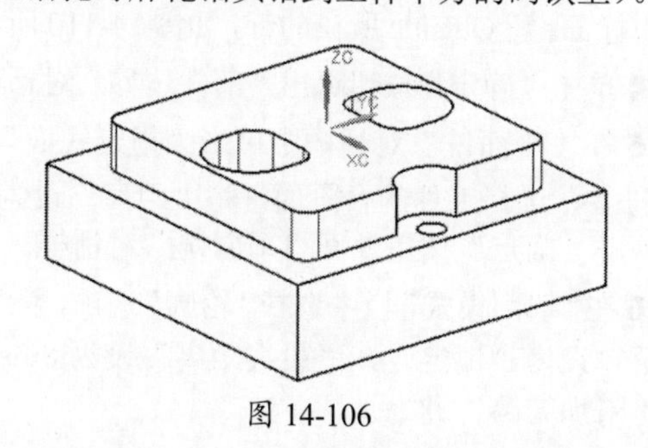

图 14-106

04 在横向菜单中选择“应用模块”选项卡，再单击“加工”按钮，在弹出的“加工环境”对话框中，选择 cam_general 和 mill_planar 两个选项，单击“确定”按钮，进入加工环境。此时工作区中出现两个坐标系，一个是基准坐标系，位于工件的下表面中心，另一个是工件坐标系，位于工件的上表面中心，如图 14-107 所示。

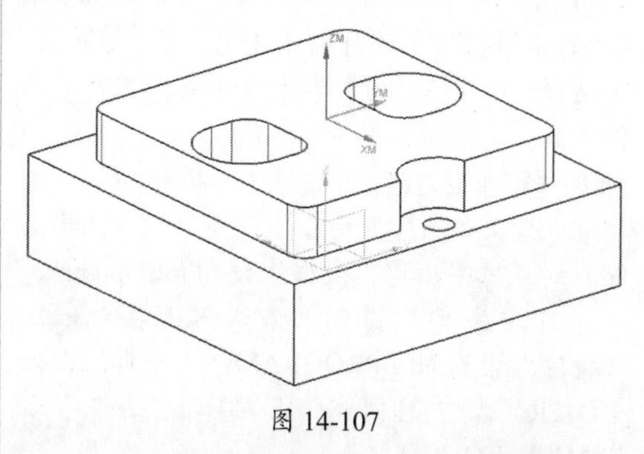

图 14-107

05 单击“创建刀具”按钮，创建 3 种刀具，分别是 ϕ12mm 立铣刀、ϕ8mm 立铣刀和 ϕ6mm 麻花钻（创建麻花钻时，刀具类型选择 hole_making），刀具的创建过程可以参考前文的讲述。

06 创建几何体。执行“菜单”|“插入”|“几何体”命令，在弹出的“创建几何体”对话框中，将“几何体子类型”设为 MCS，“几何体”设为 GEOMETRY，“名称”设为 A。

07 单击“确定”按钮，在弹出的 MCS 对话框中，将“安全设置选项”设为“自动平面”，“安全距离”设为 10mm，“刀轴”设为“MCS 的 +Z”。

08 单击“确定”按钮创建坐标系 A。

09 在“工序导航器”上方的工具栏中单击“几何视图”按钮，如图 14-14 所示，在“工序导航器”中添加了刚才创建的 MCS 坐标系 A。

10 再次选择“菜单”|“插入”|“几何体”命令，在弹出的“创建几何体”对话框中，将“几何体子类型”设为 WORKPIECE，“几何体”设为 A，“名称”设为 B。

11 单击“确定”按钮，在弹出的“工件”对话框中单击“指定部件”按钮，在工作区中选择实体。

12 单击“确定”按钮，在“工件”对话框中单击“指定毛坯”按钮，在弹出的“毛坯几何体”对话框中，将“类型”设为“包容块”，XM-、YM-、XM+、YM+、ZM+ 和 ZM-均设为 2.5mm。

13 单击“确定”按钮，回到上一级对话框中单击“确定”按钮，创建几何体B。在“工序导航器”中展开坐标系A，可以看出坐标系A包含了几何体B。

14 创建粗加工刀路（面铣刀路）。执行“菜单”|“插入”|“工序”命令，在弹出的“创建工序”对话框中，将“类型”设为 mill_planar、“工序子类型”设为“带边界面铣”，“程序”设为 NC_PROGRAM，“刀具”设为“D12R0”，“几何体”设为B，“方法”设为 MILL_ROUGH。

15 单击“确定”按钮，在弹出的“面铣”对话框中单击“指定面边界”按钮，在弹出的“毛坯边界”对话框中，将“选择方法”设为“面”，选择工件的台阶面，将“刀具侧”设为“内部”，“平面”设为“指定”，选择工件的上表面，将“距离”设为0。

16 在“面铣”对话框中将“切削模式”设为“往复”，“步距”设为“恒定”，“最大距离”设为10mm，“毛坯距离”设为2.5mm，“每刀切削深度”设为0.8mm，“最终底面余量”设为0.1mm。

17 单击“切削参数”按钮，在弹出的“切削参数”对话框中选择“策略”选项卡，将“切削方向”设为“顺铣”，“切削角”设为“指定”，“与XC的夹角”设为0。在“余量”选项卡中，将“最终底面余量”设为0.2mm，“内（外）公差”设为0.01。

18 单击“非切削移动”按钮，在弹出的“非切削移动”对话框中选用默认参数。

19 单击“进给率和速度”按钮，将“主轴转速”设为1000r/min，“进给率”设为1200mm/min。

20 单击“生成”按钮，生成面铣刀路，如图14-108所示。

21 创建粗加工刀路（平面铣）。执行“菜单”|“插入”|“工序”命令，在弹出的“创建工序”对话框中，将“类型”设为mill_planar，“工序子类型”设为“平面铣”，“程序”设为 NC_PROGRAM，“刀具”设为D12R0，“几何体”设为B，“方法”设为MILL_FINISH。

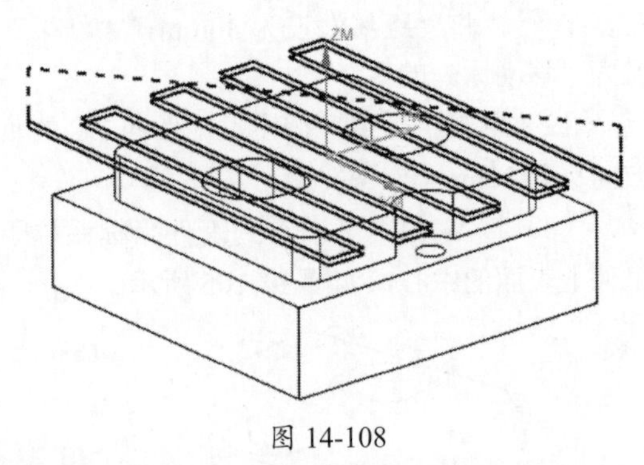

图 14-108

22 在弹出的“平面铣”对话框中单击“指定部件边界”按钮，在弹出的“部件边界”对话框的“边界”栏中，将“选择方法”设为“面”，选择实体的上表面，如图14-109的粗线所示。

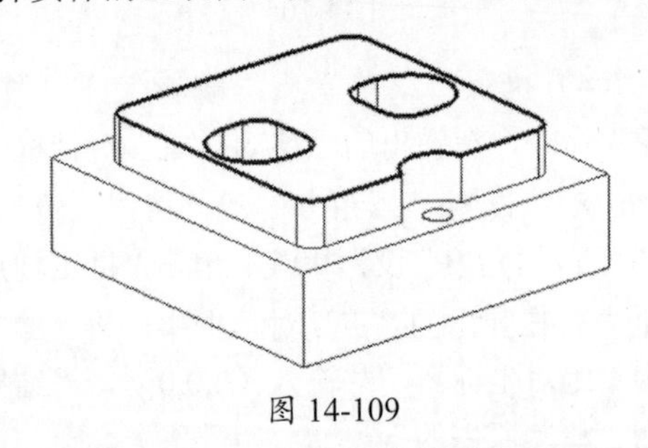

图 14-109

23 在“部件边界”对话框中，将“刀具侧”设为“外侧”，“平面”设为“指定”，选择实体的上表面，在“列表”栏中移除Inside所在的行，保留Outside所在的行，如图14-110所示。

24 单击“确定”按钮退出“部件边界”对话框。

25 在“平面铣”对话框中单击“指定底面”按钮，选择工件的台阶面，将“距离”设为0，单击“确定”按钮返回“平面铣”对话框。

26 在“切削模式”栏中选择“轮廓”选项，将“步距”设为“恒定”，“最大距离”设为8mm，“附加刀路”设为1。

27 单击“切削层”按钮，在弹出的“切削层”对话框中，将“类型”设为“恒定”，“公共每刀切削深度”设为0.8mm。

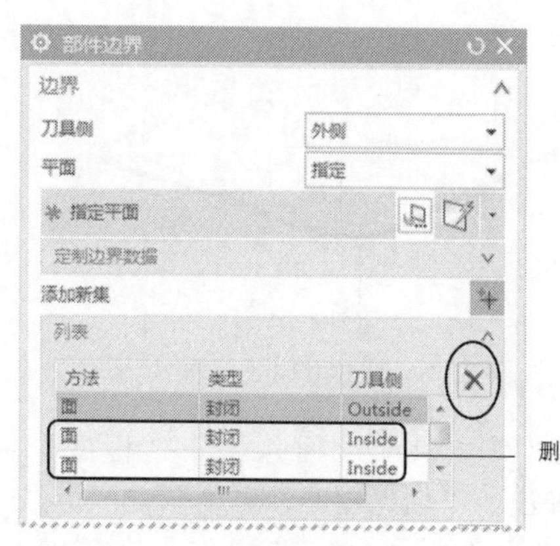

图 14-110

28 单击“切削参数”按钮，在弹出的“切削参数”对话框中选择“策略”选项卡，将“切削方向”设为“顺铣”，选择“余量”选项卡，将“部件余量”设为 0.2mm，“最终底面余量”设为 0.1mm，“内（外）公差”设为 0.01。

29 单击“非切削移动”按钮，在弹出的“非切削移动”对话框中选择“进刀”选项卡，在“封闭区域”栏中，选用默认参数。在“开放区域”栏中，将“进刀类型”设为“圆弧”，“半径”设为 2mm，“圆弧角度”设为 90°，“高度”设为 3mm，“最小安全距离”设为“修剪和延伸”，“最小安全距离”设为 10mm。选择“起点 / 钻点”选项卡，单击“指定点”按钮，选择左边边线的中点设为进刀点。选择“转移 / 快速”选项卡，将区域内的“转移类型”设为“直接”。

30 单击“进给率和速度 ”按钮，将“主轴转速”设为 1000r/min，“进给率”设为 1200mm/min。

31 单击“生成”按钮，生成平面铣刀路，如图 14-111 所示。

32 在“工序导航器”上方的工具栏中单击“程序顺序视图”按钮。

33 在“工序导航器”中，将 Program 设为 A1，并把刚才创建的两个刀路程序移至 A1 下面。

34 创建精加工刀路。执行“菜单”|“插入”|“程序”命令，在弹出的“创建程序”对话框中，将“类型”设为 mill_contour，“程序”设为 NC_PROGRAM，“名称”设为 A2。

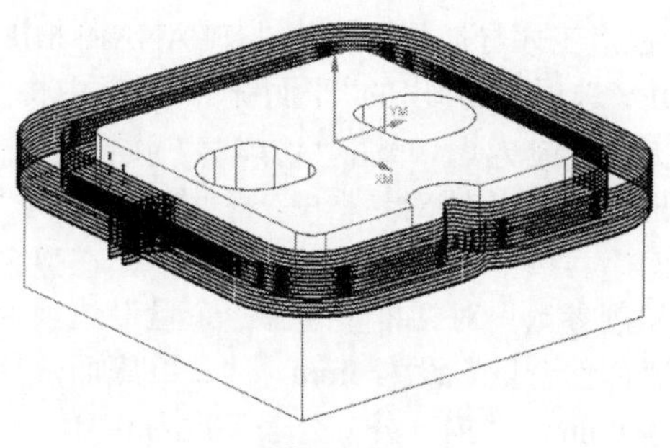

图 14-111

35 单击“确定”按钮，创建 A2 程序组，此时 A2 与 A1 并列，并且 A1 与 A2 同属于 NC_PROGRAM。

36 在“工序导航器”中选 FACE_MILLING、PLANAR_MILLING，右击并在弹出的快捷菜单中选择“复制”命令。再选择 A2，右击并在弹出的快捷菜单中选择“内部粘贴”命令。

37 在“工序导航器”中双击 FACE_MILLING_COPY 选项，在弹出的“面铣”对话框中单击“指定面边界”按钮，在弹出的“毛坯边界”对话框中展开“列表”栏，连续单击“移除”按钮，清除列表框中的选项，重新在“毛坯边界”对话框中，将“选择方法”设为“面”，选择工件的上表面，将“刀具侧”设为“内侧”，“平面”设为“指定”，选择工件的上表面，将“距离”设为 0。

38 单击“确定”按钮，退出“毛坯边界”对话框。

39 在“面铣”对话框中，将“每刀切削深度”设为 0mm、“最终底面余量”设为 0mm，单击“进给率和速度 ”按钮，将“主轴转速”设为 1500r/min，“进给率”设为 500mm/min。

40 单击“生成”按钮，生成面铣刀路加工上表面，如图 14-112 所示。

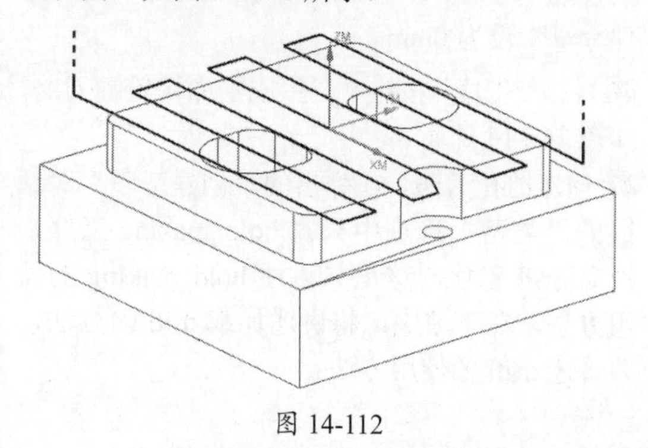

图 14-112

41 在“工序导航器”中双击PLANAR_MILL_COPY选项，在弹出的“平面铣”对话框中将“附加刀路”设为0，单击“切削层”按钮，在弹出的“切削层”对话框中，将“类型”设为“仅底面”。单击“切削参数”按钮，在弹出的“切削参数”对话框中选择“余量”选项卡，将“部件余量”设为5mm，“最终底面余量”设为0mm，“内（外）公差”设为0.01。

42 单击“进给率和速度”按钮，将“主轴转速”设为1500r/min，“进给率”设为500mm/min。

43 单击“生成”按钮，生成平面铣轮廓刀路，如图14-113所示。

44 在“工序导航器”中选中PLANAR_MILL_COPY选项，右击并在弹出的快捷菜单中选择“复制”命令，再选择PLANAR_MILL_COPY选项，右击并在弹出的快捷菜单中选择“粘贴”命令。

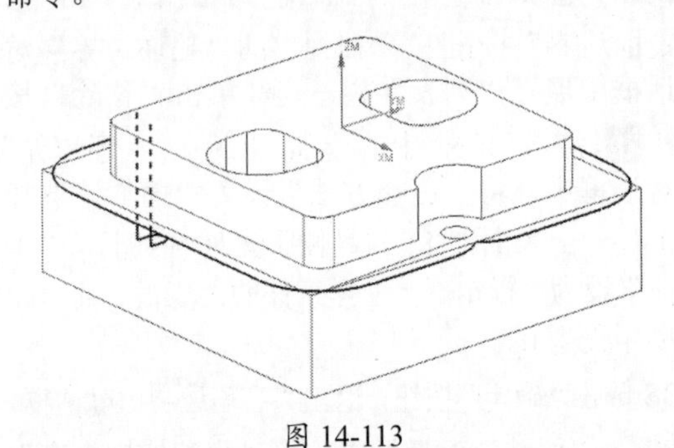

图 14-113

45 在“工序导航器”中双击PLANAR_MILL_COPY_COPY选项，在弹出的“平面铣”对话框中，将“最大距离”设为0.1mm，“附加刀路”设为2，单击“切削参数”按钮，在弹出的“切削参数”对话框中选择“余量”选项卡，将“部件余量”设为0mm。

46 单击“生成”按钮，生成平面铣轮廓刀路，如图14-114所示。

47 创建钻孔刀路。在弹出的“创建工序”对话框的“类型”选项中只有hole_making工序，没有drill工序，这里只讲述hole_making的使用方法，在下节中，将讲述加载drill的方法，并讲述drill的使用方法。

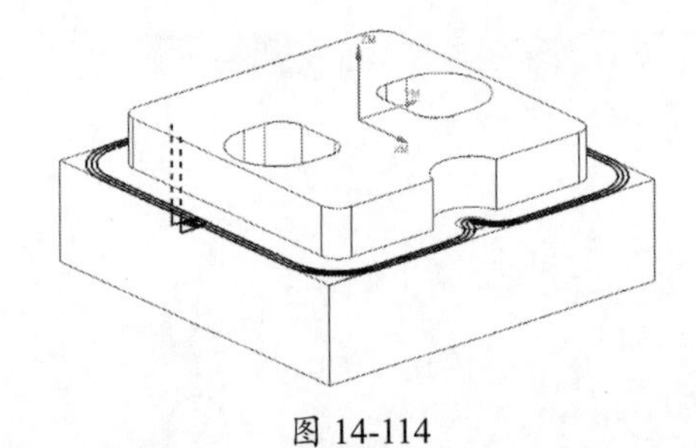

图 14-114

48 执行“菜单”|“插入”|“程序”命令，在弹出的“创建程序”对话框中，将“类型”设为mill_contour，“程序”设为NC_PROGRAM，“名称”设为A3。

49 单击“确定”按钮，创建A3程序组，此时A3与A1、A2并列，并且A1、A2、A3都在NC_PROGRAM下。

提示：

因为毛坯材料是铝，钻孔的位置比较平整，而且铝的切削性能较软，所以可以直接用钻头在毛坯铝块上钻孔，如果是毛坯的表面不平，或者毛坯材料是钢，需要先铣平表面，再用中心钻预钻孔，然后用麻花钻钻孔。

50 执行“菜单”|“插入”|“工序”命令，在弹出的“创建工序”对话框中，将“类型”设为hole _making，“工序子类型”设为“钻孔”，“程序”设为A3，“刀具”设为D6（钻刀），“几何体”设为B，“方法”设为DRILL_METHOD，如图14-115所示。

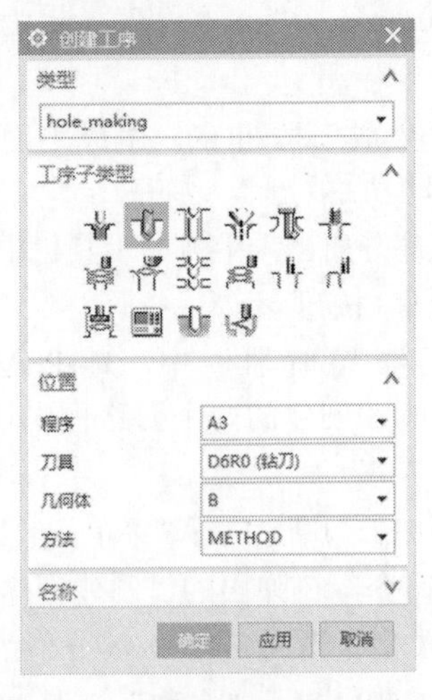

图 14-115

提示：

“啄钻”工序的编程方法在后面的章节中讲述。

51 单击“确定”按钮，在弹出的“钻孔 -[DRILLING]”对话框中，将“循环”设为“钻，深孔，断屑”，单击“指定特征几何体”按钮，如图 14-116 所示。

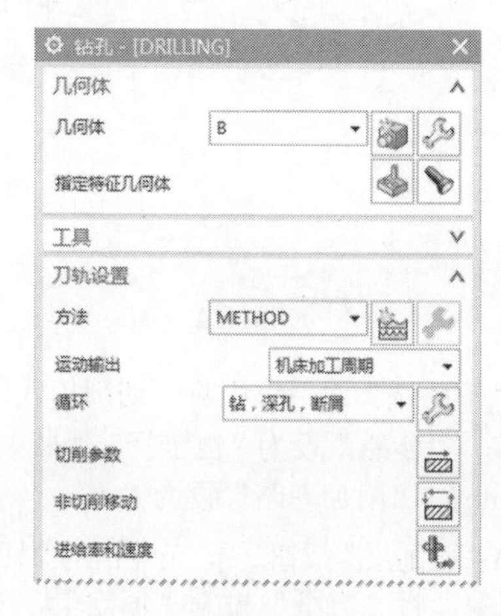

图 14-116

52 在弹出的“特征几何体”对话框中单击“选择对象”按钮，如图 14-117 所示。

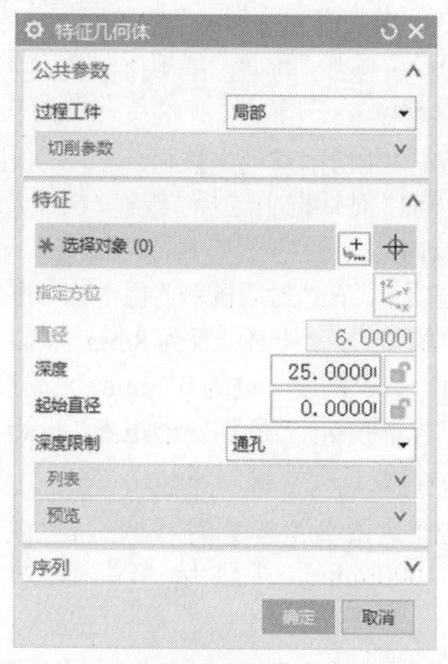

图 14-117

53 在弹出的“点”对话框中，将“类型”设为“圆弧中心 / 椭圆中心 / 球心”，选择 ϕ6mm 圆周的圆心，在“点”对话框中坐标显示为如图 14-118 所示的状态。

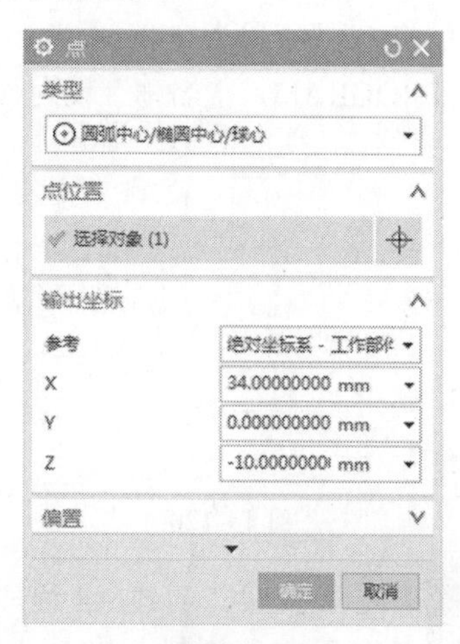

图 14-118

54 单击“确定”按钮，在“特征几何体”对话框中单击“从几何体”按钮，在对话框中选择“用户定义”，并在“深度”文本框中输入 25.0000，如图 14-119 所示。

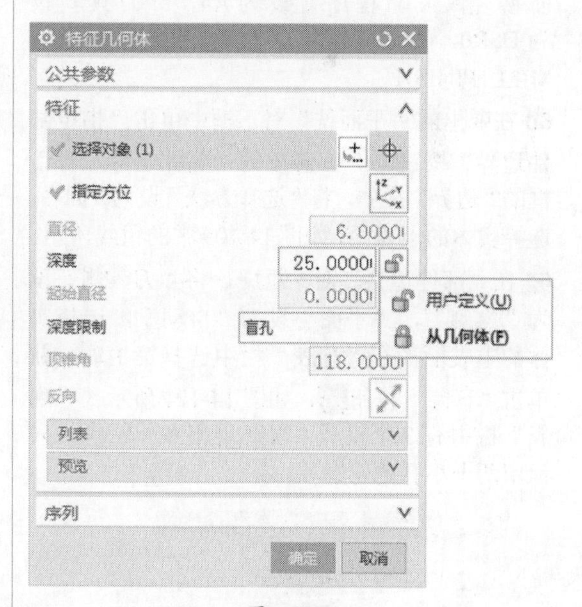

图 14-119

55 单击“进给率和速度”按钮，将“主轴转速”设为 1000r/min，“进给率”设为 250mm/min。

56 单击“生成”按钮，生成钻孔刀路，如图 14-120 所示。

57 从正面粗加工两个小孔。执行“菜单”|“插

入”|“程序”命令，在弹出的“创建程序”对话框中，将“类型”设为mill_contour，“程序”设为NC_PROGRAM，“名称”设为A4。

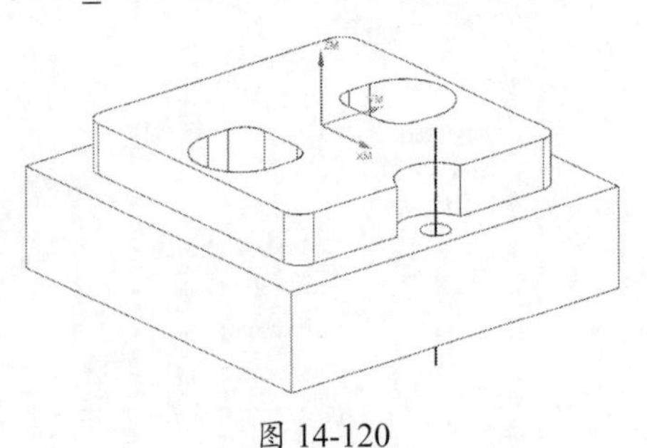

图 14-120

58 单击“确定”按钮，创建A4程序组，此时A4与A1、A2、A3并列，并且A1、A2、A3、A4都在NC_PROGRAM下。

59 执行“菜单”|“插入”|“工序”命令，在弹出的“创建工序”对话框中，将“类型”设为mill_planar，“工序子类型”设为“平面铣”，“程序”设为A4，“刀具”设为D8R0，“几何体”设为B，“方法”设为MILL_FINISH。

60 在弹出的“平面铣”对话框中单击“指定部件边界”按钮，在弹出的“部件边界”对话框的“边界”栏中，将“选择方法”设为“面”，选择实体的上表面，如图14-109中的粗线所示。

61 在“部件边界”对话框中，将“刀具侧”设为“内侧”，“平面”设为“自动”，选择实体的上表面，在“列表”栏中选择第1项，并单击“移除”按钮，如图14-121所示（“列表”栏中有3个轮廓，现在是删除外轮廓，只保留两个小孔的轮廓）。

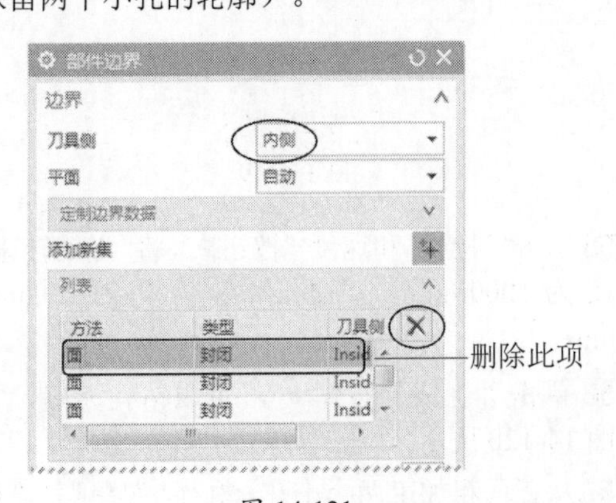

图 14-121

62 单击“确定”按钮，退出“部件边界”对话框。

63 在“平面铣”对话框中单击“指定底面”按钮，选择工件的上表面，将“距离”设为-16mm，如图14-122所示。

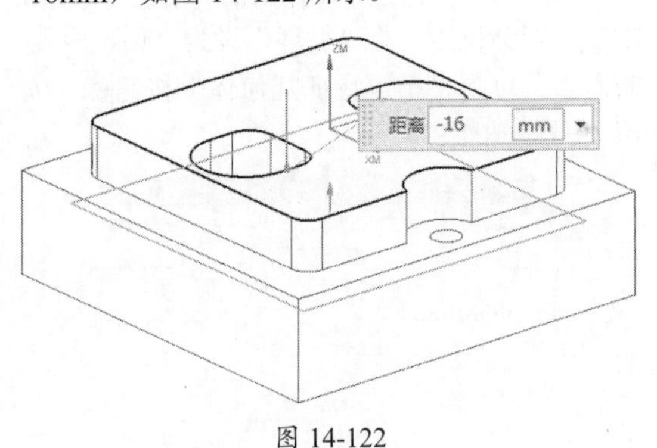

图 14-122

64 在“平面铣”对话框中将“切削模式”设为“轮廓”，“步距”设为“恒定”，“最大距离”设为5mm，“附加刀路”设为1。

65 单击“切削层”按钮，在弹出的“切削层”对话框中，将“类型”设为“恒定”，“公共每刀切削深度”设为0.3mm。

66 单击“切削参数”按钮，在弹出的“切削参数”对话框中选择“策略”选项卡，将“切削方向”设为“顺铣”，“切削顺序”设为“深度优先”。选择“余量”选项卡，将“部件余量”设为0.3mm，“内（外）公差”设为0.01。

67 单击“非切削移动”按钮，在弹出的“非切削移动”对话框中选择“转移/快速”选项卡，将区域内的“转移类型”设为“直接”。选择“进刀”选项卡，在“封闭区域”栏中将“进刀类型”设为“螺旋”，“半径”设为8mm，“斜坡角度”设为1°，“高度”设为0.3mm，“高度起点”设为“当前层”，“最小安全距离”设为0.3mm，“最小斜坡长度”设为8mm。

68 单击“进给率和速度”按钮，将“主轴转速”设为1000r/min、“进给率”设为600mm/min。

69 单击“生成”按钮，生成平面铣加工圆孔刀路，如图14-123所示。

暂时只开粗，所留的余量在工件翻转后精加工时再将余量去掉，这样才能保持两个方孔侧壁与工件背后槽的侧壁一致。

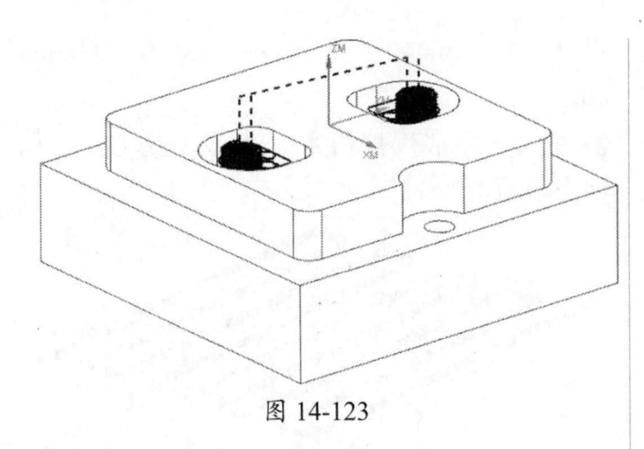

图 14-123

70 单击“保存”按钮保存文档，将“文件名”设为 EX14-3（a）。

14.3.2　第二面的数控编程

01 摆正工件。打开 EX14-3.prt 文件，执行“菜单”|“文件”|“另存为”命令，将“文件名”设为 EX14-3（b）（先将文件另存为其他文件名，防止在后面保存文件时因疏忽大意导致覆盖原文件）。

02 执行“菜单”|“编辑”|“移动对象”命令，在弹出的“移动对象”对话框中，将“运动”设为“角度”，“指定矢量”设为 YC ↑，“角度”设为 180°，单击“指定轴点”按钮，在弹出的“点”对话框中将“参考”设为“绝对坐标”并输入（0,0,0），“结果”设为“移动原先的”。

03 单击“确定”按钮，工件旋转 180°，如图 14-124 所示（此时孔特征出现异常，没有重新生成）。

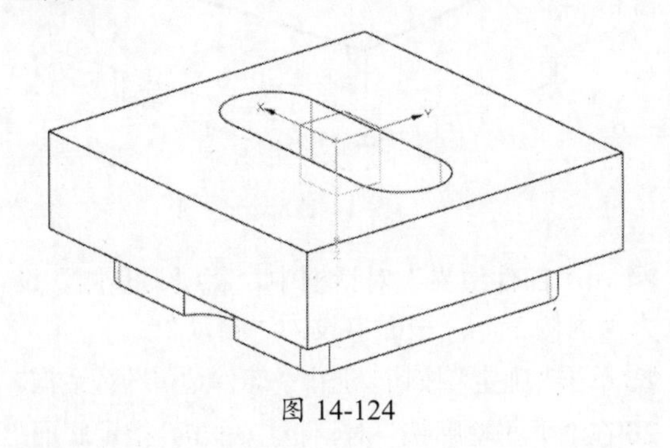

图 14-124

04 在“部件导航器”中双击“简单孔”选项，在弹出的“孔”对话框中，将“指定矢量”设为 -ZC ↓（或单击“反向”按钮，改变孔的生成方向），重新生成孔特征，如图 14-125 所示。

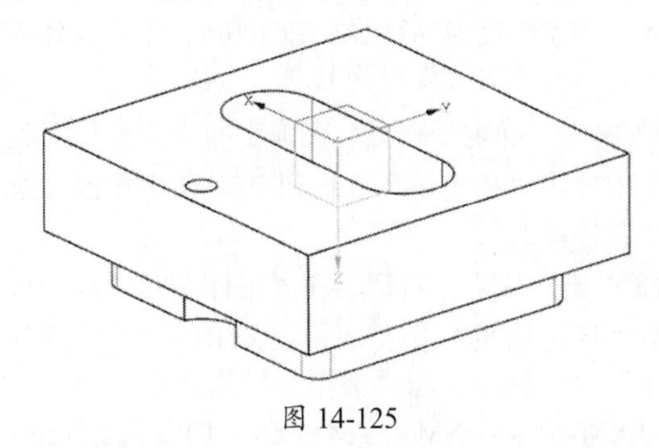

图 14-125

05 创建体积块。在横向菜单中选择“应用模块”选项卡，再单击“加工”按钮，在弹出的“加工环境”对话框中选中 cam_general 选项和 mill_planar 选项。单击“确定”按钮，进入加工环境，工作区中出现两个坐标系，一个是基准坐标系，Z 轴方向向下，另一个是工件坐标系，Z 轴方向向上，如图 14-126 所示。

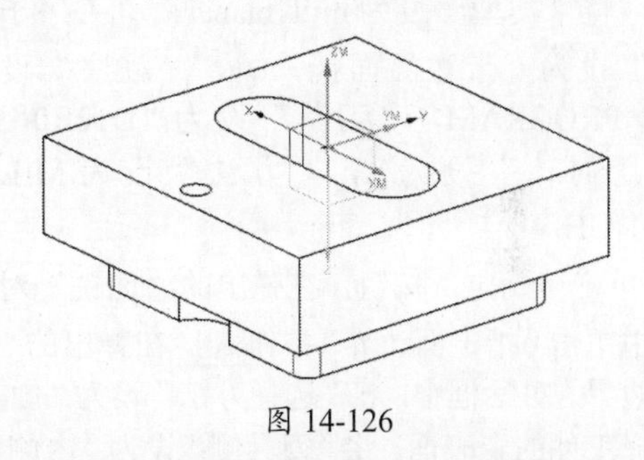

图 14-126

06 单击“创建刀具”按钮，创建 ϕ12mm 立铣刀（D12R0）和 ϕ8mm 立铣刀（D8R0）。

07 执行“菜单”|“插入”|“几何体”命令，在弹出的“创建几何体”对话框中，将“几何体子类型”设为 MCS，“几何体”设为 GEOMETRY，“名称”设为 A。

08 单击“确定”按钮，在弹出的 MCS 对话框中，将“安全设置选项”设为“自动平面”，“安全距离”设为 10mm，“刀轴”设为“MCS 的 +Z”。

09 单击“确定”按钮，创建工件坐标系 A。

10 在“工序导航器”上方的工具栏中单击“几何视图”按钮，在“工序导航器”中创建了工件坐标系 A。

11 执行“菜单”|“插入”|“几何体”命令，

在弹出的“创建几何体”对话框中，将“几何体子类型”设为 WORKPIECE，“几何体”设为 A，“名称”设为 B。

12 单击“确定”按钮，在弹出的“工件”对话框中单击“指定部件”按钮，在工作区中选择实体。

13 单击“确定”按钮，在“工件”对话框中单击“指定毛坯”按钮，在弹出的“毛坯几何体”对话框中，将“类型”设为“包容块”，把XM-、YM-、XM+、YM+、ZM+ 均设为2.5mm，ZM- 设为 0。

14 单击“确定”按钮，回到上一级对话框中再单击“确定”按钮，创建几何体 B。在“工序导航器”中展开 A，可以看出几何体 B 属于坐标系 A。

15 创建面铣刀路。执行“菜单”|“插入”|“工序”命令，在弹出的“创建工序”对话框中，将“类型”设为 mill_planar，“工序子类型”设为“带边界面铣”，“程序”设为 NC_PROGRAM，“刀具”设为“D12R0”，“几何体”设为 B，“方法”设为 MILL_ROUGH。

16 单击“确定”按钮，在弹出的“面铣”对话框中单击“指定面边界”按钮，在弹出的“毛坯边界”对话框中，将“选择方法”设为“面”，选择工件的上表面，将“刀具侧”设为“内侧”，“平面”设为“自动”。

17 在“面铣”对话框中将“切削模式”设为“往复”，将“步距”设为“恒定”，“最大距离”设为 10mm，“毛坯距离”设为 2.5mm，“每刀切削深度”设为 0.8mm，“最终底面余量”设为 0.1mm。

18 单击“切削参数”按钮，在弹出的“切削参数”对话框中选择“策略”选项卡，将“切削方向”设为“顺铣”，“切削角”设为“指定”选项，“与 XC 的夹角”设为 0。在“余量”选项卡中，将“最终底面余量”设为 0.2mm，“内（外）公差”设为 0.01。

19 单击“非切削移动”按钮，在弹出的“非切削移动”对话框中选用默认参数。

20 单击“进给率和速度 ”按钮，将“主轴转速”设为 1000r/min，“进给率”设为 1200mm/min。

21 单击“生成”按钮，生成面铣刀路，如图 14-127 所示。

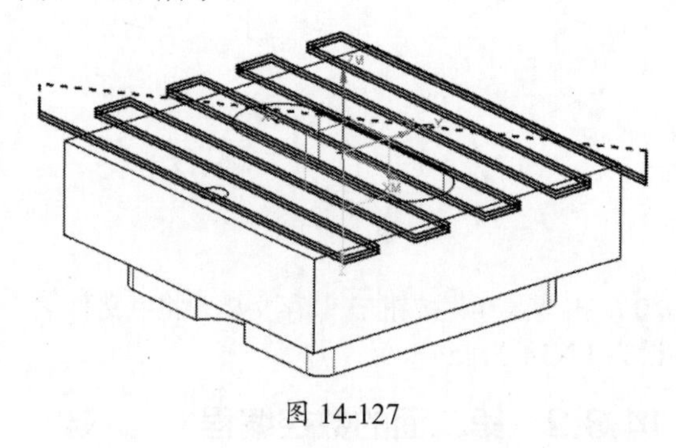

图 14-127

22 创建平面轮廓铣刀路。执行“菜单”|“插入”|“工序”命令，在弹出的“创建工序”对话框中，将“类型”设为 mill_planar，“工序子类型”设为“平面轮廓铣”，“程序”设为NC_PROGRAM，“刀具”设为D12R0，“几何体”设为 B，“方法”设为 METHOD。

23 单击“确定”按钮，在弹出的“平面轮廓铣”对话框中单击“指定部件边界”按钮，在弹出的“部件边界”对话框中，将“选择方法”设为“曲线”，选择实体最大的轮廓线，如图 14-128 中的粗线所示。

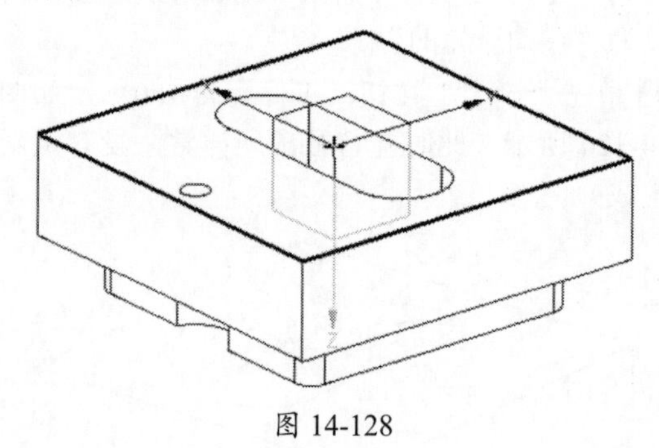

图 14-128

24 在“部件边界”对话框中，将“刀具侧”设为“内侧”，“平面”设为“自动”。

25 单击“确定”按钮，退出“部件边界”对话框。

26 在“平面轮廓铣”对话框中单击“指定底面”按钮，选择工件的台阶面，将“距离”设为 1mm，如图 14-129 所示。

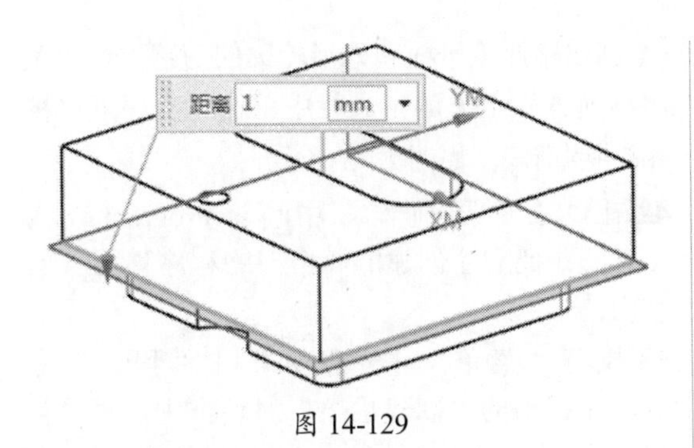

图 14-129

27 在“平面轮廓铣”对话框中，将“部件余量”设为 0.2000，“切削进给”设为 1200.0000 mm/min，“切削深度”设为“恒定”，“公共”设为 0.8000，如图 14-130 所示。

刀轨设置	
方法	METHOD
部件余量	0.2000
切削进给	1200.000 mmpm
切削深度	恒定
公共	0.8000

图 14-130

28 单击“非切削移动”按钮，在弹出的“非切削移动”对话框中选择“进刀”选项卡，在“开放区域”栏中，将“进刀类型”设为“圆弧”，“半径”设为 2mm，“圆弧角度”设为 90°，“高度”设为 1mm，“最小安全距离”设为 10mm，选中“修剪至最小安全距离”复选框。选择“起点 / 钻点”选项卡，单击“指定点”按钮，选择左侧边线的中点为进刀点。选择“转移 / 快速”选项卡，将区域内的“转移类型”设为“直接”。

29 单击“进给率和速度 ”按钮，将“主轴转速”设为 1000r/min，“进给率”设为 1200mm/min。

30 单击“生成”按钮，生成平面轮廓铣刀路，如图 14-131 所示。

31 执行“菜单”|“插入”|“工序”命令，在弹出的“创建工序”对话框中，将“类型”设为 mill_planar，“工序子类型”设为“平面轮廓铣”，“程序”设为 NC_PROGRAM，“刀具”设为 D12R0，“几何体”设为 B，“方法”设为 METHOD。

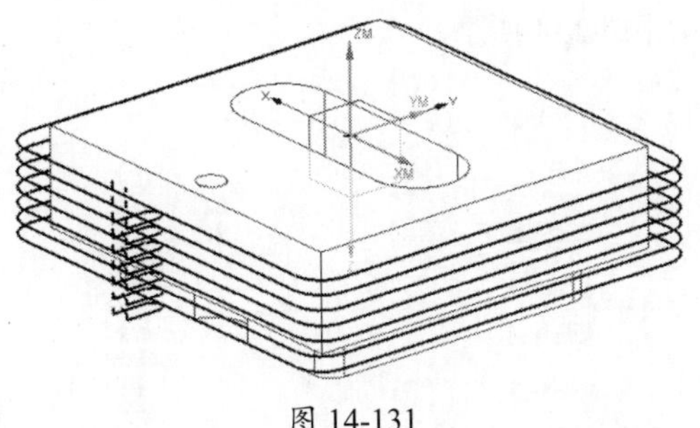

图 14-131

32 单击“确定”按钮，在弹出的“平面轮廓铣”对话框中单击“指定部件边界”按钮，在弹出的“部件边界”对话框中，将“选择方法”设为“曲线”，选择条形槽口部的曲线，如图 14-132 中的粗线所示。

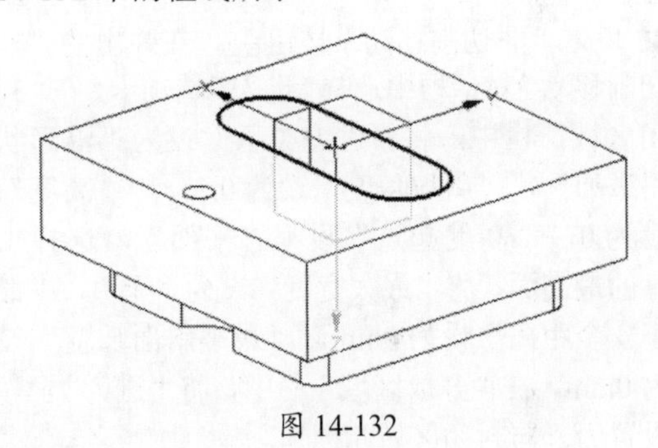

图 14-132

33 在“部件边界”对话框中，将“类型”设为“封闭的”，“平面”设为“自动”，将“刀具侧”设为“内侧”。

34 单击“确定”按钮，退出“部件边界”对话框。

35 单击“指定底面”按钮，选择槽的底面，将“距离”设为 0mm，如图 14-133 所示。

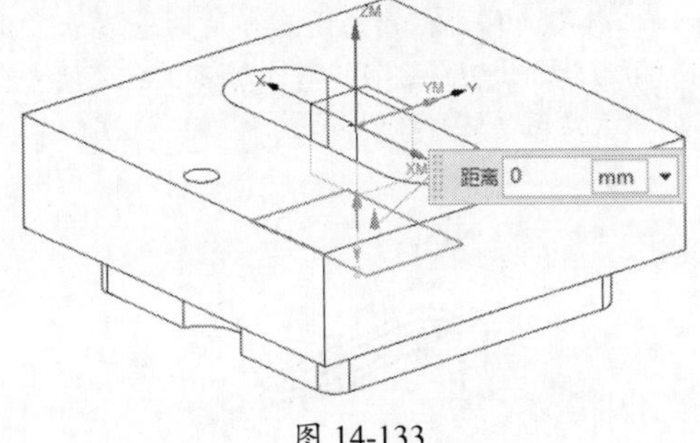

图 14-133

36 在“平面轮廓铣”对话框的“刀轨设置”栏中，将“部件余量”设为 0.2000，“切削进给”设为 1000.000mmpm，“切削深度”设为“仅底面”，如图 14-134 所示。

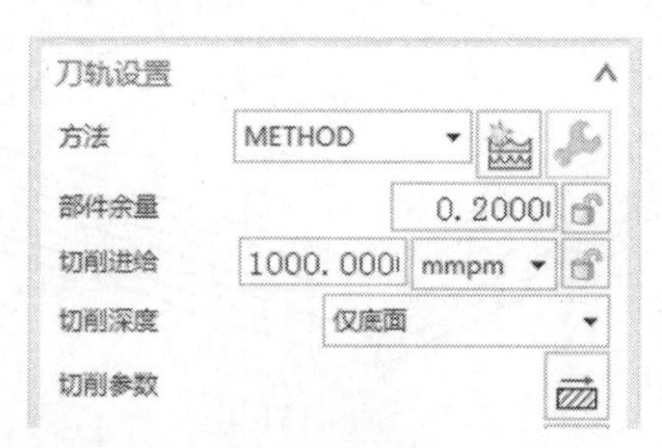

图 14-134

37 单击“切削参数”按钮，在弹出的“切削参数”对话框中选择“余量”选项卡，将“部件余量”设为 0.3mm，“最终底面余量”设为 0.2mm，“内（外）公差”设为 0.01。

38 单击“非切削移动”按钮，在弹出的“非切削移动”对话框中选择“进刀”选项卡，在“封闭区域”栏中，将“进刀类型”设为“沿形状斜进刀”，“斜坡角度”设为 0.1°，“高度”设为 0，“高度起点”设为“平面”，选择工件的最高面，将“最大宽度”设为“无”，“最小安全距离”设为 0mm。“最小斜面长度”设为 0mm，在“开放区域”栏中，将“进刀类型”设置为“与封闭区域相同”。

39 单击“进给率和速度”按钮，将“主轴转速”设为 1000r/min，“进给率”设为 1200mm/min。

40 单击“生成”按钮，生成平面轮廓铣刀路，如图 14-135 所示。

提示：

在加工封闭的槽时，因为没有合适的进刀点，选用“沿形状斜进刀”，可以防止踩刀，希望读者在工作中灵活运用这种进刀方式。

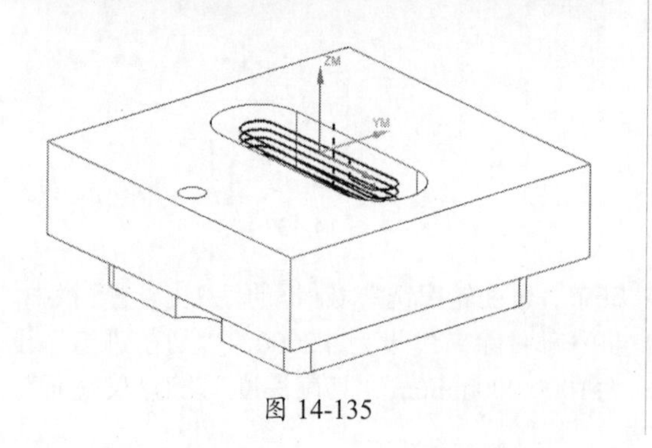

图 14-135

41 创建精加工平面和外形轮廓的刀路。在“工序导航器”上方的工具栏中单击“程序顺序视图”按钮，如图 14-51 所示。

42 在“工序导航器”中，将 Program 设为 AB1，并把刚才创建的 3 个刀路程序移至 AB1 下面。

43 执行“菜单”|“插入”|“程序”命令，在弹出的“创建程序”对话框中，将“类型”设为 mill_contour，“程序”设为 NC_PROGRAM，“名称”设为 AB2。

44 单击“确定”按钮，创建 AB2 程序组，此时 AB2 与 AB1 并列，并且 AB1 与 AB2 都在 NC_PROGRAM 下。

45 在“工序导航器”中选择 FACE_MILLING 和 PLANAR_PROFILE，右击并在弹出的快捷菜单中选择“复制”命令。再选择 AB2，右击并在弹出的快捷菜单中选择“内部粘贴”命令。

46 在“工序导航器”中双击 FACE_MILLING_COPY，在弹出的“面铣”对话框中，将“每刀切削深度”设为 0mm，“最终底面余量”设为 0mm，单击“进给率和速度”按钮，将“主轴转速”设为 1500r/min，“进给率”设为 500mm/min。

47 单击“生成”按钮，生成面铣刀路加工上表面，如图 14-136 所示。

48 在“工序导航器”中双击 PLANAR_PROFILE_COPY，在弹出的“平面轮廓铣”对话框中，将“部件余量”设为 0mm，“切削深度”设为“仅底面”。单击“进给率和速度”按钮，将“主轴转速”设为 1200r/min，“进给率”设为 200mm/min。

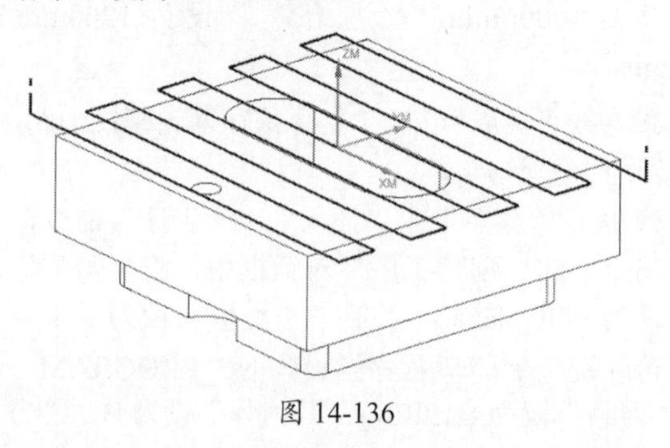

图 14-136

49 单击“生成”按钮，生成平面轮廓铣刀路加工外形，如图 14-137 所示。

注意：

在用平面轮廓铣刀路加工外形时，不能设置附加刀路，如果用来精加工，只能一次加工完成，不能分成多次加工，因此不建议用这种刀路精加工外形。

50 创建精加工槽的刀路。执行“菜单” | “插入” | “程序”命令，在弹出的“创建程序”对话框中，将“类型”设为 mill_contour，“程序”设为 NC_PROGRAM，“名称”设为 AB3。

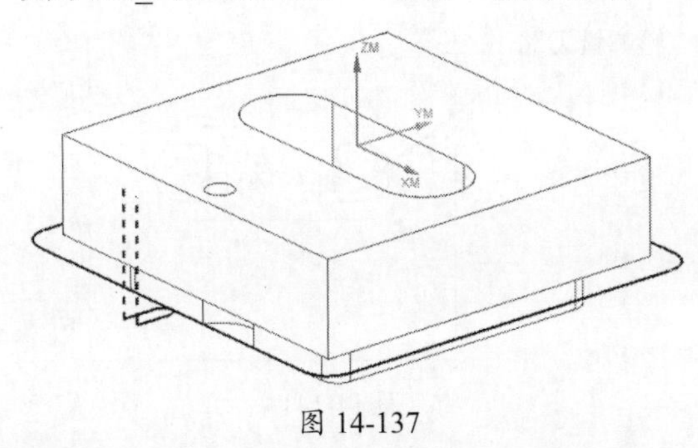

图 14-137

51 单击“确定”按钮，创建 AB3 程序组，此时 AB3 与 AB1、AB2 并列，并且 AB1、AB2 与 AB3 都在 NC_PROGRAM 下。

52 在“工序导航器”中选择 PLANAR_PROFILE_1，右击并在弹出的快捷菜单中选择“复制”命令。再选择 AB3，右击并在弹出的快捷菜单中选择“内部粘贴”命令。

53 在“工序导航器”中双击 PLANAR_PROFILE_1_COPY，在弹出的“平面轮廓铣”对话框中将“刀具”设为 ϕ8mm 平底刀，“切削深度”设为“仅底面”。

54 单击“切削参数”按钮，在弹出的“切削参数”对话框中选择“余量”选项卡，将“部件余量”设为 5mm，“最终底面余量”设为 0mm。

55 单击“非切削移动”按钮，在弹出的“非切削移动”对话框中选择“进刀”选项卡，在“封闭区域”栏中，将“进刀类型”设为“与开放区域相同”，在“开放区域”栏中，将“进刀类型”设为“圆弧”，“半径”设为 2mm。

56 单击“进给率和速度”按钮，将“主轴转速”设为 1200r/min，“进给率”设为 500mm/min。

57 单击“生成”按钮，生成平面轮廓铣刀路加工外形，如图 14-138 所示（这是因为这条槽的宽度为 20mm，大于刀具直径的 2 倍，因此，在中间需要加一个刀路）。

58 在“工序导航器”中选择 PLANAR_PROFILE_1_COPY，右击并在弹出的快捷菜单中选择“复制”命令。再选择 AB3，右击并在弹出的快捷菜单中选择“内部粘贴”命令。

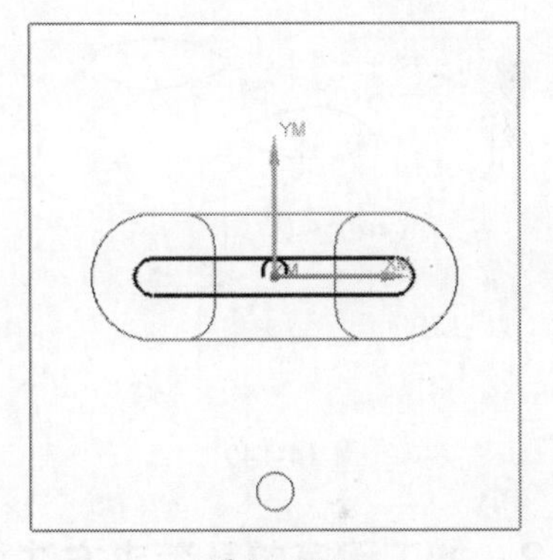

图 14-138

59 在“工序导航器”中双击 PLANAR_PROFILE_1_COPY_COPY，在弹出的“平面轮廓铣”对话框中单击“切削参数”按钮，在弹出的“切削参数”对话框中选择“余量”选项卡，将“部件余量”设为 0mm，“最终底面余量”设为 0mm。

60 单击“生成”按钮，生成平面轮廓铣刀路加工外形，如图 14-139 所示。

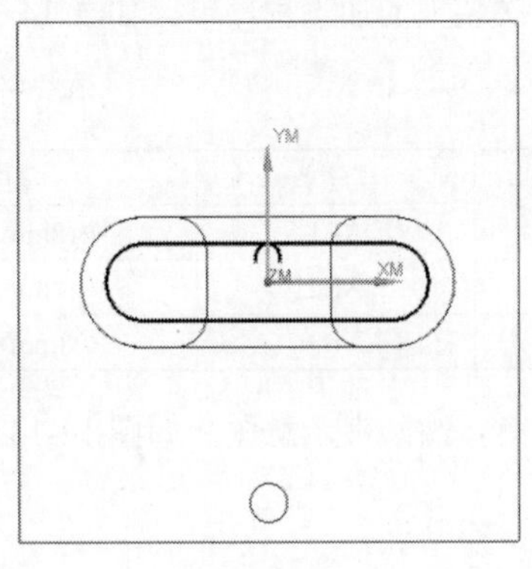

图 14-139

61 在“工序导航器”中选择 PLANAR_PROFILE_1_COPY_COPY，右击并在弹出的快捷菜单中选择“复制”命令。再选择 AB3，右击并在弹出的快捷菜单中选择“内部粘贴”命令。

62 在“工序导航器”中双击 PLANAR_PROFILE_1_COPY_COPY_COPY，在弹出的“平面轮廓铣”对话框中单击“指定部件边界”按钮，在弹出的“部件边界”对话框的“列表”栏中选择第 1 项，再单击“移除”按钮，清除以前选中的轮廓线。再在“部件边界”对话框中，将“选择方法”设为“曲线”，在工作区上方的工具栏中选择“相切曲线”选项，在零件的底面选择通孔口部的曲线，如图 14-140 中的粗线所示。

63 单击“指定底面”按钮，选择工件的底面，将“距离”设为 1mm。

64 单击“生成”按钮，生成平面轮廓铣刀路加工外形，如图 14-141 所示。

65 单击“保存”按钮保存文档。

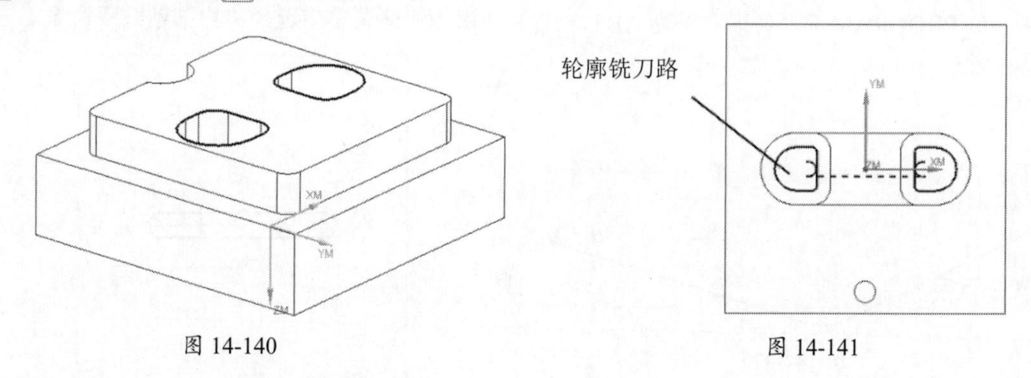

图 14-140　　图 14-141

14.3.3　加工程序单及装夹方法

01 第一次装夹的加工程序单，如表 14-2 所示。

表 14-2　第一次装夹加工程序单

序号	程序名	刀具	加工深度	备注
1	A1	Φ12mm 平底刀	10mm	粗加工
2	A2	Φ12mm 平底刀	10mm	精加工
3	A3	Φ6mm 麻花钻头	35mm	钻孔
4	A4	Φ8mm 平底刀	19mm	粗加工

02 第二次装夹的加工程序单，如表 14-3 所示。

表 14-3　第二次装夹加工程序单

序号	程序名	刀具	加工深度	备注
1	AB1	Φ12mm 平底刀	22mm	粗加工
2	AB2	Φ12mm 平底刀	22mm	精加工
3	AB3	Φ8mm 平底刀	32mm	精加工，刀刃长 32mm

03 工件第一次装夹示意图，如图 14-142 所示。

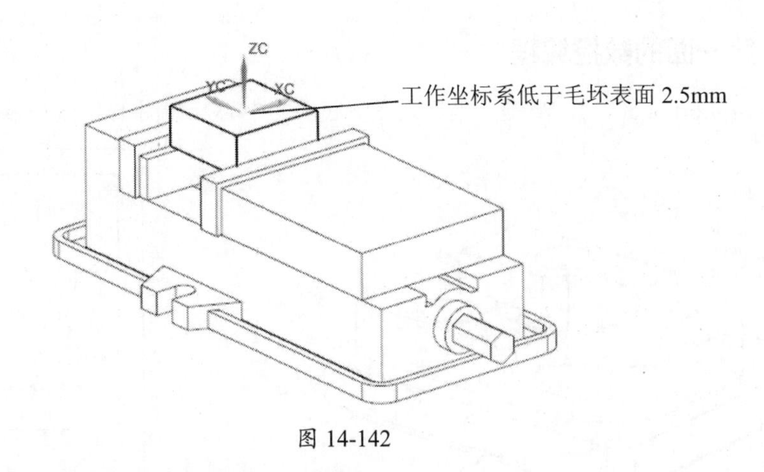

图 14-142

04 工件第二次装夹示意图，小孔在 Y 轴上，如图 14-143 所示。

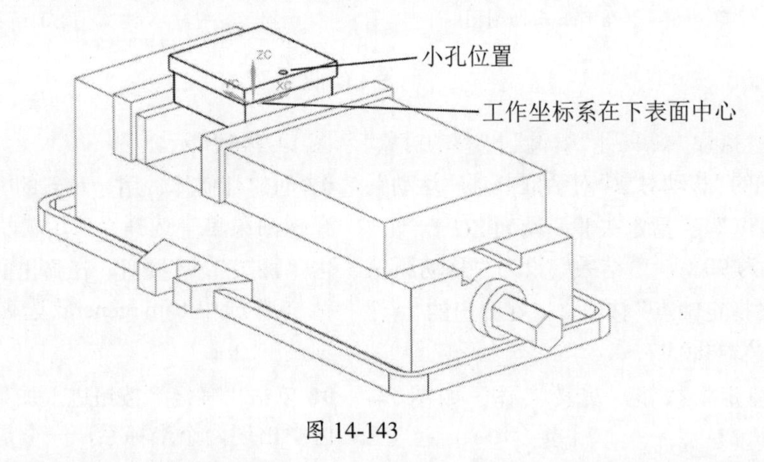

图 14-143

14.4　数控铣技师考证实例

本节以一个数控铣技师考证的习题为例，详细介绍另一种创建几何体的方法，还会介绍在同一个实体下创建两个毛坯的方法，工件尺寸如图 14-144 所示，材料为铝（毛坯铝块的尺寸为 110㎜×85㎜×35mm）。

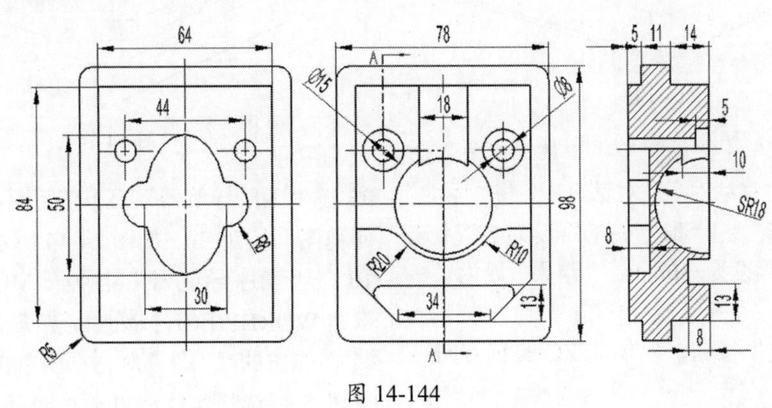

图 14-144

14.4.1 第一面的数控编程

01 打开 EX14-4.prt 文件，按 W 键，坐标系在下底面的中心，如图 14-145 所示。

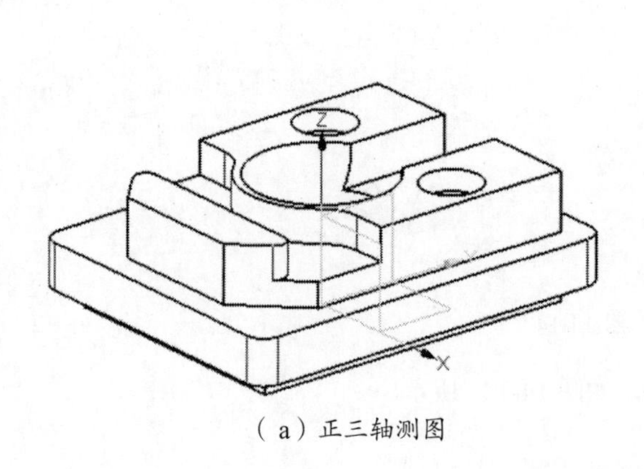

（a）正三轴测图

（b）俯视图

图 14-145

02 摆正工件。执行“菜单”|“编辑”|“移动对象”命令，在弹出的“移动对象”对话框中，将“运动”设为“角度”，“指定矢量”设为 ZC ↑，“角度”设为 90°，“结果”设为“移动原先的”。单击“指定轴点”按钮，在弹出的“点”对话框中输入（0,0,0）。

03 单击“确定”按钮，旋转实体，如图 14-146 所示。

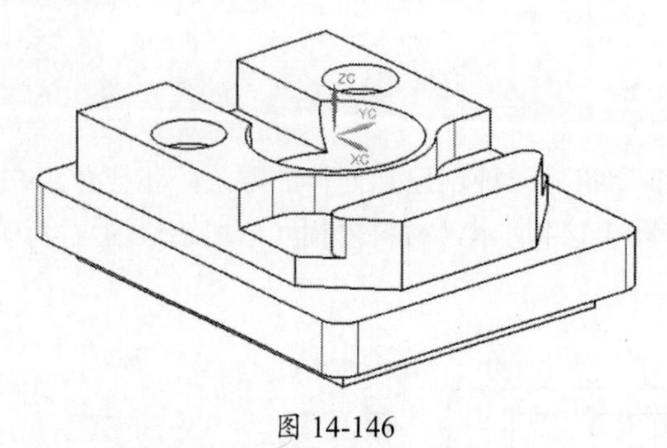

图 14-146

04 执行“菜单”|“编辑”|“移动对象”命令，在弹出的“移动对象”对话框中，将“运动”设为“距离”，“指定矢量”设为 ZC ↑选项，“距离”设为-30mm，“结果”设为“移动原先的”。

05 单击“确定”按钮，实体向 ZC 的负方向移动 30mm。

06 按 W 键，动态坐标系位于工件上表面，如图 14-146 所示。

07 创建几何体，用一种新的方式创建几何体。在横向菜单中选择“应用模块”选项卡，再单击“加工”按钮，在弹出的“加工环境”对话框中选中 cam_general 选项和 mill_planar 选项。

08 单击“确定”按钮进入加工环境，此时工作区中出现两个坐标系，一个是基准坐标系，位于工件的下表面，另一个是工件坐标系，位于工件的上表面，如图 14-147 所示。

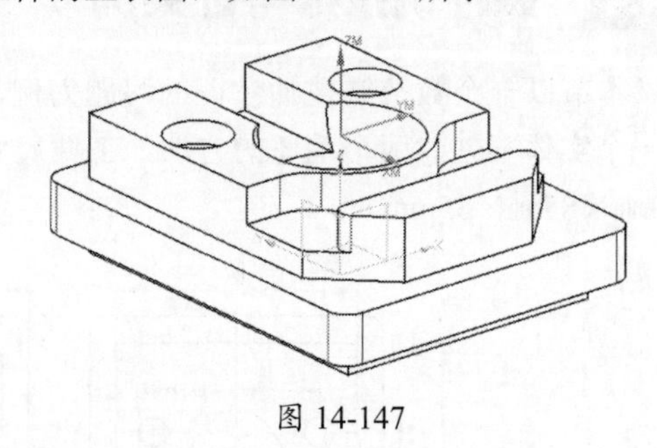

图 14-147

09 在“工序导航器”上方的工具栏中单击“几何视图”按钮，如图 14-14 所示。

10 在“工序导航器”中展开 MCS_MILL，再双击 WORKPIECE 按钮，如图 14-148 所示。

11 在弹出的“工件”对话框中单击“指定部件”按钮，选择实体，单击“确定”按钮，再单击“指定毛坯”按钮，在弹出的“毛坯几何体”对话框中，将“类型”设为“包容块”选项，把 XM-、YM-、XM+、YM+、ZM+ 均设为 1mm，ZM- 设为 0。

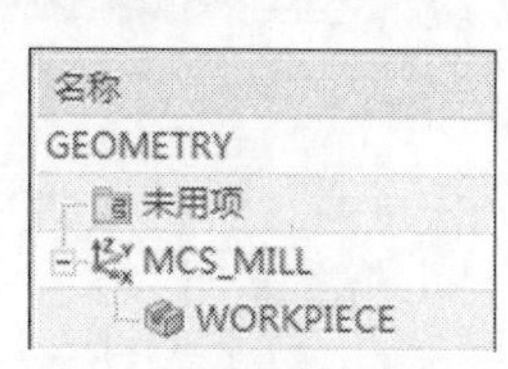

图 14-148

12 创建刀具。共创建 4 把刀，其中两把是立铣刀（ϕ12mm 与 ϕ8mm），一把是球刀头（ϕ8mm），还有一把是麻花钻头（ϕ8mm），步骤如下。

（1）单击“创建刀具”按钮，将“类型”设为 mill_planar，“刀具子类型”设为 MILL ，“名称”设为 D12R0，“直径”设为 12mm，“下半径”设为 0。

（2）采用相同的方法，再创建另一把立铣刀，将“类型”设为 mill_planar，“名称”设为 D8R0，“直径”设为 8mm，“下半径”设为 0。

（3）单击“创建刀具”按钮，将“类型”设为 mill_planar，“刀具子类型”设为 BALL_MILL ，“名称”设为 SD8R4，“球直径”设为 8mm。

（4）单击“创建刀具”按钮，将“类型”设为 hole_making，“刀具子类型”设为 STD_DRILL ，“名称”设为 Dr8，“直径”设为 8mm。

13 创建钻孔刀路。第一次使用 NX12.0 钻孔时，在弹出的“创建工序”对话框的“类型”栏中只有 hole_making 工序，没有 drill 工序，需要把 drill 工序载入，才能设计钻孔刀路，下面加载 drill 工序子类型。

14 用“记事本”软件打开 \NX12.0\MACH\resource\template_set\cam_general.opt 文件。

15 删除 ## ${UGII_CAM_TEMPLATE_PART_ENGLISH_DIR}drill.prt”和“## ${UGII_CAM_TEMPLATE_PART_METRIC_DIR}drill.prt 两行文本前面的 ##，如图 14-149 所示。

16 保存文件后，重新启动 NX12.0。

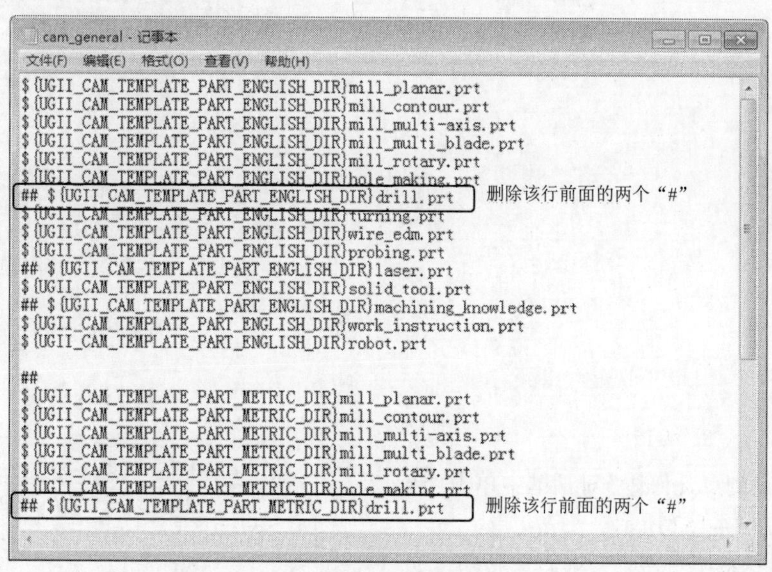

图 14-149

17 执行“菜单”|“插入”|“工序”命令，在弹出的“创建工序”对话框中，将“类型”设为 drill，“工序子类型”设为“啄钻” ，“程序”设为 NC_PROGRAM，“刀具”设为“DR8（钻刀）”，“几何体”设为 WORKPIECE，“方法”设为 METHOD，如图 14-150 所示。

图 14-150

18 单击“确定”按钮，在弹出的“啄钻 -[PECK_DRILLING]”对话框中单击“指定孔”按钮，如图 14-151 所示。

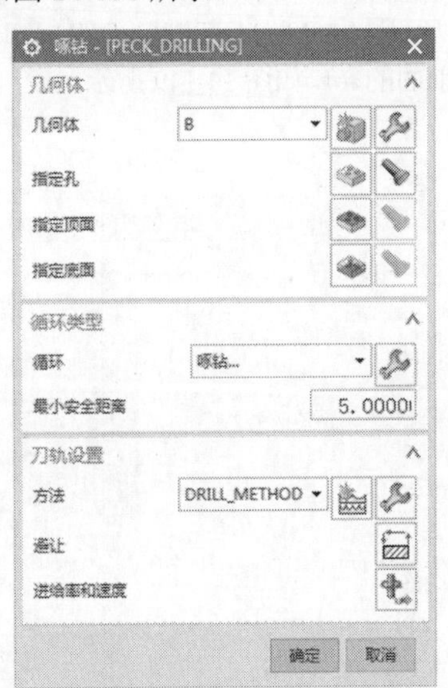

图 14-151

19 在弹出的“点到点几何体”对话框中单击“选择”按钮，如图 14-152 所示。

20 在弹出的对话框中单击“一般点”按钮，如图 14-153 所示。

21 在弹出的“点”对话框中，将“类型”设为“⊙圆弧中心 / 椭圆中心 / 球心”，在实体上选择两个沉头孔的圆心，如图 14-154 所示。

22 依次单击“确定”→“确定”→“确定”按钮，返回“啄钻 -[PECK_DRILLING]”对话框。

图 14-152

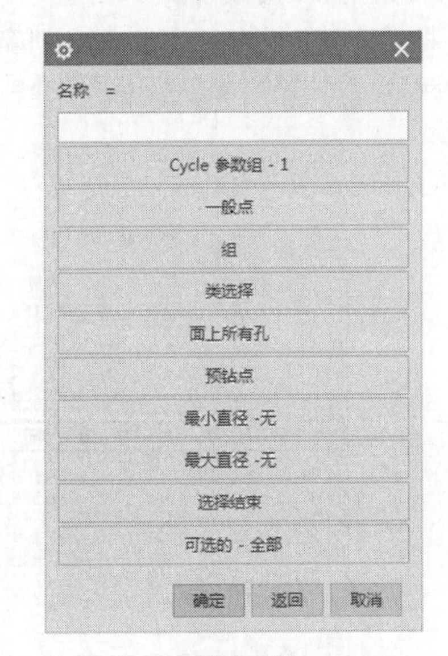

图 14-153

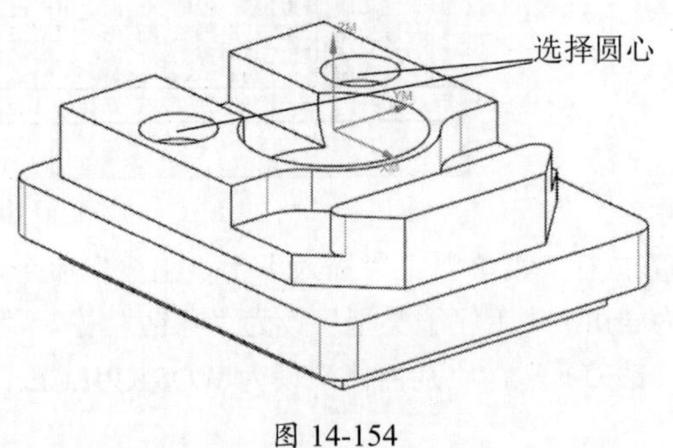

图 14-154

23 单击“指定顶面”按钮，在弹出的“顶面”对话框中将“顶面选项”设为“平面”，如图 14-155 所示。

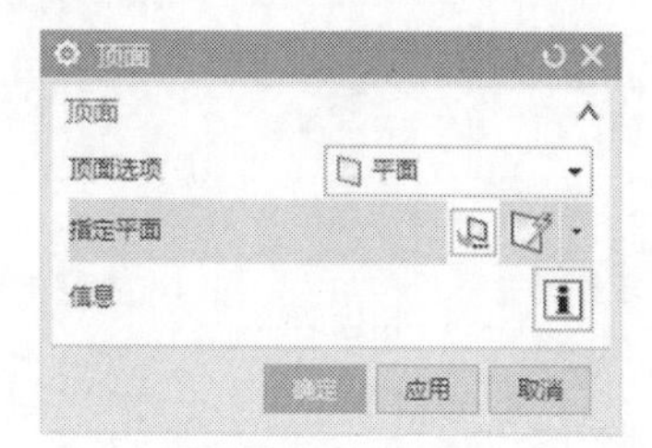

图 14-155

24 选择工件的顶面，将“距离”设为 2mm，如图 14-156 所示。

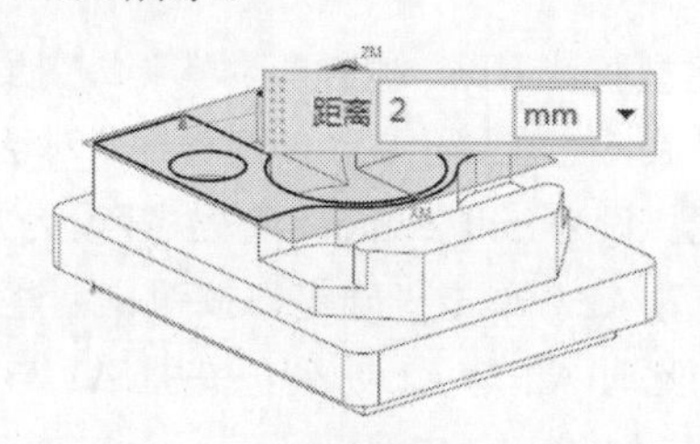

图 14-156

25 单击“确定”按钮，退出“顶部”对话框。

26 在“啄钻 -[PECK_DRILLING]”对话框中单击“指定底面”按钮，在弹出的“底部曲面”对话框中将“底面选项”设为“平面”，如图 14-157 所示。

图 14-157

27 选择工件的底面，将“距离”设为 5mm，如图 14-158 所示。

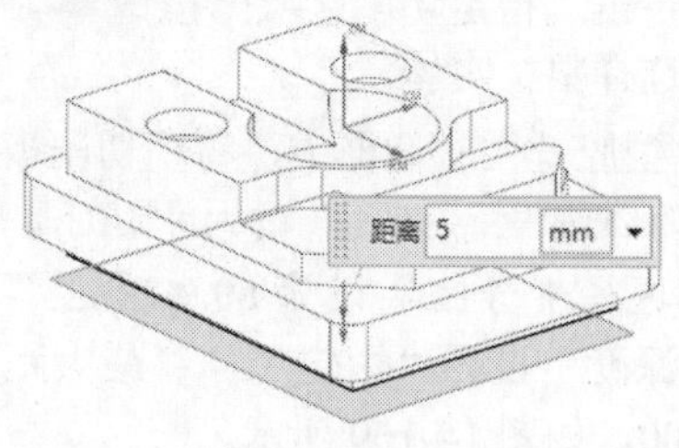

图 14-158

28 单击“确定”按钮，退出“底部曲面”对话框。

29 在“啄钻 -[PECK_DRILLING]”对话框中将“最小安全距离”设为 5.0000。

30 在“啄钻 -[PECK_DRILLING]”对话框中将“循环类型”设为“啄钻 ...”，将“距离”设为 1.0000，如图 14-159 所示。单击“确定”按钮，在弹出的“指定参数组”对话框中，将 Number of Sets 设为 1，如图 14-160 所示。

图 14-159

图 14-160

31 单击“确定”按钮，在弹出的“Cycle 参数”对话框中单击“Depth- 模型深度”按钮，如图 14-161 所示。

图 14-161

32 在“Cycle 深度”对话框中单击“穿过底面”按钮，如图 14-162 所示。

图 14-162

33 单击“确定”按钮，在“Cycle 参数”对话框中单击“Increment-无”按钮，在弹出的“增量”对话框中单击“恒定”按钮，如图 14-163 所示。

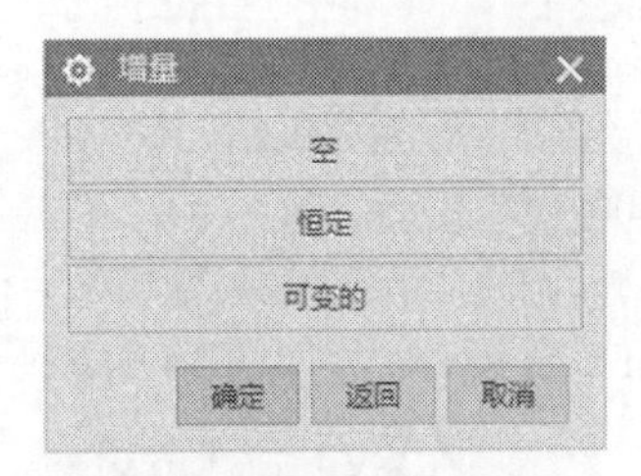

图 14-163

34 在“增量”文本框中输入 1.0000，如图 14-164 所示。

图 14-164

35 单击“进给率和速度”按钮，将“主轴转速”设为 1000r/min，“进给率”设为 250mm/min。

36 单击“生成”按钮生成啄钻刀路，如图 14-165 所示。

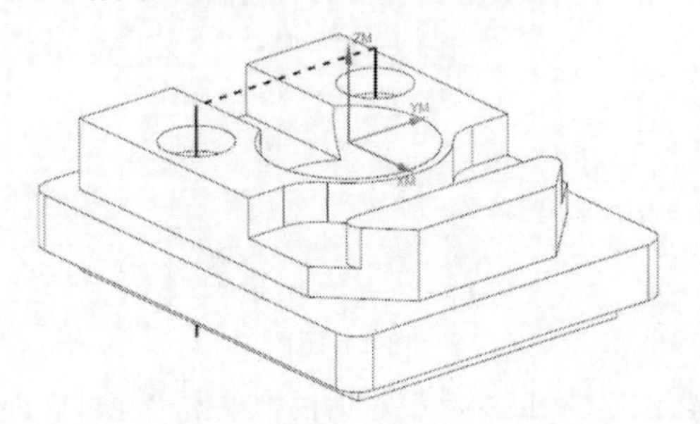

图 14-165

37 在“工序导航器”上方的工具栏中单击“程序顺序视图”按钮。

38 在“工序导航器”中，将 Program 设为 A。

39 执行“菜单”|“插入”|“程序”命令，在弹出的“创建程序”对话框中，将“类型”设为 mill_contour，“程序”设为 A，“名称”设为 A1，如图 14-166 所示。

40 单击“确定”按钮，创建 A1 程序组，将钻孔刀路程序移至 A1 下面。

图 14-166

41 创建型腔铣刀路。执行“菜单”|“插入”|“程序”命令，在弹出的“创建程序”对话框中，将“类型”设为 mill_contour，“程序”设为 A，“名称”设为 A2，单击“确定”按钮，创建 A2 程序组。此时 A2 与 A1 并列，并且 A1 与 A2 都属于 A，如图 14-167 所示。

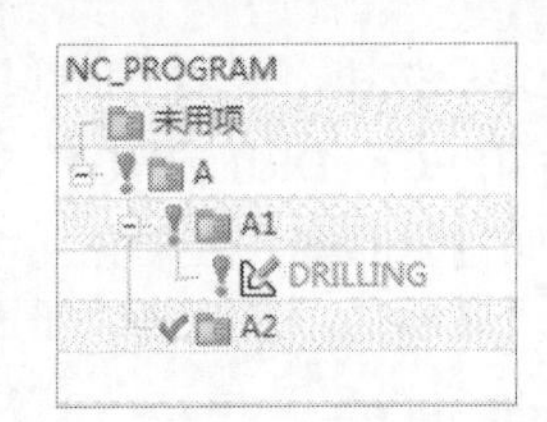

图 14-167

42 执行“菜单”|“插入”|“工序”命令，在弹出的“创建工序”对话框中，将“类型”设为 mill_contour，“工序子类型”设为“型腔铣”，“程序”设为 A2，“刀具”设为“D12R0（铣刀 -5 参数）”，“几何体”设为 WORKPIECE，“方法”设为 METHOD，如图 14-168 所示。

43 单击“确定”按钮，在弹出的“型腔铣”对话框中单击“指定切削区域”按钮，用框选的方法选择整个实体。

44 在“型腔铣”对话框中，将“切削模式”设为“跟随周边”，“步距”设为“% 刀具平直”，“平面直径平分比”设为 80.0000，“公共每刀切削深度”设为“恒定”，“最大距离”设为 1.0000，如图 14-169 所示。

图 14-168

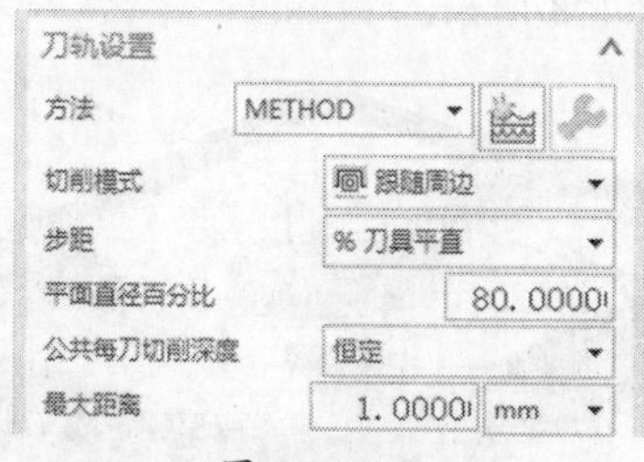

图 14-169

45 在“型腔铣”对话框中单击“切削层”按钮，在弹出的“切削层”对话框的“范围定义”栏中展开“列表”栏，连续单击“移除”按钮，移除列表框中的数据，再选择工件台阶的下底面。在活动滑板中将“范围深度”设为26.00000，“每刀切削深度”设为0.500000，如图14-170所示。

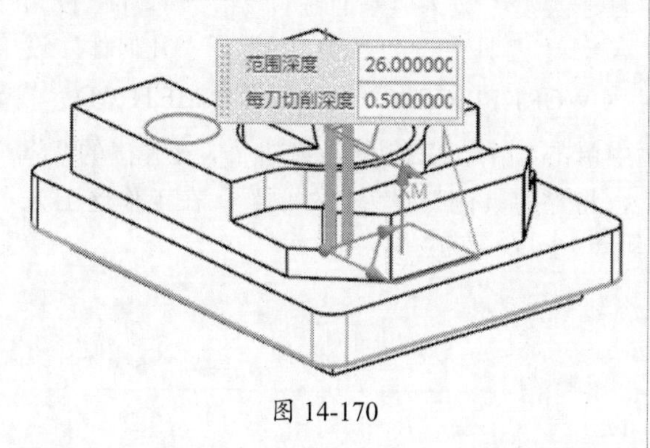

图 14-170

46 在“切削层”对话框中，将“范围类型”设为“用户定义”，“切削层”设为“恒定”，“公共每刀切削深度”设为“恒定”，“最大距离”设为1.0000mm，在“范围1的顶部”栏中，将ZC设为1.0000（这是因为毛坯ZM+设为1mm），如图14-171所示。

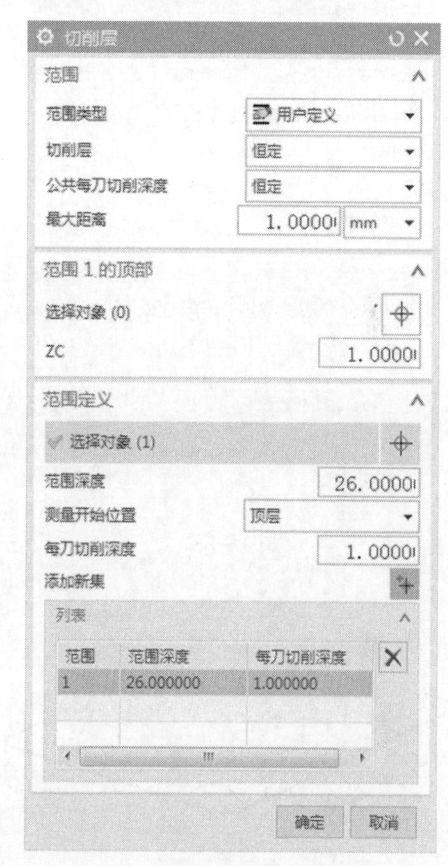

图 14-171

47 单击“确定”按钮，退出“切削层”对话框。

48 在“型腔铣”对话框中单击“指定修剪边界”按钮，在弹出的“修剪边界”对话框中，将“选择方法”设为“曲线”，“修剪侧”设为“外侧”，如图14-172所示。

49 先在工作区上方的工具栏中选择“相切曲线”选项，再选择台阶的边线，如图14-173中的粗线所示。

50 单击“确定”按钮，退出“修剪边界”对话框。

51 在“型腔铣”对话框中单击“切削参数”按钮，在弹出的“切削参数”对话框中选择“策略”选项卡，将“切削方向”设为“顺铣”，“切削顺序”设为“深度优先”，“刀路方向”设为“向外”。选择“余量”选项卡，取消选中“取消使底面余量与侧面余量一致”复选框，将“部件侧面余量”设为0.3mm，“部件底面余量”设为0.1mm。

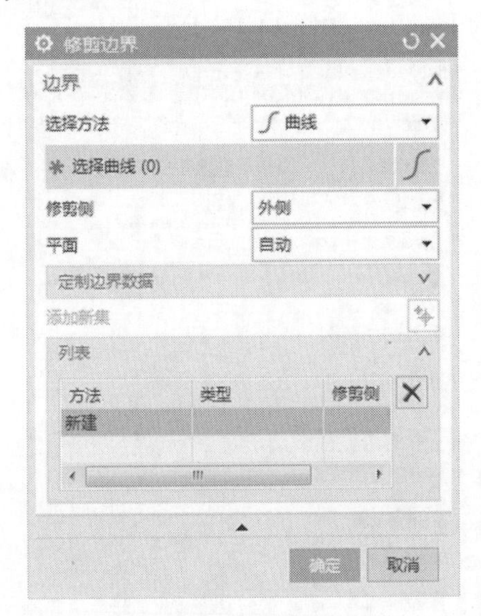

图 14-172

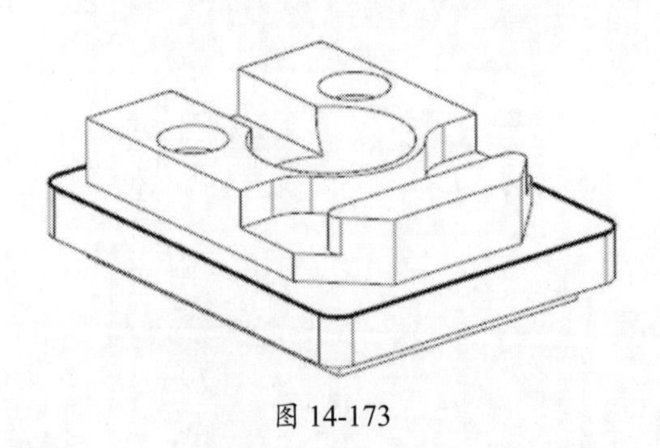

图 14-173

52 单击“非切削移动”按钮，在弹出的“非切削移动”对话框中选择“转移/快速”选项卡，将区域之间的“转移类型”设为“安全距离-刀轴”，区域内的“转移方式”设为“进刀/退刀”，“转移类型”设为“直接”。选择“进刀”选项卡，在“封闭区域”栏中，将“进刀类型”设为“螺旋”，“直径”设为5mm，“斜坡角度”设为1°，“高度”设为1mm，“高度起点”设为“前一层”，“最小安全距离”设为5mm，“最小斜面长度”设为5mm。在“开放区域”栏中，将“进刀类型”设为“线性”，“长度”设为8mm，“旋转角度”和“斜坡角度”设为0°，“高度”设为1mm，“最小安全距离”设为“修剪和延伸”，“最小安全距离”设为8mm。

53 单击“进给率和速度”按钮，将“主轴转速”设为1000r/min，“进给率”设为1200mm/min。

54 单击“生成”按钮，生成型腔铣刀路，如图14-174所示。

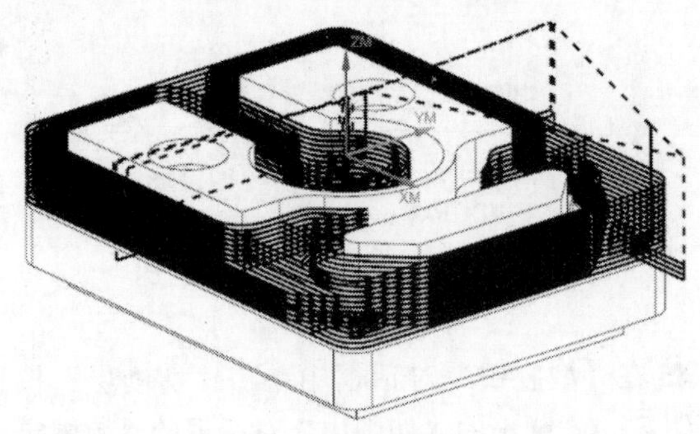

图 14-174

55 创建平面铣轮郭刀路。执行“菜单”|“插入”|“工序”命令，在弹出的“创建工序”对话框中，将“类型”设为mill_planar，“工序子类型”设为“平面铣”，“程序”设为A2，“刀具”设为“D12R0”，“几何体”设为WORKPIECE，“方法”设为METHOD。

56 单击“确定”按钮，在弹出的“平面铣”对话框中单击“指定部件边界”按钮，在弹出的“部件边界”对话框中，将“选择方法”设为“面”，将“刀具侧”设为“外侧”，在工作区上方的工具栏中按下“忽略岛”和“忽略孔”按钮，如图14-175所示。

图 14-175

57 在工件上选择台阶平面，如图 14-176 中的粗线所示平面。

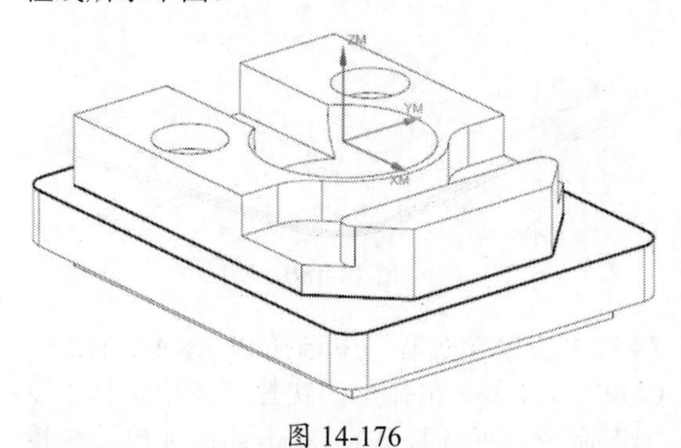

图 14-176

58 单击“确定”按钮，退出“部件边界”对话框。

59 在“平面铣”对话框中单击“指定底面”按钮，选择台阶底面，将“距离”设为 2mm，如图 14-177 所示。

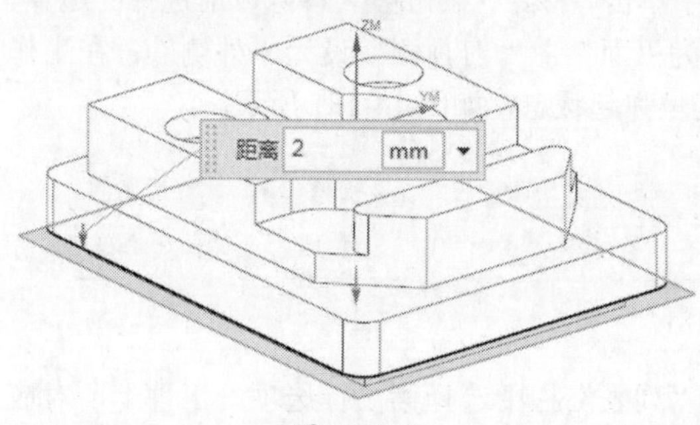

图 14-177

60 单击“确定”按钮，退出“平面”对话框。

61 在“平面铣”对话框的“刀轨设置”区域中“切削模式”设为“轮廓”，“附加刀路”设为 0。

62 单击“切削层”按钮，在弹出的“切削层”对话框中，将“类型”设为“恒定”，“公共每刀切削深度”设为 0.8mm。

63 单击“切削参数”按钮，在弹出的“切削参数”对话框中选择“策略”选项卡，将“切削方向”设为“顺铣”。选择“余量”选项卡，将“部件余量”设为 0.3 mm。

64 单击“非切削移动”按钮，在弹出的“非切削移动”对话框中选择“转移 / 快速”选项卡，将区域之间的“转移类型”设为“安全距离 - 刀轴”、区域内的“转移方式”设为“进刀 / 退刀”，“转移类型”设为“直接”。选择“进刀”选项卡，在“封闭区域”栏中选用默认值。在“开放区域”栏中，将“进刀类型”设为“圆弧”，“半径”设为 2mm，“圆弧角度”设为 90°，“高度”设为 1mm，“最小安全距离”设为“修剪和延伸”，“最小安全距离”设为 10mm。在“起点 / 钻点”选项卡中，将“重叠距离”设为 1mm，单击“指定点”按钮，选择“控制点”选项，选择工件右侧的边线，将该边线的中点设为进刀点。

65 单击“进给率和速度 ”按钮，将“主轴转速”设为 1000r/min，“进给率”设为 1200mm/min。

66 单击“生成”按钮，生成平面铣加工轮廓刀路，如图 14-178 所示。

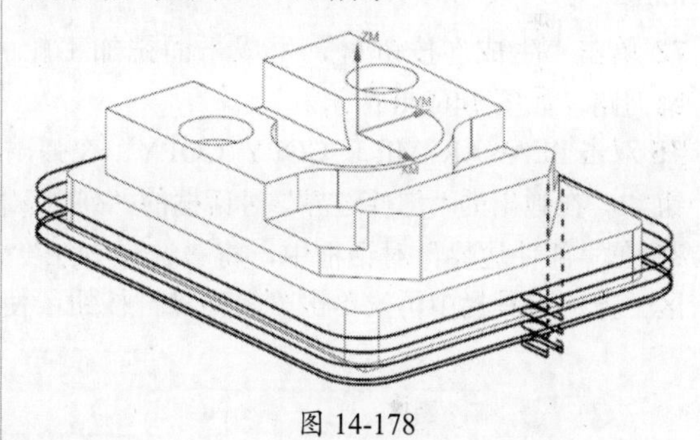

图 14-178

67 创建精加工程序。执行“菜单”|“插入”|“程序”命令，在弹出的“创建程序”对话框中，将“类型”设为 mill_contour，“程序”设为 A，“名称”设为 A3，单击“确定”按钮，创建 A3 程序组。此时 A3 与 A1、A2 并列，A1、A2、A3 都属于 A，如图 14-149 所示。

68 在“工序导航器”中选择 PLANAR_MILL，右击并在弹出的快捷菜单中选择“复制”命令。再选择 A3，右击并在弹出的快捷菜单中选择“内部粘贴”命令，将 PLANAR_MILL 复制到 A3 程序组，如图 14-179 所示。

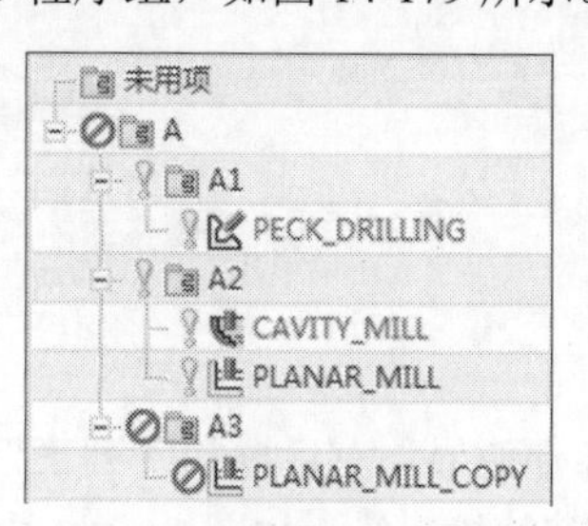

图 14-179

69 双击 PLANAR_MILL_COPY，在弹出的“平面铣”对话框的“刀轨设置”栏中将“步距”设为“恒定”“最大距离”设为 0.1mm，“附加刀路”设为 2。

70 单击“切削层”按钮，在弹出的“切削层”对话框中，将“类型”设为“仅底面”。

71 单击“切削参数”按钮，在弹出的“切削参数”对话框中选择“余量”选项卡，将“部件余量”设为 0mm。

72 单击“进给率和速度 ”按钮，将“主轴转速”设为 1200r/min，“进给率”设为 500mm/min。

73 单击“生成”按钮，生成平面铣加工轮廓刀路，如图 14-180 所示。

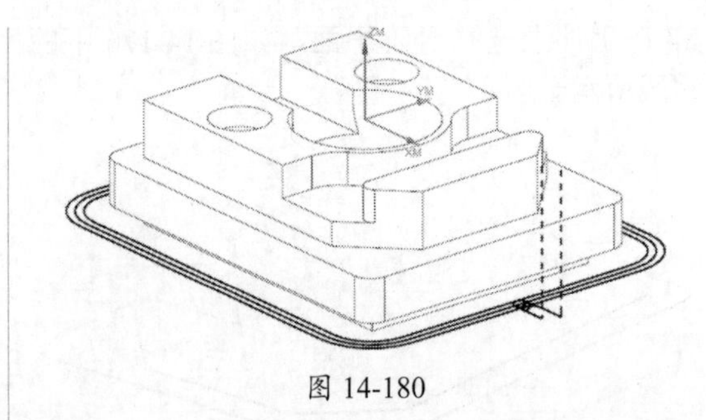

图 14-180

74 在“工序导航器”中选择 PLANAR_MILL_COPY，右击并在弹出的快捷菜单中选择“复制”命令。再选择 A3，右击并在弹出的快捷菜单中选择“内部粘贴”命令，将 PLANAR_MILL_COPY 复制到 A3 下面。

75 双击 PLANAR_MILL_COPY_COPY，在弹出的“平面铣”对话框中单击“指定部件边界”按钮，在弹出的“部件边界”对话框的“列表”栏中单击“移除”按钮，移除以前选择的边界。

76 在“部件边界”对话框中，将“选择方法”设为“面”，“刀具侧”设为“外侧”，在工作区上方的工具栏中再次单击“忽略岛”按钮，使其呈弹起状态，如图 14-181 所示。

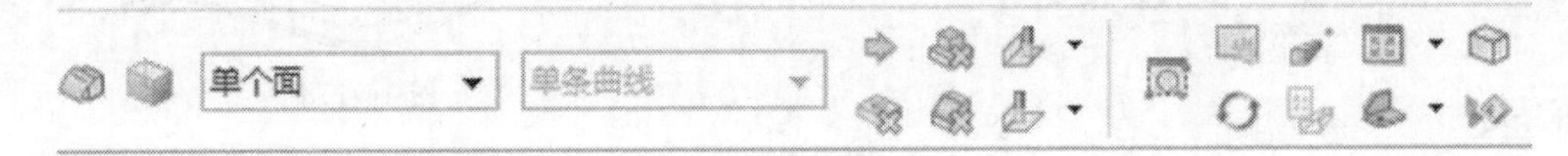

图 14-181

77 选择工件的台阶面，在“部件边界”对话框的“列表”栏中选择第 1 行选项，工件上所对应的边线就会加强显示，如图 14-182 所示。

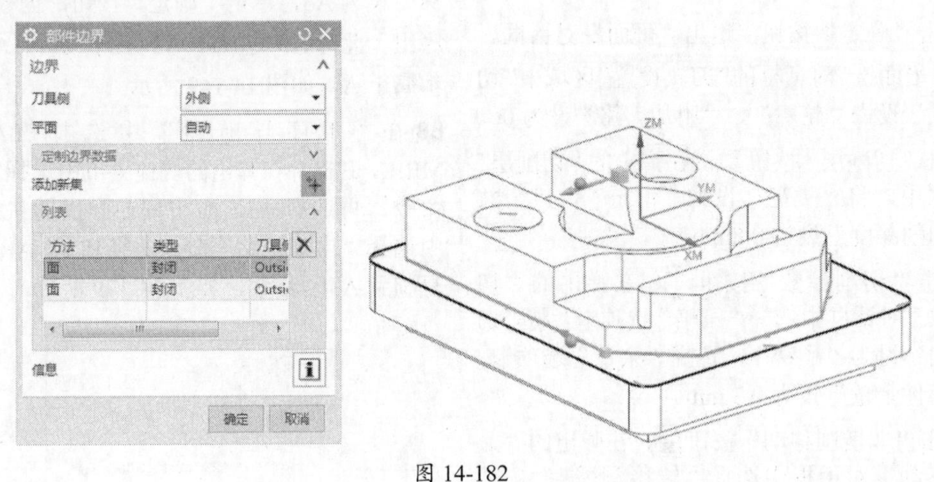

图 14-182

78 在“部件边界”对话框的“列表”栏中单击“移除”按钮，移除选中的最外面的轮廓线，只保留内部的轮廓线，如图 14-183 中的粗线所示。

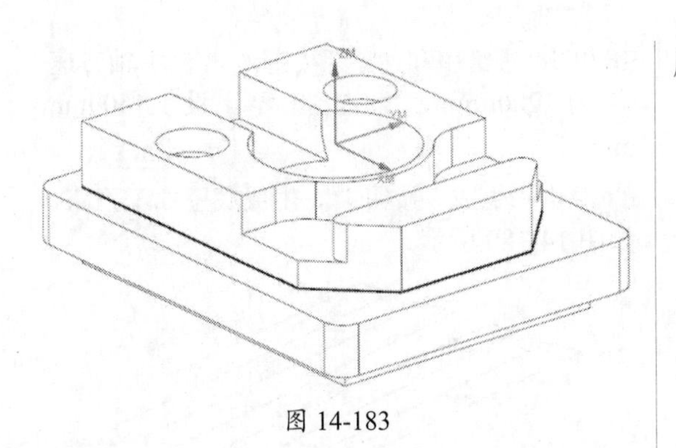

图 14-183

79 单击“确定”按钮，退出“部件边界”对话框。

80 在“平面铣”对话框中单击“指定底面”按钮，选择台阶上表面，将“距离”设为 0mm。

81 单击“生成”按钮，生成平面铣加工轮廓刀路，如图 14-184 所示。

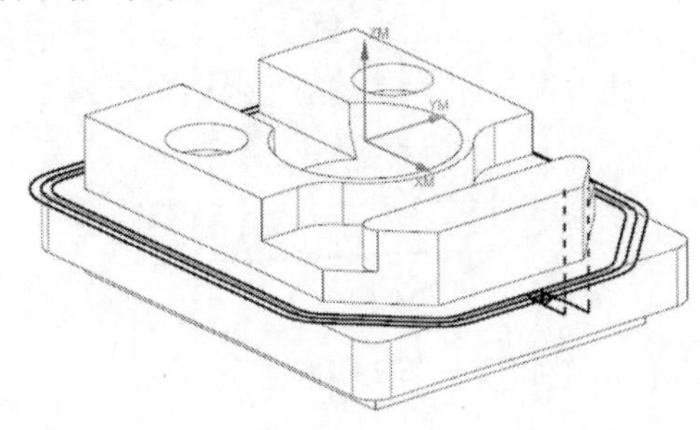

图 14-184

82 在“工序导航器”中选择 PLANAR_MILL_COPY_COPY，右击并在弹出的快捷菜单中选择“复制”命令。再选择 A3，右击并在弹出的快捷菜单中选择“内部粘贴”命令，将其复制到 A3 程序组。

83 双击 PLANAR_MILL_COPY_COPY_COPY，在弹出的“平面铣”对话框中单击“指定部件边界”按钮，在弹出的“部件边界”对话框中单击“移除”按钮，移除以前选择的边界。

84 在“部件边界”对话框中，将“边界”设为“选择曲线”，“边界类型”设为“开放”，将“刀具侧”设为“左”。先在零件图上选择右侧的黑线，再在“部件边界”对话框中单击“添加新集”按钮，然后在零件图上选择左侧的黑线，如图 14-185 所示。

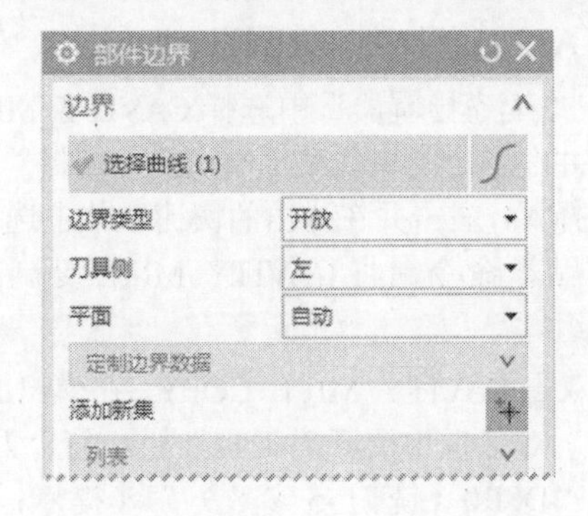

图 14-185

85 选中的轮廓的箭头方向如图 14-186 所示。

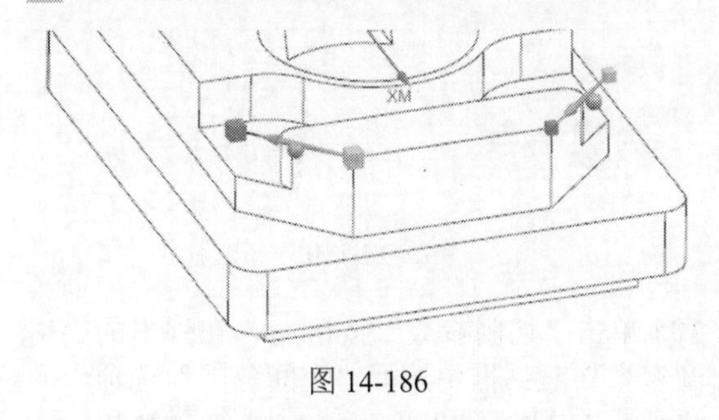

图 14-186

86 在“平面铣”对话框中将“附加刀路”设为 0。

87 单击“切削参数”按钮，在弹出的“切削参数”对话框中选择“余量”选项卡，将“部件余量”设为 10mm。

88 单击“非切削移动”按钮，在弹出的“非切削移动”对话框中选择“进刀”选项卡，在“开放区域”栏中，将“进刀类型”设为“线性”，“长度”设为 10mm，“旋转角度”和“斜坡角度”均设为 0°，“高度”设为 1mm，“最小安全距离”设为 10mm。

89 单击“生成”按钮，生成平面铣加工轮廓刀路，如图 14-187 所示。

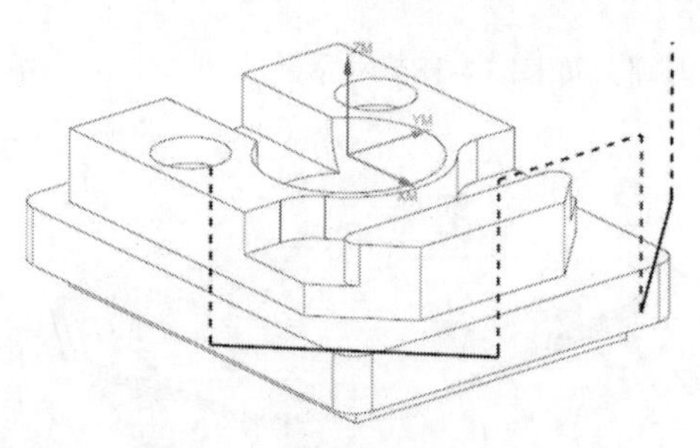

图 14-187

90 执行“菜单”|“插入”|“工序”命令，在弹出的“创建工序”对话框中，将“类型”设为 mill_planar，“工序子类型”设为“底壁铣”，“程序”设为 A3，“刀具”设为 D12R0，“几何体”设为 WORKPIECE，“方法”设为 METHOD。

91 在弹出的“底壁铣”对话框中单击“指定切削区底面”按钮，在实体上选择两个平面，如图 14-188 中的粗线所示。

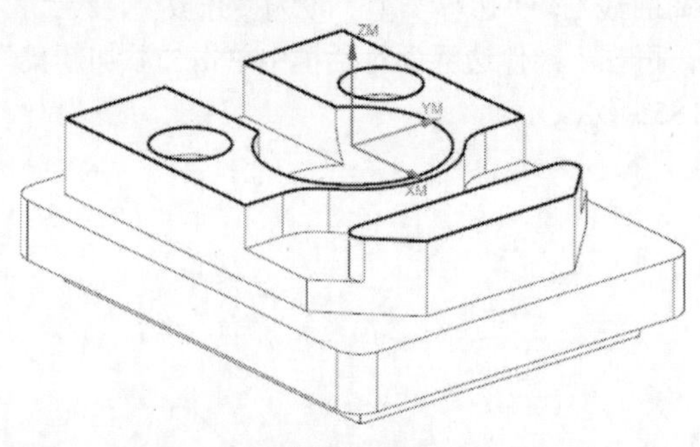

图 14-188

92 单击“确定”按钮，退出“切削区域”对话框。

93 在“底壁铣”对话框的“刀轨设置”栏中，将“切削区域空间范围”设为“底面”，“切削模式”设为“往复”，“步距”设为“% 刀具平直”，“平面直径百分比”设为 80%，“每刀切削深度”和“Z 向深度偏置”设为 0。

94 单击“切削参数”按钮，在弹出的“切削参数”对话框中选择“策略”选项卡，将“切削方向”设为“顺铣”，“切削角”设为“自动”，取消选中“添加精加工刀路”复选框。选择“余量”选项卡，将“部件余量”“壁余量”和“最终底面余量”均设为 0mm。

95 单击“非切削移动”按钮，在弹出的“非切削移动”对话框中选择默认值。

96 单击“进给率和速度”按钮，将“主轴转速”设为 1200r/min，“进给率”设为 500mm/min。

97 单击“生成”按钮，生成底壁加工刀路，如图 14-189 所示。

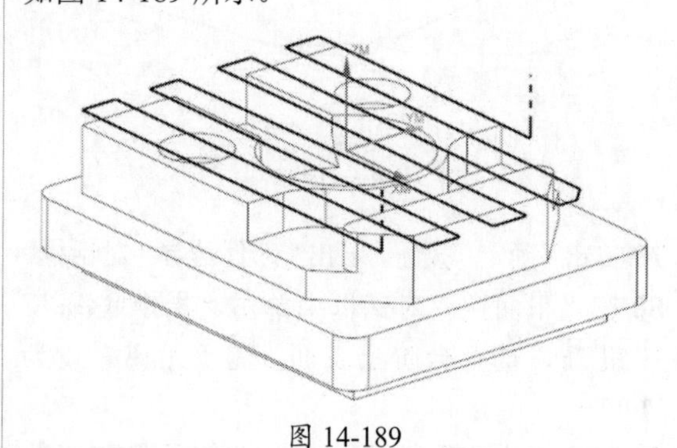

图 14-189

98 创建清除余量刀路。执行“菜单”|“插入”|“程序”命令，在弹出的“创建程序”对话框中，将“类型”设为 mill_contour，“程序”设为 A，“名称”设为 A4，单击“确定”按钮，创建 A4 程序组。此时 A4 与 A1、A2、A3 并列，并且 A1、A2、A3、A4 属于 A。

99 在“工序导航器”中选择 CAVITY_MILL，右击并在弹出的快捷菜单中选择“复制”命令。再选择 A4，右击并在弹出的快捷菜单中选择“内部粘贴”命令，将 CAVITY_MILL 复制到 A4 程序组。

100 双击 CAVITY_MILL_COPY，在弹出的“型腔铣”对话框中展开“工具”栏，将“刀具”设为“D8R0（铣刀 -5 参数）”（提示：如没有创建这把刀具，应先创建），如图 14-190 所示。

图 14-190

101 单击“切削参数”按钮，在弹出的“切削参数”对话框中选择“空间范围”选项卡，将“参考刀具”设为“D12R0（铣刀 -5 参数）”，将“重叠距离”设为 1.0000，如图 14-191 所示。

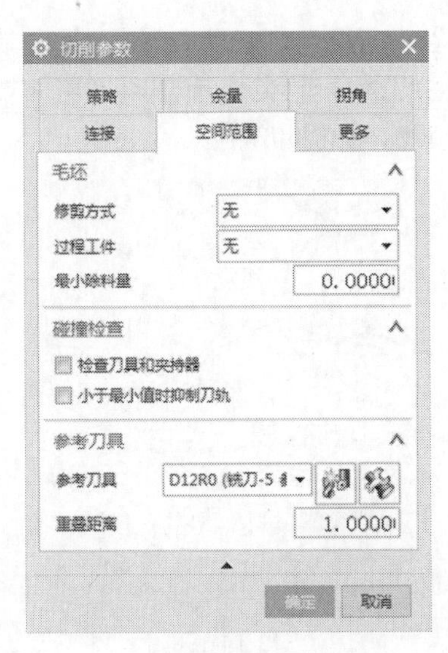

图 14-191

102 单击“生成”按钮，生成清除余量刀路，如图 14-192 所示。

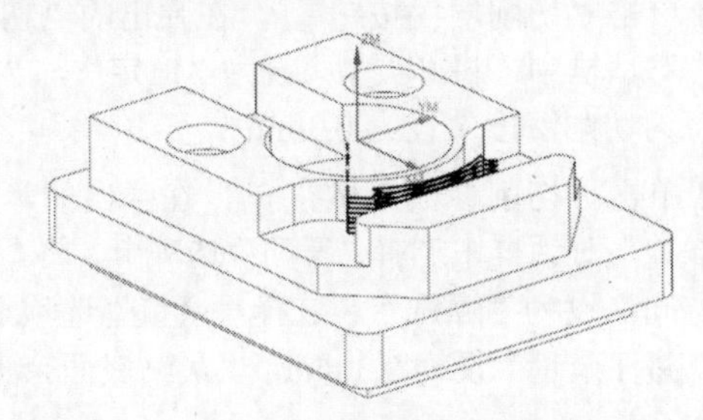

图 14-192

103 在“工序导航器”中选择 CAVITY_MILL_COPY，右击并在弹出的快捷菜单中选择“复制”命令。再选择 A4，右击并在弹出的快捷菜单中选择“内部粘贴”命令，将其复制到 A4 程序组。

104 双击 CAVITY_MILL_COPY_COPY，在弹出的“型腔铣”对话框中将“切削模式”设为“轮廓”，“附加刀路”设为 0，“公共每刀切削深度”设为“恒定”，“最大距离”设为 0.5mm。

105 单击“切削层”按钮，在弹出的“切削层”对话框的“范围 1 的顶部”栏中，单击“选择对象（1）”按钮，选择第 57 步中的台阶面，将 ZC 设为-14.0000，在“范围定义”栏中将“范围深度”设为 11.0000，如图 14-193 所示。

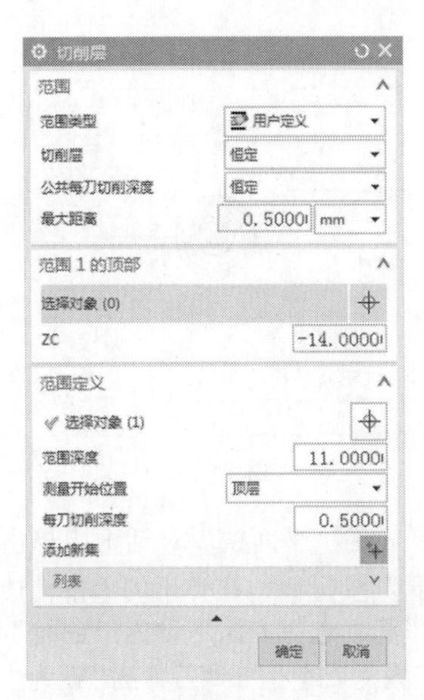

图 14-193

106 单击“切削参数”按钮，在弹出的“切削参数”对话框中选择“空间范围”选项卡，将“参考刀具”设为 NONE，如图 14-194 所示。

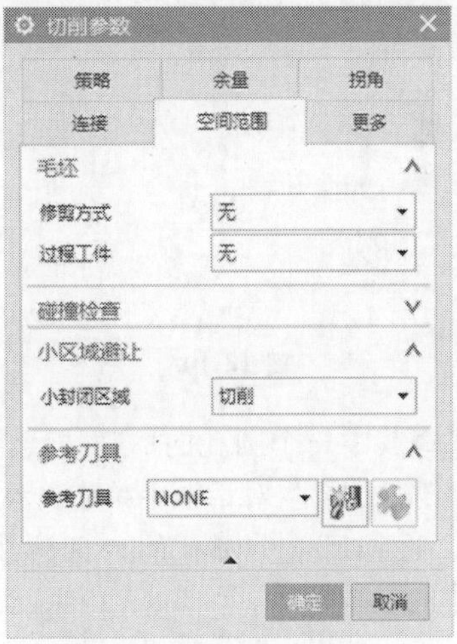

图 14-194

107 单击“生成”按钮，生成型腔铣刀路，如图 14-195 所示。

108 执行“菜单”｜“插入”｜“工序”命令，在弹出的“创建工序”对话框中，将“类型”设为 mill_planar，“工序子类型”设为“平面铣”，“程序”设为 A4，“刀具”设为“D8R0”，“几何体”设为 WORKPIECE，“方法”设为 METHOD。

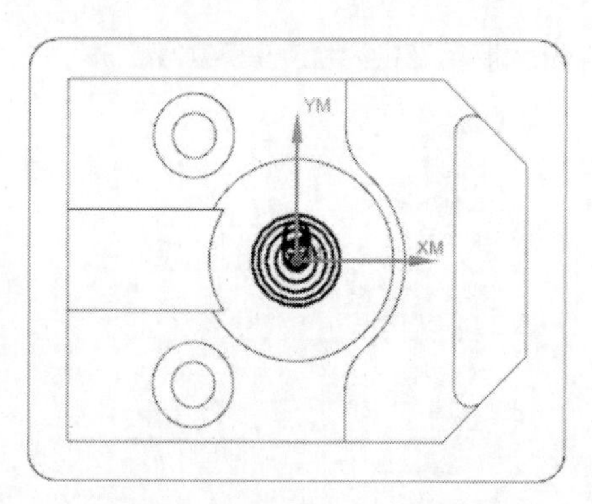

图 14-195

109 在弹出的“平面铣”对话框中单击“指定部件边界”按钮，在弹出的“部件边界”对话框中，将“选择方法”设为“曲线”，“边界类型”设为“封闭”，“刀具侧”设为“内侧”，“平面”设为“自动”，如图 14-196 所示。

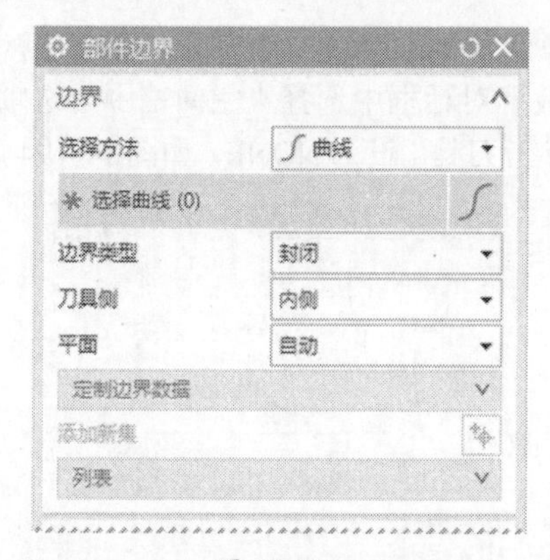

图 14-196

110 先选择其中一个圆孔的口部边线，然后在弹出的“部件边界”对话框中单击“添加新集”按钮，选择另一个圆孔的口部边线，如图 14-197 中的粗线所示。

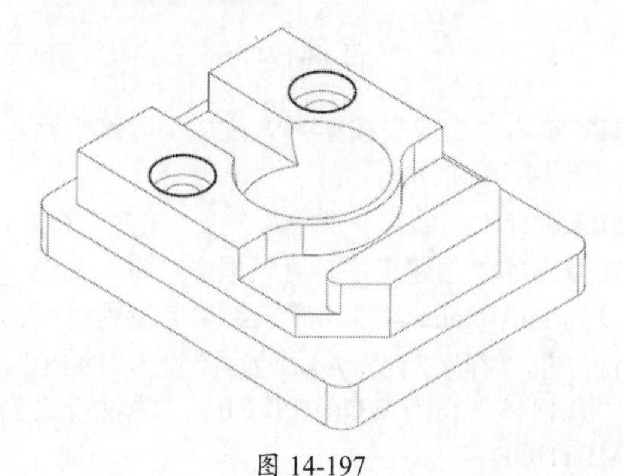

图 14-197

111 在“平面铣”对话框中单击“指定底面 ”按钮，选择沉头底面，将“距离”设为 0mm，如图 14-198 所示。

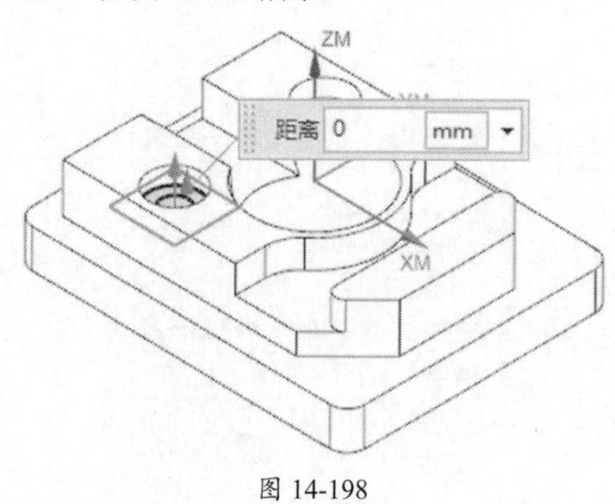

图 14-198

112 在“平面铣”对话框中将“切削模式”设为“轮廓”，“附加刀路”设为 0。

113 单击“切削层”按钮，在弹出的“切削层”对话框中，将“类型”设为“恒定”，“公共每刀切削深度”设为 0.3mm。

114 单击“切削参数”按钮，在弹出的“切削参数”对话框中选择“策略”选项卡，将“切削方向”设为“顺铣”。选择“余量”选项卡，将“部件余量”设为 0.3 mm，“最终底面余量”设为 0.1mm。

115 单击“非切削移动”按钮，在弹出的“非切削移动”对话框中选择“转移 / 快速”选项卡，将区域之间的“转移类型”设为“安全距离 - 刀轴”，区域内的“转移方式”设为“进刀 / 退刀”，“转移类型”设为“直接”。选择“进刀”选项卡，在“封闭区域”栏中，将“进刀类型”设为“与开放区域相同”，在“开放区域”栏中，将“进刀类型”设为“圆弧”，“半径”设为 1mm，“圆弧角度”设为 90°，“高度”设为 1mm，“最小安全距离”设为 2mm。

116 单击“进给率和速度 ”按钮，将“主轴转速”设为 1000r/min，“进给率”设为 1200mm/min。

117 单击“生成”按钮，生成平面铣加工轮廓刀路，如图 14-199 所示。

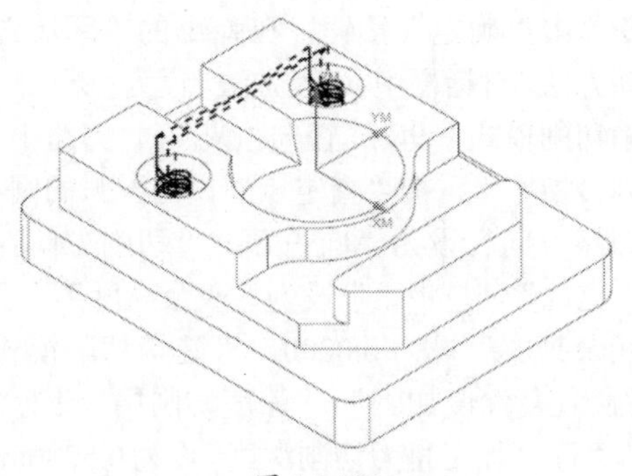

图 14-199

118 创建精加工刀路。执行“菜单”|“插入”|“程序”命令，在弹出的“创建程序”对话框中，将“类型”设为 mill_contour，“程序”设为 A，“名称”设为 A5，单击“确定”按钮，创建 A5 程序组。此时 A5 与 A1、A2、A3、A4 并列，并且 A1、A2、A3、A4、A5 属于 A。

119 在“工序导航器”中选择 FLOOR_WALL，右击并在弹出的快捷菜单中选择“复制”命令。再选择 A5，右击并在弹出的快捷菜单中选择“内部粘贴”命令，将其复制到 A5 程序组。

120 双击 FLOOR_WALL_COPY，在弹出的“底壁加工”对话框中单击“指定切削区底面”按钮，在弹出的“切削区域”对话框中单击“移除”按钮，移除以前选中的曲面，然后在实体上选择平面，如图 14-200 中粗线平面所示。

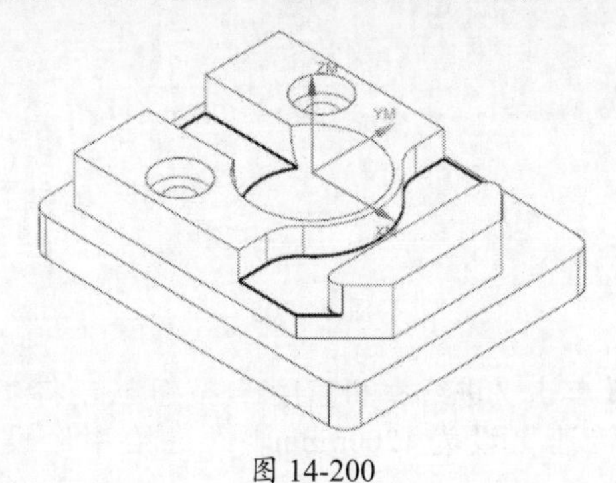

图 14-200

121 在“底壁加工”对话框的“刀具”栏中将“刀具”设为 D8R0 立铣刀。

122 单击“切削参数”按钮，在弹出的“切削参数”对话框中选择“策略”选项卡，选中“添加精加工刀路”复选框，将“刀路数”设为 1，“精加工步距”设为 0.5mm。

123 其他参数保持不变。

124 单击“生成”按钮，生成底壁加工刀路，如图 14-201 所示。

125 在“工序导航器”中选择 PLANAR_MILL_1，右击并在弹出的快捷菜单中选择“复制”命令。再选择 A5，右击并在弹出的快捷菜单中选择“内部粘贴”命令。

126 双击 PLANAR_MILL_1_COPY，在弹出的“平面铣”对话框的“刀轨设置”栏中将“步距”设为“恒定”，“最大距离”设为 0.1mm，“附加刀路”设为 2。

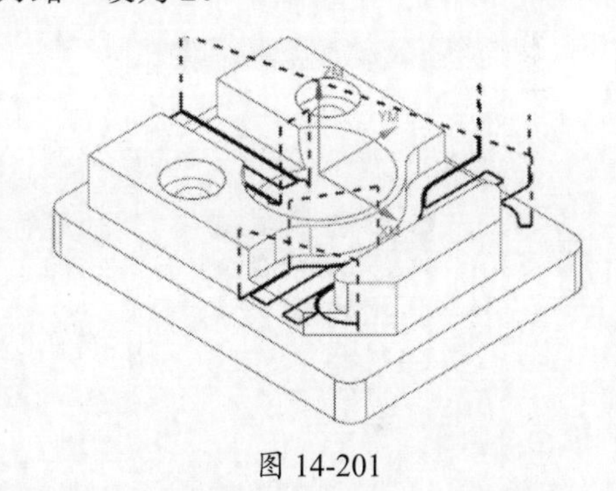

图 14-201

127 单击“切削层”按钮，在弹出的“切削层”对话框中，将“类型”设为“仅底面”。

128 单击“切削参数”按钮，在弹出的“切削参数”对话框中选择“余量”选项卡，将“部件余量”和“最终底面余量”均设为 0mm。

129 单击“进给率和速度”按钮，将“主轴转速”设为 1200r/min，“进给率”设为 500mm/min。

130 单击“生成”按钮，生成平面铣加工轮廓刀路，如图 14-202 所示。

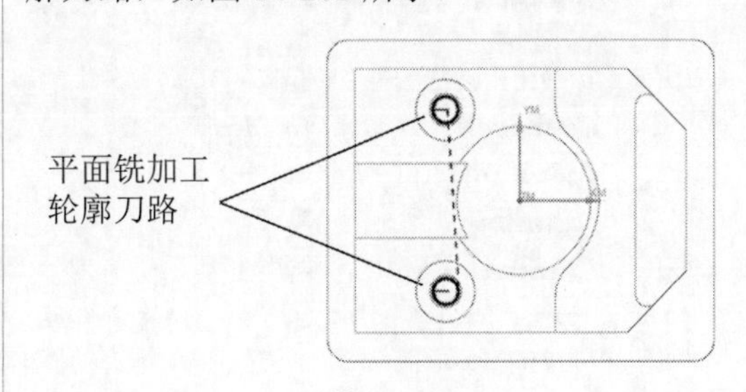

图 14-202

131 创建固定轮廓铣。执行“菜单”|“插入”|

“程序”命令，在弹出的“创建程序”对话框中，将“类型”设为mill_contour，“程序”设为A，“名称”设为A6，单击“确定”按钮，创建A6程序组，此时A6与A1、A2、A3、A4、A5并列，且A1、A2、A3、A4、A5、A6属于A。

132 执行“菜单”|“插入”|“工序”命令，在弹出的“创建工序”对话框中，将“类型”设为mill_contour，“工序子类型”设为“固定轮廓铣”，“程序”设为A6，“刀具”设为“SD8R4（铣刀-球头铣）”，“几何体”设为WORKPIECE，“方法”设为METHOD，如图14-203所示。

图 14-203

133 在弹出的“固定轮廓铣”对话框中单击“指定切削区域”按钮，选择球面为加工面。

134 在“固定轮廓铣-[FIXED_CONTOUR]”对话框中将“驱动方法”设为“区域铣削”，如图14-204所示。

图 14-204

135 单击“确定”按钮，在弹出的“区域铣削驱动方法”对话框中，将“方法”设为“无”，“非陡峭切削模式”设为“径向往复”，“刀路中心”设为“指定”，把“指定点”设为圆弧的圆心，“刀路方向”设为“向内”，“切削方向”设为“逆铣”，“步距”设为“残余高度”，“最大残余高度”设为0.0200。“陡峭切削模式”设为“往复深度加工”，“深度切削层”设为“恒定”，“深度加工每刀切削深度”设为0.5000mm，如图14-205所示。

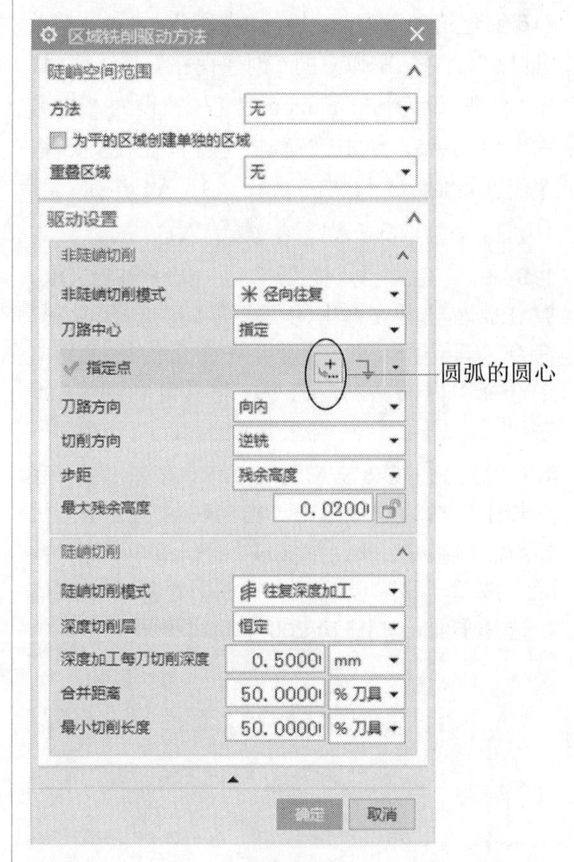

图 14-205

136 单击“进给率和速度”按钮，将“主轴转速”设为1200r/min，“进给率”设为500mm/min。

137 单击“生成”按钮，生成固定轮廓铣刀路，如图14-206所示。

14.4.2 第二面的数控编程

01 创建反面的几何体。执行“菜单”|“格式”|

“复制至图层”命令，选择实体后，单击“确定”按钮，在弹出的“图层复制”对话框的“目标图层或类别”文本框中输入 20。

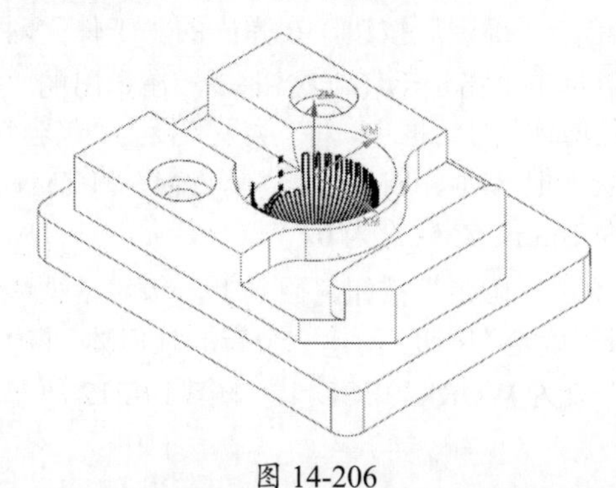

图 14-206

02 单击“确定”按钮，将实体复制到第 20 层。

03 执行“菜单”｜“格式”｜“图层设置”命令，在弹出的“图层设置”对话框中设定第 20 层为工作图层，并取消选中 1、4、5 复选框，如图 14-207 所示，隐藏这几个图层的实体。

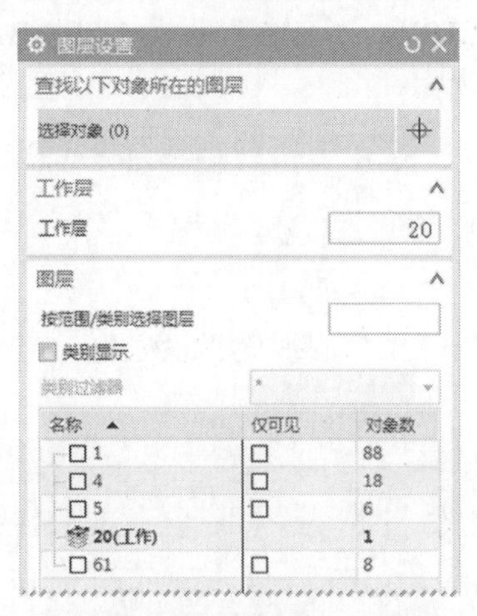

图 14-207

04 执行“菜单”｜“编辑”｜“移动对象”命令，在弹出的“移动对象”对话框中，将“运动”设为“角度”，“指定矢量”设为 YC ↑ 选项，“角度”设为 180deg，“结果”设为“移动原先的”，单击“指定轴点”按钮，在弹出的“点”对话框中 X、Y、Z 均输入 0mm，如图 14-208 所示。

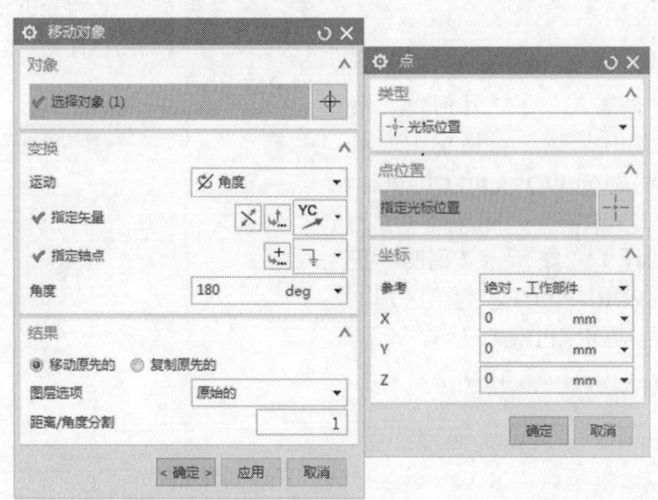

图 14-208

05 单击“确定”按钮，工件底部朝上，如图 14-209 所示。

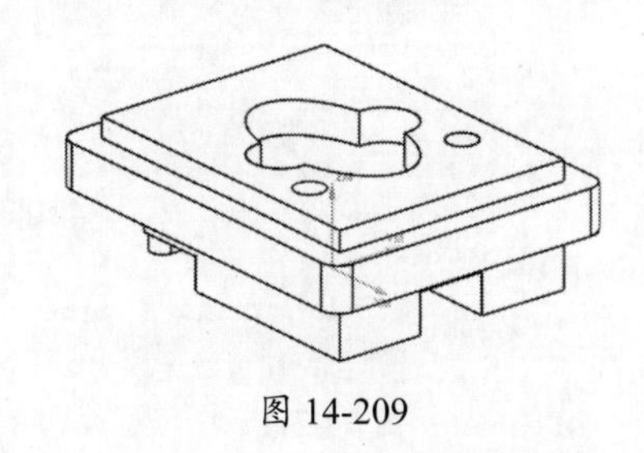

图 14-209

06 执行“菜单”|“插入”|“几何体”命令，在弹出的“创建几何体”对话框中“几何体子类型”选择MCS，将“几何体”设为GEOMETRY，“名称”设为USER-B，如图14-210所示。

图 14-210

07 单击“确定”按钮，在弹出的MCS对话框中，将“安全设置选项”设为“自动平面”，“安全距离”设为10mm，“刀轴”设为“MCS的+Z”。

08 单击“确定”按钮，创建USER-B坐标系。

09 执行“菜单”|“插入”|“几何体”命令，在弹出的“创建几何体”对话框中，将“几何体子类型”设为WORKPIECE，“几何体”设为USER-B，“名称”设为WORKPIECE_1，如图14-211所示（说明：正面的几何体名称为WORKPIECE，为了区别，反面的几何体名称为WORKPIECE_1）。

图 14-211

10 单击“确定”按钮，在弹出的“工件”对话框中单击“指定部件”按钮，在工作区中选择第20层的实体。

11 单击“确定”按钮，在弹出的“工件”对话框中单击“指定毛坯”按钮，在弹出的“毛坯几何体”对话框中，将“类型”设为“包容块”选项，把XM-、YM-、XM+、YM+和ZM+均设为1mm，ZM-设为0。

12 单击“确定”按钮，回到上一级对话框中再单击“确定”按钮，创建一个新的几何体，将“名称”设为WORKPIECE_1，如图14-212所示。

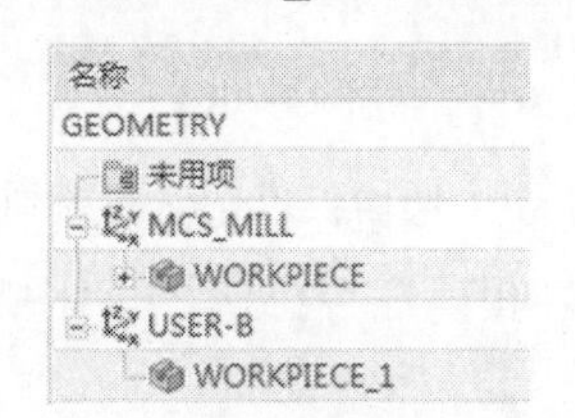

图 14-212

13 创建粗加工程序。执行“菜单”|“插入”|“程序”命令，在弹出的“创建程序”对话框中，将“类型”设为mill_contour，“程序”设为NC_PROGRAM，“名称”设为B，如图14-213所示

图 14-213

14 单击“确定”按钮，创建B程序组，程序组B在NC_PROGRAM下，并且A与B并列，如图14-214所示。

15 执行“菜单”|“插入”|“程序”命令，在弹出的“创建程序”对话框中，将“类型”设为mill_contour，“程序”设为B，“名称”设为B1。

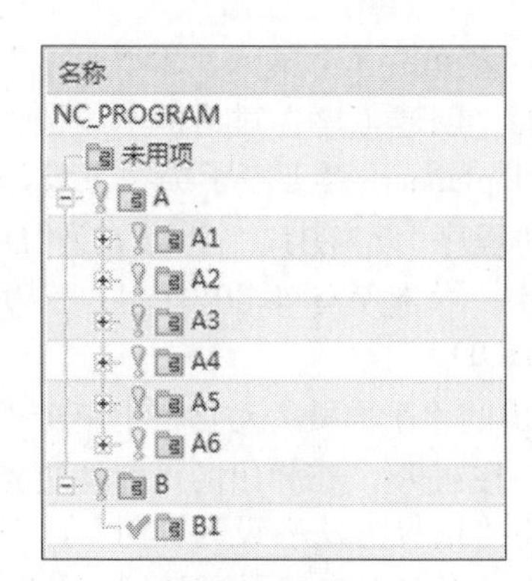

图 14-214

16 单击“确定”按钮，创建B1程序组，程序组B1属于几何体B。

17 执行“菜单”｜“插入”｜“工序”命令，在弹出的“创建工序”对话框中，将“类型”设为mill_planar，“工序子类型”设为“带边界面铣”，“程序”设为B1，“刀具”设为“D12R0（铣刀-5参数）”，“几何体”设为WORKPIECE_1，“方法”设为METHOD，如图14-215所示。

图 14-215

18 单击“确定”按钮，在弹出的“面铣”对话框中单击“指定面边界”按钮，在弹出的“毛坯边界”对话框中，将“选择方法”设为“面”。在工作区上方的工具栏中单击按下“忽略岛”和“忽略孔”按钮，如图14-216所示。

图 14-216

19 选择工件的顶面，如图14-217中的粗线所示。

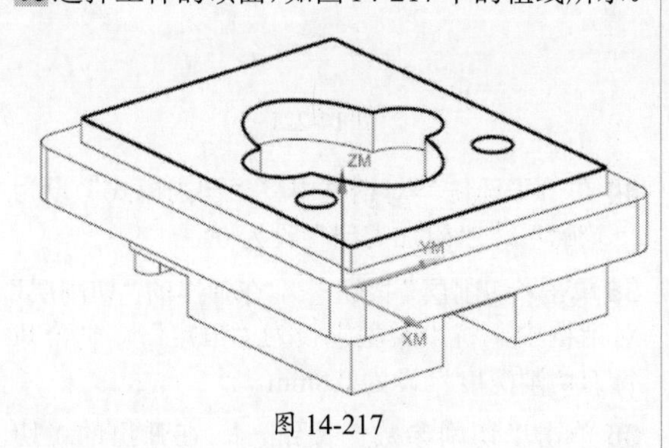

图 14-217

20 在弹出的“毛坯边界”对话框中，将“刀具侧”设为“内侧”，“平面”设为“指定”，选择坑的底面，将“距离”设为0mm，如图14-218所示。

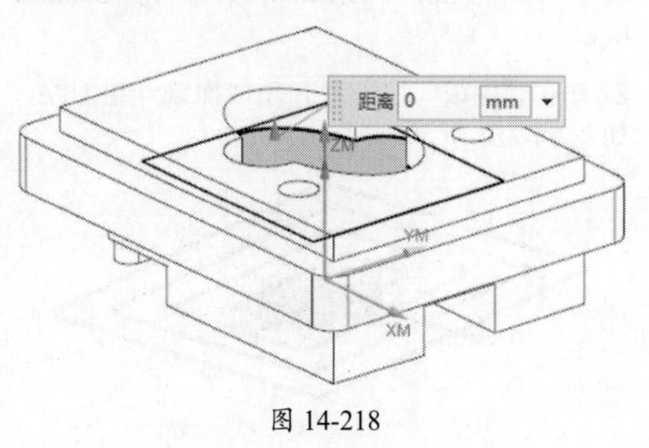

图 14-218

21 单击“确定”按钮，退出“毛坯边界”对话框。

22 在弹出的“面铣”对话框的“刀轨设置”栏中将“切削模式”设为“跟随周边”，将“步距”设为“% 刀具平直”，“平面直径平分比”设为80.0000，“毛坯距离”设为10.0000，“每刀切削深度”设为0.8000，“最终底面余量”设为0.2000，如图14-219所示。

23 单击“切削参数”按钮，在弹出的“切削参数”对话框中选择“策略”选项卡，将“切削方向”设为“顺铣”，“刀路方向”设为“向外”。选择“余量”选项卡，将“部件余量”设为0.3 mm，“壁余量”设为0.3mm，“最终底面余量”设为0.1mm。

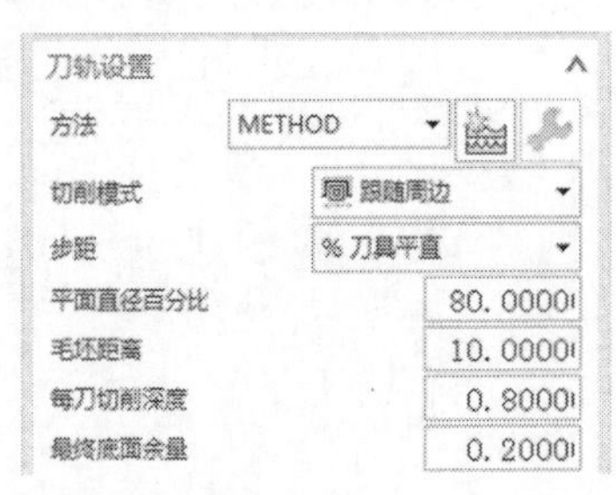

图 14-219

24 单击“确定”按钮，关闭“切削参数”对话框。

25 单击“非切削移动”按钮，在弹出的“非切削移动”对话框中选择“转移/快速”选项卡，将区域之间的“转移类型”设为“安全距离-刀轴”，区域内的“转移方式”设为“进刀/退刀”，“转移类型”设为“直接”。选择“进刀”选项卡，在“封闭区域”栏中，将“进刀类型”设为“螺旋”，“直径”设为5mm，“斜坡角度”设为1°，“高度”设为1mm，“高度起点”设为“前一层”，“最小安全距离”设为0，“最小斜面长度”设为5mm。在“开放区域”栏中，将“进刀类型”设为“线性”，“长度”设为8mm，“旋转角度”和“斜坡角度”设为0°，“高度”设为1mm，“最小安全距离”设为“仅延伸”，“最小安全距离”设为8mm。

26 单击“进给率和速度 ”按钮，将“主轴转速”设为1000r/min，“进给率”设为1200mm/min。

27 单击“生成”按钮，生成面铣开粗刀路，如图14-220所示。

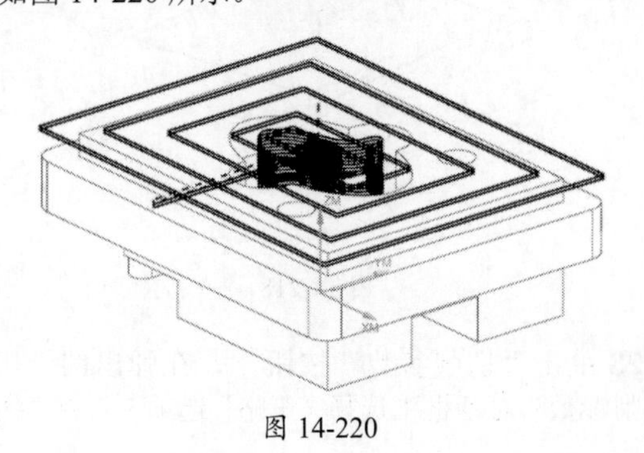

图 14-220

28 执行“菜单”|“插入”|“工序”命令，在弹出的“创建工序”对话框中，将“类型”设为mill_planar，“工序子类型”设为“平面铣”，“程序”设为B1，“刀具”设为“D12R0”，“几何体”设为WORKPIECE_1，“方法”设为METHOD。

29 在弹出的“平面铣”对话框中单击“指定部件边界”按钮，在弹出的“部件边界”对话框中，将“选择方法”设为“面”，在工作区上方的工具栏中单击按下“忽略岛”和“忽略孔”按钮，如图14-216所示。

30 选择工件的顶面，如图14-217中的粗线所示。

31 在“部件边界”对话框中，将“刀具侧”设为“外侧”，“平面”设为“指定”，选择工件的顶面，将“距离”设为0。

32 单击“确定”按钮，关闭“部件边界”对话框。

33 在“平面铣”对话框中单击“指定底面 ”按钮，选择台阶上表面，将“距离”设为0mm，如图14-221所示。

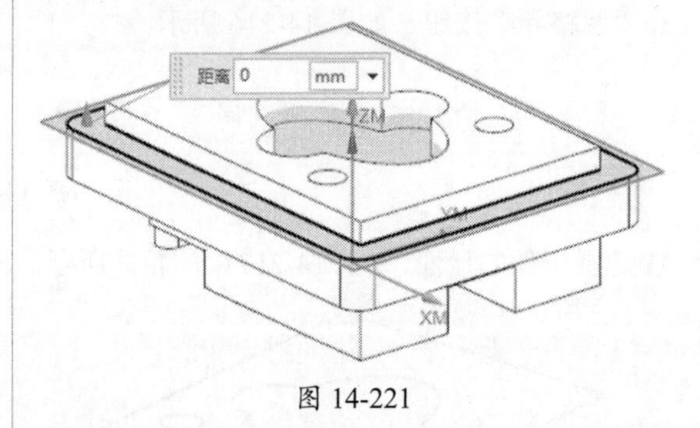

图 14-221

34 在“平面铣”对话框中将“切削模式”设为“轮廓”，“附加刀路”设为0。

35 单击“切削层”按钮，在弹出的“切削层”对话框中，将“类型”设为“恒定”，“公共每刀切削深度”设为0.8mm。

36 单击“切削参数”按钮，在弹出的“切削参数”对话框中选择“策略”选项卡，将“切削方向”设为“顺铣”。选择“余量”选项卡，将“部件余量”设为0.3 mm，“最终底面余量”设为0.1mm。

37 单击“非切削移动”按钮，在弹出的“非切削移动”对话框中选择“转移/快速”选项卡，将区域之间的“转移类型”设为“安全距离-刀轴”，区域内的“转移方式”设为“进刀/退刀”，“转移类型”设为“直接”。选择“进刀”选项卡，在“开放区域”栏中，将“进刀类型”设为“圆弧”，“半径”设为2mm，“圆弧角度”设为90°，“高度”设为1mm，“最小安全距离”设为10mm。在“起点/钻点”选项卡中，将“重叠距离”设为1mm，单击“指定点”按钮，选择“控制点”选项，选择工件左侧的边线，以该直线的中点设为进刀点。

38 单击“进给率和速度”按钮，将“主轴转速”设为1000r/min，“进给率”设为1200mm/min。

39 单击“生成”按钮，生成平面铣加工台阶刀路，如图14-222所示。

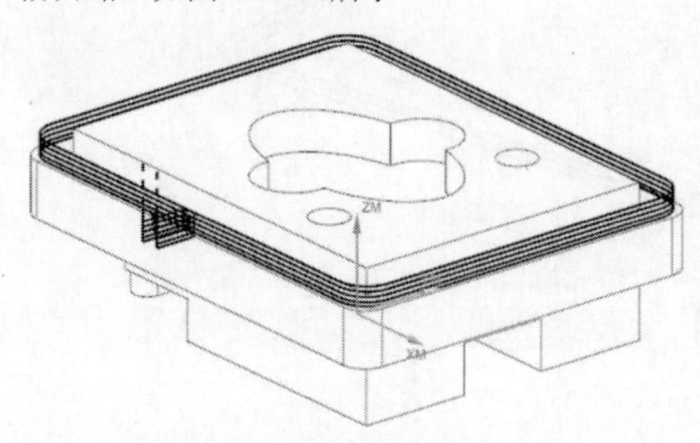

图 14-222

40 创建精加工程序。执行“菜单”|“插入”|“程序”命令，在弹出的“创建程序”对话框中，将“类型”设为mill_contour，“程序”设为B、“名称”设为B2。

41 单击“确定”按钮，创建B2程序组，B1与B2并列，且B1与B2都属于B。

42 执行“菜单”|“插入”|“工序”命令，在弹出的“创建工序”对话框中，将“类型”设为mill_planar，“工序子类型”设为“底壁加工”，“程序”设为B2，“刀具”设为D12R0，“几何体”设为WORKPIECE_1，“方法”设为METHOD。

43 在弹出的“底壁加工”对话框中单击“指定切削区底面”按钮，在实体上选择上表面与坑底面，如图14-223中的粗线所示。

44 在“底壁加工”对话框中将“切削区域空间范围”设为“底面”，“切削模式”设为“往复”，“步距”设为“%刀具平直”，“平面直径平分比”设为80%，“每刀切削深度”设为0mm，“Z向深度偏置”设为0。

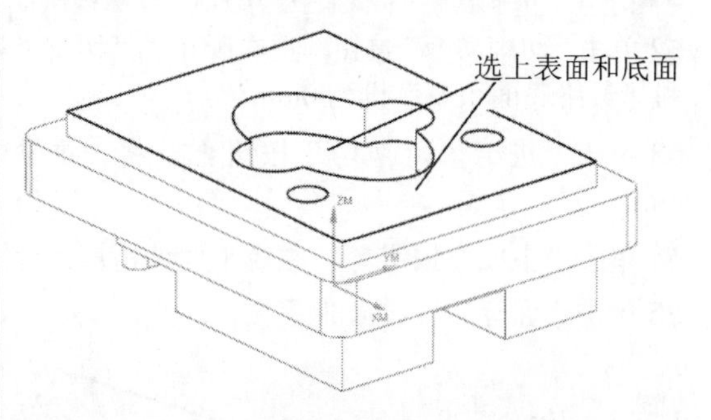

图 14-223

45 单击“切削参数”按钮，在弹出的“切削参数”对话框中选择“策略”选项卡，将“切削方向”设为“顺铣”，“切削角”设为“自动”，选中“添加精加工刀路”复选框，将“刀路数”设为1，“精加工步距”设为0.1mm。选择“余量”选项卡，“部件余量”“壁余量”和“最终底面余量”均设为0mm，“内（外）公差”设为0.01。

46 单击“非切削移动”按钮，在弹出的“非切削移动”对话框中选择默认值。

47 单击“进给率和速度”按钮，将“主轴转速”设为1200r/min，“进给率”设为500mm/min。

48 单击“生成”按钮，生成平面铣加工轮廓刀路，如图14-224所示。

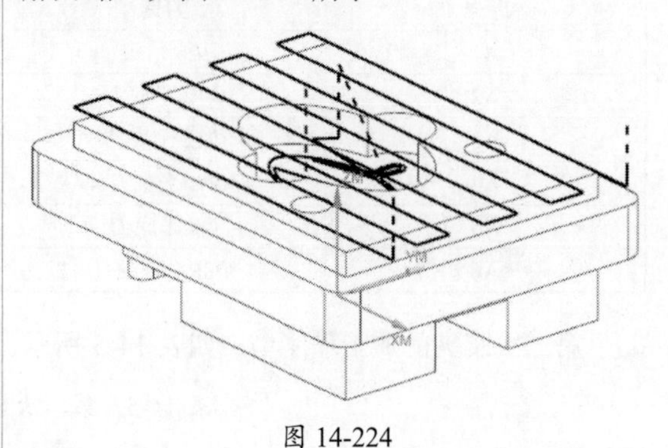

图 14-224

49 在“工序导航器”中选择PLANAR_MILL_2，右击并在弹出的快捷菜单中选择“复制”命令。再选择 B2，右击并在弹出的快捷菜单中选择“内部粘贴”命令。

50 双击 PLANAR_MILL_2_COPY，在弹出的“平面铣”对话框中将“切削模式”设为“轮廓”，将“步距”设为“恒定”，“最大距离”设为 0.1mm，“附加刀路”设为 2。

51 单击“切削层”按钮，在弹出的“切削层”对话框中，将“类型”设为“仅底面”。

52 单击“切削参数”按钮，在弹出的“切削参数”对话框中选择“余量”选项卡，将“部件余量”和“最终底面余量”设为 0mm。

53 单击“进给率和速度 ”按钮，将“主轴转速”设为 1200r/min，“进给率”设为 500mm/min。

54 单击“生成”按钮，生成平面铣精加工台阶刀路，如图 14-225 所示。

55 单击“保存”按钮保存文档。

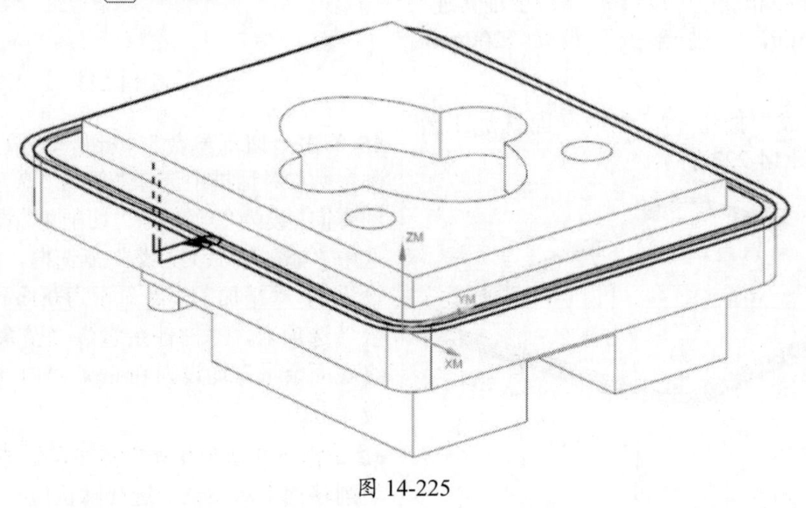

图 14-225

14.4.3 加工程序单

第一次装夹的加工程序单，如表 14-4 所示。

表 14-4 第一次装夹的加工程序单

序号	刀具	加工深度	备注
A1	Φ6 钻头	35mm	钻孔
A2	Φ12 平底刀	27mm	粗加工
A3	Φ12 平底刀	27mm	精加工
A4	Φ8 平底刀	18mm	粗加工
A5	Φ8 平底刀	10mm	精加工
A6	Φ8R4 球头刀	18mm	精加工

第二次装夹的加工程序单，如表 14-5 所示。

表 14-5 第二次装夹的加工程序单

序号	刀具	加工深度	备注
B1	Φ12 平底刀	5mm	粗加工
B2	Φ12 平底刀	5mm	精加工

14.4.4　摆正工件

01 打开 tangshicavity.prt 文件，此时没有显示实体。

02 执行“菜单”｜“格式”｜“图层设置”命令，在弹出的“图层设置”对话框中选中 10 复选框，显示第 10 层的实体。

03 按 W 键，显示动态坐标系，可以看出坐标系没有位于工件表面，且工件的底面朝上，如图 14-226 所示。

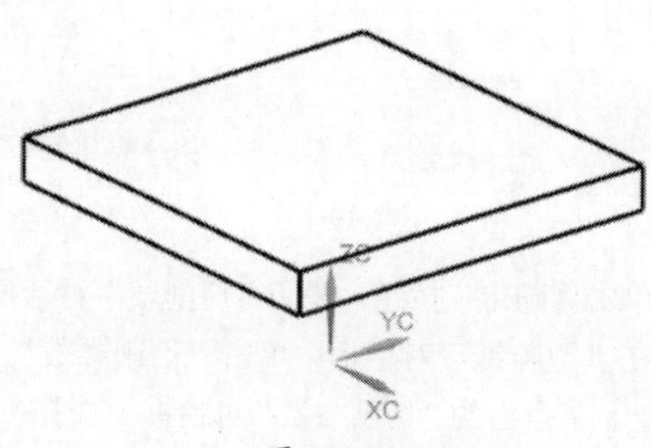

图 14-226

04 执行“菜单”｜“编辑”｜“特征”｜“移除参数”命令，移除零件的特征参数。

05 执行“菜单”｜“格式”｜WCS｜“定向”命令，在弹出的“坐标系”对话框中，将“类型”设为“对象的坐标系”，如图 14-68 所示。

06 选择工件的平面后，系统在平面的中心创建一个坐标系，Z 轴正方向向上，如图 14-227 所示。

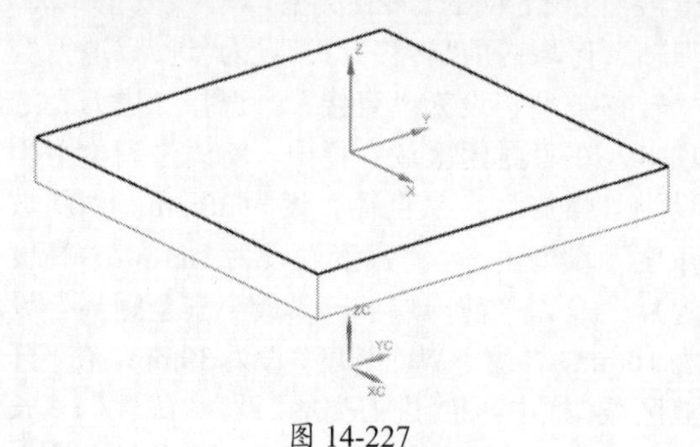

图 14-227

07 双击 ZC 轴，使 ZC 的正方向朝下，如图 14-228 所示。

08 在空白处右击，在弹出的快捷菜单中选择“确定”命令。

09 执行“菜单”｜“编辑”｜“移动对象”命令，在弹出的“移动对象”对话框中，将“运动”设为“坐标系到坐标系”，“结果”设为“移动原先的”。单击“指定起始坐标系”按钮，在弹出的“坐标系”对话框中，将“类型”设为“动态”，“参考”设为 WCS，单击“确定”按钮。在“移动对象”对话框中单击“指定目标坐标系”按钮，在弹出的“坐标系”对话框中，将“类型”设为“绝对坐标系”。

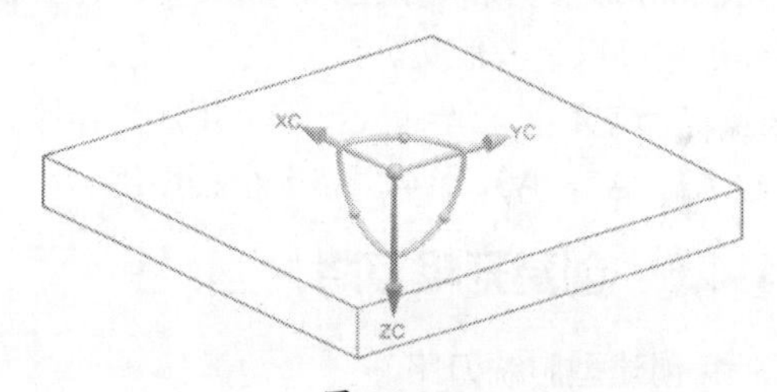

图 14-228

10 单击“确定”按钮，工件摆正方向。

11 执行“菜单”｜“格式”｜WCS｜“WCS 设置为绝对”命令，绝对坐标系位于工件下底面的中心，如图 14-229 所示。

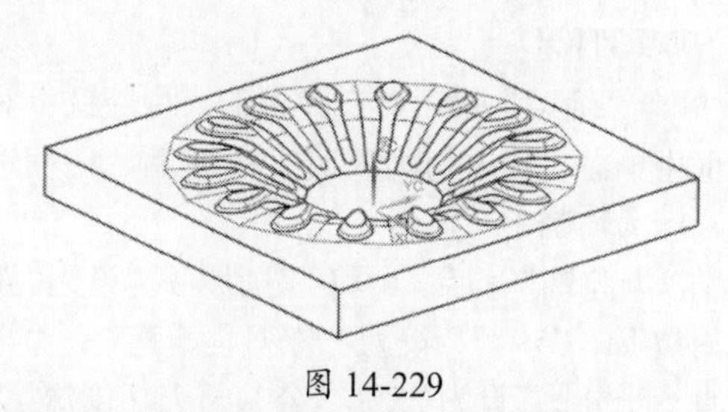

图 14-229

14.4.5　创建几何体

01 在横向菜单中选择“应用模块”选项卡，单击“加工”按钮。

02 在弹出的“加工环境”对话框中选中 cam_general 选项和 mill_contour 选项。

03 单击“确定”按钮，进入加工环境，此时工作区中出现两个坐标系，一个是绝对坐标系，一个是工件坐标系，两个坐标系重合。

04 在“工序导航器”上方的工具栏中单击“几何视图”按钮，如图 14-14 所示。

05 在“工序导航器”中展开 MCS_MILL，再双击 WORKPIECE 按钮，如图 14-148 所示。

06 在弹出的“工件”对话框中单击“指定部件”按钮，选择实体并单击“确定”按钮，单击“指定毛坯”按钮，在弹出的“毛坯几何体”对话框中，将“类型”设为“包容块”，XM-、YM-、XM+、YM+和ZM+均设为1mm，ZM-设为0。

07 单击“创建刀具”按钮，创建3种刀具，分别是ϕ50R5mm圆鼻刀、ϕ16R0.8mm圆鼻刀、ϕ10R5mm球头刀和ϕ4R2mm球头刀，刀具的创建过程可以参考前文。

08 执行“菜单”|“插入”|“程序”命令，创建A1、A2、A3、A4、A5 5个程序组。

14.4.6 创建开粗刀路

1. 创建型腔铣刀路

01 执行“菜单”|“插入”|“工序”命令，在弹出的“创建工序”对话框中，将“类型”设为mill_contour，“工序子类型”设为“型腔铣”，“程序”设为A1，“刀具”设为D50R5，“几何体”设为WORKPIECE，“方法”设为METHOD。

02 单击“确定”按钮，在弹出的“型腔铣”对话框中单击“指定切削区域”按钮，用框选的方法选择整个实体。

03 在“型腔铣”对话框中将“切削模式”设为“跟随周边”，“步距”设为“%刀具平直”，“平面直径平分比”设为75%，“公共每刀切削深度”设为“恒定”，“最大距离”设为1.0mm。

04 在“型腔铣”对话框中单击“切削层”按钮，在弹出的“切削层”对话框的“范围定义”栏中展开“列表”栏，连续单击“移除”按钮，移除列表框中的数据，再选择工件中间的平面，在弹出的“切削层”对话框的“范围定义”栏中将“范围深度”设为39.82233，如图14-230所示。

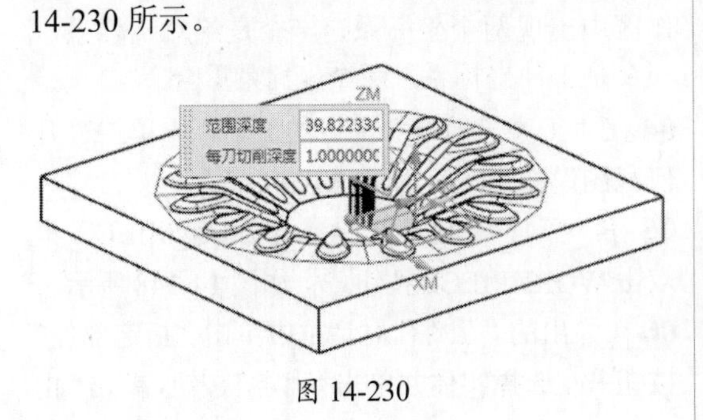

图 14-230

05 在“切削层”对话框中，将“范围类型”设为“用户定义”，“切削层”设为“恒定”，“公共每刀切削深度”设为“恒定”，在“范围1的顶部”栏中，将ZC设为50.4970，如图14-231所示。

图 14-231

06 单击“确定”按钮，关闭“切削层”对话框。

07 在“型腔铣”对话框中单击“切削参数”按钮，在弹出的“切削参数”对话框中选择“策略”选项卡，将“切削方向”设为“顺铣”，“切削顺序”设为“深度优先”，“刀路方向”设为“向外”。选择“余量”选项卡，取消选中“取消使底面余量与侧面余量一致”复选框，将“部件侧面余量”设为0.3mm，“部件底面余量”设为0.1mm。

08 单击“非切削移动”按钮，在弹出的“非切削移动”对话框中选择“转移/快速”选项卡，将区域之间的“转移类型”设为“安全距离-刀轴”，区域内的“转移方式”设为“进刀/退刀”，“转移类型”设为“直接”。选择“进刀”选项卡，在“封闭区域”栏中，将“进刀类型”设为“螺旋”，“直径”设为30mm，“斜坡角度”设为1°，“高度”设为1mm，“高度起点”设为“前一层”，“最小安全距离”设为10mm，“最小斜面长度”设为30mm。在“开放区域”栏中，将“进刀类型”设为“线性”，“长度”设为20mm，“旋转角度”和“斜坡角度”均设为0°，“高度”设为1mm，“最小安全距离”设为“修剪和延伸，“最小安全距离”设为20mm。

09 单击“进给率和速度”按钮，将“主轴转速”设为1000r/min，“进给率”设为1200mm/min。

10 单击“生成”按钮，生成型腔铣刀路，如图 14-232 示。

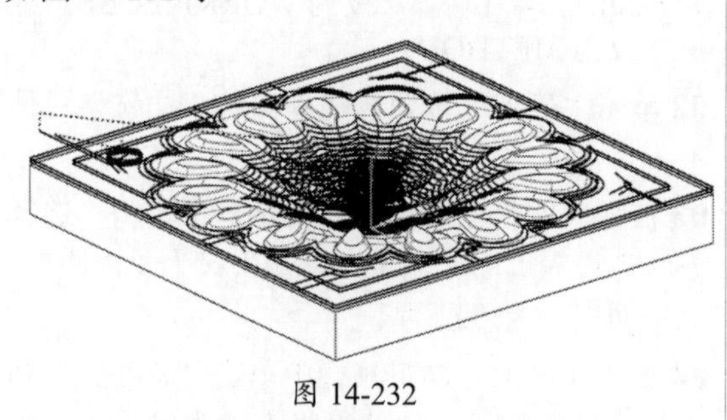

图 14-232

2. 创建深度轮廓铣刀路

01 单击“创建工序”按钮，在弹出的“创建工序”对话框中，将“类型”设为 mill_contour，“工序子类型”设为“深度轮廓加工”，“程序”设为 A2，“刀具”设为 D20R0.8（铣刀-5 参数），“几何体”设为 WORKPIECE，“方法”设为 METHOD，如图 14-233 所示。

图 14-233

02 单击“确定”按钮，在弹出的“深度轮廓铣 -[ZLEVEL_PROFILE]”对话框中单击“指定切削区域”按钮，用框选的方式选择整个实体，单击“确定”按钮。

03 在“深度轮廓铣”对话框中单击“指定修剪边界”按钮，在弹出的“修剪边界”对话框中，将“选择方法”设为“面”，“修剪侧”设为“外侧”。

04 在工作区上方的工具栏中单击按下“忽略岛”“忽略孔”按钮。

05 在实体上选择工件的平面，如图 14-234 中的粗线所示。

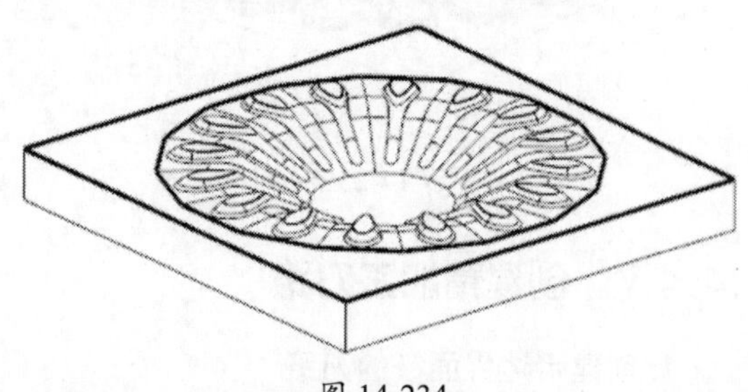

图 14-234

06 单击“切削层”按钮，在弹出的“切削层”对话框中，将“范围类型”设为“用户定义”，“公共每刀切削深度”设为“恒定”，“最大距离”设为 0.5mm。

07 单击“确定”按钮，关闭“切削层”对话框。

08 单击“切削参数”按钮，在弹出的“切削参数”对话框的“策略”选项卡中，将“切削方法”设为“顺铣”，“切削顺序”设为“层优先”，在“余量”选项卡中取消选中“使底面余量与侧面余量一致”复选框，将“部件侧面余量”设为 0.3 mm，“部件底面余量”设为 0.2 mm，“内（外）公差”设为 0.01。

09 单击“非切削移动”按钮，在弹出的“非切削移动”对话框的“转移 / 快速”选项卡中，将区域之间的“转移类型”设为“安全距离 - 刀轴”，将区域内的“转移类型”设为“直接”。选择“进刀”选项卡，在“开放区域”栏中，将“进刀类型”设为“圆弧”，“半径”设为 3mm，“圆弧角度”设为 90°，“高度”设为 0，“最小安全距离”设为 3mm。将“封闭区域”的“进刀类型”设为“与开放区域相同”，在“退刀”选项卡中将“退刀类型”设为“与进刀相同”。

10 单击“进给率和速度 ”按钮，将“主轴转速”设为 1000r/min，“进给率”设为 1200 mm/min。

11 单击“生成”按钮生成刀路，如图 14-235 所示。

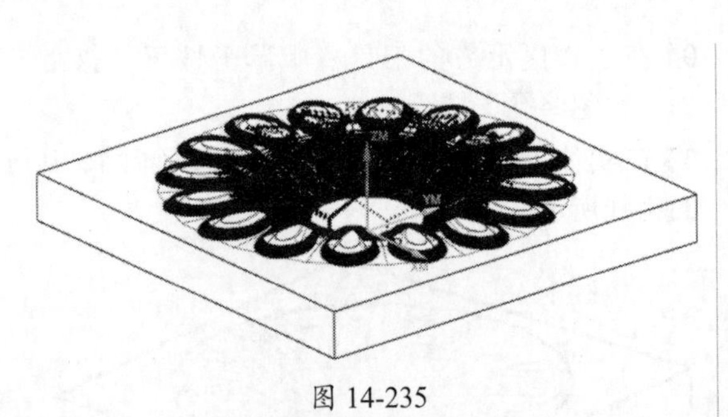

图 14-235

14.4.7 创建精加工刀路

1. 创建带边界面铣的刀路

01 执行“菜单”|“插入”|“工序”命令，在弹出的“创建工序”对话框中，将“类型”设为mill_planar，“工序子类型”设为“带边界面铣”，“程序”设为A3，“刀具”设为D20R8，“几何体”设为WORKPIECE，“方法”设为METHOD。

02 单击“确定”按钮，在弹出的“面铣”对话框中单击“指定面边界”按钮。

03 在弹出的“毛坯边界”对话框中，将“选择方法”设为“面”，“刀具侧”设为“内侧”，“平面”设为“自动”。

04 在工作区上方的工具栏中单击“忽略孔”和“忽略岛”按钮，使其呈没有选中的状态，如图14-236所示。

> **提示：**
> “忽略孔”按钮默认为选中状态。

图 14-236

05 在实体上选择大平面和中间的平面，如图14-237中的粗线所示。

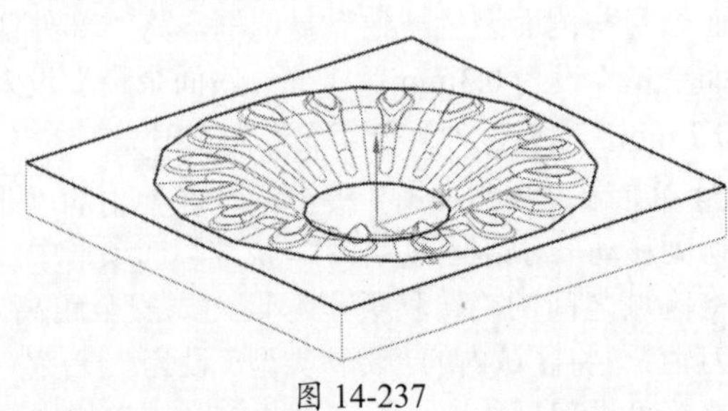

图 14-237

06 单击“确定”按钮，在“面铣”对话框中，将“方法”设为METHOD，“切削模式”设为“往复”，将“步距”设为“% 刀具平直”，“平面直径百分比”设为75%，“毛坯距离”设为3mm，“每刀切削深度”设为0mm，“底面余量”设为0mm。

07 单击“切削参数”按钮，在弹出的“切削参数”对话框的“策略”选项卡中，将“切削方法”设为“顺铣”，“切削角”设为“指定”，“与XC的夹角”设为0°，选中“添加精加工刀路”复选框，将“刀路数”设为1，“精加工步距”设为1mm。选择“余量”选项卡，将“部件余量”“壁余量”和“最终底面余量”的设为0mm，“内（外）公差”设为0.01。

08 单击“非切削移动”按钮，在弹出的“非切削移动”对话框中选择默认值。

09 单击“进给率和速度”按钮，将“主轴转速”设为1200r/min，“进给率”设为500mm/min。

10 单击“生成”按钮，生成面铣刀路精加工平面，如图14-238所示。

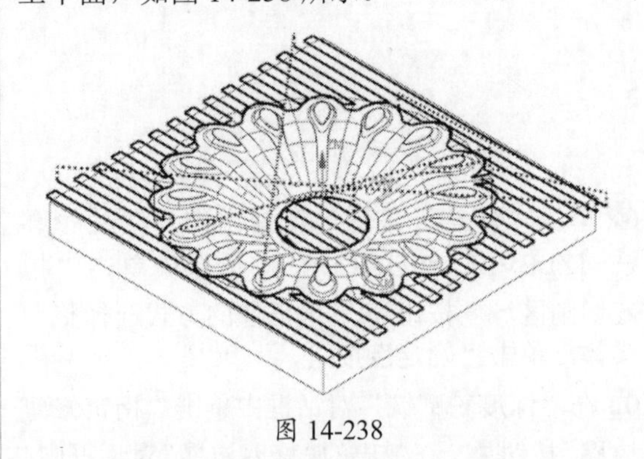

图 14-238

2. 创建固定轮廓铣刀路

01 单击“创建工序”按钮，在弹出的“创建工序”对话框中，将“类型”设为 mill_contour，“工序子类型”设为“固定轮廓铣”，“程序”设为 A4，“刀具”设为“D10R5”，“几何体”设为 WORKPIECE，“方法”设为 METHOD。

02 单击“确定”按钮，在弹出的“固定轮廓铣”对话框中单击“指定切削区域”按钮，选择 Y 轴正方向型芯曲面，如图 14-239 中的粗线所示（提示：不需要选择所有型芯的曲面）。

选 Y 轴正方形型芯曲面

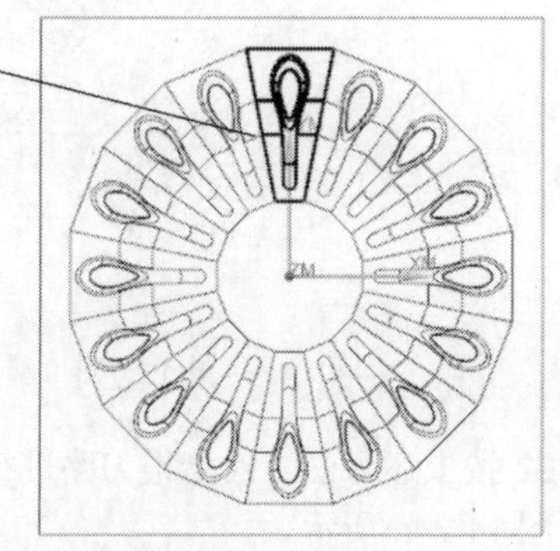

图 14-239

03 在“固定轮廓铣”对话框中，将“驱动方法”设为“区域铣削”，如图 14-90 所示。

04 在弹出的“区域铣削驱动方法”对话框中，将“陡峭空间范围”设为“无”，“非陡峭切削模式”设为“往复”，“切削方向”设为“顺铣”，“步距”设为“恒定”，“最大距离”设为 1mm，“切削角”设为“指定”，“与 XC 的夹角”设为 45°，如图 14-91 所示。

05 单击“确定”按钮，退出“区域铣削驱动方法”对话框。

06 其他的参数（切削参数、非切削移动参数、进给率和速度参数）与前面实例参数的设置方法相同，在此不再赘述。

07 单击“生成”按钮生成刀路，如图 14-240 所示。

14.4.8　创建阵列刀路

01 在“工序导航器”中选择 FIXED_CONTOUR，右击并在弹出的快捷菜单中选择“对象”命令，再选择“变换”命令，在弹出的“变换”对话框中，将“类型”设为“绕点旋转”，“角度法”设为“指定”，“角度”设为 22.5000，“结果”设为“复制”，“距离 / 角度分割”设为 1，“非关联副本数”设为 15，单击“指定枢轴点”按钮并输入(0,0,0)，如图 14-241 所示。

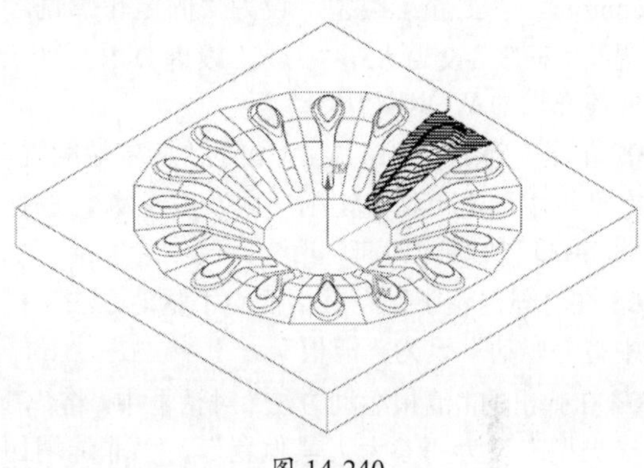

图 14-240

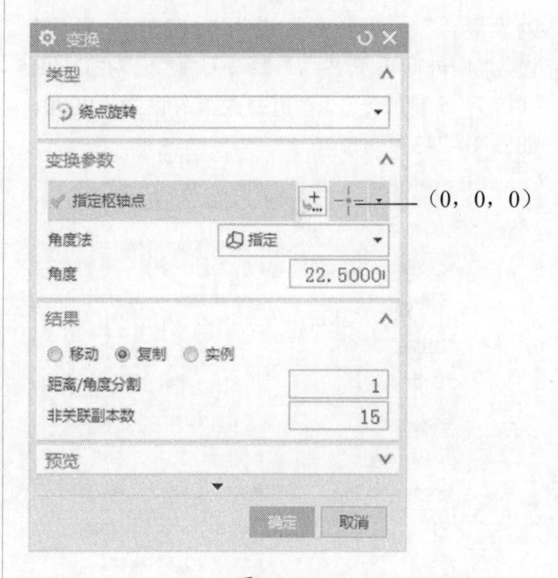

图 14-241

02 单击“确定”按钮，创建旋转阵列刀路，如图 14-242 所示。

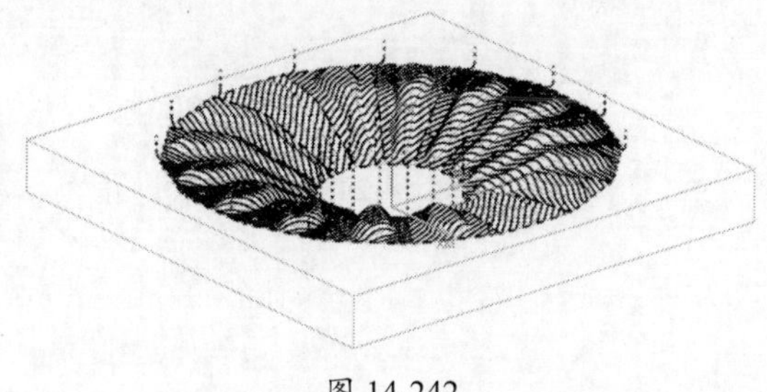

图 14-242

14.4.9 创建清根刀路

01 单击“创建工序”按钮，在弹出的“创建工序”对话框中，将“类型”设为 mill_contour，“工序子类型”设为“固定轮廓铣”，“程序”设为 A5，“刀具”设为 D4R2，“几何体”设为 WORKPIECE。

02 单击“确定”按钮，在弹出的“固定轮廓铣”对话框中单击“指定切削区域”按钮，选择图 14-239 所示的曲面。

03 在“固定轮廓铣”对话框的“驱动方法”栏中将“驱动”设为“清根”。

04 在弹出的“清根驱动方法”对话框中，将“清根类型”设为“参考刀具偏置”，“非陡峭切削模式”设为“≡往复”，将“切削方向”设为“混合”，“步距”设为 0.1000，“顺序”设为“由外向内交替”，“参考刀具”设为“D10R5（铣刀 -5 参数）”，“重叠距离”设为 1.0000，如图 14-243 所示。

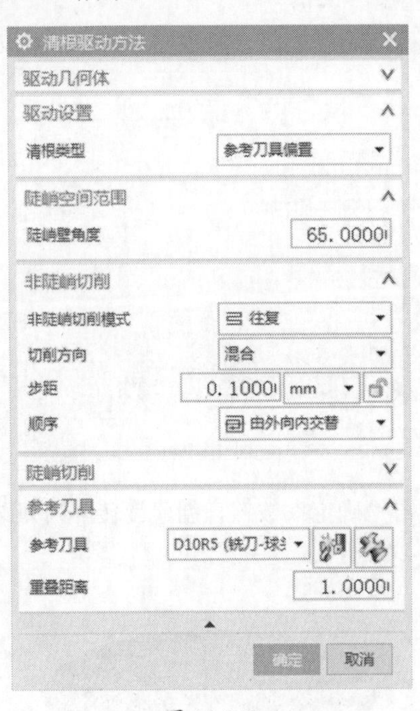

图 14-243

05 单击“进给率和速度”按钮，将“主轴转速”设为 1200r/min，“进给率”设为 500mm/min。

06 单击“生成”按钮，生成清根刀路，如图 14-244 所示。

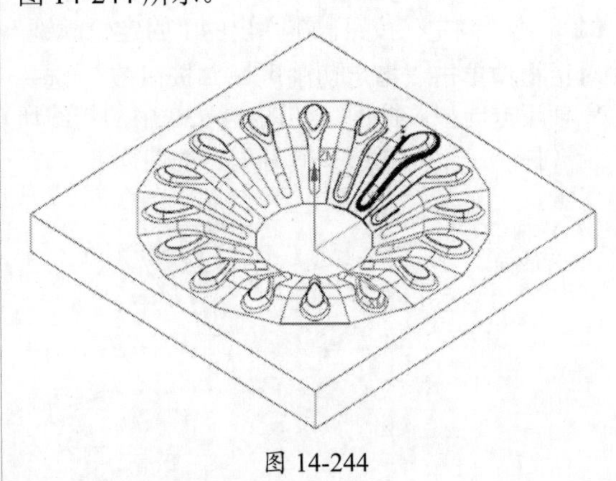

图 14-244

07 按上述方法，对清根刀路进行圆形阵列，如图 14-245 所示。

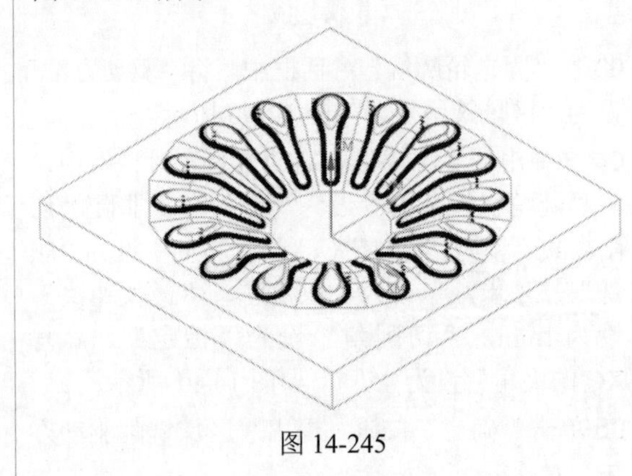

图 14-245

第 15 章 逆向工程设计

本章以一个典型的实例，介绍逆向建模的步骤，以及建模过程中曲面的处理方法。

01 打开 houshijing.prt 文件。

02 执行“菜单”｜“格式”｜“图层设置”命令，在“工作图层”文本框中输入 1，按 Enter 键，设置图层 1 为工作图层。

03 执行“菜单”｜“插入”｜“基准 / 点”｜“基准 CSYS”命令，在弹出的“基准 CSYS”对话框中，将“类型”设为“绝对 CSYS”，单击“确定”按钮添加基准坐标系。

04 单击“前视图”按钮，模型切换面前视图。

05 执行“菜单”｜“格式”｜“复制至图层”命令，用框选方式选择最下方的点，如图 15-1 所示。

框选最下方的点

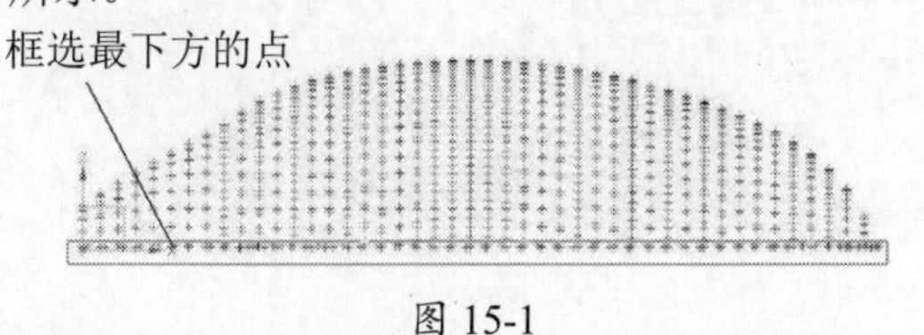

图 15-1

06 单击“确定”按钮，在弹出的“图层复制”对话框的“目标图层或类别”文本框中输入 10，如图 15-2 所示。

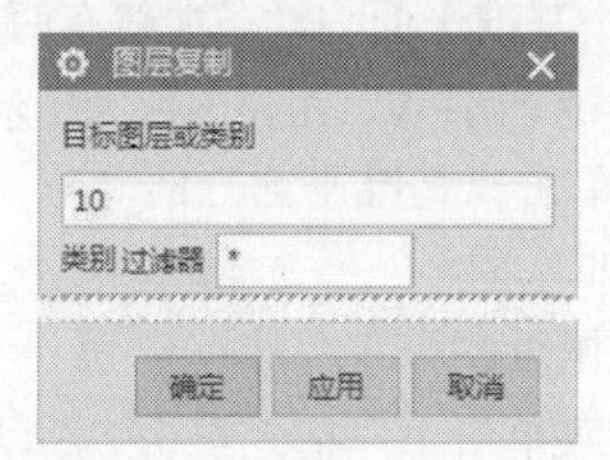

图 15-2

07 执行“菜单”｜“格式”｜“图层设置”命令，双击 10 选项，取消选中 200 复选框，将第 10 层设为工作图层，隐藏图层 200，屏幕上显示的点如图 15-3 所示。

08 在绘图区右上角“命令查找器”中输入“样条”字样，按 Enter 键后，在弹出的“命令查找器”对话框中单击“样条”，如图 15-4 所示。

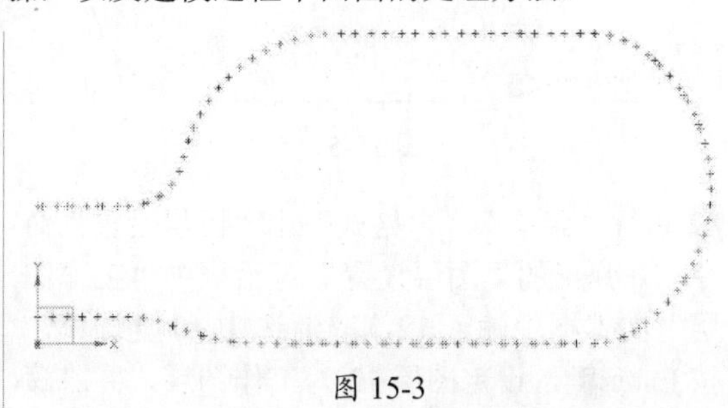

图 15-3

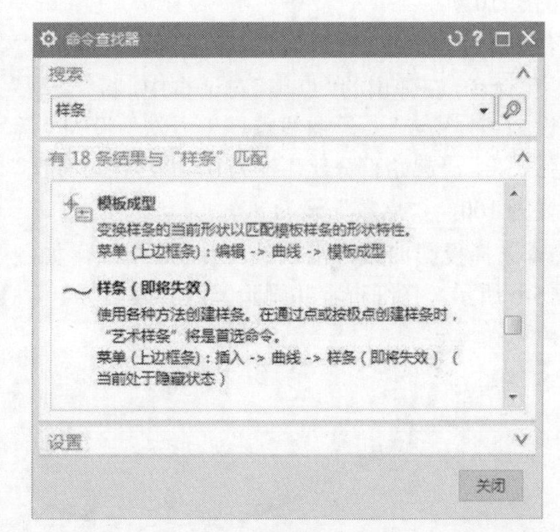

图 15-4

09 在弹出的“样条”对话框中单击“通过点”按钮，在弹出的“通过点生成样条”对话框中单击“确定”按钮，在“样条”对话框中单击“点构造器”按钮，在弹出的“点”对话框中，将“类型”设为“现有点”，依次选择屏幕上的点，单击“确定”按钮创建样条曲线，如图 15-5 所示。

10 执行“菜单”｜“格式”｜“图层设置”命令，在弹出的“图层设置”对话框的“工作图层”文本框中输入 11，按 Enter 键，设置图层 11 设为工作图层。

11 执行“菜单”｜“插入”｜“派生曲线”｜“投影”命令，选择刚才创建的 Spline 曲线设为“要投影的曲线”，XOY 基准平面为投影对象，设置“投影方向”为ZC ↑ [ZC↑]，单击“确定”按钮，将Spline曲线投影到XC—YC平面。

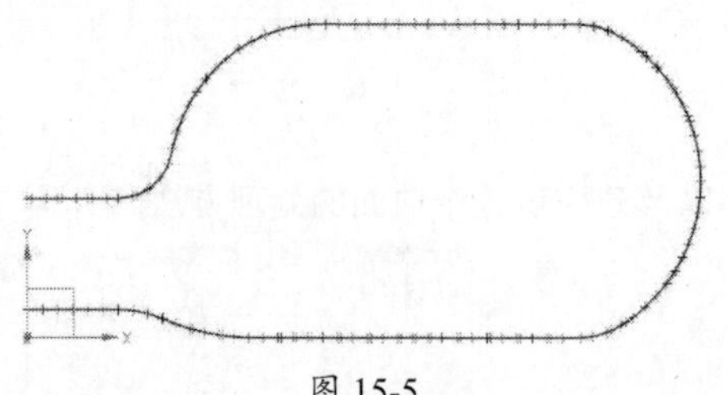

图 15-5

12 执行“菜单”|“格式”|“图层设置”命令，在弹出的“图层设置”对话框中“工作图层”文本框中输入12，取消选中10复选框，按Enter键，设定图层12为工作图层，并隐藏图层10。

13 执行“菜单”|“插入”|“基准/点”|“点集”命令，在弹出的“点集”对话框中，将“类型”设为“曲线点”，“曲线点产生方法”设为“等弧长”，“起始百分比”设为0，“终止百分比”设为100，“点数”设为80。

14 选择投影曲线，沿曲线产生80个点，如图15-6所示（仔细查看并删除一些异常点）。

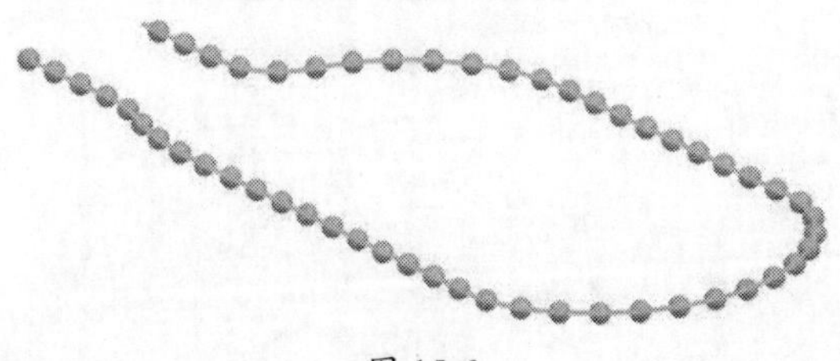

图 15-6

15 执行“菜单”|“格式”|“图层设置”命令，在弹出的“图层设置”对话框的“工作图层”文本框中输入13，取消选中11复选框，设定图层13为工作图层，隐藏第11层。

16 单击“样条”按钮，在弹出的“样条”对话框中单击“通过点”按钮，在弹出的“通过点生成样条”对话框中单击“确定”按钮，在“样条”对话框中单击“全部成链”按钮，选择起始点与终止点，创建一条样条曲线，如图15-7所示。

17 执行“菜单”|“格式”|“图层设置”命令，在弹出的“图层设置”对话框中选中200复选框，取消选中12复选框，显示第200层，隐藏第12层。

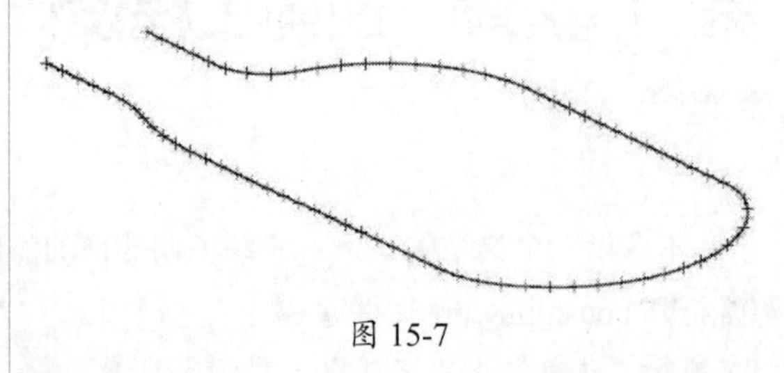

图 15-7

18 执行“菜单”|“插入”|“基准/点”|“基准平面”命令，在弹出的“基准平面”对话框中，将“类型”设为“按某一距离”，创建6个基准平面，如图15-8所示（本例中6个基准平面与YC—ZC平面的距离依次设为5.0mm、13.00mm、19.00mm、29.00mm、37.00mm、41.00mm）。

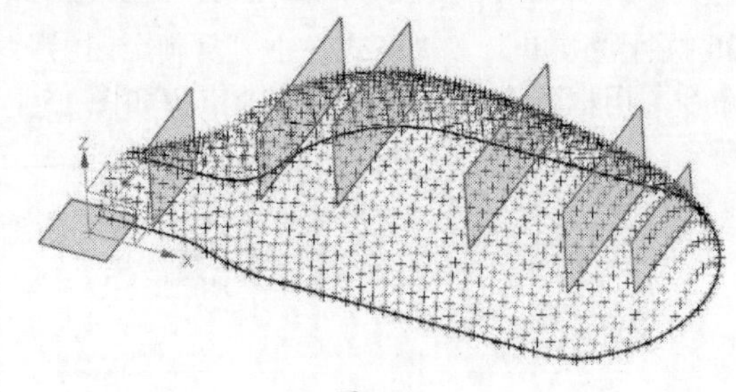

图 15-8

19 执行“菜单”|“插入”|“基准/点”|“点”命令，在弹出的“点”对话框中，将“类型”设为“[十]交点”，创建样条曲线和基准平面的交点（每个基准平面与样条曲线有两个交点）。

20 按快捷键Ctrl+W，在弹出的“显示与隐藏”对话框中单击“基准平面”的“—”按钮，隐藏基准平面。

21 在交点附近删除多余的点。

22 执行“菜单”|“格式”|“移动至图层”命令，将第17步创建的曲线移至图层14。

23 执行“菜单”|“格式”|“图层设置”命令，设置图层14为工作图层。

24 单击“样条”按钮，在弹出的“样条”对话框中单击“通过点”按钮，在弹出的“通过点生成样条”对话框中单击“确定”按钮，在“样条”对话框中单击“点构造器”按钮，依次选择口部点，单击“确定”按钮，创建第一条交叉曲线，如图 15-9 所示。

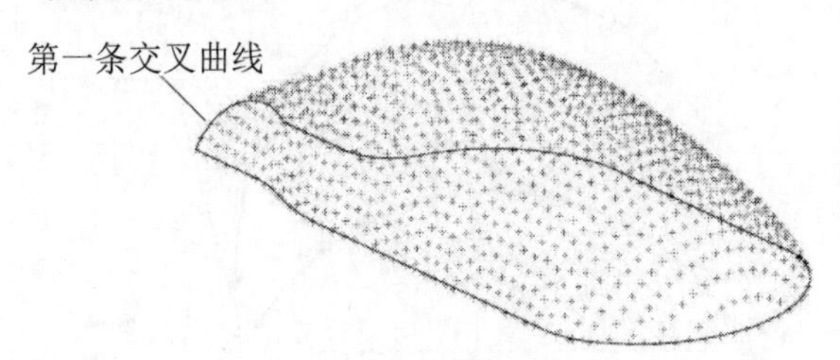

图 15-9

25 在“样条”对话框中单击“在矩形内的对象成链”按钮，如图 15-10 所示。

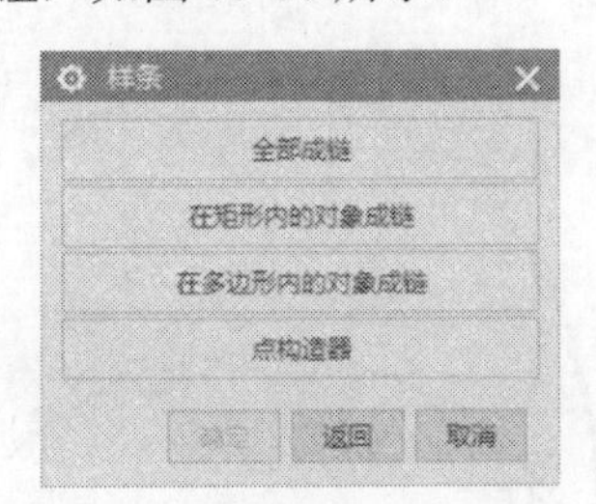

图 15-10

26 在绘图区中框选一列，并选择起始点和终止点，如图 15-11 所示。

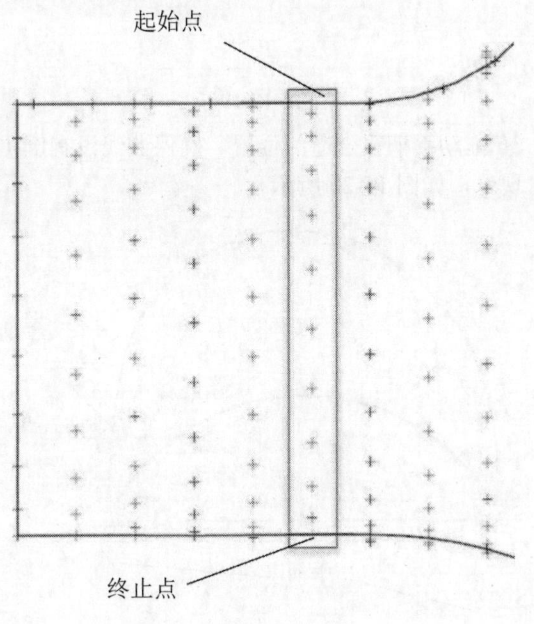

图 15-11

27 单击“确定”按钮，创建第二条交叉曲线，如图 15-12 所示。

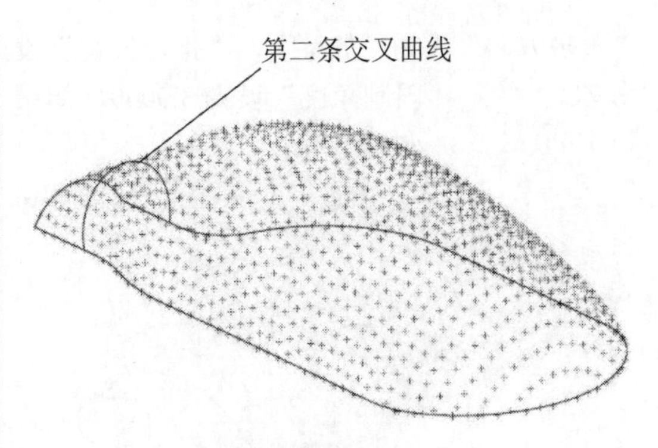

图 15-12

28 采用相同的方法，创建其他几条交叉曲线，如图 15-13 所示。

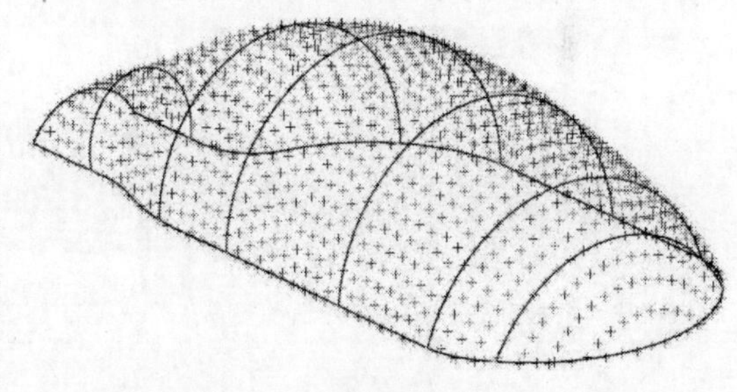

图 15-13

29 执行“菜单”｜“格式”｜“图层设置”命令，取消选中 1 和 200 复选框，隐藏图层 1 和图层 200 的图素。

30 执行“菜单”｜“插入”｜“网格曲面”｜“通过曲线网格”命令，创建第一个曲面，如图 15-14 所示。

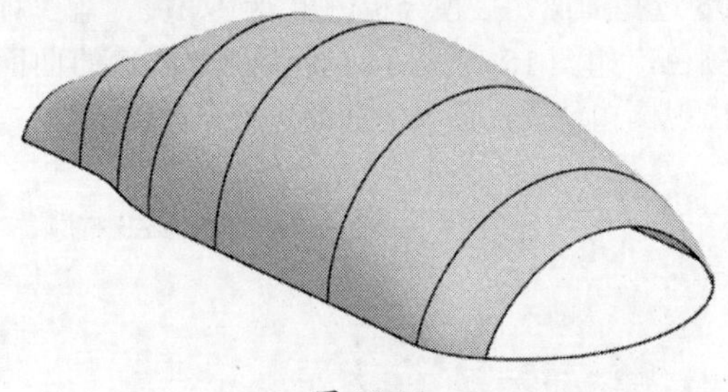

图 15-14

31 执行“菜单”｜“插入”｜“网格曲面”｜“通过曲线组”命令，创建第二个曲面，且与第一个曲面相切，如图 15-15 所示。

32 在横向菜单上执行“分析”｜“拔模分析”命令，在弹出的“拔模分析”对话框中，将

“脱模方向”设为“矢量”，“指定矢量”设为 ZC ↑ ZC↑，“限制角度”设为 3.0000，如图 15-16 所示。

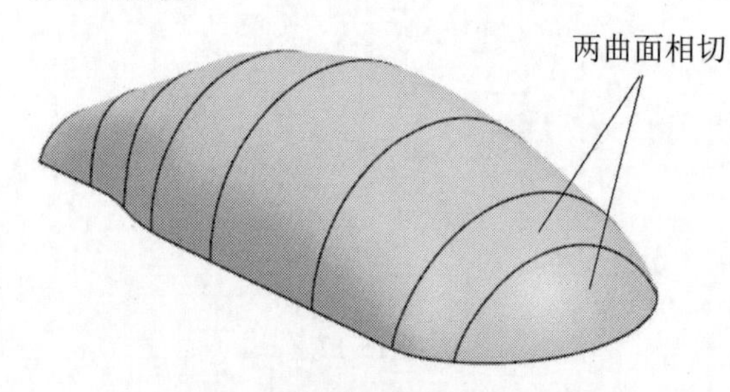

图 15-15

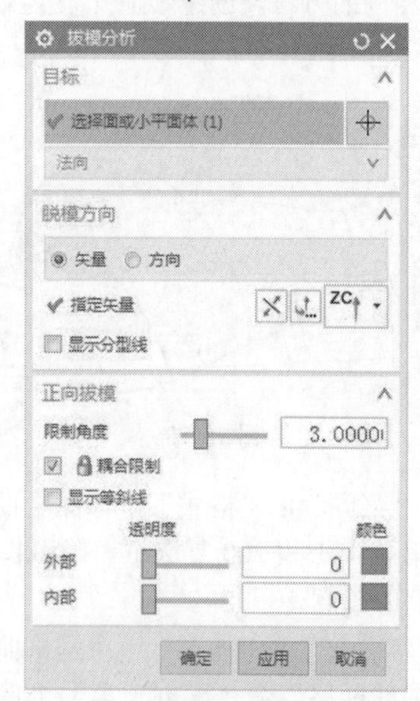

图 15-16

33 选择曲面，拔模分析图出现绿、黄、蓝 3 种颜色，如图 15-17 所示，说明刚才创建的曲面出现倒扣现象，需要对曲面进行修改。

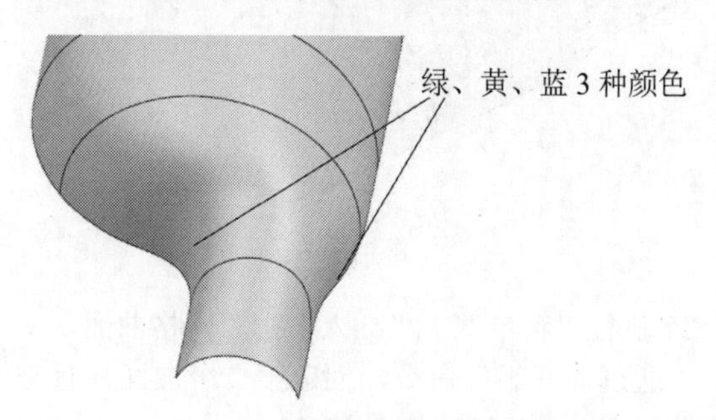

图 15-17

34 双击第二条交叉曲线，删除导致曲线产生倒扣的点，如图 15-18 所示。

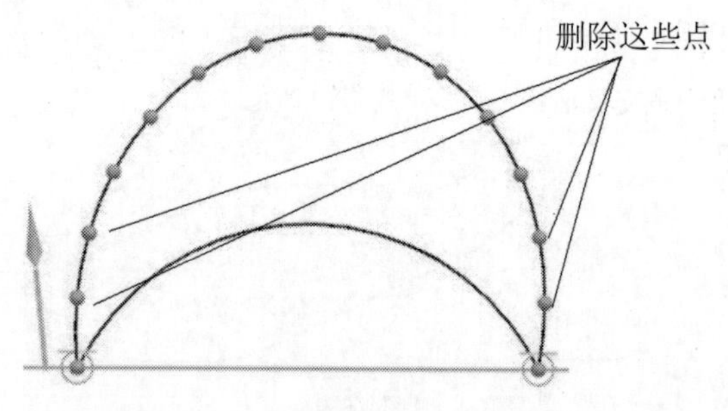

图 15-18

35 选择端点，右击并在弹出的快捷菜单中选择“指定约束”命令，如图 15-19 所示。

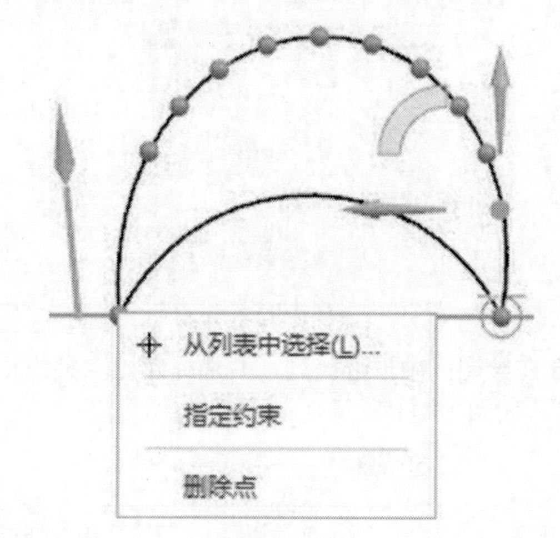

图 15-19

36 拖动手柄至合适的位置，确保曲线没有倒扣现象，如图 15-20 所示。

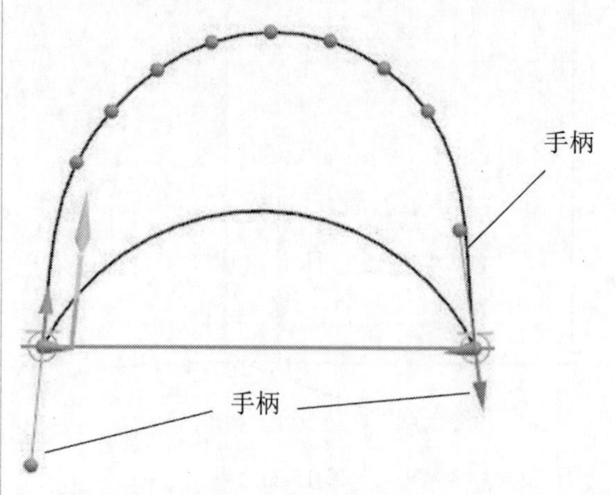

图 15-20

37 在横菜单上执行“分析”|“拔模分析”命令，在弹出的“拔模分析”对话框中，将“脱模方向”

设为“矢量”，“指定矢量”设为 ZC ↑，“限制角度”设为 3°，如图 15-16 所示。

38 选择曲面后，分析图出现绿、黄、蓝 3 种颜色，说明曲面上还有倒扣现象，需要继续修改。

39 执行“菜单”|“插入”|“基准 / 点”|“基准平面”命令，创建一个基准平面，与 YOZ 平面相距 9mm，如图 15-21 所示。

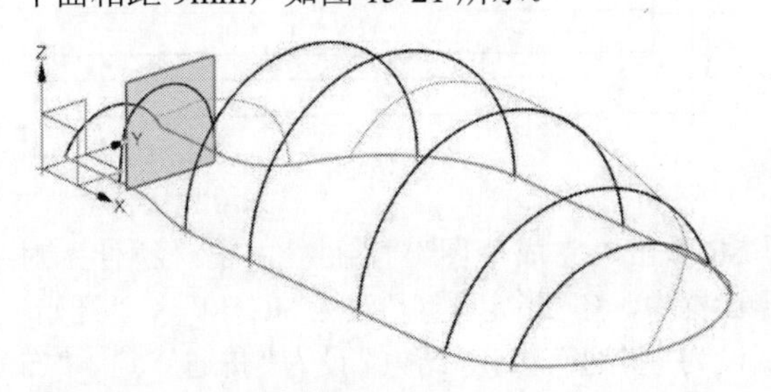

图 15-21

40 执行“菜单”|“插入”|“基准 / 点”|“点”命令，在弹出的“点”对话框中，将“类型”设为“交点”，创建样条曲线和基准平面的 2 个交点，如图 15-22 所示。

图 15-22

41 执行“菜单”|“格式”|“图层设置”命令，选中 200 复选框，显示图层 200 上的点。

42 按照前面创建交叉曲线的方式，创建第 8 条交叉曲线，如图 15-23 所示。

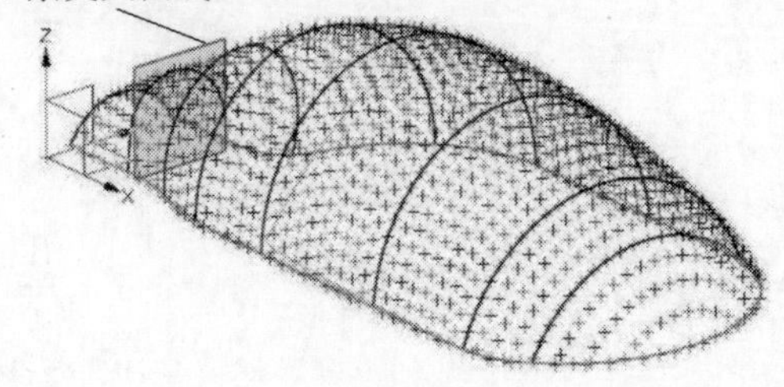

图 15-23

43 执行“菜单”|“格式”|“图层设置”命令，取消选中 200 复选框，隐藏图层 200。

44 双击第 8 条交叉曲线，按照图 15-18、图 15-19 和图 15-20 的方式，编辑第 8 条交叉曲线，使第 8 条交叉曲线没有倒扣现象，如图 15-24 所示。

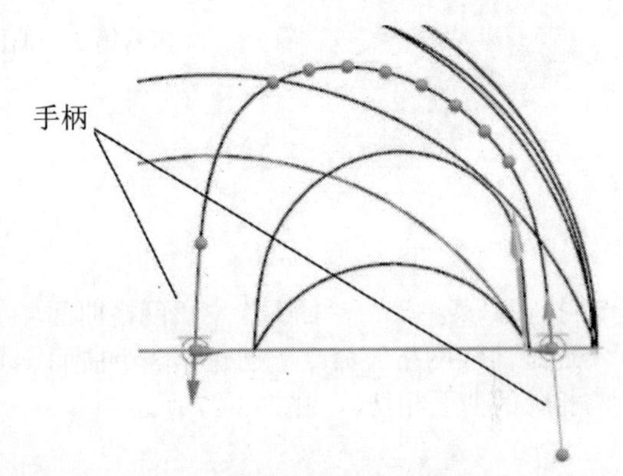

图 15-24

45 在“部件导航器”中，双击“通过曲线网格（22）”，在弹出的“通过曲线网格”对话框的“交叉曲线”栏中单击“添加新集”按钮，在绘图区中选择第 8 条交叉曲线，并在列表框中单击“上移”按钮，使第 8 条曲线排在第 3 位，如图 15-25 所示。

图 15-25

46 在横向菜单上执行“分析”|“拔模分析”命令，在弹出的“拔模分析”对话框中，将“脱模方向”设为“矢量”，“指定矢量”设为 ZC ↑，“限制角度”设为 3°。

47 选择曲面后，拔模分析图中只有绿色，说明倒扣现象消失。

48 单击“基准平面”按钮，创建一个基准平面，与XC—YC平面相距1mm。

49 执行“菜单”|“插入”|“修剪”|“修剪片体”命令，利用刚才创建的基准平面对第2个曲面进行修剪，如图15-26所示。

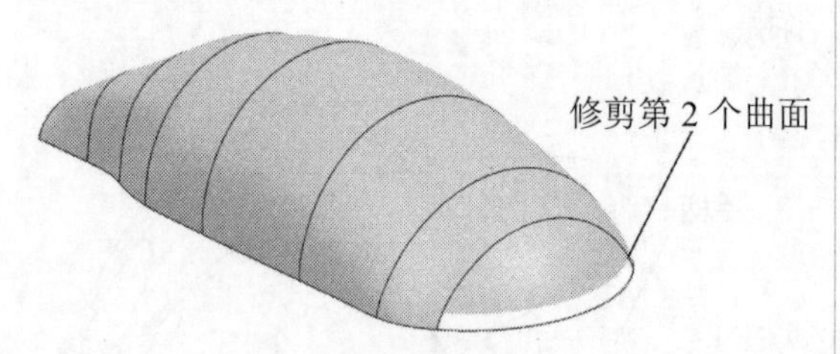

图 15-26

50 执行“菜单”|“插入”|“网格曲面”|“通过曲线网格”命令，创建第3个曲面，并与相邻的曲面相切，如图15-27所示。

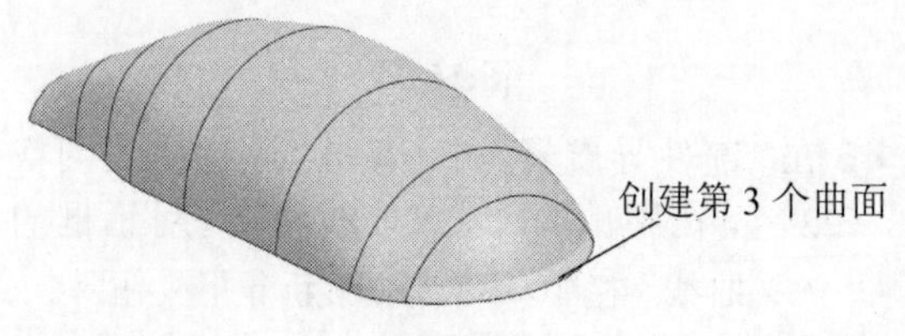

图 15-27

51 执行“菜单”|“插入”|“组合”|“缝合”命令，合并3个曲面。

52 执行“菜单”|“插入”|“修剪”|“延伸片体”命令，将曲面延长1mm。

53 按快捷键Ctrl+W，在弹出的“显示与隐藏”对话框中单击“曲线”和“点”对应的“—”按钮，隐藏曲线和点。

54 执行“菜单”|“插入”|“偏置缩放”|“加厚”命令，选择曲面后，将“厚度”设为1mm，创建实体。

55 单击“拉伸”按钮，在弹出的“拉伸”对话框中单击“绘制截面”按钮，设置XC—ZC平面为草绘平面，绘制一个草图，如图15-28所示。

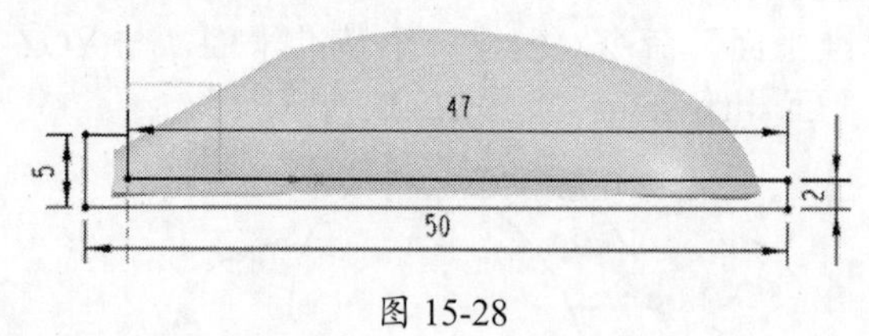

图 15-28

56 单击“完成草图”按钮，在“拉伸”对话框中，将“指定矢量”设为YC↑，“开始”设为“贯通”，“结束”设为“贯通”，“布尔”设为“求差”。

57 单击“确定”按钮，修剪实体的口部形状。

58 按快捷键Ctrl+W，在弹出的“显示与隐藏”对话框中单击“片体”对应的“—”按钮，隐藏曲面，显示实体，如图15-29所示。

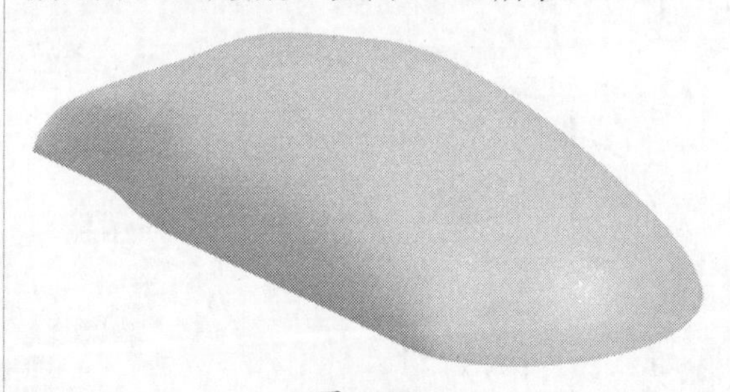

图 15-29

59 单击“保存”按钮保存文档。

附录

以 LKM-PP 为例，详细说明模架库各项参数的含义。

变量表达式 LKM-PP	说明
index	模架型号
modle_w	模板宽度
modle_l	模板长度
move_open	动模离空
fix_open	定模离空
EJB-open=0	底针板离空（垫钉高度）
TCP_h	顶板厚度
BCP_h	B 板厚度
ejb_l	EJB 长度
ejp_l	EJP 长度
EG_Guide	EJP 无、有
op_h	
C_W	C 板宽度
EF_W	顶出板宽度
EJA_h	面针板厚度
EJB-_h	底针板厚度
AP_h	A 板厚度
BP_h	B 板厚度
U_h	承板（C 板）厚度
es_h	
Es_d	面、底针板固定螺丝直径
es-x	顶出板螺钉 X 向距离
es_y	顶出板螺钉 Y 向距离
SPN_TYPE	拉杆型号
R_h	水口板（弹料板）厚度
S-h	推板厚度
RP_d	回针（复位杆）直径
EGP-d	EGP 直径 / 推板导柱
rp_x	回针 X 向距离
rp_y	回针 Y 向距离
SPN_d	拉杆直径
gp_x	导柱或拉杆 X 向距离
gp-spn_y0	拉杆 Y 向距离 Y0
gp_spn_y1	拉杆 Y 向距离 Y1

变量表达式 LKM-PP	说明
ps_d	上、下模螺钉直径
ps_hh	上、下模螺钉沉头孔深度
ps-x	上、下模螺钉 X 向距离
ps_y	上、下模螺钉 Y 向距离
ps-n	单边螺钉数量
mold_type	模胚类型
H	直身模顶板宽度
I	工边模顶板宽度
pp_d	
dp_l	
dp-x	
dp_y	
cs_d	C 板螺丝钉直径
cs_hh	C 板螺丝钉沉头孔深度
cs-x	C 板螺钉 X 向距离
cs-y	C 板螺钉 Y 向距离
GTYPE	
shorten-ej	面、底针板长度缩减量
shift_ej_screw	面、底针板固定螺钉 Y 向距离缩减量
supp_pocket=1	模架各模板是否生成各种穿透件（螺钉、导柱、拉杆、导套……）的通孔；=1 生成，=0 无孔
AP_off=fix_open	A 板偏离 = 定模离空
BP_off=S_off+supp_s*S_h	B 板偏离 = 推板偏离 + 有无推板 × 推板厚度
CP_h	C 板高度
CP_off=U_off+supp_u*U_h	C 板偏离 = 托板偏离 + 有无托板 × 托板厚度
CS_d	C 板螺钉直径
Cl_off_x=-(mold_w/2)+C_w/2	左边 C 板 X 向偏离 = 半模板宽 + 半 C 板宽度
Cr_off_x=mold_w/2-C_w/2	右边 C 板 X 向偏离 = 半模板宽-半 C 板宽度
EJA_off=EJB_off-EJA_h-4*ETYP E	面针板偏离 = 底针板偏离-面针板厚度-4×ETYPE
EJB_off=BCP_off-EJB_h-EJB_open	底针板偏离 = 底板偏离-底针板厚度-底针板离空（垫钉高）
ES_d	面、底针板固定螺钉直径
ETYPE=0	顶针固定形式：=0 沉孔固定；=1 面、底针板离空固定
GP_d	导柱直径
GTYPE=1	导柱位置：=1 在 A 板；=0 在 B 板
PS_d	定模、动模螺钉直径 =M1
RP_d	回针（复位杆）直径
R_height=supp_r*R_h	弹料板高度 = 有无弹料板 × 弹料板厚度
R_off=AP_off+AP_h	弹料板偏离 =A 板偏离 +A 板厚度
SG=0	模架形式：SG=0 为大水口，SG=1 为小水口模架

变量表达式 LKM-PP	说明
SPN_TYPE=0	拉杆位置形式：=0 拉杆位置在外；=1 拉杆位置在内
SPN_d	拉杆直径 =20
S_height=if(supp_s!=0)(supp_s*S_h)else(S_h)	推板高度 = 如（无推板）（有无推板 × 推板厚度）其余（推板厚度）
S_off=move_open	推板偏离 = 动模离空
TCP_off=R_off+supp_r*R_h	顶板偏离 = 弹料板偏离 + 有无弹料板 × 弹料板厚度
TCP_off_z=TCP_off	顶板偏离 Z 值 = 顶板偏离
TCP_top=TCP_off+TCP_h	顶板顶面 = 顶板偏离 + 顶板厚度
TW=Mold_type	顶板宽度 = 模身类型
T_height=supp_t_plate*TCP_h	顶板高 = 有无顶板 × 顶板厚度
U_height=supp_u*U_h	托板高度 = 有无托板 × 托板厚度
U_off=BP_off+BP_h	托板偏离 =B 板偏离 +B 板厚度
cs_bd	C 板螺钉通过孔（在底板上）直径
cs_h=2*CS_d	C 板螺钉旋入长度 =2 倍螺钉直径
cs_hd	螺钉沉头孔直径
cs_l=BCP_h+CS_d*1.5-cs_hh	C 板螺钉长度 = 底板厚 +1.5 倍螺钉直径-沉头孔深度
cs_tap_d	C 板螺纹底孔直径
es_bd	顶出板螺钉通过孔（在底针板上）直径
es_hd	顶出板螺钉沉头孔（在底针板上）直径
es_hh	顶出板螺钉沉头孔深度
es_l=EJB_h+EJA_h-es_hh	顶出板螺钉长度 = 底针板厚 + 面针板厚-沉头孔深度
es_n	顶出板螺钉数量（单边）
es_tap_d	面针板螺纹底孔直径
gba2_l=BP_h	B 板导套长度（简化型小水口模架）=B 板厚度
gba_bd	导套安装孔直径
gba_hd=35+1.4	导套头部沉孔直径
gba_hh	导套头部沉孔深度
gba_l=AP_h	A 板导套长度 =A 板厚度
gbb_l=S_h-1	推板导套长 = 推板厚度-1
gp1_l=AP_h+AP_off+BP_h+BP_off	导柱长度 =A 板厚度 +A 板偏离 + B 板厚度 +B 板偏离
gp_l=U_off+R_off-(3+move_open+fix_open)	导柱长度 = 托板偏离 + 水口板偏离-（3+ 动模离空 + 定模离空）
gp_y=if(SPN_TYPE==0)(gp_spn_y0)else if(SPN_TYPE==1)(gp_spn_y1)else(gp_spn_y0)	导柱 Y 向距离 = 如（拉杆在外侧）（拉杆 Y 向距离 yo）其余（如（拉杆在内侧）（拉杆 Y 向距离 y1）其余（拉杆 Y 向距离 yo））
gpa_bd=GP_d	导柱孔直径 = 导柱直径
gpa_hd=25+1.4	导柱沉头孔直径
gpa_hh=6+0.2	导柱沉头孔深度
mold_chamfer=1	模板倒角
ps_bd=13.4	上、下模螺钉通过孔直径

变量表达式 LKM-PP	说明
ps_hd=19.	上、下模螺钉沉头孔直径
ps_l=BCP_off+BCP_h-U_off-ps_hh+PS_d*1.5	螺钉长度 = 底板偏离 + 底板厚度−螺钉沉头孔深度 +1.5 倍螺钉直径
ps_tap_d	（上、下模螺钉）螺纹底孔直径
ps_y1	上、下模螺钉 Y 向距离
ps_y2	上、下模螺钉 Y 向距离
rp_bd=RP_d+0.2	回针（复位杆）孔直径 = 回针直径 +0.2
rp_hd=20+1.4	回针沉头孔直径
rp_hh=4+0.2	回针沉头孔深度
rp_l=EJB_off-BP_off	回针长度 = 底针板偏离−B 板偏离
spn_bd=SPN_d+2	拉杆避空孔直径 = 拉杆直径 +2
spn_bush_bd	拉杆导套（安装空）直径
spn_bush_hd=35+1.4	拉杆导套沉头孔直径
spn_bush_hh=8+0.2	拉杆导套沉头孔深度
spn_hd=25+1.4	拉杆沉头孔直径
spn_hh=10+0.2	拉杆沉头孔深度
spn_l=CP_off+CP_h/2+TCP_off+TCP_h	拉杆长度 =C 板偏离 + 半 C 板高度 + 顶板偏离 + 顶板厚度
spn_x=if(GTYPE==3)(spn_x_tp)else(gp_x)	（拉杆 X 向距离 = 如（）（）其余（导柱 X 向距离）
spn_x_tp	
spn_y=if(GTYPE==3)(spn_y_tp)elseif(SPN_TYPE==0&>YPE!=3) (gp_spn_y1)elseif(SPN_TYPE==1&>YPE!=3) (gp_spn_y0)elseif(SPN_TYPE==2&>YPE!=3) (gp_spn_y0)elseif(SPN_TYPE==3&>YPE!=3) (gp_spn_y1)else(gp_spn_y0)	
spn_y_tp	
supp_gba=1	有无导套：=1 有导套；=0 无导套
supp_gbb=1	有无推板导套：=1 有导套；=0 无导套
supp_gbb_r=1	有无水口板导套：=1 有导套；=0 无导套
supp_gpa=1	有无导柱：=1 有导柱；=0 无导柱
supp_r=1	有无水口板：=1 有水口板；=0 无水口板
supp_s=1	有无推板：=1 有推板；=0 无推板
supp_spn=1	有无拉杆：=1 有拉杆；=0 无拉杆
supp_t_plate=if(Mold_type==H&&SG==1)(0)else(1)	有无顶板 = 如（直身模 && 大水口）（无顶板）其余（有顶板））（=1 有顶板；=0 无顶板）
supp_t_screw=if(Mold_type==H&&SG==1)(0)else if(SG==0)(0)else(1)	有无顶板螺钉
supp_u=1	有无托板：=1 有托板；=0 无托板